高等学校专业教材

食品工艺学

张　钟　胡小军　主编

中国轻工业出版社

图书在版编目（CIP）数据

食品工艺学 / 张钟，胡小军主编. — 北京 ：中国轻工业出版社，2025.8

ISBN 978-7-5184-3911-9

Ⅰ.①食… Ⅱ.①张… ②胡… Ⅲ.①食品工艺学—教材 Ⅳ.①TS201.1

中国版本图书馆 CIP 数据核字（2022）第 044827 号

责任编辑：巩孟悦

策划编辑：马 妍　　责任终审：白 洁　　封面设计：锋尚设计

版式设计：砚祥志远　　责任校对：宋绿叶　　责任监印：张 可

出版发行：中国轻工业出版社（北京鲁谷东街 5 号，邮编：100040）

印　　刷：三河市万龙印装有限公司

经　　销：各地新华书店

版　　次：2025 年 8 月第 1 版第 2 次印刷

开　　本：787×1092　1/16　印张：26

字　　数：606 千字

书　　号：ISBN 978-7-5184-3911-9　定价：58.00 元

邮购电话：010-85119873

发行电话：010-85119832　010-85119912

网　　址：http：//www.chlip.com.cn

Email：club@chlip.com.cn

251296J1C102ZBW

本书编写人员

主　　编　张　钟　广东石油化工学院
　　　　　胡小军　岭南师范学院

副 主 编　王　丽　广东石油化工学院
　　　　　刘淑敏　岭南师范学院
　　　　　赵俊仁　广东石油化工学院

参编人员（按姓氏笔画排序）
　　　　　王润东　岭南师范学院
　　　　　江　敏　岭南师范学院
　　　　　徐井水　广东石油化工学院
　　　　　郭先霞　广东石油化工学院
　　　　　熊　岑　广东石油化工学院

前言 | Preface

食品工业是我国工业的重要组成部分，在国民经济中的作用越来越重要。食品工业的现代化水平是反映人民生活质量高低以及国家文明程度的标志。随着我国经济的发展和人民生活水平的提高，人民群众对食品的需求发生了重大变化，从简单的吃饱到吃得营养、安全、便捷，这些是推动我国食品工业进步的强大动力。食品工业的持续发展需要有专业技术和人才支撑，食品工艺学是食品科学与工程和食品质量与安全专业人才培养方案中的核心课程，也是对接行业企业中生产、研发和品控岗位的重要课程。

食品工艺学是一门理论和实验紧密结合且与生产密切联系的课程。目前出版的教材多数侧重理论，实验部分较少，这给专业教师的教学过程带来不便。特别是应用型高校的食品相关专业，尚缺乏理论深度和内容与培养目标相适应的工艺学教材。广东石油化工学院与岭南师范学院多位教师共同编写的食品工艺学教材，介绍了近年来较新的食品工艺理论和技术；在内容上不但有理论部分，还包括了较为全面的实验，除一般性实验外，还增加了拓展实验，并利用二维码技术，呈现部分实验操作视频，便于学生学习参考；该教材还提供较为完善的课件，方便课程教学；同时专业课程中突出课程思政育人的作用，在教材中体现了课程思政目标。

本教材共三篇，第一篇食品加工与保藏原理，第二篇食品工艺学各论和第三篇食品工艺学实验。其中第一篇由张钟、赵俊仁编写；第二篇第一章由胡小军、刘淑敏编写，第二章由王丽编写，第三章由刘淑敏、熊岑编写，第四章由张钟、徐井水编写，第五章由王润东、江敏编写，第六章第一节由赵俊仁编写，第六章第二节由郭先霞编写，第六章第三节由熊岑编写；第三篇各章的实验由相应理论部分老师编写。全书由张钟统稿，由胡小军审核。

本教材不仅可供高等院校食品科学与工程、食品质量与安全本科专业教学使用，也可供食品企业质量控制和相关管理部门的科研技术人员参考使用。

由于编者水平所限，时间仓促，书中不当之处在所难免，恳请读者不吝赐教，以便改正。

编者

2023 年 01 月

目录 | Contents

第一篇　食品加工与保藏原理

第二篇 食品工艺学各论

第三篇 食品工艺学实验

第一篇

食品加工与保藏原理

第一章 食品干藏原理

CHAPTER 1

【学习目标】掌握食品中水分的存在状态及其与脱水过程的关系；掌握食品干藏的原理；掌握食品干燥的基本原理及影响干燥速率的因素；理解食品干燥过程中的理化变化、各种干燥方法的特点和应用。

【课程思政目标】让学生了解我国古代人民在食品干制和干藏方面的伟大贡献，增强学生的民族自豪感，培养学生创新意识。

【重点难点】干制原理。

第一节 概述

食品干制是一种具有悠久历史的食品加工方法，人类有记载的干制食品有枣干、柿饼、葡萄干、金花菜、香菇和笋干等。在《本草纲目》中，记载了晒干制桃干的方法。食品干制在现代食品工业中占有重要的地位，大批量生产的干制方法始于 1875 年，将片状蔬菜堆放在室内，通入 40℃热空气进行干燥，这是早期的干燥保藏方法。

食品干制包括食品的干燥和食品的脱水。食品的干燥一般指自然干燥，食品的干燥保藏简称干藏。食品的脱水是指在尽可能不改变食品风味的前提下，利用各种方法（如利用热风、蒸汽、真空、冻结等方法）脱除食品中的水分，使其降低到一定水平，并保持低水分状态，以延长食品贮藏期和改善食品加工品质的过程。

食品干制的特点是设备简单、生产费用低，既可以大规模工业化生产，又可以进行自然干燥；质量减轻，体积变小，节省包装、贮藏和运输费用；食品干制后，延长了贮藏期，从而延长了食品的供应季节，平衡产销高峰，交流各地特产，贮备供救急、救灾和战备的物资。

第二节　食品干藏的原理

一、食品中水分的存在状态

在食品或食品原料中，由于非水物质的存在，水与它们以多种方式相互作用后，便形成了不同的存在状态。根据水分子存在的状态一般把食品中的水分为游离水和结合水。

（一）游离水

游离水（或称体相水）是指没有被非水物质化学结合的水，它又可以分为自由流动水、毛细管水和截留水三类。自由流动水是指存在于动物的血浆、淋巴和尿液，植物的导管和细胞内液泡中的那部分可以自由流动的水。毛细管水是位于生物组织的细胞间隙和食品的组织结构中的一种由毛细管力系留的水。截留水是被组织中的显微和亚显微结构与膜阻留的水，由于不能自由流动，所以称为截留水。

（二）结合水

结合水（或称束缚水）是指存在于食品中的与非水成分通过氢键结合的水，是食品中与非水成分结合得最牢固的水，不能被微生物利用，在0℃下不结冰，无溶剂能力。

二、水分活度

食品加工的目的是降低水分含量，以降低食品腐败的敏感性。但仅以水分含量预测食品的稳定性还不够准确，例如在水分含量相同时，不同食品的腐败难易程度存在明显差异。因此，可用水分活度（A_w）表示水与食品成分之间的结合程度。

食品中水的蒸气压与相同温度下纯水的蒸气压的比值称为水分活度（A_w）。可用式（1-1-1）表示。

$$A_w = \frac{P}{P_0} = \frac{\mathrm{ERH}}{100} = N = \frac{n_1}{(n_1 + n_2)} \qquad (1-1-1)$$

式中　A_w——水分活度；

P——某种食品在密闭容器中达到平衡状态时的水蒸气分压，Pa；

P_0——相同温度下纯水的蒸气压，Pa；

ERH（equilibrium relative humidity）——样品周围的空气平衡相对湿度；

N——溶剂摩尔分数；

n_1——水的物质的量，mol；

n_2——溶质的物质的量，mol。

水分活度反映了水与非水成分结合的强弱，自由水的水分活度 $A_w = 1$，结合水的水分活度 $A_w < 1$。水分活度从热力学角度描述了水在食品中和非水组分相互作用的程度。

三、水分活度与食品稳定性的关系

虽然在食品冻结后不能用水分活度来预测食品的稳定性，但在未冻结时，食品的稳定性与食品的水分活度有着密切的关系。总的趋势是，水分活度越低的食品越稳定，较少出现腐败变质现象。

（一）水分活度与微生物生长的关系

大量研究结果表明，水分活度与微生物生长有着密切的关系。食品在生产及储运过程中，存在微生物生长繁殖的风险，从而影响食品质量和安全性，但是，只有食品中水分活度高于最低限度值时，特定的微生物才能生长。通常情况下，细菌适宜生长的 A_w>0.90，酵母适宜生长的 A_w>0.87，霉菌适宜生长的 A_w>0.80。当 A_w<0.50 时，除一些耐渗透压微生物外，绝大多数微生物都难以生长。水分活度与微生物的生长之间的关系见表 1-1-1。

表 1-1-1 食品中水分活度与微生物生长之间的关系

A_w	此范围内的最低 A_w 一般能抑制的微生物	食品
0.95~1.00	大肠杆菌变形菌、假单胞菌、克雷伯氏菌属、志贺氏菌属、产气荚膜梭状芽孢杆菌、一些酵母、芽孢杆菌	蔬菜、鱼、肉、牛乳、罐头水果、香肠、面包、含有约 40%蔗糖或 7%食盐的食品、极易腐败的食品
0.91~0.95	肉毒梭状芽孢杆菌、沙门氏杆菌属、乳酸杆菌属、一些霉菌、沙雷氏杆菌、红酵母、毕赤氏酵母	腌制肉、部分乳酪、水果浓缩汁、含有 55%蔗糖或 12%食盐的食品
0.87~0.91	部分酵母（球拟酵母、假丝酵母、汉逊酵母）、小球菌	干乳酪、发酵香肠、人造奶油、含有 65%蔗糖或 15%食盐的食品
0.80~0.87	金黄色葡萄球菌、大多数霉菌（产毒素的青霉菌）、德巴利氏酵母菌、大多数酵母菌属	甜炼乳、大多数浓缩水果汁、糖浆、面粉、米、含有 15%~17%水分的豆类食品、家庭自制的火腿
0.75~0.80	产真菌毒素的曲霉、大多数嗜盐细菌	糖渍水果、果酱、杏仁酥糖
0.65~0.75	二孢酵母、嗜旱霉菌	果干、含 10%水分的燕麦片、坚果、棉花糖、粗蔗糖、牛轧糖块
0.60~0.65	耐渗透压酵母（鲁酵母）、少数霉菌（刺孢曲霉、二孢红曲霉）	含有 15%~20%水分的果干、太妃糖、焦糖、蜂蜜
0.50	不繁殖	含 12%水分的酱、含 10%水分的调料
0.40	不繁殖	含 5%水分的全蛋粉
0.30	不繁殖	饼干、曲奇饼、面包硬皮
0.20	不繁殖	含 2%~3%水分的全脂乳粉、含 5%水分的脱水蔬菜或玉米片、家庭自制饼干

微生物在不同生长阶段，所需的最低限度的 A_w 也不一样，细菌形成芽孢时比繁殖生长时要高。霉菌孢子发芽的 A_w 低于孢子发芽后菌丝生长所需的 A_w，而菌丝生长所需的 A_w 在 0.85 以上，最适宜的 A_w 为 0.93~0.97。有些微生物在繁殖中还会产生毒素，微生物产生毒素时所需的 A_w 高于生长时所需的 A_w，例如黄曲霉生长时所需的 A_w 为 0.78~0.80，而产生毒素时要求

的 A_w 是 0.83。

（二）水分活度对化学变化的影响

1. 水分活度对非酶褐变的影响

当 A_w<0.2 时，非酶褐变反应停止；随着 A_w 增加，反应速率随之增加，A_w 增加到 0.60~0.70 时褐变速率最快；A_w 继续增加，大于褐变反应高峰的 A_w 后，则由于溶质浓度下降而导致褐变速率减慢。

2. 水分活度对酶活力的影响

食品的水分活度对酶促反应的影响主要表现为，水分除了具有底物作用外，还能作为输送介质，通过水化促使酶和底物活化。当水分活度较低时，多数酶的活力受到抑制。一般来说，A_w<0.8，大多数酶活力受到抑制；A_w 为 0.25~0.30 时，淀粉酶、多酚氧化酶和过氧化物酶丧失活力；但在较低水分活度下（A_w 为 0.10~0.50），脂肪酶仍能保持活力。所以，当 A_w 降低到 0.25~0.30，就能减慢或阻止酶促褐变的进行。

水分活度除影响化学反应和微生物生长以外，还可以影响干燥和半干燥食品的质地。要保持干燥食品的理想品质，A_w 不能超过 0.50，但随产品不同而有所变化。对于软质构的食品，为了避免失水变硬，需要保持相对较高的水分活度。

第三节　食品干制的原理和方法

一、食品干制原理

食品干制的原理本质是热量与水分转移的过程。

（一）影响食品干制过程中热量与水分转移的因素

1. 食品表面积

食品表面积越大，食品的体积越小，水分转移的距离越短，水分蒸发的效率越高。所以在干制前食品常常切成薄片、丝状或小块状。

2. 温度

传热介质和食品间温差越大，热量向食品传递的速率越大，水分外逸速度也越快。

3. 空气流速

热空气容纳的水蒸气量高于冷空气，因而吸收较多的蒸发水分；及时将聚积在食品表面附近的饱和湿空气带走，以免阻止食品内水分进一步蒸发；与食品表面接触的空气量增加，显著加速食品中水分的蒸发。因此，空气流速越快，食品干制越迅速。

4. 空气相对湿度

当空气相对湿度大于 ERH 时，食品吸水；当空气相对湿度小于 ERH 时，食品脱水。

5. 真空度

当空气压力下降时，水分沸点下降，水分容易蒸发。真空条件下食品容易干制。

6. 时间

干制时间要根据食品性质而定，如果食品黏度大、传热慢，干制时间要长，温度要低；如果食品黏度小、传热快，干制时间可以短，温度高。

（二）食品干燥过程特性

如图 1-1-1 所示，食品干燥过程可分为三个阶段，干燥初期、干燥中期和干燥后期。在干燥初期，食品水分沿曲线下降，干燥速率由零增至最高值，食品的温度急骤上升；在干燥中期，食品水分快速下降，是下降速度最快的时期，干燥速率保持稳定，食品温度保持不变，这是因为加热的热量用于食品水分的蒸发；干燥后期，食品水分下降到一定水平，水分下降速度降低，干燥速率开始下降，食品温度上升。后期如果热空气的温度不下降，食品内水分不容易出来，食品表面容易焦煳，所以后期干燥温度要降低。

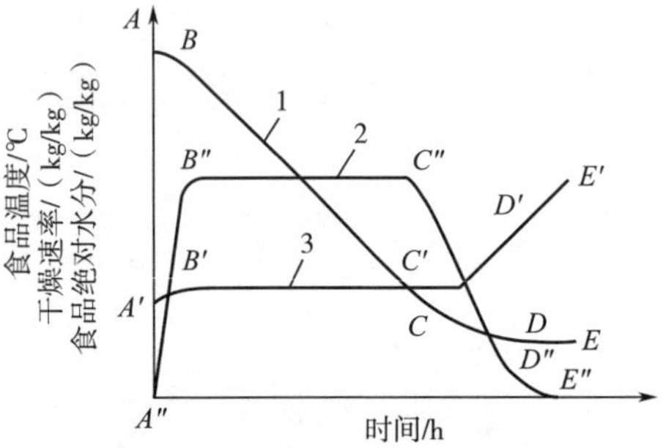

图 1-1-1 食品干燥过程曲线

1—干燥曲线 2—干燥速率曲线 3—食品温度曲线

（三）干制过程中湿热的传递过程

1. 给湿过程

食品表面水分的蒸发强度可用式（1-1-2）计算：

$$W = \frac{C \times (P_{饱}^{物} - P_{蒸}^{空}) \times 760}{B} \tag{1-1-2}$$

式中 W——食品表面水分的蒸发强度，kg/（m^2·h）；

C——潮湿物料表面的给湿系数，kg/（m^2·h·kPa）；

$P_{饱}^{物}$——和潮湿物料表面湿球温度相应的饱和水蒸气压，kPa；

$P_{蒸}^{空}$——热空气的水蒸气压，kPa；

B——大气压，kPa。

食品表面水分的蒸发强度 W 与($P_{饱}^{物}-P_{蒸}^{空}$)成正比，温度越高，$P_{蒸}^{空}$越低，W 越高；空气流速越快，水分蒸发越快，$P_{蒸}^{空}$越低，W 越高；表面积越大，水分蒸发越快，$P_{蒸}^{空}$越低，W 越高。

2. 扩散过程

（1）水分梯度 由图 1-1-2 可知水分梯度从右到左，水分从高水分向低水分方向转移。用 M 表示等湿面湿含量或水分含量，则沿法线方向相聚 Δn 的另一等湿面上的湿含量为 $M+\Delta M$，那么物体内的水分梯度 grad M

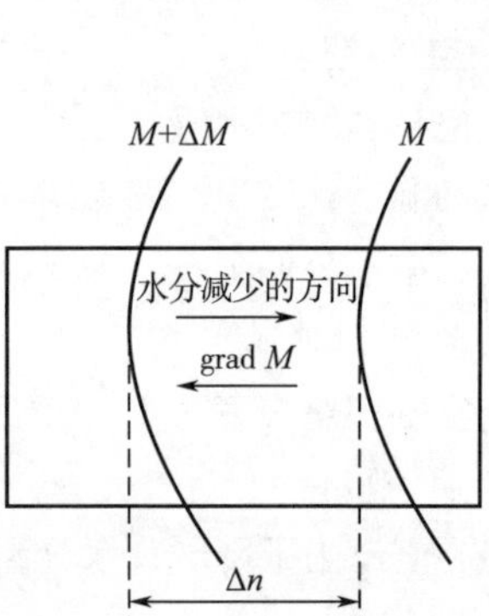

图 1-1-2 水分梯度与水分转移方向

则为：

$$\text{grad}\ M=\lim\ (\Delta M/\Delta n) \tag{1-1-3}$$

式中　M——物料内的湿含量，kg/kg 干物质；

ΔM——物料内湿含量的变化，kg/kg 干物质；

Δn——物料内等湿面间的垂直距离，m。

（2）导湿现象　固体干燥时会出现蒸汽或液体状态的分子扩散性水分转移，以及在毛细管势能和其内挤压空气作用下的毛细管水分转移。这样的水分扩散转移称为导湿现象或导湿性。

$$i_{水}=-K\gamma_0\text{grad}W_{绝} \tag{1-1-4}$$

$$K\times10^2=\left(\frac{T}{290}\right)^{14} \tag{1-1-5}$$

式中　$i_{水}$——单位时间内单位面积上的水分转移量，kg/（m^2·h）；

γ_0——单位潮湿物料体积内绝对干物质质量，kg/m^3；

$W_{绝}$——食品内等湿面间垂直距离内的物料水分，kg/（kg·m）；

K——导湿系数，m^2/h；

T——热力学温度，K。

水分转移量（$i_{水}$）与水分梯度（$\text{grad}W_{绝}$）成正比，当 Δn 下降后，水分梯度增加，水分转移量增加，K 与 T 成正比，T 越高 K 值越大，水分转移量越大。因此，将导湿性小的物料在干制前预热，能显著地加速干制过程；在干燥前期加热为主要因素，且初期不要让物料水分蒸发过快，使物料内部建立起较大的湿度差，以加速水分转移。

（3）导湿温现象　在对流干燥中物料表面受热高于中心，在物料内部就会建立起一个温度差（温度梯度$\frac{\eth_t}{\eth_n}$），将促使水分从高温处向低温处转移。

$$i_{温}=-K\gamma_0\delta\left(\frac{\eth_t}{\eth_n}\right) \tag{1-1-6}$$

式中　$i_{温}$——物料内水分转移量（单位时间内单位面积上的水分转移量），kg/（m^2·h）；

δ——湿物料的导湿温系数，kg/（kg·℃）；

$\frac{\eth_t}{\eth_n}$——温度梯度，℃/m。

物料内水分转移量（$i_{温}$）与温度梯度$\frac{\eth_t}{\eth_n}$成正比，温度越高，温度梯度越高，水分转移量越高，所以，干燥温度不能过高，特别是在干燥后期。

导湿温性在物料水分高时较小，在物料水分低时较大，因此，在对流干制时，主要在降率干燥阶段常会出现导湿温性大于导湿性，不利于干燥，延长了干燥时间。表明在降率干燥阶段食品的干燥速率主要受食品内部水分扩散和蒸发的因素如温度差、食品结合水分以及它的结构、形状和大小等的影响。空气流速及其相对湿度的影响逐渐消失，而空气温度的影响则增强。

由于 $i=i_{水}+i_{温}$，且 $i_{温}$ 与 $i_{水}$ 方向相反，导湿温性常成为内部水分扩散的阻力因素。因此在干制过程中，应尽量避免导湿温性的产生，即尽量维持相同的物料内部和外部的水分扩散率，延长恒率干燥阶段，缩短干燥时间。

二、食品干制方法

按照干制时所需热能的来源和脱除水分的方式不同，脱水干制方法可分为自然干制和人工干制。

（一）自然干制

自然干制受自然条件的影响较大，往往与一个地区的温度、相对湿度、风力和日照时长等气候因素有关，我国地域辽阔，气候差异较大，北方和西北地区常具备自然干制的生产条件。

1. 晒干

晒干是把食品物料放在晒场，直接曝露于阳光和空气中，食品物料获得太阳能后，自身温度随之上升，其水分受热而向周围空气中蒸发，因而形成水蒸气压差和温度差，通过空气自然对流不断促使食品水分向空气中扩散，直到它的水分含量降低到和空气温度及其相对湿度相适应的平衡水分为止。

晒干需要场地足够大，场地向阳、通风、清洁、平整，一旦遇到潮湿下雨的天气，还要做好预防措施。

2. 阴干或晾干

阴干或晾干是在气候十分干燥、空气相对湿度低的地区，不直接在阳光下，利用风让物料水分自然蒸发的过程。此方法所需时间较长，因食品种类和气候条件的差异，一般需要2~3d，长至10d左右，最长可达3~4w。

自然干制的优点是方法简便，易于操作，无需对设备投资，成本低，干制过程中管理比较粗放，能在产地和山区就地进行，还可促使尚未完全成熟的原料进一步成熟。其缺点主要是过程缓慢，时间长；干制过程受气候因素限制；产品质量不稳定，批次之间存在差异；对维生素类破坏较大；多数以作坊式生产为主，难以规模化生产等。

（二）人工干制

1. 空气对流干制

空气对流干制又称热空气干燥或热风干燥。对流干制是直接以高温热空气为热源，将对流热源热量传递给物料，是最常见的食品干制方法。空气与物料的接触方式分为平行流接触、穿流接触和悬浮接触。对流干制的设备主要有箱式、隧道式、输送带式、气流、流化床和喷雾等。

（1）箱（柜）式干燥　箱式干燥是一种在一个外形为箱（柜）的干燥室中进行干燥的方法。其干燥设备主要由加热器、鼓风机和干燥室等部分组成，箱的四壁及顶、底部都封有绝热材料以防止热量散失。新鲜空气由鼓风机送入干燥室内，经过排热管和滤筛清除灰尘后，流经载有食品的料盘，直接和食品接触，携带由食品中蒸发出来的水蒸气，由排气道排除。料盘所载食品一般较薄，料盘还有孔眼以便让部分空气流经物料层，以保证空气与食品充分接触。部分吸湿后的热空气还可以和新鲜空气混合再次循环利用，以提高热量利用效率和改善干制品品质。

箱式干燥设备制造和维修方便，属于间歇式干燥设备。设备容量小，单机生产能力低，适用于小批量生产，需长时间干燥或数量不多的物料；热能利用不经济。

（2）隧道式干燥　隧道式干燥就是在柜式干燥设备的基础上，将干燥室加长呈隧道形式，通常可达10~15m，可容纳5~15辆盛料盘的小车。其基本结构如图1-1-3所示。被干燥物料装入带网孔的料盘中，有序地摆放在小车的搁架上，然后将小车送入干燥室，沿通道向前运动，热空气流经各层料盘表面与其相互接触，小车在通道中的停留时间即为干燥时间。隧道式干燥可实现连续或半连续式操作。

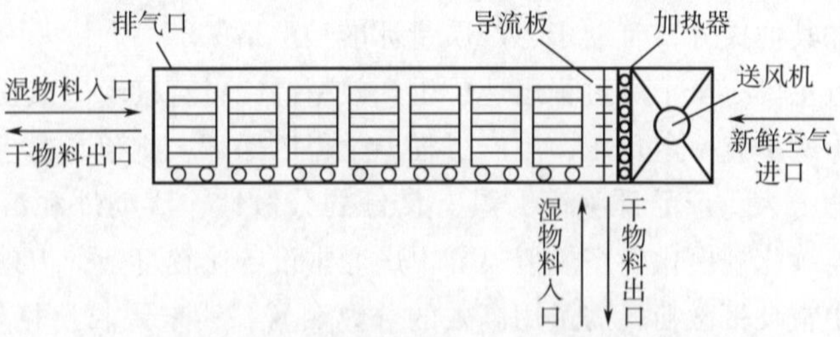

图1-1-3　隧道式干燥示意图

在隧道干燥中将热空气气流的方向和小车前进的方向（物料移动方法）相同称为顺流，方向相反称为逆流，也有顺逆混合式及横流式。高温低湿空气进入的一端称为热端，低温高湿空气离开的一端称为冷端；湿物料进入的一端称为湿端，干制品离开的一端称为干端。

（3）输送带式干燥　输送带式干燥是食品物料的输送由输送带取代，其他部分结构与隧道式干燥设备相同。湿物料由进料装置均匀地散布在缓慢移动的输送带上，输送带可以用编织的金属网或由漏孔板相互连锁或铰链组成；这种方法能减轻装卸食品物料的体力劳动和费用，操作连续化和自动化，可实现工艺条件更加合理和优化，获得品质更加优良的干制品。目前应用于干制苹果、胡萝卜和马铃薯等制品。

（4）气流干燥　气流干燥是一种连续高效的固体流态干燥方法，利用高速气流将潮湿的粉、粒或块状物料分散而又悬浮于气流中，热气流一边并流输送物料，一边进行干燥。常用气流干燥设备有多种类型，如直管式气流、脉冲式气流、套管式气流、旋风气流和环形气流干燥器等。

气流干燥具有干燥强度大、干燥时间短、热效率高和使用范围广等特点。但其对物料有一定的磨损，故对晶体形状有要求的物料不宜采用，而且干燥气流速度大，全系统的阻力大，因而动力消耗大。

（5）流化床干燥　流化床干燥是将食品颗粒物料放在分布板上，热空气从多孔板的底部送入，使其分散，并与物料接触，当空气流速达到一定程度后，待干燥物料悬浮在上升的空气流中并随机运动，犹如液体沸腾一样。这样就使颗粒食品在干燥床上呈流化状态或缓慢沸腾状态，因此，又称沸腾床干燥。工程上在普通流化床干燥器的基础上进行改型，研制开发了振动流化床干燥机、搅拌流化床干燥机、离心流化床干燥机等，扩大了流态化干燥的范围，改善了流化质量，提高了热质传递的强度。

流化床干燥具有较高的传热和传质速率，干燥速率高，热效率高，结构紧凑，基本投资和维修费用低，便于操作；干燥过程中粉粒能和热空气密切接触并且不需要机械搅拌就能达到颗粒食品干制均匀的要求。但是其应用有一定的局限性，因空气流速过大，容易出现风道，以致大多数热空气会经风道排出，不再与物料接触完成加热和干燥的效能，造成热量的浪费；此外，高速气流还会将粉粒食品从流化床上带走。

(6) 喷雾干燥 喷雾干燥是利用不同的雾化器将溶液、乳浊液、微粒的悬浊液或含有水分的浆糊物料在热风中分散成很细的像雾一样的微粒，在其下落的过程中与热空气接触，瞬间将大部分水分除去，使物料中的固体物质干燥成粉末。

喷雾干燥法通常被用于去除原料中水分，如乳品、鸡蛋、蛋白、咖啡浸液等，不适用黏度较大的食品。此外，喷雾干燥还有其他特殊用途，如改变产品粒度大小、外形或密度，它能在生产过程中协助添加其他成分，有助于生产质量标准最严格的产品。

喷雾干燥的优点主要有：干燥过程迅速，生产效率高，可直接干燥成粉末，可依据产品要求改变干燥条件，干燥室有一定负压，生产过程卫生得以保障，避免了粉尘在车间内飞扬，提高产品纯度，生产能力大，产品质量高，具有良好的分散性、流动性和溶解性。操作过程简单、方便，适用于连续化规模化生产。但喷雾干燥通常设备比较复杂，占地面积大，一次性投资成本较高；废气中常夹带微粉，需选用高效的分离装置，粉末回收价格较高。热效率不高，热消耗大。

2. 传导干制

传导干制又称接触干制，需要物料与加热面尽可能紧密接触，直接接触式热传导将水分蒸干除去。传导干制的常见设备有真空干制和滚筒干制。

3. 升华干制

升华干制又称真空冷冻干制，将湿物料先冰冻至冰点以下，使水分变为固态冰，然后在较高真空度下，将冰直接转化为蒸汽而除去，物料即被干制的方法。采用设备多为箱式或圆筒形。常见的有旋转平板式干制器、振摆动式干制器和连续带式冷冻干制器等。

4. 辐射干制

辐射干制是利用电磁辐射能作为干制能源的干制方法。常用于食品干制的有红外线干制和微波干制。红外线干制又称热辐射干制，其中远红外线对食品中的水和其他物质分子有震动的特殊作用，即物料对红外线热吸收率高，因此，多采用红外线进行干制。

5. 其他新型干制

其他新型干制有喷动床、二级喷雾、超声波和组合干制等。

思考题

1. 试述水分活度对食品稳定性的影响。
2. 干制前对食品进行湿热处理的作用是什么？
3. 为什么在干制前常常把食品切成薄片、丝状或小块状？
4. 为什么在干燥后期干燥温度不能太高？
5. 说明自然干制与人工干制有哪些优缺点。

第二章 食品低温保藏原理

CHAPTER 2

【学习目标】了解低温保藏的发展历史；理解冻结过程及其规律对食品品质的影响；掌握食品低温保藏原理，掌握冷耗量、食品水分的蒸发量、干缩量和冷却时间的计算；掌握食品冷藏与冻藏的原理与基本方法；掌握解冻的原理与方法。

【课程思政目标】我国很早就应用低温保藏食品，对不同时期的低温保藏技术均有贡献，鼓励学生要发奋学习，勇攀科技高峰。

【重点难点】冷藏和冻藏保存食品的原理。

第一节 概述

食品低温保藏是利用低温技术将食品温度降低，并维持在低温状态以阻止食品腐败变质，延长食品贮藏期的保藏方法。使食品原料或制品从生产到消费的全过程中，始终保持低温的工具称为冷链，包括制冷系统、冷却冷冻系统、冷库、冷藏车船以及冷冻销售系统等。

很早就有人类利用天然冰作为冷源保存食品的记载。我国周朝的诗经中记载有人们将冰放入地窖，可保持窖内的食物在夏季不腐。1834 年，英国人波尔金斯制成第一台使用乙醚作为制冷剂的压缩式制冷机。1930 年出现了冷冻蔬菜，1945 年出现了冷冻果汁。20 世纪 50 年代在美国首先出现速冻食品，后来的发展非常迅速。目前全世界速冻食品的总产量为 3000 多万 t，每年以 5%~10%的速度递增。

我国的速冻食品在 20 世纪 70 年代开始，80 年代末以来发展迅速。北京、上海和山东等地先后建立起相当规模的速冻食品加工企业，冷冻食品的出口及上市量迅速增加。我国水产品的速冻和低温冷藏技术发展也很迅速，目前，20%以上的水产品采用速冻技术加工贮藏。冷藏专用车辆的增加，为低温贮藏食品建立冷链运输创造了条件。

低温应用于食品加工主要包括：利用低温达到某种加工效果，如冷冻浓缩、冷却干燥和冻结干燥等；利用低温所导致的食品或物料物理化学特性的变化而优化加工工艺或条件，如果蔬的冷冻去皮，碳酸饮料在低温下的碳酸化等；利用低温改善食品的品质，如乳酪的成熟、牛肉的嫩化和肉类的腌制等；低温可防止微生物繁殖、污染，保障食品的卫生安全；利用冻结过程本身生产一系列特殊质感的食品，如冰沙、冰淇淋、冻酸奶、冻豆腐等。

第二节　食品低温保藏的基本原理

一、食品的冰点

（一）食品的冰点

水的冻结温度为0℃。而食品中含有一定的溶质成分，如葡萄糖、蔗糖、柠檬酸等，故食品的结冰温度降低，大多数天然食品的初始冻结点在-2.6～-1.0℃。食品中的结合水受到溶质的影响，因此，从溶液中冻结出冰晶就需要更低的温度，而这个结冰点则取决于食品本身。

（二）过冷状态

纯净气态在温度降到凝液点（蒸气转化为液体的温度）以下时仍不液化，或纯净液态物质在温度降到凝固点以下时仍不凝固的现象称为过冷状态。处于过冷状态的蒸气或液体并不稳定，如果受到振动或有尘屑侵入时，就立即开始液化或凝固，同时放出热量（液化热或凝固热），使温度回到相应的凝液点或凝固点。

降温过程中开始形成稳定晶核时的温度或开始回升的最低温度称为过冷温度。快速冷却过程中，水分迅速渡过过冷状态避免结晶并成为固态玻璃质体，这就有可能减小因介质内水分结冰所遭受到的破坏作用。

二、低温对微生物的影响

（一）不同温度下微生物的生长特性

从生长的角度看，不同的微生物有一定的温度习性，见表1-2-1。温度降低时，微生物的生长速率降低，当温度降低至-10℃时，大多数微生物会停止繁殖，部分出现死亡，但仍有少数微生物可缓慢生长。从抑制微生物的角度来看，-12～-10℃是食品长期贮藏的安全温度，但酶的活动只有降温至-30～-20℃才有可能完全停止，综合经济成本、食品贮藏期及食品的冻结品质等考虑，工业上最常采用的冻藏温度为-18℃。

表1-2-1　各种微生物在不同温度下的生长特性

微生物种类		生长温度/℃			特性说明
		最低生长温度	最适生长温度	最高生长温度	
细菌	低温细菌	-10～5	10～20	20～40	常存在于水中和冷库中。只要食品中的水分没有完全冻结，低温细菌均可能存活。低温细菌可能在冻结点以下存活，是冷藏和冻藏过程中导致食品腐败变质的主要原因

续表

微生物种类		生长温度/℃			特性说明
		最低生长温度	最适生长温度	最高生长温度	
细菌	中温细菌	10~15	25~40	40~50	在5~10℃以下无法生长发育，大部分细菌属于此类，包括病原菌和腐败菌
细菌	高温细菌	40~45	55~75	60~80	常温下几乎不能生长发育，包括温泉和堆肥中的微生物
病原微生物		3~10	10~37	—	病原微生物可在10~37℃范围内生长，当温度低于3℃时，几乎不会生长
酵母菌		5	25~30	40	球拟酵母属（*Torulopsis*）中的部分酵母能在5℃以下生长繁殖
霉菌		0	20~35	40	毛霉菌属（*Mucor*）和青霉菌属（*Penicllium*）在0℃以下仍有部分缓慢繁殖，甚至-20℃以下能继续存活1~3个月

（二）低温抑制微生物繁殖的原因

微生物体内代谢酶活力下降，各种生化反应速率下降，这些反应按各自的温度系数减慢，从而破坏了各反应之间的协调，影响了微生物的生理机能；原生质浓度增加，黏度增加，减弱了原生质的渗透作用，影响新陈代谢；冻结后的冰晶会对微生物细胞造成机械损伤，原生质黏度增加会使部分蛋白质变性，细胞受到损害。

（三）低温下不同因素对微生物活性的影响

温度越低，对微生物的抑制作用越显著，但对芽孢活力影响较小。冻结点以上，降温快，微生物适应性差，死亡率高；冻结点以下，降温慢，形成冰晶体较大，对微生物细胞损伤大。-10℃空气缓慢冻结时，冰晶大小为250~350μm；-15℃盐水快速冻结时，冰晶大小为50~150μm；-80℃干冰快速冻结时，冰晶大小为5~15μm。冻藏过程的温度变化频率大，微生物受破坏速度快。高水分和低pH的介质会加速微生物的死亡，而食品中所含的糖、盐、蛋白质、脂肪等物质对微生物有一定的保护作用。

三、低温对酶的影响

温度对酶活力影响很大，大多数酶的适宜温度范围为30~50℃，高温可导致酶的活性丧失，低温处理会使酶的活性下降。食品中酶的活性的温度系数Q_{10}为2~3，也就是说温度每降低10℃，酶的活性会降低至原来的1/3~1/2。不同来源的酶的温度特性有一定的差异，来自动物（尤其是温血动物）性食品中的酶，酶活力的最适温度较高，温度降低对酶的活性影响较大，而来自植物（特别是在低温环境下生长的植物）性食品中的酶，酶活力的最适温度较低，低温对酶的影响较小。低温对酶并不能造成完全的破坏，所以抑制并不完全。例如胰蛋白酶在-30℃下仍有微弱的活性，脂肪分解酶在-20℃下仍会引起脂肪的分解。低温保藏的食品在温度回升后，酶的活性会重新恢复。因此，食品在冷冻前采用热烫等措施破坏酶的活性是必要的。

四、低温对食品物料特性的影响

根据低温下不同的特性，我们可以将食品物料分为以下三大类：

（一）植物性食品原料

植物性食品原料主要指新鲜水果、蔬菜等。一般情况下，温度降低会使植物个体的呼吸强度降低，新陈代谢的速度放慢，植物个体内贮存物质的消耗速度也减慢，植物个体的贮存期限也会延长，从而保持新鲜状态。但温度过低，植物个体会因为生理失调而导致低温伤害。

（二）动物性食品原料

动物性食品原料主要包括新鲜的水产品、屠宰后的畜禽及鲜乳、蛋等。低温能延缓动物性原料的各种生化降解反应过程及微生物的繁殖，从而延长贮藏期限。

（三）其他类食品物料

其他类食品物料主要指一些原材料、半成品、成品及粮油制品等。低温主要影响依附在原料上的微生物的生长繁殖，也涉及一些影响食品品质的物理化学变化，如淀粉老化、脂肪氧化等。

五、冷耗量的计算

（一）食品内无热源存在

食品内无热源存在（周围介质的温度稳定不变，物体内各点温度也相同，即处于简单冷却的情况下）时的散热量 Q_0：

$$Q_0 = Gc_0(T_0 - T_1) \tag{1-2-1}$$

式中 Q_0——冷却过程中食品的散热量或冷耗量，kJ；

G——被冷却食品的质量，kg；

c_0——冻结点以上食品的比热容，kJ/（kg·K）；

T_0——冷却开始时食品的初温，K；

T_1——冷却完成时食品的终温，K。

平均散热量 $Q_{时}$：

$$Q_{时} = Q_0/t \tag{1-2-2}$$

式中 $Q_{时}$——每小时平均冷耗量，kJ/h；

Q_0——冷却过程中的散热量或冷耗量，kJ；

t——冷却时间，h。

低脂食品比热容 c_0：

$$c_0 = c_{水}W + c_{干}(1 - W) = 4.184W + 1.464(1 - W) \tag{1-2-3}$$

式中 $c_{水}$——水的比热容，4.184kJ/（kg·K）；

$c_{干}$——干物质的比热容，一般用1.464kJ/（kg·K）；

W——食品水分，kg/kg。

肉和肉制品比热容 c_0'：

$$c_0' = 4.184 + 0.2092A_{蛋} + 0.4184A_{脂} + (0.003138A_{干} + 0.007531A_{脂})(T_0 - T_1) - 2.929A_{干} \tag{1-2-4}$$

式中　$A_{蛋}$——肉及肉制品的蛋白质含量，kg/kg；

$A_{脂}$——肉及肉制品的脂肪含量，kg/kg；

$A_{干}$——肉及肉制品的干物质含量，kg/kg。

例1　试计算10 t瘦牛肉（水分70.7%、蛋白质20.3%、脂肪6.2%）从14℃预冷到2℃所需的全部冷耗量，所需冷却时间为24h。计算它每小时平均冷耗量。如预冷时间仅需6h，试计算按24h计时每小时的平均冷耗量。

解：$c_0'=4.184+0.2092A_{蛋}+0.4184A_{脂}+(0.003138A_{干}+0.007531A_{脂})(T_0-T_1)-2.929A_{干}$

$=4.184+0.2092\times0.203+0.4184\times0.062+(0.003138\times0.293+0.007531\times0.062)(287-275)-2.929\times0.293$

$=3.4108$ (kJ/kg·K)

$Q_0=Gc_0'(T_0-T_1)=10000\times3.4108\times(287-275)=409.296$ (kJ)

冷却时间为24h，每小时平均冷耗量：$Q_{时}=Q_0/t=409.296/24=17.054$ (kJ/h)

如预冷时间仅需6h，试计算按24h计所需的冷耗量：

$Q_0=409.296\times24/6=1637.184$ (kJ/24h)

每小时的冷耗量：$Q_0=1637.184/24=68.126$ (kJ/h)

（二）食品中有热源存在

胴体的生化反应热

$$Q_0=G[c_0(T_0-T_1)+0.6276t] \tag{1-2-5}$$

果蔬的呼吸热

$$Q_0=G[c_0(T_0-T_1)+Ht] \tag{1-2-6}$$

式中　H——能量代谢率，kJ/(kg·h)；

t——冷却需要时间，h。

六、冷却率因素和安全系数

（一）冷却率因素

单位时间冷耗量的变化可按式（1-2-7）计算：

$$\frac{dQ_0}{dt}=-Kc_0(T_0-T_{介}) \tag{1-2-7}$$

式中　$\frac{dQ_0}{dt}$——单位时间冷耗量变化量，kJ；

K——单位时间冷却的质量，kg；

c_0——冻结点以上食品的比热容，kJ/(kg·K)；

T_0——食品初温，K；

$T_{介}$——介质温度，K。

冷却时温差（$T_0-T_{介}$）越大，食品的冷耗量也越大，冷却初期温差最大，冷耗量也最大，冷却末期温差最小，冷耗量也最小。冷却初期冷却率最大，因而冷却设备的冷负荷量远比平均冷负荷量大。在选用设备时以最高冷负荷量为准。

（二）安全系数

一般安全系数取10%。

七、空气介质冷却时食品水分的蒸发量和干缩量计算

食品干缩会导致食品损耗和品质恶化。果蔬中水分蒸发会引起萎缩和凋萎，水分损耗越多，耐藏性越差。活细胞枯萎还会引起细胞内酶性反应改向，即合成减弱，分解加强。水分蒸发还会使果蔬质量和维生素含量损耗，还会引起肉类变色，促进氧化并增加整体损耗。干缩与食品种类、形态结构和化学性质有关，同时与食品的初温、有无覆盖也有关系。

冷藏过程中食品水分在食品和冷空气处于热平衡状态时进行蒸发。食品与冷空气的温度即使相等，由于冷空气内相对湿度较低，在湿度差的影响下，食品表面水分仍然不断蒸发，并从食品中带走热量。

$$\Delta g = (\Delta G/G) = 3.6\alpha_{对} Ft(T - T_{湿})/r_{蒸} \quad (1-2-8)$$

式中 ΔG——冷藏中食品水分的蒸发量，kg；

G——食品的初始质量，kg；

$\alpha_{对}$——空气的给热系数，kJ/（K·m^2）；

F——食品表面积，m^2；

t——冷却时间，h；

T——冷空气温度或干球温度，K；

$T_{湿}$——食品表面温度或湿球温度，K；

$r_{蒸}$——水分蒸发时需要的潜热，kJ/kg。

从上式可知，食品的干缩量取决于空气温度、食品表面温度以及食品表面积等因素。部分食品冻结时的相关参数见表1-2-2。

表1-2-2 部分食品冻结时的相关参数

食品名称	水的质量分数/%	冻结点/℃	比热容/［kJ/（kg·K）］		潜热/（kJ/kg）
			高于冻结点时	低于冻结点时	
家禽	74	-1.7	3.35	1.80	247.02
兔肉	60	-1.7	3.35	—	—
猪肉	35~	-2.2~-1.7	2.01~2.26	1.26~1.34	125.60
羊肉	58~70	-2.2~-1.7	2.78~3.16	1.56~1.71	214.2
牛乳	87	-2.8	3.77	1.98	288.89
鲜蛋	70	-2.2	3.18	1.67	226.09
鲜鱼	73	-2~-1	3.43	1.80	242.83
火腿	47~54	-2.2~-1.7	2.43~2.67	1.42~1.51	167.47
黄油	14~15	-2.2	2.30	1.42	196.78
啤酒	89~91	-2	3.77	1.88	301.45
菠菜	92.5	-0.9	3.94	2.01	305.64

续表

食品名称	水的质量分数/%	冻结点/℃	比热容/［kJ/（kg·K）］		潜热/（kJ/kg）
			高于冻结点时	低于冻结点时	
番茄	94	-0.9	3.98	2.01	309.82
青豌豆	74	-1.1	3.31	1.76	247.02
萝卜	93.6	-2.2	3.98	2.01	309.82
玉米	73.9	-0.8	3.31	1.76	247.02
芹菜	94	-1.2	3.98	1.93	314.01
胡萝卜	83	-1.7	3.64	1.88	276.33
黄瓜	96.4	-0.8	3.22	1.88	280.52
苹果	85	-2	3.85	2.09	280.52
香蕉	75	-1.7	3.35	1.76	151.21
樱桃	82	-4.5	3.64	1.93	276.33
葡萄	82	-4	3.60	1.84	272.14
柠檬	89	-2.1	3.85	1.93	297.26
桃子	86.9	-1.5	3.77	1.93	388.89
西瓜	92.1	-1.6	4.06	2.01	301.45
牡蛎	80	-2.2	3.52	1.84	267.93
洋葱	87.5	-1	3.77	1.93	388.89
冰淇淋	67	—	3.27	1.88	217.71

八、冷却时间的确定

（一）毕渥数 *Bi*（biot modulus）

$$Bi = \alpha L/\lambda \quad (1-2-9)$$

式中　α——对流表面传热系数，W/（m^2·K）；

λ——食品内部热导率，W/（m·K）；

L——食品的特征尺寸，m。

对于大平板食品，L为其厚度的一半；对于长柱状和球状食品，L为半径。从式（1-2-9）可知，毕渥数反映了固体内部单位导热面积上导热热阻（L/λ）与单位表面积上的对流换热热阻（$1/\alpha$）之比（$Bi=L/\lambda/1/\alpha$），用于固体与液体之间的换热。

当$Bi<0.1$时，食品内温度的分布与空间坐标无关，只是时间的函数，即$T=f(t)$，这时内部导热热阻可以忽略；当$0.1<Bi<40$时，内部导热热阻与表面对流换热热阻均需考虑，食品内的温度分布是空间坐标和时间变量的函数，即$T=f(x, y, z, t)$。

（二）毕渥数 $Bi<0.1$ 时的冷却问题

当食品表面突然受到冷却时，食品内部的温度变化取决于两个方面的因素：一是食品表面与周围环境的换热条件；二是食品内部的导热条件。如果换热条件越强烈，热量进入食品表面越迅速；如果食品内部导热热阻越小，传递一定的热量所需的温度梯度也越小。食品冷却中，哪一个因素对换热影响更大，则用 Bi 来衡量。当 $Bi<0.1$ 时，食品内部温度变化只与时间有关而与空间坐标无关，食品表面温度与中心温度可以认为是相等的。这类情况出现在食品热导率相当大，或食品及原料几何尺寸很小，或表面对流换热系数极低时，是食品冷却计算中最简单的一种。采用传热学中的集总参数法（lumped parameter approach）即可求解冷却速度和冷却时间。

设食品的体积为 V，表面积为 A，比热容为 c，冷却介质温度为 T_∞，食品与冷却介质的对流表面传热系数为 α，在食品物性参数均保持不变的情况下，食品放入冷却介质中后，其能量平衡关系为：

$$cV\mathrm{d}T=-A\alpha\,(T-T_\infty)\,\mathrm{d}t \qquad (1-2-10)$$

设食品具有均匀的初始温度 T_0，密度为 ρ，则任一时刻食品内的温度 T 为：

$$\frac{T-T_\infty}{T_0-T_\infty}=\mathrm{e}^{-\frac{\alpha A}{c\rho V}\times t} \qquad (1-2-11)$$

第三节　食品冷藏

一、冷藏的概念

冷藏是指食品经预冷后在稍高于冰点的温度中进行贮藏的方法。冷藏温度一般为-2～15℃，常用4～8℃。采用此温度的冷库称为高温冷库。预冷或冷却即在食品冷藏之前，使食品的温度降到高于食品冻结温度的预定温度。最好在刚采收或屠杀之后立即进行。

二、常用的冷却方法

（一）空气冷却法

空气冷却法是指通过冷却空气的不断循环，带走食品的热量，使食品得到冷却的方法。冷却空气的温度取决于食品种类。冷却效果取决于空气温度、循环速度和相对湿度等因素。

（二）水冷却法

水冷却法是指将食品直接与低温的水接触而获得冷却的方法。有浸渍和喷淋两种方式。冷却用水（淡水、海水均可）必须是清洁无污染的。适应于水产品、水果、蔬菜等食品的冷却。

（三）冰冷却法

冰冷却法是将食品直接与冰接触而获得冷却的方法。冷却效果取决于冰与食品的接触面积和用冰量。特别适合水产品的冷却，也可用于水果、蔬菜等食品的冷却。

（四）真空冷却法

真空冷却法是利用水在真空条件下沸点降低的原理来冷却的方法。会造成食品部分水分蒸发（2%～4%），但不影响食品的外观质量。冷却速度快，但成本较高。适应于蔬菜、蘑菇等表面积大的食品冷却。

三、影响冷藏的因素及主要工艺

（一）影响冷藏的因素

1. 冷藏温度

冷藏温度是保证质量的关键，大多数食品的冷藏温度在-1.5~10℃，依食品种类而定。冷藏温度波动过大（应在±0.5℃以下）会造成食品霉变或冷害。

2. 相对湿度

相对湿度过低会造成食品减重、皱缩或萎蔫等现象；相对湿度过大则有利于微生物的生长繁殖（包装食品不受影响）。相对湿度大小应根据不同食品种类而定。

3. 空气循环

保持冷藏温度稳定而均匀。空气循环速度取决于产品的性质、包装等因素。一般控制最大空气循环速度不超过0.3~0.7m/s（过快会造成水分蒸发过多及能耗增加）。

4. 通风换气

通风换气主要有自然通风换气和机械通风换气两种方法。通过换气可防止产品之间的相互串味，换气过程应避免温度波动和污染等问题。

5. 包装及堆码

包装可防止或减少食品的水分蒸发，方便食品的堆垛。堆码必须做到稳固，能使气流流过每一个包装，方便货物的进出。

6. 产品的兼容性

保藏条件尽量相近。食品特性尽量相近。防止食品之间的串味。

（二）主要食品的冷藏工艺

1. 畜禽肉类食品

畜禽屠宰后即成为无生命体，不但对外界的微生物侵害失去抗御能力，同时自身也进行一系列的降解等生化反应，经历死后僵直、软化成熟、自溶和酸败四个阶段。其中自溶始于成熟后期，是质量开始下降阶段。因此，肉的贮藏应尽量推迟进入此阶段，即从屠宰后到软化成熟结束的时间越长越好。屠宰后迅速将肉温（37~40℃）降到0~4℃。

2. 鱼类食品

鱼死后经历黏液分泌、僵直、软化成熟、自溶和酸败五个阶段。在第一个阶段所分泌的黏液是腐败菌的良好培养基，当温度在3~5℃或更高时极易酸败，因此，捕获致死后的鱼体应该迅速用清水冲洗。冷却用空气、冰、冷盐水或冰盐混合进行。空气冷却易使鱼体表面干燥，脂肪和色素氧化，贮藏期短，目前应用较少。常用的为冰冷却法，层冰层鱼或鱼冰混合。

3. 乳类食品

乳是一种具有胶体特性的生物学液体，蛋白质和脂肪均易被人体吸收，乳糖是促进肠道内有益乳酸菌生长的主要物质，其分解生成的半乳糖对儿童发育非常重要。此外，乳中还含有能抑制微生物繁殖的抗菌物质（拉克特宁），使乳本身具有抗菌特性，但这种抗菌性与乳温、冷却是否及时和细菌污染程度有关。

4. 蛋类食品

鲜蛋由于含细菌酶，在一定时间内能抑制微生物的繁殖与生长。

5. 果蔬类食品

果蔬采摘后仍为生命体，对微生物的侵入有抗御能力。但到了过熟期，开始腐烂变质。过熟期长短与呼吸作用和乙烯催熟有关。所以合理的冷藏工艺可控制果蔬以较低的呼吸速率维持生命正常的代谢过程，推迟呼吸高峰的到来。

第四节 食品冻藏

食品的冻藏就是应用制冷技术使食品快速冻结，并保持在冻结状态下贮藏的食品保藏方法。广泛应用于肉类、水产、乳制品、禽蛋以及蔬菜、水果等。冻藏的贮藏期较长，且能较好地保存食品本身的色香味、营养素和组织状态。

一、食品的冻结

（一）食品的冻结过程

食品的冰点随溶液浓度的增加而降低。食品的冰点通常在-2~-1℃，取决于食品的种类、鲜度、预处理等因素。食品达到过冷点后开始形成冰晶，释放的相变潜热使温度迅速回升到冰点，然后继续形成冰结晶。通过最大冰晶生成带（-5~-1℃）后，食品在感官上已呈冻结状态。冻结终了时，食品的中心温度应为-18℃。

温度降至-5℃时，80%的水已结冰，除去结合水后，只剩下少量水分，因此，食品冻结时绝大部分水分是在-5~-1℃这一温度带中形成的，称为最大冰晶生产带。

（二）冻结速度与冰晶状态分布的关系

1. 冻结速度

冻结速度指食品内某点温度下降的速度，或食品内某种温度的冰峰向内扩散的速度。不同部位的冻结速度不同（表面>内部）。根据速度不同，冻结过程可分为缓慢冻结和快速冻结（急速冻结、超速冻结）。

2. 冻结速度与冰晶状态的关系

食品冻结时，冰晶首先在细胞间隙中生成。冻结速度快，冰晶在细胞内外同时形成，形成的冰晶数量多，体积小。冻结速度越快，形成的冰晶越细小，分布也越均匀，机械损伤越小。缓慢冻结时，细胞内水分迁移到细胞外，细胞易脱水造成质壁分离。细胞间隙中冰晶体积变大，易对细胞造成机械性损伤，细胞脱水严重。当胶体中电解质浓缩到一定程度时，胶体即产生不可逆的化学反应，以致解冻以后出现蛋白质凝固等现象，不能恢复原来的胶体状态。水结为冰晶和胶体浓缩是同时发生的，都是影响食品质量的重要因素。速冻与缓冻冰晶体的区别见表1-2-3。

表1-2-3 速冻与缓冻冰晶体的区别

特征	快速冻结	缓慢冻结
形状	针状或杆状	圆柱状或块粒状

续表

特征	快速冻结	缓慢冻结
大小	小，0.5~100μm	大，100~1000μm
数量	多	少
冰晶分布	分布于细胞内外	细胞间隙中

（三）冻结速率的表示方法

1. 食品的热中心降温速率

食品热中心指降温过程中食品内部温度最高的点，对于成分均匀且几何形状规则的食品，热中心就是几何中心。食品的热中心降温速率则常用食品热中心温度从-1℃降到-5℃所用时间（t）来表示。若 t<30min 为快速冻结，若 t>30min 为慢速冻结。

随着冻结食品种类增多和对冻结食品质量要求的提高，人们逐渐发现这种表示方法对保证食品的质量并不可靠。有些食品的最大冰晶生成带可延伸到-15~-10℃；食品的热中心不能反映部分食品形态、几何尺寸、包装情况等多种因素的影响。

2. 冰峰前进速率

德国学者普朗克提出，以-5℃作为结冰峰面，测量从食品表面向内部移动的速率。并按此速率高低将冻结分成三类：

（1）快速冻结（quick freezing）　冰峰移动速率 5~20cm/h。

（2）中速冻结（medium freezing）　冰峰移动速率 1~5cm/h。

（3）慢速冻结（slow freezing）　冰峰移动速率 0.1~1cm/h。

20 世纪 70 年代，国际制冷学会提出，食品冻结速率（V_f）应为：

$$V_f = L/t \tag{1-2-12}$$

式中　L——食品表面与热中心的最短距离，cm；

t——食品表面达 0℃ 至热中心达初始温度以下 5K 或 10K 所需的时间，h。

二、食品的冻结方法

（一）空气鼓风冻结

空气鼓风冻结法所用的介质是低温空气，利用低温和空气高速运动，促使食品快速散热，以达到冻结的要求。常见的鼓风冻结隧道，主要有下列两种形式：

1. 隧道式

被冷冻的食品装在小车上推进隧道，在隧道中被低温空气冷却、冻结后再推出隧道。主要用于产量小于 200kg/h 的场合。被冷却的食品用传送带输入隧道，食品在传送带上连续进出。食品可以是包装好的，也可以是散装的，传送带上有许多个小孔，冷空气由小孔吹起食品。对于已经包装好的食品，此类冻结机也可以做成螺旋式。一般采用温度-25~-23℃、相对湿度 90%左右、风速 1.5~2.0m/s，冻肉的最终温度以-18℃为宜。特点是经济方便，但所需冻结时间较长。

2. 流态化冻结装置

对于散装的食品，如切成小块儿的胡萝卜、梨等，食品被冷风吹在传送带的上空，呈悬浮状，能得到很好的冷却与冻结，此种方法称为流态化冻结装置。此法的产量可以很大，冻结时间很短，一般只有几分钟，可以达到单体快速冻结。

（二）间接接触冻结

用制冷剂或低温介质（如各类盐水）冷却的金属板和食品密切接触下使食品冻结的方法，称为间接接触冻结。如把薄片状肉类（如肉排、肉饼）装盘或直接与冻结室中的金属板架接触，冻结室温度一般为-30~-10℃。由于金属板直接作为蒸发器传递热量，故冻结速度比静止空气冻结法快、传热效率高、食品干耗少。其装置类型有平板、钢带式和回转式冻结装置等。

（三）直接接触冻结

散态或包装食品和低温介质或超低温制冷剂直接接触下进行冻结的方法，称为直接接触冻结，有浸渍冻结和喷雾冻结两种。如在低温下将肉类直接浸在制冷剂中或将制冷剂直接喷淋于肉类上使之冻结。特点是所需冻结时间短，不适于未包装肉类的冻结。

浸渍冻结可以保证制品表面与冷冻介质之间密切接触，保证良好的传热。冷冻介质有盐水、糖液和甘油溶液等。喷雾冻结也称深冷冻结，通过将未包装或仅薄层包装的制品暴露在具有低沸点、温度极低的制冷剂中，取得极快的冷冻速率，制冷剂通常采用干冰或液氮。由于干冰和液氮的正常沸点都很低，分别为-196℃和-78℃，所以被称为低温冻结，此法的传热效率很高，初期投资很低，可以达到快速冻结的目的，但运行费用较高。

三、冻结对食品品质的影响

一般-12℃下可抑制微生物的活动，但化学变化没有停止，甚至-18℃下仍有缓慢的化学变化。食品在冻结和冻藏过程中，除了组织结构受影响外，还可能发生色泽、风味等化学和生物化学方面的变化，从而影响食品品质。

（一）冰晶的成长和重结晶

液体和气体的蒸气压高于冰晶体的蒸气压，因此，水蒸气压高的一方就向水蒸气压低的一方移动，水蒸气不断附着并凝结到冰晶上，大冰晶越长越大，小冰晶则逐渐减少消失。

为了减少以上情况，采用深温快速冻结方式，让食品中90%的水分在冻结过程中来不及移动，就在原位置冻结成极细微的冰晶，且冰晶大小和分布比较均匀。冻藏环境尽量保持低温，少波动，尤其要避免-18℃以上的温度变动。

（二）干耗

干耗是冻制食品在冻藏过程中，质量减轻，品质下降的现象。干耗是冻制食品加工与贮藏中的主要问题之一，是由食品水分蒸发或升华造成的，其程度主要与食品表面和环境空气的水蒸气压差的大小有关。

干耗在冷却与冷冻及冻藏中均有发生，但干耗给食品带来的影响是不同的。冷却冷藏中干耗过程是水分不断从食品表面向环境中蒸发，同时食品内部的水分又会不断向表面扩散，造成食品形态萎缩。

干耗量与制冷装置的性能有密切关系，性能优良的只有0.5%~1.0%，性能不佳的装置干耗可达5%~7%。干耗可造成巨大的经济损失，如按出肉率40kg/头，250工作日/年计，日处理2000头猪的肉联厂，干耗以3%计算，年损失达600 t，相当于15000头猪。

影响干耗的因素主要有两个方面：库内状态（温度、相对湿度和空气流速）和食品表面与空气接触情况。提高冷库的热流封锁系数、保持冻藏时足够的低温、增加相对湿度、加强冻藏食品的密封包装或采取食品表层镀冰衣的方法，可有效减少冰晶升华引起的干耗。

根据食品表面对流传质理论，干耗量可按下式计算：

$$m = \alpha_m A(p_s - p_\infty) \qquad (1-2-13)$$

式中　m——单位时间内食品的干耗量，kg/s；

α_m——对流传质系数，kg/（m^2·s·Pa），$\alpha_m = 62.1\times10^{-10}\alpha$；

α——对流传热系数，W/（m^2·K）；

A——与空气接触的食品表面积，m^2；

p_s、p_∞——食品表面与其周围环境空气的水蒸气压力，Pa。

在计算时，食品表面水蒸气压力可取其温度下的饱和压力；环境空气水蒸气压力可由空气的干、湿球温度求出。

在时间 t 内的绝对干耗量为：

$$\Delta m_{初} = mt \qquad (1-2-14)$$

而相对干耗量为：

$$g = \Delta m_{初} / m_{初} \times 100\% \qquad (1-2-15)$$

式中　$m_{初}$——食品的初始质量，kg。

例 2　在自然对流条件下，在冷冻柜中的冻结鸡，鸡在冻结前的质量为 1635g，鸡的表面积为 0.1459m^2，由初始温度 2.6℃冻至表皮平均温度-6℃，冻结时间为 19h。冻结过程中空气平均水蒸气压力为 159.1Pa，空气自然对流表面传热系数为 3.3W/（m^2·K），试计算鸡在冻结过程中的质量损失。

解：$\alpha_m = 62.1\times10^{-10}\alpha = 62.1\times10^{-10}\times3.3 = 202\times10^{-10}$kg/（$m^2$·s·Pa）

鸡表皮平均温度（-6℃）所对应的饱和水蒸气压约 $p_s = 373.4$Pa

$$m = \alpha_m A(p_s - p_\infty) = 202 \times 10^{-10} \times 0.1459 \times (373.4 - 159.1) = 6.316 \times 10^{-7}\text{kg/s}$$

绝对干耗量为：

$$\Delta m_{初} = mt = 6.316 \times 10^{-7} \times 19 \times 3600 = 0.0432\text{kg}$$

相对干耗量为：

$$g = \Delta m_{初} / m_{初} \times 100\% = 43.2/1635 \times 100\% = 2.64\%$$

（2）根据冷却设备表面的热湿传递

冷却或冻结过程中的绝对干耗量：

$$\Delta m_{初} = m_{初}(h_0 - h_f)/\varepsilon \qquad (1-2-16)$$

冷却或冻结过程中的相对干耗量：

$$g = [(h_0 - h_f)/\varepsilon] \times 100\% \qquad (1-2-17)$$

贮藏期间的绝对干耗量：

$$\Delta m_{初} = kAt(T_\infty - T_{in})(1 - \varepsilon_f)/\varepsilon \qquad (1-2-18)$$

贮藏期间的相对干耗量：

$$g = kAt(T_\infty - T_{in})(1 - \varepsilon_f)/\varepsilon m_{初} \qquad (1-2-19)$$

式中　h_0、h_f——食品加工前后的比焓值，J/kg；

k——冷库围护结构传热系数，W/（m^2·K）；

A——冷库围护结构传热面积，m^2；

T_∞、T_{in}——冷库外和冷库内温度，℃；

t——食品在冷库内的贮藏期，s；

ε_f——冷库中冷却设备对外界传入库内热流的封锁系数；

$m_{初}$——食品的初始质量，kg；

ε——湿空气冷却过程中的热湿比，J/kg。

$$\varepsilon = [2500 + \Delta T(270 + 1.07T_{in})B_1/(B_2\Phi - 1)] \times 1000 \quad (1-2-20)$$

式中 T_{in}——库内空气温度,℃；

ΔT——冷库内冷却设备表面温度与空气温度之差，K；

Φ——冷库内空气相对湿度,%；

B_1、B_2——系数。

$$B_1 = (1.086 - 3.7 \times 10^{-4}T)\Delta T - T \quad (1-2-21)$$

$$B_2 = [1.086 + 3.7 \times 10^{-4}(\Delta T - T)]\Delta T \quad (1-2-22)$$

式中 T——冻结间温度,℃。

（三）冻结烧

严重的干耗，也称为冻结烧，可能使食品失去营养和商品价值。冻结冻藏中干耗过程为水分不断从食品表面升华，而食品内部的水分却不能向表面补充，造成食品表面呈多孔层，增加了食品与空气中氧的接触面积，使脂肪、色素等迅速氧化，造成食品变色、食品变味、脂肪酸败、芳香物质挥发、蛋白质变性和持水能力下降等后果。为了避免以上情况的发生，可采取在食品或镀冰衣中添加抗氧化剂或密封包装等措施。

（四）化学变化

冻结过程中会发生蛋白质变性、变色、变味等化学变化，这些变化在冻藏中同样可能出现，尤其是产品颜色的变化。食品在冻藏过程中出现的变色、变味等化学变化，大多与氧的存在和酶的活性相关。在冷冻加工贮藏条件下，酶仍然保持其活性，只是其催化的反应变慢，造成的品质下降是显著的，如变色和变味。由于提供了反应所需条件，解冻后变化更为明显。

预防措施：在冻结前用热烫处理或化学处理等方法破坏或抑制酶的活性。对于无漂烫处理的食品，需要加入抗氧化剂来减少氧化，或加入糖浆减少与氧接触的机会，有利于保护产品的风味和减少氧化。

（五）汁液流失

蛋白质等物质的变性会使这些物质失掉对水的亲和力，水分不能再与之重新结合。解冻过程中，冰融化成水，组织损伤会使产品大量的汁液流失。汁液的流失会带走各种营养成分，既影响风味又造成营养损失，使食品的品质下降，因此，流失液的产生率是评定速冻食品品质的指标之一。

（六）冻结食品 TTT

冻结食品 TTT（time-temperature-tolerance）提示了食品在一定初始质量、加工方法和包装方式下，冻结食品的容许冻藏期与冻藏时间、冻藏温度的关系，对食品冻藏具有实际指导意义。

冻藏期分为实用冻藏期（practical storage life，PSL）和高质量冻藏期（high quality life，HQL）。实用冻藏期为食品在某一温度下不失去商品价值的最长时间。组织专家对食品进行感官质量检验，采用二、三点检验法（Duo-trio test）或三角检验法（triangle test），若有 70%专家认为该食品品质与冻藏在-40℃温度下的食品品质出现差异，此时间间隔即为高质量冻藏期，

HQL<PSL。

冻藏期也可分为商品价值丧失时间（time to loss of consumer acceptability，ACC）和感官质量变化时间（time to first noticeable change，STAB）。

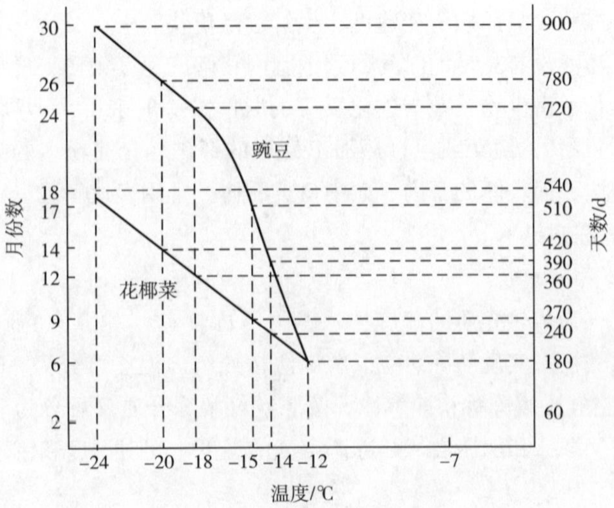

图 1-2-1　花椰菜和豌豆的实用冻藏期（PSL）

例 3　上等花椰菜经过合理冻结后，在-24℃低温库冻藏 150d，随后运至销售地，运输过程中温度为-15℃，时间为 15d，在销售地又冻藏 120d，温度为-20℃。求此时冻结花椰菜的可冻藏性为多少？

解：从图 1-2-1 可知，花椰菜在-24℃下经过 540d 或-20℃经过 420d 或-15℃经过 270d，其可冻藏性完全丧失，变为 0。

根据质量下降的累积性，得质量下降率为：

$$(150/540 + 15/270 + 120/420) \times 100\% = (0.28 + 0.06 + 0.29) \times 100\% = 63\%$$

剩余可冻藏性为：100%-63%=37%

说明如果仍在-20℃下贮藏，最多可贮藏 420×37%=155d。

若在-12℃下贮藏，最多可贮藏 180×0.37=66d 即失去商品价值。

四、冻结食品的解冻

从理论上讲，解冻是冻结的逆过程。但实际不完全是冻结的逆过程。

（一）解冻对食品的影响

1. 食品的解冻

冻结食品在消费前或加工前必须解冻，解冻状态可分为半解冻（-5～-3℃）和完全解冻。从理论上讲，解冻是冻结的逆过程。由于水的热导率［0.561 W/（m・K）］仅是冰的热导率［2.24 W/（m・K）］的 1/4，因此在解冻过程中，热量不能充分地通过已解冻层传入食品内部。此外，为避免表面首先解冻的食品被微生物污染和变质，解冻所用的温度梯度也远低于冻结所用的温度梯度。因此解冻所用的时间远大于冻结所用的时间。

2. 解冻对食品的影响

食品在解冻过程中常出现的主要问题一是汁液流失，二是微生物和酶促或非酶促等系列生化反应。食品汁液中含有有机酸、矿物质、可溶性蛋白质和维生素等，汁液流失会导致食品失去营养价值和原有风味。同时，营养成分的渗出给微生物的生长繁殖创造良好的条件。因此，解冻不合理会导致解冻后食品品质劣变速度比生鲜食品更快。

解冻速度太快，汁液没有充足的时间回到细胞内；解冻速度太慢，增加了浓溶液对食品品质的影响，同时也延长了微生物繁殖与生化反应的时间。一般来讲，小包装食品（速冻水饺、汤圆等）、冻结前经过漂烫的蔬菜或经过热加工处理的虾仁、含淀粉多的甜玉米、豆类、薯类等多用高温快速解冻法，而较厚的畜肉、大中鱼类胴体类常用慢速解冻。

（二）常用的解冻方法

1. 空气解冻

空气解冻是以空气为传热介质的解冻方法，将冷冻食品（如冻肉）移放在解冻间，靠空气介质与冻肉进行热交换来实现解冻。空气解冻法按照解冻温度可分为：0~5℃空气中解冻称缓慢解冻，15~20℃空气中解冻称快速解冻。按照空气解冻介质又可分为静止空气解冻、流动空气解冻、高湿度空气解冻和加压空气解冻。空气的温度、相对湿度和流速都影响解冻后肉品的品质。

2. 水解冻

水解冻是用4~20℃的清水对冻肉进行浸泡或喷洒以解冻。此方法适用于肌肉组织未被破坏的半胴体或1/4胴体，不适用于分割肉。此方法的优点是速度快、肉汁损失少，避免了质量损失；但易造成食品中可溶性物质流失、食品吸水后膨胀以及被解冻水中的微生物污染等。因此，适用于有包装的食品、冻鱼以及破损小的果蔬类的解冻。有浸渍和喷淋两种方法，水温不超过20℃。在10℃水中浸渍解冻半胴体需13~15h，用10℃水喷洒解冻需20~22h；在5℃空气中解冻禽肉需要24~30h，而在5℃水中浸渍只需3~4h。

3. 电解冻

电解冻包括低频解冻（50~60Hz）、高频解冻（1~50MHz）、微波解冻（915或2450MHz）和高压静电强化解冻（电压5000~100000V，功率30~40W）。

微波解冻就是利用微波加热原理使冻制品解冻，冻制品在微波的作用下，极性分子以915 MHz/s的交变振动摩擦而产生热量，以达到解冻目的。微波解冻法的优点是解冻快速而均匀；可以减少肉损，降低消耗；安全整洁，无交叉污染；设备占地面积小，操作方便，使用寿命长，可连续生产。

4. 真空解冻

真空解冻是利用真空状态下，压力不同，水的沸点不同，水在真空室中沸腾时，形成的水蒸气遇到温度更低的冻结食品时就在其表面凝结成水珠，蒸汽凝结时所放出的潜热，被冻结食品吸收，使冻品温度升高而解冻。真空解冻法的主要优点是食品表面不受高温介质影响，解冻均匀且时间短，比空气解冻法提高2~3倍效率；由于氧气浓度极低，解冻过程中减少或避免了食品氧化变质，解冻后产品品质好；因相对湿度提高，食品解冻后汁液流失少，没有干耗。某些解冻食品解冻后外观不佳，成本高是此方法的缺点。真空解冻法适用于水果、蔬菜、肉、蛋、鱼及浓缩状食品等。厚度0.09mm、质量31kg的牛肉，利用真空解冻装置只需60min。

5. 高压解冻

高压解冻是在高压条件下，冻品的原有部分冰温度剧降放出显热，并将热量转化为另一部分冰的溶解潜热使之融化的过程。该方法无需外界加热，降温迅速；并且压力可以瞬间均一地传递到冻品内部，内、外可同时快速解冻。高压解冻法是在最低有效温度下解冻大量肉制品的最有效的方法，可以避免加热解冻造成的食品热变性和解冻时最大冰晶带停留时间过长，并且还有杀菌的作用。

思考题

1. 为什么稍低于生长温度或冻结温度时对微生物的威胁最大？
2. 试述快速冻结和慢速冻结与冰晶形成状态的关系。
3. 干缩对食品的品质有何影响？影响食品干缩的因素有哪些？如何预防？
4. 试述影响食品冷藏的因素有哪些？
5. 为什么冻藏温度一般选用-18℃以下？
6. 常用的解冻方法有哪些？各具有哪些特点？

第三章 食品罐藏原理

CHAPTER 3

【学习目标】了解罐藏食品的概念和分类；掌握微生物耐热性，食品热处理作用、加热方式；影响食品传热的因素，加热对微生物、酶及食品品质的影响；掌握食品的热杀菌概念、基本原理、杀菌特点；罐藏食品的加工过程、加工要点及注意事项。

【课程思政目标】从罐头发明的历史教育学生尊重科学、热爱科学，坚持创新，为我国食品工业发展做出更大贡献。

【重点难点】热杀菌基本原理。

第一节　概述

一、食品罐藏的概念

食品罐藏是将经过一定处理的食品装入镀锡薄板罐、玻璃罐或其他包装容器中，经密封杀菌，使罐内食品与外界隔绝而不再被微生物污染，同时又使罐内绝大部分微生物死亡并使酶失活，从而消除了引起食品劣化的主要原因，获得在室温下长期贮存的保藏方法。这种密封在容器中并经杀菌而在室温下能够较长时间保存的食品称为罐藏食品，俗称罐头。

二、食品罐藏的发展

1795 年，法国政府出于战争的需要重金悬赏供军用食品保藏的方法。法国人 Nichols Appert 于 1804 年研究获得成功，将肉和豆子装入坛子中煮沸密封后，使食品具有较长的贮存期。1810 年，英国人 Peter Durand 最早使用金属和玻璃容器包装食品。1873 年，Louis Pasteur 首次认识到食品腐败变质的科学原理是由微生物引起，并提出了加热杀菌理论。1920 年，Ball 和 Bigelow 首先提出了罐头杀菌安全过程的计算方法，就是目前被熟知的图解法。

19 世纪，罐头食品由欧美传入我国，1906 年在上海泰丰公司设厂生产罐头。之后，沿海各省先后兴建罐头厂，1949 年全年罐头总产量达 484t。新中国成立后，罐头工业有了很大发展。

三、罐头食品的特点

罐头食品可直接食用，是一种方便食品；基本上保持食品原有的风味、营养价值、部分罐头的风味（如菠萝罐头）甚至能胜过新鲜食品；罐头食品便于携带、运输和贮存；不易破损且耐久藏；罐头食品不易受季节影响，能常年供应市场，是一种很好的战备物资。

四、罐头食品的分类

我国现有罐头食品 400 多个品种，分类的方法也各不相同。GB/T 10784—2020《罐头食品分类》中首先将罐藏食品按原料分为畜肉类、禽类、水产类、水果类、蔬菜类、食用菌类、坚果及籽类、谷物和杂粮类、蛋类、婴幼儿辅食和其他类十一大类，再将各大类按加工和调味方法的不同分为若干类。此外，也可以按罐藏容器分为金属罐头、玻璃罐头和塑料罐头等。

第二节　食品的热处理和杀菌

食品的热处理是传统保藏食品的方法。罐头的杀菌不同于微生物学上的灭菌。灭菌是指将所有微生物及孢子完全杀灭的加热处理方法。罐头杀菌是商业灭菌（commercial sterilization），即将病原菌、产毒菌、腐败菌等杀死，罐头内允许残留有微生物或芽孢；要求在常温商业贮运过程中，在一定保质期内，不引起食品腐败变质，这种加热处理方法叫商业灭菌。商业灭菌后的食品是一种部分无菌（partially sterile）食品。

一、影响微生物耐热性的因素

（一）污染微生物的数量和种类

各种微生物的耐热性不同，一般而言，霉菌和酵母的耐热性都比较低，在 50~60℃ 就可以杀灭；而有一部分的细菌很耐热，尤其是有些细菌可以在不适宜生长的条件下形成耐热的芽孢。食品在杀菌前，可能有各种微生物污染。微生物的种类及数量取决于原料的状况、工厂的环境卫生、车间卫生、机器设备和工器具的卫生、生产操作工艺条件和操作人员个人卫生等因素。

（二）热处理温度

温度高于微生物适宜生长温度，可以杀灭微生物。微生物的种类不同，其最低热致死温度也不同。对于规定种类、数量的微生物，选择某一个温度后，微生物的死亡取决于在这个温度下维持的时间。对枯草杆菌的一次试验数据表明，提高温度可以缩短致死时间。表 1-3-1 为枯草杆菌的杀菌温度与致死时间的关系。

表 1-3-1　　枯草杆菌的杀菌温度与致死时间

温度/℃	100	105	110	115	120	125
致死时间/min	124	110	80	70	40	30

（三） pH

研究证明，许多高耐热性的微生物，在中性时耐热性最强，随着 pH 偏离中性的程度越大，耐热性越低，也就意味着死亡率越大。

（四）罐内食品成分

1. 脂肪

脂肪含量高则细菌的耐热性会增强。

2. 糖

糖的浓度越高，越难以杀死食品中的微生物。

3. 蛋白质

食品中蛋白质含量在 5%左右时，对微生物有保护作用。

4. 食盐

低浓度食盐对微生物有保护作用，高浓度食盐则对微生物的抵抗力有削弱作用。

5. 植物杀菌素

有些植物（如葱、姜、蒜、辣椒、萝卜、胡萝卜、番茄、芥末、丁香和胡椒等）的汁液以及它们分泌的物质，对微生物有抑制或杀灭作用，这类物质就被称为植物杀菌素。

二、热杀菌食品的 pH 分类

从食品安全和人类健康的角度，热处理食品按 pH 可分为酸性（≤4.6）和低酸性（>4.6）两类。这是根据肉毒梭状芽孢杆菌的生长习性来决定的。在包装容器中密封的低酸性食品给肉毒梭状芽孢杆菌提供了一个生长和产毒的理想环境。肉毒梭状芽孢杆菌在生长的过程中会产生致命的肉毒素。因为肉毒梭状芽孢杆菌对人类的健康危害极大，所以罐头生产一定要保证杀灭该菌。试验证明，肉毒梭状芽孢杆菌在 pH≤4.8 时就不会生长（也就不会产生毒素），在 pH≤4.6 时，其芽孢受到强烈的抑制，所以，pH 4.6 被确定为低酸性食品和酸性食品的分界线。

有些低酸性食品物料因为感官品质的需要，不宜进行高强度的加热，这时可以采取加入酸或酸性食品的办法使整罐产品的最终平衡 pH 在 4.6 以下，这类产品称为“酸化食品”。酸化食品就可以按照酸性食品的杀菌要求来进行处理。

三、微生物耐热性参数

（一）热力致死速率曲线

1. 定义

热力致死速率曲线（thermal death speed curve）又称活菌残存数曲线 。以物料单位值内细胞数或芽孢数的对数值为纵坐标，以热处理时间为横坐标，就可根据一定环境和一定温度热处理条件下，不同时间所得的残存活菌数（lg$b$）在半对数坐标图上画出相应的热力致死速率曲线，如图 1-3-1 所示。

$$D=\frac{1}{m}$$

式中 m——细菌死亡率，直线的斜率。

m 增加，细菌的死亡速度越快，该细菌耐热性越差。

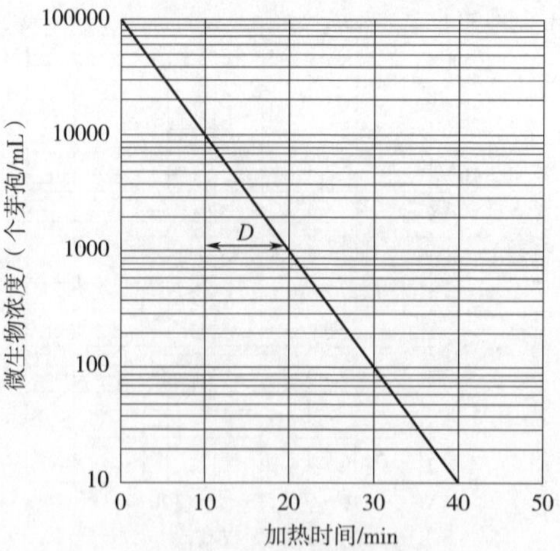

图 1-3-1　热力致死速率曲线

2. D 值或指数递减时间（decimal reduction time）

D 值是在一定的处境中和在一定的热力致死温度下某细菌群每杀死 90%原有残存活菌数时所需的时间。其为热力致死速率曲线横过一个对数循环时所需的热力处理时间。在数值上等于残存活菌曲线斜率绝对值的倒数。D 越大，细菌死亡速度越小，该菌的耐热性越高。D 值不受原始菌数的影响。

3. 方程

$$t = D(\lg a - \lg b) \tag{1-3-1}$$

式中　t——时间，min；

$\lg a$——原始菌数；

$\lg b$——热力杀菌后的菌数。

式（1-3-1）为在一定环境中和热处理时一定致死温度下，所得的热力致死速率曲线或活菌残存数曲线的方程式。

例 1　110℃热处理时，原始菌数为 1.0×10^4，热处理 3min 后残存的活菌数为 1.0×10，求 D 值。

由 $t=D(\lg a-\lg b)$ 得 $D=t/(\lg a-\lg b)=3/(\lg 1.0\times10^4-\lg 1.0\times10)=3/(4-1)=3/3=1.00$

即 $D_{110℃}=1.00$ 或 $D_{110}=1.00$。

（二）热力致死时间曲线

热力致死时间曲线（thermal death time curve，TDT 曲线）是用来表示将在一定环境中一定数量的某种微生物恰好全部杀灭所采用的杀菌温度和时间组合。由于大量实验数据显示，温度每上升一个定值，所需要的杀菌时间减少 10 倍，因此将纵坐标按对数规律安排，热力致死时间就成为一条直线。如图 1-3-2 所示，热力致死时间曲线以热杀菌温度为横坐标，以微生物全部杀灭的时间为纵坐标，表现出微生物的热力致死时间随热杀菌温度的变化规律。热力致死时间曲线与环境条件有关，与微生物数量有关，与微生物的种类有关。

1. 热力致死时间意义

热力致死时间曲线表示不同热力致死温度时细菌芽孢的相对耐热性。热力致死时间随原始

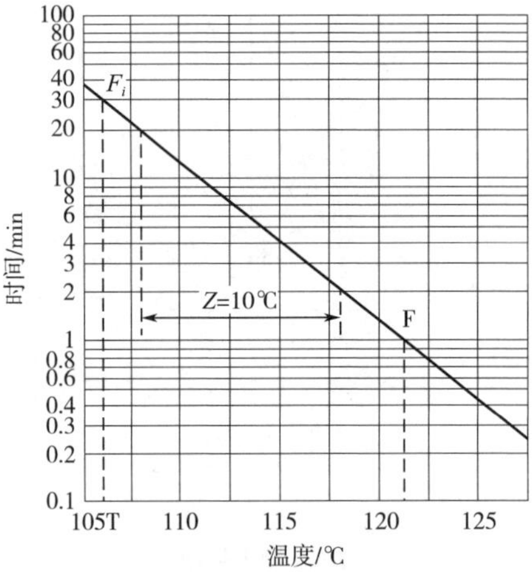

图 1-3-2 热力致死时间曲线

菌数而异，只有用试验方法才能加以确定。

2. 方程

$$\lg\tau/\tau' = (T' - T)/Z \qquad (1-3-2)$$

式中 τ、τ′——T 和 T′温度时热力致死时间，min；

Z——lgτ/τ′等于 1 时相应的（T′−T）值，即直线横过一个对数循环时所需改变的温度数，℃。

通常标准温度 T′=121℃（国外用 121.1℃），该温度下的热力致死时间 τ′，则用 F 表示，并称为 F 值。式（1-3-2）可写为

$$\lg\tau/F = (121 - T)/Z \text{ 或 } \lg\tau/F = (121.1 - T)/Z \qquad (1-3-3)$$

（三） F 值

F 值是在一定的致死温度下杀死一定浓度的细菌所需要的加热时间（t）。一般可用 121℃时热力致死时间表示。F 与温度和微生物的种类有关，用 F_T^Z 表示。如 Z=5.0℃的试验菌在 121℃中加热 10min 全部死亡，可用 $F_{121}^{5}=10\text{min}$ 表示；如 Z 值为 10℃杀菌温度为 121℃，可用 F_{121}^{10} 表示，也可直接用 F 表示。

$$F = t\lg^{-1}[(T - 121.1)/Z] \qquad (1-3-4)$$

（四） Z 值

Z 值为热力致死时间或致死率（D 值），按照 1/10 或 10 倍变化时相应的加热温度变化（℃）。定义为热力致死时间曲线横过一个对数循环时所需要的温度（℃）。Z 值越大，因温度上涨而取得的杀菌效果就越小。

在计算杀菌强度时，对于低酸性食品中的微生物，如肉毒梭状芽孢杆菌等，一般取 Z=10℃；在酸性食品中的微生物，采取 100℃或以下杀菌的，通常取 Z=8℃。

（五） F=nD

前述的 TDT 值（或 F 值）是建立在“彻底杀灭规定数量的微生物”的基础上，用适当的残存率值代替“彻底杀灭”的概念，这使得杀菌终点（或程度）的选择更科学、更方便，同时强调了环境和管理对杀菌操作的重要性。

通过 $F=nD$，将热力致死速率曲线和热力致死时间曲线联系在一起，建立了 D 值、Z 值和 F 值之间的联系。在实际杀菌操作中，若 n 足够大，则残存菌数 b 足够小，达到某种被社会（包括消费者和生产者）接受的安全杀菌程度，就认为达到了杀菌的目标。这种程度的杀菌操作，称为“商业灭菌”；接受过商业灭菌的产品，即处于商业无菌状态。商业无菌要求产品中的所有致病菌都已被杀灭，耐热性非致病菌的存活概率达到规定要求，并且在密封完好的条件下在正常的销售期内不生长繁殖。

四、食品的传热

（一）传热方式

在实际生产中，热的传递方式有三种：传导、对流和辐射。对于罐藏食品的内容物来说，只有传导和对流两种方式。根据罐内容物的特性，其传热形式有如下几种：

1. 完全对流型

液体物料如果汁、蔬菜汁和汁液很多而固形物很少，且块形很小的物料如汤类罐头。

2. 完全传导型

固体物料如午餐肉、烤鹅等。

3. （先）传导（后）对流型

受热熔化的物料，如果酱等。

4. （先）对流（后）传导型

受热后会吸水膨胀的物料，如甜玉米等，含有丰富的淀粉质。

5. 诱发对流型

借助机械力量产生对流，如对于八宝粥等黏稠性产品使用回转式杀菌器，在杀菌过程中产生强制性对流。

（二）影响传热的因素

1. 罐内食品的物理性质

主要指食品的状态、块形大小、浓度、黏度等。

2. 初温

指杀菌操作开始时，罐内食品物料的温度。罐头的初温（杀菌前的罐内中心温度）越高，杀菌时间越短。因此，罐头排气、封罐后立即杀菌，以保持罐头有较高的初温，提高杀菌效果。

3. 容器

对于杀菌操作中的传热，主要考虑容器的材料、体积和几何尺寸。金属罐比非金属罐传热快，同样的制罐材料，罐型越大时间越长。

4. 杀菌锅

静置式杀菌锅比回转式杀菌锅传热慢。罐头的转动有利于热量的传递，可以缩短杀菌时间。罐头食品在回转式杀菌设备内杀菌速度快，杀菌均匀。

第三节　罐藏食品的加工工艺

一、罐藏容器的准备

（一）罐藏容器的清洗与消毒

新瓶：用热水浸泡然后用高压水冲洗。

旧瓶：一般脏的瓶子用10~30g/L的NaOH溶液在40~50℃浸泡5~10min。比较脏的瓶子用混合洗涤剂［10~30g/L NaOH溶液，15g/L的磷酸三钠和20~25g/L的水玻璃（泡花碱Na_2SiO_3）组成的混合液］浸泡8~10min。

可用漂白粉水溶液消毒：1份漂白粉+2份水配成浓浆，浓浆加5~6份水搅拌静置，取上清液，依所需浓度配成溶液。

（二）空罐的钝化处理

将空罐放在化学溶液中，作短时间浸泡或化学溶液喷射，使其表面产生一保护薄层，使锡的活泼性变得迟钝而不易与食品发生作用，这种处理就叫做空罐的钝化处理。注意不能使用涂料罐。

二、装罐与注液

（一）装罐

1. 罐头的含量包括净含量和固形物含量

净含量是指罐头食品质量减去容器质量后所得的质量（净重=罐头总重-容器质量），包括液态和固态食品。固形物是指罐内的固态食品的质量（固形物含量=固态食品在净重中所占的百分率，一般为45%~65%）。一般每罐净含量允许公差±3%。

2. 顶隙

顶隙是指罐内食品的表面与罐盖内表面之间的空隙。装罐时一般保持顶隙6~8mm，容器的装料体积不应低于总体积的90%。顶隙的大小影响到罐头的真空度、卷边的密封性、假胖听或瘪罐、金属罐内的腐蚀，导致食品的变色、变质等。顶隙过大：排气不充分的情况下，罐内残留气体较多，将促进罐内壁的腐蚀和产品的氧化变色和变质。顶隙过小：加热杀菌时，罐内食品、气体的膨胀造成罐内压力增加而使容器变形，卷边松弛，甚至爆罐、跳盖，造成原料的浪费。杀菌后，由于罐外压大大高于罐内压，造成瘪罐。

3. 装罐的方法

根据产品的性质、形状和要求等不同选用不同的罐装方法。

（1）人工装罐　对于经不起机械性摩擦，需要合理搭配和排列整齐的块片状食品如大型软质果蔬块及鱼、肉禽块等，目前仍采用人工装罐。

（2）机械装罐　颗粒体、半固体和液体食品采用机械装罐。如青豆、甜玉米、午餐肉、番茄酱、果酱、果汁、盐水、糖水和汤汁等。

（二）注液

除流体食品、糊状、糜状及干制食品外，大多数食品都要向罐内加注液体。罐内汁液的加入不仅增进食品的风味，提高食品的初温，促进对流传热，提高杀菌效果，而且能排除罐内空气，降低加热杀菌时罐内压力，减轻罐内壁的腐蚀，减少内容物的氧化变色和变质。

注液过程大多工厂采用自动注液机或半自动注液机，根据产品和工艺要求，也有一些仍采用人工加注汁液。

三、排气

（一）预封

有些罐头排气前要先进行预封。预封就是用封口机将罐盖与罐身初步钩连上，其松紧程度以能使罐盖旋转而又不会脱落为度。

预封的作用有防止罐内食品溢出，而罐盖不脱落；防止冷凝水滴入罐内；避免表面接触高温而受损伤；避免冷空气进入，保持顶隙温度和真空度；防止罐身和罐盖吻合不良而造成的次品；有助于保证卷边质量，特别是方罐和异形罐。

（二）排气

食品装罐后，密封前应尽量将罐内顶隙、食品原料组织细胞内的气体排除，这个排除气体的操作过程就叫排气。

排气可以防止或减轻罐头在高温杀菌时发生容器的变形和损坏；防止需氧菌和霉菌的生长繁殖；有利于食品色、香、味的保存；减少维生素和其他营养素的破坏；防止或减轻罐头在贮藏过程中罐内壁的腐蚀；有助于“打检”，检查识别罐头质量的好坏。

1. 热力排气法

热力排气法就是利用空气、水蒸气和食品受热膨胀的原理，将罐内空气排出而获得一定真空度的方法。常用的热力排气法有热装罐密封法和加热排气法两种。

（1）热装罐密封法　将食品加热到一定温度（70~75℃）后立即装罐密封的方法。适用于液体或半液体食品，如番茄汁、番茄酱、糖浆草莓、糖浆苹果等。

（2）加热排气法　罐头在预定的排气温度（82~100℃）中经一定时间的热处理，使罐内中心温度达到70~90℃，并保证食品内空气有足够外逸时间的情况下，立即封罐的排气方法。加热排气法能使食品组织内部的空气得到较好的排出，能起到部分杀菌的作用；不足之处是对于食品的色、香、味等品质有影响，而且排气速度慢，热量利用率低。

2. 真空封罐排气法

真空封罐排气法是在真空条件下进行排气封罐的方法，一般在真空封罐机中进行，借助于真空封罐机将罐头置于真空封罐机的真空仓内，在抽气的同时进行密封。真空封罐机内罐头排气时间很短，所以只能排出顶隙内和罐头食品中的一部分气体。适用于生产肉、鱼类罐头等一类固态食品罐头。

3. 蒸气密封排气法

蒸汽密封排气法就是在封罐的同时向罐头顶隙内喷射具有一定压力的高压蒸气，用蒸气驱赶、置换顶隙内的空气，蒸气冷凝而形成一定的真空度。顶隙的大小直接影响真空度，没有顶隙就不能形成真空度。顶隙小，杀菌后真空度也很低；顶隙大，就可以获得足够的真空度。

上述三种排气方法的比较见表1-3-2。

表 1-3-2 各种排气方法的比较

评价要素	热力排气	真空封罐排气	蒸气密封排气
占地面积	大	小	大
应用范围	局限	广泛	局限
蒸气耗用量	多	无	少
对高真空度的适应性	较好	好	好
对高速生产的适应性	较好	好	好
其他	对食品有热损伤	难排除组织内部空气	对顶隙要求严格，难排除组织内部气体

4. 真空度的检测方法

罐头真空度的检测方法分为破坏性检测和非破坏性检测两大类。破坏性检测是指用特制的真空表测定罐头的真空度。非破坏性又包括“打检”检查和罐头真空度自动检测仪。打检就是用特制的小棒敲击罐头底盖，根据棒击时发出的清、浊声音来判断真空度的大小，常和保温结合在一起。

罐内真空度=大气压力-罐内残留气体压力。

实际上测得的罐内气体压力值应为：

$$p(V_1+V_2)=BV_1+p_2V_2 \quad (1-3-5)$$

$$p=(BV_1+p_2V_2)/(V_1+V_2) \quad (1-3-6)$$

式中 p——真空表插入罐内后的压力，cmHg；

V_1——真空表内部空隙体积，cm^3；

V_2——罐内顶隙体积，cm^3；

B——测定真空度时当地的大气压，cmHg；

p_2——罐内残余气体压力，cmHg。

注：$1cmHg=1.013\times10^5Pa$

故测得的真空度

$$Wc=B-p=V_2(B-p_2)/(V_1+V_2) \quad (1-3-7)$$

根据罐内真空度=大气压力-罐内残留气体压力，实际真空度 $W=B-p_2$，所以测得的真空度 Wc 与实际真空度 W 之间相差 $V_2/(V_1+V_2)$ 倍。

例 2 罐外大气压为标准大气压 76cmHg，用真空表测得该罐头罐内真空度为 40cmHg，V_1 为 $5cm^3$，V_2 为 $20cm^3$，求罐内实际真空度为多少？

解：$W=20(76-40)/25=41.6$cmHg。

四、罐头的密封

为了保持高度密封状态，必须借助于封罐机将罐身和罐盖紧密结合，这就叫密封或封口。密封是生产中极重要的一道工序，罐头密封的方法和要求视容器的种类而异。经过密封的罐头，食品内容物与外界环境是完全隔绝的，经过杀菌后，保证食品不被再次污染，使罐头食品得以长期保藏。

（一）金属罐的密封

金属罐的密封是指罐身的翻边和罐盖的圆边在封口机中进行卷封，使罐身和罐盖相互卷合，压紧而形成紧密的重叠的卷边过程，所形成的卷边称之为二重卷边（图 1-3-3）。二重卷边封口机完成罐头的封口主要靠压头、托盘、头道滚轮和二道滚轮器等部件，在四大部件的协同作用下完成金属的封口。

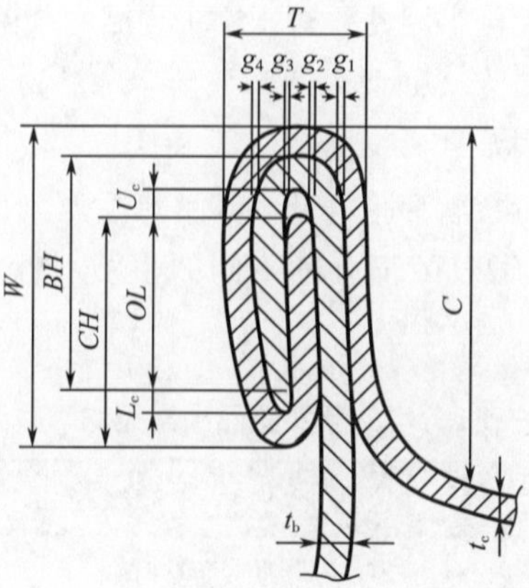

图 1-3-3　二重卷边的结构示意图

T—卷边厚度　*W*—卷边宽度　*C*—埋头度　*BH*—罐身身钩长度　*CH*—罐盖盖钩长度　*OL*—叠接长度　U_c—上部空隙　L_c—下部空隙　t_b—罐身镀锡板厚度　t_c—罐盖镀锡板厚度　g_1，g_2，g_3，g_4—各层间隙

（二）玻璃罐的密封

玻璃罐罐身是玻璃的，罐盖是金属的，一般为镀锡薄钢板。玻璃罐的密封是靠镀锡薄钢板和密封圈紧压在玻璃口而形成密封的。玻璃瓶根据瓶口边缘的不同，常采用卷封式玻璃瓶、旋开式玻璃瓶和掀压式玻璃瓶的密封方式。具有封口结构简单，开启方便的特点。

（三）复合塑料薄膜袋的密封

1. 软罐头排气方法

（1）斯诺凯法（Snorkel）　在袋口密封边处预留未封区插入管子，将空气吸出，再撤出管子，并将封边未封区全部密封。

（2）真空抽气法　在真空室内封口。

（3）加压或反压法　适合于液态食品，先将封边拉紧，从底向上装液体直到封边下，然后封边，袋内空气容可低于 2mL。

（4）蒸汽冲洗法　蒸汽冲入罐头内，驱走罐头内的空气，蒸汽冷凝成水。

2. 软罐头密封方法

（1）高频密封法　封边强度高，但封边上不能有水和油，此法不宜供食品包装后密封之用，仅适用于制造复合薄膜袋或软罐头。

（2）热压密封法　封边强度较差，有少量水和油不影响，只适合于聚乙烯类、防潮玻璃纸和聚乙烯复合薄膜材料。

（3）脉冲密封法　在低电压下让极细的电阻丝瞬时通过高密度的电流，使加热板的温度瞬时上升到高温，并使封边内塑料层相互密合。少量水和油也无妨，操作方便，适合所有的薄膜，封边强度最好。

五、杀菌

（一）罐头杀菌的目的和要求

罐头的杀菌只是杀灭罐藏食品中能引起疾病的致病菌和能在罐内环境中生长引起食品腐败的腐败菌，并不要求达到绝对无菌。因此，对于罐头食品的杀菌只要求杀灭致病菌和能引起食品腐败的腐败菌，这种杀菌称之为“商业灭菌”。

（二）罐头食品中的微生物

致病菌中危害最大的是肉毒梭状芽孢杆菌。其耐热性强，其芽孢在100℃加热6h或120℃加热4min的条件下才能杀死。腐败菌都有其不同的生活习性。罐头食品中常见的腐败菌见表1-3-3。

表1-3-3　按pH分类的罐头食品中常见的腐败菌

食品pH	习性	腐败菌类型	常见腐败对象
低酸性和中酸性食品（pH>4.5）	嗜热菌	嗜热脂肪芽孢杆菌	青豆，芦笋，蘑菇，红烧肉
		嗜热解糖梭状芽孢杆菌	芦笋，蘑菇，蛤
		致黑梭状芽孢杆菌	青豆，玉米
	嗜温菌	肉毒梭状芽孢杆菌A型和B型	肉类，油浸鱼，青刀豆，蘑菇
		生芽孢梭状芽孢杆菌	肉类，鱼类（不常见）
酸性食品（pH 3.5~4.5）	嗜温菌	耐酸热芽孢杆菌	番茄及番茄制品（番茄汁）
		多粘芽孢杆菌	水果及其制品（桃，番茄）
		软化芽孢杆菌	
高酸性食品（pH<3.7）	非芽孢嗜温菌	乳酸菌明串珠菌	水果，梨，果汁（黏质）
		酵母	果汁，酸渍食品
		霉菌	果酱，糖浆水果
		纯黄（雪白）丝衣霉	水果

（三）罐头（热）杀菌技术

1. 静止间歇式杀菌

（1）静止高压杀菌　高压蒸汽杀菌主要杀菌设备为静止高压杀菌釜，通常是批量操作，以不搅动的立式或卧式密闭高压容器进行。该方法是大多数低酸性罐头食品采用的杀菌方式，分为立式和卧式高压蒸汽杀菌锅。

（2）静止常压杀菌　常用于水果、蔬菜等酸性罐头食品的杀菌。最简单最常用的是常压沸水浴杀菌。必须注意实际的沸点温度，并保证在恒温杀菌过程中杀菌温度的恒定。

2. 连续杀菌

（1）常压连续杀菌器　多采用沸水为加热介质，在常压下进行。罐头由传送带送入连续作用的杀菌器内进行杀菌，杀菌时间通过调节输送带的速度来控制，按杀菌工艺要求达到时间后，进行冷却，整个过程连续进行。

（2）水封式连续杀菌器　杀菌时，罐头由链式输送带送入，经水封式转动阀门进入杀菌器上部的高压蒸气杀菌室，在该杀菌室内往复运动，在保持稳定的压力和充满蒸汽的杀菌环境中杀菌。可用于各种罐型的铁罐、玻璃罐及塑料袋的杀菌。

（3）静水压杀菌器　利用水在不同压力下有不同沸点而设计的连续高压杀菌器。罐头由传送带携带经过预热水柱进入蒸汽加热室进行加热杀菌，经冷却水柱离开蒸汽室，再进入接受喷淋冷水进一步冷却。

六、冷却

（一）冷却的目的

罐内食品会因长时间的热作用而造成色泽、风味、质地及形态等的变化；高温会加速罐内壁的腐蚀作用，特别是高酸食品；高温为嗜热菌的生长创造条件；对于海产品，急速冷却能够有效防止磷酸铵镁结晶的产生。总之，冷却速度越快，对食品品质越有利。

（二）冷却的方法

1. 加压冷却

加压冷却也就是反压冷却。杀菌结束后的罐头在杀菌釜内维持一定的压力下冷却，主要用于在一些高温高压杀菌后容器容易变形、损坏的罐头。

2. 常压冷却

常压冷却主要用于常压杀菌的罐头和部分高压杀菌的罐头。罐头可在杀菌釜内冷却，也可在冷却池中冷却，可以浸泡在流动的冷却水中冷却，也可采用喷淋冷却。

（三）冷却时应注意的问题

冷却时间随食品的种类、罐头大小、杀菌温度、冷却水温等因素而异；必须冷透，一般冷却到38~40℃，以不烫手为宜，余热蒸发罐头表面水膜，防止生锈；注意冷却水的卫生。玻璃瓶应分段冷却，防止炸裂。

七、罐藏食品的腐败变质

（一）罐藏食品常见的质量问题

1. 胀罐（胖听）

罐的一端或两端向外凸起。胀罐主要有物理性胀罐（假胀）、化学性胀罐、细菌性胀罐。

（1）物理性胀罐　物理性胀罐仅外形上有变化，内容物感官品质和pH无变化。物理性胀罐产生的主要原因为顶隙预留过小或装罐量过多；罐内残留空气多；排气不足、装罐温度低、封罐真空度低；杀菌冷却操作不当、罐内外压差大；加压杀菌时无反压冷却或冷却时降压过快等。

（2）化学性胀罐　化学性胀罐的特点是腐蚀会随着贮存时间的延长而加重，最终腐蚀部位穿孔，罐头内容物中铁含量高，有严重的铁腥味。产生的主要原因为空罐用材不当、镀锡量低、镀层不均匀、用于氯离子含量高的食品、焊缝及涂抹质量差等。

（3）细菌性胀罐　细菌性胀罐主要由杀菌强度不足引起，可导致罐内食品变质、pH下降、感官品质下降等问题。细菌性胀罐发生的原因主要为原辅料起始细菌污染严重，装罐后未及时杀菌，杀菌锅分布不均匀或杀菌操作不规范、排气不充分、二重卷边不当等。

2. 平盖酸败

内容物已经变质发酸，但外观正常，没有胀罐现象。

3. 硫化黑变

硫化物与罐内壁铁反应生成黑色的硫化亚铁沉积在食品表面上。

4. 发霉

罐内容物有霉菌菌丝体生长，严重时内容物发黏、变味、变色、质地软烂。

（二）罐藏容器的腐蚀

1. 均匀腐蚀

均匀腐蚀是指在酸性食品罐头中发生的全面均匀的锡腐蚀现象。

2. 集中腐蚀

集中腐蚀也称孔蚀，是在罐内壁某些局部面积内出现的铁腐蚀现象。

3. 局部腐蚀

局部腐蚀也称氧化圈，是罐内壁气液交界部位发生的腐蚀现象。

4. 异常脱锡腐蚀

异常脱锡腐蚀实际上是进展速度很快的均匀腐蚀。

5. 硫化腐蚀

硫化腐蚀是指在含硫食品或添加有硫化物的罐头中发生的铁、锡腐蚀的现象。

6. 罐外腐蚀

罐外腐蚀是指罐外壁出现腐蚀生锈的现象。

思考题

1. 为什么把肉毒梭状芽孢杆菌能生长的最低 pH（4.6）作为酸性食品与低酸性食品分界的标准线？

2. 说明罐头装罐过程中顶隙的作用。顶隙预留不当会对后续加工造成哪些影响？

3. 试述罐藏食品容易出现的质量问题。

4. 影响罐头真空度的因素有哪些？

5. 试述金属罐二重卷边的技术要求。

6. 高压杀菌金属罐装食品的冷却方式有哪几种？什么叫反压冷却？

CHAPTER 4

第四章 食品的腌渍与烟熏保藏

【学习目标】理解腌渍保藏和加工的基本理论；掌握非发酵腌制与发酵腌制的类型、影响因素和控制条件；了解烟熏的作用、基本方法和影响因素。

【课程思政目标】我国人民有着悠久的食用酱菜和腊肉的传统，在民间还有自行腌制和制作的习惯，了解人民的创造，增强民族自豪感，激发创新意识，开发出更多绿色健康的腌制食品。

【重点难点】腌渍和烟熏保藏的基本原理及质量控制。

第一节 食品的腌渍保藏

腌渍是早期保存蔬菜的一种非常有效的方法。如今，蔬菜的腌渍已从简单的保存手段转变为独特风味蔬菜产品的加工技术。酱腌菜具有巨大的消费市场，产品的价格差别较大。我国人民有着悠久的食用酱菜的传统，在民间还有自行腌渍和制作的习惯。我国的酱腌菜加工企业大多是有着悠久历史的小规模企业。近年来新建立了许多具有一定规模和现代化的加工企业。

一、概述

（一）概念

腌渍就是让食盐或糖大量渗入食品组织内，来达到保藏食品的目的，又称腌制。这些经过腌制加工的食品称为腌制品。其中，盐腌的过程称为盐渍；加糖腌制的过程称为糖渍，糖渍制品可称为糖渍品；用调味酸浸渍的过程称为酸渍，其制品称为酸渍品。

（二）分类

根据加工原料可将腌渍品分为腌渍乳品、腌渍肉品、腌渍水果和腌渍蔬菜等。常见的糖渍品主要有蜜饯类、果脯类、凉果类、话梅类、果丹类、果糕类和果酱类。蔬菜腌制品主要包括腌菜、酱菜、糟制品三类。根据腌渍过程的发酵特性可以分为非发酵性腌渍品（没有乳酸发酵，用盐量较高）和发酵性腌渍品（有乳酸发酵，用盐量较低）。

二、食品腌渍保藏的理论基础

食品腌渍过程中，不论盐、糖或其他酸味剂等原辅料（固体或液体），总是发生扩散渗透现象，溶质进入食品组织内，水分渗透出来。因此，扩散和渗透理论成为食品腌渍过程中重要的理论基础。

（一）扩散

扩散是指分子不规则热力运动下固体、液体或气体浓度均匀化的过程。扩散总是从高浓度处向低浓度处转移，直到浓度均等时才停止，扩散过程很慢。

物质在扩散过程中，其扩散量和通过的面积及浓度梯度成正比，扩散方程可写为：

$$dQ = -DF\frac{dc}{dx}d\tau \qquad (1-4-1)$$

式中 Q——物质扩散量，g；

F——面积，m^2；

$\frac{dc}{dx}$——浓度梯度（c—浓度；x—间距）；

τ——扩散时间，h；

D——分子扩散系数，g/（$m^2 \cdot h$）。

爱因斯坦假设扩散物质的粒子为球形时，扩散系数 D 的表达式为：

$$D = \frac{RT}{6N\eta r} \qquad (1-4-2)$$

式中 R——摩尔气体常数，8.314J/（K·mol）；

N——阿伏伽德罗常数，6.023×10^{23}；

T——绝对温度，K；

η——介质黏度，Pa·s；

r——球形分子的直径，m。

从扩散方程可以推导出扩散速度方程：

$$dQ/d\tau = -DF\,(dc/dx) \qquad (1-4-3)$$

从扩散速度方程可知，扩散速度与扩散系数（D）、温度（T）、面积（F）和浓度梯度（dc/dx）成正比，与介质黏度（η）、球形分子的直径（r）成反比。温度越高、溶质分子越小、介质黏度越低、浓度梯度越大，扩散速度越快。

（二）渗透

渗透就是溶剂从低浓度经过半渗透膜向高浓度扩散的过程。半渗透膜是允许溶剂通过而不允许溶质通过的膜，比如细胞膜。实际上，半透膜对钠、氯、小分子（电解质）也能通过，只是对于细胞而言，由于原生质内电阻较高，而阻止了电解质的渗透进入。溶液的渗透压和理想气体的性质是完全相似的，可用范特荷夫方程式（Van’t hoff）表示：

$$\pi = iCRT \qquad (1-4-4)$$

式中 π——溶液的渗透压，Pa；

C——溶质的浓度，是100g或1kg溶剂中溶质的质量；

T——绝对温度，K；

R——摩尔气体常数，J/（K·mol）。

物质全部解离时，$i=2$。i 越大，溶液的渗透压越大，溶质用量越低。

由于食盐为电解质，在水中能全部解离（$i=2$），而蔗糖的解离度低（$i<2$），所以用食盐腌制时其浓度较低，而用糖时其浓度较高。糖的分子质量越大，其浓度越高。

布尔根据溶质和溶液的某些特性进一步将范特荷夫方程式改变为下式：

$$\pi = \frac{\rho_1}{100M_r}CRT \quad (1-4-5)$$

式中　π——渗透压，MPa；

ρ_1——溶剂的密度，kg/m^3 或 g/L；

R——摩尔气体常数，8.314J/（K·mol）；

T——绝对温度，K；

C——溶质的浓度，是 100g 或 1kg 溶剂中溶质的质量；

M_r——溶质的相对分子质量。

从渗透方程可看出，渗透压与溶剂的密度（ρ_1）、温度（T）、溶液的浓度（C）成正比，与溶质的相对分子质量（M_r）成反比。

（三）微生物细胞的扩散和渗透

1. 等渗（isotonic）溶液

细胞外溶液浓度和细胞内容物浓度相等，这对微生物是最适宜的环境。如 0.9% NaOH 溶液就是等渗溶液，称为生理盐水。

2. 低渗（hypotonic）溶液

细胞外溶液浓度低于细胞内容物浓度，这时水分就会从细胞外低浓度向细胞内高浓度渗透，细胞就会吸水增大，直至出现肿胀或胀裂现象。这种现象还未得到应用。

3. 高渗（hypertonic）溶液

细胞外溶液浓度高于细胞内容物浓度，这时细胞内水分就会从细胞外渗透，原生质紧缩，出现原生质与细胞壁分离现象——质壁分离，微生物停止生长。腌渍就是利用这种原理以达到保藏食品的目的。

三、非发酵性腌渍品

（一）腌制对食品品质的影响

1. 腌制剂的组成

腌制剂除了食盐外，还添加有硝酸盐、磷酸盐、糖和香料等。

（1）食盐　食盐主要成分为 NaCl，但因其来源不同，常含有一些杂质。铜离子、铁离子、铬离子的存在易引起脂肪氧化酸败，铁离子与果蔬中的鞣质反应后形成黑变。

（2）硝酸盐　硝酸盐（硝酸钠、亚硝酸钠）腌制时，添加亚硝酸盐，目的是让色素与 NO 反应形成粉红色的较稳定的色素。硝酸盐在腌制品中的作用：可以抑制肉毒梭状芽孢杆菌的生长，并且具有抑制其他类型腐败菌生长的作用；具有优良的呈色作用；抗氧化作用，延缓腌肉腐败（还原性）；对腌肉风味有极大影响。

（3）磷酸盐　GB 2760—2014《食品安全国家标准　食品添加剂使用标准》中规定可用于肉制品的磷酸盐有三种：焦磷酸钠、三聚磷酸钠和六偏磷酸钠。磷酸盐可以提高 pH，使原料肉 pH 偏离等电点；增加离子强度，提高蛋白的溶解性和肉的保水性，改善肉的嫩度。

2. 温度

由扩散渗透理论可知，温度越高，扩散渗透速度越快。但会导致微生物生长，对于易腐食品还没有完成腌制就可能会发生腐败变质。因此，腌制应在10℃以下进行，鱼的腌制一般在5~7℃。蔬菜腌制温度可高些，加快糖渍过程。

3. 空气

缺氧环境是腌制过程中必须注意的问题。缺氧环境能减少因氧化而造成的维生素C的损失。肉类腌制时，保持缺氧环境将有利于褪色。当肉类无还原性物质存在时，暴露于空气中的肉表面的色素就会氧化，并出现褪色现象。

（二）食品的腌制方法

1. 干腌法

干腌法是利用干盐（结晶盐）或混合盐，先在食品表面擦透，即有汁液外渗现象，然后层层堆叠在腌制架或腌制容器中，各层间均匀地撒上食盐，依次压实，在外加压力或不加压力的条件下，依靠外渗汁液形成盐液进行腌制的方法。

在食盐的渗透压和吸湿性的作用下，使食品组织渗出水分并溶解其中，形成盐溶液，称为卤水。在腌制过程中通常需定期将上下层食品依次翻转，又称为翻缸。同时要加盐复腌，每次复腌用盐量为开始时的一部分，通常为2~4次。我国的名产金华火腿、咸肉、烟熏肋肉及鱼类常采用干腌。

干腌的优点是操作简单、制品较干、易保藏；无须特别当心；营养成分流失少。干腌的缺点是腌制不均匀、失重大、味太咸、色泽较差，若用硝酸盐，色泽可以好转。

2. 湿腌法

湿腌法即用盐水对食品进行腌制的方法。盐溶液配制时一般是将腌制剂预先溶解，必要时煮沸杀菌，冷却后使用，然后将食品浸没在腌制液中，通过渗透作用，使食品组织内的盐浓度与腌制液浓度相同。

湿腌时食品向外扩散的水分会促使盐液原有浓度迅速下降，这要求腌制过程增添食盐以维持一定浓度。湿腌法的缺点是制品的色泽和风味不及干腌制品；腌制时间和干腌法一样，时间比较长；所需劳动量比干腌法大；腌肉时肉质柔软，盐水适当，但蛋白质流失较大；因水分多不易保藏。

3. 肌肉（或动脉）注射腌制法

肌肉（或动脉）注射腌制法是进一步改善湿腌法的一种措施。为了加速腌制时的扩散过程，缩短腌制时间，最先出现了动脉注射腌制法，随后又发展了肌肉注射腌制法，注射法目前只用于肉类腌制。动脉注射是用泵将盐水或腌制液经动脉系统压送入分割肉或腿肉内的腌制方法。

肌肉（或动脉）注射腌制法的优点是腌制速度快，得率高，食盐含量一般不高，产品需冷藏处理，因此常与其他方法结合使用。

4. 混合腌制法

混合腌制法是一种干腌和湿腌相结合的方法。用注射腌制法腌肉总是和干腌或湿腌结合进行的，这也是混合腌制法。将盐液注射入鲜肉后，再按层擦盐，按层堆放在腌制架上，或装入容器内加食盐或腌制剂进行湿腌。

混合腌制优点是食品色泽好、营养成分流失少、咸度适中。干湿腌结合可以避免湿腌液因食品水分外渗而降低浓度，也不像干腌那样使食品表面发生脱水现象。

5. 新型快速腌制法

新型快速腌制法主要包括以下几个方法：

（1）预按摩法　腌制前采用60～100kPa/cm^2的压力预按摩。

（2）无针头盐水注射　不用传统的肌肉注射，采用高压液体发生器，将盐液直接注入原料肉中。

（3）高压处理　高压处理可以使分子间距增大和极性区域暴露，提高肉的持水性，改善肉的出品率和嫩度。

（4）超声波　作为滚揉辅助手段，促进盐溶性蛋白萃取。

四、发酵性腌渍品

（一）发酵保藏的原理

食品发酵保藏的原理就是利用能形成酒精和酸的微生物生长和新陈代谢活动，抑制腐败菌和病原菌的生长繁殖。

（二）影响食品发酵的因素及控制

1. 酸度

不管是外加或发酵的酸均可抑制微生物生长。含酸食品有一定的防腐能力，但有氧存在时，霉菌生长将酸消耗掉，将使食品失去防腐能力。

2. 酒精含量

酒精与酸一样，同样具有防腐作用，主要是由于酒精具有脱水的性质，使菌体蛋白质因脱水而变性的缘故。其防腐能力主要取决于其浓度，按体积计12%～15%发酵酒精就能抑制酵母的生长。一般发酵饮料酒酒精含量8%～13%，缺少防腐能力，需巴氏杀菌，如添加酒精使含量达到20%，就不需杀菌处理。

3. 菌种的使用

（1）常用的微生物种类　发酵开始时预期菌种迅速繁殖可抑制其他杂菌生长。目前生产中已改为使用预先培养的菌种，这种培养菌种称为发酵剂或酵种。发酵剂可以是纯菌种，也可以是混合菌种。常用于发酵使用的微生物种类见表1-4-1。

表1-4-1　常用于发酵使用的微生物种类

微生物种类		菌种
	酵母（*Yeast*）	汉逊德巴利酵母（*Debaryomyces hansenii*） 法马塔假丝酵母（*D. candidafamata*）
	霉菌（*Fungi*）	产黄青霉（*Penicillium charysogenum*） 纳地青霉（*P. nalgiovense*）
细菌（*Bacteria*）	乳酸菌（*Lactic acid bacteria*）	植物乳杆菌（*Lactobacillus plantarum*） 清酒乳杆菌（*L. sake*） 乳酸乳杆菌（*L. lactis*） 干酪乳杆菌（*L. casei*） 弯曲乳杆菌（*L. curvatus*） 乳酸片球菌（*Pediococcus acidilactici*） 戊糖片球菌（*P. pentosaceus*）

续表

微生物种类		菌种
细菌（*Bacteria*）	微球菌（*Micrococci*）	易变微球菌（*Micrococcus varians*）
	葡萄球菌（*Staphylococci*）	肉糖葡萄球菌（*Staphylococcus carnosus*） 木糖葡萄球菌（*S. xylosus*）
	放线菌（*Actinomycetes*）	灰色链球菌（*Streptomyces griseus*）
	肠细菌（*Enterobacteria*）	气单胞菌（*Aeromonassp*）

（2）温度　发酵所需的温度依微生物的种类而异，温度波动会影响发酵效果。在混合发酵时可以调节发酵温度，使不同类型微生物的生长速度得以控制，借以达到有目的的发酵效果。

（3）氧气供应量　适当地提供或切断氧气可以促进或抑制（发酵）菌的生长，同时可以导致生产向预期的代谢产物方向发展。

（4）食盐的使用量　不同浓度的盐溶液对微生物有不同的影响，各种微生物对不同盐溶液浓度的耐受性并不相同。通常蔬菜腌制时少加食盐有利于促进乳酸菌的生长。

（三）发酵对食品品质的影响

1. 改变食品的风味和香气

发酵食品常见的风味变化通常包括甜度下降、酸度上升。发酵食品特殊的芳香味来自一些挥发性物质（如胺类、脂肪酸、醛、酯、酮等）以及发酵和成熟过程中这些物质相互作用的产物，如蛋白质水解产生多肽和氨基酸，脂肪水解产生香味醛类等。

2. 提高营养价值

由于蛋白质、糖类、脂类和维生素等营养物质在发酵过程中发生了变化，致使发酵食品的营养价值也发生变化。如纤维素被降解为低聚糖类，产生维生素 B_{12}，蛋白质水解为易吸收和有功能活性的多肽。

3. 改变组织质构

发酵过程通常伴随着食品组织质构特征发生改变。如蔬菜脆性的变化等。

4. 色泽的变化

多数发酵食品的颜色基本保持不变，主要是由于发酵过程温度条件通常较温和，发酵产品的 pH 通常在色素稳定的范围内。但有时也会有颜色的变化，如肉的发红和蔬菜变色（绿色或黄色）。

第二节　食品的烟熏保藏

一、概述

烟熏保藏跟腌制保藏一样有着悠久的历史，可追溯于公元前。游牧人发现肉悬挂于火焰上能获得诱人的风味。烟熏主要用于制作肉、鱼和豆制品，如熏鱼、熏火腿、熏豆腐。

食品的烟熏保藏是利用木材不完全燃烧时产生的烟气熏制食品，赋予食品特殊风味并延长食品保藏的方法。经过烟熏的食品被称为烟熏食品。

食品经烟熏后可以形成特殊烟熏风味，增添制品的花色品种，烟熏过程赋予制品烟熏色并有助于发色，同时具有防止腐败变质、预防氧化等作用。

二、烟熏保藏的原理

（一）烟熏成分及作用

熏烟主要是不完全燃烧的产物。在熏烟中对制品产生风味、发色作用及防腐效果的有关成分就是不完全氧化产物，包括挥发性成分和微粒固体如碳粒等，以及水蒸气、CO_2 等组成的混合物。人们从这种产物中已分离出400多种化合物，一般认为最重要的成分有酚、醇、酸、羧基化合物和烃类等。

1. 酚类物质

从熏烟中分离并鉴定的酚类有40多种，都是酚的各种取代物，如愈创木酚，邻位、间位、对位甲基酚或甲氧基取代物等。酚在鱼肉类烟熏制品中的主要作用为形成特有的烟熏味、抑菌防腐作用和抗氧化作用。

2. 醇类

木材熏烟中醇的种类很多，有甲醇、乙醇及多碳醇。醇的保藏作用不是主要的，它主要起到为其他有机物挥发创造条件的作用，也就是挥发性物质的载体。

3. 有机酸

在整个熏烟组成中存在有含1~10个碳的简单有机酸，熏烟蒸气相内的有机酸含1~4碳，5~10碳的有机酸附在熏烟内的微粒上。有机酸有微弱的防腐能力，能促进烟熏时肉表面蛋白质凝固，使肠衣易剥除。

4. 羰基类化合物

这类化合物有20多种，包括戊酮、戊醛、丁醛、丁酮等，一些短链的醛酮化合物在气相内，有非常典型的烟熏风味和芳香味。羰基化合物与肉中的蛋白质、氨基酸发生美拉德反应，产生烟熏色泽。

5. 烃类

主要指产生的多苯环烃类，其中至少有两类二苯并蒽和苯并芘，已被证实是致癌物质，与防腐和风味无关。这两种物质一般附着在熏烟的固相上，可以被清除掉。

（二）熏制加工的综合保藏作用

烟熏通常和加热共同进行，有利于增加保藏效果。烟熏成分中含有酚类、酸类等抑菌和抗氧化成分，这些成分在食品中沉积，具有杀菌作用并延迟脂类的自动氧化；高沸点的酚类物质是烟熏成分中最重要的抗氧化成分；烟熏过程中，制品的水分蒸发，腌制品水分活度降低，起到协同抑菌的效果。综上所述，烟熏保藏效果是多重因素共同作用的综合结果。

三、影响烟熏的因素

（一）烟熏剂

烟熏的效果取决于熏烟质量（熏烟的成分和种类），而熏烟质量的高低与燃料种类、燃烧温度等产生方式和条件有关。硬木是烟熏最适宜的燃料，胡桃木为优质的烟熏肉的标准燃料，但很难获得。较低的燃烧温度和适当空气的供应是缓慢燃烧的必要条件。

（二）烟熏温度

烟熏温度过低得不到预期的烟熏效果，温度过高，会由于脂肪熔化和肉的收缩，达不到烟熏制品的质量要求。常用的烟熏温度为35~50℃，时间为12~48h，温度增加，烟熏速度加快。烟熏温度对微生物的影响主要表现在：温度为30℃，浓度较淡的熏烟对细菌影响不大；温度为43℃而浓度较高的熏烟能显著降低微生物数量；温度为60℃时，不论淡的或浓的熏烟，都能将微生物数量下降到原数量的0.01%。

（三）水分含量

食品表面水分减少或缺失会影响熏烟的吸收，水分有利于吸收烟熏成分，而表面干燥则延缓吸收。熏烟的吸收和色泽的形成必须加以平衡，有些产品是干的，而另一些则要潮湿一些。

四、烟熏对食品品质的影响

（一）对色泽的影响

烟熏过程赋予产品的颜色是美拉德反应作用的结果。制品的色泽与木材的种类、烟气的浓度、树脂的含量、熏制的温度以及制品表面的水分等因素有关。

（二）对风味的影响

在烟熏制品制作过程中，从烟熏成分中分离出大量的化合物，但这些化合物是否在烟熏制品中体现出一样的风味值，还需进一步鉴定和验证。

（三）对质构的影响

烟熏制作会显著降低猪肉肌纤维蛋白和肌浆蛋白的含量，提高肉基质蛋白的含量。蛋白质的这种变化导致了制品硬度和韧性的提高。

（四）烟熏食品的营养品质

烟熏过程中蛋白质、氨基酸、维生素等营养成分都发生了变化。

五、烟熏方法

（一）冷熏法

制品周围熏烟和空气混合物气体的温度不超过22℃的烟熏过程称为冷熏。特点是冷熏时间长，4~7d，渗透均匀且较深，干燥比较均匀，但湿度较大，失重大，有干缩现象；干缩提高了制品内盐含量和熏烟成分的聚集量，脂肪熔化不显著。

（二）热熏法

热熏温度常用50~85℃，4~6h。特点是蛋白质凝固，制品表面很快形成干膜，妨碍了制品内部的水分渗出，延缓了干燥过程，也阻碍了熏烟成分向制品内部渗透。因此，其内渗深度比冷熏浅，色泽较浅。

（三）温熏法

温熏法是在30~50℃进行的烟熏方法。在此温度范围，部分蛋白质开始凝固，因此，烟熏过的制品质地会稍硬，温度接近或超过脂肪的熔点，脂肪易游离出来。此温度也是微生物生长最适温度，烟熏时间不能太长，一般控制在5~6h。这种温度熏制，质量损失少，产品风味好，但耐贮藏性差。

（四）液熏法

液熏法又称为湿熏法或无烟熏法，它是利用木材干馏生成的烟气成分采用一定方法液化或者再加工形成的烟熏液，浸泡食品或喷涂食品表面，以代替传统烟熏方法。

思考题

1. 常用的腌制剂有哪些？分别说明各腌制剂的作用。
2. 试述腌制过程中有哪些因素影响了食品的品质？
3. 试述有哪些因素影响食品的发酵腌制过程？如何控制这些因素？
4. 什么是食品的烟熏保藏？并说明烟熏对食品品质的影响。

第五章

食品化学保藏原理

CHAPTER

5

【学习目标】了解化学保藏的定义和特点；掌握常用防腐剂作用、作用机理和应用。

【课程思政目标】化学保藏法可防止食品变质，但使用不当也会造成污染，教育学生要严格按标准使用，增强食品安全底线思维，树立法治观念和增强学生的社会责任感。

【重点难点】各种化学保藏剂的作用机理。

第一节　食品化学保藏的定义和特点

一、食品化学保藏的定义

食品化学保藏就是在食品生产和贮运过程中，使用化学制品来提高食品的耐藏性和尽可能保持原有品质的一种方法，用于防止食品变质和延长保质期。一些能抑制微生物生长，延缓食品腐败变质的成分，称为化学防腐剂，如苯甲酸、山梨酸、丙酸、对羟基苯甲酸酯类、亚硝酸盐。一些能阻止或延缓食品中成分被氧化的成分，称为抗氧化剂。

根据美国食品与药物管理局（FDA）的定义，任何添加到食品中用于防止或者延迟食品变质的添加物都可称为化学保藏剂。必须强调，化学保藏剂的使用不能改善低质食品的品质。

二、食品化学保藏的特点

向食品中添加少量化学制品，就能在常温下延缓食品的腐败变质；具有简便又经济的特点；但在有限的时间内保持食品原来的品质状态，属于暂时性或辅助性的保藏方法，这使得食品化学保藏的应用受到一定的限制。

第二节 常见的食品防腐剂

一、防腐剂的作用和特点

（一）定义

防腐剂是指能抑制微生物引起的腐败变质、延长食品保质期的一类食品添加剂，有时也称为抗菌剂。

（二）防腐机理

食品防腐剂的防腐机理包括以下几个方面：干扰微生物的酶系，破坏正常的新陈代谢，抑制酶的活性；使微生物的蛋白质凝固和变性，从而破坏微生物的遗传物质，干扰其生存和繁殖；改变细胞膜的通透性，使其体内的酶类和代谢产物逸出，导致其失活。

二、常用的防腐剂及其性质

（一）有机类

1. 苯甲酸及其钠盐

苯甲酸及其钠盐是使用较早的一类防腐剂，又称安息香酸。其防腐原理是使微生物的呼吸系统发生障碍，阻碍细胞膜的正常生理作用，抑制微生物体内的酶活力，破坏微生物的正常代谢。苯甲酸钠是苯甲酸的钠盐，有防止变质发酸、延长保质期的效果。

苯甲酸在酸性介质中才有效，pH 从 7.0 降到 3.5，防腐能力可增加 5~10 倍；碱性介质中则无杀菌和抑菌作用。苯甲酸对酵母的影响大于对霉菌的影响，但对细菌效力极弱；苯甲酸对人体毒害小；在允许使用的最大范围内，pH<4.5，对各种菌都有效果。

2. 对羟基苯甲酸酯

对羟基苯甲酸酯由于具有酚羟基结构，抗细菌性比苯甲酸和山梨酸都强。抑菌机理为破坏微生物的细胞膜，使细胞内的蛋白质变性，并抑制微生物细胞的呼吸酶系与电子传递链酶系的活性。对于细菌、霉菌都有非常明显的作用；其抗菌活性依赖于链长度，一般随链长度增长活性增强；对革兰氏阳性菌作用要比阴性菌强。

3. 山梨酸及其钾盐

山梨酸是一种国际公认安全（GRAS）的防腐剂，安全性很高。联合国粮农组织（FAO）、世界卫生组织（WHO）、美国食品与药物管理局（FDA）都对其安全性给予了肯定。山梨酸的毒副作用比苯甲酸、维生素 C 和食盐还要低，毒性仅有苯甲酸的 1/4、食盐的一半，而且对人体不会产生致癌和致畸作用。由于山梨酸难溶于水，影响了它在食品中的应用，故常将山梨酸制成溶解性能良好的山梨酸钾，以扩大山梨酸类产品的应用范围。

它对霉菌、酵母菌和好气性细菌的生长发育有良好的抑制作用，但对嫌气性细菌几乎无效。山梨酸为酸性防腐剂，在酸性介质中对微生物有良好的抑制作用，随 pH 增大防腐效果减少，pH 8 时丧失防腐作用，适用于 pH<5.5 的食品防腐。在微生物数量过高的情况下，发挥不了作用。

4. 丙酸、丙酸钙

丙酸及其钙盐能有效地抑制引起食品发黏的菌类，抑制霉菌生长，对酵母的生长基本无影响，特别适用于面包等焙烤食品的防腐。丙酸及其钙盐是谷物、饲料储藏中最有效的有机酸类防腐剂。广泛用于面包、糕点、饼干、面包和干酪等食品中。

（二）无机类

1. 二氧化硫和亚硫酸盐类

（1）二氧化硫　二氧化硫为强力的还原剂，可以减少植物组织中氧的含量，抑制氧化物和微生物的活动，从而能阻止食品腐败变质、变色和维生素 C 的损失。食品中二氧化硫的含量达到 0.1%~0.2%就显出防腐作用，它对霉菌和细菌的抑制作用大于酵母。

（2）亚硫酸盐　游离的亚硫酸分子防腐最为有效，离子态和结合态防腐作用降低。亚硫酸的解离程度决定于食品的酸度，$pH < 3.5$ 时保持分子状态，可见亚硫酸须在酸性食品中才能很好地发挥它的作用。结合态的亚硫酸不能抑制微生物活动。二氧化硫应用到食品中后就会有一部分亚硫酸和糖类、醛类结合而成结合状态。与二氧化硫结合的糖主要是葡萄糖，其次是果糖，蔗糖很少见。虽然亚硫酸与醛类结合就会影响防腐力，但却有利于防止加工品的非酶促褐变。

使用方法：①气熏法：将密闭室内燃烧硫黄粉时产生的，或压缩贮藏钢筒中的二氧化硫导入室内进行气熏的方法，常用于果蔬干制或厂房和贮藏库消毒。②浸渍法：在一定浓度的亚硫酸或亚硫酸盐溶液中放入原料进行浸渍的方法，亚硫酸溶液用于酸性食品最为适宜。凡酸度高的食品可使用亚硫酸盐，对于酸度不足的，应与 0.1%~0.2%的盐酸或硫酸合用。③直接加入法：将亚硫酸或亚硫酸盐的预定量直接加入酿酒的果汁、贮藏的果汁、果泥或其他加工品内的方法。

2. 过氧化氢

因具有氧化还原作用而具有杀菌效果，对厌氧芽孢杆菌杀灭效果特别好。工厂用于无菌包装容器及塑料容器的消毒处理。

3. 酸类

大多数细菌只在中性或微碱性介质中生长，还有少数细菌是耐酸菌。各种细菌的耐酸性差异甚大，pH 4.5~10。有机酸影响微生物的 pH 比无机酸高，未解离酸分子的抑菌作用强，柠檬酸、乙酸和丙酸的效力比乳酸、丙酮酸强。有机弱酸比无机酸对细胞膜具有更强的渗透性，特别是脂溶性弱酸如苯甲酸和山梨酸，低 pH（加入乙酸、柠檬酸、乳酸、抗坏血酸等）和脂溶性弱酸的综合作用可导致胞质的酸化，从而具有更强的抑制微生物的作用。改变食品的 pH 和酸的含量，不仅影响细菌生长，还将影响其耐热性，加酸后的罐头食品比中性的或微碱性的容易杀菌。

作用机理：

（1）酸碱平衡　一个细菌细胞要维持自身的功能，必须有一个稳定的内部化学环境。维持一定的 pH 水平、保持胞质 pH 的稳定是内部化学环境稳定的内容之一。不同的细菌有不同的内部环境，嗜酸菌的内部 pH 为 6.5~7.0，中性菌为 7.5~8.0，嗜碱菌为 8.4~9.0。干扰细胞内部 pH 的稳定，会引起蛋白质、核酸和磷酸酯结构的改变。

（2）质子渗出　质子从膜内向膜外的转运是化学渗透理论最早注意到的一个重要特征。细胞被一层质子不能渗透过的膜包围，质子若通过膜转运到外面就要通过窨定位系统（如电子传递链）产生电化学势，也称为质子移动力。

这种电化学势定义为

$$\Delta p = \Delta \Phi - Z\Delta \mathrm{pH} \tag{1-5-1}$$

式中 $\Delta \Phi$——电动势；

ΔpH——膜两侧 pH 变化；

Z——$Z=2.3RT/F$，其中 R、T、F 分别为摩尔气体常数、绝对温度和法拉第常数。

进入细胞的有机酸可使胞质 pH 降低，为了恢复到原来胞质的 pH 水平，多余的质子必须经胞膜渗出，这个过程就要消耗细胞的能量，影响菌体的生理活动，从而起到抑菌的作用。

4. 硝酸盐和亚硝酸盐

硝酸盐和亚硝酸盐都有抑制微生物生长的作用；硝酸盐靠酶转化为亚硝酸盐而起作用，因此用量大一些，对抑制梭状芽孢杆菌有效。

（三）生物代谢产物

1. 抗生素

抗生素的抗菌效能为普通化学防腐剂的 100~1000 倍。抗菌作用有选择性，青霉素对革兰氏阴性菌，土霉素对革兰氏阳性菌和阴性菌都有效，头孢菌素对两者都有效。但有一点要注意，微生物可能会逐渐产生耐药性。

2. 乳酸链球菌素

乳酸链球菌素又称乳酸链球菌肽，是乳酸链球菌产生的一种多肽物质，由 34 个氨基酸残基组成，分子质量约为 3500Da。乳酸链球菌素抗菌谱比较窄，能杀死革兰氏阳性菌，并对芽孢杆菌的孢子有强烈的抑制作用，对阴性菌、酵母和霉菌均无作用，一般 10mg/kg 就有效，被作为食品防腐剂广泛应用于食品行业。食用后在人体的生理 pH 条件下很快水解成氨基酸，不会改变人体肠道内正常菌群以及产生如其他抗生素所出现的抗性问题，更不会与其他抗生素出现交叉抗性，是一种高效、无毒、安全、无副作用的天然食品防腐剂，目前用于干酪等乳制品、罐头制品和乙醇饮料。

3. 纳他霉素

纳他霉素是一种天然、广谱、高效安全的酵母菌及霉菌等丝状真菌抑制剂，它不仅能够抑制真菌，还能防止真菌毒素的产生，但是对细菌无效。纳他霉素对人体无害，很难被人体消化道吸收，而且微生物很难对其产生抗性，同时因为其溶解度很低等特点，常用于食品的表面防腐。纳他霉素是目前国际上唯一的抗真菌微生物防腐剂，主要应用于乳制品、肉制品、发酵酒、果汁饮料、方便食品、烘烤食品和香基等的生产和保藏。

思考题

1. 什么是食品的化学保藏？并说明其特点。
2. 什么是食品化学保藏剂？说明其作用以及使用过程中需满足的要求。

第六章

CHAPTER 6

食品辐射保藏原理

【学习目标】了解食品辐射的特点，辐射源的种类；理解食品辐射效应的原理、基本形式；掌握食品辐射工艺的应用及影响食品辐射效果的因素。

【课程思政目标】辐射可以伤害人体细胞，同样也可以伤害微生物细胞，教育学生认识到事物的两面性，用辩证思想思考问题，培养辩证唯物主义思想和科学发展观。

【重点难点】食品辐射效应的原理。

第一节　概述

一、食品辐射保藏的发展

自 19 世纪末伦琴发现 X 射线后，明克就提出了 X 射线的杀菌作用。直到第二次世界大战以后，射线辐射保藏食品的研究和应用才有了实质性的开始。此后 30 年，研究不断深入，尤其在许多发展中国家受到很大重视。

在一些国际组织如联合国粮农组织（FAO）、国际原子能机构（IAEA）、世界卫生组织（WHO）等的支持和组织下，进行了种种国际协作研究，召开了多次国际专业会议。到 1976 年，有 25 种辐射处理的食品在 18 个国家得到无条件批准或暂定批准，允许作为商品供一般食用。

二、食品辐射保藏的定义

食品的辐射保藏是利用原子能射线照射食品或原材料，进行灭菌、杀虫、消毒和防霉等加工处理，抑制鲜活食品中微生物的生命活动，从而达到延长食品货架期目的的一种食品保藏方法。经辐射照射的食品称为辐照食品。辐照处理有“冷杀菌”之称。

三、食品辐射保藏的特点

辐射保藏食品的优点为杀菌效果显著，剂量可调；照射不会使食品发生感官上的明显变化；不会留下任何化学残留物；升温甚微，可以忽略；放射线的穿透能力强、均匀、瞬间即逝，而且对其辐照过程可以进行准确控制；包装后进行辐照处理，节约了材料，也避免了再污染的可能；操作适应范围广；节约能源，可自动化连续生产。

辐射保藏作为一种物理加工过程，其缺点是酶不能完全被钝化；敏感性强的食品和经高剂量照射的食品可能会产生不愉快的感官性质变化；有选择性地应用；操作必须非常谨慎，做好工作人员的安全防护工作。为此，要对辐射源进行充分遮蔽，必须经常、连续对照射区和工作人员进行监测检查。

第二节　食品辐射保藏的原理

一、食品辐射的物理学效应

（一）原子能射线与物质的作用

原子能射线（α 射线和 γ 射线）都是高能电磁波，它们常被称为“光子”，与物质作用有三种效应：光电效应、康普顿效应和电子对效应。这三种效应的多少与辐照食品的 α 射线、γ 射线的能量大小有关。当射线能量低时，以形成光电子为主；射线能量中等时，主要形成康普顿电子；射线能量高时，则几乎都形成电子对。

（二）电子射线与物质的相互作用

电子射线经散射、电离、韧致辐射等作用后，消耗了大部分能量，速度大为减慢，有的被经过的原子俘获，使原子或原子所在的分子变成负电离子；有的与阳离子相遇，发生阴阳离子湮灭，放出两个光子，其光子对被辐照物的作用与上述光子一样。

二、食品辐射的化学效应

食品辐射化学效应的强弱常用 G 表示，G 是指被辐照物质中每吸收 100 eV（电子伏特）能量所产生化学变化的分子数量或分解和形成的物质（分子、原子、离子和原子团等）的数量。

食品的主要化学成分是水、蛋白质、碳水化合物、脂类、维生素及矿物质等，其中水分子对辐射极敏感，对于一般食品或新鲜食品，水分子首先被激活，然后活化的水分子与食品中其他成分发生反应。在此过程中可产生水合电子、氢原子自由基、羟基自由基、氢离子、羟基离子、过氧化氢分子等中间产物。

三、食品辐射的生物学效应

（一）导致微生物和昆虫的死亡

辐射保藏主要能直接控制或杀灭食品中的腐败微生物及致病微生物。其机理目前还没有完全搞清楚，一般认为与下面两点有密切关系：造成遗传物质 DNA 的损伤；辐射化学效应的产物与细胞组成发生反应。

电离辐射杀灭微生物一般以一定灭菌率所需用的拉德数来表示，通常以杀死微生物数的 90%计，即残存微生物数下降到原来数的 10%时所需用拉德数的剂量，采用 D_{10} 值表示。

$$\lg \frac{N}{N_0} = -\frac{D}{D_{10}} \quad (1-6-1)$$

式中 N_0——最初微生物数；

N——使用 D 剂量后残留的微生物数；

D——初期剂量，rad；

D_{10}——微生物残存数减到原数的 10%时的剂量，rad。

微生物的种类不同，对辐射的敏感性不同，因而 D_{10} 值的差异也不同。如大肠杆菌（*E. Coli*）在肉汁培养基中的 D_{10} 值为 10~20krad，金黄色葡萄球菌（*Staphylococcus aureus*）在肉汁培养基中的 D_{10} 值为 10krad，肉毒梭状芽孢杆菌（*Clostridium botulinum*）B_{53}-型在咸肉罐头中的 D_{10} 值为 204krad，而在鸡罐头中则为 369krad。

（二）抑制蔬菜发芽和果实后熟

辐照可抑制蔬菜发芽和果蔬后熟等生理现象，可能与下列原因有关：由于射线的辐照，细胞中的脱氧核糖核酸（DNA）和核糖核酸（RNA）受到损伤，植物体生长点上的细胞不能发生分裂，所以马铃薯、洋葱等经辐照后不会发芽；食品辐照时，干扰了三磷酸腺苷（ATP）的合成，使细胞的核酸减少，抑制了植物体的发芽；植物组织处于休眠状态时，其生长点缺乏植物生长激素或生长激素被钝化；对于具有呼吸高峰的果实，在高峰开始出现前夕，体内乙烯的合成明显增加，从而促进成熟的到来。若在高峰前对果实进行辐照处理，由于干扰了果实体内乙烯的合成，就能够抑制其高峰的出现，延长果实的贮藏期。

（三）寄生虫

辐射可使寄生虫不育或死亡。猪肉中旋毛虫的不育辐照剂量为 0.12kGy，死亡辐照剂量为 7.5kGy。牛肉中绦虫致死辐照剂量 3.0~5.0kGy。

第三节　辐射处理对食品品质的影响

一、蛋白质和酶

（一）结构破坏

射线辐照使某些蛋白质中的二硫键、氢键、盐键和硫键等断裂，从而使蛋白质的三级结构和二级结构遭到破坏，导致蛋白质变性。

（二）辐照交联

蛋白质水溶液经射线辐照后会发生交联，其主要原因是由于巯基氧化生成分子内或分子间的二硫键，辐照交联导致蛋白质发生凝聚作用，甚至出现一些不溶解的聚集体。

（三）辐照降解

射线辐照蛋白质时会引起部分裂解，产生较小的碎片。蛋白质辐照降解常与交联同时发生，而往往是交联大于降解，所以降解常被掩盖而不被发现。

（四）酶发生的变化

由于酶中所含的巯基（-SH）容易氧化，会增大酶对辐射的敏感性，但在复杂的食品体系中，由于其他物质的伴生存在而使酶得以保护，欲使酶钝化需要相当大的辐射剂量。

二、糖类

糖类在辐射过程中发生的变化主要是降解作用和辐解产物的形成，低聚糖或单糖的降解产物有羰基化合物、酸类、过氧化氢，降解作用还会产生气体，如氢气、二氧化碳和一氧化碳等。降解所产生的新物质会改变糖类的某些性质，如辐照能使葡萄糖和果糖的还原能力下降。辐照会引起多糖链的断裂，产生链长不等的糊精碎片，通常形成不同的辐解产物。

三、脂类

饱和脂肪比较稳定，而不饱和脂肪容易氧化，出现脱羧、氢化、脱氨等作用。有氧存在时，由于会发生自动氧化作用，饱和脂肪也会被氧化。辐射促进自动氧化过程可能是由于促进自由基的形成和氢过氧化物的分解，并使抗氧化剂遭到破坏。

四、维生素

食品中维生素在辐射中的稳定性和食品的性质及成分有密切的关系，其损失率随着辐射剂量的增大而增大。维生素 A 和维生素 E 是脂溶性维生素中对辐照最敏感的维生素；水溶性维生素中维生素 B_1 和维生素 C 对辐照最敏感。

第四节 辐射在食品保藏中的应用

一、应用于食品上的辐射类型

（一）辐射阿氏杀菌（radappertization）

所使用的辐射剂量可以使食品的微生物减少到零或有限个数。在这种辐射剂量处理后，食品可在任何条件下贮藏。剂量范围为 1~5Mrad。

（二）辐射巴氏杀菌（radicidation）

所使用的辐射剂量使在食品中检测不出特定的无芽孢的致病菌（如沙门氏菌等）。剂量范围为 500krad~1Mrad。

（三）辐射耐贮杀菌（radurization）

只降低其腐败菌数并延长新鲜食品的熟期及保质期。剂量为 500krad 以下。

二、食品辐射

（一）肉禽类

高剂量辐射（4.5 Mrad）处理，包装后不需要冷冻保藏。为了抑制酶的活性，在辐射处理之前，先加热到 70℃，效果最好。高剂量辐射会产生异味，目前防止异味的最好的方法是在冷冻温度-80~-30℃下辐射。

（二）水产品

高剂量辐射时与肉类相同，但异味不如肉类明显。常用辐射与在3℃左右冷藏结合的方法。辐射剂量为300krad。

（三）蛋类

用辐射巴氏杀菌剂量，杀灭其中沙门氏菌。

（四）果蔬类

1. 防止微生物的腐败作用

水果主要是控制霉菌的作用，剂量为30~50krad。

2. 控制虫害

辐射水果抑虫是最有效的方法之一。

3. 延缓后熟，防止老化

蔬菜类辐射主要是抑制发芽，也可延缓新陈代谢。

（五）谷类及制品

主要是控制虫害。立即死亡用300~500krad；几天内死亡需100krad；使之不育用10~20krad。辐射控制霉菌剂量需200~400krad。

三、包装

目的是使食品与环境隔绝，避免食品的再次污染，还可防止食品的机械伤，防止失水或吸水。包装内充填空气外的各种气体或者抽成真空。辐射处理的包装多在辐射处理前进行。比较好的包装材料有玻璃纸、人造纤维、聚乙烯膜、尼龙、玻璃容器及金属容器等。

思考题

1. 说明食品辐射保藏的定义及其特点。
2. 试述辐射对食品品质造成哪些影响。

第七章 食品保藏新技术

CHAPTER 7

【学习目标】了解超高压保藏技术、脉冲电场技术、超声技术、臭氧杀菌技术、微波技术、膜分离技术的概念、原理和在食品保藏中的应用。

【课程思政目标】食品保藏新技术都属于非热加工范畴，对食品营养损失较小，教育学生善于思考，不断创新，研发新的保藏方法。

【重点难点】新技术食品的保藏原理。

第一节　超高压保藏技术

一、超高压保藏技术的概念

超高压（ultra high pressure，UHP）是指压力大于100MPa，能承受高压的容器称为超高压容器；把生产与维持超高压的一系列技术称为超高压技术。食品超高压技术是指将软包装或散装的食品放入密封的、高强度的施加压力容器中，以水或矿物油作为传递压力的介质，施加高静压（100~1000MPa），在常温或较低温度下（低于100℃）维持一定时间后，达到物料改性、产生新的组织结构、改变食品的品质和改变食品的某些物理化学反应速度的一种加工方法。用超高压加工技术加工的食品称为超高压食品。

利用超高压技术加工，可以实现在不损害食品材料本质的情况下对其进行调和、加工和杀菌。超高压技术不但使食品无菌，保鲜时间长，还能使食品增添附加价值，成为人们理想的食品。在对淀粉和蛋白质加工的过程中，使产品变得表面有光泽、质地细腻，同时保持原有的色香味。

二、常用的超高压食品加工技术

超高压食品加工技术主要有两类：超高压静态处理方式和超高压动态处理方式（超高压均质技术）。

（一）超高压静态处理方式

压力一般为400~1000MPa，常温或低温下将食品放置在高压容器内，升压至设定压力值，静态维持一定时间（10~30min），从而达到灭菌和改变食品某些理化特性的目的。

（二）超高压均质技术

压力控制在100~360MPa，使液体食品高速流过狭窄的缝隙时受到强大的剪切力，液体被冲击到金属环上而产生强大撞击力以及因静压力骤升或骤降而产生的空穴爆炸力等综合作用，把原先颗粒粗大的乳浊液或悬浮液加工成颗粒非常细微的稳定的乳浊液或悬浮液的过程。

三、超高压食品保藏的原理

食品在高压容器内受到所有方向均等力压缩，导致非共价键（氢键、离子键和疏水键等）和物质结构发生变化，食品中的蛋白质变性、淀粉呈胶凝状糊化、酶失活、微生物死亡，物料改性以及物料某些理化反应速度改变，达到长期保藏的目的。

（一）改变细胞形态

在0.6MPa下，细胞内的空泡会发生破裂。极高的流体静压会影响细胞的形态，包括细胞外形变长，胞壁脱离细胞质膜，无膜结构细胞壁变厚。以上变化在一定压力下是可逆的，但当压力超过某一值时，细胞形态则发生不可逆的变化。

（二）影响细胞生物化学反应

根据化学反应的基本原理，加压有利于促进反应向体积减小的方向进行，抑制体积增大的化学反应。由于许多生物化学反应都会产生体积上的改变，所以加压对生物化学过程产生影响。超高压打破离子间的静电作用，使大量离子裸露于水中。

（三）影响细胞内的酶活力

高压会引起酶的失活，压力超过300MPa时蛋白质的变性不可逆，酶高压失活的本质是由于分子内部结构的改变，以及活性部位上构象发生改变。通过影响微生物体内的酶，进而对微生物基因机制产生影响，主要表现在由酶参与的DNA复制和转录步骤由于压力过高而中断。

（四）高压对细胞膜的影响

高压下，细胞膜磷脂分子的横切面减小，细胞膜双层结构的体积随之降低，细胞膜的通透性改变。压力超过40MPa时，胞内钾离子、钠离子的外流随压力增大而降低。

（五）高压对细胞壁的影响

20~40MPa的压力能使较大细胞的细胞壁因受应力机械断裂而松懈，200MPa的压力下细胞壁遭到破坏。真核微生物比原核微生物对压力更为敏感。

四、超高压技术处理食品的特点

（一）营养成分受影响小

超高压处理的范围只对生物大分子立体结构中非共价键产生影响，对食品中维生素等营养成分和风味物质没有任何影响，最大限度保留食品中原有的营养成分，容易被人体消化吸收。

（二）产生新的组织结构，不会产生异味

超高压可改变食品性质，改善食品高分子的构象，获得新型物性的食品。超高压会消除传

统的热加工中引起共价键的形成或破坏所致引起的变色和不愉快的异味。

（三）原料利用率高

超高压处理过程是一个纯物理过程，瞬间压缩、作用均匀、操作安全、无工业“三废”、耗能低，有利于生态环境的保护和可持续发展战略的推进。

（四）适用范围广

超高压技术具有良好的开发前景，可应用于淀粉的糊化、肉类品质的改善、动物蛋白的变性处理、酒类的酿造、乳品的杀菌等方面。

五、超高压技术在食品行业中的应用

（一）超高压技术在肉品中的应用

超高压技术在肉制品中的应用可避免传统热加工技术所产生的问题，提高肉的保水性，避免乳化型肉制品因高温而降低乳化能力，降低蒸煮失重率。此外，超高压技术可应用于即食肉制品和生鲜肉的贮藏过程中。

目前国外已有多种市售超高压肉制品，如生火腿、生鲜肉馅及调理肉制品等。超高压技术作为新型食品加工技术在肉制品中可以发挥杀菌、灭酶、改善质地（肉的嫩化）等作用。由于此技术可应用于包装后的食品，因此可防止产品的二次污染。超高压技术给肉制品的加工、贮藏、品质改良、新型食品的开发等方面提供了新的发展方向。

（二）超高压技术在水产品中的应用

水产品与其他产品相比较为特殊，超高压处理后的水产品具有原有的风味、色泽及良好的口感。水产品中含有丰富的不饱和脂肪酸，对热非常敏感，超高压技术作为冷杀菌技术最大限度保留了水产品中的营养成分。超高压技术可以解决水产品中的两大问题，一是消除低杀菌程度水产品（生鱼片等）中的病原菌和寄生虫，二是解决贝类（牡蛎、文蛤等）水产品的脱壳问题。目前超高压技术在水产品中的应用主要集中在对虾、龙虾、牡蛎等价格偏高的产品中。

（三）超高压技术在乳制品中的应用

超高压杀菌技术与传统的热杀菌相比，不仅能够保证乳制品在微生物方面的安全，而且还能较好地保持乳品固有的营养品质、风味和色泽。酪蛋白是牛乳中的主要蛋白质，超高压处理使酪蛋白胶粒直接变小，乳蛋白表面暴露的疏水基团增加，引起乳清蛋白变性，其乳化性、黏度、溶解性和持水力均有大幅度提高。

（四）超高压技术在果蔬制品中的应用

果蔬中含有丰富的维生素、蛋白质、氨基酸以及还原性糖等营养成分，这些营养成分很多对热敏感，超高压处理则不会引起风味物质的丢失，并最大限度保留营养成分。超高压技术在常温或较低温度下达到杀菌、抑制酶活力、改善食品品质的效果，不会破坏果蔬制品的营养和新鲜度，符合消费者对果蔬制品营养和风味的要求。

超高压技术属于冷杀菌技术，在加工过程中可取代蒸煮、杀菌等过程，减小加工流程对产品颜色、质构、热敏性成分的影响，具有良好的应用前景。目前超高压技术在果蔬制品中的应用主要包括新鲜水果、果汁、果冻、沙拉以及果蔬腌制品等。

第二节 脉冲电场技术

一、脉冲电场技术概述

脉冲电场（pulsed electric field, PEF）是一种食品的非热加工和保藏技术，指对两个电极间的流态物料反复施加高电压的短脉冲进行处理的过程，它能杀死食品中的致病菌和致腐微生物，还能钝化酶。通常脉冲电场采用高电压（10～50 kV）、短脉冲及温和的温度条件处理食品，处理时间短，几乎不产生热量，热能消耗少，能最大限度地保留食品原有的感官品质和营养价值，延长食品保质期。脉冲电场技术特别适合于热敏性很高或有特殊要求的食品杀菌，目前在果蔬汁、牛乳等液态食品的杀菌中应用较多。

二、脉冲电场技术的特点

与其他杀菌技术相比，脉冲电场杀菌技术具有以下六大特点：

（一）杀菌效果好

能杀灭食品中的酶及微生物，一般能达到灭菌6个数量级以上。

（二）杀菌时间短

一般物料实际接受脉冲电场作用的时间在毫秒以内，整体灭菌工序操作时间在数秒以内完成。

（三）杀菌温度低

一般物料在接受脉冲杀菌处理后升温在30℃以内。因此，杀菌过程产热少，副产物少，对食品的营养成分、外观和风味基本无影响，可以广泛地应用于热敏性物质的加工与提取。

（四）处理均匀

在脉冲电场中各部分物料受到的处理场强大小一样。

（五）后续处理简单

灭菌处理后的物料温度变化小，无需冷却即可进行封装，生产效率高。

（六）绿色、健康、环保

脉冲电场技术能有效保留食品中的有效成分，不会产生对人体有害的自由基；耗能少，耗能仅为热处理的40%左右；对环境无污染。

三、脉冲电场技术杀菌机理

（一）细胞膜穿孔效应

细胞膜由镶嵌蛋白质的磷脂双分子层构成，它带有一定的电荷，具有一定的通透性和强度，膜外表面与膜内存在一定的电位差，当所加电场为脉冲电场时，电压在瞬间产生剧烈的波动，在膜上产生振荡效应，在细胞膜上孔加大和振荡效应的共同作用下细胞发生崩溃，从而达到杀菌的目的。

（二）电磁机制理论

电场能量与磁场能量是相互转换的，在两个电极反复充电与放电的过程中，磁场起到主要的杀菌作用。

（三）黏弹极性形成模型

细菌的细胞膜因在杀菌时受到强烈的电场作用而产生剧烈振荡，介质中产生等离子体，等离子体发生剧烈膨胀，产生强烈的冲击波，超出细菌细胞膜的可塑性范围而将细菌击碎。

（四）电解产物效应

在电极施加电场时，在电极附近介质中的电解质电离产生阴阳离子，这些阴阳离子在强电场作用下极为活跃，能穿过细胞膜，与细胞的生命物质如蛋白质、核糖核酸结合而使之变性。

（五）臭氧效应

在电场作用下，液体介质被电解产生臭氧，在低浓度下臭氧参有效杀灭细菌。

四、脉冲电场技术在食品工业中的应用

（一）脉冲电场处理在乳制品中的应用

脉冲电场能有效杀灭乳制品中的细菌，且杀菌效果与脉冲电场强度、处理温度、脉冲数量、介质以及乳品中脂肪含量等密切相关。在经过 45kV/cm 的电场脉冲 40 次后，脱脂乳中的大肠杆菌存活率仅为原来的 1%。

（二）脉冲电场在果蔬中的应用

脉冲电场处理果蔬汁，不仅能杀灭果蔬汁中微生物，不影响其原有的风味和品质，还能维持贮藏期内各品质的稳定性，延长果蔬汁的保质期。

（三）脉冲电场在酒中的应用

用脉冲电场处理葡萄酒时发现，葡萄酒中的杂醇含量下降，总酸、总酯和苯乙醇的含量上升，原花色素的变化趋势基本符合自然陈酿的效果。白酒经脉冲电场处理后，总醇、总酸含量都有所增加，白酒的陈香更加明显，辛辣味减少，口感绵软。

第三节　超声技术

声波是一种机械波，由物体（声源）振动产生。声波可以理解为介质偏离平衡态的小扰动的传播，这个传播过程只是能量的传播，而不发生质量的传递。高于 20000Hz 的声波称为超声波。

超声波杀菌的作用基于超声波的生物效应。超声波主要通过空化效应在液体中产生瞬间高温及温度交变变化、瞬间高压、压力变化、剪切力和冲击力，导致微生物细胞壁破裂、细胞内部结构紊乱、细胞质变性、细胞膜破裂、酶和蛋白质变性；同时产生大量自由基，造成细胞氧化损伤。

与传统加热杀菌技术相比，超声波辅助杀菌技术具有风味损失少、均匀度高、能耗低、杀菌温度低等优点。超声波辅助牛乳杀菌方面的应用还处在实验阶段，目前主要是应用在超声波辅助果蔬干制、果蔬及果蔬汁杀菌、抑酶等。

第四节　臭氧杀菌技术

臭氧处理是将受污染的食品暴露于臭氧化水或臭氧气体中进行处理的一种化学杀菌方法。

臭氧处理不仅能有效延长食品的保质期，而且经处理后的食品的营养、物理和化学性质不会发生显著改变。相比较其他化学消毒剂，臭氧在处理过程中不会产生有毒物质，是一种环保型消毒剂。

臭氧能攻击细胞膜、细胞壁、细胞质、内孢子层、病毒衣壳和病毒包膜中的各种成分。臭氧强大的抗菌性能是由于其高氧化电位和通过生物膜的扩散能力。由于液态和气态臭氧的不稳定性，臭氧会分解成羟基、氢过氧基和超氧自由基，这些臭氧分解过程中产生的高反应性副产物是潜在抗菌性的来源。

臭氧杀菌技术可延长鲜切果蔬保质期；臭氧可杀灭牛乳和乳粉中阪崎长杆菌、乳酪中霉菌等。但处理时间过长会引起脂肪氧化，产生异味。在粮食仓储害虫防治中，臭氧被用来替代现有的熏蒸剂（如甲基溴和磷化氢），以控制贮存过程中的虫害。臭氧也可以影响谷物和谷类产品中的天然微生物菌群，从而减少细菌、真菌和霉菌的污染；臭氧在肉制品中的应用，当剂量为0.642~4.92mg/m^3，能有效抑制胴体中细菌的生长。剂量为0.07mg/m^{3}臭氧处理5~7min，能明显抑制虾中弧菌的生长。

臭氧是安全无毒气体，它的抗菌性能主要是由于其强氧化能力，在浓度>0.321mg/m^{3}时，人员须离开现场，原因是臭氧会刺激人的呼吸系统，造成严重伤害。我国卫生部门规定的臭氧安全浓度为0.214mg/m^3，工业标准为0.321mg/m^3，在安全浓度下允许工作不超过10h。人们能闻到的臭氧浓度一般为0.0428mg/m^3，臭氧有强烈的刺激性，人们在感到不适时早已离开，一般不会出现中毒现象。

第五节　微波技术

微波（microwave）是一种频率范围在300MHz~300 GHz的电磁波。微波在介质材料中产生的热量属于分子内加热，主要有离子极化和偶极子转向两种机制。微波处理通常会导致微生物细胞膜和遗传物质及其功能的损害、蛋白质变性等。微波效应和非微波效应是目前普遍认可的微波杀菌机制。微波对酶有同样的作用机制。

在食品工业中，微波灭菌或微波辅助灭菌技术能够有效缩短处理时间，并在一定程度上降低处理温度，有利于食品中营养成分、功能因子及质构、色泽等感官品质的保持。

微波在食品工业中的应用主要是微波漂烫、微波干燥、微波杀菌等。微波技术可用于乳品的巴氏杀菌和超高温杀菌。微波技术用于果蔬及其制品，可同时实现杀菌、灭酶、浓缩、干燥等目的。900W处理120s可使羊肉火腿的冷藏保质期达3个月。微波可抑制污染粮食的霉菌生长。

第六节　膜分离技术

膜分离技术是目前分离科学和技术中最重要的手段之一，它可用于分离、浓缩、纯化、精制等，具有高效、环保、节能、易于操作、自动化程度高等诸多优点；在膜分离过程中，物质几乎不发生相变化。

膜分离技术原理是截留细菌、病毒等。目前主要的膜分离技术主要有微滤（microfiltration，MF）、超滤（ultrafiltration，UF）、纳滤（nanofiltration，NF）、反渗透（reverse osmosis，RO）、电渗析（electro dialysis，IE）等。

膜分离技术已应用于乳品工业的不同领域，包括延长牛乳保质期、乳清加工、干酪工业、乳蛋白加工和乳脂分馏、脱盐、去矿化等。膜分离技术还用于果汁的澄清、浓缩、灭菌等。膜分离技术在发酵食品中，主要应用于调味品、酒、有机酸和氨基酸等相关产品。

思考题

1. 以肉制品或水产品为例，说明超高压技术保藏食品的原理。
2. 试述影响超高压杀菌的主要因素有哪些。
3. 试述脉冲电场技术灭菌的原理及在食品工业中的应用。
4. 试述超声技术灭菌的原理及在食品保藏中的应用。
5. 简述臭氧杀菌技术灭菌的原理及其在食品保藏中的应用。
6. 简述微波技术灭菌的原理及其在食品保藏中的应用。
7. 简述膜分离技术灭菌的原理及其在食品保藏中的应用。

第二篇

食品工艺学各论

第一章 果蔬加工工艺学

CHAPTER 1

【学习目标】熟悉果蔬加工的原料及综合利用相关技术，掌握果蔬罐藏、制汁、干制、糖制、腌制、速冻的基本技术，了解果蔬加工的发展状况及发展趋势。

【课程思政目标】加强学生对我国传统果蔬加工工艺及其传承和发展的认识，培养民族自豪感和自信感；提升学生果蔬加工过程中操作标准化的意识，提升操作技能，强化学生的安全责任意识教育，为社会、食品行业和企业的发展培养高素质专业技能人才。

【重点难点】果蔬产品加工技术。

第一节 概述

一、果蔬加工的现状与发展趋势

果蔬加工是指以新鲜果蔬为原料，使用榨汁、脱水、干制、腌制、冷冻、冷藏等工艺制作方法，将其制成各种产品的过程。国际果蔬加工产业起步较晚，但发展迅猛。近年来国内外果蔬加工主要呈现以下几种趋势：

（一）果蔬功能成分的提取

果蔬中含有许多具有重要生理活性和医疗保健功效的天然植物化学物质，利用现代工程技术，从果蔬中分离、提取、浓缩这些功能成分，制成胶囊等剂型，或将这些功能成分添加到各种食品中，已成为当前果蔬加工的一个新趋势。

（二）果蔬汁的加工

现今，比较有代表性的果蔬汁加工新品种有浓缩果汁、非浓缩还原（not from concentrate，NFC）果蔬汁、复合果蔬汁、果肉饮料等。

（三）果蔬粉的加工

将新鲜果蔬加工成水分含量$<6\%$的果蔬粉，不仅能充分利用原料，降低贮藏、运输、包装等费用，还能拓宽果蔬原料的应用范围。目前，果蔬粉的加工正朝超微粉碎方向发展。

（四）果蔬脆片的加工

果蔬脆片是以新鲜、优质果蔬为原料，在低温真空条件下脱水制备而得，其主体是真空干燥技术。

（五）鲜切果蔬的加工

鲜切果蔬也被称为果蔬的最少量加工（minimally processed，MP），其加工方式介于果蔬贮藏与加工之间，不对果蔬产品进行热加工处理，只适当进行去皮、切割、修整等预处理，产品具有新鲜、方便、可100%食用的特点。

（六）果蔬加工无废弃物开发

果蔬加工过程中会产生大量废弃物，如落果、不合格果及大量下脚料，包括果皮、果核、种子等，具有很高的利用价值。通过综合加工从果蔬加工废弃物中提取出供食品、医药及日用化工等工业应用的各类制品，实现果蔬加工原料的无废弃物开发，已成为国际果蔬加工产业的新热点。

二、果蔬加工原料的处理

果品蔬菜加工前处理包括选别、分级、清洗、去皮、切分、修整、硬化、烫漂、抽空等工序。

（一）原料的选别与分级

原料的选别目的在于剔除霉烂、病虫害、严重机械伤、畸形、成熟度低的青果等不符合要求的果实，选别的具体标准根据各类加工品对原料的要求而定，主要是通过人的感官检验，在固定的工作台或传送带上进行。

原料的分级是在品质符合要求的基础上，按照加工品的要求，按原料的大小、质量、色泽和成熟度等标准将果蔬原料分为不同级别的操作。其中，大小分级是主要内容，其分级方法分为手工分级和机械分级。无须保持果实形态的制品，如果酒、果汁、果酱等，其原料不需要分级。

（二）原料的清洗

原料清洗的目的是洗去果品蔬菜表面附着的灰尘、泥沙和大量的微生物及部分残留的化学农药，保证产品的清洁卫生和品质。除制作果脯或腌渍类原料可用硬水外，其他加工原料最好使用软水；水温一般为常温，有时用热水以增加洗涤效果（不适于柔软多汁、成熟度高的果品蔬菜）。对残留农药等有毒药剂的原料，常用0.5%~1.5%的盐酸溶液，或0.1%的高锰酸钾溶液，或有效氯为600mL/L的漂白粉水，在常温下浸泡数分钟，再用清水洗涤。

洗涤的方式有浸洗、浮洗、淋洗、喷洗、冲洗和刷洗等，洗涤的设备有洗涤池、洗涤水槽以及各种洗涤机如转筒洗涤机、鼓风式清洗机、浮洗机、滚动喷洗机等。

（三）原料的去皮

果蔬的外皮、果心大部分较粗糙、坚硬，具有不良风味，对产品风味有一定的影响。去皮、去核可以除去不可食用部分或影响制品品质的部分，有利于后续加工及提高制品的品质。去皮时只要求去掉不合要求的部分，过度去皮、去心只能增加原料的消耗，并不能提高成品的品质，去下的皮屑、果心可做综合利用的原料。

果蔬去皮的方法有手工去皮、机械去皮、化学去皮（如碱液去皮、酶法去皮、表面活性剂去皮)、热力去皮、真空去皮和冷冻去皮（表2-1-1)。

表2-1-1 果蔬去皮方法及应用状况

去皮方法	适用对象	工作原理和特点
手工去皮	柑橘、石榴、枇杷、竹笋、荸荠、芒果、荔枝、龙眼等	应用特别的刀、刨等工具人工削皮；去皮干净、损失率少，但费工、费时、生产效率低、大量生产时困难较多
机械去皮	柑橘、苹果、梨、柿、豆类、芋头、甘薯、马铃薯、胡萝卜、菠萝等	采用旋皮机、擦皮机及专用去皮机械进行；去皮效率高、质量好，但去皮前原料要有较严格的分级、铁质器具被酸腐蚀会增加制品内的重金属含量
碱液去皮	除竹笋、豆类、枇杷、芦笋外几乎所有果蔬	利用碱液的腐蚀性使果蔬表皮内的中胶层溶解，从而使果皮分离；适应性广，对原料的形状大小要求不高，掌握适度时损失率较少、原料利用率高，节省人工、设备等
酶法去皮	柑橘类	在果胶酶的作用下，可使果胶水解，脱去囊衣；安全、卫生、产品外观质量好、环境污染小，但工艺相对复杂、费用较高
表面活性剂去皮	柑橘类	通过降解果蔬表皮的表面张力，利用低浓度碱液渗透进入中胶层而达到去皮效果；比单纯化学去皮效果好，但适用范围较窄
热力去皮	番茄、桃、枇杷、杏等	果品在高温短时作用下，表皮迅速受热而膨胀破裂，中胶层果胶发生水解失去凝胶性，然后迅速冷却去皮；原料损失少，果肉色泽、风味好，但仅适用于皮薄而成熟度较高的原料
真空去皮	番茄、桃、甜椒	先加热，使果皮与果肉易分离，接着进入有一定真空度的室内，使果皮下的液体迅速“沸腾”，皮与肉分离，然后破除真空，冲洗或搅动去皮；高效、加工能力大、易控制，但对果蔬成熟度要求高
冷冻去皮	番茄、桃、枇杷	将果蔬在冷冻装置中达轻度表面冻结，然后解冻，使皮松弛后去皮；去皮损失少、质量好，但费用高

（四）原料的切分、去心、去核、修整及破碎

体积较大的果蔬原料在罐藏、干制、加工果脯、蜜饯及蔬菜腌制时，为了保持适当的形状，需要适当地切分；核果类加工前需去核，仁果类则需去心；罐藏加工时为了保持良好的形状外观，需对果块在装罐前进行修整；制果酱的原料要破碎以便煮制；制果汁、果酒的原料经破碎后便于榨汁。

小量生产或设备较差时，一般选用手工完成，常借助一些专用小型工具；规模化生产常用多种专用机械，主要有劈桃机、多功能切片机、专用切片机；果蔬的破碎由打浆机完成。

（五）原料的硬化处理

硬化处理一般用于罐藏和果脯蜜饯原料，目的是使果实保持一定的硬度，具有较高的耐煮性，以便加工后的制品能保持块形完整，有较好的脆度口感。对质地较柔软的果实，硬化处理尤为必要。

硬化处理的原理是利用一些离子与果实中的果胶酸生成不溶性的果胶酸盐，从而起到类似原果胶的作用，使果实细胞之间的联结得以加强而保持硬度。常用的离子是钙和铝，相应的硬化剂如石灰、氯化钙、明矾等。一般硬化剂的浓度因制品而异，处理时以硬化剂溶液浸泡至中心为止。生产中硬化处理也常和浸硫合并进行。

（六）原料的烫漂

果蔬的烫漂是指将已切分的或经其他预处理的新鲜果蔬原料，放入温度较高的热水、沸水或蒸汽中进行短时高温处理的过程。

烫漂的目的：加热钝化酶，减少氧化变色和营养物质的损失；增加细胞通透性，利于脱水、渗糖、榨汁等工序的进行；排除果肉组织中的空气，提高制品的透明度，也可使罐头保持合适的真空度；除去果蔬原料中的不良气味，减轻苦味、涩味及辣味，改善制品品质；降低果蔬中污染物和微生物的数量；软化原料质地，使果蔬组织变得富有弹性，有利于装罐操作。

烫漂处理常用热水法和蒸汽法。果蔬热烫的程度应根据原料特性、块形、大小、工艺要求等条件而定，通常以过氧化酶充分失活为度。原料热烫后应快速冷却，停止余热对品质的影响，一般采用流动水或冷风冷却。

（七）护色处理

果蔬原料去皮和切分之后，放置于空气中，很快会变成褐色，影响外观，破坏产品的风味和营养价值。果蔬褐变由酶促褐变和非酶促褐变引起，主要是酶促褐变，其关键作用因子有酚类底物、酶和氧气。因为底物不能除去，一般护色措施均从排除氧气和抑制酶活力两方面着手。在加工预处理中所用的方法有如下几种。

1. 烫漂处理

热烫后使酶失活，氧气被排出，为防止酶促褐变的长久性措施。

2. 食盐水护色

食盐能减少水中的溶解氧，从而可控制氧化酶系的活性，同时食盐溶液的高渗透压也可使酶细胞脱水失活。食盐溶液浓度越高，抑制效果越好。工序间的短期护色一般采用1%~2%的食盐溶液。食盐浓度过高，虽然护色效果好，但脱盐难度大。

3. 酸溶液护色

酸溶液既可降低pH、降低多酚氧化酶活性，又可降低溶液中氧的溶解度，起到抗氧化作用。常用的酸有柠檬酸、苹果酸和抗坏血酸，一般多采用0.5%~1.0%的柠檬酸。

4. 硫处理

二氧化硫或亚硫酸盐类处理是果品蔬菜加工中原料预处理的一个重要环节，其作用除了护色以外，还用于半成品保藏中。亚硫酸具有强烈的护色作用、防腐作用、抗氧化作用、促进水分蒸发作用以及漂白作用。硫处理方法有熏硫法和浸硫法两种。由于亚硫酸和二氧化硫对人体有毒，硫处理的半成品不能直接食用，必须经过脱硫处理再加工制成成品。

5. 抽空护色

将原料周围及果肉组织中的空气排除，便能抑制氧化酶的活性，防止酶促褐变。果蔬抽空装置主要由真空泵、气液分离器、抽空锅组成，抽空方式有干抽和湿抽两种。

三、半成品保藏

果蔬加工大多以新鲜果蔬为原料，由于同类果蔬的成熟期短，产量集中，采收期多数正值高温季节，一时加工不完，为了延长加工期限，满足周年生产，生产上除了采用果蔬贮藏方法对原料进行短期贮藏外，常需对原料进行一定程度的加工处理，以半成品的形式保藏起来，以待后续加工制成成品。半成品的保藏方法一般有以下几种：

（一）盐腌处理

将新鲜原料用高浓度的食盐腌渍，作成盐坯半成品保存，然后进行脱盐、配料加工成成品。适用于凉果、蜜饯、腌渍蔬菜。

（二）硫处理

半成品保藏中硫处理的作用具体见本章第一节第二部分“护色处理”。

（三）防腐剂处理

在半成品中加入防腐剂（苯甲酸及其盐类、山梨酸及其盐类、过氧乙酸等），抑制微生物生长繁殖，使其得以长期保存。

（四）无菌大罐保存

该法是无菌包装的一种特殊形式，是将经巴氏杀菌的浆状果蔬半成品在无菌条件下装入已灭菌的大罐（袋）内，经密封而进行长期保存。该法是一种先进的保藏工艺，可以明显减少因热处理造成的产品质量变化，对于绝大多数加工原料的周年供应具有重要意义。

第二节　果蔬罐藏

果蔬罐藏是食品罐藏的一部分，是将水果或蔬菜进行预处理后装罐，经排气、密封、杀菌等工艺，使果蔬在室温下能长期保存的方法。

一、果蔬罐藏工艺

（一）工艺流程

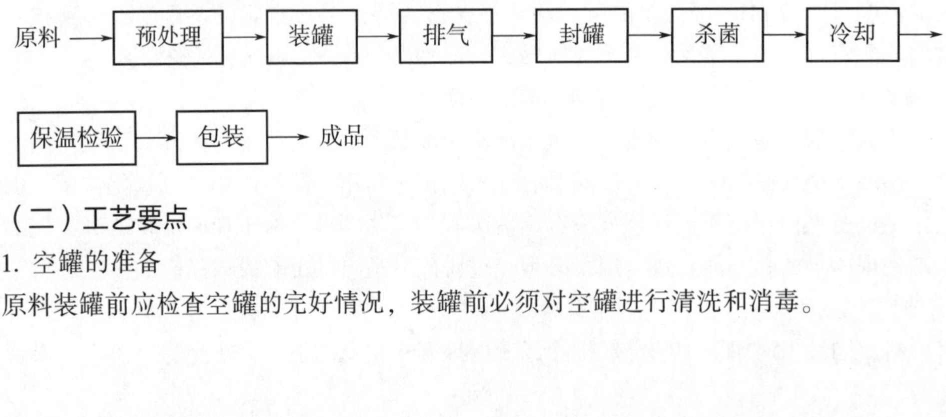

（二）工艺要点

1. 空罐的准备

原料装罐前应检查空罐的完好情况，装罐前必须对空罐进行清洗和消毒。

2. 罐液的配制

果品蔬菜罐藏中，除了液态食品（果汁）、糜状黏稠食品（果酱）或干制品外，一般要向罐内加注浓汁，称为罐注液、填充液或汤汁。罐头加注汁液后有如下作用：增加罐头食品的风味，改善营养价值；有利于罐头杀菌时的热传递，升温迅速，保证杀菌效果；排除罐内大部分空气，提高罐内真空度，减少内容物的氧化变色；罐液一般都保持较高的温度，可以提高罐头的初温，提高杀菌效率。果品罐头的罐注液一般是糖液，蔬菜罐头的罐注液多为盐水。

糖液浓度的确定，一方面要满足开罐浓度的要求，另一方面要考虑原料本身的糖酸含量，使成品达到适宜的糖酸比，具有良好风味。我国目前生产的糖水水果罐头开罐时的糖液浓度一般为14%~18%，加注糖液的浓度可根据下式计算：

$$Y = \frac{W_3 Z - W_1 X}{W_2} \tag{2-1-1}$$

式中 Y——需配制的糖液浓度，%；

W_1——每罐装入果肉重，g；

W_2——每罐加入糖液重，g；

W_3——每罐净重，g；

X——装罐时果肉可溶性固形物含量，%；

Z——要求开罐时的糖液浓度，%。

一般蔬菜罐头所用盐水的浓度为1%~4%，盐液配制时直接称取要求的食盐量，加水煮沸过滤即可。

3. 装罐

经预处理整理好的果蔬原料应迅速装罐、趁热装罐，装罐时应注意以下问题：确保罐装量符合要求，一般要求每罐固形物含量为45%~65%，每罐净重允许公差±3%；罐内应保留一定顶隙，一般为4~8mm；罐内原料的成熟度、色泽、大小、形状应基本一致，搭配合理，原料排列整齐、美观；保证产品符合卫生要求，装罐多采用人工装罐，对于流体或半流体制品（如果汁、果酱、果泥）可利用机械装罐。

4. 排气

从成品质量和安全考虑，对于小型果蔬罐头可以保持较高的真空度，一般为50654Pa，大型罐则得保持较低的真空度为39990Pa。

5. 密封

罐藏食品能长期保持良好的品质，并为消费者提供保证卫生营养的食品，主要依赖于成品的密封和杀菌。容器经密封可以断绝罐内外空气的流通，防止外界细菌入侵污染，密封食品经杀菌后可长期保藏不坏。若密封性不好，产品经处理、排气、杀菌、冷却及包装等操作将会变得毫无意义，故密封在罐头食品制造过程中是最重要的操作之一。

6. 杀菌

果蔬罐头常用的杀菌方法有常压杀菌和加压杀菌两种。常压杀菌是将果蔬罐头放入常压的热水或沸水中进行杀菌，杀菌温度不超过水的沸点，杀菌操作和杀菌设备简便，适用于pH<4.5的酸性食品，如水果类、果汁类、果酱类、酸渍菜类等。一般杀菌温度在80~100℃，时间10~40min。加压杀菌是将罐头放入杀菌锅内进行高压杀菌。经加压后锅内水的沸点可达100℃以上，并且随外部压力大小而升降，如气压增至172.59kPa时，沸点可升至115℃，气压增高

至 206.91kPa，沸点可升至 121℃左右。可以根据果蔬罐头杀菌温度的要求，通过杀菌锅内气压的增高，使水达到要求的杀菌温度。加压杀菌适用于低酸性（pH>4.5）食品罐头的杀菌，如大部分的蔬菜类食品。

罐头杀菌工艺条件主要是温度、时间和反压力三项，在罐头厂通常用“杀菌公式”的形式来表示。一般杀菌公式为：

$$\frac{t_1-t_2-t_3}{T}\text{或}\frac{t_1-t_2-t_3}{T}p \tag{2-1-2}$$

式中 t_1——从初温升到杀菌温度所需的时间，即升温时间，min；

t_2——保持恒定的杀菌温度所需的时间，min；

t_3——从杀菌温度降到所需温度的时间，即降温时间，min；

T——规定的杀菌温度，℃；

p——反压冷却时杀菌锅内采用的反压力，MPa。

7. 冷却

罐头在杀菌完毕后，必须迅速冷却，否则罐内果蔬内容物继续处于较高的温度，会使色泽、风味发生变化，组织软化。果蔬中的有机酸在较高温度下会加速罐头内壁的腐蚀。罐头冷却终温一般认为可掌握在用手取罐不觉烫手为宜，为 38~40℃，罐内压力已降至正常为宜，此时罐头的一部分余热有利于罐面水分的继续蒸发，结合人工擦罐，可以有效防止罐身罐盖生锈。

目前罐头生产普遍使用冷水冷却的方法。常压杀菌的罐头可采用喷淋冷却和浸水冷却，以喷淋冷却的效果较好。加压水杀菌及加压蒸汽杀菌的罐头内压较大，需采用反压冷却，在冷却时补充杀菌器内压力，如内压不高时，也可在不加压的情况下进行冷却。

8. 保温检验

将罐头放置在微生物的最适生长温度下足够的时间［通常为（37±2）℃保温 7 昼夜］，观察罐头有无胀罐和真空度下降等现象，从而判断罐头杀菌是否合格。

二、果蔬罐头的质量标准及贮藏

果蔬罐头食品的质量要求，第一是罐体要完好无损，即罐头容器不变形、不漏水、不透气、罐壁无腐蚀现象及罐盖不膨胀（胖听）；第二是罐头内容物应具有正常的色、香、味、形和质量，无异常、无杂质；第三是罐头食品卫生指标应符合国家有关标准，罐内食品中不能检出致病菌或腐败变质，重金属含量、农药残留量和防腐剂成分均应符合规定标准。

罐头食品的贮藏场所要求清洁、通风良好。果蔬罐头贮藏适温一般为 10~15℃，相对湿度在 70%~75%为宜，最高不要超过 80%。

第三节 果蔬制汁

一、我国果蔬汁工业的现状与发展趋势

果蔬汁是以水果或蔬菜为原料，采用物理方法（机械方法、水浸提等）制成的可发酵但

未发酵的汁液、浆液产品，或在浓缩果蔬汁（浆）中加入其加工过程中除去的等量水分复原而成的汁液、浆液制品。

果蔬汁工业在中国起步较晚，起步于20世纪70年代，缓慢发展于20世纪80年代，20世纪90年代以来发展迅速，浓缩苹果汁、梨汁产量和出口量均居世界第一。中国饮料工业协会于2001年11月13日正式加入国际果汁生产商联合会。果蔬汁饮料是国家食品工业规划的重点发展企业，也是农业产业化的重点支持领域，作为世界上最大的果蔬生产国，庞大的原料产量为我国果蔬汁及其饮料的生产、销售及出口提供了基础保障。但是，近年来我国果蔬汁及其饮料行业发展进入瓶颈期，国家统计局数据显示，2015—2020年我国规模以上饮料制造企业产量2016年达到最高，此后总体呈现下降趋势，果蔬汁及其饮料销量已经连续3年下滑。因此，我国果蔬汁及其饮料产业亟待升级，产品品质急需提升。

目前，我国果蔬汁饮料加工存在的问题主要集中在四个方面。

（一）深加工水平较低

与生产技术成熟的国家相比，我国果蔬汁深加工技术水平相对落后，没有形成真正的科技产业链。

（二）设备总体水平不足

我国果蔬汁加工大型关键性设备多为进口，设备核心技术和关键易耗零部件仍依赖进口，国内相关生产线关键技术研发力量不足。

（三）产品标准有待规范和完善

国家标准需要进一步完善，如对果蔬汁及其饮料的相关术语、分类做出规定，实现各层级标准命名的统一。

（四）新产品开发力度弱

我国果蔬汁饮料对新产品的研发力度和产品种类达不到消费者需求，市售果蔬汁饮料类型品种单一，长此以往，势必影响果蔬汁饮料的发展。

二、果蔬汁种类

依据GB/T 31121—2014《果蔬汁类及其饮料》，将果蔬汁分为三大类，分别是果蔬汁（浆）、浓缩果蔬汁（浆）和果蔬汁（浆）类饮料。

此外，按照果蔬汁的透明与否，可将果蔬汁分为透明果蔬汁（澄清果蔬汁）和浑浊果蔬汁。按照加工工艺，可将果蔬汁分为澄清汁、浑浊汁和浓缩汁。

三、果蔬汁加工工艺

（一）工艺流程

果蔬汁的类型决定其加工技术，但主要包括原料预处理、破碎与榨汁技术、过滤与澄清技术和脱气技术。果蔬汁加工工艺流程如图2-1-1所示。

（二）工艺要点

1. 原料预处理

主要包括对新鲜果蔬进行挑选、清洗、去皮、切分、去核、修整、破碎和护色处理。护色处理中，因变色原因不同，采用措施也有所区别。如绿色蔬菜可通过稀碱、稀铜盐或稀锌盐浸

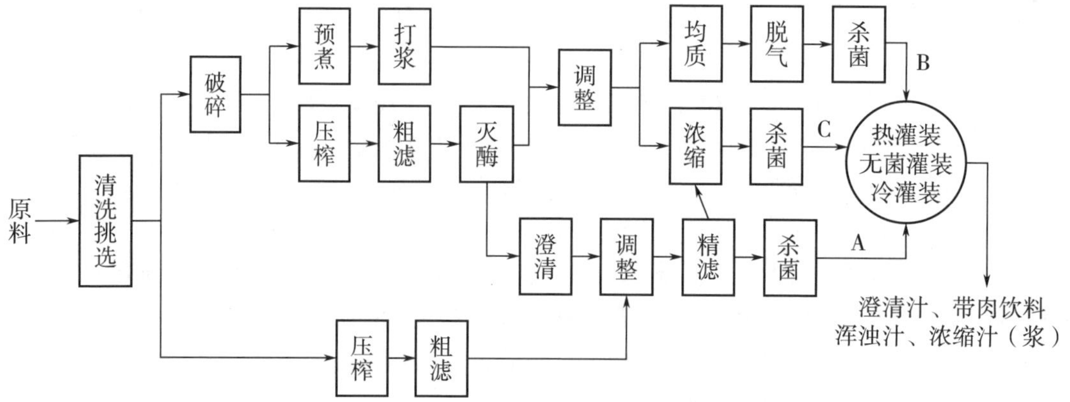

图 2-1-1 果蔬汁加工工艺流程

A—澄清汁工艺 B—浑浊汁与果肉饮料工艺 C—浓缩汁（浆）工艺

泡，或氢氧化钠沸腾溶液烫漂的方法护色；橙黄色饮料可采取避光包装或避光储存的方式护色；含花青素的果蔬饮料，应低温避光保存，且避免与金属离子接触。

2. 破碎与榨汁

根据原料的形状、性质和加工需求，选用合适的破碎设备，并结合适宜的破碎工艺进行破碎。常用的破碎工艺有热破碎和冷破碎，为了生产组织形态好、具有一定黏稠度的饮品，可以采用热破碎，抑制某些酶的活力。相反，则采用冷破碎。根据榨汁温度可分为冷榨和热榨，需要根据原材料的特性来选择适宜的方式。此外，常用的榨汁方式还有压榨法和离心分离法，目前多用带式榨汁机。

3. 过滤与澄清

浑浊果汁在保存色粒以获得色泽、风味和香味特性的前提下，通过粗滤除去分散在果汁中的粗大颗粒或悬浮粒，常用粗滤设备为筛滤机，如水平筛、回转筛、圆筒筛、振动筛。对于澄清果蔬汁，必须经过澄清和精滤工序，以除去果蔬汁中的全部悬浮物和一些胶体物质。常用澄清方法包括自然、明胶单宁、加酶、冷冻和热凝聚澄清法等。果蔬汁澄清后的精滤方法包括压滤法、真空过滤法、离心过滤法和膜技术过滤法。

4. 均质与脱气

均质是浑浊果蔬汁的特有工序，其目的是使浑浊汁中的不同粒度和相同密度的果肉颗粒进一步破碎并混匀，促进果胶渗出，增加果汁与果胶的亲和力，抑制分层沉淀，保持均一稳定。常用的乳化均质机械有均质机和胶体磨。脱气即除去果蔬汁中的空气，主要是去除氧气，防止或减轻果蔬汁中色素、维生素 C、香气成分和其他物质氧化而导致的产品质量下降。常用的脱气方法有真空脱气法、气体交换法、酶法脱气和抗氧化剂法等。

5. 浓缩与调配

浓缩汁可以增加产品的稳定性、减小产品体积和满足其他饮料生产的需要。常用浓缩方法有真空浓缩法、冷冻浓缩法、反渗透浓缩法和微波浓缩法。调配可以使果蔬汁制品有一定的规格，可改进其风味，增加其营养色泽。调配包括原汁和原浆用量的确定、糖酸比例的调整、不同种类果蔬汁的配合以及其他成分的调配等方面。

6. 杀菌与包装

杀菌与包装是果蔬汁产品得以长期保藏的关键。目前果蔬汁杀菌主要采用热杀菌，常用方法有巴氏杀菌法、高温短时杀菌法和超高温瞬时杀菌法。果蔬汁的灌装方式一般有热灌装、冷灌装和无菌灌装 3 种。

热灌装是果蔬汁经加热杀菌后，不进行冷却，趁热灌装，然后密封，倒置分段冷却，利用产品的热量对容器内表面进行杀菌。冷灌装是果蔬汁加热杀菌后，立即冷却至 5℃以下灌装、密封；无菌灌装是指果蔬汁经加热杀菌后，在无菌条件下常温灌装，产品在常温下流通销售。近年来，在饮料行业，冷灌装和无菌灌装也被认为是同一名词，即无菌冷灌装技术。无菌冷灌装技术是指在无菌环境中将无菌产品常温（≤30℃）灌装到无菌包装容器，然后进行密封。

第四节　果蔬干制

果品干制后得到的产品叫作果干，蔬菜干制后得到的产品叫作脱水菜或干菜。干制是果蔬深加工中最常用的技术之一，可以提高果蔬制品的贮藏稳定性，减少损耗，增加果蔬附加值，在我国果蔬加工业中占有重要地位，对于外贸出口以及野外作业、航海、军需、旅行等都有重要意义。

（一）工艺流程

原料选择 → 清洗 → 整理 → 护色处理 → 干制 → 后处理 → 包装 → 成品

（二）工艺要点

1. 原料选择

果蔬干制原料宜选择干物质含量高、水分少、可食率高、风味良好、粗纤维和废弃物含量少的种类和品种，并要充分成熟。

2. 原料的预处理

干制原料除一般的选别分级、洗涤之外，大形果需去皮、切分、去心。小形果有的切分去核，有的整果干制，一般可不去皮。果干多以硫处理护色，脱水菜以烫漂处理护色，部分原料需烫漂后再用硫处理护色，以控制非酶促褐变。对一些整果带皮干制而蜡质较多的原料，还需要进行脱蜡处理，以加快干燥速度。如葡萄用 1.5%～4.0%的 NaOH 溶液（沸腾或接近沸腾）处理 1～5s，李子用 0.15%～1.5%的 NaOH 溶液处理 5～30s，然后用清水洗净，除去果面蜡粉。

3. 干制及干制过程中的管理

最佳干制方法有热风、冷冻、真空及微波干燥，但考虑成本、经济效益等因素，目前使用最多的是热风干燥。干制过程中的管理主要是对干制过程中的温湿度进行管理。果蔬干制过程中的温度管理要根据果蔬原料的特点分别采取不同的升温和降温管理；要使原料尽快干燥，必须注意通风排湿。一般当相对湿度达 70%时，就应通风排湿。

对于可溶性物质含量高或切分成大块以及需整形干制的果品和蔬菜，宜采用初期低温、中期高温、后期温度降低的干制方法。即干燥初期为低温，55～60℃；中期为高温，70～75℃；

后期为低温，温度逐步降至50℃左右，直到干燥结束。这种温度管理方式操作简单，能量耗费少，生产成本较低，干制质量较好。如红枣采用这种方式干燥时，要求在6~8h内温度平稳上升至55~60℃，持续8~10h，然后温度升至68~70℃持续6h左右，之后温度再逐步降至50℃，干燥大约需要24h。

对于可溶性物质含量低或切成薄片、细丝的果蔬原料，在干制初期应急剧升高温度，最高可达95~100℃，当物料进入干燥室后吸收大量的热能，温度可降低30℃左右，此时应继续加热使干燥室内温度升到70℃左右，维持一段时间后，视产品干燥状态，逐步降温至干燥结束。此法干燥时间短，产品质量好，但技术较难掌握，能量耗费多，生产成本较大。如采用这种方式干制黄花菜，先将干燥室升温至90~95℃，送入黄花菜后温度会降至50~60℃，然后加热使温度升至70~75℃，维持14~15h，然后逐步降温至干燥结束，干制时间需16~20h。

对大多数蔬菜的干制或者对那些封闭不太严、升温设备差、升温比较困难的烘房来说，整个干燥期间，温度可以维持在55~60℃的恒定水平。

4. 后处理

果蔬原料完成干燥后，有些可以在冷却后直接包装，有些则需经过回软、挑选和压块等处理才能包装。

5. 包装

密封、避光、具有一定的机械强度、符合食品卫生要求，价格低廉。一般采用瓦楞纸箱包装，箱内套衬防潮铝箔袋和塑料袋密封，对于易氧化褐变的产品，需用复合塑料袋加铝箔袋盛装。

6. 贮藏

干制品应贮存于避光、干燥、低温的场所，贮藏期间要定期检查成品含水量及虫害情况。贮藏环境中的光线能使果蔬干制品变色、香味物质损失，为了更好地保存干制品，库房应适当避光。高温、高湿对脱水菜品有害，一般贮存温度为0~2℃，不宜超过10~14℃。温度每提高10℃，果蔬干制品的褐变速度会加速3~7倍。贮存环境的空气越干燥越好，相对湿度一般控制在65%以下。

第五节　果蔬糖制

一、果蔬糖制品的分类及特点

一般按照加工方法和产品形态，可分为果脯蜜饯和果酱两大类。

（一）果脯蜜饯类

果品蔬菜经糖煮制或腌制而成的产品，产品能基本保持果实或果块的完整形状，大多数含糖量50%~70%，属于高糖食品。按产地分为京式蜜饯、苏式蜜饯、广式蜜饯和闽式蜜饯。按产品的加工方式和风味形态特点可分为3类：

1. 干态蜜饯

果蔬经糖制后，再经晾干或烘干等干燥处理而成的制品，一般含糖量>75%。制品半透明、不黏手，外干内湿，如苹果脯、梨脯、桃脯、杏脯、橘饼、冬瓜条和糖藕片等。

2. 湿态蜜饯

果蔬经糖煮后，保存在浓度为 60%～65% 糖液中的产品。制品为半干态或浸渍在浓糖液中，如糖渍板栗、蜜饯樱桃、蜜金橘、糖青梅等。

3. 凉果

以腌制过或晒干的果蔬坯为原料，经清洗、脱盐、干燥、浸渍调味料，再干燥而成。制品表面干燥、皱缩，集酸、甜、咸味为一体，且有回味，如话梅、九制陈皮、嘉应子、橄榄制品等。

（二）果酱类

果酱制品无需保持原来的形状，但应具有原果风味，一般多为高糖高酸制品，按其制法和成品性质分为以下几种：

1. 果酱

分泥状及块状果酱两种，果蔬原料经处理后，打碎或切成块状，是加糖（含酸及果胶量低的原料可适量加酸和果胶）浓缩的凝胶制品，如苹果酱、草莓酱和番茄酱等。

2. 果泥

一般是将单种或数种果泥混合，原料经软化打浆或筛滤后得到细腻的果肉浆液，加入适量砂糖，经加热浓缩成稠厚泥状，如枣泥、苹果泥、山楂泥、什锦果泥等。

3. 果冻

将果实软化，榨汁过滤后，加糖、酸（含酸量高时可省略）以及适量果胶（山楂原料除外），经加热浓缩后而制成的凝胶制品，如山楂冻和苹果冻等。

4. 果糕

将果实软化后，打浆过滤取其果肉浆液，加糖（酸、果胶）浓缩而成的凝胶制品，如山楂糕。

5. 果丹皮

原料经煮制、打浆、加糖、酸等物料浓缩后，刮片烘干制成的柔软薄片，如山楂果丹皮、柿子果丹皮和桃果丹皮等。

二、蜜饯类糖制品加工工艺

（一）工艺流程

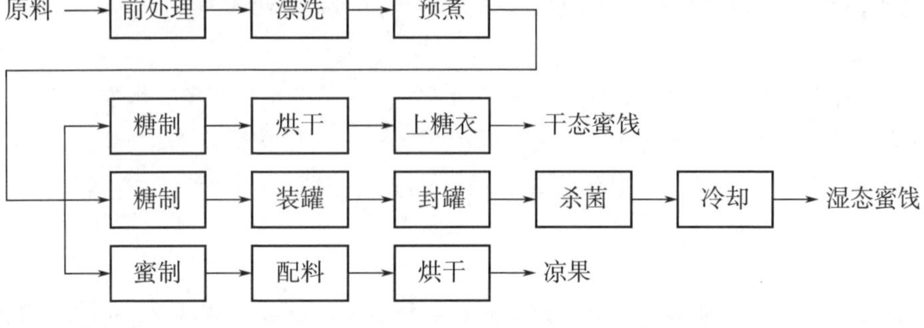

（二）工艺要点

1. 原料选择

制作果脯蜜饯的原料各地有所不同，一般要求含水量低，可食部分比例大，糖酸比适宜，单宁和粗纤维少，具良好香气。需长时间煮制的原料必须硬度高、肉质致密、韧性好，即耐煮、不破碎，能保持原形。因此采收成熟度不宜高，一般以 7~9 成成熟度为宜。

2. 原料的预处理

果脯蜜饯原料除前述的分级、洗涤、去皮、切分、去核或挖心、硬化、热烫、硫处理等以外，还有盐腌、染色、划缝、刺孔等处理。

（1）盐腌　凉果类原料所采用，既是原料或半成品保存方法，也可使原料脱水，使成品有少许咸的风味（糖制前经脱盐处理）。

（2）染色　为使制品具鲜艳色泽，人工进行着色，可染色后糖煮，也可在煮制糖液中添加色素。

（3）划缝　某些带皮煮制的果实，为了加速渗糖，在表皮上划缝（划破皮层即可），如蜜枣。

（4）刺孔　刺孔用于带皮整果，作用同划缝，将果皮扎透即可。

3. 预煮

预煮可以软化果实组织，破坏原料细胞组织结构，使糖制时糖分容易渗透，也可以钝化酶活力，抑制酶促褐变，除去不良风味，杀灭微生物和虫卵等。对一些酸涩、具有苦味的原料，预煮可起到脱苦、脱涩作用。

4. 糖制

糖制是果蔬糖制加工最关键的操作，大致分为糖煮、糖渍和两者相结合三种方法，也可利用真空糖煮或糖渍，这样可以加速渗糖和提高制品品质。糖渍（蜜制）法是一种冷制的方法，指用糖液进行糖渍，使制品达到要求的糖度，如糖青梅、樱桃蜜饯、无花果蜜饯和多数凉果等。其基本特点是不用加热或加热时间很短，能很好地保持产品的色泽、风味、营养价值和完整的果形，适用于组织柔嫩不耐煮的原料，缺点是腌制时间长。糖渍法的加糖方法有分次加糖法、一次加糖多次浓缩法、真空糖渍法。糖煮法适用于组织较紧密耐煮制的原料，加工迅速，但产品色泽、香味和风味较差，维生素损失较多。煮制方法有一次煮制法、多次煮制法、快速煮制法（变温煮）、真空煮制法和连续扩散法。

5. 烘烤

除湿态蜜饯外，多数制品在糖制后需行烘烤，除去部分水分，使表面不黏手，利于保藏。烘烤温度不宜超过 65℃，时间 20~24h。制品要求完整、饱满、不皱缩、不结晶，质地柔软，含水量 18%~22%，含糖量达 60%~65%。

6. 上糖衣

糖衣果脯保藏性较强，可以减少在贮藏期间吸湿、黏结等不良现象。糖衣类型有透明糖衣和白霜糖衣。透明糖衣是用过饱和的糖液在果脯表面粘上一层透明态的糖质膜，如 1.5%的果胶溶液。白霜糖衣是在干燥快结束的蜜饯表面，撒上结晶糖粉或白砂糖，拌匀，筛去多余的糖粉。

7. 包装

干燥后的蜜饯应及时整理或整形，然后按商品要求进行包装。干态蜜饯包装主要以塑料食品袋防霉防潮为主，同时要保证卫生安全，便于贮藏、运输和销售。湿态蜜饯以罐头包装为宜，装罐、密封后，于 90℃杀菌 20~30min，取出冷却。

三、果酱类糖制品加工工艺

（一）工艺流程

原料选择 → 前处理 → 打浆 → 配料 → 加热浓缩 → 装瓶 → 密封 →

杀菌 → 冷却 → 成品

（二）工艺要点

1. 原料选择

果酱类制品要求原料具有良好的色香味，成熟度适宜，含丰富的有机酸和果胶。一般成熟度过高的原料，果胶及酸含量降低；成熟度过低，则色泽风味差，且打浆困难。一般残次落果及加工下脚料均可利用。

2. 原料的预处理

先经选择，剔除霉烂、成熟度过低等不合格原料，清洗干净，有的原料需要去皮、切分、去核、预煮和破碎等处理，同时要注意护色处理，并尽快加热软化。

3. 加热软化

软化的目的是破坏酶的活性，防止变色和果胶水解；软化果肉组织，便于打浆或糖液渗透；促使果肉组织中果胶的溶出，有利于凝胶的形成；蒸发一部分水分，缩短浓缩时间；排除原料组织中的气体，得到无气泡的酱体。软化用水量为果肉重的20%~50%，若用糖水软化，糖水浓度为10%~30%，软化时间一般为10~20min。

4. 配料

果酱的配方按原料分类及产品标准要求而异，一般要求果肉占总原料量的40%~55%，砂糖占45%~60%。必要时配料中可适量添加柠檬酸及果胶。柠檬酸补加量一般控制成品含酸量为0.5%~1.0%，果胶补加量以控制成品含果胶量0.4%~0.9%为宜。

5. 加热浓缩

加热浓缩的目的是通过加热，排出果肉中大部分水分，使砂糖、酸、果胶等配料与果肉煮至渗透均匀，提高浓度，改善酱体的组织形态及风味。加热浓缩还能杀灭有害微生物，破坏酶的活性，有利于制品的保藏。浓缩方法有常压浓缩和真空浓缩。

6. 装罐和密封

果酱类含酸量比较高，大多以玻璃罐或抗酸涂料马口铁罐为容器，装罐前必须先清洗消毒。铁罐以95~100℃热水或蒸汽消毒3~5min，玻璃罐用95~100℃热水或蒸汽消毒5~10min，而后倒罐沥水。装罐时保持罐温在40℃以上。胶圈经水浸泡脱酸后使用。罐盖以沸水消毒3~5min，或用75%的酒精擦抹消毒。出锅后应快速装罐，一般要求每锅分装完毕不超过30min，密封时酱体温度为80~90℃，封罐后立即杀菌冷却。

7. 杀菌冷却

在工艺卫生条件好的情况下，可在封罐后倒置数分钟，利用酱体的余热进行罐盖消毒。但为了安全，封罐后还必须进行杀菌处理：在90~100℃下杀菌5~15min即可。马口铁罐包装的产品可在杀菌结束后迅速用冷水冷却至常温，但玻璃罐（或瓶）包装的产品宜分段降温冷却，然后用干布擦去罐（瓶）外的水分和污物，送入库房保存。

四、果蔬糖制品常见质量问题与控制

（一）蜜饯类糖制品常见质量问题与控制

1. 返砂和流糖

一般质量达到标准的蜜饯产品，要求质地柔软，光亮透明。但在生产中，如果条件掌握不当，成品表面或内部易出现返砂或流糖现象。在糖煮过程中，转化糖含量不足，比例失调，造成产品表面出现结晶糖霜，这种现象称为返砂。相反，如果果脯中的转化糖含量过高，特别在高温高湿季节，容易造成产品吸潮、表面发黏，这种现象称为流糖。

防止蜜饯返砂和流糖，最有效的办法是控制煮制条件、掌握蔗糖与转化糖比例，即严格掌握糖煮的时间及糖液的 pH（2.5~3.0），促进蔗糖转化，可加柠檬酸或酸的果汁进行调节。

2. 煮烂与干缩

煮烂主要是品种选择不当、果蔬的成熟度过高、糖煮温度过高或时间过长、划线太深造成的，如金丝蜜枣等。干缩主要是果蔬成熟度过低、糖渍或糖煮时糖浓度差过大、糖渍或糖煮时间太短、糖液浓度不够，致使产品吸糖不饱满等。

选择成熟度适中的原料，是预防煮烂与干缩、保证糖制品质量的前提。组织较柔软的原料品种，在预处理中应进行适当硬化，防止煮烂。为防止产品干缩，应分次加糖，使糖浓度逐步提高，并适当延长糖渍时间，使原料充分吸糖饱满后再进行糖煮，且糖煮时间要适当。

3. 变色

正常蜜饯的颜色大多为金黄、橙黄、淡黄，色泽明亮，但如果操作不当，就有可能产生褐变现象或色泽发暗的情况。其原因主要是原料发生酶促褐变和非酶促褐变或原料本身色素物质受破坏。糖煮时间越长、温度越高或转化糖越多，干燥时的条件及操作方法不当等都会加速非酶促褐变或破坏色素物质。

在糖制和干燥过程中，适当降低温度、缩短时间，可有效阻止非酶促褐变，采用低温真空糖制是一种最有效的技术措施。使用热烫和护色等处理方法，抑制引起褐变的酶活力，可有效抑制由酶引起的褐变反应。

4. 发酵、长霉

出现原因主要是产品含糖量太低和含水量过大。在贮藏中通风不良，卫生条件差，微生物污染造成。

预防措施是控制成品含糖量和含水量；加强加工和贮藏中的卫生管理；适量添加防腐剂。

（二）果酱类糖制品常见质量问题与控制

1. 变色

出现原因是金属离子引起的变色、单宁的氧化、糖和酸及含氮物质的作用引起的变色、糖的焦化等。

预防措施是加工中操作迅速，碱法去皮后务必洗净残碱，迅速预煮，破坏酶的活性；加工过程中防止与铜、铁等金属接触，尽量缩短加热时间，浓缩中不断搅拌，防止焦化；浓缩结束后，迅速装罐、密封、杀菌和冷却，贮藏温度不宜过高，以 20℃ 为宜。

2. 糖结晶

出现原因是果酱中转化糖含量过低。

预防措施是严格控制配方，果酱中含糖量≤65%，其中转化糖占30%左右。也可用淀粉糖浆代替部分砂糖，一般为总糖量的20%。

3. 液质分离

出现原因是果块软化不充分、浓缩时间短或果胶含量低，未形成良好的凝胶。

预防措施包括充分软化果块，使原果胶水解而溶出；对果胶含量低的可适当增加糖量；添加果胶或增加凝胶作用；为增加果胶含量，可在浓缩时加入1/5~1/4成熟度较低的果块。

4. 发霉变质

出现原因是原料霉烂严重；加工、贮藏卫生条件差；装罐时瓶口污染等。

预防措施包括严格分选原料，剔除霉烂原料；原料库房要严格消毒、通风良好，防止长霉；原料要彻底洗净表面污物；车间、工器具、人员要加强卫生管理；装罐中严防瓶口污染，如有污染，立即用消毒纱布擦去。

第六节　蔬菜腌制

新鲜蔬菜经预处理后，部分脱水或不经脱水，用盐、香料、酱、酱油等进行腌制或酱制，使其发生一系列的生物化学变化，制成鲜香脆嫩、咸淡（或酸甜）适口且耐保存的加工制品，统称为腌制品。

蔬菜腌制是我国最古老的一种加工保藏方法，全国各地均有一定规模的加工企业，城乡集体、个人都可进行蔬菜腌制。蔬菜腌制是蔬菜加工品中产量最大的一类。长期的经验创造出了许多独具风格的名特产品，如北京冬菜、酱菜；扬州、镇江酱菜；四川榨菜、冬菜、芽菜、大头菜；云南大头菜，贵州独山盐酸菜，以及浙江萝卜条和小黄瓜，广东酥姜等。其中，四川涪陵榨菜与德国酸甜甘蓝、法国酸黄瓜被誉为世界三大名酱腌菜。目前，蔬菜腌制正在向营养化、疗效化、低盐化、多样化和天然化方向发展。

一、蔬菜腌制品的分类

蔬菜腌制品可分为发酵性腌制品和非发酵性腌制品两类。

（一）发酵性腌制品

腌制时用盐量较少或不用盐，乳酸发酵为主，伴有轻微酒精发酵，产品酸味明显，以乳酸为主。

1. 湿态发酵性腌制品（酸菜类制品）

用低浓度食盐溶液浸泡蔬菜或用清水发酵白菜而成的一种带酸味的蔬菜腌制品，如泡菜、酸白菜、酸黄瓜等。

2. 半干态发酵性腌制品

先将菜体经风干或人工脱去部分水分，然后进行盐腌，自然发酵后熟而成，如榨菜、冬菜、西欧的酸菜等。

（二）非发酵性腌制品

腌制过程中，一般不进行或只进行微弱发酵，主要利用高浓度食盐和其他调味品防腐保藏和增进风味。

1. 咸菜类（盐渍菜）

利用食盐和其他调味品腌渍而成的湿态、半干态和干态的加工制品，如咸芥菜头、咸雪里蕻、咸萝卜干等。

2. 酱菜类（酱渍菜）

制品须先腌制成咸菜坯，再用酱或酱油及其他香辛调味料浸渍而成，如酱黄瓜、酱萝卜、酱八宝菜等。

3. 糖醋菜类

一般是先腌制成咸菜坯，经过脱盐后再用糖渍、醋渍或糖醋渍而成，如糖醋蒜、糖醋萝卜、酸藠头等。

4. 酒糟渍品（糟菜）

一般是先腌制成咸菜坯，再利用黄酒糟或醪糟腌制加工而成的制品，如糟瓜、糟茄子等。

5. 虾油渍菜

一般是先腌制成咸菜坯，再用虾油浸渍而成的制品，如虾油小菜、虾油黄瓜、虾油辣椒等。

二、蔬菜腌制工艺

（一）工艺流程

由于腌制蔬菜的品种繁多，又具有明显的地方特色，且存在口味等差异，腌制时存在着较大的用料差异。但主要腌制工艺流程大致相同：

原料选择 → 清洗 → （切分）整理 → 晾晒 → 入缸腌制 → 倒缸 → 封缸 → 贮存

（二）工艺要点

1. 原料选择

腌制用的蔬菜必须采用无病虫害和杂菌污染、组织紧密、质地脆嫩、肉质肥厚且在腌制过程中不易软化的新鲜蔬菜。并非所有蔬菜均适合制作腌制菜，制作腌制品以根菜类（萝卜、大头菜、芜菁、胡萝卜）和茎菜类（青菜头、莴笋、大蒜、生姜）为主，部分叶菜类（白菜、雪里蕻、紫苏）和果菜类（菜瓜、黄瓜、辣椒、苦瓜、豇豆）可用于腌制。

2. 原料的预处理

新鲜蔬菜充分洗涤后，应进行整理，剔除粗皮、粗筋、须根、老叶以及表皮上的黑斑烂点。一般原料晾干明水，含水较高的原料要脱去部分水分，表皮萎蔫后再入坛腌制。

3. 蔬菜腌制工具的选择

腌制容器的选择关系到腌菜的品质。腌制数量大，保存时间长的，一般用缸腌；腌制半干咸菜，如香辣萝卜干、大头菜等，一般应用坛腌，因坛子肚大口小，便于密封；腌制数量极少，时间短的咸菜，也可用小盆、盖碗等。腌器一般用陶瓷器皿为好，切忌使用金属制品。

4. 入缸腌制

发酵性腌制品的用盐量多为6%～8%或更低，并创造一种厌氧条件，以促进乳酸菌生长。

非发酵性腌菜的加工一般要求每100kg预处理的蔬菜用食盐20~25kg和浓度为18°Bé的盐水5~10kg，入缸时放一层蔬菜撒一层盐，并加盐水少许，以使盐粒溶化。为了增进色香味，可以根据工艺需要，加入调味品（豆酱、面酱、酱油、味精、食醋、甜味料等）、着色料（饴糖、姜黄等）、防腐剂（苯甲酸钠、山梨酸钾等）和香辛料（洋葱、大蒜、辣椒、生姜、芫荽、香芹、胡椒、五香粉、小茴香等）等辅料。

5. 倒缸

按时倒缸是腌制咸菜过程中必不可少的工序。倒缸就是将腌器里的酱或咸菜上下翻倒，使食盐均匀地接触菜体，使上下菜渍制均匀，并尽快散发腌制过程中产生的不良气味，增加渍制品的风味，缩短渍制时间。一般入缸加盐后每天倒缸1次，腌制5~10d后改为隔天倒缸1次。

6. 密封贮存

一般腌制30~40d后封缸贮存，即为成品。封缸时应尽量灌满汤液，否则容易腐烂。

咸菜的温度一般不能超过20℃，否则咸菜很快腐烂变质、变味。在冬季要保持一定的温度，一般不得低于-5℃，以2~3℃为宜。温度过低咸菜受冻，也会变质、变味。

贮存腌菜的场所要阴凉通风，蔬菜腌制之后，除必须密封发酵的咸菜外，在腌制初期，腌器必须敞盖，同时要将腌器置于阴凉通风的地方，以利于散发咸菜生成的热量。咸菜发生腐烂、变质，多数是由于咸菜贮藏的条件不合要求，温度过高，空气不流通，蔬菜的呼吸热不能及时散发所造成的。腌后的咸菜不能在太阳下曝晒。

第七节　果蔬速冻

果蔬速冻是将经过处理的果蔬原料采用快速冷冻的方法使之冻结，然后在-20~-18℃低温中保藏，达到长期贮藏的目的。

与其他果蔬采后加工贮藏方法相比，速冻可在不借助任何防腐剂和添加剂的情况下更长久地保持果蔬的色泽、风味及营养价值，产品以营养合理、干净卫生、包装运输方便等特点受到国内外消费者的欢迎，是一种较为理想的保藏方法。我国速冻果蔬生产虽然起步晚，但凭借独特的资源优势得以迅速发展，目前已形成一种稳定的产业模式，并在果蔬产业中占据重要地位。

一、果蔬速冻工艺

（一）工艺流程

原料选择 → 预处理 → 烫漂或浸渍 → 冷却 → 沥水 → 装盘（或直接进入传送网带）→

速冻 → 包装 → 冻藏 → 运销

（二）工艺要点

1. 原料选择

用于速冻果蔬的原料要新鲜，充分成熟，规格整齐，质地坚脆，无病虫害、霉烂、老化枯黄、农残和机械损伤。最好能做到当日采收，及时加工，以保证产品品质。

2. 原料的预处理

进厂后的原料，应及时进行处理，处理室温度以控制在15℃以下为宜。处理措施有挑选、分级、去除不可食用部分、清洗、切分等。

3. 烫漂和浸渍

烫漂主要用于蔬菜的速冻加工，目的是抑制其酶活力、软化纤维组织，去掉辛辣涩等味，以便加工。烫漂适用于含纤维较多的蔬菜或习惯于炖、焖等方式烹调的蔬菜，如豆角、芹菜、蘑菇、花椰菜等。青椒、黄瓜、菠菜和番茄等，含纤维较少，质地脆嫩，则不宜烫漂，否则会使菜体软化，失去脆性。烫漂温度一般为90～100℃，品温要达到70℃以上。烫漂时间一般为1～5min。原料热烫后应迅速冷却，使品温降到10～12℃。速冻果品为考虑对品质的影响，往往不采用热烫，而是采用浸渍糖液，并结合添加柠檬酸和维生素C的方法，以抑制酶活力，防止产品变色和氧化。

4. 沥水

切分后的蔬菜，无论是否经过烫漂，其表面常附有一定水分，为防止产品冻结时黏结，速冻前加以沥水处理。沥水可采用振动筛、离心机等进行。

5. 速冻

果蔬产品的速冻温度一般在-35～-30℃，风速应保持在3～5m/s，这样才能使菜体迅速通过最大冰晶生成区，使冻品中心温度尽快达到-18～-15℃以下。

6. 包装

冻结后的产品经包装后入库冻藏，为了加快冻结速度，多数果蔬冻品生产采用先冻结后包装的方式。但有些产品如叶茎类为避免破坏，可先包装后冻结。包装材料有纸、玻璃纸、聚乙烯、薄膜（或硬塑）及铝箔等，包装形式有袋、托盘、盒、杯等。包装时，包装间应保证在低温状态（一般在-5℃以下），同时要求在最短时间内完成包装，重新入库。

7. 冻藏

速冻果蔬的长期贮存，要求贮温控制在-18℃以下，冻藏过程应保持稳定的温度和相对湿度，防止重结晶的发生。速冻果蔬产品冻藏期一般可达10～12月以上，冻藏条件良好可达两年。

二、速冻果蔬的流通管理与解冻

（一）速冻果蔬的流通管理

刚生产出来的速冻果蔬品质优良，在流通过程中，经冻藏、运输、销售等环节能否保持其优良品质，取决于流通时间、温度、经历。为了防止速冻果蔬在流通中的品质下降，必须加强食品冷链物流体系的质量管理，使其从生产到消费所有环节都要维持在稳定的接近于冻藏的温度条件下，使产品处于冻结状态。因此，远途运输需采用机械冻藏车厢，以保持冻藏温度，防止产品解冻。销售环节应配有冰箱及冻藏柜。

（二）速冻果蔬的解冻

为防止解冻时内容物渗出或流汁，速冻果蔬解冻的速度宜缓慢。解冻可在冰箱冷藏间、室温、冷水或温水中进行，也可以采用电流加热或微波加热（家庭可用微波炉的解冻功能）进行解冻。

第八节 果蔬加工新技术

一、超微果蔬粉

超微粉碎技术起步于20世纪70年代，是利用特殊的粉碎设备，通过一定的加工工艺流程，对物料进行碾磨、冲击、剪切等，将粒径3mm以上的物料粉碎至粒径为10~25μm以下的微细颗粒的操作技术。与传统果蔬粉相比，超微果蔬粉产品具有生物效率高、粒径小、分布均匀、污染少等特点，既可以保持物料原有的生物活性和营养成分，使产品有很好的固香性、分散性和溶解性，又有利于改善产品口感，促进营养成分的吸收。常用的超微粉碎设备有气流式超微粉碎设备、高频振动式超微粉碎设备、旋转球（棒）磨式超微粉碎设备和冲击式超微粉碎设备。

二、果蔬脆片

果蔬脆片于20世纪80年代起源于我国台湾，能够最大限度地保留果蔬的色香味和营养成分，并有松脆的口感，具有低脂肪、低热量、高纤维、不含人工合成添加剂的特点。目前，果蔬脆片生产工艺已形成两大成熟体系，真空低温油炸与非油炸工艺。其中，非油炸工艺包括真空冷冻干燥、真空微波干燥与变温压差膨化等。我国普遍采用的果蔬脆片处理方式是真空低温油炸，通过食用油的传热促使果蔬内的多余水分蒸发，形成的产品中果肉组织疏松多孔，典型产品以香蕉脆片为代表。

三、鲜切果蔬加工

鲜切果蔬于20世纪50年代起源于美国，20世纪60年代开始商业化生产，我国起步于20世纪90年代。鲜切果蔬食用方便，具有新鲜、健康、风味、营养等特点，近几年发展迅速，但我国仍处于起步阶段，现有鲜切果蔬加工企业规模均较小。与未加工果蔬相比，鲜切果蔬由于加工过程中的机械损伤，导致果蔬生理代谢速度加快、组织软化、营养成分损失、易受到微生物污染，最终使得鲜切果蔬的保质期变短，品质下降较快，需要安全、有效的保鲜技术来解决加工、贮藏过程中的这些问题。目前鲜切果蔬的贮藏保鲜技术主要分为物理保鲜技术（如低温保鲜、气调保鲜等贮藏环境控制技术，紫外、超声波、电解水和臭氧等微生物控制技术）、化学保鲜技术（含氯杀菌剂、有机酸等保鲜剂）和生物保鲜技术（植物精油和可食用涂层等）。

第九节 果蔬综合利用加工技术

果蔬综合利用是根据各种果蔬不同部分所含成分及特点，对其进行全植株（果、皮、汁、肉、种子、根茎、叶、花及加工后的残渣和落地果、野生果等）的高效利用。使原料各部分所含的有效成分都能被充分合理地利用。

一、果蔬综合利用相关技术

（一）皮渣的综合利用

目前，果蔬皮渣综合利用主要集中于以下几个方面：

1. 提取果胶

果胶是一种杂多糖，主要从陆生植物的细胞壁中获得，广泛应用于食品、医疗、化工、纺织等行业。果胶提取一般有酸提法、醇沉法、盐析法、微波及超声波辅助提取等，提取对象主要是苹果渣或柑橘，因为这两种副产物在果蔬加工业中产生多而且集中。

2. 提取色素

在果蔬中，最为常见的色素有叶绿素、类胡萝卜素、花青素及花黄素，按溶解性能可分为脂溶性色素和水溶性色素。目前常用的色素提取方法主要有微波或超声波辅助提取、有机溶剂法、膜分离法等。

3. 提取膳食纤维

果蔬是人们饮食中膳食纤维的主要来源，果蔬废弃物中膳食纤维含量也较丰富。膳食纤维具有较好的保健功能，适合做食品添加剂、保健品或者辅助药品。提取膳食纤维主要有酶法、发酵法、热水提取法和化学提取法等。

4. 提取抗氧化物质

果蔬加工副产物中富含多酚类和黄酮类等物质，是天然抗氧化剂的良好来源。多酚提取方法主要包括有机溶剂萃取法、酶法、离子沉淀法和超临界流体萃取法，黄酮提取方法主要有水提法、有机溶剂提取法、超临界提取法、酶提取法、双水相提取法等。

5. 提取精油

采用柑橘类果皮提取的柑橘精油在食品、日用香精等生产上占有重要地位，是果香型香料用量最大的一种。柑橘精油60%~70%用于食品工业，其余则用于化妆品和芳香清洁剂。柑橘精油提取方法有水蒸气蒸馏法、冷磨法、冷榨法、溶剂萃取法和超临界流体萃取法等。

6. 提取有机酸

多数果蔬中含有丰富的有机酸，尤其以柠檬、梅子、柑橘和李子等最多，同一果品又以未成熟果实含量较多。因此，常用未熟的落果以及残次果作为提取有机酸的原料。

此外，果蔬皮渣经适当加工处理可用作禽畜饲料，柑橘类果皮经加工提炼后可制成调味料。

（二）种子的综合利用

目前，果蔬种子综合利用主要集中于以下几个方面：

1. 提取油脂

果蔬的种仁中常含有丰富的油脂，如柑橘种子含油率达 20%~25%、杏仁含油率>51%，桃仁含油率 37%左右，葡萄籽含油率>12%，番茄籽含油率>22%。油脂的提取方法主要有压榨法和溶剂萃取法，也可以采用超临界萃取法。

2. 提取蛋白质

果蔬种子中含有丰富的蛋白质，如薏苡仁含蛋白质 15%左右，番茄籽含蛋白质 25%左右，韭菜籽和油茶籽含蛋白质 12%左右。蛋白质提取方法主要有碱提酸沉法、酶提取法、膜分离法、复合提取法等。

3. 种壳制造活性炭

核桃、椰子的外壳和核果类果实中的果壳及板栗的种壳组织坚硬致密，是制造活性炭的优质原料。

二、典型果蔬的综合利用

（一）柑橘皮渣的综合利用

柑橘是世界上产量最大的水果，目前加工产品多为果汁饮料及罐头，生产过程中会产生大量皮渣，占柑橘总重的 40%~60%，皮渣处理已经成为国内柑橘加工企业的头号难题。近年来，欧美和日本等发达国家为了提高原料综合利用率、降低成本、提高附加值，相继从柑橘果品中分离提取出多种功能性成分，开发了系列用于食品、化工、保健品和化妆品等领域的高附加值产品，如果胶、香精油、膳食纤维、生育酚、类黄酮、柠檬苦素、酒精和饲料等。目前，我国在柑橘类果皮生理活性成分的研究方面，还处于起步阶段。柑橘综合利用示意图如图 2-1-2 所示。

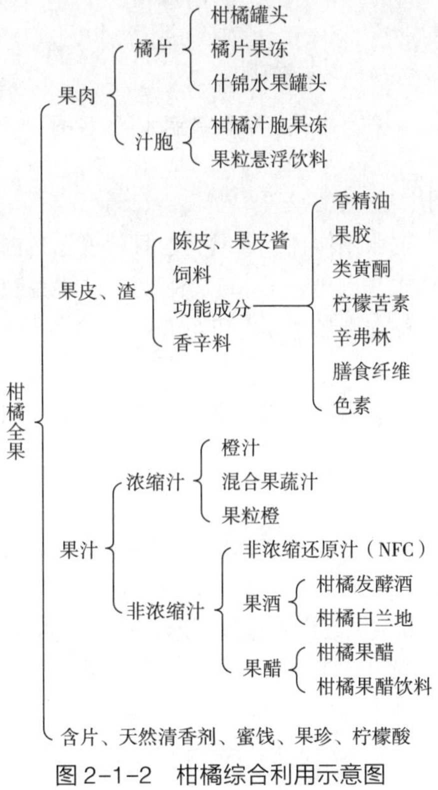

图 2-1-2 柑橘综合利用示意图

（二）苹果的综合利用

我国是世界上最大的苹果生产国和消费国，苹果种植面积和产量均占世界总量的40%以上，在世界苹果产业中占有重要地位。目前苹果加工产品主要有果汁、果酒、果酱和罐头，果汁是最主要的加工产品，占世界苹果加工总量的90%以上。苹果渣是苹果加工的主要副产物，果渣中果皮果肉占96.2%，果籽占3.1%，果梗占0.7%，可以用于提取多糖类、多酚类、黄酮类、果胶、膳食纤维、色素、香精、苹果籽油等多种生物活性成分。此外，苹果渣还可以用于加工成饲料、作为食用菌生产原料和发酵生产酒精类产物等。苹果综合利用示意图如图2-1-3所示。

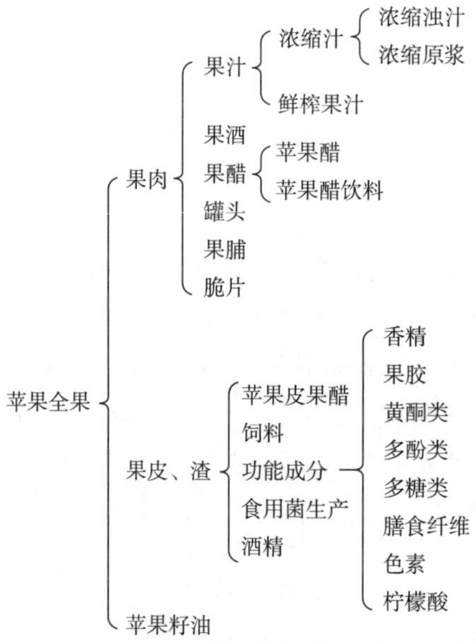

图2-1-3　苹果综合利用示意图

（三）甜玉米的综合利用

甜玉米属于粮、果、蔬、饲兼用作物，是欧美、日韩等发达国家的主要蔬菜之一，综合利用及产业化前景十分广阔。广东是世界甜玉米主产区之一，也是我国甜玉米生产最大的省份和主要消费区。当前，甜玉米的综合利用主要有以下几种方式：

1. 鲜食

鲜食是传统的食用方式，将乳熟期的甜玉米蒸煮或烘烤后食用，超甜玉米乳熟期可以作为水果生食。

2. 加工

甜玉米的加工方法主要包括速冻甜玉米和甜玉米罐头两种。速冻甜玉米分为整穗、段状和粒状等不同类型，是将新采收的甜玉米果穗或铲下的籽粒经处理后，放在-45～-35℃条件下迅速冷冻，包装后冷冻，可用于常年供应市场；甜玉米罐头分整粒型、奶油状和糊状3种，是将甜玉米加入冷开水和调料后加热、装罐、灭菌封口后的产品。

3. 饲料用

甜玉米采收后其茎叶是畜牧饲养业的优质饲料，喂饲甜玉米茎叶的奶牛比喂饲青草的产乳量提高 10%以上。

4. 玉米秸秆制作淀粉

玉米秸秆剥掉硬皮，切薄片、浸泡、煮烂、加水稀释过筛、挤压后即可得到湿淀粉。

（四）胡萝卜的综合利用

胡萝卜营养丰富，素有“小人参”之称，是春季和冬季的主要蔬菜之一，我国是胡萝卜的主要生产和出口国。目前胡萝卜加工产品主要有胡萝卜汁饮品、脱水干制品和胡萝卜粉，其中胡萝卜制汁是其主要加工方式。胡萝卜加工过程中会产生大量副产物，如胡萝卜浓缩汁生产过程中产生的皮渣占胡萝卜原料的 30%～50%，此外还包括胡萝卜叶子及不符合要求的下脚料。胡萝卜副产物中含有大量的功能性成分，提取功能成分是实现胡萝卜综合利用的良好途径。胡萝卜综合利用示意图如图 2-1-4 所示。

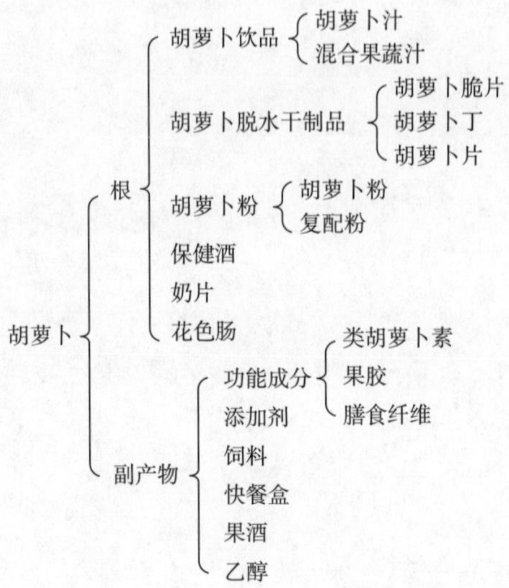

图 2-1-4　胡萝卜综合利用示意图

思考题

1. 果蔬加工产品有哪些种类？
2. 果蔬产品的品质主要由哪些因素决定？这些因素与果蔬加工有什么关系？
3. 简述果蔬原料分级、清洗的目的和常用方法。
4. 果蔬加工工序中为什么要进行护色处理？常用的护色方法有哪些？
5. 烫漂处理的作用是什么？常用方法有哪些？
6. 简述果蔬加工半成品保藏的方法和各种方法的保藏原理。
7. 简述果蔬罐头的加工工艺及工艺要点。
8. 果蔬罐头为什么要排气？
9. 果蔬罐头常见问题有哪些？如何控制？
10. 我国果蔬汁加工饮料存在的问题有哪些？

11. 简述果蔬汁的分类。
12. 简述果蔬汁的加工工艺及工艺要点。
13. 简述果蔬干燥的概念。
14. 简述果蔬干制的加工工艺及工艺要点。
15. 按照加工方法和产品形态，果蔬糖制分为哪两类？各有什么特点？
16. 简述蜜饯类糖制品和果酱类糖制品的加工工艺和工艺要点。
17. 什么是蔬菜腌制？简述蔬菜腌制品的分类及特点。
18. 以涪陵榨菜为例，设计真空小包装方便腌菜的加工工艺。
19. 简述果蔬速冻的工艺和速冻果蔬的解冻要点。
20. 什么是果蔬综合利用？目前果蔬利用主要集中在哪些方面？
21. 以火龙果为例，简述如何对其进行综合利用。

CHAPTER 2

第二章 饮料工艺学

【学习目标】 了解我国饮料的分类、饮料工业的发展趋势，理解各类饮料加工的技术原理，掌握各类饮料的定义、关键工艺要点；运用所学知识，分析和解决常见饮料生产中出现的技术问题。

【课程思政目标】 以改革开放后国外饮料大量进入并占领国内市场为例，引导学生要加强创新，不断开发出新的饮料品种，抢占市场。引导学生树立民族自信、文化自信，培养学生科学的思维能力、精益求精的工匠精神，提升学生的创新意识、职业使命感和社会责任感。

【重点难点】 各类饮料加工的技术原理、关键工艺要点及生产中常见的质量问题。

第一节 概述

（一）饮料的定义

饮料是指经过定量包装的，供直接饮用或按一定比例用水冲调或冲泡饮用的，乙醇含量（质量分数）不超过0.5%的制品。饮料可以为饮料浓浆或固体形态。饮料浓浆是以食品原辅料和（或）食品添加剂为基础，经加工制成的，按一定比例用水稀释或稀释后加入二氧化碳方可饮用的制品。

（二）饮料的分类

根据GB/T 10789-2015《饮料通则》，我国把饮料分为11大类，包括包装饮用水、果蔬汁类及其饮料、蛋白饮料、碳酸饮料（汽水）、特殊用途饮料、风味饮料、茶（类）饮料、咖啡（类）饮料、植物饮料、固体饮料和其他类饮料。

（三）我国饮料工业的发展现状及趋势

中国饮料行业是改革开放以来发展起来的新兴行业，是中国消费品的发展热点和新增长点。40多年来，饮料行业不断发展和成熟，逐渐改变了以往规模小、产品结构单一、竞争无序的局面，饮料企业的规模和集约化程度不断提高，产品结构日趋合理。近年来，随着国民经济持续稳定增长、居民消费水平的不断提升及消费结构的升级，我国饮料行业呈现出良好的增长态势。根据欧睿国际数据统计，我国饮料销售金额由 2014 年的 4652.16 亿元增长至 2019 年的 5785.60 亿元，复合增长率为 4.46%。

随着我国居民消费水平的不断提高和消费习惯的变化，消费者对饮料的需求呈现出多样化的趋势，促使我国饮料产品类别、口味日益丰富，各细分领域的发展情况出现较大差异。一直以来，中国饮料市场以包装饮用水、即饮茶饮料和碳酸饮料为主，2019 年三者占中国饮料销售额的比重分别为 34.55%、21.12%、14.93%。经过多年的发展，果汁和能量饮料也已成为饮料行业的重要组成部分，2019 年二者占中国饮料销售额的比重分别为 15.60% 和 7.92%。随着我国居民消费水平的提高，消费者对饮料的健康、功能属性需求日益提升，各细分类别饮料中，能量饮料、即饮咖啡、包装饮用水和亚洲特色饮料表现出超越行业的快速增长，其中能量饮料在 2014—2019 年期间销售额复合增长率高达 15.02%，是增速最快的细分品类之一。

近几年国产品牌迅速崛起，通过差异化的产品和营销策略逐步提高市场份额，驱动国内市场的增长，并引领着行业的创新潮流。今后，我国将重点发展果蔬汁饮料、植物蛋白饮料和茶饮料等产品，适度发展瓶（罐）装饮用矿泉水，逐步降低可乐等碳酸类饮料的发展。未来几年将是饮料行业框架结构重构时期，粗粮饮料、功能饮料、果汁饮料、茶饮料等健康饮料将组成框架结构的主体。追求健康价值，是未来中国饮料市场发展的必然方向。中国饮料企业在未来相当长的时间内将面临更为广阔的市场和更好的发展环境。

第二节 饮料用水及水处理

一、饮料用水的水质要求

水是饮料生产最主要的原料，占 80%～95%，甚至 100%都是水，水的质量好坏直接影响产品品质。因此，保证饮料用水的质量极为重要。饮料用水除了应符合 GB 5749—2022《生活饮用水卫生标准》外，还应强调表 2-2-1 所示指标。

表 2-2-1 饮用水和饮料用水在指标上的差异

指标	饮用水	饮料用水
浊度/度	<3	<2
色度 /度	<15	<5
总固形物/（mg/L）	<1000①	<500
总硬度（以 $CaCO_3$ 计）/（mg/L）	<450	<100
铁（以 Fe 计）/（mg/L）	<0.3	<0.1
高锰酸钾消耗量/（mg/L）		<10
总碱度（以 $CaCO_3$ 计）/（mg/L）		<50

续表

指　标	饮用水	饮料用水
游离氯②/（mg/L）		<0.1
致病菌		不得检出

注：①溶解性总固体< 1000mg/L。

②生活饮用水出厂水中游离氯余量≥0.3mg/L，管网末梢水中游离氯余量≥0.05mg/L，出厂水和管网末梢水中游离氯限值≤2mg/L。

二、饮料用水的水源及其特点

饮料用水都是淡水，淡水最主要的水源为地表水、地下水和自来水。

（一）地表水

地表水是指地球表层表面所存积的天然水，包括江、河、湖、池、库等所存在的水。地表水通常浊度高，有机物多，矿物质含量低，微生物多，温度易变。

（二）地下水

地下水是指经过地层的渗透、过滤，进入地层并存积在地层中的天然水。主要包括井水、泉水、自流井水等。地下水通常水质较澄清，有机物少，矿物质含量高，微生物少，温度较稳定。

（三）自来水

自来水是指地表水经过适当的水处理工艺，达到了饮用水标准的水。自来水水质好且稳定，饮料厂水处理较简单，投资小，但水价较高。

三、水质对饮料品质的影响

（一）天然水中杂质的分类及对饮料的影响

天然水中的杂质按其微粒分散程度可分为三类：悬浮物质、胶体物质和溶解物质。

1. 悬浮物质

悬浮物质是指天然水中粒径>200nm 的杂质，这类杂质会使水质混浊，静置后会自行沉降，主要成分是泥沙等无机物、悬浮生物和微生物。悬浮物质会造成饮料沉淀，影响碳酸饮料中 CO_2 溶解，影响产品风味，甚至导致产品变质。

2. 胶体物质

胶体物质粒径平均为 1~200nm，分为无机胶体和有机胶体。无机胶体包括硅酸胶体和黏土等，是由许多离子和分子聚集而成的，是水混浊的主要原因。有机胶体包括高分子物质和有机体，如蛋白质、腐殖质等，是水带色的主要原因。胶体物质会造成饮料的混浊、变色，会影响水的味道和气味（动植物残骸分解会产生 H_2S、NH_3）。

3. 溶解物质

溶解物质是指粒径在 1nm 以下，以分子或离子状态存在于水中的微粒，主要包括溶解气体、溶解盐类和其他有机物。溶解气体主要是 O_2 和 CO_2，此外是 H_2S 和 Cl_2 等；这些气体的存在会影响碳酸气饮料中 CO_2 的溶解量并产生异味，也会影响其他饮料的风味和色泽。溶解盐类是指溶解在水中的无机盐，基本上以阳离子和阴离子形式存在，这些无机盐构成了水的硬度和碱度；水的硬度和碱度会直接影响饮料的感官品质。

（二）水的硬度和碱度及对饮料的影响

1. 水的硬度

水的硬度是指水中存在的金属离子沉淀肥皂的能力，硬度的大小由水中所含的 Ca^{2+}、Mg^{2+} 的多少决定。水的硬度分为总硬度、暂时硬度和永久硬度。

暂时硬度为碳酸盐硬度，化学成分为钙、镁的碳酸氢盐，其次是钙、镁的碳酸盐，这类盐加热煮沸分解为不溶的碳酸盐，硬度可大部分除去，为暂时硬度。永久硬度（又称为非碳酸盐硬度）表示水中钙、镁的氯化物（$CaCl_2$，$MgCl_2$）、硫酸盐（$CaSO_4$，$MgSO_4$）、硝酸盐［$Ca(NO_3)_2$，$Mg(NO_3)_2$］等盐类的含量，这些盐加热不能生成沉淀。总硬度包括暂时硬度和永久硬度。

硬度的通用单位为 mmol/L 或 mg/L。我国工业上通用的是德国度（°d），1L 水中含 10mg CaO 为 1°d，1mg MgO = 1.4 mg CaO，1mmol/L = 2.804°d。

2. 水的碱度

水的碱度是指水中能与 H^+ 结合的物质的总量。水的总碱度包括 OH^-，CO_3^{2-}，HCO_3^- 的总含量。水中一般不含 OH^-；CO_3^{2-} 的含量也较低，只有在有碳酸钠、碳酸钾存在而使水呈碱性时，才有 CO_3^{2-} 的存在；此外，OH^- 和 HCO_3^- 不能同时存在，因为二者将结合成碳酸盐和水。所以天然水中一般只有碳酸氢盐碱度。

3. 水的硬度和碱度的关系

天然水中的总碱度通常与水中的暂时硬度大小相当。总碱度>总硬度时，说明水中存在 OH^-、CO_3^{2-}，属于碱性水；总碱度<总硬度时，说明水中存在 Ca^{2+}、Mg^{2+} 的氯化物，OH^-、CO_3^{2-} 基本上不存在，属于非碱性水。总碱度 = 总硬度时，说明水中只含有 Ca^{2+}、Mg^{2+} 的碳酸氢盐。

4. 水的硬度和碱度对饮料生产的影响

饮料对水的总碱度（以 $CaCO_3$ 计<50mg/L）和总硬度（以 $CaCO_3$ 计<100mg/L）都有一定的要求。

（1）硬度对饮料生产的影响　钙、镁离子与有机酸反应产生沉淀，影响产品感官；非碳酸盐硬度过高时，使饮料出现盐味；在加工容器、管道、锅炉内形成水垢。

（2）碱度对饮料生产的影响　与金属离子反应形成水垢，并产生不良气味；和有机酸反应，改变饮料的糖酸比与风味；影响碳酸饮料的 CO_2 溶解量；使饮料酸度下降，造成微生物污染；生产果汁型碳酸饮料时，与果汁的某些成分发生反应，产生沉淀。

四、饮料用水的水处理

饮料用水要求极为严格，对不符合要求的水，必须进行水处理，以改良品质，达到要求。水处理一般包括混凝沉淀、水的过滤、硬水软化、水的消毒四个环节。

（一）混凝沉淀

1. 原理

混凝沉淀是指在水中加入某些溶解盐类，使水中的细小悬浮物或胶体微粒互相吸附结合成较大颗粒，从水中沉淀下来的过程。混凝沉淀产生的原理有两个方面，一方面混凝剂溶解于水后，带与悬浮物或胶体微粒等杂质相反的电荷，能中和其电性；另一方面是吸附作用。

2. 混凝剂和助凝剂

混凝沉淀过程中加入的溶解盐类称为混凝剂，水处理中大量使用的混凝剂有铝盐和铁盐两类。铝盐主要包括明矾、硫酸铝、碱式氯化铝等，铁盐主要包括硫酸亚铁、硫酸铁及三氯化铁等。此外，在水处理过程中，为了提高混凝效果，加速沉淀，在混凝沉淀时会加入辅助试剂，这些辅助试剂称为助凝剂。助凝剂本身不起混凝作用，仅帮助形成絮凝，常用的助凝剂有活性硅胶、海藻酸钠、羧甲基纤维素（CMC）、黏土、聚丙烯酰胺（PMA）、聚丙烯、碳酸钠、氢氧化钠以及用来调节 pH 的石灰等。

（二）水的过滤

1. 原理

用混凝剂处理的水，需要过滤处理，才能达到要求。原水通过多孔介质及由介质组成的具有空隙结构的滤层时，水中的一些悬浮物、胶体等杂质被截留在空隙中或介质表面，使水得到净化，这一过程称为水的过滤。水的过滤过程是一系列不同过程的综合，包括阻力截留、重力沉降和接触吸附，三种作用在同一过滤系统中是同时产生的。

（1）阻力截留　当原水自上而下通过过滤介质（滤料）时，直径较大的悬浮杂质首先被截留在过滤介质的空隙之间，使过滤介质表层的空隙越来越小，从而截留更多的杂质，并在滤层表面逐渐形成一层由截留颗粒组成的新的滤层，该滤层同样起到过滤作用。阻力截留主要发生在滤料表层。

（2）重力沉降　过滤介质及其所构成的滤层提供了巨大的沉降面积，如 $1m^3$ 粒径为 $5\times10^{-4}m$ 的球形砂粒，可提供 $400m^2$ 的有效沉降面积。当原水经过滤料层时，只要流速适宜，水中的悬浮物就会就会因重力作用沉降到滤料颗粒的表面上。重力沉降作用发生在滤料层各滤料颗粒的表面。

（3）接触吸附　过滤介质因吸附带电微粒而带新的电荷，具有新的吸附作用，达到除去水中杂质的目的。据报道，砂粒在水中带负电荷，能吸附铁、铝及硅酸盐等带正电荷的胶体微粒，形成带正电荷的薄膜，进一步吸附黏土及其他有机物等带负电荷的微粒。接触吸附作用发生在整个滤料层，以深层为多。

2. 过滤介质

过滤介质是保证过滤作用的重要条件之一，其性能与结构直接影响过滤和净化的质量。良好的过滤介质必须具备以下几个条件：（1）有足够的机械强度；（2）具有足够的化学稳定性，过滤时不溶于水，不产生有害和有毒的物质；（3）适宜的级配和足够的孔隙率，颗粒外形接近球形，表面比较粗糙最好有棱角；（4）物美价廉。

3. 过滤的形式

（1）池式过滤　池式过滤主要是指过滤介质（滤料）填于池中的过滤形式。主要的过滤介质有：砂、石英砂（人工破碎）、活性炭、磁铁矿粒、大理石粒、无烟煤、石榴石等。滤料粒径大小及形状是决定去除效果的关键因素之一。正确的滤料层结构应具有以下特点：含污能力大（kg/m^3 表示）；产水能力高［$m^3/(m^2\cdot h)$ 或 m^3/h 表示］。适合这样条件的过滤池或过滤罐，才能保证处理水的质量。因此，滤料层应有适宜的级配和足够的孔隙率。

所谓空隙率是指滤料的空隙体积与整个滤层体积的比值。通常石英砂的空隙率为0.42，无烟煤的空隙率为0.5~0.6。

级配是指滤料粒径范围及在此范围内各种粒径的数量比例，常用不均匀系数 K 表示。

$$K = d_{80}/d_{10} \tag{2-2-1}$$

式中　K——不均匀系数；

d_{80}——通过滤料质量的 80%的筛孔直径，mm；

d_{10}——通过滤料质量的 10%的筛孔直径，mm。

K 值大，滤料粒径差异大，空隙率小，过滤效果差，且冲洗更新时过大的颗粒冲不动，过小的颗粒易流失；K 值小，说明滤料粒径比较均匀一致，过滤效果较好。一般普通过滤池的 K 值为 2.0~2.2。

（2）砂滤棒过滤　砂滤棒又称砂芯，其过滤原理是利用中空的多孔陶瓷滤芯的作用，除去已经预处理的水中残留细微杂质和大多数微生物的过程。砂滤芯有棒状和板状两种类型，我国主要用棒状，国外大多用板状。对于以自来水为原水的饮料企业，水处理可以不进行混凝沉淀，直接采用砂滤棒过滤器过滤。

使用砂滤棒过滤水时应注意：应控制适当的压力大小；长时间连续过滤后，应对砂滤棒进行冲洗、消毒；冲洗可用反向水冲，并借助毛刷或钢丝球刷洗干净滤棒表面水垢；消毒通常用 10%的漂白粉溶液浸泡 30min 左右，或用 75%的酒精浸泡杀菌。

（3）活性炭过滤　活性炭具多孔性，可吸附异味，除去各种杂质，其“活性位”还能起催化作用，吸附过量的余氯，因此广泛应用。活性炭过滤器的结构与池式过滤器相似，只是将滤料由砂改成了颗粒状活性炭而已，过滤器的底部可装填 0.2~0.3m 高的卵石及石英砂作为支持层，石英砂上面再装填 1.0~1.5m 厚的活性炭作为过滤吸附层。活性炭过滤器在使用一段时间后，由于截污过多，活性炭表面及内部的微孔被水中的杂质堵塞，活性丧失，造成压降增大和出水水质变差，这时应对它进行反冲洗与再生。生产上常将活性炭过滤器与砂滤棒过滤器串联使用。

（4）其他过滤装置　其他过滤装置还有超滤膜过滤器、微滤膜过滤器、纳滤膜过滤器、钛棒过滤器、化学纤维蜂房式过滤器、大孔离子树脂过滤器等。

（三）硬水软化

1. 石灰软化法

石灰软化法是饮料工业中常用的硬水软化法，主要有石灰软化法、石灰-纯碱软化法、石灰-纯碱-磷酸三钠软化法三种方式。

（1）石灰软化法　此法适宜于碳酸盐含量较多，非碳酸盐硬度较低，不要求高度软化的水，也可用于离子交换水处理的预处理。根据经验，每降低 $1m^3$ 水中暂时硬度 0.35663mmol/L 需加入 10g CaO；要使 $1m^3$ 水中的 CO_2 浓度降低 1mg/L，需加入 1.27g CaO。

（2）石灰-纯碱软化法　此法适用于总硬度大于总碱度的水，用石灰除去水中碳酸盐硬度，纯碱除去非碳酸盐硬度。虽然水中硬度被除去，但可溶性物质如 NaCl、Na_2SO_4 增多，特别当原水中永久硬度高时，纯碱不能降低原水中可溶性物质的含量。

（3）石灰-纯碱-磷酸三钠软化法　此法在石灰-纯碱法的基础上，加入少量的磷酸三钠作为辅助软化剂，同时通入蒸汽加热，并加入混凝剂。其原理是用石灰-纯碱除去大部分 Ca^{2+} 和 Mg^{2+}，残存的 Ca^{2+} 和 Mg^{2+} 则通过与磷酸三钠反应生成磷酸盐沉淀而被除去，使水软化。与石灰-纯碱软化法相似，也带入了可溶性物质如 Na^+。

2. 离子交换法

离子交换法是利用离子交换树脂的离子交换能力，按水处理的需要交换水中的离子，从而使水达到使用要求的方法。

（1）原理　离子交换树脂是一种由有机分子单体聚合而成的，具有三维网络结构的多孔海绵状高分子化合物。在构成网络的主链上有许多活动的化学功能团，这些功能团由带电荷的固定离子和以离子键与固定离子相结合的反离子所组成。树脂吸水膨胀后，化学功能团上结合的反离子与水中的离子进行交换，除去水中需要除去的离子。离子交换树脂可使含盐量降至5~10mg/L以下，硬度接近0，pH接近中性。

（2）交换性能　离子交换树脂对于水中不同离子的交换能力是不相同的，易于吸附某些离子而难于吸附另一些离子，也就是说具有离子交换的选择性。一般说来，在常温、低浓度下，离子所带的电荷越多，越容易被吸附交换，如三价离子比二价离子易被吸附；同价离子相对原子量越大，越容易被吸附；但在高浓度下，树脂的选择吸附性消失。

（3）离子交换树脂的再生　阳离子树脂常用盐酸浸泡清洗再生，也可用5%以下的硫酸溶液再生。阴离子树脂常用氢氧化钠再生，高交换量、易再生的弱碱性阴离子树脂也可用纯碱、氨水进行再生。

3. 反渗透法

反渗透法是20世纪60年代发展起来的一项新型膜分离技术，对于原水中的有机物、金属氧化物、微生物及胶体物质具有较强的去除能力。

（1）基本原理　反渗透法的基本原理如图2-2-1所示。半透膜是只能让溶液中的溶剂单独通过而不让溶质通过的选择透性膜。当用半透膜隔开两种不同浓度的溶液时，稀溶液中的溶剂就会透过半透膜进入浓溶液一侧，这种现象叫渗透。由于渗透作用，溶液的两侧在平衡后会形成液面的高度差，由这种高度差所产生的压力叫渗透压。如果在浓溶液一侧施加一个大于渗透压的压力时，溶剂就会由浓溶液一侧通过半透膜进入稀溶液中，这种现象称为反渗透。

反渗透作用的结果会使浓溶液变得更浓，稀溶液变得更稀，最终达到脱盐的目的。反渗透主要是利用溶剂或溶质对膜的选择性原理，反渗透过程虽然与膜的微孔孔径大小有一定关系，但主要取决于膜的选择性。当膜表面孔的直径小于溶剂分子或溶质分子直径时，溶质依然可以分离，这说明筛分过滤原理对反渗透是不适用的。反渗透膜的选择透过性与组分在膜中的溶解、吸附和扩散有关，除与膜孔的大小、结构有关外，还与膜的化学、物理性质有密切关系，即与组分和膜之间的相互作用密切相关。由此可见，反渗透分离过程中化学因素（膜及其表面特性）起主导作用。

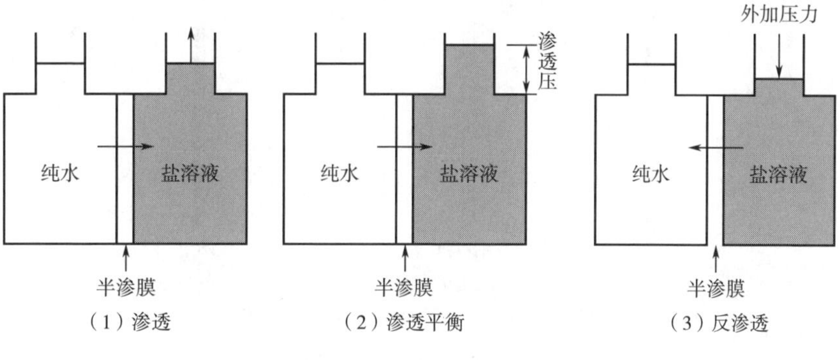

图2-2-1　反渗透法的基本原理

(2) 反渗透器的污染及处理　反渗透器使用一段时间后，由于膜的污染和膜的老化将导致脱盐效果变差，压力损失增大，产水量降低，这时需及时清洗。清洗主要有物理和化学两种方法。

①物理清洗法：最简单的方法是用低压高速水冲洗膜面30min，此法可使膜的透性得到一定改善，但经短期运转后会再次降低。也可以采用空气与水的混合流体冲洗膜面20min，对初期受到有机物污染的膜效果较好，但对严重污染的膜效果较差。

②化学清洗法：根据污染物质的不同，选择不同的化学试剂。对于无机物（特别是金属氢氧化物）污染，可用1%～2%的柠檬酸水溶液冲洗，或在柠檬酸溶液中加入适量氨水，再加盐酸调整至pH 2～2.5后冲洗，或在190L去离子水中加入277g柠檬酸铵，用盐酸调整至pH 2.5～4，将此溶液在膜系统内循环清洗6h。若将上述溶液加热至35～40℃，冲洗效果更佳。为防止低pH时醋酸纤维膜的水解，可将溶液pH控制在4～4.5。对于胶体污染，采用过硼酸钠、尿素、硼酸、醇、酚等溶液清洗，也可用浓盐酸或浓盐水清洗。对于有机污染，特别是蛋白质、多糖类和油脂类，用中性洗涤剂或双氧水清洗。对于细菌污染，醋酸纤维膜用次氯酸钠，芳香聚酰胺膜用甲醛清洗。

4. 电渗析法

电渗析是在外加直流电场的作用下，利用阴离子交换膜（简称阴膜，只允许阴离子透过而阻挡阳离子）和阳离子交换膜（简称阳膜，只允许阳离子透过而阻挡阴离子）的选择透过性，使一部分离子透过交换膜迁移到另一部分水中，使一部分水淡化，另一部分水浓缩的工艺过程。

其工作原理如图2-2-2所示，在两电极间交替放置着阴膜和阳膜，如果两膜形成的隔室中充入含离子的水溶液（如NaCl水溶液），接上直流电源后，Na^+向阴极移动，易通过阳膜却受到阴膜的阻挡而被截留在隔室2、4，Cl^-易通过阴膜却受到阳膜的阻挡也被截留在隔室2、4，其结果是隔室2、4的离子浓度增加，称为浓缩室，第3隔室的离子浓度下降，称为淡水室。这样就可以得到所需要的浓水和淡水。

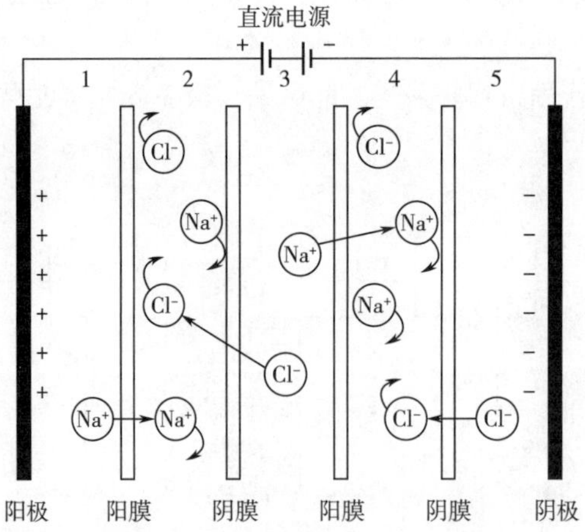

图2-2-2　电渗析脱盐的工作原理

电渗析也是一种膜分离技术，其设备昂贵，成本较高，对膜要求也较高。当水中含盐量在

200~10000mg/L 时，可采用此法脱盐。电渗析器对原水的水质要求为：混浊度≤1mg/L，化学耗氧量≤3mg/L，游离余氯≤0.3mg/L，铁含量≤0.3mg/L，锰含量≤0.1mg/L，非电解杂质含量少，水温 4~400℃。

（四）水的消毒

饮料用水经混凝、过滤、软化等处理后，大部分微生物已随悬浮物、胶体、溶解物等杂质被除去，但仍有部分微生物存在于水中，为了确保卫生，还应对水进行杀菌消毒。常用的水消毒方法主要有氯消毒、紫外线消毒和臭氧消毒。

1. 氯消毒

（1）原理　氯溶解在水中会分解成次氯酸（HClO）。次氯酸是弱酸，可分解成 H^+ 和次氯酸根（ClO^-），此反应可逆。一般认为氯气的杀菌作用在于生成的次氯酸是中性分子，可以扩散到带负电荷的细菌表面，穿过细胞膜而进入细菌体内。由于氯原子的氧化作用，破坏细菌的某些酶系统，导致细菌的死亡。虽然次氯酸根（ClO^-）也带氯原子，但由于它带负电荷，不能扩散到细菌表面，也就不能进入细菌体内，因而杀菌作用远远比不上次氯酸。氯气在水中解离生成次氯酸的反应受 pH 的影响较大，在 $pH<7$ 时杀菌作用较强。

（2）常用的氯消毒剂、加氯方法和加氯量

①常用的氯消毒剂：除氯气外，还有漂白粉、漂粉（白）精、氯胺、次氯酸钠。

②加氯方法：当原水水质差，有机污染多时，在原水过滤前加，耗氯量较大；一般情况在原水过滤后加，效果好且耗氯量小。

③加氯量：要考虑作用氯和余氯两方面。作用氯用于当时杀菌，余氯用于持续杀菌。我国饮用水质标准规定管网末端余氯量保持在 0.1~0.3mg/L，一般总投氯量为 0.5~2.03mg/L。

2. 紫外线消毒

（1）原理　微生物受紫外线照射后，其核酸的结构遭到破坏，影响嘌呤与嘧啶的正常配对，破坏核酸的正常生理功能，从而导致微生物死亡。由于紫外线对水有一定穿透能力，故可用于水的消毒。

（2）紫外线消毒装置　目前多采用可发射波长为 253.7nm 紫外线的低压汞灯和对紫外线透过率 90%以上、污染系数小、耐高温的石英管及外筒、电源系统等组成的装置。

（3）紫外线杀菌器对原水的要求及使用注意事项　要求原水色度<15 度，浊度<5 度，总铁<0.3mg/L，细菌总数<900 个/mL。使用时，一要严格控制水的流量；二要保持紫外灯管周围的温度在 25~35℃；三应尽量减少灯的启闭次数，每开关一次会缩短 3h 寿命，应保持电压稳定，波动范围不得超过额定电压的 5%。

3. 臭氧消毒

臭氧在常温下是略带蓝色的气体，通常看上去是无色的，液态臭氧是暗蓝色的，比氧易溶于水。臭氧是一种不稳定的气态物质，在水中臭氧（O_3）分解成 O_2 和［O］，［O］具有很强的氧化能力，能与水中细菌以及其他微生物或有机物作用，使其失去活性，其杀菌作用比氯快 15~30 倍，还可除去异味、色泽和金属污染，已在矿泉水、纯净水中应用。

这种方法不会带进任何杂质，因增加氧气而能增加水的新鲜度。臭氧可用空气为原料通过臭氧器进行高频电压无声放电制成，将产生的臭氧泵入氧化塔，通过布气系统与需要处理的水充分混合，当达到一定浓度后，即可起消毒作用。但该法耗电量大，成本高，使用上受到一定的限制。

第三节 果蔬汁（浆）类饮料

果蔬汁类及其饮料是指以水果和（或）蔬菜（包括可食的根、茎、叶、花、果实）等为原料，经加工或发酵制成的液体饮料，包括果蔬汁（浆）、浓缩果蔬汁（浆）、果蔬汁（浆）类饮料。果蔬汁（浆）、浓缩果蔬汁（浆）的加工在果蔬加工工艺学的章节中已经介绍，本节将重点介绍果蔬汁（浆）类饮料的加工。

不同的果蔬汁饮料产品按照其配方进行混合调配，然后进行灌装、密封、杀菌、冷却。一般加工工艺如图 2-2-3 所示：

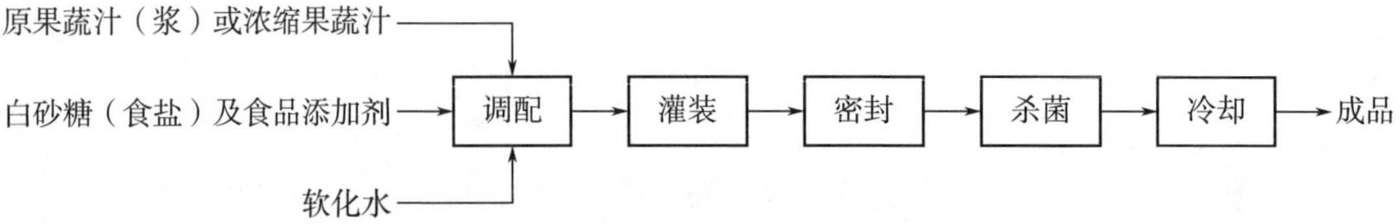

图 2-2-3 果蔬汁饮料一般加工工艺

第四节 碳酸饮料

一、概述

（一）定义

碳酸饮料是指在一定条件下充入二氧化碳气体，且二氧化碳气容量（20℃时体积倍数）不低于 1.5 倍的软饮料，俗称汽水。

（二）碳酸饮料的分类

根据 GB/T 10789—2015《饮料通则》、GB/T 10792—2008《碳酸饮料（汽水）》的规定，碳酸饮料分为果汁型、果味型、可乐型、其他型 4 类。

二、碳酸饮料的生产工艺流程

碳酸饮料的生产工艺有一次灌装法和二次灌装法。

（一）一次灌装法

1. 工艺流程

一次灌装法是将调味糖浆和水用定量混合机按一定比例连续混合，再充入二氧化碳，然后一次灌装入容器中，又称为预调式灌装法、成品灌装法或前混合（premix）法。一次灌装法的生产工艺流程如图 2-2-4 所示。

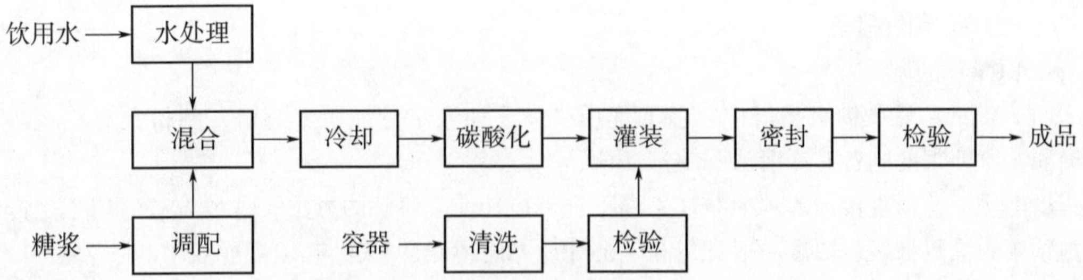

图 2-2-4　一次灌装法的生产工艺流程

2. 工艺特点

（1）一次灌装法的优点　含气量易于控制；糖浆与水的比例易于准确控制，即使容器改变也不需要改变配比，产品质量均一；一次灌装不易产生泡沫喷涌；调和机价格低。

（2）一次灌装法的缺点　一次灌装法不适宜灌装含果肉汽水，易堵塞混合机喷嘴影响生产；此外，需二级配料罐，并且如果当时用不完很容易变质。

（二）二次灌装法

1. 工艺流程

二次灌装法是先将调味糖浆定量注入容器中，然后加入碳酸水至规定量，密封后再混合均匀。又称为现调式灌装法、预加糖浆法或后混合法。二次灌装法的生产工艺流程如图 2-2-5 所示。

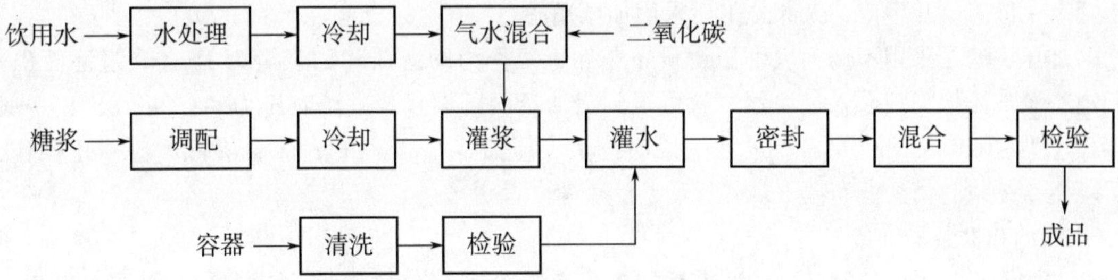

图 2-2-5　二次灌装法的生产工艺流程

2. 工艺特点

（1）二次灌装法的优点　加料机结构简单，灌装时糖浆与水各成系统，便于分别清洗，分别控制微生物；二次灌装时灌装机漏液仅损失水而不损失糖浆；含果肉果汁饮料也可以顺利灌装。

（2）二次灌装法的缺点　碳酸水与糖浆温度不一致，在灌水时易涌出大量泡沫，降低含气量，影响操作；水中含有气体，糖浆中不含气体，因此要求水中含气量远高于成品要求的含气量；容器改变后必须调整加料量，且容器规格不一时产品质量不稳定；要求添加糖浆量一定，量太少时浓度太高不利于设备工作，量太多时，加水量过低，含气量容易不足，一般添加量为 30~50mL。

三、碳酸饮料生产的关键工艺步骤

（一）糖浆的制备

1. 原糖浆的制备

（1）糖的溶解　糖浆是指把定量的优质砂糖，加入定量纯净水溶解，制得具有一定浓度的糖液。原糖浆的制备有冷溶法和热溶法两种。

冷溶法：将糖直接加入水中，在室温下进行搅拌使其溶解的方法。这种方法适用于生产短期内饮用的饮料糖浆，浓度一般配成45~65°Bé，如要存放一天，必须配成65°Bé。

热溶法：适用于对纯度要求高，或要求延长贮藏期的饮料。能杀灭糖内的细菌，分离凝固糖中的杂质，溶解迅速，短期内可生产大量糖液。其生产过程是将糖和水的用量准确配制，通入蒸汽加热并不断搅拌。在加热时，表面有杂物浮出，须用筛子除去，否则会影响饮料质量，但不可长时间保持高温，以免加重颜色并产生熟糖味。在配制果味糖浆前，还应测定其浓度，因为在加热过程中有一部分水被蒸发掉。该法生产效率高，糖浆质量好，糖浆浓度一般65°Bé，工厂多采用此法。

（2）糖浆浓度的表示法与糖液配制　我国饮料行业所用的糖浆浓度单位有三种，即相对密度、波美度（°Bé）、白利度（°Bx）。波美度与相对密度的关系为：15℃的相对密度=144.3/(144.3-°Bé)。白利度是我国及英国等其他国家通用检测含糖量的标度，白利度=波美度×1.8。白利度是指含糖量的质量百分比，如白利度55°Bx，即100g糖液中含糖55g。

（3）糖浆过滤　糖液配好后，为除去杂质，必须过滤，过滤方法有自然过滤和加压过滤两种。

自然过滤法是采用（锥形）厚绒布滤袋，内加纸浆滤层，操作简单。但滤速流量太慢，不适合一般工厂化生产，大部分工厂采用加压过滤。

加压过滤是采用不锈钢板框压滤设备，加纸浆作为助滤剂（加浆量为1kg/m^2过滤面积）用离心泵加压把糖液泵入过滤器，就可得到澄清透明的糖浆。过滤时压力≤1.2kg/cm^2，一般操作压力在0.6kg/cm^2左右。过滤一段时间后，压力≥1.2kg/cm^2，流量降低，应停止操作，重新更换纸浆，清洗滤布。

2. 调和糖浆的制备

调和糖浆是由已经制备好的原糖浆加入香精和色素等物料制成的可以灌装的糖浆。将已过滤的原糖浆放入配料容器中，在不断搅拌下，将各种所需原料按顺序逐一加入。如果是固体原料须经加水溶解过滤后再添加，加入的顺序是：原糖浆⟶防腐剂⟶甜味剂⟶酸味剂⟶果汁⟶色素⟶香精⟶加水定容。

调和糖浆配制时的加料顺序，是十分重要的，加料次序不当，将有可能失去原料应起的作用。如料温过高加入香精将很快挥发而失去香味，加酸后再加入防腐剂容易使其与料液分离，形成浮渣而不再溶解。顺序变更，有时还能发生化学反应，或造成制品乳化，或使制品变质。加入乳化剂和香精时，要缓慢地搅拌，避免小油滴浮于液面或产生沉淀。乳化剂可以帮助香精溶解，宜在香精之前加入，这样可缩短搅拌的时间。各种原料应先配成溶液过滤后，在搅拌下缓慢加入，避免局部浓度过高。搅拌不能太剧烈，以免混入大量空气，影响灌装和贮藏。

3. 碳酸饮料配方的设计

设计配方时，根据饮料品种的要求，参考饮料中糖、酸及香精参考用量（表2-2-2）。

表 2-2-2　　不同品种饮料的糖、酸及香精用量

名称	含糖量/%	柠檬酸/(g/L)	香精用量/(g/L)	名称	含糖量/%	柠檬酸/(g/L)	香精用量/(g/L)
苹果	9~12	1	0.75~1.50	柠檬	9~12	1.25~3.10	0.75~1.50
香蕉	11~12	0.15~0.25	0.75~1.50	橘子	10~14	1.25	0.75~1.50
冰淇淋	10~14	0.425	0.75~1.50	鲜橙	11~14	1.25~1.75	0.75~1.50
黑加仑	10~14	1	0.75~1.50	芒果	11~14	0.425~1.55	0.75~1.50
樱桃	10~12	0.65~0.85	0.75~1.50	杏	11~12	0.30~0.85	0.75~1.50
葡萄	11~14	1	0.75~1.50	梨	10~13	0.65~1.55	0.75~1.50
石榴	10~14	0.85	0.75~1.50	菠萝	10~14	1.25~1.55	1.25~1.55
可乐	11~12	磷酸 0.9~1	0.75~1.50	桑子	10~14	0.85~1.55	0.75~1.55
白柠檬	9~12	1.25~3.10	0.75~1.50	草莓	10~14	0.425~1.75	0.75~1.55

（二）碳酸化

把 CO_2 溶解于液体（二次灌装液体为水，一次灌装液体为糖浆）中的过程称为碳酸化。碳酸化程度会直接影响碳酸饮料的质量和口味，是饮料生产的重要工艺之一。CO_2 在碳酸饮料成分中所占的比重是很小的（7~9g/L），但它的作用却很大。CO_2 具有以下重要作用：当 CO_2 从体内排放出来时，会带走体内的热量，降低体温，使人有凉爽之感，有清凉作用；抑制微生物生长，延长碳酸饮料的保质期；突出香味，并使碳酸饮料具备特有的甜、酸味感；使饮料有适当的刹口感。碳酸饮料中 CO_2 的参考含量见表 2-2-3。

表 2-2-3　　碳酸饮料中 CO_2 的参考含量　　单位：倍

品名	含气量	品名	含气量
冰淇淋汽水	1.5	樱桃汽水	2.5~3.5
橙汁汽水	2.5	姜汁汽水	2.5~3.5
菠萝汽水	2.5	可乐汽水	3.5~4
葡萄汽水	2.5	干姜汽水	3.5~4
苹果汁汽水	2.5	沙士汽水	3.5~4
草莓汽水	2.5	麦精汽水	3.5~4
柠檬汁汽水	2.5~3.5	苏打汽水	4~4.5
白柠檬汽水	2.5~3.5	矿泉水	4~4.5

1. 碳酸化的原理

水和 CO_2 混合的过程实际上是一个化学反应过程，即

$$CO_2 + H_2O \xrightleftharpoons{压力} H_2CO_3$$

2. CO_2 的溶解度

在一定温度和压力下，CO_2 在水中的最大溶解量称为 CO_2 在水中的溶解度。这时气体从液体中逸出的速度和气体进入液体的速度达到平衡，称为饱和。未达到最大溶解量的水溶液，叫做不饱和溶液。

在 0.1MPa，温度为 15.56℃时，一个体积的水可以溶解一个体积的 CO_2，称为气体体积，是碳酸饮料 CO_2 溶解量的通用单位。在温度不变的情况下，压力增加，溶解度也增加。在压力不变的情况下，温度降低，溶解度增加。水中 CO_2 的溶解量与温度的关系可用下式计算：

$$V = 1.7967 - 0.07791T + 0.0016424T^2 \quad (2-2-2)$$

式中 V——1mL 水吸收 CO_2 的体积；

T——温度，℃。

由上式可计算出不同温度下 1 体积水吸收 CO_2 的体积数。

3. 影响 CO_2 溶解度的因素

（1）液体的温度　液体的温度越低，溶解度越大，反之则越小。如在一大气压下，100 体积的水中 CO_2 溶解量为：0℃为 171 体积，10℃为 119 体积，20℃为 88 体积，60℃为 36 体积。一般温度控制在 4℃左右，温度太低（0℃以下）会结冰。

（2）CO_2 气体的分压力　温度不变时，CO_2 分压增高，CO_2 在水中的溶解度就会上升。在 0.5MPa 以下压力时，CO_2 分压与其在水中的溶解度呈线性正比关系。

（3）气液的接触面积和接触时间　一般考虑接触面积，因为接触时间延长会影响生产效率。气液两相接触的表面积越大越好，使用的设备为汽水混合器（或碳酸化器）。一般把水加压喷雾，使水进入碳酸气吸收塔，气液两相接触而进行碳酸化作用。

（4）空气杂质影响　CO_2 中的杂质影响 CO_2 的溶解，最常见的杂质是空气，空气不仅影响碳酸化的效果，而且促进霉菌和腐败菌的生长，氧化香料破坏产品风味。液体中除了溶解的空气外，还有未溶解的气泡。这些气泡给灌装造成困难，因为灌装泄压时气泡会很快逸出，剧烈搅动产品，导致大量泡沫产生，不宜装满，且灌装加盖后产品含气量不足。

（5）液体的种类及存在于液体中溶质的性质　不同种类的液体以及液体中存在的不同溶质对 CO_2 溶解度有很大的影响。在标准状态下，CO_2 在水中的溶解度是 1.713，在酒精中为 4.329，这说明液体本身的性质对 CO_2 的溶解度有很大的影响。此外，当液体中溶解有溶质时，如胶体、盐类，则有利于 CO_2 的溶解，而含有悬浮杂质时则不利于 CO_2 的溶解。

4. 碳酸化系统

（1）CO_2 气调压站　CO_2 气调压站是一个根据所供应的 CO_2 的压力和混合机所需要的压力进行调节的设备。

（2）冷却器　冷却器的目的是将水和糖液降到碳酸化所需要的温度，便于碳酸化，冷却器的形式多种多样。目前多数冷却器是用板式热交换器，即在换热器内通入载冷剂与水进行热交换，使水温降低。

（3）汽水混合机　碳酸化过程一般是在汽水混合机中进行。混合机的类型很多，有薄膜式混合机、喷雾式混合机、喷射式碳酸化器、填料塔式混合机等，如图 2-2-6 所示。

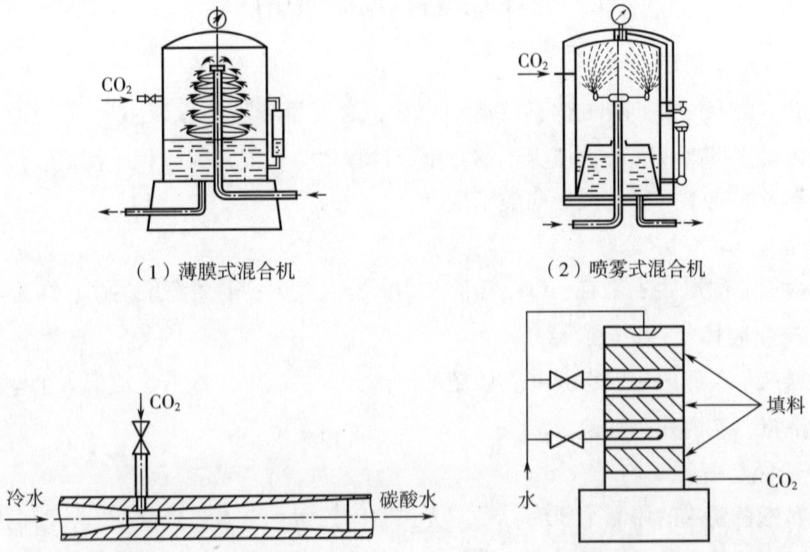

（1）薄膜式混合机　（2）喷雾式混合机

（3）喷射式碳酸化器　（4）填料塔式混合机

图 2-2-6　常见的汽水混合机

（三）灌装

碳酸水（汽水）的灌装，与糖浆的灌装不同。常采用的灌装方式有启闭式灌装、等压式灌装、负等压灌装、加压式灌装等。目前，碳酸饮料大都采用等压式灌装。

等压式灌装是在高于大气压的条件下，贮液缸与汽水瓶内的压力相等，料液在重力作用下流入瓶内的灌装。这种灌装冲力小，灌装平稳，不易发泡，速度较高。

等压式灌装原理如图 2-2-7 所示，通往瓶中有三条通路，一条通往料槽液面以上的气管 1，一条通往料液下面的料管 2，还有一条是通往大气的排气管 3。整个灌装过程由以下三个环节组成：

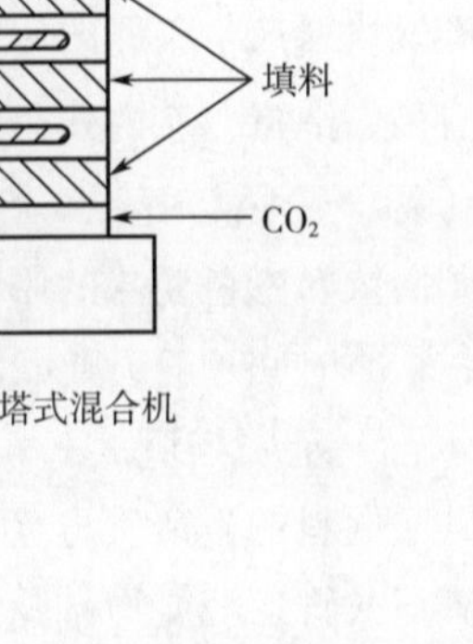

图 2-2-7　等压式灌装示意图
1—气管　2—料管　3—排气管

1. 等压过程

当瓶子上升顶住阀门造成密闭的时候，第一次打开气管。料槽上部的压力气体（由另外通入料槽 CO_2，多数是另外通入的无菌压缩空气来保压）即向下流，使瓶中与料槽上部的压力相等。

2. 灌装和回气过程

由于瓶中的压力升高（比 1 大气压更高），这个反压力使料管的弹簧阀打开，汽水由于位差而流入瓶中，瓶中的空气通过气管而流向料槽顶部，当液面至气管口即停止（通常是汽水在气管中再上升至料槽液面）。

3. 排气方式

这时由凸轮作用，封闭气管和料管，打开排气管，排出气体，压力降低，气管中的汽水流入瓶中达到预期的液面。排气后脱离密闭状态，送往轧盖机封盖。

四、碳酸饮料常见的质量问题

（一）CO_2 含量低

CO_2 含量不足则失去了碳酸饮料特有的风味，含气量不足的原因主要有：CO_2 气体不纯；碳酸化时液体温度过高；混合机压力不够；生产过程中空气混入或脱气不彻底；灌装时排气不完全；封盖不及时或不严密，或瓶与盖不配套。

（二）爆瓶

碳酸饮料爆瓶的原因主要有：CO_2 含量太高，压力太大；贮藏温度过高；瓶子质量太差。

（三）产生胶体

碳酸饮料产生胶体的原因主要有：砂糖的质量太差；CO_2 含量不足或混入的空气太多；瓶子没有彻底消毒，瓶内残留细菌。

（四）变色与变味

碳酸饮料变色变味的原因主要有：受阳光长时间照射；色素受热或在氧化酶的作用下发生分解；贮藏时间过长；贮藏温度过高；微生物的污染；操作不当；辅料质量不好。

（五）杂质与沉淀

碳酸饮料产生杂质与沉淀的原因主要有：瓶子或瓶盖没有清洗干净；水或者糖含有杂质；机件碎屑或管道沉淀物；操作人员责任感不强；水质不符合要求；微生物作用。

第五节　蛋白饮料

蛋白饮料是以乳或乳制品，其他动物来源的可食蛋白，含有蛋白质的植物果实、种子或种仁等为原料，添加或不添加其他食品原辅料和（或）食品添加剂，经加工或发酵制成的液体饮料。蛋白饮料包括含乳饮料、植物蛋白饮料、复合蛋白饮料和其他蛋白饮料。

一、含乳饮料

（一）定义及分类

1. 定义

根据 GB/T 21732—2008《含乳饮料》，含乳饮料是指以乳或乳制品为原料，加入水及适量辅料经配制或发酵而成的饮料制品。含乳饮料还可称为乳（奶）饮料、乳（奶）饮品。

2. 分类

配制型含乳饮料、发酵型含乳饮料和乳酸菌饮料三大类。

（二）配制型含乳饮料的生产工艺

配制型含乳饮料的产品种类有中性和酸性之分。中性产品不加酸味剂，如咖啡乳饮料、可可乳饮料、奶茶饮料等；酸性产品要加入酸性果汁或酸味剂，如果汁乳饮料、果味乳饮料等。相同性质的配制型含乳饮料工艺基本相同，下面以果汁（果粒）乳饮料、咖啡乳饮料为例介绍配制型含乳饮料的生产工艺。

1. 果汁乳饮料的生产工艺

（1）工艺流程 果汁乳饮料的生产工艺流程如图 2-2-8 所示。

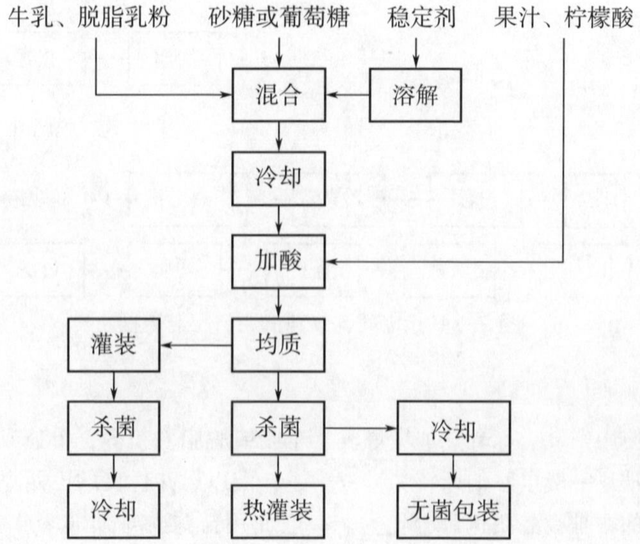

图 2-2-8 果汁乳饮料的生产工艺流程

（2）原料及辅料

①乳原料：可以选用鲜乳、炼乳、全脂或脱脂乳粉等，选择脱脂鲜乳或脱脂乳粉为佳，可以防止出现脂肪圈。

②果汁：常使用的有橙汁、菠萝汁、苹果汁、草莓汁等，为了防止沉淀，常使用浓缩的澄清果汁。

③稳定剂：乳中酪蛋白等电点 pH 4.6~5.2，果汁 pH 一般在 4.5~4.8，常加入藻酸丙二醇酯（PGA）、羧甲基纤维素钠（CMC）、低甲氧基果胶（LM）等稳定剂。

④有机酸：一般选择柠檬酸，也可以使用苹果酸、乳酸。

⑤糖类：为了改善风味，防止沉淀，一般选择蔗糖。

（3）果汁乳饮料的基础配方 原料乳 35%，原果汁 6%~15%，蔗糖 8%~10%，稳定剂 0.35%~0.60%，柠檬酸钠 0.2%，果味香精 0.03%，奶香精 0.02%，色素 0.001%，柠檬酸 0.32%。

（4）工艺要点 由于稳定剂的分散性差，在生产中用不少于稳定剂质量 5 倍的白砂糖和稳定剂粉末干态混合，然后在高速（2500~3000r/min）搅拌下，于 80℃ 热水中打浆溶解，或经胶体磨分散溶解。将砂糖溶于原料乳中后加入稳定剂溶液，在搅拌状态下缓慢喷洒果汁和柠檬酸。添加果汁和有机酸以后再添加香精和色素，进行均质、杀菌、冷却、灌装等工序。

（5）果汁乳饮料的稳定性问题 造成果汁乳饮料不稳定的原因：乳中酪蛋白等电点 pH 4.6~5.2，而果汁 pH 一般在 4.5~4.8，易凝聚沉淀，此外酪蛋白溶解分散性受盐类浓度影响显著。可以通过对蛋白质粒子进行高压均质、添加含羟基较多的糖（蔗糖）、利用澄清果汁、使用稳定剂等方法改善稳定性；此外，在加工过程中，要先将稳定剂与牛乳充分混合，最后再添加酸液（果汁）进行酸化混合。

2. 咖啡乳饮料的生产工艺

（1）工艺流程　咖啡乳饮料的生产工艺流程如图 2-2-9 所示。

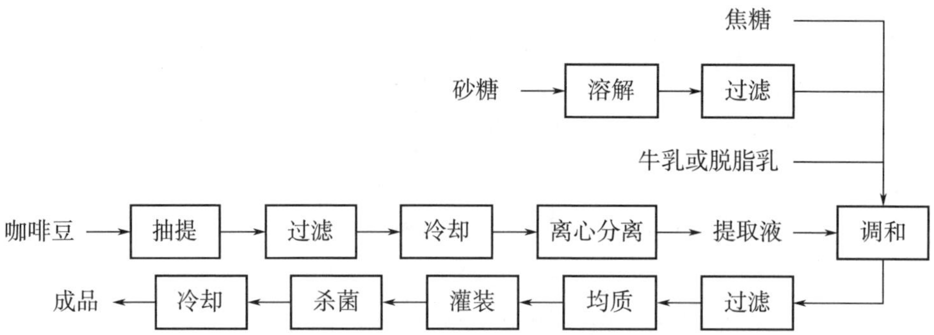

图 2-2-9　咖啡乳饮料的生产工艺流程

（2）原料及辅料

①原料乳：可使用鲜乳、炼乳、加糖炼乳、全脂或脱脂乳粉等，单独或合用均可。

②咖啡豆：咖啡豆一般以罗伯斯特咖啡豆为主，配以风味优良的巴西豆和哥伦比亚豆。国内海南省、云南省的咖啡豆品质也十分优秀。一般使用苦味咖啡而非酸味咖啡，并将 2~3 种具有特色风味的咖啡混合，咖啡豆的用量及混合比例根据使用目的而定。

③甜味剂：通常使用白砂糖，也可使用葡萄糖、果糖以及果葡糖浆。但由于除白砂糖外的其他糖类在加热时 pH 下降得较多，咖啡乳中的蛋白质胶粒会因此出现沉淀，所以咖啡乳生产中多使用白砂糖。

④其他原辅料：其他原辅料还有香精、焦糖色素、碳酸氢钠、磷酸氢二钠、食盐、植物油、蔗糖酯、食品用硅酮树脂制剂及海藻酸钠等。香精和焦糖色素用来调味、调色；碳酸氢钠和磷酸氢二钠用来调节 pH；食盐和植物油用来改善风味；蔗糖酯用来防止蛋白质等絮凝及防止硫化腐败菌引起的变质；食品用硅酮树脂制剂用来消泡；海藻酸钠用来作稳定剂。

（3）工艺要点

①配制顺序：先将白砂糖液放入调和罐，加入碳酸氢钠及食盐等溶液；蔗糖酯、海藻酸钠溶于水后加入原料乳中均质，再将其加入糖液中混合均匀；有泡沫时加入硅酮树脂消泡；然后加入咖啡浆、焦糖色素混合均匀；最后加入香精，充分搅拌混合，均质。

②灌装和杀菌：包装可采用玻璃瓶装，需高温杀菌，如 120℃ 下保持 20min。也可采用超高温瞬时杀菌（UHT）和无菌纸盒包装（利乐包）。

（三）发酵型含乳饮料的生产工艺

在 GB/T 21732—2008《含乳饮料》中含乳饮料的品种有发酵型含乳饮料与乳酸菌饮料之分，实际上乳酸菌饮料是发酵型含乳饮料的一种，只是乳酸菌饮料的发酵菌种只用乳酸菌，而发酵型含乳饮料的菌种可以是除乳酸菌以外的其他有益菌种。此外，二者的蛋白质含量要求不同，乳酸菌饮料蛋白质含量要求不低于 0.7g/100g，发酵型含乳饮料的蛋白质含量要求不低于 1.0g/100g。这两类产品又可分为杀菌（非活性）和未杀菌（活性）型，生产工艺基本相同，下文以乳酸菌饮料为例进行介绍。

1. 工艺流程

先将牛乳采用乳酸菌发酵成酸乳，再根据配方加入糖、稳定剂、水等其他原辅料，经混合、标准化后直接灌装或经热处理后灌装。

根据是否经过杀菌处理分为杀菌（非活菌）型和未杀菌（活菌）型。活菌型乳酸菌饮料需要冷藏销售，其工艺流程如图 2-2-10 所示，非活菌型饮料可以在常温下销售，其工艺流程如图 2-2-11 所示。

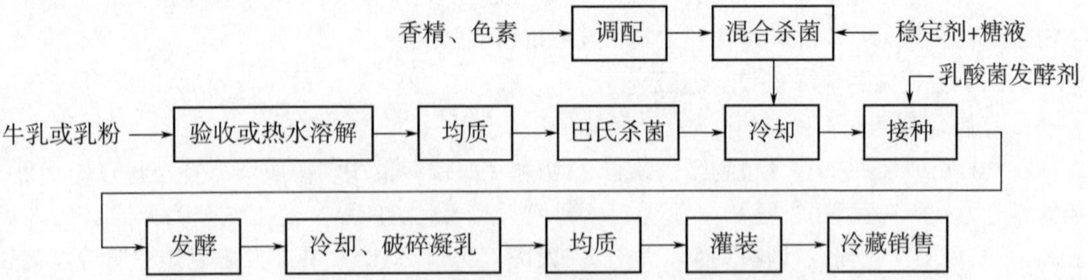

图 2-2-10　活菌型乳酸菌饮料生产工艺流程

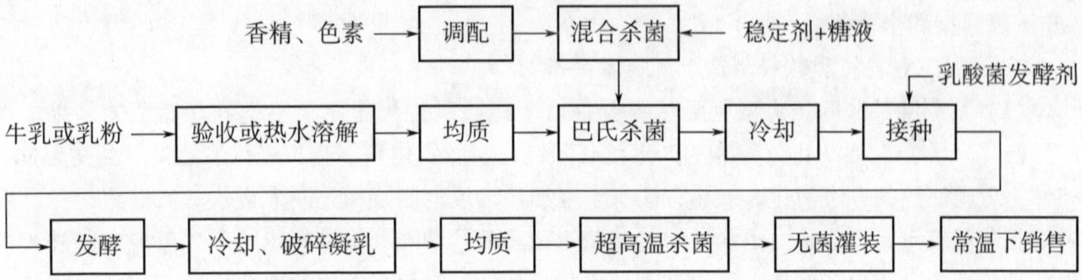

图 2-2-11　非活菌型乳酸菌饮料生产工艺流程

2. 工艺要点

（1）原料的选择　原料可用鲜乳、浓缩乳、脱脂乳粉和无糖炼乳（以脱脂乳粉为佳），甜味剂主要以蔗糖为主，若需加酸，以柠檬酸为主，也可添加苹果酸等，稳定剂一般使用耐酸性的羧甲基纤维素钠（CMC）、藻酸丙二醇酯（PGA）、果胶等。

（2）活菌型乳酸菌饮料　采用保加利亚乳杆菌或者干酪乳杆菌，接种量为 3%~5%，在 30~40℃下培养 10h 到几天，发酵的终点 pH 要使稀释乳蛋白质仍保持稳定。发酵后，凝乳冷却至 20℃，进行破碎；糖浆加入稳定剂，在 95℃保持 10min 进行杀菌，冷却至 30℃与凝乳混合，均质、冷却至 10℃以下，灌装、冷藏销售。

（3）非活菌型乳酸菌饮料　非活性乳酸菌饮料生产工艺与活性乳酸菌基本相同。主要区别在于非活性乳酸菌饮料最终要进行杀菌。杀菌可采用 3 种方法：灌装后，在包装物内杀菌，70~80℃保持 5min，迅速冷却；使用高温短时片式换热器处理产品至 70~80℃，保持 30s，进行灌装，冷却至 20℃；高温短时杀菌（70~80℃保持 30s），或者超高温瞬时杀菌（140℃保持 4s），冷却至 15~20℃，进行无菌包装。

二、植物蛋白饮料

（一）定义及分类

1. 定义

植物蛋白饮料是指以一种或多种含有蛋白质的植物果实、种子或果仁等为原料，添加或不添加其他食品原辅料和（或）食品添加剂，经加工或发酵制成的制品，如豆奶（乳）、豆浆、豆奶（乳）饮料、椰子汁（乳）、杏仁露（乳）、核桃露（乳）、花生露（乳）等。成品蛋白质含量不低于0.5%。

2. 分类

根据加工原料的不同，可以分为以下5类：豆奶（豆乳）类饮料、椰子乳（汁）饮料、杏仁露（乳）饮料、核桃露（乳）饮料、其他植物蛋白饮料。

（二）豆奶（豆乳）类饮料加工

1. 豆奶（豆乳）类饮料的分类

在GB/T 30885—2014《植物蛋白饮料 豆奶和豆奶饮料》中，按照产品特性将豆奶（乳）类饮料分为豆奶（豆乳）、豆奶（豆乳）饮料两大类。豆奶产品按照工艺分为原浆豆奶（豆乳）、浓浆豆奶（豆乳）、调制豆奶（豆乳）、发酵豆奶（豆乳）；其中发酵豆奶按照特性又分为发酵原浆豆奶（豆乳）、发酵调制豆奶（豆乳）。豆奶（豆乳）饮料产品按照工艺分为调制豆奶（豆乳）饮料、发酵豆奶（豆乳）饮料。发酵型产品根据是否经过杀菌处理分为杀菌（非活菌）型和未杀菌（活菌）型。

2. 豆奶（豆乳）类饮料制造上的技术关键

（1）豆腥味的脱除　大豆豆腥味主要是由于脂肪氧化酶作用于不饱和脂肪酸的结果。生产豆奶（豆乳）时要防止豆腥味的产生就必须钝化脂肪氧化酶，脂肪氧化酶的失活温度为80~85℃，可用加热的方法钝化。加热方法有干豆加热再浸泡制浆和先浸泡再热烫后磨浆两种，后者豆腥味仍较重，可能是由于水浸泡时脂肪氧化酶活性增强利于进行脂肪氧化反应。此外，在加热钝化酶的过程中，加热也使得其蛋白质受热变性，降低蛋白质的溶解性，不利于磨浆时蛋白质的抽提。因此，生产中一方面要防止豆腥味的产生；另一方面又要保持大豆蛋白较高的溶解性。

目前较好的钝化酶的方法有远红外加热法、热磨法、预煮法等。真空脱臭可消除已经产生的豆腥味物质；采用酶法脱腥也可除去豆腥味，如利用蛋白质分解酶作用于脂肪氧化酶，用醛脱氢酶、醇脱氢酶作用于醛、酮、醇类，消除豆腥味。此外还可结合环状糊精、聚磷酸盐等物质处理，添加香精等风味剂掩盖或通过发酵作用（乳酸菌、生香菌等）来改善豆奶风味。

（2）苦涩味的脱除　传统的豆浆有轻微的苦味和涩味，豆腥味越强的制品苦涩味也越强。苦涩味的产生是因为大豆在加工生产豆奶时产生了具有各种苦涩味的物质。如卵磷脂氧化生成的磷脂胆碱，蛋白质水解产生的苦味肽，相对分子质量800以下的二至四肽，及部分具有苦涩味的氨基酸、有机酸、不饱和脂肪酸氧化产物黄酮类，都是构成豆奶苦涩味的物质。

防止苦涩味的方法是在生产豆奶时尽量避免生成这些苦味物质，如控制蛋白质水解，添加葡萄糖内酯，控制加热温度及时间，控制溶液接近中性。此外，生产调制豆奶，不但可掩盖大豆异味，还可增加豆奶的营养成分及新鲜口感。还可以用加入牛乳或乳粉、果汁、咖啡、可可、香兰素等物质来掩蔽。单纯的豆奶是难以完全除去涩味的。

（3）生理有害因子　生豆浆会引起中毒，是因为大豆中存在淀粉酶抑制因子、胰蛋白酶抑制因子、大豆凝集素、大豆皂苷及棉子糖、水苏糖等低聚糖类。通常认为至少需钝化80%或90%的胰蛋白酶抑制因子活性，方可饮用。一般100℃加热10min以上、110℃加热5min以上、120℃加热2min以上，可达到钝化胰蛋白酶抑制因子的目的。其他生理有害因子不耐热，在钝化胰蛋白酶抑制因子时即可使它们被破坏或变性。

（4）脂肪析出、絮状沉淀和褐变　豆奶中含有少量脂肪，容易出现脂肪析出现象，附着在瓶颈，影响外观。可采取均质处理，并加入适当的乳化剂加以解决。

全脂豆奶饮料经过二次杀菌处理，蛋白质可能会因变性产生少量沉淀。可通过调节豆奶的 pH 在 6.5 以上，远离蛋白质的等电点，并加入稳定剂，如 0.3%～0.4%的明胶等处理；加强卫生管理，避免微生物污染等。

生产中加入的糖类会与蛋白质等羰基类化合物发生美拉德反应引起褐变。此外，如果工艺处理不当，还会因焦糖化反应而引起褐变。因此，豆浆经脱臭、灭菌、均质后，待冷却到 30℃ 左右时加入糖，再灌装进行二次杀菌。使用非还原性双糖，或采用不参与褐变反应的甜味剂替代蔗糖，或控制二次杀菌时的温度、时间及采取反压降温等措施，均可降低或避免褐变反应。

（5）口感粗糙　有些豆奶组织粗糙，有粒子的感觉，刺激口腔和喉咙，造成不适感觉，产品稳定性差，存放时会产生沉淀。可通过控制磨浆时的粒度和均质处理来提高豆奶的口感和稳定性。

3. 豆奶（豆乳）生产的基本工艺

豆奶（豆乳）生产的工艺流程如下：

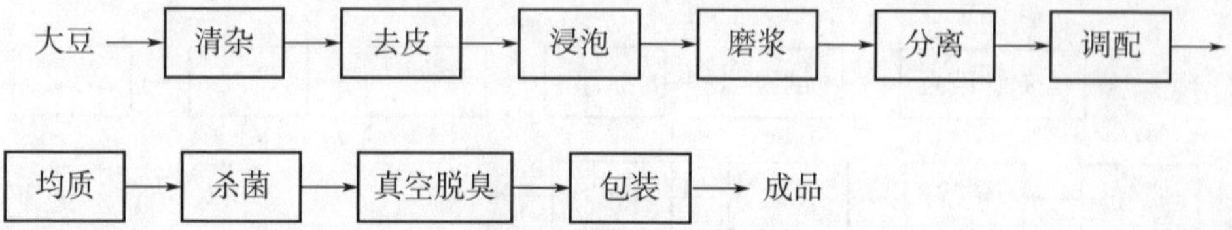

工艺要点：

（1）清杂　浸泡前应充分洗净，至少用清水洗三遍。

（2）去皮　脱皮大豆要求其水分含量在 13%以下。

（3）浸泡　目的是软化细胞组织结构，降低磨浆时的能耗与磨损，提高胶体的分散程度和悬浮性，增加得率。通常将大豆浸泡于 3～4 倍的水中。一般浸泡至豆瓣表面平滑，中心与边缘色泽一致，横面易于断开即可。浸泡温度越高，时间越短；一般水温 70℃时，浸泡时间为 0.5h；水温 30℃左右，浸泡时间为 4～6h。

（4）磨浆与分离　可以采用热磨法（与 80～100℃的热水混合）磨浆，用磨浆机、胶体磨或万能磨等进行。有些工厂采用二次磨浆，先粗磨再细磨。采用离心机进行离心，对热浆进行分离，降低黏度。要求浆体的细度应有 90%以上的固形物通过 150 目滤网。

（5）调配　在营养上，可添加维生素 D、维生素 B_{12}、维生素 B_1、钙盐等进行强化，钙盐以碳酸钙为最好，宜均质前添加，避免沉淀。在风味上，可通过添加油脂提高口感和改善色泽。为了增加滑嫩的口感和香气，可添加一些乳粉、鲜乳；还可添加咖啡、可可、椰浆等调味。此外，豆奶中脂肪、蛋白质含量丰富，易变性而不稳定，需加入增稠剂、乳化剂改善稳定性，如黄原胶、羧甲基纤维素钠等。

（6）均质　均质的目的是破碎脂肪球等粒子，使豆奶口感稳定。均质效果与均质压力、温度、次数有关，压力、温度越高越好，次数越多均质效果越好。从工艺流程的安排上来讲，均质可在杀菌脱臭前进行，也可在脱臭后进行，各有利弊。

（7）加热杀菌与脱臭　加热一是杀灭有害的微生物如致病菌和腐败菌；二是为了破坏生理有害因子，特别是胰蛋白酶抑制因子。采用超高温短时间连续杀菌法，130～150℃加热几秒至数十秒的时间后迅速冷却。由于加热时间短，营养损失少，制品在色香味方面都较好。豆奶工业中所用的超高温短时杀菌设备，一般与脱臭设备组合在一起，用蒸汽直接加热，这样可有效地除去豆奶中挥发性的不良气味，是迄今为止最有效的加热和脱臭的方法。

（8）包装　可采用塑料袋、复合蒸煮袋和玻璃瓶等包装。无菌包装是目前发展迅速的包装形式。

（三）椰子乳（汁）饮料加工

椰子属于棕榈科椰子属，是热带地区主要木本油料作物之一，我国广东、海南、广西、云南、台湾等省份均有出产，其中海南省产量最大，云南省次之。成熟的椰子肉味鲜美，营养丰富，约含脂肪 33%，蛋白质 4%和多种微量元素、维生素，将其磨碎便可制得椰子乳。椰子乳蛋白质 0.1%，脂肪 0.1%以下，碳水化合物 4%以上，还含有矿物质等。其蛋白质中精氨酸、丙氨酸、胱氨酸和丝氨酸的含量比牛乳蛋白质中的要高，碳水化合物主要是葡萄糖，矿物质中钾含量最高，此外还含有维生素 C、维生素 B 族、植物激素等。

1. 工艺流程

椰子乳（汁）饮料的常见工艺流程有两种，分别如下：

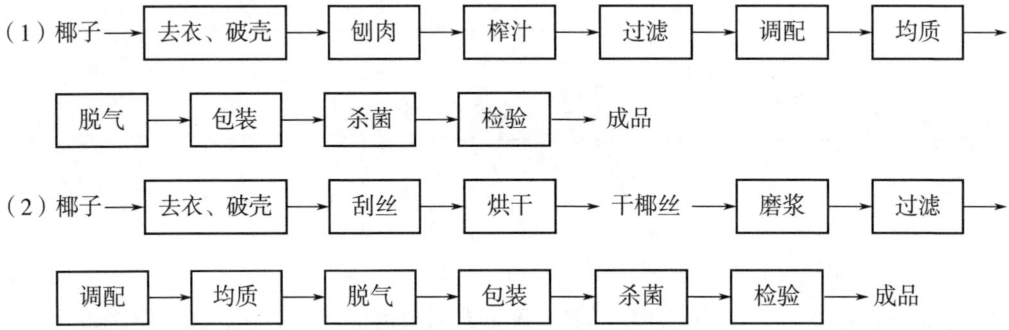

2. 工艺要点

（1）取汁工艺　从上述两种工艺流程可以看出，除了取汁工艺外，其他工艺基本相同。第一种工艺是椰子去衣、破壳、刨肉后压榨取汁，第二种工艺是椰子去衣、破壳、刮丝烘干后再磨浆。第一种工艺榨汁时一般加入 2 倍质量的水，再用螺旋榨汁机取汁，然后 200 目过滤备用；第二种工艺用干椰丝为原料，加入 10 倍质量的 70℃热水搅拌均匀，再用磨浆机磨浆，然后 200 目过滤备用。

（2）调配　过滤后的椰子乳中加入白砂糖、乳化剂、稳定剂、适量的乳制品进行调配。乳化剂和稳定剂中加入约 5 倍质量的水，65~75℃、2800r/min 搅拌 4~10min，得到稳定的乳化剂液和稳定剂液。将已调好浆液浓度的椰子乳及适量的白砂糖、乳化剂、稳定剂按顺序放入带有搅拌器的不锈钢调配罐中进行调配。

（3）均质　均质大多采用高压均质机，均质压力为 20~25MPa，物料温度为 80℃左右，2 次均质。

（4）脱气　在该工艺中，脱气在均质之后，目的主要是为了脱去均质中混入的空气。

（5）灌装、杀菌与贮藏　对于三片罐包装的产品，用泵将经均质、脱气的椰子乳输送至定量灌装机进行灌装，经传送带送至压盖机，进行压盖密封瓶口。然后送入杀菌锅中进行高温灭菌，方法为升温 8～10min，杀菌温度升至 118～121℃，保持 20～25min，然后反压冷却至 50℃。杀菌后经擦罐、检验、喷码、装箱后入仓贮藏。利乐包的产品是先进行杀菌，再进行无菌灌装。

（四）杏仁乳（露）饮料加工

杏仁是蔷薇科植物山杏的种子。杏仁营养丰富，含丰富的蛋白质、维生素以及人体不能合成的 9 种必需氨基酸。杏仁中含脂肪 35%～50%，蛋白质 24.9%，总糖 8.5%，灰分 2.2%，粗纤维 8.8%，苦杏仁苷 3%，富含 Ca、Fe、K、Mg 等矿物质元素。杏仁是加工植物蛋白饮料的良好原料，但由于杏仁中含有约 3%苦杏仁苷，它在苦杏仁酶和樱叶酶作用下受热或酸作用会发生水解反应生成氢氰酸，有剧毒不可食用。因此，生产杏仁乳（露）饮料时，要注意脱苦去毒处理。

生产工艺流程如下：

原料 → 挑选、除杂 → 去皮 → 浸泡脱苦 → 消毒清洗 → 磨浆 → 过滤 → 调配 → 真空脱臭 → 均质 → 包装 → 杀菌 → 成品

三、复合蛋白饮料和其他蛋白饮料

复合蛋白饮料是以乳或乳制品，和一种或多种含有一定蛋白质的植物果实、种子或种仁等为原料，添加或不添加其他食品原辅料和（或）食品添加剂，经加工或发酵制成的制品。如玉米乳饮料、花生牛乳饮料、核桃乳饮料等。复合蛋白饮料应标明蛋白质含量，同时根据其产品声称标示植物蛋白贡献率。发酵制成的产品标签应标示杀菌（非活菌）型，或未杀菌（活菌）型；未杀菌（活菌）型产品还应标明乳酸菌活菌数；同时标示产品运输、贮存温度。

其他蛋白饮料是指含乳饮料、植物蛋白饮料及复合蛋白饮料之外的蛋白饮料。

复合蛋白饮料的加工工艺和前述植物蛋白饮料的加工工艺大致相似，以下简要介绍一种发酵型核桃花生复合蛋白饮料的工艺。

（一）工艺流程

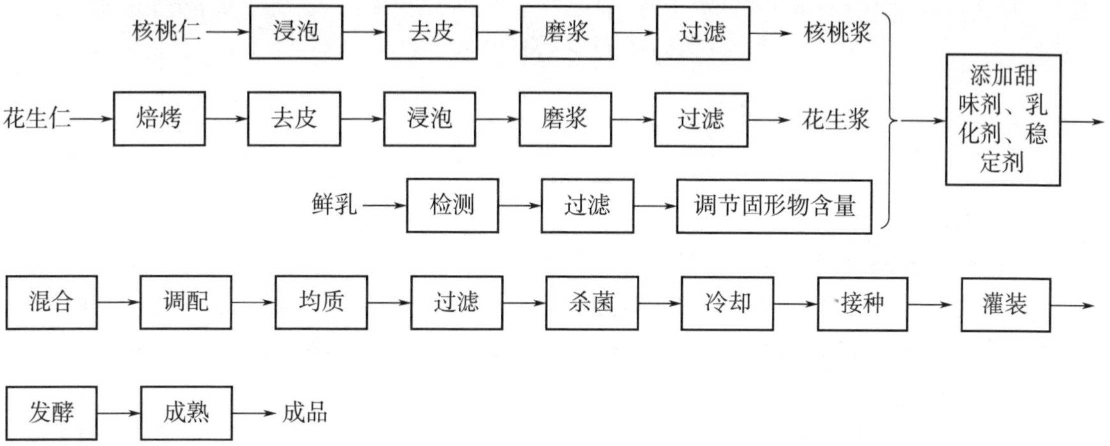

（二）工艺要点

1. 核桃浆的制备

核桃仁先用热水浸泡约 20min 后，用 7%氢氧化钠溶液煮沸 5min，用流动水冲洗干净，然后在 0.36%～0.38%盐酸溶液中浸泡 10min，再用清水冲洗，将去皮后的核桃仁以 1∶4 的比例加入 60℃的软水进行磨浆、过滤，即成核桃浆。

2. 花生浆的制备

将花生在 120℃烘箱中焙烤 17min。焙烤后的花生仁要做去皮处理，再用 60℃温水浸泡 4h，与约 80℃的水以 1∶1 的比例进行磨浆，用 0.01%氢氧化钠溶液调节 pH 至 4.0，经过滤得花生浆。

3. 鲜乳处理

验收后的鲜乳经过滤，再加入适量脱脂乳粉调节固形物含量。

4. 混合

将核桃浆、花生浆、鲜乳以 1∶5∶4 的比例混合均匀。

5. 调配

将甜味剂、稳定剂、乳化剂分别用水溶解后，加入上述混合液中。

6. 均质

将调配好的混合液在 20～30MPa 压力下均质。

7. 杀菌、冷却、接种

杀菌温度应控制在 90℃，时间为 20min。杀菌后要迅速将混合液冷却到 42～45℃。将冷却后的混合乳液接种 4%生产发酵剂（嗜热链球菌、保加利亚乳杆菌）。

8. 分装、发酵

将接种后的乳液分装后放入发酵室，44℃培养 4h。

9. 冷却、后熟

从培养箱中取出发酵产品，迅速冷却到 10℃以下，再放入冰箱，在 2～5℃条件下存放 12～24h，即得成品。

第六节　固体饮料

一、定义及分类

（一）定义

固体饮料是指以糖、乳或乳制品、蛋或蛋制品、果汁或植物提取物等为主要原料，添加适量的辅料或食品添加剂制成的粉末状、颗粒状或块状供冲调或冲泡饮用的固态制品。固体饮料是相对饮料的物理状态而言的，是饮料中的一个特殊品种，水分含量<5%。

（二）分类

根据 GB/T 10789—2015《饮料通则》、GB/T 29602—2013《固体饮料》把固体饮料分为以下八类：风味固体饮料，果蔬固体饮料［水果（果菜汁）粉、蔬菜（蔬菜汁）粉、果汁固体饮料、蔬菜汁固体饮料、复合果蔬粉及其固体饮料、其他固体饮料]，蛋白固体饮料（含乳蛋白固体饮料、植物蛋白固体饮料、复合蛋白固体饮料、其他蛋白固体饮料），茶固体饮料［速溶茶（速溶茶粉）、研磨茶粉、调味茶固体饮料］，咖啡固体饮料［速溶咖啡、研磨咖啡（烘焙咖啡）、速溶/即溶咖啡饮料、其他咖啡固体饮料］，植物固体饮料（谷物固体饮料、草本固体饮料、可可固体饮料、其他植物固体饮料），特殊用途固体饮料，其他固体饮料。上述八类固体饮料根据组分的不同，可以分为果香型固体饮料、蛋白型固体饮料、其他型固体饮料。

二、固体饮料的生产工艺

固体饮料的组分不同，生产工艺不同，下面重点介绍果香型和蛋白型固体饮料的生产工艺。

（一）果香型固体饮料生产工艺

1. 主要原料及工艺流程

果味固体饮料、果汁固体饮料都属于果香型固体饮料，生产的主要原料有甜味剂、酸味剂、香精、果汁（或不加果汁）、食用色素、麦芽糊精等，其生产工艺流程为：

各种原辅料→配料→混合→成型→烘干→过筛→检验→包装→成品

2. 工艺要点

（1）原料选择　原料应符合国家相关食品卫生标准。

（2）配料　严格按照配方要求，准确称取配方要求的各种原辅材料的数量，并严格按照加料顺序进行配料。

（3）混合　混合是果香型固体饮料生产中非常重要的工序，必须做到如下几点：①严格按照配方要求，称料准确；②粉碎均匀，所有粉碎原料过80~100目筛网；③各种辅料及添加剂为了保证添加的均匀性，须溶解成溶液后再添加；④果汁在混入前均须进行灭菌处理；⑤投入混合机的全部液体中的水分含量应控制在全部投料的5%~7%，水量过少，成型不好，水量过多，颗粒坚硬，黏网。

（4）成型　将上述混合好的物料送入摇摆式颗粒成型机造粒成型。筛网一般采用6~8目，造型后的颗粒状湿料进入盛料盘。

（5）烘干　将盛装颗粒湿料的盘子放入干燥箱，烘烤温度80~85℃。

（6）过筛　将完成烘烤的产品通过6~8目筛进行过筛处理，以除去较大颗粒以及部分结块，保持产品的粒型基本一致。

（7）包装　将通过检验的产品，摊凉至室温之后包装。不摊凉或温度较高包装，易使产品回潮。

（二）蛋白型固体饮料生产工艺

1. 麦乳精的生产工艺

麦乳精的生产工艺，基本上可分为真空干燥法和喷雾干燥法，前者较为普遍，后者与乳粉生产相似，其真空干燥法工艺流程如图2-2-12所示。

其工艺要点如下：

（1）化糖、配浆　先在化糖锅中加入一定量的水，然后按照配方加入白砂糖，葡萄糖、

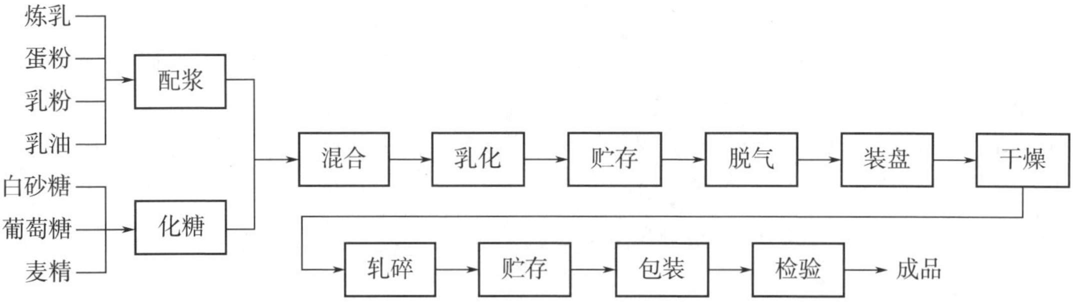

图 2-2-12 麦乳精真空干燥法生产工艺流程

麦精及其他添加物。在 90~95℃条件下搅拌溶化，使其全部溶解，然后用 40~60 目的筛子过滤，进入混合锅。待温度降到 70~80℃，搅拌加入适量碳酸氢钠，以中和各种原料引进的酸度，避免蛋白质结块。

在配浆锅中加入适量的水，然后按照配方加入炼乳、蛋粉、可可粉、奶油，使温度至 70℃，搅拌混合，蛋粉、乳粉、可可粉等须过 40~60 目筛子后再投料。奶油应先经熔化再投料。

（2）混合　将混合锅中糖液和奶浆充分混合，并加入适当的柠檬酸以突出奶香和提高稳定性。柠檬酸用量为全部投料量的 0.002%。

（3）乳化　乳化可破碎脂肪球和蛋白质颗粒，防止脂肪分离。乳化可采用均质机、胶体磨、超声波乳化机等，前两者用得较多，最好采用二次乳化法，先经过胶体磨再经均质机处理。

（4）脱气　浆料在乳化过程混入大量空气，如不加排除，则浆料在干燥时会发生气泡翻滚现象，使浆料从烘盘中逸出，造成损失。脱气与浓缩同时进行，即在浓缩锅中脱气，浓缩脱气所需的真空度为 96kPa，蒸汽压力 0.1~0.2MPa。当从视孔中看到浓缩锅内的浆料不再有气泡翻滚时，脱气完成。脱气还有调整水分的作用，脱气浓缩后浆料的水分控制在 28%左右，待分盘干燥。

（5）分盘　将脱气后的水分含量 28%左右的浆料分装于烘盘中，每盘浆料厚度一般为 0.7~1.0cm。

（6）干燥　采用真空干燥法进行，将烘盘放在干燥箱内的蒸汽排管上或蒸汽薄板上，加热干燥。真空干燥真空度 95~98kPa、蒸汽压力 0.15~0.20MPa，干燥时间 90~100min，冷却时间 30min。

（7）轧碎　将烘干的物料放入轧碎机中轧碎，使产品基本上保持均匀一致的鳞片状。为了保持产品品质，建议工作环境温度 20℃左右，相对湿度 40%~50%，避免产品吸潮而影响产品质量。

（8）检验　根据质量要求进行，包装后检验包装质量。

（9）包装　包装环境 20℃左右，相对湿度 40%~45%。

2. 速溶豆粉的生产工艺

速溶豆粉的生产工艺流程：

原料 → 筛选 → 剥皮 → 蒸煮 → 冲洗 → 蒸煮 → 冲洗 → 冷却 → 粉碎 → 配料 → 均质 → 干燥

其工艺要点如下：

（1）原料处理　应采用新鲜大豆，通过筛选，选取籽粒饱满、粒大圆正者，剔除有霉变、虫害的次品，用剥皮机把大豆的表皮剥去。

（2）蒸煮　在每100kg大豆原料中加入200kg水、0.2kg柠檬酸及0.3kg磷酸，使用蒸汽加压蒸煮，温度保持115℃，时间15min左右。此工艺在大豆剥皮后，不用水浸渍，可以防止水溶性蛋白质流失，也可以防止在浸泡过程中脂肪氧化酶所引起的大豆脂肪分解。添加柠檬酸可以防止蒸煮大豆时蛋白质发生不溶解现象，磷酸可以防止可溶性蛋白质的流失。

（3）冲洗　放出蒸煮水后，用70℃的热水进行冲洗，可以去除腥味物质。在加压蒸煮时，通常要进行两次蒸煮和冲洗操作，即第一次冲洗完毕后，立刻加入少量70℃的热水继续加压蒸煮，15min后继续加热，再用70℃的热水进行冲洗。

（4）冷却、粉碎　经两次蒸煮、冲洗后的大豆基本上消除了豆腥味，为了进一步去掉大豆中残留的豆腥味，可以把冲洗后的大豆冷却至40℃左右，加入0.5kg乳酸菌和0.1kg蛋白质分解酶与蛋白质合成酶制剂。乳酸菌使产品带有乳香，蛋白质分解酶能使大豆蛋白分解生成的氨基酸带有香味，同时能清除产品中的苦味。经上述处理后的大豆用粉碎机粉碎成浆状，并在40℃下保持2h。

（5）配料　把2kg山梨糖酯、0.7kg蔗糖脂肪酸酯、0.1kg偏磷酸钠溶解于130kg、70℃的热水中搅拌均匀，然后将其与粉碎后的豆浆混合。

（6）均质　混合料搅拌均匀后即可用均质机进行均质，均质压力为35~40MPa，由于混合料中添加了山梨醇酐脂肪酸酯、蔗糖脂肪酸酯等乳化剂，使豆奶在均质后得到充分乳化，而偏磷酸钠的加入可进一步提高豆奶粉的溶解分散性。

（7）干燥　经均质乳化后的豆奶在80℃用喷雾干燥法制成粉末状成品。

第七节　包装饮用水

包装饮用水是以直接来源于地表、地下或公共供水系统的水为水源，经加工制成的密封于容器中可直接饮用的水，包括饮用天然矿泉水、饮用纯净水、其他类饮用水。

一、饮用天然矿泉水

（一）定义及分类

饮用天然矿泉水是从地下深处自然涌出的或经钻井采集的，含有一定量的矿物质、微量元素或其他成分，在一定区域未受污染并采取预防措施避免污染的水；在通常情况下，其化学成分、流量、水温等动态指标在天然周期波动范围内相对稳定。根据 GB 8537—2018《食品安全国家标准 饮用天然矿泉水》，天然矿泉水包括含气天然矿泉水、充气天然矿泉水、无气天然矿泉水、脱气天然矿泉水。

（二）饮用天然矿泉水的理化特征

矿泉水与一般淡水相比，具有 3 个主要特征：

1. 一般矿泉水温度比较高

因此也叫温泉、汤泉、暖泉等。矿泉水中也有少数温度不高的，称为冷泉，如含有较多碳酸的碳酸泉或含有放射性的氡泉。

2. 含有较高浓度的离子成分

如重碳酸根离子、氯离子、硫酸根离子、钠离子、钾离子、镁离子以及有效离子如锂、锶、锌、偏硅酸、硫、碘、氟、铁、硼等。

3. 含有较多的气体

主要有氧气、氮气、二氧化碳、甲烷、硫化氢等。

（三）饮用天然矿泉水的工艺流程

饮用天然矿泉水的基本工艺包括引水、曝气、过滤、杀菌、充气、灌装等工序，其中曝气和充气程序是根据矿泉水中的化学成分和产品类型来确定的。

1. 不含碳酸气的天然矿泉水

不含碳酸气的天然矿泉水是最稳定的矿泉水，装瓶时不会发生氧化和化学成分变化。如果产品中不需要含有二氧化碳，工艺流程简单，没有充气程序，其工艺为：

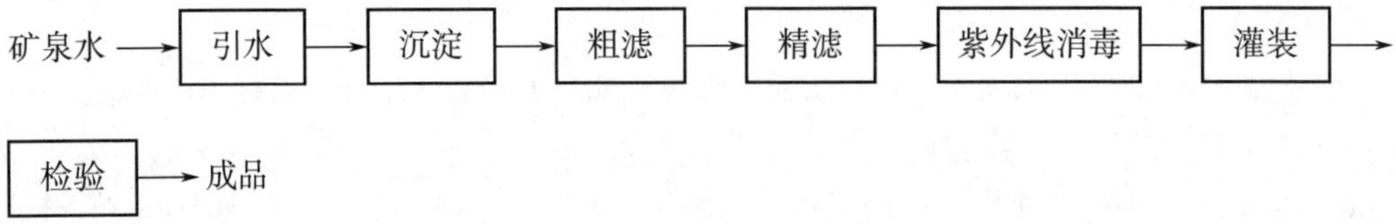

如果产品中需要含 CO_2，需要将 CO_2 经净化压缩，在灌装前进行充气工序。

2. 含碳酸气的天然矿泉水

用 CO_2 含量高，硫化氢、铁、锰含量低的原水生产含 CO_2 的矿泉水，则不需要曝气工序，需要进行分离和气水混合的工序。其工艺流程如下：

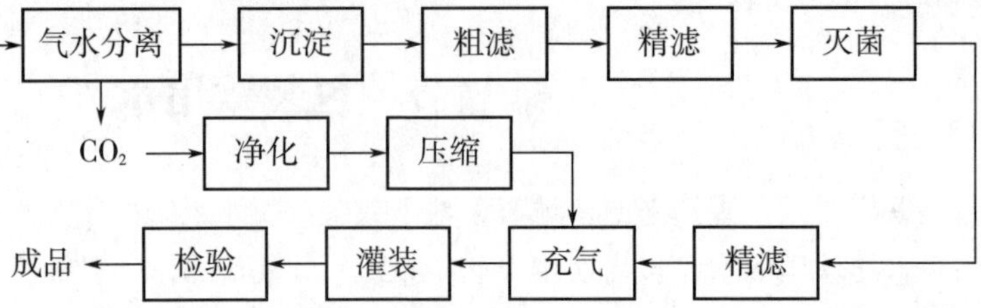

对原水中 CO_2、硫化氢、铁、锰含量高的矿泉水需要曝气，去除气体和铁、锰离子，曝气后其生产工艺和不含碳酸气的天然矿泉水的生产工艺相同，可以再充气生产含 CO_2 的矿泉水或生产不含 CO_2 的矿泉水。

（四）饮用天然矿泉水的工艺要点

1. 引水

引水过程一般分为地下部分和地表部分。地下部分主要引自矿泉水的天然露出口，通过对矿泉的加固，避免地表水的混入。现多采用打井引水法，此法对某些类型的矿泉水最为适当。地表部分是把矿泉水从最适当的深度引到最适当的地表。在地表引水工程中，应防止水温和水中气体的散失，并防止周围地表水的渗入，防止空气的冷却和氧的氧化作用，防止污染引起的矿泉水变质。

2. 曝气

矿泉水中因含有大量 CO_2 及 H_2S 等多种气体，呈酸性，所以可溶解大量金属离子。矿泉水露出后压力降低，水与空气接触，放出大量 CO_2，已溶解的金属盐类产生沉淀，水的 pH 升高。由于水中含有 H_2S 等气体和铁盐等金属盐类，装瓶后必然影响产品感官指标，产生异味，产生氢氧化物沉淀。为了避免上述情况的发生，生产上采取曝气工艺处理，即和经过净化的空气充分接触，以脱除各种气体。

曝气作用：

（1）脱掉多种气体，驱除不良气味，提高矿泉水的感官质量，然后再通入 CO_2 饱和。

（2）天然气体脱除后，酸性变为碱性，超过一定量的金属离子产生多种形式的沉淀，经过滤并补充 CO_2 以后，矿泉水硬度下降，达到饮用水水质标准。

为了脱气和氧化过程同时进行，矿泉水露出后通入大量空气，边脱气边排气，同时进行氧化，排出 H_2S 等有恶臭的挥发物质，使水无臭味、异味。氢氧化亚铁被氧化成氢氧化铁，经过滤除去。锰在矿泉水中含量较少，符合人体生理需要，一般不必去除；如含量过大，可通过提高 pH，经过氧化后生成沉淀而除去。

曝气工艺有自动曝气和强制曝气两种。自动曝气是使矿泉水在一个容器内通过一条或多条装在支管上的喷嘴进行喷洒，自动与空气接触。强制曝气是矿泉水在喷洒时，以鼓风机强大气流强制曝气，提高曝气效率。

3. 过滤

过滤是除去水中的不溶性杂物及微生物，使水质清澈透明，清洁卫生。经过曝气后，一些矿物离子生成沉淀，必须除去。矿泉水的过滤一般先采用砂罐粗滤、砂滤棒精滤，然后采用活性炭过滤，再消毒。此外也可采用微孔过滤和超滤方法进行精滤。

4. 杀菌

矿泉水的杀菌多采用紫外线杀菌和臭氧灭菌，目前后者在国内外应用较为普遍，它也是矿泉水生产中的关键环节。臭氧与水在臭氧反应塔中逆流接触反应，一般通过调整臭氧发生器功率，控制臭氧浓度，合理调节臭氧与水的流量、接触面积、流速和灭菌时间等因素，使矿泉水完全灭菌。

5. 充气

充气是指向矿泉水中充入 CO_2 气体，原水经过引水、曝气或气水分离、过滤和杀菌后，再充入 CO_2 气体。充气的 CO_2 可以是原水中所分离出的 CO_2，也可以是市售的饮料用钢瓶装 CO_2。

6. 灌装

若原水中不含 CO_2，成品又不要求含 CO_2，则将原水进行过滤、灭菌和超滤处理后即可进行灌装；若原水中含有 H_2S、CO_2 等混合气体，需经曝气工艺脱气，成为不含气的瓶装水。

二、饮用纯净水

（一）定义

饮用纯净水是以直接来源于地表、地下或公共供水系统的水为水源，采用蒸馏法、电渗析法、离子交换法、反渗透法或其他适当的水净化工艺，加工制成的包装饮用水。

（二）纯净水的一般生产工艺流程

纯净水的生产因原水水质不同，生产厂家使用的设备各异，生产工艺也不尽相同。但基本上可分为过滤、脱盐和灭菌三部分。过滤包括砂罐过滤、砂滤棒过滤、活性炭过滤等。脱盐又分为预脱盐（主要的脱盐进程用反渗透或电渗析）和深脱盐（反渗透或离子交换装置把一级反渗透残留的少量的盐分脱掉），灭菌通常用紫外线或臭氧等方法。

1. 反渗透法生产工艺流程

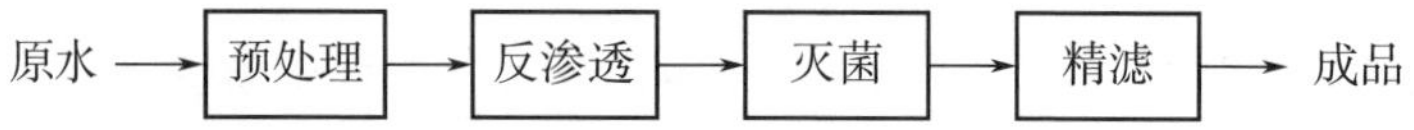

2. 反渗透-离子交换法生产工艺流程

原水的预处理工序包括砂罐过滤、砂滤棒过滤、活性炭过滤。当原水浊度大于 5 度时，必须先用砂罐过滤。当原水含铁、锰量大于 0.3g/L 时，用锰砂过滤器过滤，以除去铁、锰离子。因活性炭有吸附和脱色能力，用于反渗透和离子交换的前处理，可有效地保护膜材料及树脂不被有机物污染。

3. 电渗析法生产工艺流程

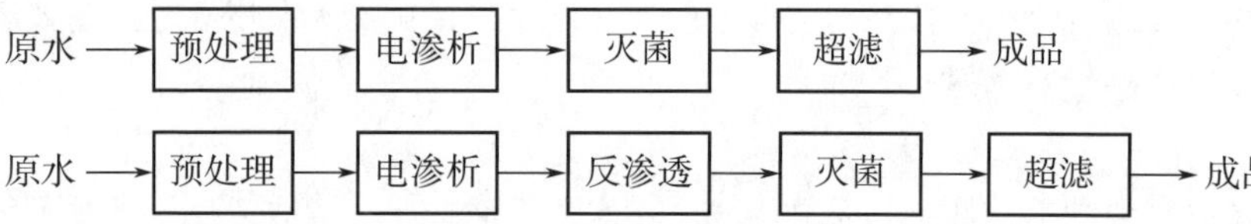

三、其他类饮用水

其他类饮用水包括饮用天然泉水、饮用天然水、其他饮用水。

饮用天然泉水是以地下自然涌出的泉水或经钻井采集的地下泉水，且未经过公共供水系统的自然来源的水为水源，制成的制品。

饮用天然水是以水井、水库、湖泊或高山冰川等，且未经过公共供水系统的自然来源的水为水源，制成的制品。

其他饮用水是上述饮用天然泉水、饮用天然水之外的饮用水，如以直接来源于地表、地下或公共供水系统的水为水源，经适当的加工方法，为调整口感加入一定量矿物质，但不得添加糖或其他食品配料制成的制品。

第八节　茶饮料

茶，属山茶科植物，是一种常绿灌木，被称为是天然植物中的绿色金子。茶叶中含有有机化合物500多种，无机化合物15种以上，这些成分大部分都具有促进人体健康和预防疾病的功效。中国是茶的故乡，制茶、饮茶已有几千年历史。随着我国经济的飞速发展，人民生活水平不断提高以及生活节奏的加快，人们对茶叶产品的要求在保持传统风味的基础上，向方便化、液态化、保健化方向发展，生产茶饮料已成为必然发展趋势之一。

一、定义及分类

（一）定义

按照GB/T 21733—2008《茶饮料》规定，茶饮料是以茶叶的水提取液或其浓缩液、茶粉等为原料，经加工制成的，保持原茶汁应有风味的液体饮料，可添加少量的食糖和（或）甜味剂；或在茶汤中加入水、糖液，酸味剂、食用香精、果汁或植（谷）物抽提液等调制加工而成的制品。

（二）分类

根据茶饮料GB/T 21733—2008《茶饮料》的规定，茶饮料按产品风味分为茶饮料（茶汤）、调味茶饮料（果汁茶饮料和果味茶饮料、奶茶饮料和奶味茶饮料、碳酸茶饮料、其他调味茶饮料）、复（混）合茶饮料和茶浓缩液四类。

二、茶饮料的生产工艺

（一）工艺流程

1. 茶汤饮料生产工艺流程

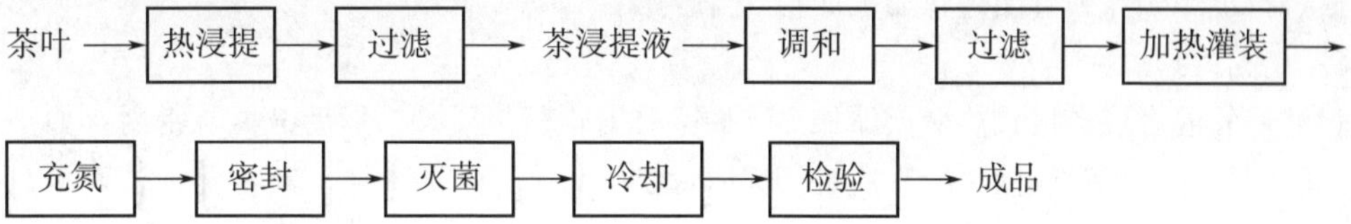

2. 调味茶饮料生产工艺流程

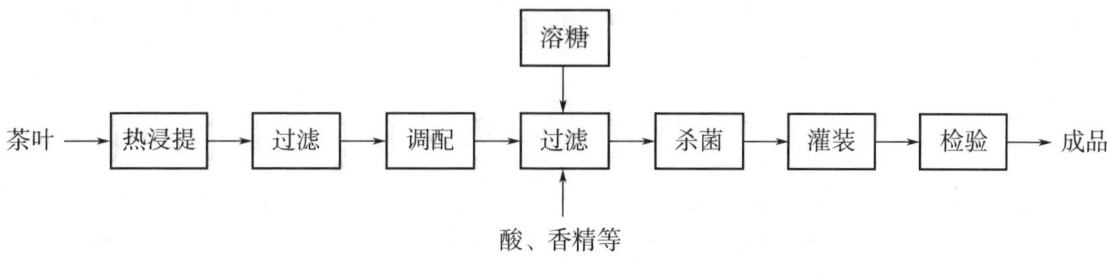

（二）工艺要点

1. 原料

用于茶饮料的茶叶原料主要是红茶、绿茶、乌龙茶，其中以红茶居多，其次是乌龙茶。选择茶叶时应注意不同种类和产地对茶叶的风味影响较大。茶叶要选择当年的茶叶。

2. 浸提

一般选用脱氧的去离子水浸提，影响浸提的因素有茶水比、浸提温度、浸提时间、茶叶颗粒大小等。有许多文献中使用的茶水比为1∶100（质量体积比），但按这个比例生产茶饮料时生产动力消耗较大，实际生产中可按1∶（8~20）生产浓缩茶，配制茶饮料时再稀释即可。浸提温度一般80~95℃。萃取时间一般不超过20min（以10~15min宜）。茶叶粒径大小一般选择40~60目，茶叶粒径太大，茶叶中的有效成分不容易萃取出来；粒径太小，则会为后续的过滤工序带来困难。

3. 过滤澄清

浸提结束之后应立即过滤除去浸提液中的茶渣及杂质，并迅速降低其温度。由于茶汤中含有淀粉、果胶、蛋白质、茶多糖等大分子物质，还含有小分子物质如茶多酚、咖啡碱、氨基酸等，如不采取适当方法进行澄清处理，这些物质就会在低温下或在贮藏中产生浑浊沉淀。澄清处理的方法有低温沉淀法、离子螯合法、膜过滤法、酶法等。

4. 调和

由于茶汤极易氧化褐变，导致茶饮料风味变化，因此需要加入一些抗氧化剂。常用的抗氧化剂是抗坏血酸及其钠盐，也可使用异抗坏血酸及其钠盐。如茶饮料偏酸，则需调整pH，一般常用碳酸氢钠调节。在茶饮料滋味允许的前提下，宜将pH调低一些，这样既有利于保持茶饮料中儿茶素等物质的稳定性，还具有防止微生物生长的作用。

5. 调配、过滤

精滤后的茶浸提液，稀释至适当的浓度，按制品的类型要求，可不添加任何其他配料制成单一茶饮料。如果是生产调味茶饮料，则加入糖、酸味剂、原果汁（或浓缩果汁）、乳制品、香精、香料、非果蔬植物抽提液等，制成其他类型的茶饮料，如果汁茶饮料、果味茶饮料等。调配后进行过滤，除去可能存在的沉淀物。

6. 加热灌装

过滤后的混合液经板式热交换器加热至85~95℃进行热灌装，然后充氮、密封。如是无菌灌装则采用超高温瞬时杀菌，冷却后进行无菌灌装。

7. 杀菌

茶饮料属于低酸性饮料，pH>6.0，要采用高温杀菌。纯茶饮料可采用121℃、5min以上或115℃、15min的杀菌工艺，可达到预期杀菌效果。其他茶饮料根据产品所含配料的不同而采取不同的杀菌工艺。

三、茶饮料常见的质量问题

（一）冷后浑

茶的浸提液放冷后，会出现乳酪状的混浊物，这种现象称为“冷后浑”，这种混浊的乳状物称为茶乳酪。

1. 沉淀物的形成原因

茶饮料沉淀物的主要成分是茶多酚、氨基酸、咖啡碱、蛋白质、果胶、矿物质等，这些物质在水溶液中发生一系列变化，主要是分子间的氢键、离子键、疏水作用、溶解特性、电解质、电场等的变化，导致茶汤沉淀。茶乳酪主要是茶多酚与咖啡碱的缔合物。形成茶乳酪的条件中，温度、浓度、酸碱度最为重要。

2. 解决办法

目前处理"冷后浑"问题的方法大致可分为两大类：物理方法和化学方法。

（1）物理方法　低温沉淀法，即将茶提取液迅速冷却，使茶汁快速形成混浊或沉淀，用离心或过滤的方法去除，以提高茶汁的澄清度；或采用超滤（UF）、微滤（MF）等技术，去除茶汁中大分子化学成分如蛋白质、果胶、淀粉等，获得澄清透明的茶汁。

（2）化学方法

①添加酶类：在茶汁中添加单宁酶、纤维素酶、蛋白酶或果胶酶，可使大分子物质分解，减少混浊沉淀现象，提高茶汁的澄清度。

②碱法转溶：氢键是一种比较弱的共价键，在茶汁中添加碱液，使茶多酚与咖啡碱之间络合的氢键断裂，碱与茶多酚及其氧化物生成稳定的水溶性很强的盐，避免茶多酚及其氧化物同咖啡碱络合而增加大分子成分的溶解性，促进茶沉淀的形成，再用酸调节，茶汁经冷却和离心即可增加澄清度。常用的碱有氢氧化钠、氢氧化钾、氢氧化铵、亚硫酸钠、低亚硫酸钠等。

③添加大分子胶体物质：可在茶汁中添加大分子胶体物质如阿拉伯胶、海藻酸钠、蔗糖脂肪酸酯等。由于这些物质具有良好的乳化作用和分散作用，使茶汁中可溶性成分的分散性得到改善，避免低温下产生混浊，并可提高茶汁的色香味。

④去除茶汁部分内含物：添加少量吸附剂等物质，去除茶汁中部分茶多酚或咖啡碱，使茶汁中形成混浊沉淀的成分比例失调，从而减少沉淀产生。

茶饮料出现的混浊沉淀主要是茶叶成分引起的，也是茶饮料风味物质所在。解决茶饮料混浊沉淀的措施要本着既不会造成茶汤成分过分损失或风味过多改变，又能合理、有效地解决茶汤沉淀问题这一原则。

（二）褐变

1. 褐变产生原因

多酚类色素、茶红素、茶黄素、叶绿素是茶汤中的主要色素物质，易受酸、碱、温度、光照、氧等因素的作用而使茶变色，产生不悦目的色彩。如叶绿素的水解、多酚类物质的氧化、环境 pH 对花色素的影响等均会导致茶汤的变色。绿茶茶汤中的主要成分儿茶素的氧化途径为：儿茶素⟶邻醌⟶茶黄素⟶茶红素⟶茶褐素。乌龙茶和红茶茶汤的褐变则取决于这种变化：茶黄素⟶茶红素⟶茶褐素。

2. 防止茶汤褐变的措施

（1）原料的选取　制绿茶的原料以全炒青为佳，半烘炒次之，烘青较差。这是因为全炒青的绿茶叶绿素保留最多，半烘炒者次之，烘青者最少，而黑褐色的脱镁叶绿素的形成则相反。

（2）冷浸提　加热（包括萃取和杀菌）可使茶汤发生不同程度的褐变加深，在低温下萃取则可避免高温对茶汤汤色的不利影响。结合使用果胶酶、纤维素酶等不但可起到护色作用，而且可提高萃取效率。

(3) 改变茶汤的 pH　茶汤中的儿茶素虽不是茶汤的呈色物质，但如被氧化或在强酸或偏碱条件下则褐变，对茶汤的汤色极为不利。pH 4~8，儿茶素的稳定性随 pH 升高而降低。

(4) 添加抗氧化剂　氧气对茶汤的汤色影响较大，因而添加抗氧化剂对改善茶汤颜色极为重要。常用的抗氧化剂是抗坏血酸，一般添加量为 400~600mg/kg。

(5) 分子包埋法　β-环状糊精是茶饮料（尤其速溶茶）生产中常用的分子包埋剂。

(6) 酶法　将单宁酶和葡萄糖氧化酶混合使用分解茶汤中的茶乳酪，并用于茶汤的护色。在实际应用中，葡萄糖氧化酶常与过氧化氢酶结合使用。单宁酶和环状糊精混合使用也可避免由于单一使用单宁酶而造成的口味变酸和色泽变化。

(7) 离子护色法　茶汤中的色素物质包括脂溶性色素（叶绿素、叶黄素、类胡萝卜素）和水溶性色素（花色素、黄酮类、氧化多酚色素等）。在绿茶茶汤中，叶绿素是重要的呈色物质之一，但该色素很不稳定，当其分子中镁离子被氢取代后会生成脱镁叶绿素，使绿茶茶汤发生褐变，当加入 Cu^{2+} 或 Zn^{2+} 后又可恢复绿色，且稳定性大大提高。在红茶和乌龙茶茶汤中，Al^{3+} 可使茶汤更为明亮。然而，Zn^{2+} 和 Al^{3+} 却会与茶汤物质生成沉淀，使其使用受到限制。

(8) 改进杀菌方法　采用一般的杀菌釜杀菌，儿茶素等物质的氧化使茶汤汤色发生极为显著的褐变，且产生杀菌不良气味。采用超高温杀菌（135~150℃，2~8 s），对茶饮料品质影响极小。

第九节　其他饮料

一、特殊用途饮料

特殊用途饮料是指加入具有特定成分的适应所有或某些特殊人群营养需要的饮品。特殊用途饮料包括运动饮料、营养素饮料、能量饮料、电解质饮料、其他特殊用途饮料。

（一）运动饮料

1. 定义

运动饮料是指营养成分及其含量能适应运动或体力活动人群的生理特点，能为机体补充水分、电解质和能量，可被迅速吸收的制品。

2. 运动饮料的特点

运动饮料具有补水、补盐、补能量、消暑降温的共同特点，能及时补充人体运动后失去的电解质、能量，恢复运动员的体能。生产运动饮料应考虑的问题主要包括：能量的供应、渗透压的选择、营养素的配比、生理生化效应、适口性问题。

（二）营养素饮料

1. 定义

营养素饮料是指添加适量的食品营养强化剂，以补充某些人群特殊营养需要的制品，如营养补充液。

2. 添加营养素的原则

人体需要的营养素种类很多，数量也各不相同，但并不是所摄入的营养素越多越好，因此添加营养素时应掌握如下原则：

（1）针对人体需要　这是最基本的原则。人体的需要包括正常生长的需要和特殊环境下过分消耗的需要，不同生理状态下的人员对营养素的需求是不相同的。因此，要针对不同对象所需要的不同营养素的种类和数量来添加。

（2）改善营养素的平衡关系　各种饮料都要考虑营养素的平衡与合理，才能保证人体的正常发育、修补组织、维持体内各种生理活动。尤其对特殊环境下的人群，合理的营养供应可提高机体的抵抗能力和免疫功能。

（3）保持饮料的特色　添加营养强化剂时，不应改变饮料原有的色香味，应使强化剂的色调、风味与饮料原有的色调、风味相协调。

（三）能量饮料

1. 定义

能量饮料是指含有一定能量并添加适量营养成分，能为机体补充能量，或加速能量释放和吸收的制品。

2. 能量饮料的特点

能量饮料的成分除了水、碳水化合物（如葡萄糖、蔗糖、麦芽糊精等）、维生素、矿物质以外，还包括各种营养物质的混合体（如咖啡因、牛磺酸、氨基酸、瓜拉那、葡醛内酯、肌糖、烟酸、泛醇、人参提取物、银杏萃取液等）。能量饮料的特点在于它是一款旨在为运动人群增加能量、缓解疲劳、提高注意力和灵敏度以及增强运动表现的含兴奋剂（咖啡因）的饮料。能量饮料与运动饮料最大的区别在于能量饮料含咖啡因成分，二者所含的碳水化合物和电解质比例也不同。

（四）电解质饮料

1. 定义

电解质饮料是指添加机体所需要的矿物质及其他营养成分，能为机体补充新陈代谢消耗的电解质、水分的制品。

2. 电解质饮料的特点

电解质饮料无异味，含有两种天然的缓冲剂，即磷酸盐缓冲剂和柠檬酸缓冲剂。饮料富含碳水化合物，如葡萄糖、蔗糖，在人体内可迅速转化为糖原贮藏于肝脏内或肌肉内；糖原可保护肝脏，降低胆固醇的形成。维生素 C 和维生素 B_6 可促进肝脏的新陈代谢，有利于排出有害物质，如酒精、氨等废物。钾离子可降低或消除人体新陈代谢的碱中毒。由于接近人体体液，所以能够长时间贮存在体内，长时间维持体内体液平衡。可迅速补充人体水分的消耗、缓解疲劳。

二、风味饮料

（一）定义

风味饮料是指以糖（包括糖和淀粉糖）和（或）甜味剂、酸度调节剂、食用香精（料）等的一种或者多种作为调整风味的主要手段，经加工或发酵制成的液体饮料。

（二）分类

风味饮料包括果味饮料、乳味饮料、茶味饮料、咖啡味饮料、风味水饮料、其他风味饮料。

三、植物饮料

（一）定义

植物饮料是以植物或植物抽提物为原料，添加或不添加其他食品原辅料和（或）食品添加剂，经加工或发酵制成的液体饮料。

（二）分类

植物饮料包括可可饮料、谷物类饮料、草本饮料、食用菌饮料、藻类饮料、其他植物饮料，不包括果汁类及其饮料、茶（类）饮料和咖啡（类）饮料。

四、咖啡（类）饮料

咖啡（类）饮料是指以咖啡豆和（或）咖啡制品（研磨咖啡粉、咖啡的提取液或其浓缩液、速溶咖啡等）为原料，添加或不添加糖（食糖、淀粉糖）、乳和（或）乳制品、植脂末等食品原辅料和（或）食品添加剂，经加工制成的液体饮料。咖啡类饮料包括浓咖啡饮料、咖啡饮料、低咖啡因咖啡饮料、低咖啡因浓咖啡饮料四类。

思考题

1. 简述饮料的定义及分类。
2. 简述水的分类。
3. 天然水中的杂质对饮料的品质有哪些影响？
4. 什么是水的硬度、碱度？简述水的硬度、碱度对饮料生产的影响。
5. 硬水软化的常用方法有哪些？说明其软化的原理。
6. 饮料生产上水消毒的方法有哪些？说明其杀菌的原理。
7. 简述果蔬汁（浆）类饮料生产的所需原辅料和一般工艺流程。
8. 简述碳酸饮料的分类。
9. 什么是碳酸饮料的一次灌装法和二次灌装法？比较各自的优缺点。
10. 简述原糖浆制备的方法。
11. 简述二氧化碳在碳酸饮料中的作用。
12. 简述碳酸化的基本原理和影响因素。
13. 简述碳酸饮料常见的质量问题及处理方法。
14. 简述蛋白饮料的定义及分类。
15. 简述发酵型含乳饮料的种类及其特点。
16. 造成果汁乳饮料不稳定的原因有什么？如何解决果汁乳饮料的稳定性问题？
17. 豆奶饮料生产中产生豆腥味的原因哪些？如何克服？
18. 简述椰子乳、杏仁露、核桃露的工艺流程，比较其工艺上的异同点。
19. 简述固体饮料的定义及分类。
20. 简述果香型固体饮料的生产工艺流程及工艺要点。
21. 简述麦乳精的生产工艺及工艺要点。

22. 简述速溶豆粉的生产工艺及工艺要点。
23. 简述包装饮用水的分类及其特点。
24. 比较饮用天然矿泉水和饮用纯净水生产工艺的异同。
25. 简述茶饮料的定义及分类。
26. 与一般饮料相比，茶饮料有何特点？
27. 简述茶饮料“冷后浑”的原因及解决方法。
28. 简述茶饮料褐变的原因及防止措施。
29. 简述运动饮料、能量饮料的特点及二者的区别。
30. 简述营养素饮料的定义及添加营养素的原则。
31. 简述电解质饮料的定义及特点。
32. 简述风味饮料、植物饮料、咖啡饮料的定义及分类。

第三章

CHAPTER 3

发酵食品工艺学

【学习目标】 熟悉食品发酵与酿造的基本原理，掌握酒精发酵与酿酒、酱类与酱油、食醋、味精、豆豉、腐乳和纳豆等发酵食品生产的基本理论和技术，了解发酵工业的发展状况及发展趋势。

【课程思政目标】 让学生充分了解我国古代劳动人民对发酵技术的灵活运用及其对微生物发酵工业作出的重大贡献，建立专业知识与政治素养、国家民族复兴间的联系，提升学生的责任感和家国情怀；通过基础理论知识的讲解和相关实验操作技能的掌握，为地区和国家发展培养出“懂理论、上手快、后劲足”的应用型工科人才。

【重点难点】 发酵食品加工技术。

第一节　概述

一、发酵工业发展现状与发展趋势

发酵工业是以含淀粉（或糖类）的农副产品为原料，以发酵工程技术为手段，对农产品进行深加工，生产高附加值产品的产业。作为一种生物技术，发酵工业对相关行业的发展具有重要的促进作用，对节约粮食、增加食品花色品种、提高产品质量以及改善环境等均有重要作用。

（一）我国发酵工业发展现状

近几年，随着发酵工程技术的进步，国家政策的扶持，我国发酵工业已形成了一个品种繁多、门类较齐全、具有相当规模的独立工业体系，在不同的工业领域中都有重要应用，如医药工业、食品工业、农业、环境保护等，在国民经济的发展中占有重要的地位，并创造出巨大的经济效益。

（二）我国发酵工业发展趋势

发酵工业发展主要呈现以下几种趋势：

1. 大宗发酵产品转型升级

大宗发酵产品的传统生产模式普遍存在生产强度低、水耗和电耗高等共性问题。当前，我国味精、氨基酸、有机酸、核苷酸等生物发酵行业均面临调整结构、优化升级、转变增长方式、节能减排的重任，发酵模式改革与流程重构是解决以上问题的重要途径。

2. 原材料替代品的开发

目前，原材料对发酵工业发展的制约越发明显，寻找可替代的生物质及非粮食原料，以降低单一原料带来的风险势在必行。

3. 产业结构将进一步调整

发酵工业需要进一步淘汰规模小、效益差、没有自身特点的小企业，降低单位工业增加值的能源消耗量，同时整合产业链，实现产业链的价值最大化。

二、食品发酵特点及发酵食品分类

食品发酵是食品原料在微生物（包括本身的酶）的作用下，经过一系列生物、化学反应后转化为新的食品类型或饮料的过程，而这种经由微生物发酵作用制得的食品就称为发酵食品。

1. 食品发酵的特点

食品发酵能够抑制腐败菌和一般病原菌的生长，提高食品的营养价值，增加和改善食品的质地、香气和风味，提高产品的稳定性和附加值。食品发酵具有以下特点：发酵过程安全，设备要求简单；原料广泛；反应专一，副产物少；代谢多样，适用范围广；易受污染，要求无菌；需选育优良菌种。

2. 发酵食品的分类

发酵食品的分类方法有很多，根据发酵形式分为传统发酵食品和现代工业发酵食品，根据生产所用微生物种类分为酵母、霉菌、乳酸菌发酵食品等。最常用的是根据产品种类和原料来源进行分类，分为以下几类：

（1）发酵面制品　如馒头、面包、饼干、烧饼等。

（2）发酵豆制品　如豆豉、腐乳、纳豆等。

（3）发酵蔬菜　如酸菜、泡菜、橄榄等。

（4）发酵乳制品　如酸乳、酸性奶油、干酪、马奶酒等。

（5）发酵肉制品　如腌鱼、发酵香肠等。

（6）发酵酒精饮料　如蒸馏酒、黄酒、果酒、啤酒等。

（7）发酵调味品　如醋、酱油、味精、面酱、豆酱、甜味剂、增味剂等。

第二节　酒精发酵与酿酒

一、蒸馏酒生产

蒸馏酒是以粮谷、薯类、水果、乳类等为主要原料，经发酵、蒸馏、勾兑而成的乙醇浓度高于原发酵产物的酒精饮料。

（一）蒸馏酒的分类

目前公认的世界六大蒸馏酒分别是中国白酒、白兰地、威士忌、伏特加、金酒和朗姆酒。

1. 中国白酒

以高粱、大麦、小麦和豌豆等含淀粉和糖的粮谷为主要原料，利用糖化酶、曲类（大曲、小曲或麸曲）和酵母等为糖化发酵剂，经蒸煮、糖化、发酵、蒸馏、贮存和勾调而成。中国白酒分类多样。

（1）按糖化发酵剂（曲种）分类　分为大曲酒、小曲酒和麸曲酒。大曲酒以大麦、小麦、豌豆等原料经制曲工艺制成块状，大曲为糖化发酵剂，进行复式固态发酵，再固态蒸馏。大曲酒是中国蒸馏酒的代表，我国名酒绝大多数用此法生产。小曲酒以大米粉等为原料，经微生物培养制成球状或小块状曲块，需要第二次培养菌种，以大米或高粱等为酿酒原料，采用半固态发酵和蒸馏。麸曲酒以纯种曲霉菌培养于麸皮上制成麸曲为糖化剂，以纯种酿酒酵母为发酵剂，采用复式固态发酵，经固态蒸馏，或用液态发酵，连续蒸馏器蒸馏。

（2）按香型分类　这种方法按酒的主体香气成分的特征分类，分为酱香型白酒、浓香型白酒、清香型白酒、米香型白酒和其他香型白酒。在国家级评酒中，往往按照这种方法对酒进行归类。

（3）按原料分类　分为粮食白酒、薯类酒和代粮白酒。粮食白酒以高粱、玉米、大麦、稻米为原料；薯类酒以鲜薯、薯干或木薯干为原料；代粮白酒以粮食加工副产物如稻米糠、麸皮、玉米糠、高粱糠等，淀粉加工副产物粉渣，含淀粉质野生植物等为原料。

2. 白兰地

以葡萄、苹果、李子、樱桃等水果为原料，经发酵、蒸馏、陈酿和调配而成。

3. 威士忌

以大麦、小麦、黑麦、玉米等谷物为原料，以谷芽为糖化剂，经糖化、酒精发酵、二次蒸馏、橡木桶贮存后熟等环节制成。

4. 伏特加

以谷物、薯类、糖蜜和其他可食用农作物为原料，经发酵、蒸馏制成食用酒精，再经特殊工艺精制而成。

5. 金酒

以玉米、裸麦等粮谷为原料，经发酵、蒸馏先制得食用酒基，再加入杜松子、香草、香菜子、大茴香、橘皮、桂皮等香料，经浸渍、蒸馏、分段截取流出液配制而成。

6. 朗姆酒

以蔗糖产业的副产品糖蜜或甘蔗渣为原料经发酵、蒸馏而成。

（二）大曲白酒现代生产工艺

1. 工艺流程

大曲白酒的生产工艺包括酿酒原料输送、泡粮、蒸煮、摊晾、拌料、糖化、冷糟、发酵和蒸馏等环节，通过自动控制设备完成自动化操作，生产工艺流程如图 2-3-1 所示。

2. 工艺特点

大曲白酒生产工艺的主要特点：

（1）续糟发酵　又称配糟（配醅）发酵，在整个大曲白酒发酵过程中，发酵物料（酒醅）

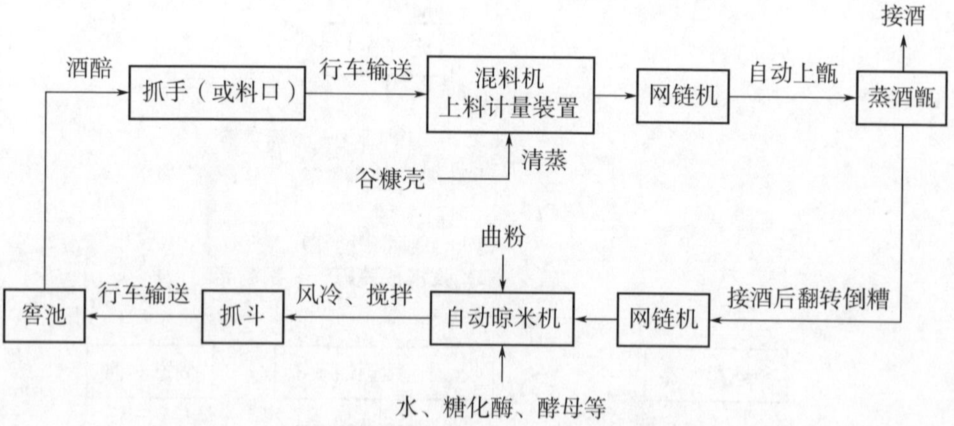

图 2-3-1　大曲白酒现代生产工艺流程

的水分含量（55%~65%）较低，游离水分基本被包含在酒醅颗粒中，整个物料呈固体状态。由于高粱、玉米等颗粒组织紧密，糖化较为困难，淀粉不易被充分利用，蒸酒后的糟醅还含有10%左右的残存淀粉，需要再进行继续发酵，因此常采用减少一部分酒糟（醅），增加一部分新料，配糟继续发酵，反复多次的办法。这是我国特有的酒精发酵法，称为“续糟发酵”或“续渣发酵”。

（2）双边发酵　大曲既是糖化剂又是发酵剂，窖内酒醅同时进行糖化作用和酒化作用。由于糖化酶和酒化酶的最适作用温度不同，为了防止糖化酶、酵母菌和其他酶类的过早失活，并使糖化和发酵两者相互配合，不致使酒醅的糖分过于积累而引起酸败，最大限度地发挥酶的作用，保证曲酒的发酵完整，在生产中，必须控制较低的入窖温度，一般在15~25℃。

（3）多种微生物的混合发酵　参与大曲白酒发酵的微生物种类繁多，它们主要来源于大曲和窖泥，也有的来自环境、设备和工具场地。整个发酵过程在粗放条件下进行，除原料蒸煮时起到灭菌作用外，各种微生物均能通过多种渠道进入酒醅，协同进行发酵作用，生成各自的代谢产物。

（4）固态甑桶蒸馏　国外常采用釜式或壶式液态蒸馏提取成品蒸馏酒，而我国大曲白酒是通过固态蒸馏来分离提取成品酒的。1m 高的甑桶，能把酒醅中的5%~6%（体积分数）的酒分浓缩到65%~75%（体积分数），并把发酵过程中所产生的各种香味成分有效地提取出来，蒸馏效率很高。

（三）其他蒸馏酒生产工艺

中国传统及名优白酒生产工艺主要以固态发酵方式生产，而其他蒸馏酒发酵生产工艺以液态发酵方式生产为主，其生产工艺流程如图 2-3-2 所示。

二、啤酒生产

啤酒是以麦芽和水为主要原料，加啤酒花（包括酒花制酒），经酵母发酵酿制而成的、含有二氧化碳的、起泡的、低酒精度的发酵酒。

（一）啤酒的分类

依据 GB/T 4927—2008《啤酒》，常见的啤酒分类方法有如下两种。

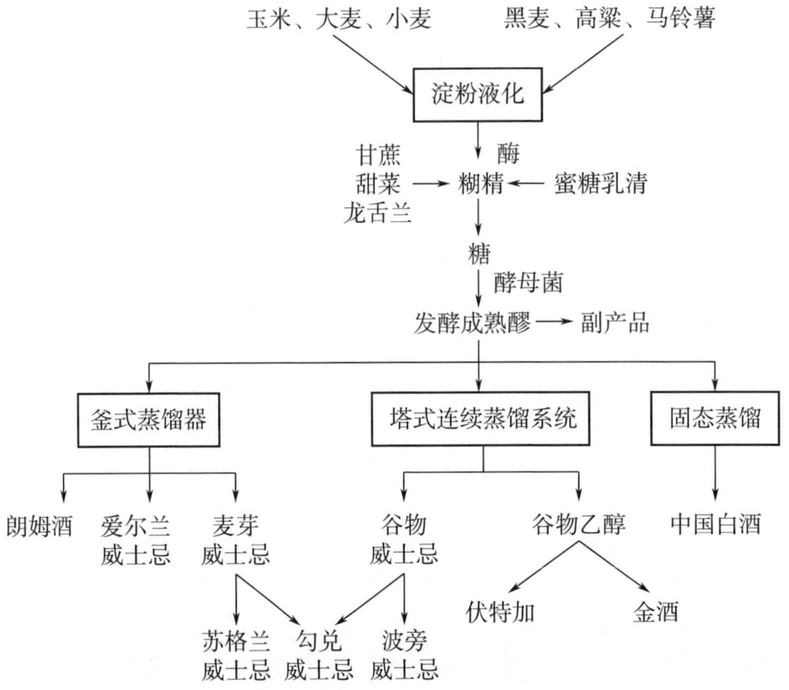

图 2-3-2　不同原料蒸馏酒现代生产工艺流程

1. 根据生产工艺分类

分为熟啤酒、生啤酒、鲜啤酒和特种啤酒。

（1）熟啤酒　经过巴氏杀菌或瞬时高温杀菌的啤酒。保质期较长，但口味不如鲜啤酒。

（2）生啤酒　不经巴氏杀菌或瞬时高温杀菌，而采用其他物理方法除菌，达到一定生物稳定性的啤酒。如市售纯生啤酒。

（3）鲜啤酒　不经巴氏杀菌或瞬时高温杀菌，成品中允许含有一定量活酵母菌，达到一定生物稳定性的啤酒。口感新鲜，但需要冷藏保鲜，保质期 7d 左右。

（4）特种啤酒　由于原辅材料、工艺的改变，使之具有特殊风格的啤酒。目前主要有干啤酒、冰啤酒、无醇啤酒、低醇啤酒、小麦啤酒、混浊啤酒和果蔬类啤酒。

2. 根据酒的色度分类

分为淡色啤酒、浓色啤酒、黑色啤酒和特种啤酒。淡色啤酒是指色度 2~14EBC 的啤酒，浓色啤酒是指色度 15~40EBC 的啤酒，黑色啤酒是色度≥41EBC 的啤酒。

（二）啤酒现代生产工艺

啤酒生产的工艺流程可以分为制麦、糖化、发酵、包装 4 个工序。现代化的啤酒厂一般已经不再设立麦芽车间，因此制麦部分也将逐步从啤酒生产工艺流程中剥离。

1. 工艺流程

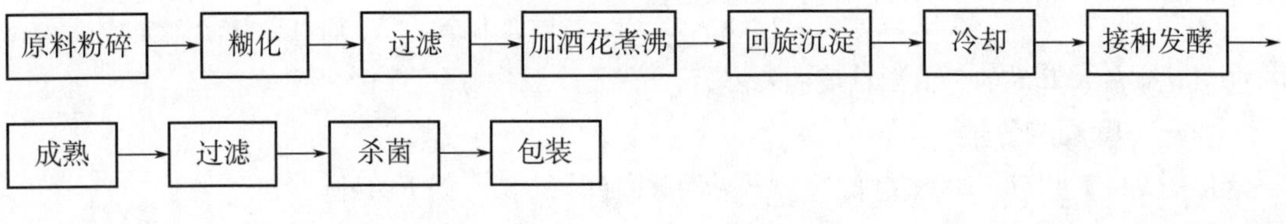

其中，原料粉碎、糊化、过滤、加酒花煮沸、回旋沉淀、冷却属于糖化工序（图 2-3-3）。

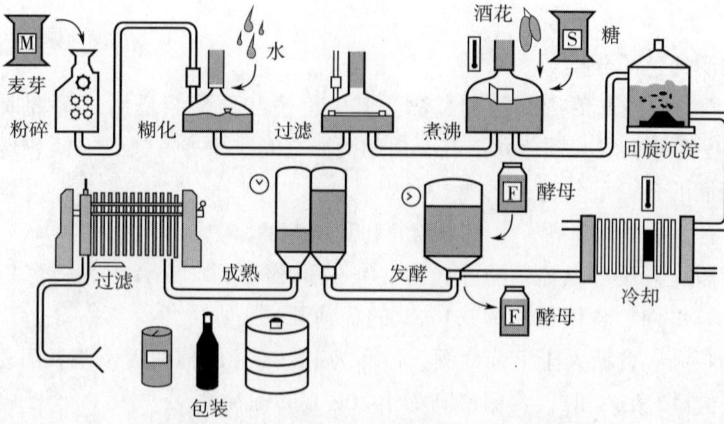

图 2-3-3　不同原料啤酒现代生产工艺流程

2. 工艺要点

（1）原料粉碎　麦芽在送入酿造车间前，先被送到粉碎塔，在这里经轻压粉碎制成酿造用麦芽。

（2）糊化　糊化处理即将粉碎的麦芽、谷粒与水在糊化锅中混合。在糊化锅中，麦芽和水经加热后沸腾，天然酸将难溶性的淀粉和蛋白质转变成可溶性的麦芽提取物，称作“麦芽汁”。然后麦芽汁被送至称作分离塔的过滤容器。

（3）加酒花煮沸　麦芽汁在被泵入煮沸锅之前需先在过滤槽中除去其中的麦芽皮壳，并加入酒花和糖。在煮沸锅中，混合物被煮沸以吸取酒花的味道，并起色和消毒。

（4）沉淀　煮沸后，加入酒花的麦芽汁被泵入回旋沉淀槽以去除不需要的酒花剩余物和不溶性蛋白质。

（5）冷却　洁净的麦芽汁从回旋沉淀槽中泵出后，被送入热交换器冷却，随后，麦芽汁中加入酵母，进行发酵程序。

（6）发酵和成熟　啤酒发酵一般采用锥形发酵器进行主发酵和后熟，发酵过程中，人工培养的酵母将麦芽汁中可发酵的糖分转化为酒精和二氧化碳，生产出啤酒。整个过程中，需要对温度和压力作严格控制，啤酒不同、生产工艺不同，发酵时间也不同。通常，贮藏啤酒的发酵过程需要大约 6d，淡色啤酒为 5d 左右。

（7）成熟　发酵结束后，绝大部分酵母沉淀于罐底，回收后可用于下一罐使用。除去酵母后，“嫩啤酒”被泵入后发酵罐，进一步沉淀剩余酵母和不溶性蛋白质，使啤酒风格逐渐成熟。成熟时间随啤酒品种不同而异，一般在 7~21d。

（8）过滤　经后发酵而成熟的啤酒在过滤机中将所有剩余的酵母和不溶性蛋白质滤去，就成为待包装的清酒。

三、葡萄酒生产

葡萄酒是以鲜葡萄或葡萄汁为原料，经全部或部分发酵酿制而成的，含有一定酒精度的发酵酒。

（一）葡萄酒的分类

葡萄酒品种繁多，依据 GB/T 15037—2006《葡萄酒》，常见的葡萄酒分类方法有以下几种。

1. 根据葡萄酒的色泽分类

分为白葡萄酒、桃红葡萄酒和红葡萄酒。其中，桃红葡萄酒是用红葡萄或红、白葡萄混合，带皮或不带皮发酵制成，颜色介于红、白葡萄酒之间，主要有桃红、淡玫瑰红、浅红色。

2. 根据葡萄酒的含糖量分类

分为干葡萄酒、半干葡萄酒、半甜葡萄酒和甜葡萄酒。

（1）干葡萄酒　含糖（以葡萄糖计）≤4.0g/L 的葡萄酒。或者当总糖与总酸（以酒石酸计）的差值≤2.0g/L 时，含糖最高为 9.0g/L 的葡萄酒。

（2）半干葡萄酒　含糖大于干葡萄酒，最高为 12.0g/L 的葡萄酒。或者当总糖与总酸（以酒石酸计）的差值≤2.0g/L 时，含糖最高为 18.0g/L 的葡萄酒。

（3）半甜葡萄酒　含糖大于半干葡萄酒，最高为 45.0g/L 的葡萄酒。

（4）甜葡萄酒　含糖大于 45.0g/L 的葡萄酒。

3. 根据葡萄酒的二氧化碳含量分类

分为平静葡萄酒和起泡葡萄酒，其中起泡葡萄酒又分为高泡葡萄酒和低泡葡萄酒。

（1）平静葡萄酒　在 20℃时，二氧化碳压力<0.05MPa 的葡萄酒。

（2）起泡葡萄酒　在 20℃时，二氧化碳压力≥0.05MPa 的葡萄酒。

（二）白葡萄酒的生产工艺

白葡萄酒是以白葡萄或红皮白肉葡萄为原料，经果汁分离、果汁澄清、控温发酵、贮存陈酿及后加工处理而成，其色泽从无色到金黄色，酒精含量一般为 9%～13%（体积分数）。

1. 工艺流程

干白葡萄酒生产工艺流程如图 2-3-4 所示。

2. 工艺要点

（1）果汁分离　白葡萄酒与红葡萄酒前加工工艺不同。白葡萄酒是原料葡萄经破碎（压榨）或果汁分离，果汁单独进行发酵。果汁分离是酿造白葡萄酒的重要工序。葡萄破碎后经淋汁取得自流汁，再经压榨取得压榨汁，为了提高果汁质量，一般采用二次压榨分级取汁。

（2）硫处理　果汁分离后需立即进行二氧化硫处理，每 100kg 葡萄加入 10～15g 偏重亚硫酸钾（相当于二氧化硫 50～75mg/kg），以防果汁氧化。破碎后的葡萄浆应立即压榨分离出果汁，皮渣单独发酵蒸馏得白兰地。

（3）果汁澄清　葡萄汁澄清处理是酿造高级干白葡萄酒的关键工序之一。自流汁或经压榨的葡萄汁中含有果胶质、果肉等杂质，因此，浑浊不清，应尽量减少到最低含量，以避免杂质发酵给酒带来异杂味。葡萄汁的澄清可采用二氧化硫低温静置澄清法、果胶酶澄清法、皂土澄清法和高速离心分离澄清法等方法。

（4）发酵　白葡萄酒发酵多采用添加人工培育的优良酵母（或固体活性酵母）进行低温密闭发酵。低温发酵有利于保持葡萄中原果香的挥发性化合物和芳香物质。发酵分成主发酵和后发酵两个阶段。主发酵一般温度控制在 16～22℃为宜，发酵期 15d 左右。主发酵后残糖降低至 5g/L 以下，即可转入后发酵。后发酵温度一般控制在 15℃以下，发酵期约 1 个月。在缓慢的后发酵中，葡萄酒香和味形成更为完善，残糖继续下降至 2g/L 以下。

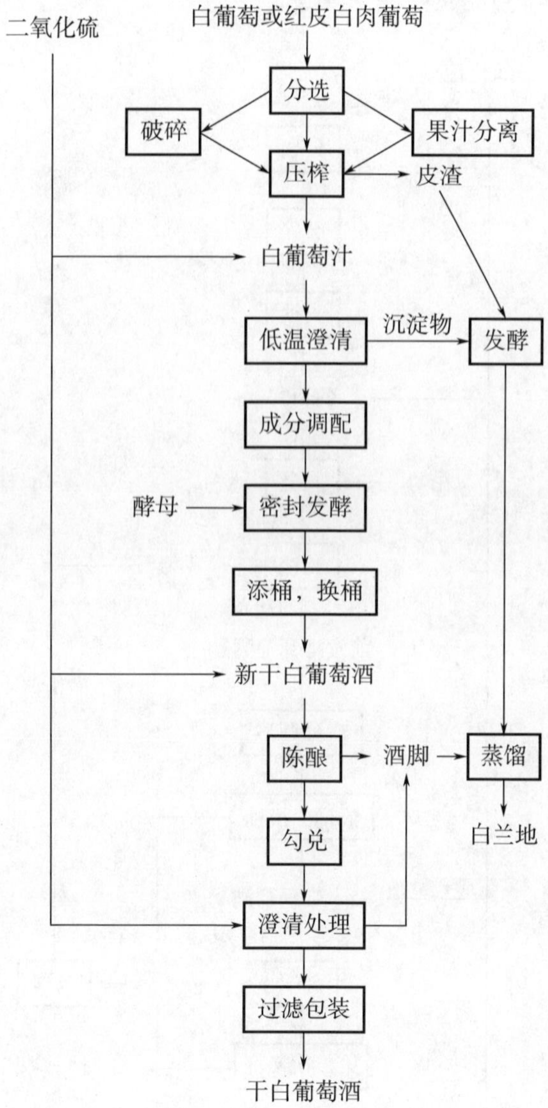

图 2-3-4 干白葡萄酒生产工艺流程

(5) 贮存（陈酿） 葡萄汁（浆）经发酵制得的酒称为原酒（或称新酒）。原酒需要经过一定时间的贮存（或称陈酿）后酒质才趋于成熟。在贮酒过程中要进行换桶（倒酒）和添桶（添酒）。换桶的目的是除去酵母及酒石等沉淀物。换桶的方法主要有氧化型方法和还原型方法。氧化型方法使酒尽可能与空气中的氧接触，使酒容易成熟，此法主要用于干红葡萄酒和甜葡萄酒的换桶。还原型方法使酒避免与空气接触，防止酒的氧化，以保持酒的原有果香味。

（三）红葡萄酒的生产工艺

红葡萄酒是用红葡萄带皮发酵，或用先以热浸提法浸出了葡萄皮中色素和香味物质的葡萄汁发酵制成，酒精含量一般为9%~13%（体积分数）。酒的颜色有紫红、深红、宝石红、红微带棕色、棕红色。干红葡萄酒生产工艺与干白葡萄酒的生产极为相似，干白葡萄酒需要去掉带色素的皮渣和低温发酵，且干白葡萄酒不需要苹果酸-乳酸发酵的二次发酵。

干红葡萄酒生产工艺流程如图 2-3-5 所示。

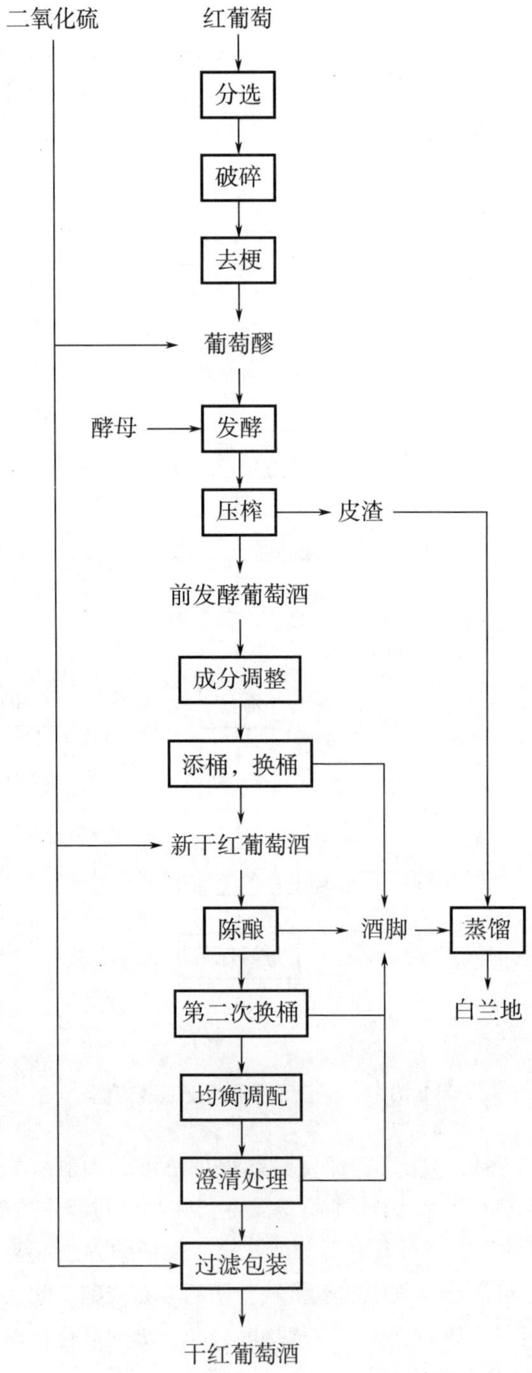

图 2-3-5 干红葡萄酒生产工艺流程

四、黄酒生产

（一）工艺流程

黄酒生产工艺流程如图 2-3-6 所示。

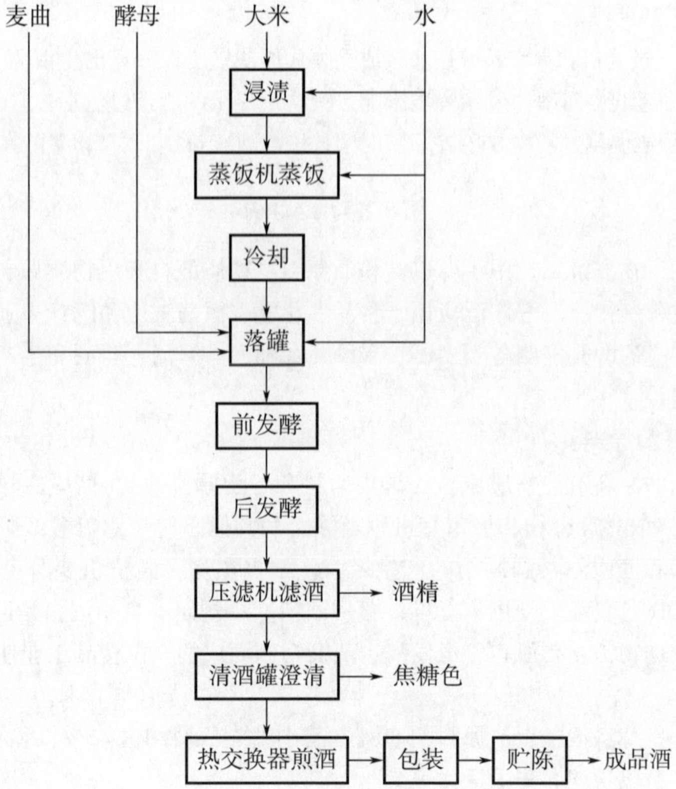

图 2-3-6　黄酒生产工艺流程

（二）工艺要点

1. 原料浸渍

酿造用淀粉含量在 62%~72% 的当年产新鲜晚籼米和晚粳米。采用振动筛选机、斗式输送机、辊式粉碎机等设备进行前处理。浸米采用保温浸渍，在室温 20~25℃、水温 20~23℃ 条件下保温浸米 4~5d 即可。

2. 蒸饭、冷却

用立式双套串联蒸饭机蒸饭，籼米在立式蒸饭机内要两次蒸煮，粳米一次性蒸熟。米饭蒸熟后以斜坡滑槽自流落入发酵罐过程中必须冷却，通常采用鼓风机风冷冷却。一般冷却后饭温为 60~70℃。

3. 落罐（投料）

米饭入缸搭窝温度为 30℃，按照发酵罐实际大小确定投料量，加入麦曲、纯种酵母和水混合。

4. 前发酵

前发酵罐配有夹套冷却装置，以控制发酵品温，利用压缩无菌空气的压力开耙和输送醪液。发酵过程采用冷却设备，用低温水控制发酵品温，进行3~5d发酵。

5. 后发酵

前发酵醪液输入后发酵罐，控制温度在13~18℃静置发酵20d。利用前箱后罐，可实现发酵过程的人工控制，降低劳动强度，保持良好的清洁卫生状况。后发酵成熟的标志是酒精含量基本稳定，酒醅沉静。

6. 压滤、澄清和煎酒

采用硅藻土立式过滤机和真空转鼓过滤机或隔膜式压滤机压榨分离出生清酒。澄清大罐一般用不锈钢材质，避免静置容器对酒体风味产生影响，澄清罐出来的酒经过滤后，打入清酒罐，采用热交换器进行煎酒。煎酒温度一般在85℃左右，时间长短与酒液pH和酒精含量的高低有关。

五、酒精发酵

乙醇俗称酒精，在发酵工业中主要以淀粉质原料、糖质原料和生物质原料等为基质，经发酵、蒸馏等工艺过程制得。乙醇广泛应用于食品、化学、医药工业和医疗事业、国防等工业部门，在食品工业中，乙醇是配制各类白酒、果酒、葡萄酒、露酒、药酒和生产食用乙酸以及食用香精的主要原料。

（一）酒精发酵原料

酒精发酵常用的原料有淀粉质原料（薯类原料和谷物原料等）、糖质原料（甘蔗和废糖蜜等）、生物质原料（农林废弃物和城市有机垃圾等）和其他原料（亚硫酸纸浆废液和乳清等）。其中，淀粉质原料和糖质原料制酒精的产量最大。根据用途，酒精主要分食用酒精和工业酒精。GB 31640—2016《食品安全国家标准　食用酒精》中规定，食用酒精是以谷物、薯类、糖蜜或其他可食用农作物为主要原料，经发酵、蒸馏精制而成的，供食品工业使用的含水酒精。

1. 淀粉质原料

淀粉质原料占发酵法酒精生产原料的80%，其中薯类原料约占45%，谷物原料约占35%。淀粉质原料生产酒精以中国和美国为代表。

2. 糖质原料

糖质原料中的废糖蜜是甘蔗或甜菜糖厂制糖过程中的副产物，其可发酵成分主要为蔗糖等糖分。糖质原料制酒精的产量仅次于淀粉质原料酒精，以巴西为代表。

3. 生物质原料

生物质是指一切直接或间接利用绿色植物光合作用形成的有机物质，其主要组成是纤维素（40%~60%）、半纤维素（20%~40%）和木质素（10%~25%）。近年来，国际上对粮食作物（淀粉质原料中的玉米、小麦等）生产酒精产生了很大争议，认为其可能导致粮食危机。因此，利用生物质原料，尤其是废弃生物质生产酒精或其他有用化学品是近年来各国研究的热点。目前，用于非食用酒精生产的纤维素原料主要有农林废弃物和城市生活垃圾等。

（二）淀粉质原料酒精发酵工艺

1. 工艺流程

根据发酵方式的不同，酒精发酵过程分为间歇式、半连续式和连续式三种。酒精发酵工艺随原料不同而有所不同，淀粉质原料的间歇酒精生产工艺流程如图2-3-7所示。

2. 工艺要点

（1）原料预处理　包括原料除杂和原料粉碎。除杂是除去原料中的泥沙、石块、金属等

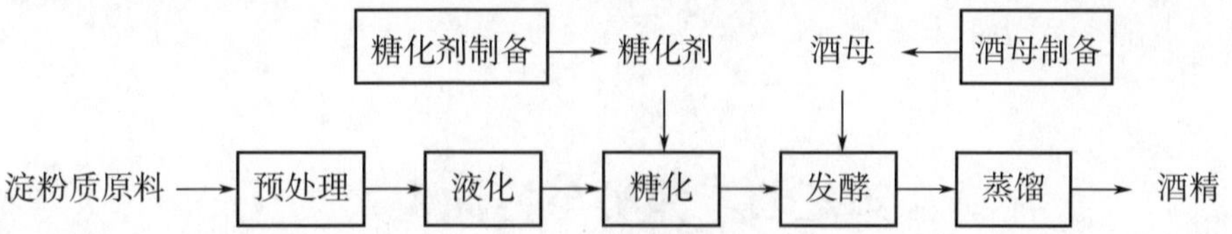

图 2-3-7　间歇酒精生产工艺流程

杂质，粉碎是为了使原料表面积增加，利于淀粉颗粒吸水膨胀并破坏淀粉层结晶结构，有利于液化和糖化过程中酶与淀粉分子接触，提高酶反应效率。

（2）液化　一般采用耐高温液化淀粉酶（α-淀粉酶）对淀粉质原料进行液化，通过液化，将淀粉水解为糊精和低聚糖，并使醪液黏度降低，有利于后续糖化过程。液化方法有升温液化、高温液化、喷射液化和分段液化。

（3）糖化　液化后的醪液、糊精和低聚糖在糖化酶（也称葡萄糖淀粉酶）的作用下进一步水解生成可发酵性糖（葡萄糖），供酵母菌生长和发酵产酒精。

（4）酒精发酵　糖化醪进入酒精发酵过程后，糖化醪中的淀粉和糊精继续被糖化酶水解生成葡萄糖，葡萄糖被酵母利用生成酒精及其他副产物。在成熟发酵醪中，除含有酒精和大量水分外，还含有固形物和许多杂质，需要通过蒸馏和精馏过程来获得成品酒精，同时得到杂醇酒和酒糟。

（三）糖质原料和生物质原料酒精发酵工艺

1. 糖质原料酒精发酵工艺

糖质原料酒精发酵工艺中糖质原料不需要糖化，可直接被酵母发酵生产酒精。将原糖蜜稀释至糖浓度 12%～18%，添加氮源、营养盐等，调节 pH 至 4.0～4.5，接种发酵。糖质原料生产酒精工艺流程如图 2-3-8 所示。

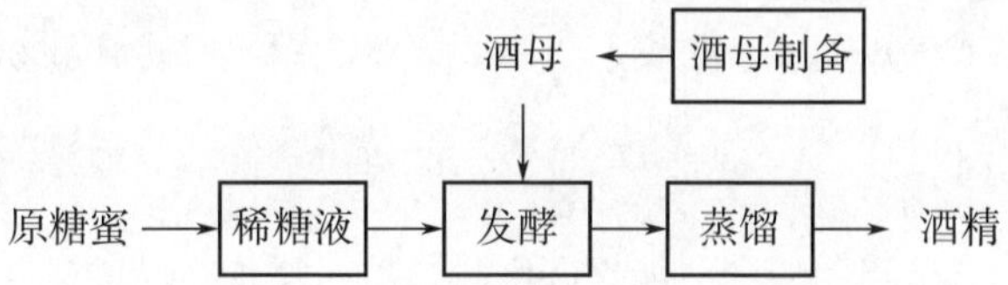

图 2-3-8　糖质原料生产酒精工艺流程

2. 生物质原料酒精发酵工艺

生物质原料是由纤维素、半纤维素和木质素等大分子构成的复合物。其中，纤维素形成晶体结构，难以直接被纤维素酶降解或降解过程极为缓慢。因此，生物质原料需要预处理（酸法预处理、碱法预处理、蒸汽爆破、热水和氨爆破等），破坏纤维素的晶体结构，增加纤维素酶与纤维素的接触，提高后续纤维素酶的降解率。典型生物质原料生产酒精工艺流程如图 2-3-9 所示。

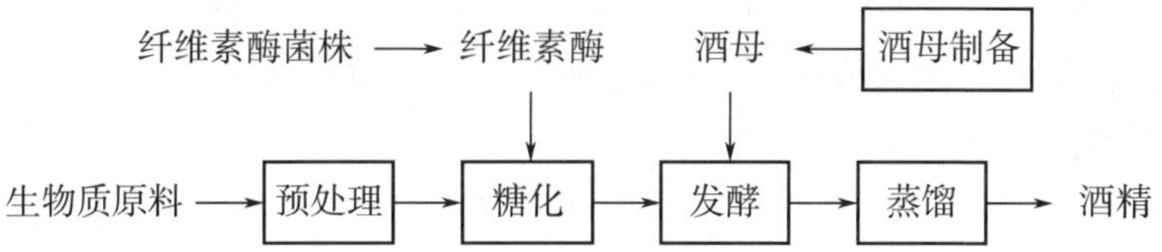

图 2-3-9　生物质原料生产酒精工艺流程

第三节　酱类与酱油生产

一、酱和酱油酿造原料

发酵酱（酿造酱）是以谷物和（或）豆类为主要原料经微生物发酵而制成的半固态调味品，如面酱、黄酱、蚕豆酱等。酱油是以大豆和/或脱脂大豆、小麦和/或小麦粉和/或麦麸为主要原料，经微生物发酵制成的具有特殊色、香、味的液体调味品。

酱和酱油生产所需的主要原料有蛋白质原料、淀粉质原料、食盐、水。辅助原料有增色剂、助鲜剂、香辛料、防腐剂等。

（一）蛋白质原料

制造酱和酱油的蛋白质原料一般以大豆或脱脂大豆为主，部分酱类品种以豌豆、蚕豆作原料。大豆为黄豆、青豆及黑豆的统称，因为大豆中含有20%左右的油脂，对酱油品质的贡献甚微，因此除少数采用传统酿造法的酱油厂仍用大豆外，绝大部分厂都改用了脱脂大豆。脱脂大豆是利用萃取和压榨提取油脂后的副产品，根据提取油脂的方式不同分为豆粕和豆饼。豆粕是将大豆中的油脂用有机溶剂提取后的产物，豆饼是大豆用压榨法提取油脂后的产物。此外，也可使用花生饼、葵花籽饼、菜籽饼、棉籽饼和其他蛋白质原料（如芝麻饼、椰子饼、玉米浆干及豆渣）作为酿造酱油的蛋白质原料。

（二）淀粉质原料

淀粉质原料是酱和酱油中糖分、醇类、有机酸、酯类、色素及浓度的重要来源，与酱和酱油的色、香、味等感官指标有重要关系。酱油生产中的淀粉质原料，传统上是以面粉为主，目前大部分都改用麸皮，或辅以面粉、小麦、玉米、碎米、薯干等富含淀粉的原料。酱类产品的淀粉质原料主要有面粉、大米等。

（三）食盐

食盐使酱和酱油具有适当的咸味，能提高鲜味口感，增加产品的风味，并具有杀菌防腐作用，可以使发酵安全地进行。

（四）水

用于酱和酱油生产的水必须符合饮用水卫生标准。随着工业化的进展，酿造酱和酱油用水多选用自来水，自来水需经处理达到酿造水的要求方能使用。

二、制酱工艺

发酵酱的制备包括原料处理、成曲制备及发酵等步骤，使用的菌种和发酵机理和酱油基本相同。主要不同点：酱油是提取发酵中产生的可溶性有效成分，而发酵酱制品是以富含蛋白质的原料为主要原料，在微生物分泌的各种酶的催化作用下分解成熟的发酵型糊状调味品。

（一）豆酱生产工艺

豆酱又称黄豆酱、大豆酱、黄酱，是以大豆和面粉为主要原料，以米曲霉为主要微生物，经发酵制成的半流动状态的发酵食品。

1. 工艺流程

以大豆或豆片为原料生产豆酱的工艺流程如图 2-3-10 所示。

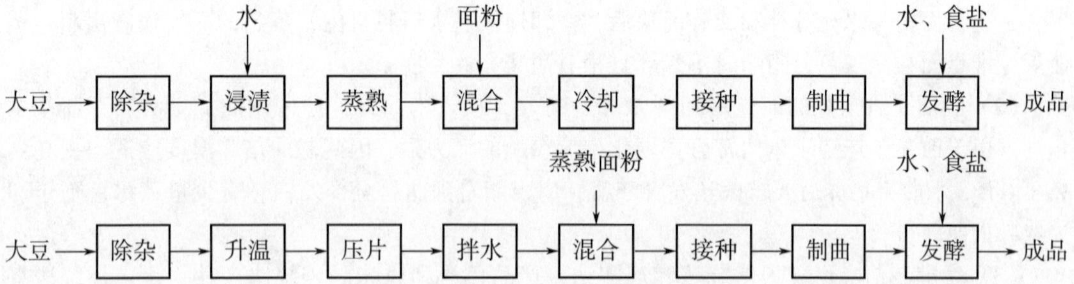

图 2-3-10　豆酱生产工艺流程

2. 工艺要点

（1）原料及处理　用整粒大豆为原料生产豆酱时，先将大豆洗净，再浸泡，冬季 4~5h，夏季 2~3h，以豆粒胀起无皱纹为标准，淋干备用。大豆润水要透，否则蛋白质吸水不够，蒸料时很难蒸熟，影响蛋白质一次变性，从而降低成品质量和原料利用率。

（2）蒸煮　原料蒸煮程度要适当，在适当的水分、压力、时间条件下，尽可能使大豆蒸熟蒸透，蛋白质全部一次变性。

（3）接种　将蒸熟的大豆或豆片冷却至 80℃，与面粉拌和。当料温降至 38~40℃ 时，接入种曲，接种量为 0.3%~0.5%，接种后要拌和均匀。曲料水分要适宜。

（4）制曲　目前有通风制曲和制盒曲两种形式。曲料接种完毕，接入曲槽，进行培养。曲室温度为 26~28℃，曲料入槽品温 30℃ 左右，入槽培养过程中，米曲霉生长先后经历孢子发芽期、菌丝生长期、菌丝繁殖期和孢子着生期 4 个阶段，此后逐渐成熟。培养过程中注意适时翻曲和通风降温，并严格控制品温不超过 35℃。总培养时间为 30~36h 即可出曲。

（5）发酵　豆酱的发酵过程是利用米曲霉和其他微生物所分泌的各种酶的催化作用，在适宜的条件下，使原料中的物质进行一系列复杂的生物化学反应，形成豆酱特有的色、香、味、体。小型工厂使用缸、桶进行发酵，设置保温措施；大型工厂可采用有水浴保温的水泥池。

（二）面酱生产工艺

面酱也称甜面酱，是以小麦粉为主要原料，以米曲霉为主要微生物，经发酵制成的酱类。

1. 工艺流程

面酱生产工艺流程如图 2-3-11 所示。

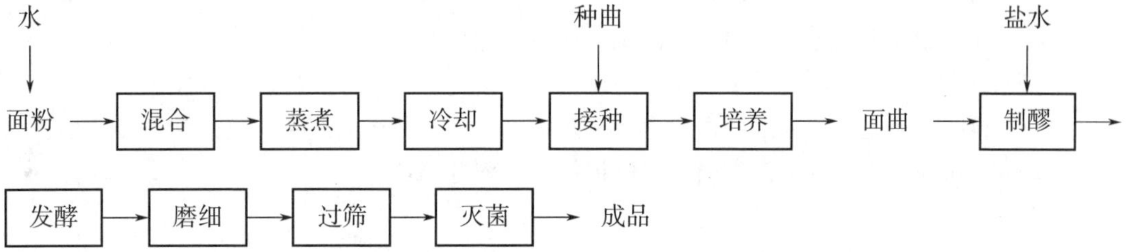

图 2-3-11　面酱生产工艺流程

2. 工艺要点

（1）制曲原料处理　处理方法有两种：一是将面粉与水充分拌和，使其成为细长条形或蚕豆大小的颗粒，然后送入常压蒸锅中，当最后一包碎面块入蒸锅后，翻拌，待全部冒汽后即可；二是将面粉与水充分拌和成碎面块后，立即连续进入蒸料机内，蒸熟的面料连续出料。蒸熟的标准是面糕呈玉色，咀嚼时不黏牙且稍有甜味。

（2）制曲　将蒸熟的面糕冷却至40℃，打碎，接入米曲霉，通风制曲，方法与豆酱基本相同。由于面酱生产要求米曲霉分泌糖化型淀粉酶的活力强，因此制曲培养温度应适当提高到36~40℃。米曲霉培养后要求菌丝发育旺盛，肉眼能看到曲料全部发白，有少量黄绿色孢子即为成熟面曲。

（3）发酵制酱　可分为传统法和速酿法，产品色泽和风味以传统法产品为优。传统法将面曲堆积升温至50℃，送入发酵罐（池），加入16°Bé的盐水浸泡，泡胀后适时翻拌，日晒夜露。夏天3个月可成熟，气温低的季节需半年才能成熟；速酿法即高温保温发酵法，将面曲送入发酵罐（池），摊平后自然升温，随即从面层四周徐徐一次注入制备好的13°Bé的热盐水（60~65℃），待其全部深入曲内后，将面层压实，加盖，保温发酵。曲温维持在53~55℃，发酵时间11~15d。

三、酱油酿造工艺

（一）工艺流程

尽管目前酿造酱油的方法各有不同，但是酱油生产的工序基本一致，如图2-3-12所示，均需经原料处理、菌种选择与种曲制备、成曲制备、发酵、取油及加热调配等过程。

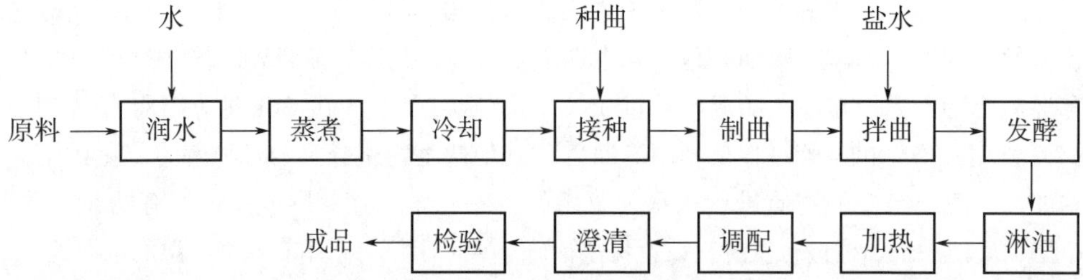

图2-3-12　酱油酿造的一般工序

（二）工艺要点

1. 原料粉碎

原料粉碎常用锤式粉碎机，粉碎后的原料颗粒大小要均匀，利于原料吸水和蒸熟程度均匀，同时有利于增大米曲霉繁殖的比表面积，使制曲过程大量分泌酶系。

2. 加水润料

加水润料的目的是使原料中蛋白质含有一定量水分，以便在蒸煮时迅速达到适度变性，同时使原料中淀粉易于充分糊化，为曲霉生长提供碳素养分。

3. 蒸料

蒸料的目的首先是使原料中蛋白质适度变性，使原料的细胞组织松散，有利于制曲微生物产生的蛋白酶系分解。其次，蒸料过程可使淀粉吸水膨胀而达到糊化程度，并产生少量糖类供制曲微生物生长繁殖利用。同时，蒸料过程的高温处理可杀灭附着在原料上的微生物，提高制曲的安全性。蒸料要求达到一熟、二软、三疏松、四不黏手、五无夹心、六有熟料固有的色泽和香气。

4. 菌种选择与种曲制备

酱油酿造制曲时所用菌种有米曲霉、酱油曲霉、黑曲霉等经培养而得的含有大量孢子的曲种，我国目前酱油生产使用的菌株主要为米曲霉沪酿 3.042，即 AS3.951。种曲是由一代种子斜面试管菌种培养和二代种子三角瓶种曲扩大培养得到的生产酱油的种子，制种曲的目的是获得大量纯菌种。

5. 成曲制备

成曲的制备过程简称制曲，是种曲的扩大培养过程，是微生物分泌、积累酶的过程，可以为制醅发酵打下良好基础。目前我国多数厂家采用厚层通风制曲（大曲），工艺流程如下：

接种 → 入池培养 → 第一次翻曲 → 第二次翻曲 → 铲曲 → 成曲（大曲）

6. 发酵

发酵是指将成曲拌入盐水，装入发酵容器内，采用保温或不保温方式，利用曲中的酶和微生物的作用，将酱醅（醪）中的物料分解、转化，形成独特的色、香、味、体的过程。目前，国内酱油酿造厂普遍采用低盐固态发酵工艺和高盐稀态发酵工艺，传统的天然晒露发酵工艺因其酿造的酱油酱香浓郁、风味醇厚、色泽饱满，近几年来各大酱油生产企业又恢复采用此工艺生产。

7. 酱油的提取

天然晒露发酵和高盐稀态发酵一般采用压榨法取油，而低盐固态发酵一般采用浸出法取油。浸出法包括浸泡和滤油两个主要过程，浸泡是使酱醅中的可溶性物质尽可能多地溶入浸提液中，滤油是将浸出液与固体酱醅（渣）分离的过程。滤油过程中，头油是产品，二油套头油，三油套二油，热水淋三油，如此循环使用。压榨取油使用的设备主要有杠杆式、螺旋式和水压式压榨机。

8. 酱油的调配

从酱油中浸淋或压榨出的酱油称为生酱油，需经加热灭菌和调配后才能成为各种等级的成品酱油。调配是将不同批次质量的酱油按统一的质量标准进行调配，使成品达到感官、理化和卫生指标要求的质量标准。此外，调配过程中可以添加助鲜剂、甜味剂、防腐剂及某些香辛料以增加酱油的花色品种，提高产品的保质期。

9. 酱油的澄清、贮存

生酱油加热灭菌后一些可溶性较差的物质发生“聚结”现象，使酱油成品混浊，需经澄清除去沉淀物。酱油在进入包装工序前，需经过一定时间的贮存期，以改善风味和体态。

第四节 食醋生产

一、食醋定义及分类

（一）定义

食醋是以粮食、果实、酒类等含有淀粉、糖类、酒精的物质为原料，经微生物发酵酿制而成的一种酸性调味品。根据 GB 2719—2018《食品安全国家标准 食醋》中定义，食醋是单独或混合使用各种含有淀粉、糖的物料、食用酒精，经微生物发酵酿制而成的液体酸性调味品。

（二）分类

1. 按原料分类

按原料分类是较为普遍的分类方式，根据 SB/T 10174—1993《食醋的分类》，我国酿造食醋可以分为粮谷醋（以谷类或薯类为主要原料）、酒精醋（以食用酒精为主要原料）、糖醋（以各种糖类为主要原料）、酒醋（以各种酒类为主要原料）、果醋（以各种水果为主要原料）。其中，粮谷醋包括如下几种：陈醋、麸醋、香醋、米醋、熏醋和谷薯醋等。

2. 其他分类方式

按所用糖化曲分类，可分为大曲醋（山西老陈醋）、小曲醋（镇江香醋）、红曲醋、麸曲醋（辽宁喀左陈醋）等。

按发酵工艺分类，可分为固态发酵醋（如山西老陈醋、镇江香醋），液态发酵醋（如福建红曲醋、广东果醋），固液发酵醋（如北京龙门醋、四川麸醋）。

按成品的色泽分类，可分为熏醋、淡色醋、白醋等。

（三）食醋发酵原理

食醋的生产可分为三个主要过程：糖化过程，即原料中淀粉的分解；酒精发酵，即酵母菌将可发酵性的糖转化成乙醇；醋酸发酵，即醋酸菌将乙醇转化成乙酸。

1. 淀粉糖化

使用淀粉质原料酿造食醋时，需要先在淀粉酶的作用下将淀粉水解为糖类物质，如葡萄糖、麦芽糖和糊精等。这一过程分为糊化、液化和糖化三个阶段。

（1）糊化作用 原料蒸煮时，淀粉吸水膨胀，细胞间的物质和细胞内的物质开始溶解，植物组织细胞壁遭到破坏。淀粉颗粒的体积膨胀增大，黏度增加，呈溶胶状态，这一过程称为淀粉的糊化作用。糊化温度随原料淀粉的种类而不同。

（2）液化作用 在 α-淀粉酶的作用下，使原来浆糊状的淀粉溶胶变为溶液状态，黏度急速降低，流动性增大的过程叫淀粉的液化。在正常生产中，一般液化液的葡萄糖值（DE 值）可高达 15%~21%。

（3）糖化作用 其反应式为 $(C_6H_{10}O_5)_n + nH_2O \longrightarrow n(C_6H_{12}O_6)$

食醋生产中常用的糖化剂有糖化酶制剂、根霉曲、黑曲霉麸曲、白曲霉麸曲等。

2. 酒精发酵

在无氧条件下，酵母菌分泌的酒化酶催化葡萄糖转变为酒精（乙醇）及其他副产物。其反应式：$C_6H_{12}O_6 \longrightarrow 2C_2H_5OH + 2CO_2\uparrow$。常用的酵母菌如拉斯 2 号酵母（Rase Ⅱ）。酒精发酵要求酵母菌具有以下性能：繁殖速度快，具有较强的增殖能力；含有较强的酒化酶，发酵力强而迅速；耐酒精力强；耐高温、耐高酸；生产性能稳定。酒精发酵产生的副产物如甘油、乙醛、高级醇等，对醋香有积极贡献。

3. 醋酸发酵

酒精先在醋酸菌分泌的乙醇脱氢酶催化作用下，被氧化生成乙醛，然后生成的乙醛继续在乙醛脱氢酶作用下被氧化生成乙酸。

二、食醋发酵酿造过程中的要素

（一）原料

食醋发酵所使用的原料不仅是淀粉质原料为主的主料，还包括辅料和填充料等。

1. 主料

主料是指能被微生物发酵而生成乙酸的主要原料，它包括含淀粉、含糖或含酒精的物质，如谷物、薯类、果蔬、糖蜜、酒类及野生植物等。在我国，制作传统的酿造食醋，南方以大米、糯米为主，北方以高粱、薯类、小米、玉米为主。

2. 辅料

辅料提供微生物活动所需要的营养物质，增加食醋中糖分和氨基酸的含量，有助于形成食醋的色、香、味。辅料还起着吸收水分、疏松醋醅及贮藏空气的作用。常用的辅料有细谷糠（也叫统糠）、麸皮或豆粕等。

3. 填充料

填充料疏松醋醅，使空气流通，利于醋酸菌进行好氧发酵。要求接触面积大，其纤维质具有适当的硬度和惰性。常用的填充料有谷壳、稻壳（砻糠）、高粱壳、玉米秸、玉米芯、高粱秸、刨花、浮石以及多空玻璃纤维等。

（二）糖化剂和发酵剂

1. 大曲（块曲或砖曲）

大曲又称块曲或砖曲，以大麦、小麦、豌豆等为原料，经过粉碎，加水混捏，压成曲醅，形似砖块，大小不等，让自然界各种微生物在上面生长而制成。

2. 小曲（酒药或药曲）

小曲品种较多，有药小曲（酒曲丸）、酒曲饼、无药白曲、纯种混合曲及浓缩甜酒药等。小曲中微生物酶系丰富，酿制的醋风味独特。但对原料的适应性较差，多应用于以糯米、大米与高粱为主料的酿醋工艺。

3. 麸曲

麸曲以麸皮为原料，纯种培养黑曲霉或黄曲霉而制成。这类曲多用于普通醋的生产。

4. 酶制剂

酶制剂以细菌或曲霉菌为种子，经深层通风液体培养而得。有液体曲和固态酶制剂，催化力强。

5. 酒母

酒母原指含有大量能将糖类发酵成酒精的人工酵母培养液。后来，人们习惯将固态的人工酵母培养物也称为固体酒母。

6. 醋母

醋酸发酵主要是由醋酸菌引起的，它能氧化酒精为乙酸，是醋酸发酵中最重要的菌。

三、食醋酿造生产工艺

（一）固态发酵法

固态发酵法指发酵时物料呈固态的一种酿醋工艺。主要利用淀粉质粮食为原料，进行糖化、酒精发酵、醋酸发酵而成，产品具有独特的风味和口感，如我国著名的山西老陈醋、镇江香醋等。但是，其具有生产成本较高，发酵周期较长、劳动强度大等缺点。其工艺特点是，使用了淀粉质原料、辅料（如麸皮）、填充料如谷糠、稻壳，所用的糖化发酵剂主要有大曲、小曲、麸曲。

（二）液态发酵法

液态发酵法指发酵时物料呈液态的一种酿醋工艺。即酒醪或淡酒液接入醋酸菌后，以深层通气或表面静止发酵法酿醋。该方法多以粮食、糖类、果类或酒精为原料发酵，包括传统的纯液态表面静态发酵醋、速酿塔醋及深层液态发酵醋等。该工艺特点是不用辅料、机械化强度高、劳动强度低；可减少杂菌污染机会，并有利于实现管道输送；生产周期短。但是食醋风味较固态法的醋差一些。

液态发酵法酿造食醋常见有表面发酵法、淋浇发酵法和液态深层发酵法等。表面发酵法发酵期间静置不搅拌，如白醋、米醋和糖醋的酿制。淋浇发酵法是以谷糠和麸皮等为填充料，将酒醪连续回流喷洒在辅料上，节省了大量辅料。深层发酵法酿造食醋不使用辅料，多采用自吸式发酵罐，是现代工业化制醋的常用方法，机械化强度高，发酵周期大大缩短，产品质量和产量易于控制。

四、传统食醋工艺与现代工艺

（一）固态发酵法—山西老陈醋酿造工艺

山西老陈醋是固态发酵法酿醋的典型案例，是我国北方著名的食醋，有三百多年历史。具有色泽浓艳、口味醇厚、久贮不坏、营养丰富等特点。其原料配比为高粱 100kg，大曲 62. 5kg，麸皮 70kg，谷糠 100kg，食盐 8kg，润料用水 60kg，闷料用水 210kg，酒精发酵用水 60~65kg，香辛料 0. 15kg，酿造工艺流程如图 2-3-13 所示：

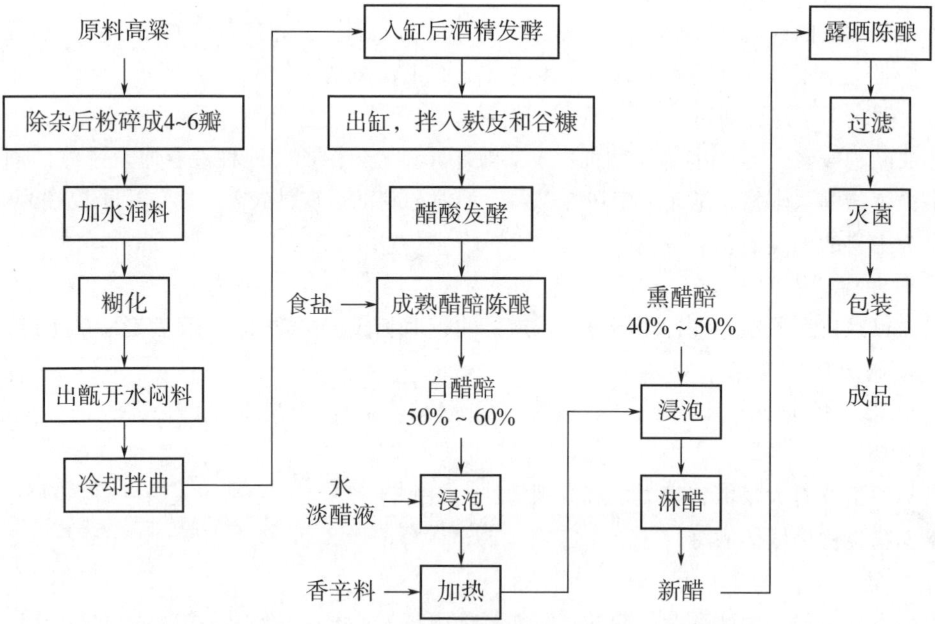

图 2-3-13 山西老陈醋酿造工艺流程

1. 原料处理

将高粱粉碎为4~6瓣，以粉末少为好。100kg原料加水50kg，润水12h以上，使原料充分吸水。装锅蒸煮，蒸料上气后维持1.5h。取出蒸好的料置于池内，加入70~80℃水225kg，拌匀后焖20min，掏出、摊晾成软饭，即短时间内晾至25~26℃。

配料：高粱100kg，麸皮73kg，酒曲62.5kg，谷糠73kg，食盐5kg，水340kg（蒸前水50kg；蒸后加水225kg；入缸前加水65kg）。

2. 糖化和酒精发酵

当高粱饭冷至25~26℃，加入磨细的大曲62.5kg，拌匀后再加水65kg，使总加水量为340kg，充分拌匀入缸。入缸时温度夏季为25~26℃，冬季为20℃左右，原料入缸后逐步糖化发酵，前三天每天打耙二次，第三天品温达30℃，第四天发酵达高峰，用塑料布封缸并盖上草垫以免漏气，继续发酵。此阶段16d，要使酒精含量达6%~7%，酸度为2.5%，酒醪发黄而澄清。

3. 醋酸发酵

将高粱和酒曲发酵所得酒醪，按每100kg高粱加入麸皮和谷糠各73kg拌匀后，放入20只浅盆，每盆约35kg。将醋液发酵到第四天、品温达43~44℃新鲜醋酸菌（即新鲜醋醅）种子按10%接入浅缸，埋于中心，缸口盖上草盖。进行醋酸发酵。每天早晚翻料各一次。在醋酸发酵中应掌握适当的温度，醋酸发酵8d完毕。

4. 成熟加盐

醋酸发酵8d后，醋醅含酸在80g/L以上，即可加盐，其用量约为高粱的5%。

5. 淋醋和熏醅

将已发酵结束的醋醅一半，置于熏醅缸内，缸口盖严，用文火将醋醅加热到70~80℃，保持4d，每天翻拌一次，此操作称为熏醅。要求熏醅不宜过老，否则醋味发苦。熏好的醋醅变为褐红色。

余下的另一半醋醅，加入上一次所淋得淡醋再补足冷水为醋醅质量两倍，浸泡醋醅12h，即可放醋。在淋出的醋液中加入0.05%香料如花椒、大茴香、桂皮、丁香等并加热至80℃，然后放入熏醅中浸泡10h，所得醋即为熏醋，是老陈醋的半成品。100kg高粱约出熏醋400kg，含酸6%~7%。

6. 陈酿

熏醋盛于放置室外的敞缸中，防止雨淋和沙土带入，醋汁经夏日晒和冬捞冰的方法陈酿，使色泽加深，汁液浓度达18°Bé，总酸含量达10%（除部分挥发损失外），风味更佳。陈酿后，400kg熏醋只能出老陈醋120~140kg。老陈醋经纱布过滤，去杂即可装瓶成为成品。

（二）液态深层发酵法

液态深层发酵法制醋不仅不用谷糠、麸皮等辅助，而且生产机械化强，减轻了劳动强度，缩短了发酵周期，提高了产品的质量和产量，是食醋生产的发展方向。其工艺流程如图2-3-14所示。

1. 淀粉分解

（1）粉碎调浆　原料筛选除杂后，用锤式粉碎机粉碎，其细度在40目左右。采用的原料如大米、薯干、高粱和麸皮等。原料与水比例为1∶4。原料浸泡后用磨粉机磨成粉浆，然后在调浆池内进行调浆。调浆时要加0.25%的α-淀粉酶（酶制剂2000U/g）。控制pH 6.0~6.5，

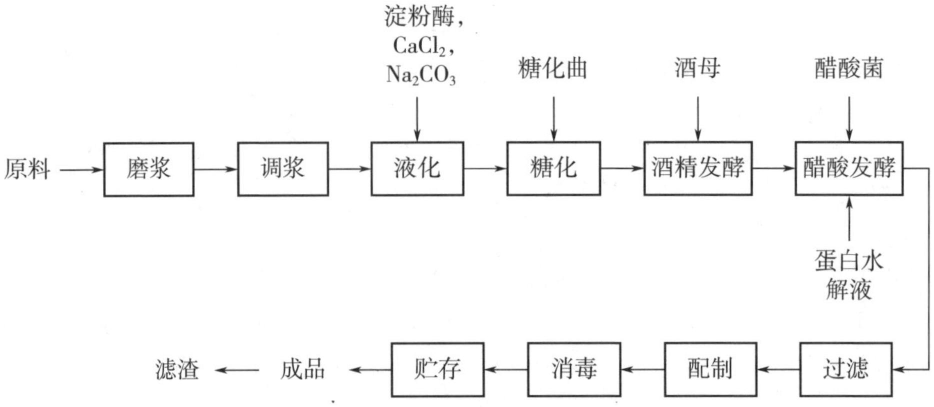

图 2-3-14 液态深层发酵法的食醋酿造工艺

温度 85~90℃。由于钙离子有提高酶对热稳定性作用，所以加入无水氯化钙 0.1%。

（2）淀粉的液化 有高温液化法和升温液化法。高温液化法需要设备小，适于连续操作，淀粉受热快而均匀，能使淀粉迅速糊化，所以普遍使用。其操作方法是先在液化罐内加底水，升温至 85~90℃，待粉浆达定量后，在此温度下维持 10min，然后将醪液打入糖化缸，冷却至 60~62℃待糖化。

（3）糖化淀粉 经 α-淀粉酶水解成糊精等产物后，利用糖化型的淀粉酶进一步将这些产物水解成葡萄糖。采用的糖化剂为液体糖化曲。操作方法：将液化醪冷却至 60~62℃，接入液体糖化曲，糖化 30min 后，冷却，输送入酒精发酵罐。

2. 酒精发酵

将成熟酒母醪输入发酵罐内的糖化醪中进行酒精发酵。酒精发酵是无氧氧化过程。除了发酵初期，酵母中的活细胞大量繁殖需要一定的氧气外，整个过程在密闭发酵罐中进行。罐压控制在 0.25×10^5Pa，发酵温度 30~32℃，发酵时间 60~70h。产品在正常情况下酒精含量为 6.7% 左右，总酸应控制在 0.4%以下，残糖在 0.2%左右。

3. 醋酸发酵

醋酸发酵是利用醋酸菌所分泌的氧化酶将酒精氧化成乙酸，因此要求醋酸菌必须活力强，无杂菌，接种量不低于 10%，其具体操作方法是先加水清洗罐，将空气过滤器用甲醛灭菌，空罐以 0.98×10^5Pa 压力灭菌 30min，而后输入酒醪，30℃时接入醋酸菌。

发酵过程中要注意风量和罐温。醋酸菌刚接入发酵罐，细菌数不高，活力低，需氧量不大，一般吸式发酵罐前期通气量 1∶0.07（m^3/m^3），通过一段时间培养，醋酸菌进入对数生长期，细胞数量增加，活力提高，酶大量形成，呼吸作用大大加强，要加大风量，一般通风量 1∶0.1（m^3/m^3）为宜；到后期，酒精减少，酸度上升缓慢，菌体衰老，呼吸缓慢，风量即可减小。

醋酸菌繁殖温度在 34~37℃。温度太高，醋酸菌会变性。目前，醋酸菌的生产采用半连续发酵法，即当醋酸发酵的酸度不再上升时，可放出 1/3 的发酵液，余者作为留种。然后补充酒醪，调整其浓度，继续发酵。一般 24h 左右取醋一次，连续 10 次左右，更换一次种液。

4. 发酵液的后处理

醋酸发酵后放罐，打入压滤贮液罐中，用风压输入板框压滤机进行压滤，在滤液中加入2%~2.5%的食盐冲匀，在备兑池中取样测定，按质量标准进行配醋，经列管式热交换器加热至75~80℃，而后输入成品贮存罐，以便沉淀贮存。再经洗渣并检验、包装即为成品。

第五节 味精生产

味精是以碳水化合物（如淀粉、玉米、糖蜜等糖质）为原料，经微生物（谷氨酸棒杆菌等）发酵、提取、中和、结晶、分离、干燥而制成的具有特殊鲜味的白色结晶或粉末状调味品。其化学成分谷氨酸钠是世界上应用范围最广、产销量最大的一种氨基酸盐。

一、味精分类

根据GB 2720—2015《食品安全国家标准 味精》中的分类规定，按加入成分可分为三类：味精、加盐味精和增鲜味精。

二、味精生产工艺

味精生产全过程可分为糖化、发酵、提取谷氨酸晶体、精制得到谷氨酸钠晶体四个工艺阶段。

（一）工艺流程

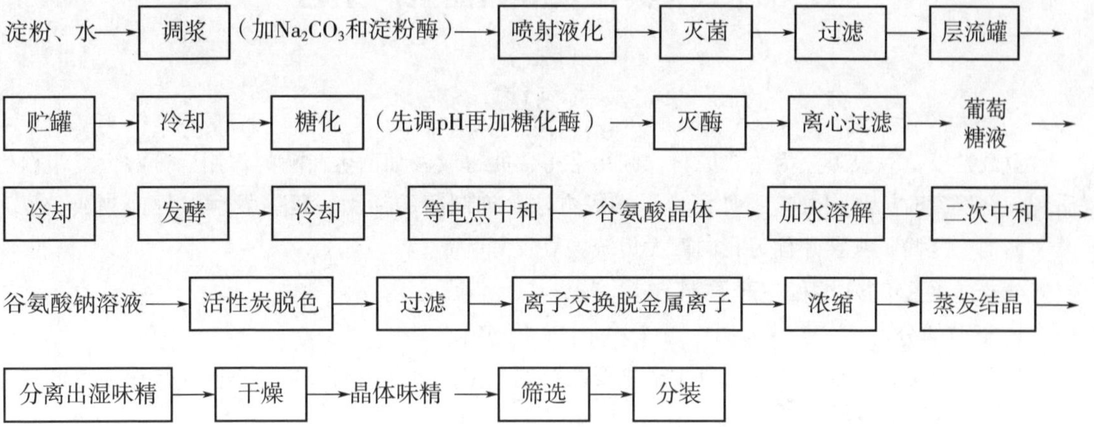

（二）工艺要点

1. 糖化

我国用发酵法生产味精，一般用淀粉作为原料。目前生产上所采用的绝大多数谷氨酸产生菌都不能直接利用淀粉，因此，以淀粉为原料时，必须先将淀粉水解成葡萄糖后才能供发酵使用，这个过程称为“糖化”，所制得的糖液称为淀粉水解糖。味精生产普遍采用中温淀粉酶或高温淀粉酶液化，高转化率液体糖化酶糖化的双酶法制糖工艺。首先将淀粉经淀粉酶液化生成糊精，再由糖化酶将糊精转化为葡萄糖，然后离心过滤除去滤渣，得到酶法糖化液。

2. 发酵

将糖液和其他配料配制成培养基，装入发酵罐，进行实罐灭菌，然后冷却、接种，流加尿素或氨补充氮源，添加消沫剂消除泡沫。谷氨酸发酵生产广泛使用机械搅拌通风发酵罐，发酵完的料液进行离心分离后进行谷氨酸提取。

3. 谷氨酸提取

谷氨酸发酵完毕，发酵液中的谷氨酸含量一般为4%~8%，以谷氨酸铵盐形式存在，此外还含有其他氨基酸及残糖、有机酸类、微量无机盐、菌体、蛋白质等。提取谷氨酸的方法主要有等电点法、离子交换法、等电点-离子交换法、盐酸盐法、锌盐法等。目前，各味精厂主要采用等电点或等电点-离子交换法提取谷氨酸，主要设备是等电点罐和离子交换柱。

4. 谷氨酸钠精制

从发酵液中提取的谷氨酸仅仅是味精的半成品，要将谷氨酸制成味精成品，首先应将谷氨酸与适量的碱进行中和反应，生成谷氨酸钠溶液，然后经活性炭脱色器脱色、离子交换柱除铁等金属离子，除去部分杂质。最后，通过减压浓缩、结晶及板框过滤机分离等程序，得到较纯的谷氨酸钠晶体，不仅酸味消失，而且有很强的鲜味。

5. 干燥

湿晶体经过流化床干燥器干燥，细小粉尘经旋风分离回收，得到大小不一的晶体，再进行筛分分级，小颗粒作为晶种添加，大颗粒进行分装，得到成品。

第六节　其他发酵食品生产工艺

一、豆豉

豆豉是以黄豆或黑豆为主要原料，利用毛霉、曲霉或者细菌蛋白酶的作用，分解大豆蛋白质到一定程度时，利用加盐、加酒、干燥等方法，抑制酶的活力，延缓发酵过程而制成。豆豉、酱油、豆酱、腐乳并称为我国四大传统大豆发酵制品。

（一）豆豉的分类和生产原料

1. 豆豉的分类

豆豉生产方法各地区不同，其中最主要的差别是制曲时利用的微生物不同，从而使豆豉具有不同的体态和风味。

（1）根据发酵微生物种类分类　分为毛霉型豆豉、曲霉型豆豉、根霉型豆豉和细菌型豆豉。

（2）根据豆豉含水量分类　分为干豆豉和水豆豉。

（3）根据产品含盐量分类　分为淡豆豉和咸豆豉。

2. 豆豉的生产原料

豆豉生产的原料分为主料和辅料两类。

（1）主料　一般为黄豆或黑豆，以黑豆为佳。

（2）辅料　不同豆豉品种所用辅料种类和配比不尽相同，一般包括水、食盐、白酒、白砂糖、食用植物油、味精、大蒜、生姜等。

（二）豆豉生产工艺

1. 工艺流程

不同种类豆豉生产工艺流程大致相同，如图 2-3-15 所示，只是在某些具体操作环节上有一定差异。

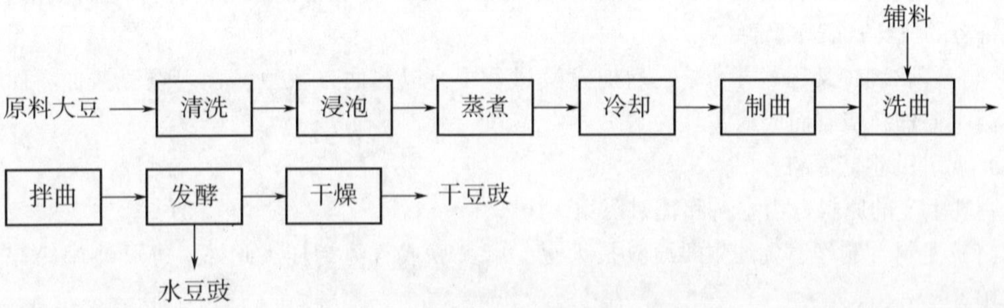

图 2-3-15 豆豉生产工艺流程

2. 工艺要点

（1）浸泡 浸泡的目的是促使大豆吸收一定水分，以便蒸煮时迅速达到适度变性，淀粉质易于糊化，溶出霉菌所需的营养成分，同时供给霉菌生长所需的水分。浸泡时间随温度降低而延长，以豆粒90%以上无皱纹为宜，浸泡后大豆水分含量以45%~50%为宜。

（2）蒸煮 蒸煮的目的是破坏大豆内部分子结构，使蛋白质适度变性，易于水解，淀粉达到糊化程度，同时可起到灭菌的作用。蒸煮用常压锅进行，以豆粒熟而不烂，无内生心为准。

（3）接种 若是纯种发酵则需要接种特制菌种。将蒸煮大豆摊晾在曲台上，待温度降至35℃左右时，接入曲霉，迅速拌匀种曲与熟豆。若为毛霉，则于温度降至30℃时接入。

（4）制曲 采用低温制曲。将曲料以丘形堆积于曲盘中央，曲霉品温25~35℃，毛霉品温23~27℃培养，制曲过程中注意翻曲。毛霉至菌丝直立，由白色转为浅灰色，孢子逐渐增多，曲霉至豆粒布满菌丝和黄绿色孢子，即可出曲。

（5）洗曲 洗曲是洗去豆粒表面附着的孢子、菌丝和部分酶系，保持豆粒完整、分散、表皮油润且具有特殊风味，控制蛋白质等的水解程度。此外，若成曲表面不经清洗直接发酵，产品会带有强烈的苦涩味和霉味，且色泽暗淡。

（6）拌料发酵 将洗曲后的豆曲与食盐、白酒、水等配料拌匀，装入陶瓷坛或塑料桶后层层压实，密封坛口并加盖隔氧，保持室温35℃发酵7d即可成熟。50℃条件下，成熟期缩短一半。

二、腐乳

腐乳是以大豆为主要原料，经加工磨浆、制坯、培菌、发酵而制成的调味、佐餐制品。腐乳是一种两次加工的豆制品。

（一）腐乳的分类和生产原料

1. 腐乳的分类

按照SB/T 10170—2007《腐乳》，腐乳按加工工艺分为红腐乳、白腐乳、青腐乳、酱腐乳

4种。

（1）红腐乳　又称红方，是在后期发酵的汤料中，配以着色剂红曲酿制而成的腐乳。

（2）白腐乳　又称白方，是在后期发酵过程中，不添加任何着色剂，汤料以黄酒、酒酿、白酒、食用酒精、香料为主酿制而成的腐乳。在酿制过程中因添加不同的调味辅料，使其呈现不同的风味特色。大致包括糟方、油方、霉香、醉方、辣方等品种。

（3）青腐乳　又称青方，是在后期发酵过程中，以低浓度盐水为汤料酿制而成的腐乳。具有特有的气味，表面呈青色。

（4）酱腐乳　又称酱方，是在后期发酵过程中，以酱曲（大豆酱曲、蚕豆酱曲、面酱曲等）为主要辅料酿制而成的腐乳。

2. 腐乳的生产原料

腐乳生产的原料分为主料和辅料两类。

（1）主料　制作腐乳的主要原料是大豆，以黄豆或青豆为佳。此外，也可使用冷榨豆片和豆粕。

（2）辅料　配料中所用的原料因生产品种不同而异，统称为辅助原料，主要有食盐、酒类（黄酒、酒酿、白酒）、曲类（红曲、面曲、米曲）、水、香辛料、凝固剂、消泡剂等。

（二）腐乳生产工艺

1. 工艺流程

腐乳种类很多，但其基本工艺大致相同。腐乳现代生产工艺流程如图2-3-16所示。

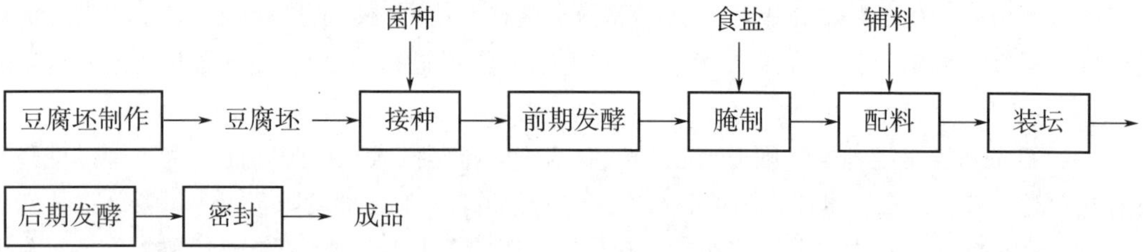

图2-3-16　腐乳生产工艺流程

2. 工艺要点

（1）豆腐坯制作　腐乳生产首先要制作豆腐坯，即将大豆、冷榨豆片和豆粕制成豆腐，再经划块而成豆腐坯块，制作好的豆腐坯是提高腐乳质量的基础。

（2）前期发酵　腐乳前期发酵实质是一个培菌过程。通过在豆腐坯上培养的毛霉（或根霉、细菌），使豆腐坯长满菌丝，形成柔软、细密而坚韧的皮膜。腐乳的前期发酵可通过自然发霉与纯种培养两种方式完成，大型企业均采用纯培养人工接种的方式进行腐乳生产。

（3）搓毛与腌坯　前发酵就是让菌体生长旺盛，积累蛋白酶，以便在后发酵期间将蛋白质缓慢水解。在后发酵前，需将毛坯的毛搓倒再腌坯操作。毛坯经搓毛之后，即行盐腌，将毛坯变成腌坯。

（4）后期发酵　后期发酵是利用豆腐坯上的毛霉或根霉以及配料中的各种微生物作用，使腐乳成熟，形成色、香、味的过程，包括装坛、灌汤和贮存等。配料前先把腌制好的咸坯取出，依次排列入坛，分层加入配料，装满后灌入汤料，然后加盖封口贮藏，再用水泥或猪血拌熟石膏封口。成品腐乳必须贮藏到一定时间，当产品感官指标和理化检验指标都符合标准要求，即为成熟产品。

三、纳豆

纳豆是以大豆为原料，经过蒸煮后接种纯种纳豆芽孢杆菌（纳豆菌）发酵成的产品。纳豆起源于中国，始于中国的豆豉。

（一）纳豆生产原料

纳豆生产的原料有大豆、纳豆芽孢杆菌、水、食盐和其他辅料。

（二）纳豆生产工艺

1. 工艺流程

纳豆和我国的细菌型豆豉相似，制作工序基本相同，但是在菌种使用和发酵参数方面有一定区别，且纳豆为无盐发酵，而豆豉为有盐厌氧发酵。纳豆现代生产工艺流程如图 2-3-17 所示。

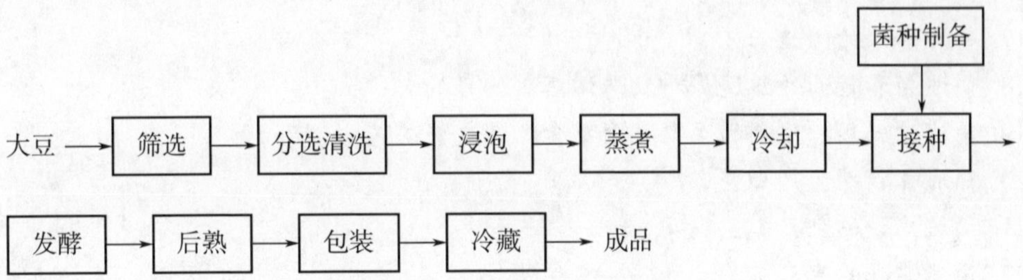

图 2-3-17 纳豆生产工艺流程

2. 工艺要点

（1）原料筛选和分选清洗 纳豆制作一般选用个体小、大小均匀、表面光滑的大豆，经洗豆机清洗，除去表面附着的沙土、尘埃和有机物。

（2）浸泡 选取清洁的软水作为泡豆水，浸泡可使水分被充分吸收到大豆中，使组织软化，易于蒸煮。尽量采取低温浸泡以抑制杂菌生长。

（3）蒸煮 蒸煮采用蒸煮锅进行，蒸煮程度以大豆易用手碾碎为宜。蒸煮能杀死大豆附带的微生物并软化大豆组织。

（4）接种 待熟豆温度降至 70~90℃，用喷雾式接种器接入预制的纳豆菌接种液，拌匀后装入无菌浅盘。

（5）发酵 好的发酵盘用灭菌的包装材质（木质纸、竹片、微孔塑料等）包好后放置在培养室内，温度 35~45℃、相对湿度 80%~85%进行发酵，发酵 18~24h 即可出室。

（6）后熟 为防止过热及再发酵，发酵好的纳豆从发酵室内取出在后熟室 4℃后熟 24h。

思考题

1. 简述发酵食品的分类及特点。
2. 试论述发酵食品与人类日常生活的关系。

3. 菌种选育的方法有哪些？如何保藏发酵菌种？
4. 论述微生物的生长代谢调控及其在食品发酵工程中的应用。
5. 蒸馏酒有哪些类型？
6. 比较六大蒸馏酒酿造原料的异同。
7. 简述大曲白酒现代生产工艺过程，该工艺与其他蒸馏酒生产工艺有何异同？
8. 酒曲中主要的微生物有哪几类？
9. 啤酒的主要种类有哪些？
10. 简述啤酒的生产工艺。
11. 简述葡萄酒的分类。
12. 红葡萄酒与白葡萄酒的酿造工艺有何异同？
13. 简述黄酒的生产工艺。
14. 酒精发酵原料有哪些？各有什么特点？不同原料酒精发酵工艺有何异同？
15. 简述发酵法制豆酱的生产工艺及注意事项。
16. 简述面酱的生产工艺。
17. 简述酱油的酿造工艺。
18. 简述酱和酱油的酿造原料及酱油蒸料的目的。
19. 简述食醋用糖化剂的主要类型及食醋的生产工艺。
20. 简述味精的生产工艺。
21. 简述豆豉的生产工艺。
22. 简述腐乳的生产工艺。
23. 腐乳发酵分为哪两个阶段？其发酵作用分别是什么？
24. 简述纳豆的生产工艺。
25. 试分析豆豉和纳豆在生产工艺上的异同。

CHAPTER 4

第四章 粮油食品工艺学

【学习目标】掌握玉米、马铃薯和甘薯淀粉生产技术，了解变性淀粉生产技术；掌握淀粉制糖技术；掌握方便米饭、米粉及米粉食品制作技术；掌握挂面、方便面、馒头、早餐谷物食品加工技术和焙烤食品加工；掌握大豆制品的加工技术；掌握玉米等其他杂粮食品的加工技术。

【课程思政目标】从方便面的发明，启发学生创新就在平时的生活中；从我国主食馒头的加工，教育学生我们的祖先有很多发明创造在世界上是很先进的，以增强同学们的民族自豪感；通过中式糕点与西式糕点的区别，来说明不同文化之间的差别，增强开发中式糕点工业化的动力，引导学生树立民族自信、文化自信，培养学生科学的思维能力和精益求精的工匠精神，增强其职业使命感和社会责任感。

【重点难点】焙烤食品加工技术。

第一节 淀粉生产

淀粉是食品的重要组分之一，是人体热能的主要来源。淀粉也是许多工业生产的原、辅料，在食品加工和工业生产领域占重要的地位。

一、玉米淀粉的提取

（一）工艺流程

玉米淀粉提取采用湿磨工艺，其实质是利用淀粉不溶于冷水、相对密度大于水、与其他成分相对密度不同的特性而利用机械作用使其分离。工艺流程如下：

原料选择 → 清理 → 浸泡 → 磨碎 → 胚芽分离 → 纤维分离 →

麸质分离 → 淀粉的清洗 → 脱水干燥

（二）工艺要点

1. 玉米原料选择、加工前的清理和输送

马齿型和半马齿型黄玉米是主要的淀粉原料。主要清理设备：振动筛，去除大小与玉米相差较大的大杂及小杂；密度去石机，去除大小与玉米籽粒相差不大的土块及石块；磁选机，去除磁性金属物。

清理后的玉米送至浸泡罐进行浸泡，一般多采用水力输送法，水通过提升机把玉米送至罐顶上的躺筛之后与玉米分离，再流回开始输送的地方，重新输送玉米，循环使用。这一输送过程也起到了清洗玉米表面灰尘的作用。

2. 玉米的湿磨分离

从玉米的浸泡到玉米淀粉的洗涤整个过程都属玉米湿磨阶段，在这个阶段中，玉米籽粒的各个部分及化学组成实现了分离，得到湿淀粉浆液及浸泡液、胚芽、麸质水、湿渣滓等。

浸泡是将玉米籽粒浸泡在0.2%~0.3%的亚硫酸水中完成浸泡操作。在浸泡过程中可引起乳酸菌发酵形成乳酸，其含量可达1.0%~1.2%。乳酸对玉米浸泡过程有很大影响。它能促进蛋白质的软化和膨胀；乳酸不挥发，在浓缩玉米浆时仍残留下来，保持溶液中的镁离子和钙离子，有利于减少蒸发设备的结垢。但是乳酸浓度也不能过高，以避免淀粉结构发生变化。

玉米浸泡的工艺条件是亚硫酸水溶液浓度0.2%~0.3%，pH 3.5，结束时亚硫酸水溶液浓度将降至0.01%~0.02%，pH上升至3.9~4.1。浸泡温度为48~55℃，过低过高都不利于淀粉的提取并影响淀粉质量。浸泡时间一般为60~70h。

3. 玉米浸泡工艺

浸泡通常是在浸泡罐中进行，罐之间的联系及组合方式组成了不同的浸泡工艺。

（1）静止浸泡法　每个浸泡罐都是一个独立的浸泡单位，互相之间不发生联系。但由于浸泡水中可溶性物质的浓度只能达到5%~6%，甚至更低，达不到理想的浸提效果，因此，此法现在一般很少用。

（2）逆流浸泡法　逆流浸泡法把几个或十几个浸泡罐用管路连接起来，组成一个相互之间浸泡液可以循环的浸泡罐组。循环浸泡是逆流进行的，所谓逆流进行，就是将新配制的亚硫酸注入将要浸泡好的罐内，而各罐内的浸泡液浓度依次不断增加，浓度最大的浸泡液去浸新装入罐的玉米。也就是说，浸泡水中干物质的浓度是沿顺时针方向提高，而玉米籽粒中可溶性物质含量及单位时间玉米的浸泡程度则是按逆时针方向降低的。这种工艺的特点是在浸泡过程中，浸泡水中可溶性物质的浓度可达到7%~9%，玉米籽粒中的可溶性成分被充分浸提，玉米浸泡液的进一步浓缩也可节约能源，因而采用较多。

（3）连续浸泡法　在逆流浸泡法的基础上，罐内装入的玉米通过卸料门和空气升液器来实现罐与罐之间的循环，并且与浸泡液的循环方向相反，这样进一步加大了玉米和浸泡水之间可溶性物质的浓度差，可达到理想的浸泡效果。

4. 亚硫酸水溶液的制备

亚硫酸的制备是玉米淀粉生产必不可少的一个工序。制取亚硫酸的方法及设备很简单。把硫黄燃烧生成二氧化硫然后用喷淋水吸收便成为亚硫酸溶液。制备亚硫酸的装置有燃烧炉、混合室和两个吸收塔。

5. 玉米籽粒的粗破碎和胚芽分离

粗破碎就是利用齿磨将浸泡的玉米破成要求大小的碎粒。破碎的目的是使胚芽与胚乳分开，同时也释放出一定数量的淀粉。一般经过两次粗破碎，第一次破碎可将玉米破成4~6瓣，经第一次胚芽分离后，再进一步破碎成8~12瓣，将其中的胚芽再次分离。进入破碎机的物料，固液相之比应为1∶3。

分离胚芽较原始的方法是漂浮槽法，在漂浮槽中，使淀粉乳的浓度达到12%~13%，稠度不高于70g/L。这时密度较小的胚芽漂浮到液面上，可用刮板刮除。这种方法适合小规模生产厂家应用。现代工业从破碎的玉米浆料中分离胚芽通用的设备是旋液分离器。水和破碎玉米的混合物在一定的压力下经进料管进入旋液分离器。破碎玉米的颗粒浆料做旋转运动，并在离心力的作用下抛向设备的内壁，沿着内壁移向底部出口喷出。胚芽和玉米皮壳密度小，被集中于设备的中心部位经过顶部喷嘴排出旋液分离器。在分离阶段，进入旋液分离器的浆料中淀粉乳浓度很重要，第一次分离应保持11%~13%，第二次分离应保持13%~15%。粗破碎及胚芽分离过程中，大约有25%的淀粉破碎形成淀粉乳，经筛分后与细磨碎的淀粉乳汇合。分离出来的胚芽经漂洗，进入副产品处理工序。

6. 浆料的细磨碎

经过破碎和分离胚芽之后，由淀粉粒、麸质、皮层和含有大量淀粉的胚乳碎粒等组成破碎浆料。在浆料中大部分淀粉与蛋白质、纤维等仍是结合状态，要经过离心式冲击磨进行精细磨碎。这步操作的主要工艺任务是最大限度地释放出与蛋白质和纤维素相结合的淀粉，为以后这些组分的分离创造良好的条件。

为了达到磨碎效果，要遵守下列工艺规程，进入磨碎的浆料应具有30~35℃的温度，稠度120~220g/L。

7. 纤维分离

细磨浆料中以皮层为主的纤维成分通过曲筛逆流筛洗工艺从淀粉和蛋白质乳液中被分离出去。曲筛又叫120°压力曲筛，筛面呈圆弧形，筛孔50μm，浆料冲击到筛面上的压力要达到205.9~274.6MPa，筛面宽度61cm，由6或7个曲筛组成筛洗流程。细磨后的浆料首先进入第一道曲筛，通过筛面的淀粉与蛋白质混合的乳液进入下一道工序。而筛出的皮渣还裹带部分淀粉，要经稀释后进入第二道曲筛，而稀释皮渣的正是第二道曲筛的筛下物，第二道曲筛的筛上物再经稀释后送第三道曲筛，稀释第二道曲筛筛出的皮渣用的又是第三道曲筛的筛下物，以此类推。最后一道曲筛的筛上物皮渣则引入清水洗涤，洗涤水依次逆流，通过各道曲筛。最后一道筛的筛上物皮渣纤维被洗涤干净，淀粉及蛋白质最大限度地被分离进入下一道工序（图2-4-1）。

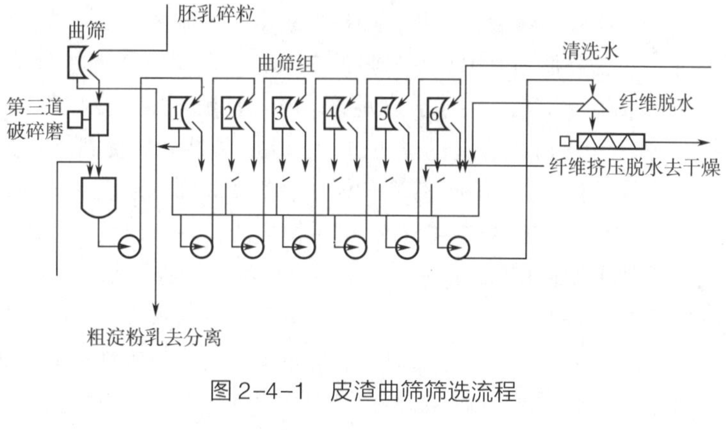

图2-4-1　皮渣曲筛筛选流程

8. 麸质分离

通过曲筛逆流筛洗流程的第一道曲筛的乳液中的干物质是淀粉、蛋白质和少量可溶性成分的混合物，干物质中有5%～6%的蛋白质，前面已经提到，经过浸泡过程中SO_2的作用，蛋白质与淀粉已基本游离开来，利用离心机可以使淀粉与蛋白质分离。在分离过程中，淀粉乳的pH应调到3.8～4.2，稠度应调到0.9～2.6g/L，温度在49～54℃，最高不要超过57℃。

（1）流槽分离　悬浮液在用砖砌成的具有一定坡度（0.3%）的槽中流动时，密度较大的淀粉颗粒首先沉淀下来，而密度较小的蛋白质来不及沉淀被分离出来。操作时要控制淀粉乳在槽中的流速，一般为6～8m/min。由于流槽法为间歇式操作，分离效率较低，效果不理想，占地面积大，易污染，所以现在仅被一些小型淀粉厂采用。

（2）离心分离法　在离心力的作用下，密度不同的固体颗粒在液体中的分离速度提高，所以对淀粉和蛋白质悬浮液的分离，现多采用离心分离机来进行。为达到淀粉和蛋白质的充分分离和浓缩，可以采用多台离心机连续分离的方法。这种情况下进料悬浮液的淀粉浓度为11%～13%，最后一台离心机底部流出的浓缩纯净淀粉乳被送到下步工序，每台离心机的溢流蛋白质悬浮液依次回流到前一台离心机中，第一台和第二台离心机的部分溢流蛋白质悬浮液被送往浓缩设备。

（3）气流浮选法　气流浮选机分离蛋白质和淀粉时是向淀粉悬浮液中通入空气，在悬浮液中形成向上浮起的气泡，气泡吸附蛋白质及其他轻的悬浮粒子，漂浮于液体表面，密度大的淀粉粒子沉降于下层。形成的气泡直径为0.5～30.0mm。在相同空气量下，气泡越小，液体与空气的接触面积就越大，也越能有效地利用泡沫进行脂肪、蛋白质与淀粉的分离。气泡的大小取决于输入的空气量，也取决于悬浮液的量、浓度和黏度。在悬浮液中，空气占的总体积应在8%左右。进一步增加空气的量，气泡的数量随之增多，直至黏合、扩大，这样反而不利于蛋白质的分离。气流浮选法一般不单独采用，往往与其他分离方法结合应用。分离出来的麸质（蛋白质）浆液，经浓缩干燥制成蛋白粉。

9. 淀粉的清洗

分离出蛋白质的淀粉悬浮液干物质含量为33%～35%，其中还含有0.2%～0.3%的可溶性物质，这部分可溶性物质的存在，对淀粉质量有影响，特别是对于加工糖浆或葡萄糖来说，可溶性物质含量高，对工艺过程不利，严重影响糖浆和葡萄糖的产品质量。

10. 淀粉的脱水干燥

经过前几道工序后得到的湿淀粉浓度一般为36%～38%。如果不是直接用来生产淀粉糖，则需进行脱水干燥。脱水干燥一般分为两步，即机械脱水和气流干燥。

用机械方法脱水，可去除淀粉乳中总水分量的73%，用干燥方法能排除总水分量的15%，还有大约14%的水分残留在干淀粉中。水分含量约14%的淀粉可以安全贮藏。

（1）机械脱水　机械脱水由离心式过滤机进行。从收集器来的淀粉乳经过进料阀门及进料管进入转动的转子中，滤液通过筛网、带孔的转子，经安装在机座底部的分离阀排出。从离心机排出的脱水淀粉，水分含量为37%～38%，可手捏成团，一触即散。分离出的清液，可返回到淀粉提出工序作为工艺水使用。

（2）气流干燥　淀粉经机械脱水之后，仍含有36%～38%的水分。这些水分均匀地分布在淀粉中，只有用干燥的方法才能除去。水分含量较高的湿淀粉属热敏性物料，加热温度过高会造成淀粉糊化，严重影响淀粉质量。加热温度过低，脱水速度较慢，影响生产效率。淀粉气流干燥流程如图 2-4-2 所示。

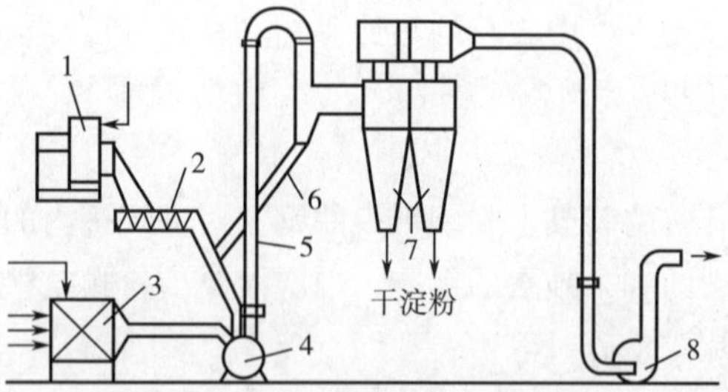

图 2-4-2　淀粉气流干燥流程

1—离心脱水机　2—进料绞龙　3—加热器　4—疏松器
5—干燥室　6—未干燥的淀粉回流管　7—旋风分离器　8—风机

（三）主要副产品的综合利用

1. 玉米浸泡液浓缩成为玉米浆

玉米进行浸泡时，玉米粒中含有的有机物质中，可溶性的物质相当多的部分可浸出到浸泡液中来。籽粒中可溶性物质含量高的部位是胚，而玉米籽粒的特点是胚占的比例比其他作物大。所以，浸出液中浸出物也多。一般情况下浸出液的浓度可达到 6%～7%。

2. 胚芽榨油

胚芽中含有很高的脂肪，玉米籽粒一般含脂肪 4%～6%，基本上是集中在胚里，所以胚中含脂肪的相对量很高。而胚占籽粒的比例又大，所以，玉米胚可看成像大豆一样可提取油的原料。

3. 皮渣与麸质

从离心分离机分离出来的黄浆水，经板框压滤后，经过气流干燥设备进行干燥便是干皮渣，是具有很高价值的饲料原料。皮渣，从理论上说是皮层，主要成分是纤维素、半纤维素。实际生产中，皮渣中常带有少量尖冠，未清除净、也未完全磨碎的极少量的胚残留物，尚含有部分淀粉，其中大部分是结合淀粉，此外还有少量蛋白质。

二、马铃薯淀粉的提取

（一）工艺流程

原料的输送及清洗 → 磨碎 → 细胞液的分离 → 洗涤淀粉 → 细胞液水的分离 →

淀粉乳的精制 → 细渣的洗涤 → 淀粉的洗涤 → 淀粉的干燥

（二）工艺要点

1. 原料的输送和清洗

（1）原料的输送　原料从贮仓向生产车间输送可采用水力输送。水力输送的方式是通过沟槽，连接仓库和加工车间的沟槽应具有一定的坡度。在开始端连续供水，水流携带马铃薯一起流动到生产车间的洗涤工段。在水力输送的过程中，马铃薯表面的部分污泥被洗掉。输送的沟槽越长，马铃薯洗涤得越充分。

（2）马铃薯的洗涤　洗涤机是通过搅动轴上安装的搅动杆，在旋转过程中使马铃薯在水中翻动，以洗净污物。在沙质土壤中收获的马铃薯洗涤时间可短些，为8~10min，在黑黏土中收获的马铃薯洗涤时间要长些，为12~15min。

2. 马铃薯的磨碎

擦碎机的工作是通过旋转的转鼓上安装带齿的钢锯对进入机内的马铃薯进行擦碎操作。擦碎后的马铃薯悬浮液由破裂的和未破裂的细胞、细胞液及淀粉颗粒组成。除擦碎机外，也可采用粉碎机进行磨碎，如锤片式粉碎机等。

3. 细胞液的分离

磨碎后，从马铃薯细胞中释放出来的细胞液是溶于水的蛋白质、氨基酸、微量元素、维生素及其他物质的混合物。天然的细胞液中含干物质4.5%~7.0%。这些细胞液的存在，在空气中氧气的作用下，发生氧化作用导致淀粉的颜色发暗。为了合理地利用马铃薯中的营养成分，改善加工淀粉的质量，提高淀粉产量，应将这部分细胞液进行分离。

4. 从浆料中洗涤淀粉

细胞液分离后再用水稀释的马铃薯浆料是一种水悬浮液，其中包含了淀粉颗粒、破裂及未破裂的马铃薯细胞，还有残留在浆液中的部分可溶性物质。任务是从浆料中筛除粗渣滓。方法是用水把浆料在不同结构的筛分设备上，用不同的工艺流程进行洗涤。可选用振动筛、离心喷射筛、弧形筛等。粗渣留在筛面，筛下物包括淀粉及部分细渣的水悬浮液。

5. 细胞液水的分离

在上面工序中被冲洗出来的筛下物悬浮液中的干物质含量只有3%~4%，其中稀释后的细胞水由于仍含有易被空气中氧气氧化的成分，所以容易变成暗褐色，而影响淀粉的颜色。应立即用离心机将稀释后的细胞液水分离出去。所用设备为卧式沉降式离心机。

6. 淀粉乳的精制

淀粉乳精制就是把大部分细渣从淀粉乳中清除。精制环节对马铃薯淀粉最终质量有很大影响。进入精制的淀粉乳含淀粉占干物质质量的91%~94%，其余大部分为细渣滓。淀粉乳的精制一般在振动筛、离心筛或弧形筛上进行。筛网应采用双料筛绢或尼龙筛绢，每平方厘米筛孔数1400个以上，孔眼尺寸140~160μm，筛孔有效面积占筛面的34%左右。

7. 细渣的洗涤

在淀粉乳精制工序中，留在筛面的细渣滓中还含有30%~60%的游离淀粉。为了分离出这些淀粉，要对这些细渣进行洗涤。由于细渣和淀粉在大小和质量上相差不大，所以不易分离，最好采用曲筛洗涤工艺。

8. 淀粉乳的洗涤

经过精制的淀粉乳中淀粉的干物质纯度可达97%~98%，但还有2%~3%的杂质，主要是细沙、纤维及少量的可溶性物质，有必要再进行清洗。除沙和洗涤淀粉可采用不同类型的旋液分离器进行。

9. 淀粉的干燥

马铃薯淀粉的脱水和干燥，也和玉米淀粉的干燥相似，采用机械脱水和气流干燥。

三、甘薯淀粉

（一）工艺流程

甘薯干 → 预处理 → 浸泡 → 破碎 → 筛分 → 流槽分离 → 碱处理 → 清洗 → 离心分离 → 干燥 → 成品淀粉

（二）工艺要点

1. 预处理

甘薯干在加工和运输过程中混入了各种杂质，所以必须进行清理。方法有干法和湿法两种，干法采用筛选、风选及磁选等设备，湿法用洗涤机或洗涤槽。

2. 浸泡

为了提高淀粉出率，要用石灰水浸泡甘薯干。在浸泡水中加入饱和石灰乳，使浸泡液pH 10~11。浸泡时间约12h，温度控制在35~40℃。浸泡后甘薯片的水分含量为60%左右。然后用水淋洗，洗去色素和尘土。

石灰水的配制为连续式生产石灰水的设施，一般是由3个带搅拌器的方形配制槽并列组成，槽宽1.5m，深1.5m以上。给水从第一槽槽底加入，石灰由下面带小螺旋的提料斗加入，水流上升速度以<0.75m/h为宜。上升的石灰水经槽上部侧面的出料口流到第二槽，经第二槽出料导管进入第三槽，并逐渐上升至出料导管流出。控制石灰水配制槽内石灰水的流速<0.15m/s，可以保持其在配制槽中停留2.5h以上。灰渣从排出口定时排出。

3. 磨碎

磨碎是甘薯干淀粉生产的主要工序。浸泡后的甘薯片随水进入锤片式粉碎机进行破碎。一般采用二次破碎法，即甘薯片经第一次破碎后，过筛分离出淀粉，再将筛上薯渣进行第二次破碎，破碎细度比第一次细，再行过筛。在破碎过程中，为了降低瞬时温升，根据破碎粒度调整粉浆浓度，第一次破碎时粉浆浓度为3~3.5°Bé，第二次破碎时为2~2.5°Bé。

4. 筛分

经过磨碎得到的甘薯粉必须进行筛分，分离出粉渣。筛分一般经粗筛和细筛二次处理。粗筛使用平摇筛、六角筛、喷射分离机或曲筛，细筛使用平摇筛或喷射分离筛。使用平摇筛时，甘薯糊进入筛面，不断淋水，淀粉随水通过筛孔进入存浆池，而薯渣留存在筛面从筛尾排出。筛孔大小应根据甘薯糊内的物料粒度和工艺来决定。如采用两次破碎工艺的过筛设备，第一次和第二次筛分均采用80目尼龙布，将两次筛分所得的淀粉乳合并，再用120目尼龙布进一步分离细渣，以保证获得较纯净的淀粉乳。在筛分过程中，由于浆液中所含有的果胶等胶体物质易滞留在筛面上，影响筛分的分离效果，因此，应经常清洗筛面，保持筛面畅通。

5. 流槽分离

经筛分所得的淀粉乳，还需进一步将其中的蛋白质、可溶性糖类、色素等杂质除去。一般用沉淀流槽进行。淀粉乳流经流槽，相对密度大的淀粉沉于槽底，蛋白质等胶体物质随汁水流出至黄粉槽。沉淀的淀粉用水冲洗入漂洗池。

6. 碱、酸处理和清洗

在清洗过程中，要对淀粉进行碱、酸处理。淀粉的碱、酸处理和清洗都是在漂洗池内进行的。首先用碱处理，目的是除去淀粉中的碱溶性蛋白质和果胶杂质。碱处理时，将 1°Bé 的稀碱溶液缓慢加入淀粉乳中，使其 pH 12。同时启动搅拌器，以 60r/min 的转速搅拌 30min，待料液充分混合均匀后，挂起搅拌器。淀粉完全沉淀后，将上层废液排放掉，注入清水清洗两次，使淀粉液接近中性即可。

在碱处理过程中，可添加 35°Bé 的次氯酸钠，用量不超过干基淀粉重的 0.4%。次氯酸钠是强氧化剂，具有较强的漂白和杀菌作用，可起到增白和防腐的作用。

酸处理的目的主要是溶解淀粉浆中的钙、镁等金属离子。酸处理一般采用工业盐酸。处理时，将工业盐酸缓慢倒入，充分搅拌，防止局部酸性过强，造成淀粉损失。控制淀粉乳的 pH 为 3 左右。搅拌 30min 后停止搅拌，待淀粉完全沉淀后，排除上层废液，加水清洗，直至淀粉呈微酸性（pH 6 左右），以利于淀粉的贮存和运输。

7. 离心脱水

清洗后得到的湿淀粉的水分含量达 50%～60%，用离心机脱水，使湿淀粉水分含量降到 38%左右。

8. 干燥

湿淀粉经烘房或气流干燥系统干燥至水分含量为 12%～13%，即得到成品淀粉。

四、变性淀粉生产

（一）变性淀粉的基本概念

在淀粉固有特性的基础上，为改善淀粉的性能和扩大应用范围，利用物理、化学或酶法处理，改变淀粉的天然性质，增加其某些功能性或引进新的特性使其更适合于一定应用的要求。这种经过二次加工，改变了性质的产品统称为变性淀粉。

绝大部分新应用是天然淀粉所不能满足或不能同时满足的，变性目的主要是改变淀粉的性质，如糊化温度、热黏度及其稳定性、冻融稳定性、凝胶力、成膜性、透明性等。

（二）变性淀粉的分类

目前，变性淀粉的品种、规格达 2000 多种，变性淀粉的分类一般是根据处理方式来进行。

1. 物理变性

预糊化（α-）淀粉，γ 射线、超高频辐射处理淀粉，机械研磨处理淀粉，湿热处理淀粉等。

2. 化学变性

用各种化学试剂处理得到的变性淀粉。其中有两大类：一类是使淀粉分子质量下降，如酸解淀粉、氧化淀粉、焙烤糊精等；另一类是使淀粉分子质量增加，如交联淀粉、酯化淀粉、醚化淀粉、接枝淀粉等。

3. 酶法变性（生物改性）

各种酶处理淀粉，如 α-环状糊精、β-环状糊精、γ-环状糊精、麦芽糊精、直链淀粉等。

4. 复合变性

采用两种以上处理方法得到的变性淀粉，如氧化交联淀粉、交联酯化淀粉等。采用复合变性得到的变性淀粉具有两种变性淀粉的各自优点。

此外，变性淀粉还可按生产工艺进行分类，有干法（如磷酸酯淀粉、酸解淀粉、阳离子淀粉、氨基甲酸酯淀粉等）、湿法、有机溶剂法（如羧基淀粉制备一般采用乙醇作溶剂）等。

（三）变性淀粉的生产方法、条件和变性程度的衡量

1. 变性淀粉的生产方法

变性淀粉的生产方法主要有湿法和干法，其中最主要的生产方法为湿法生产。

（1）湿法生产工艺　湿法又称浆法，即将淀粉分散在水或其他液体介质中，配成一定浓度的悬浮液，在一定的温度条件下与化学试剂进行氧化、酸解、酯化、醚化、交联等反应，生成变性淀粉。如果采用的分散介质不是水，而是有机溶剂或含水的混合溶剂时，为了与水区别又称为溶剂法。大多数变性淀粉都可采用湿法生产。

①淀粉的变性：淀粉浆用泵通过热交换器送入反应器，反应时用冷水或热水通过热交换器冷却或加热淀粉乳至所需温度，调节好 pH，根据产品要求加入一定量的化学试剂反应。反应持续时间根据所需变性淀粉的黏度、取代度和交联度来决定，一般 1~24h。生产过程中，通过测试检查反应结果，达到要求后，立即停止反应，浆料送入放料桶。

②淀粉的提纯：浆液由放料桶用泵送到水洗工段，通过多级旋流或分离机串联对淀粉乳进行逆流清洗，淀粉乳经水洗后，过筛送入精浆桶内进入下道工序。

③淀粉的脱水干燥：精浆桶淀粉乳进入一个水平转轴的脱水机或三足式离心机内脱水，脱水后湿淀粉经气流干燥器干燥。再经筛分和包装，即为成品。若性能未达到要求可添加部分化学试剂解决其性能，但需增加混合器。

（2）干法生产工艺　干法，即淀粉在含少量水（通常在 20%左右）或少量有机溶剂的情况下，与化学试剂发生反应生成变性淀粉的一种生产方法。干法反应体系由于含水量少，所以干法生产中一个最大的困难是淀粉与化学试剂的均匀混合问题，工业上除采用专门的混合设备以外，还采用在湿的状态下混合，在干的状态下反应，分两步完成变性淀粉的生产。干法生产的品种不如湿法生产的品种多，但干法生产工艺简单，收率高，无污染，是一种很有发展前途的生产方法。挤压法与滚筒干燥法是干法生产预糊化淀粉的主要方法。

①挤压法生产工艺：挤压法是将水分含量 20%以下的淀粉加入螺旋挤压机中，借助于挤压过程中物料与螺旋摩擦产生的热量和对淀粉分子的巨大剪切力使淀粉分子断裂，降低原淀粉的黏度。若在加料时同时加入适量的化学试剂，则在挤压过程中还可同时进行化学反应。此法比滚筒干燥法生产预糊化淀粉的成本低，但由于过高的压力和过度的剪切使淀粉黏度降低，因此维持产品性能的稳定是此法的关键。

②滚筒干燥法生产工艺：滚筒干燥法是工业上生产预糊化淀粉的一种主要方法，由于采用的关键设备是滚筒干燥机而得名。也可与化学变性结合使用。首先用蒸汽将滚筒表面加热至 130~150℃，然后用泵输入预先加热的精制淀粉乳，淀粉乳液在滚筒表面立即被糊化，经小滚筒调节间隙，使滚筒表面形成厚薄一致的薄膜，用液压操作刮刀将滚筒表面淀粉薄膜刮下来。预糊化后的产品粗碎，细碎，筛选，混合，包装。

2. 变性条件

（1）浓度　干法生产一般水分控制在 5%~25%；湿法生产淀粉乳含量一般为 35%~40%（干基）。

（2）温度　按淀粉的品种以及变性要求不同而不同，一般为 20~60℃，反应温度一般低于淀粉的糊化温度（糊精、酶法除外）。

（3）pH　除酸水解外，pH控制在7~12。pH的调节，酸一般采用稀HCl或稀H_2SO_4；碱一般采用3% NaOH或Na_2CO_3或Ca（OH）$_2$。在反应过程中为避免O_2对淀粉产生的降解作用，可考虑通入N_2。

（4）试剂用量　取决于取代度要求和残留量等卫生指标。不同试剂用量可生产不同取代度的系列产品。

（5）反应介质　一般生产低取代度的产品采用水作为反应介质，成本低；高取代度的产品采用有机溶剂作为反应介质，但成本高。此外可添加少量盐（如NaCl、Na_2SO_2等），其主要作用：避免淀粉糊化；避免试剂分解；避免遇水分解；破坏水化层，使试剂容易进入，从而提高反应效率。

（6）产品提纯　干法改性，一般不提纯，但用于食品的产品必须经过洗涤，使产品中残留试剂符合食品卫生质量指标；湿法改性，根据产品质量要求，反应完毕用水或溶剂洗涤2~3次。

（7）干燥　脱水后的淀粉水分含量一般在40%左右，高水分含量的淀粉不便于贮藏和运输，因此在它们作为最终产品之前必须进行干燥，使水分含量降到安全水分以下。目前工业生产一般采用气流干燥，一些中小型工厂也有采用烘房干燥或带式干燥机干燥。

3. 变性程度的衡量

*DS*是指每个D-吡喃葡萄糖残基（AGU）中羟基被取代的平均数量。淀粉中大多数D-吡喃葡萄糖残基上有3个可被取代的羟基，所以*DS*的最大值为3，其计算公式如下：

$$DS = \frac{162\omega}{100M_r - (M_r - 1)\omega} \tag{2-4-1}$$

式中　ω——取代基质量分数，%；

M_r——取代物相对分子质量。

（四）主要变性淀粉的制备及应用

1. 预糊化淀粉

将天然淀粉加热糊化，淀粉失去晶区结构，称糊化淀粉或α-淀粉。糊化后的淀粉再经滚筒干燥或喷雾干燥，重新成为固体。这种预糊化淀粉，加入冷水或热水，短时间内即能膨胀溶解于水，具有增黏、保型、速溶等优点，可应用于固体饮料、快餐布丁、糕点等食品中。

2. 酸变性淀粉

用稀酸处理淀粉乳，在低于糊化温度的条件下搅拌至所要求的程度。然后用水洗至中性或先用碳酸钠中和后再用水洗，最后干燥，即得到酸变性淀粉。这种酸变性淀粉并没有使淀粉分子发生实质的化学变化，只是链长减少、颗粒削弱，分子排列没有改变。酸变性淀粉与原淀粉有同样的团粒外形，黏度比原粉低，在热水中糊化时颗粒膨胀较小，不溶于冷水，易溶于热水。糊化物冷却后可形成结实的胶体。酸变性淀粉适合在口香糖、软糖、果冻等食品中应用。在纺织工业中，酸变性淀粉可用做黏胶剂，增强纤维的拉力。在造纸工业中可作为胶料，增强纸张表面的印刷能力和耐摩擦能力。

3. 氧化淀粉

氧化淀粉是一种用氧化剂作用而得到的低黏度淀粉。氧化剂的种类很多，但氧化效果较好的是次氯酸钠或次氯酸钙。制备时，将淀粉调成水悬浮液，在连续搅拌的条件下，加入一定量稀释的次氯酸钠，用NaOH调节pH至8~10，温度控制在21~38℃。氧化反应是放热反应，应调节加入次氯酸钠溶液的速率，或者采用冷却的方法，控制温度，添加氢氧化钠溶液控制 pH，中和反应中产生的酸性物质。在氧化反应过程中，改变时间、温度、pH、次氯酸盐的浓度可生产出多种氧化程度不同的产品。达到理想的反应程度时，用酸性亚硫酸钠处理淀粉浆液，终止氧化反应，调节 pH 至中性，然后进行过滤、冲洗并干燥，即得到氧化淀粉成品。

4. 交联淀粉

淀粉用多功能试剂处理可发生交联。试剂引起淀粉分子之间的桥接，使分子之间形成交联，因此明显地增加了平均相对分子质量，交联是淀粉分子的羟基与交联剂的多功能基团之间发生的。交联剂种类很多，用于制备交联淀粉的交联剂有三氯氧磷、表氯醇、三偏磷酸盐、乙酸、乙烯砜、双环氧化合物、甲醛、乙醛、丙烯醛等。

交联淀粉的制法是在 20~50℃条件下，向碱性淀粉悬浮液中添加交联剂，反应进行到所需时间之后，进行过滤水洗和干燥，回收淀粉。交联的程度随交联剂的不同、反应时间等因素而不同。交联剂的用量一般为淀粉质量的 0.005%~0.1%。

5. 淀粉磷酸酯

淀粉与磷酸盐发生酯化反应，即生成淀粉磷酸酯。淀粉分子的一个羟基经正磷酸作用而酯化，称淀粉磷酸单酯。淀粉分子中的 2 个羟基与 1 个正磷酸分子酯化或 2 个淀粉分子各有 1 个羟基与 1 个正磷酸分子酯化称淀粉磷酸二酯。淀粉磷酸酯的制法是将 10%的淀粉和正磷酸盐的充分混合物在 pH 5~6.5、120~160℃下加热 0.5~6h，可得到淀粉磷酸单酯。

6. 阳离子淀粉

阳离子淀粉是淀粉与叔胺或季胺生成的衍生物，如叔胺烷基淀粉醚和季胺烷基淀粉醚等，是一种高分子表面活性剂。其合成方法有两类：一类是直接合成法，即淀粉与一类含氯化合物直接反应；另一类是间接合成法，淀粉通过中间连接物与作为亲水基的胺类化合物结合。中间连接物一般是含有双官能团的物质。如环氧氯丙烷、1,2-二氯乙烷等。为了克服中间连接物与淀粉生成交联淀粉，要首先将中间连接物与胺类化合物进行反应制得较低相对分子质量的表面活性剂。然后将此反应物与淀粉反应制得阳离子淀粉。

7. 醋酸淀粉

醋酸淀粉又称乙酰化淀粉、淀粉酯，是由乙酐、乙酸、乙烯酮、乙酸乙烯等与淀粉发生乙酰化的产物。淀粉在乙酸酐中加热，在 90~140℃发生乙酰化，同时伴有降解反应。在 140℃下，加热 8h 可引入 1.8%的乙酰基；15h 以后，乙酰基含量可达 8.7%，74h 后，乙酰基含量达到 34%。如果加酸性催化剂，乙酰化加快，但淀粉产生明显降解。

8. 接枝淀粉

在催化剂硝酸铈铵的作用下，将丙烯酯接枝聚合在糊化淀粉上，形成淀粉接枝-聚丙烯腈共聚物，经碱皂化，将腈基转化成氨基甲酰基和碱金属羧酸基团的混合体。这种聚合物除去水，便可提供一种能够吸收为自身数百至上千倍质量的而不溶解的固体物质，因为它能够快速吸收大量水，故而称作超级吸水剂。吸水后的接枝淀粉还具有很强的抗压性，保水能力极强。

第二节　淀粉制糖

淀粉糖是利用淀粉为原料生产的糖制品的总称，通过酸或酶的催化水解反应，完全水解的最终制品与葡萄果汁中的葡萄糖成分完全相同，是淀粉深加工的主要产品。任何含淀粉的农作物，如玉米、大米、木薯等均可用来生产淀粉糖，生产不受地区和季节的限制。

一、淀粉糖的种类

我国淀粉糖种类现今已发展到二十几种，工业化生产的产品主要包括液体葡萄糖、结晶葡萄糖、麦芽糖浆（饴糖、高麦芽糖浆、麦芽糖）、麦芽糊精、麦芽低聚糖、果葡糖浆等。

葡萄糖值，简称 DE 值（dextrose equivalent），将淀粉的糖化液中还原性糖全部当做葡萄糖计算，还原性糖占干物质的百分率，淀粉工业中用来表示淀粉水解的程度。糖化产物的 DE 值越高，则葡萄糖浆的得率越高。淀粉乳的水解程度越高，水解液 DE 值就越高。在生产淀粉糖的时候，偶尔也会出现糖化液的 DE 值大于 100 的情况，这是因为采用化学法检测 DE 值过程中的误差所致。

二、淀粉的酸糖化工艺

淀粉在酸或淀粉酶的催化作用下发生水解反应，其水解最终产物随所用的催化剂种类而异。在酸作用下，淀粉水解的最终产物是葡萄糖，在淀粉酶作用下，随酶的种类不同而产物各异。

（一）酸糖化机理

淀粉乳加入稀酸后加热，经糊化、溶解，葡萄糖苷链裂解，形成各种聚合度的糖类混合溶液，在稀酸作用下，最终全部变成葡萄糖。化学式如下：

$$(C_6H_{10}O_5)_n + n\ H_2O \longrightarrow nC_6H_{12}O_6$$

在淀粉的水解过程中，颗粒结晶结构被破坏。α-1,4 糖苷键和 α-1,6 糖苷键被水解生成葡萄糖，α-1,4 糖苷键的水解速度大于 α-1,6 糖苷键。

淀粉水解生成的葡萄糖受酸和热的催化作用，又发生复合反应和分解反应。复合反应是葡萄糖分子通过 α-1,6 糖苷键结合生成异麦芽糖、龙胆二糖、潘糖和其他具有 α-1,6 糖苷键的低聚糖类。复合糖可再次经水解转变成葡萄糖，此反应是可逆的。分解反应是葡萄糖分解成 5’-羟甲基糠醛、有机酸和有色物质等。

在糖化过程中，水解、复合和分解 3 种化学反应同时发生，水解反应是主要反应。复合与分解反应是次要反应，且对糖浆生产不利，降低产品的得率，增加糖液精制的困难，所以要尽可能降低这两种反应。

（二）酸糖化工艺

1. 间断糖化法

这种糖化方法是在一密闭的糖化罐内进行，糖化进料前，首先开启糖化罐进气阀门，排除罐内冷空气。在罐压保持在 0.3~0.5MPa 的情况下，连续进料，为了使糖化均匀，尽量缩短进料时间。

2. 连续糖化法

（1）直接加热式　直接加热式的工艺过程是淀粉与水在一个贮槽内调配好，酸液在另一个贮槽内储存，将两者在淀粉乳调配罐内混合，调整浓度和酸度。利用定量泵输送淀粉乳，通过蒸汽喷射加热器升温，并送至维持罐，流入蛇管反应器进行糖化反应，控制一定的温度、压力和流速，完成糖化过程。然后糖化液进入分离器急速冷却，二次蒸汽急速排出，糖化液迅速降至常压，冷却到100℃以下，再进入贮槽进行中和。

（2）间接加热式　间接加热式的工艺过程为：淀粉浆在配料罐内连续自动调节pH，并用高压泵打入3套管式的管束糖化反应器内，内外间接加热。反应一定时间后，经急速冷却后中和。物料在流动中可产生搅动效果，各部分受热均匀，糖化完全，糖化液颜色浅，有利于精制，热能利用效率高。蒸汽耗量和脱色活性炭用量比间断糖化法节约。

三、淀粉的酶液化和酶糖化工艺

（一）淀粉酶

1. α-淀粉酶

α-淀粉酶属内切型淀粉酶，它作用于淀粉时从淀粉分子内部以随机的方式切断α-1,4糖苷键，α-淀粉酶作用于直链淀粉时，可分为两个阶段，第一阶段速度较快，能将直链淀粉全部水解为麦芽糖、麦芽三糖及直链麦芽低聚糖；第二阶段速度很慢，如酶量充分，最终将麦芽三糖和麦芽低聚糖水解为麦芽糖和葡萄糖。α-淀粉酶水解支链淀粉时，可任意水解α-1,4糖苷键，不能水解α-1,6糖苷键及相邻的α-1,4糖苷键，但可越过分支点继续水解α-1,4糖苷键，最终水解产物中除葡萄糖、麦芽糖外还有一系列带有α-1,6糖苷键的极限糊精，不同来源的α-淀粉酶生成的极限糊精结构和分子大小不尽相同。

2. β-淀粉酶（β-麦芽糖酶）

β-淀粉酶是一种外切型淀粉酶，它作用于淀粉时从非还原性末端依次切开相隔的β-1,4糖苷键，将它水解为两个葡萄糖基，同时发生尔登转化作用，最终产物全部为β-麦芽糖，所以也称麦芽糖酶。

3. 糖化酶（葡萄糖转化酶）

糖化酶对淀粉的水解从淀粉的非还原性末端开始，依次水解α-1,4糖苷键，顺次切下每个葡萄糖单位，生成葡萄糖。葡萄糖淀粉酶专一性差，除水解α-1,4糖苷键外，还能水解α-1,6糖苷键，但后者的水解速度较慢，由于该酶作用于淀粉糊时，糖液黏度下降较慢，还原能力上升很快，所以又称糖化酶，不同微生物来源的糖化酶对淀粉的水解能力也有较大区别。

4. 脱支酶

脱支酶水解支链淀粉、糖原等大分子化合物中α-1,6糖苷键，脱支酶可分为直接脱支酶和间接脱支酶两大类，前者可水解未经改性的支链淀粉或糖原中的α-1,6糖苷键，后者仅可作用于经酶改性的支链淀粉或糖原。

根据水解底物专一性的不同，直接脱支酶可分为异淀粉酶和普鲁蓝酶两种。异淀粉酶只能水解支链结构中的α-1,6糖苷键，不能水解直链结构中的α-1,6糖苷键；普鲁蓝酶不仅能水解支链结构中的α-1,6糖苷键，也能水解直链结构中的α-1,6糖苷键。

（二）液化

淀粉液化的目的是利用高温或酶的作用使得淀粉水解成可进一步水解的糊精和低聚糖。

目前常用的液化酶是耐高温淀粉酶。淀粉乳是大量的淀粉分子缠绕在一起形成淀粉颗粒悬浮在水中，淀粉的酶液化需要先将淀粉颗粒在高温下充分发生水合反应，破坏其团粒物理结构，淀粉分子才能顺利与酶接触发生水解反应。淀粉在加酶的情况下受热升温至60℃以上就会发生糊化反应，形成高黏度不易输送的糊状物料。液化就是加液化酶后在高温下破坏淀粉颗粒物理结构的水合作用和淀粉的酶水解作用同步进行形成黏度相对较低的液态物料，即液化液。

液化方法有 3 种：升温液化法、高温液化法和喷射液化法。

（三）糖化

在液化工序中，淀粉经 α-淀粉酶水解成糊精和低聚糖等较小分子产物，糖化是利用葡萄糖淀粉酶进一步将这些产物水解成葡萄糖。纯淀粉通过完全水解，会增重，每 100 份淀粉完全水解能生成多份葡萄糖，但现在工业生产技术还没有达到这种水平。双酶法工艺，每 100 份纯淀粉只能生成 105~108 份葡萄糖，这是因为存在水解不完全的剩余物和复合产物如低聚糖和糊精等。如果在糖化时采取多酶协同作用的方法，例如除葡萄糖淀粉酶外，异淀粉酶或普鲁蓝酶并用，能使淀粉水解率提高，且所得糖化液中葡萄糖的百分率可达 99%以上。

四、淀粉糖的精制和浓缩

（一）中和

酸法糖化需要中和，酶法糖化无需中和。盐酸作为催化剂时，用碳酸钠中和；硫酸作为催化剂时，用碳酸钙中和。中和并不是 pH 7.0，而是中和大部分催化用的酸，同时调节 pH 到胶体物质的等电点。糖化液中蛋白类胶体物质在酸性条件下带正电荷，当酸被逐渐中和时，胶体物质逐渐消失正电荷，当糖化液的 pH 为胶体物质的等电点 pH 4.8~5.2 时，电荷全部消失，大部分胶体凝结成絮状物。若在糖化液中加入少量带负电荷的胶性黏土如膨润土为澄清剂，能更好地促进蛋白类胶体物质的凝结，降低糖化液中蛋白质的含量。

（二）过滤

过滤就是除去糖化液中的不溶性杂质，目前普遍采用板框过滤机，同时以硅藻土为助滤剂，提高过滤速度，延长过滤周期，提高滤液澄清度。一般采用预涂层的办法，以保护滤布的毛细孔不被一些细小的胶体粒子堵塞。

（三）脱色

必须除去糖液中含有的有色物质和一些杂质，才能得到澄清透明的糖浆产品。工业上一般采用骨炭和活性炭脱色。活性炭又分颗粒和粉末炭。骨炭和颗粒炭可以再生重复使用，但因设备复杂，仅在大型工厂使用。一般中小型工厂使用粉末活性炭，重复使用 2~3 次后弃掉，成本高，但设备简单，操作方便。

活性炭的表面吸附力与温度成正比，温度高，吸附速率快。温度较高，糖液黏度较低，加速糖液渗透到活性炭的吸附内表面，对吸附有利。但温度不能太高，以免引起糖的分解而着色，一般以 80℃为宜。

糖液 pH 对活性炭吸附没有直接关系，但一般在较低 pH 下进行，脱色效率较高，葡萄糖也稳定。工业上均以中和操作的 pH 作为脱色的 pH。

一般认为吸附是瞬间完成的，为了使糖液与活性炭充分混合均匀，脱色时间以 25~30min 为宜。

活性炭用量少，利用率高，但脱色效果差；用量大，可缩短脱色时间，但单位质量的活性炭脱色效率降低。一般采取分次脱色的方法，前脱色用废炭，后脱色用好炭，以充分提高脱色效率。

（四）离子交换树脂处理

糖液经活性炭处理后，仍存在部分无机盐和有机杂质，工业上采用离子交换树脂处理糖液，起到离子交换和吸附的作用。离子交换树脂去除蛋白质、氨基酸、羟甲基糠醛和有色物质等的能力比活性炭强。经离子交换树脂处理的糖液，灰分可降低到原来的1/10，有色物质彻底去除，不但产品澄清度好，而且久置不变色，有利于产品的保存。

离子交换树脂分为阳离子交换树脂和阴离子交换树脂两种，目前普遍采用的工艺为阳-阴-阳-阴四只滤床，即两对阳、阴离子交换树脂滤床串联使用。

（五）浓缩

经过净化精制的糖液，浓度比较低，不便于运输和贮存，必须去掉大部分水分，采用蒸发使糖液浓缩，达到要求的浓度。

淀粉糖浆为热敏性物料，受热易着色，所以在真空状态下进行蒸发，以降低液体的沸点。一般蒸发温度不宜超过68℃。蒸发操作有间歇式、连续式和循环式3种。

采用间歇式蒸发，糖液受热时间长，不利于糖浆的浓缩，但设备简单，最终浓度容易控制，部分小型工厂采用此法。采用连续式蒸发，糖液受热时间短，适用于糖液浓缩，处理量大，设备利用率高，但最终浓度不易控制，在浓缩比很大时一次蒸发难以达到要求。采用循环式蒸发可使一部分浓缩液返回蒸发器，物料受热时间比间歇式短，浓度也较易控制，适合糖液的浓缩。蒸发操作中的主要费用是蒸汽消耗量，为了节约蒸汽，可采用多效蒸发，充分利用二次蒸汽，节约大量的冷却用水。

第三节　大米食品加工技术

大米是我国人民的主食，近年来随着技术的进步，大米方便食品的加工品种较多，发展速度较快。主要是方便米饭、米粉及米粉制品、膨化米制品和年糕等。

一、方便米饭

（一）α 化米饭

α 化米饭又称脱水米饭、速煮米饭，只要稍加烹煮或直接用沸水冲泡即可食用。用不同原料加工的速煮米饭具有不同的质构特点，配料不同又可加工成不同的风味。

1. 工艺流程

精白米→清理→淘洗→浸泡→加抗黏剂→蒸煮→离散→

装盘→干燥→冷却→卸料→筛理→计量包装

2. 工艺要点

（1）选料　大米品种对速煮米饭的质量影响很大。如选用直链淀粉含量较高的籼米为原料，制品复水后，质地较干硬、口感不佳；若用支链淀粉含量较高的糯米为原料，又因加工时黏度大，米粒易黏结成块、不易分散，从而影响制品质量。因此，生产速煮米饭宜依据最终制品品质要求，科学合理选用不同品种的大米原料。

（2）清理和淘洗　一般大米中混有米糠、尘土、石块、金属等杂质，必须对大米进行清理。可采用风选、筛选和磁选等方法。

（3）浸泡　浸泡的目的是使大米吸收适量的水分，大米吸水率与大米支链淀粉含量有关，支链淀粉含量越高，吸水率越高。浸泡可采用常温浸泡和加温浸泡，常温浸泡时间为2~4h，浸泡时间长，大米易发酵产生异味，影响米饭品质，因此多采用加温浸泡。大米糊化温度为68~78℃，一般选择加温浸泡的条件：水温70℃，浸泡约20min，或水温35~45℃浸泡60~100min。

（4）加抗黏剂　大米经蒸煮后，因米粒表面发生糊化，米粒之间常常互相粘连甚至结块，影响米粒的均匀干燥和颗粒分散，导致成品复水性降低。为此，在蒸煮前应加入抗黏剂。其方法有两种：一种是在浸泡水中添加柠檬酸、苹果酸等有机酸，可防止蒸煮过程中淀粉过度流失，但制品残留有机酸，复水后米饭的外观及口感较差；另一种是在米饭中添加食用油脂类或乳化剂与甘油的混合物，但易引起脂肪氧化，影响制品的保质期。

（5）蒸煮　蒸煮是将浸泡后的大米进行加热熟化的过程。在蒸煮过程中，大米在有充足水分的条件下加热，吸收一定量的水分，并使淀粉糊化、蛋白质变性，将大米煮熟。为保证大米中的淀粉充分糊化，需提供足够多的水分和热量。

（6）离散　经蒸煮的米饭，水分可达65%~70%，虽然蒸煮前加抗黏剂，但由于米粒表面糊化层的影响仍会互相粘连。为使米饭能均匀地干燥，必须离散结团的米饭。离散有多种方法，较为简单的方法是将蒸煮后的米饭用冷水冷却并洗涤1~2min，除去溶出于米粒表面的淀粉，可达到离散的目的。一种方法是喷淋离散液。离散液由水、乙醇、非离子型表面活性剂（如糖脂、单甘酯、脂肪酸丙二醇酯）组成，添加量为米饭质量的2%~10%。非离子型表面活性剂含量一般为0.1%~1.0%。为使离散液均匀地附着于米粒表面，可采用带有喷雾或滴加装置的混合机。离散时，米饭的温度应低于55℃，以保证良好的离散效果。添加离散液后进行干燥所得的速煮米饭的碎粒（10目筛下物）含量为1.6%。

若将蒸煮后的米饭经短时间冻结处理（如在-18℃冻结处理3min），也有利于米饭离散的完成，但时间必须掌握恰当，不然会造成整批米饭粒回生，影响制品的品质。

（7）装盘　离散后的米粒均匀地置于不锈钢网盘中，装盘的厚度、厚薄是否均匀对于米粒的糊化度、干燥时间以及产品质量均有直接影响。应尽量使米粒分布均匀、厚薄一致，以保证干燥均匀。

（8）干燥　将充分糊化的大米用100℃热风强力干燥，可采用顺流式隧道干燥固定米粒的组织状态，使糊化淀粉保持原型被固定下来。在80℃以上的温度条件下，α-淀粉来不及产生氢键缔合以前就被干燥，这样就可长期保持α化状态，有利于保持制品的食用品质。具体操作是将装米盘推入干燥小车，再将干燥小车推入隧道式干燥机干燥，干燥机两边装有加热器，用蒸汽间接加热，进入的蒸汽压力≥0.4MPa。干燥机顶端安装有引风机用于排潮，一般干燥机最高温度≥90℃。要求把含有65%~70%水分的米饭迅速干燥，使成品水分降至9%以下。

（9）冷却卸料　刚出干燥室的米温为60~70℃，这时仍进行能量交换，必须进行冷却，使温度降至40℃以下才能将米从盘中取下。可采用自然冷却再卸料。

（10）搓散和筛理　将已冷却的速煮米饭经搓散机分开尚黏结在一起的米粒，然后用振动筛将碎屑和小饭团分离，即成速煮米饭。搓散过程必须保证碎米率<5%。

（二）冷冻干燥米饭

将大米炊煮成米饭后，先冻结至冰点以下，使水分变成固态冰，然后在较高真空度下，将冰升华成蒸汽而除去，即成为冷冻干燥米饭。

1. 工艺流程

大米 → 浸泡 → 漂洗 → 控水 → 加热 → 分散 → 再煮 → 控水 → 冷冻 → 成品

2. 工艺要点

（1）浸泡　大米在55~60℃的温水中浸泡2h，水中应含有足够的柠檬酸使水的pH达到4.0~5.5，浸泡结束时米粒表面必须仍有水覆盖。

（2）漂洗　排去浸泡水，重新用同样的水漂洗除去细杂质。

（3）控水　采用振动筛或空气吹干的方式彻底除去米粒表面的水。

（4）加热　在压力锅底部放少量水，加盖烧开使设备加热。将控水以后的米放在压力锅中的筛网上，米层厚度≤5cm，加盖加热至排气阀出汽，关闭排气阀，将气压升到2.05×10^5Pa，保持12~15min，然后逐渐排汽防止暴沸。

（5）分散　将蒸过的热米置于过量的93~99℃的水中，不要搅拌（搅拌会使米粒变黏），使米粒吸水膨胀、变软并分散。米应装在多孔容器中，这样水可以循环流过。

（6）再煮　按步骤（4）中的方法再煮10~15min，控去热水，用步骤（1）中调节过pH的冷水漂洗2次。

（7）控水　用振摇或真空过滤机去除米粒上的游离水。

（8）冷冻　将米饭置于不锈钢筛网传送带，通过空气冷却器冷却至室温，装入纸袋或塑料袋，在气流式冷冻机中冷冻。米饭也可在包装前用流化床冷冻机冷冻。再煮后进行预冷却处理，可以除去米饭表面大部分的水分。包装前用-34.4℃的冷空气处理，能保证米粒分散。冷冻干燥米饭在-18℃可储存一年。食用时用微波炉解冻即可。

（三）膨化米饭

膨化米饭分为两种，一种是将大米直接膨化，另一种是将大米预糊化后再膨化。常采用预糊化后再进行膨化。

1. 工艺流程

大米 → 淘洗 → 浸泡 → 蒸煮 → 压扁 → 二次蒸煮 → 干燥 → 膨化 → 冷却 → 包装

2. 工艺要点

（1）浸泡　将原料米置于水中，冷热水均可，浸泡时间>1h。浸泡后米的水分含量为30%~35%。浸泡时可以添加其他食品及辅料，如调味料、各种氨基酸、食盐、白砂糖、葡萄糖、果糖、磷酸盐、酶制剂以及稀酸等。

（2）蒸煮　将浸泡后的大米捞出晾干，用压力为98.0665kPa的蒸汽蒸煮10~30min，使米的水分含量达到30%~35%，但米心部分尚未α化，米粒处于半熟状态。

（3）压扁　压扁前先吹入10~40℃的冷风，时间约为5min，将蒸煮米冷却至室温，使米粒处于松散、分离状态，然后进行压扁。

（4）二次蒸煮　压扁工序结束后，加水搅拌，加水量为原料的10%~40%，使米粒均匀吸水至将所加入的水全部吸收。待米粒充分吸水后，再用98.0665kPa蒸汽蒸煮15~30min。蒸煮后米的水分含量为35%~50%，使米粒充分α化，也就是使米心高度α化，米粒处于非常松软的状态。在α化的过程中，可以添加一些乳化剂或油脂，添加量为原料大米的0.1%~1.0%。乳化剂可以添加聚甘油脂肪酸酯、蔗糖脂肪酸酯、山梨醇酐单油酸酯等；油脂可以添加棉籽油或大豆油等半干性油。

（5）干燥　干燥一般采用热风干燥法，干燥温度60~100℃。干燥后的米粒水分含量为8%~20%。

（6）膨化　膨化操作是将米粒与高温热风接触。高温热风的温度为150~300℃，以180~250℃最为理想。膨化时间很短，为10~40s，膨化后大米的水分含量降到4%~7%。

（7）冷却　将膨化后的米粒通过输送<40℃冷风冷却至常温。

（8）包装　将冷却后大米用塑料袋或塑料杯定量包装，即可入库或销售。

二、米粉及米粉食品

米粉有两种形式，一种是粉末状的，一种是丝状或条状。粉末状包括水磨糯米粉、预糊化米粉和速溶营养米粉。条状米粉是指以大米为原料，经浸泡、蒸煮、压条等工序而制成的条状、片状或丝状米制品，一些地方将此类产品称为米粉条。有直条米粉和波纹方便米粉两种。

（一）粉末状米粉

1. 水磨糯米粉

水磨糯米粉是一种生米粉，其生产工艺流程：

糯米 → 水洗 → 浸泡 → 水磨 → 筛分 → 糯米粉浆液 → 破碎 → 干燥 → 糯米粉

糯米一般浸泡时间为3~4h，时间长短与季节有关，天气冷浸泡时间长些，天气热浸泡时间短些。糯米的浸洗程度，以手指用力能搓碎为好，洗米的水要符合卫生标准。浸泡后滤水，再加入1~2倍的水，用水磨机磨成浆液。浆液过80~100目的筛网，筛上物返回重磨，筛下浆液用压滤机脱水至40%~45%，制成生粉，然后破碎，用60~70℃的热风干燥即可得成品。

2. 预糊化米粉

预糊化米粉的生产工艺流程：

糯米 → 水洗 → 浸泡 → 蒸煮 → 捣制 → 干燥 → 粉碎 → 筛理 → 包装

糯米经水洗、浸泡、蒸煮以后捣制成黏糕状，然后经过滚筒干燥，将干燥得到的产品粉碎、过筛即可得到成品。预糊化米粉加水冲调后即可食用。

3. 速溶营养米粉

速溶营养米粉是采用螺旋挤压机进行挤压膨化，然后再粉碎得到粉末状产品，按配方加入不同的营养素，可以制成适合不同年龄人群的产品，特别适合于老年人和婴幼儿。其生产工艺流程：

配料 → 混合 → 预处理 → 挤压膨化 → 切割 → 干燥 → 冷却 → 磨粉 → 过筛 → 包装 → 成品

（1）配料与混合　原辅料从各储罐按配比称重后，进入混合器充分混合，然后送入预处理。速溶营养米粉的配方见表 2-4-1。

表 2-4-1　速溶营养米粉配方　单位：%

配方	大米	大豆	米胚	玉米	乳粉	蛋黄粉	砂糖
Ⅰ	36	25	11	6.1	4	2.9	15
Ⅱ	38	24.4	12	5.0	2.6	3.0	15

（2）预处理　原料进入挤压膨化机前，按生产工艺要求进行增湿或加温处理，以减少主机螺杆的负荷，保证最终产品品质。预处理可以在性能较好的混合机内喷水或喷蒸汽，如螺旋锥形混合器具有这种功能。在预处理器内，调整物料的水分至 20%左右，然后再把物料送入挤压膨化机。

（3）挤压膨化　螺旋挤压机摩擦生热，糊状物在 120~160℃的温度下产生淀粉糊化，受高压作用，通过微细小孔网片挤出，挤出瞬间压力骤降，米粉迅速膨胀而失水干燥，形成有蜂窝状组织的固形物，经旋转切割刀切成小球状。

（4）干燥、冷却　从模头挤出的物料水分仍较高，经烘干冷却，使物料的水分降至 4%左右，温度降至室温。

（5）磨粉、筛分、包装　经过干燥的膨化物料，用磨碎机磨碎再经 80~100 目筛筛分，用复合薄膜袋或金属罐包装即为成品。

（二）条状米粉

1. 高档直条米粉

工艺流程：

大米 → 洗米 → 浸泡 → 磨浆 → 筛滤 → 拌粉 → 榨粉 → 一次时效处理 → 复蒸 → 二次时效处理 → 梳条整理 → 干燥 → 切条 → 计量与包装

工艺要点：

（1）大米预处理　大米预处理工序主要包括去石、精碾、清洗、浸泡、脱水和粉碎等。

（2）拌粉　大米经浸泡、粉碎后，其水分含量 26%~28%。拌粉工艺要求：粉料粒度和水分分布均匀一致、一捏即拢、一碰即散，水分含量 30%~32%为宜。

（3）榨粉　榨粉机挤出的米粉条粗细均匀、透明度好、表面光亮平滑、有弹性、无生白、无气泡。

(4) 时效处理　时效处理是将糊化淀粉回生老化，即将米粉丝送入时效房内静置一定时间，使糊化的大米淀粉适度 α 化。同时使米粉丝水分平衡、结构稳定，米粉条之间黏性减小，易于散开而不粘连。高档直条米粉生产中有两次时效处理。第一次是榨粉后，第二次是在复蒸后，其目的都是为了使大米淀粉适度 α 化。

(5) 复蒸　将米粉条进行复蒸，提高熟化度，使米粉条的表层进一步糊化，以降低成品吐浆率，提高表面光滑度及其韧性。复蒸的工艺要求是提高 α 化度，尤其是米粉条表面要充分糊化。

(6) 梳条　两次时效处理后的米粉条都要进行梳条，即将晾透的粉挂移到梳条架上逐挂松散。梳条时，用少许水润湿，并反复揉搓，使粉丝间充分分离。然后再用钢丝梳上下梳理整齐。

(7) 烘干　已梳条的粉挂人工逐杆挂上烘房的移动悬挂器上，进入烘干房。烘干时间为6~7h。烘房分为 3 个干燥区段，预干燥区 20~25℃、相对湿度 80%~85%，主干燥区 26~36℃、相对湿度 85%~90%，完成干燥区 22~25℃、相对湿度 70%~75%。控制米粉条干燥的最终水分含量在 13%~14%。

(8) 切条和包装　干燥后的粉挂由人工逐杆取下，用切粉机切割成 18~20cm 长。直条米粉合格品要求粉丝外观均匀挺直、无弯曲、无并条、无杂质、无气泡。

2. 波纹方便米粉

工艺流程：

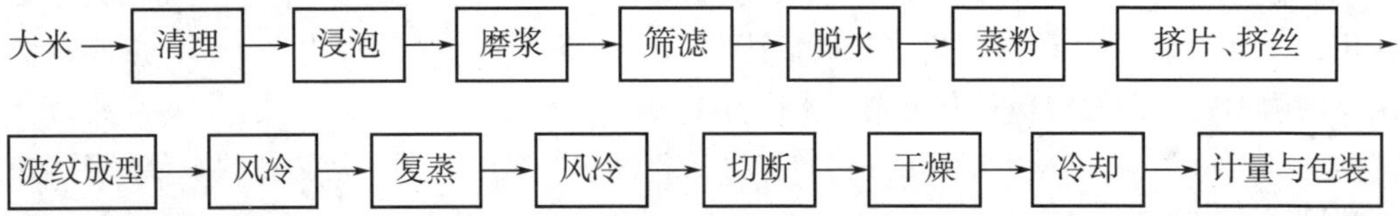

工艺要点：

(1) 搅拌蒸粉　蒸粉工序的要求是蒸粉后粉团应呈淡黄色，透明有光泽，熟化度 70%~80%；用手掰开粉团，内部无生粉，里外熟化度基本一致。

(2) 挤片和挤丝　挤片又称榨片，是将蒸熟后的粉料挤压成长条片，然后进入挤丝工序。波纹米粉与波纹方便面成型的方法不同，它是利用超长榨条机的螺旋轴产生的强大压力，迫使米粉条穿过出丝模头，克服出丝孔板的阻力而形成丝状。由于不锈钢输送网带速度比米粉条出丝速度慢，会使米粉条产生弯曲和折叠。同时，由于冷风的强制作用，米粉条表面的黏液被迅速吹干，温度降低，表面变硬，而形成弯曲平整、折叠规则均匀的波浪状。

(3) 冷却　直条米粉在挤丝后，时效处理 4~12h，目的是使淀粉充分回生。

(4) 复蒸　复蒸也称蒸丝或蒸条。复蒸温度 100℃左右，复蒸时间为 12~18min。

(5) 切割　复蒸后的波纹米粉离开复蒸室后被滚刀切成面块，切刀每旋转一周，刀口对米粉带切割一次，粉块的长度由切刀的转速决定。刀口应定时刷无色无味的色拉油，防止刀口与粉块黏结。

(6) 干燥　波纹方便米粉的干燥原理与直条米粉相同。要求烘干时间短，烘干温度尽可能高。现多采用较为先进的三段式高温高湿链盒式热风循环干燥机，它能确保烘干的粉块不弯曲、不酥条、色泽洁白且有光泽。

（7）包装 可做成各种方便包装，做到真正食用方便，一般波纹米粉的包装有袋装、碗装、纸箱装3种形式。

三、其他米制品

（一）大米膨化食品

1. 烘烤式膨化法

烘烤膨化方式是先用挤压机或其他设备将大米原料混合、蒸煮和糊化，然后在烤炉或干燥机中高温干燥（274~288℃）。因干燥过程温度很高，在脱水的同时水分快速逸出，导致制品膨化。流化床干燥机和微波干燥机是常用的烘烤膨化设备。以糯米为原料，以烤炉为膨化器生产大米膨化食品的一种方法如下：

原料 → 清洗 → 蒸煮 → 预干燥 → 调质 → 烤炉膨化 → 冷却 → 包装 → 成品

许多挤压烘烤膨化产品都采用先挤压再压片的工序。挤压后的物料（一般为连续的带状形式）被进一步处理，以改善其表观状态。通常采用表面有纹理的压辊来处理，表面的花纹能施加在面带上减小厚度。

进入烤炉膨化阶段，烤炉可用燃气加热，烘烤温度232.2~301.7℃，时间30~45s。米坯在此过程中脱水并膨化为所需产品，制品水分含量<3%。膨化后的制品，由传送带送入膨化仓内冷却至室温，进行自动化包装。

2. 挤压式膨化法

挤压膨化大米食品一般采用具有较长停留时间的挤压机，并利用除机械能以外的其他形式能量进行补充加热。

3. 喷射式膨化法

喷射式膨化法是一种将物料置于不稳定状态下迅速膨化的方法。它分三个步骤完成：一是洁净大米的加热；二是高压汽蒸；三是迅速减压膨化。物料在一个密闭的容器中加压、加热。当容器突然被打开，骤然的减压使水分急剧汽化，产品被迅速膨化。喷射式膨化选料以糯米为宜。将净米手工装入有喷嘴的转鼓中，转鼓密封后转动，预热一段时间后，将14.8MPa的过热干气流引入筒内。最后手工开启封盖，压力骤降，大米在喷射的同时被膨化，并干燥至水分为3%左右，冷却包装。

（二）年糕

习惯上，我国人民称米糕为年糕或黏糕，年糕是一种传统小吃，加工制作方便，耐贮藏，食用方法多样，很受欢迎。年糕的加工方法，基本上都包括以下步骤：

糯米 → 淘洗 → 浸泡 → 磨粉 → 揉粉 → 成型 → 汽蒸 → 冷却 → 包装

1. 水磨年糕

用传统工艺生产的水磨年糕，是浙江宁波的一种特产，故又惯称宁波年糕。其原料一般选用当年产特二精度（出口标准）的优质粳米，要求具有良好的黏弹性和胶稠度。

工艺流程：

特二粳米 → 浸泡 → 磨浆 → 压滤 → 打粉 → 蒸煮 → 压延成型 → 切断 → 冷却 → 水磨年糕

工艺要点：

（1）浸泡、磨浆、压滤　与生产水磨糯米粉——加水磨浆法工序相同。压滤后米粉水分含量要求在30%左右。直观感觉是用手掰开米粉块，断裂干脆，不连接。米粉块水分含量的高低直接影响年糕的质量。水分含量过高，制成的年糕水分超标（年糕水分含量要求44%±2%），外观不光滑，年糕不清爽，黏牙，煮后易糊。

（2）打粉　在打粉机中完成。米粉块用打粉机破碎，破碎后的米粉要求不含粉块。因为粉块不易蒸熟，制成年糕会出现夹生现象。

（3）蒸煮　利用压力2962~3942Pa的蒸汽对粉进行蒸煮，要求熟透，不返生。

（4）压延成型　把刚蒸熟的粉用年糕机进行压延成型，成型尺寸为3.0cm×1.5cm。成型后年糕要求外观光滑，宽度3~4cm，厚度1.5~2.0cm。

（5）切断　用切断机将成型年糕切断，要求每段长度18~20cm。

（6）冷却　刚制成的糕体温度和水分较高，软易变形，需冷却硬化，一般冷却约6h。年糕经过冷却符合质量指标，即可装盒或袋储存，或散装出厂。装年糕的盒子要求清洁干燥，盒内装高以10叠为宜，以免压坏变形。装袋的最好要抽真空包装，既卫生又可以延长保质期。真空包装的水磨年糕片，片体厚度为3mm左右。

制品特点与用途：水磨年糕色如白玉，观之晶莹剔透，光滑结实无气孔，煮后不糊，食之爽滑不黏牙，炒煎烧烘皆宜，咸甜清辣俱佳，既可做主食，又可做菜肴。

2. 糯米年糕

用新糯米，按照水磨年糕生产工艺水洗、浸泡12h，水磨、压滤至水分含量约30%。蒸煮（蒸煮机100~105℃），压延整形后放入冷库使之硬化，切块成年糕，一般包装或真空包装。包装后用沸水短时间杀菌，即制成方块年糕。糯米年糕压滤后，配入适量白砂糖或红糖，松子、瓜子仁、核桃仁等果料，与滤干后的粗粉混合均匀后蒸煮，挤压成型，即为糖年糕或者果仁糖年糕。

第四节　麦类食品加工技术

一般小麦的蛋白质含量占全粒的8%~16%。小麦中所含蛋白质可分为麦白蛋白（清蛋白质）、球蛋白、麦胶蛋白、麦谷蛋白四种。前两者易溶于水而流失，后两者不溶于水且与其他动、植物蛋白不同，最大特点是能互相黏聚在一起成为面筋（gluten），因此也称面筋蛋白质。面筋蛋白质在小麦粉中含量最高，在调制面团或浆料时，面筋蛋白质首先通过水合作用吸水膨胀，形成湿面筋。然后在搅拌或揉捏的机械作用下，面筋蛋白质的多肽链伸展成为扩展状态的面筋。接着，多肽链相互接触，并通过二硫键的交联形成立体的网络结构。这种网络结构不仅可以保留水分，而且可以包容气体及其他成分，它是麦类制品的骨架及强度基础。

一、挂面

挂面是我国目前生产量最大、销售范围最广的面食，它以物美价廉、食用方便、品种多、保质期长等优点，深受人们的喜爱。随着技术的进步，挂面出现了许多新产品，如营养挂面、杂粮挂面、保健挂面、鲜切挂面等。

（一）概述

1. 定义

面粉制成面团，在机械挤压下形成湿面条，经干燥而成的一种面制食品。

2. 分类

按面条的宽度分为：龙须面 1.0mm、细面 1.5mm、小阔面 2.0mm、大阔面 3.0mm 和特阔面 6.0mm。根据营养成分不同分为：普通面、风味面和营养面（营养添加面和营养强化面）。

（二）挂面生产工艺

1. 工艺流程

原辅料 → 和面 → 熟化 → 压片 → 切条 → 烘干 → 切断 → 包装

2. 工艺要点

（1）和面　和面是将生产挂面的各种原、辅料按照要求投入和面机内进行混合搅拌，使之充分而均匀地混合，制成下道工序所要求的面料坯的过程。和面是挂面的第一道生产工序，也是关键的一道工序，和面效果的好坏直接影响后续工序的操作，也关系到成品的品质。可以说，和面是整个生产过程中的基础工序。目前，挂面生产中存在“浑汤”质量问题和因落杆数量多而造成合格率低，和面效果是较为重要的原因。

和面工艺的要求是形成具有良好加工性能的面团。即面团形成颗粒坯状，吸水均匀而充足，面筋扩展适宜，颗粒松散，粒度大小一致，色泽一致并略显肉黄色，不含“生粉”，手握成团，经轻轻搓揉仍能成为松散的颗粒面团。

①面粉：应具有足够的湿面筋含量和具有一定的弹性、延伸性。挂面湿面筋含量要求为30%~32%。

②水的质量：水质会直接影响制品的质量，因为水的硬度太高，会使小麦粉的亲水性变差，吸水速度变慢，硬水中的金属离子与小麦粉中的蛋白质结合，降低面筋的弹性和延伸性，变硬变脆，削弱面团的韧度和工艺性能。此外，硬度高的水往往其碱度也偏高，因此制面用软水比硬水好，最适宜的 pH 为 7.0 ± 0.2。

③添加物：为了提高和面效果，可在和面时使用一些物质，如食盐、碱等。和面时适当加入溶解的食盐，能起到强化面筋、改善面团加工性能的作用。添加量为面粉质量的2%，一般先将盐化成盐水。

挂面加适量碱。其一，可使挂面产生较好的色泽，使面条呈淡黄色，显示出独有的风味；其二，可以增强筋力，煮时不易浑汤，复水性也可以加快；其三，可中和面粉中的游离脂肪酸，防止脂肪氧化酸败，但也不宜加入太多，否则使面条硬度增加，甚至损坏面筋的网络结构，降低面团的加工性能。加碱量可根据各地习惯而定，一般为面粉质量的0.1%~0.2%。以Na_2CO_3及K_2CO_3的混合物为宜。

添加剂羧甲基纤维素、食用胶和多聚糖等，增加面条的黏弹性和咀嚼感，减少断条率。

加水量是影响和面效果的主要因素之一。生产挂面的加水量一般为面粉质量的26%~30%，即面团水分测定值控制在30.5%~31.5%为宜。

在夏季、春季和秋季和面用水的温度控制在20~30℃。如冬季及春初秋末，气温<20℃，最好用温水和面，水温应控制在40~45℃，不宜超过50℃。

和面时长对和面效果有显著影响。由于小麦面粉中的蛋白质吸水形成面筋、淀粉吸水膨胀形成良好的面团结构需要一定时间，和面时间过短，加入的水分难以和小麦粉搅拌均匀，蛋白质、淀粉没有与水接触或没来得及吸水，会显著影响面团的加工性能。和面时间太长，面团温度升高（主要是由于机械能转变为热能），蛋白质部分变性，降低湿面筋的数量和质量，面筋扩展过度，出现面团“过熟”现象。

和面效果好坏，与和面机（图2-4-3）的形式及其搅拌强度也有关系。搅拌强度一般用搅拌轴的转速来表示。搅拌的作用主要是将和面机内的面粉和水以及其他添加剂不断地翻动，使小麦粉的各部分吸水均匀一致，并通过揉搓，使其形成具有良好加工性能的面团。因此，搅拌速度快慢对和面效果具有显著影响。

挂面在生产中不可避免地产生许多断头。挂面在烘房内移动和烘干后下架时受机械振动落条，成品在切成一定长度时以及在称量、包装过程中所产生的断条，这些统称“面头”或断头。我国大多数挂面厂合格率为80%~90%，即投料100kg面粉就有10~20kg的面头。有时因制面工艺掌握不当而产生“酥面”，会增加面头的占比。目前普遍采用回机处理法，将面头粉碎成一定细度后直接掺入和面机的干法处理，或将面头用水浸湿软化后掺入和面机的湿法处理两种。

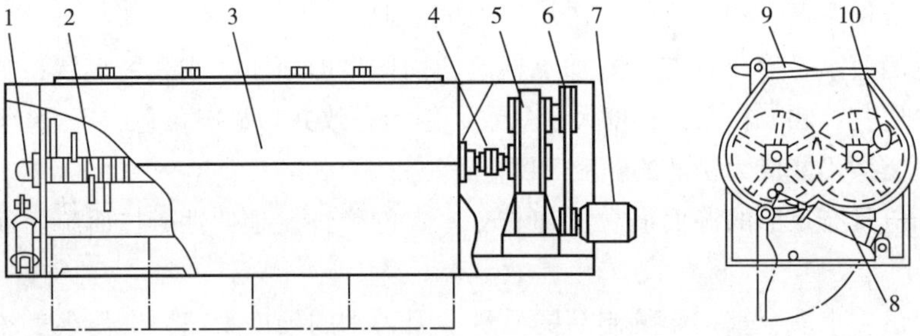

图2-4-3 卧式双轴和面机

1—轴承座 2—搅拌轴 3—箱体 4—联轴器 5—减速器 6—皮带及大小链轮 7—电动机 8—汽缸 9—盖 10—搅拌轴（桨叶）

（2）熟化 熟化是进一步改善面团的加工性能，提高产品质量的重要环节之一。

所谓“熟化”，即自然成熟的意思，也就是借助时间的推移来改善原料、半成品或者成品品质的过程。在制面生产中，面团的熟化是把和面后的如散豆腐渣状的面团放入一个低速搅拌的容器（图2-4-4）中，在低温、低速搅拌下完成熟化。对于面团来讲，熟化是和面过程的延续。如中国传统的拉面工艺中即有熟化工序，和面后，让面团静置一段时间，在搓条过程中再进行两次静置。

熟化工序的主要作用包括：①使水分最大限度地渗透到蛋白质胶体粒子的内部，充分吸水膨胀，互相粘连，形成面筋网络组织。②通过低速搅拌或静置，消除面团的内应力，使面团内部结构稳定。③促进蛋白质和淀粉之间的水分自动调节，达到均质化，起到对粉粒的调节作用。④对下道复合压片工序起到均匀喂料的作用。

熟化工艺的要求是熟化时间一般为15min，最少为10min，如设备条件允许，时间长一些更好。熟化后的面团不结成大块，不升高温度。搅拌杆的转速以5~8r/min为宜，比较理想的熟化温度为25℃左右，宜低不宜高。

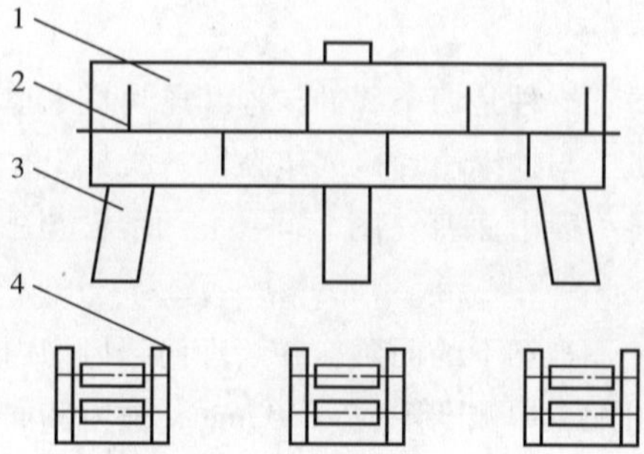

图2-4-4　卧式熟化机

1—卧式熟化机　2—搅拌齿杆　3—出料口　4—复合压片机

（3）压片　压片是使面团经过若干道辊压作用形成面片的过程，为切条成型作准备。成型面片是否符合要求，对产品的内在与外观质量以及烘干工序的操作影响显著，因此压片是保证产品质量的中心环节。

压片有三个作用：一是将松散的面团辊压成细密的、达到规定厚度要求的薄面片；二是压片过程中，面筋蛋白逐渐由零乱、无序状态转为有序状态，面筋蛋白受压变细，成为纤维状，沿压延方向分配，同时将淀粉颗粒包络其中，形成更为完善的面筋网络体，并最终在面片中均匀排列，使面片具有一定的韧性和强度，以保证产品质量；三是压片使面片水分分布更加均匀。

压片的工艺要求是面片薄厚均匀、平整光滑、无破边、无孔洞、色泽均匀，并有一定的韧性和强度。

压延倍数N（压缩比）是初轧面片厚度与末轧面片厚度的比值，它反映复合压延前后变形的程度。

压延比也称轧薄率，面片经每道轧辊后变薄的幅度是通过压延比来表示的。压延比为面片进出同道轧辊的厚度差与进入前面片厚度的比值。

面片自初轧成型到压轧至成品厚度，在单位时间内通过各道轧辊的数量必然是相等的（在压延过程中水分的蒸发忽略不计），据此原则即可确定各道轧辊的线速度。

如图2-4-5所示为熟化、复合、连续压片及成型器。

（4）切条　把经过若干道压轧成型的薄面片，纵向切成一定形状和横向切成一定长度的过程称为切条。其作用是将压片后的面片切成一定长度和宽度的湿面条，以备悬挂烘干。

切条的工艺要求是切出的湿面条表面光滑、薄厚均匀、长宽一致、无毛刺、无并条、断条

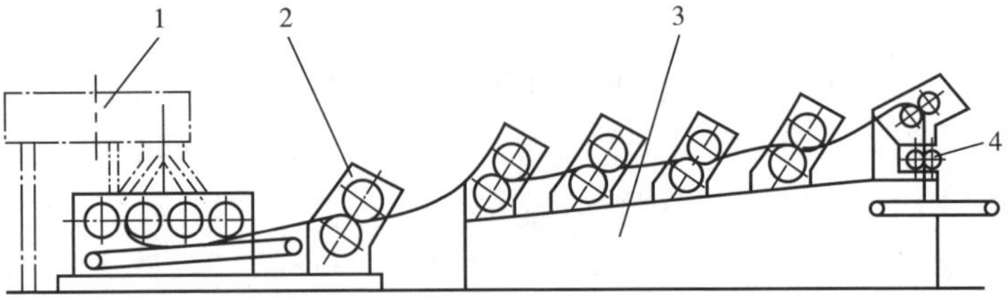

图 2-4-5　熟化、复合、连续压片及成型器

1—熟化喂料机　2—复合压片机　3—连续压片机　4—成型器

少等。

切条设备目前有两种形式：一种是切条部件与连续压片机末道轧辊组合为一体；另一种是切条部件组合一体成为切条机，与连续压片机固定在同一机架上。但不论何种形式，其传动均由连续压片机驱动。切条设备一般由面刀（图 2-4-6）、面梳（图 2-4-7）、切断刀（图 2-4-8）及传动等部件组成。

面梳又称篦齿，是用来铲下被切下的面条，并清理面刀齿槽内黏附的面屑的零件。面梳的齿距必须与面刀一致，与面刀配合单侧间隙应<0. 03mm，梳齿侧面光洁度应优于 1. 6 级。

切断刀是用钢板制成，装于面刀下方，并以一定的转速旋转，周期性地将从面刀下落的湿面条切成所需长度的零件。

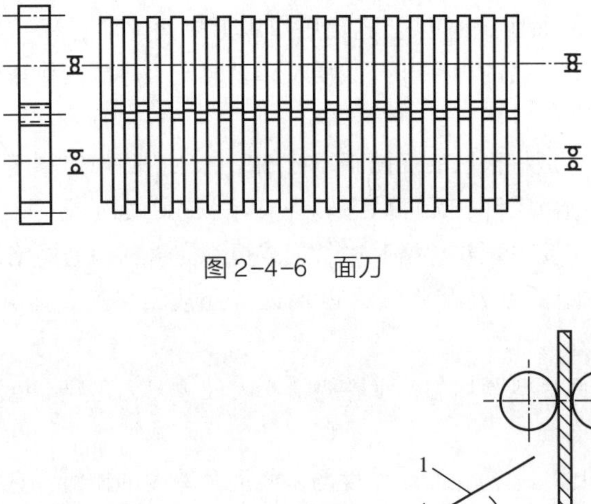

图 2-4-6　面刀

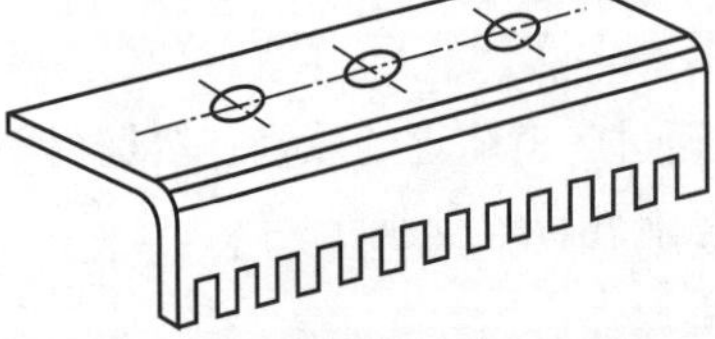

图 2-4-7　面梳

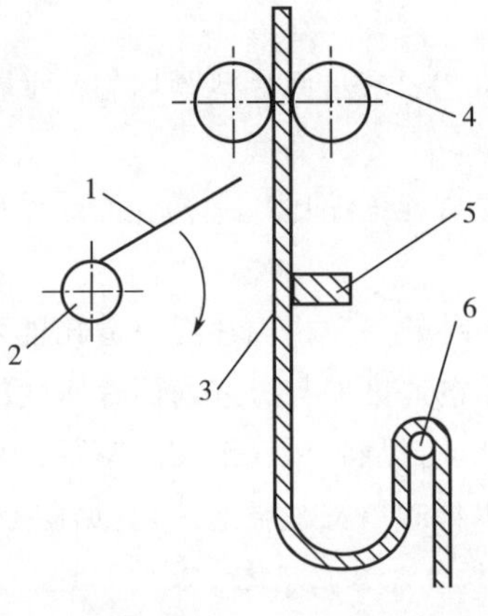

图 2-4-8　切断刀

1—切断刀　2—轴　3—面条　4—面刀　5—定刀块　6—面杆

（5）挂面干燥　挂面干燥是挂面生产工艺中十分重要的工序，它直接影响到挂面正常烹调性能和挂面产品品质。挂面的干燥不同于方便面的干燥。挂面的干燥是生面条进行干燥，面条内部淀粉尚未糊化，蛋白质尚未热变性而凝固，面筋网络包围淀粉微粒的组织结构尚未完全形成。干燥的目的除了去除多余水分以外，还要固定面条的组织状态，保持良好的烹调性能。如果干燥不当，很容易产生酥面，丧失正常烹调性能。

挂面干燥的感官要求：已烘干的挂面平直光滑，不酥、不潮、不脆。理化要求：有良好的烹调性能和一定的抗断强度，水分含量≤14.5%；梅雨季节，空气潮湿，挂面的水分含量最好控制≤14.0%。

将烘干过程分为三个阶段。在保证挂面质量的条件下，控制烘房各区域的温度、相对湿度，以利于内层水分向外扩散，达到表面水分汽化与内部水分扩散速度相平衡，加快干燥速度的目的。

①预备干燥阶段：预备干燥阶段也称为“冷风定条”阶段或前低温区。所谓冷风定条，是借助不加温或微加温的空气来降低湿挂面的表面水分，初步固定挂面的形状，防止因自重拉伸而断条。

②主干燥阶段：主干燥阶段是湿挂面干燥的关键阶段，可划分前后两个区，前区是“保潮出汗”区，后区是“升温降潮”区。“保潮出汗”这四个字是中国烘干工人长期观察总结出来的一个形象化的专用词。这个阶段的温度为35～40℃，相对湿度为80%～90%，干燥时间占干燥总时间的15%～20%，湿挂面的水分含量应该从<28%降低到<25%。

升温降潮区的温度为40～45℃，相对湿度由85%逐步降到65%左右，湿挂面的水分含量从<25%降低到16%左右，挂面基本干燥。干燥时间约占总时间的35%左右。

③完成干燥阶段：完成干燥阶段也称最后干燥阶段，或降温散热阶段。经过主干燥阶段，挂面的大部分水分已经蒸发，挂面的组织已基本固定，这时可以逐步降低温度，继续不断地通风，在降温散热的过程中，蒸发掉一部分多余的水分，使之达到产品质量标准规定的水分含量14.5%。

缓苏过程应注意，挂面温度应逐渐下降至室温，缓苏时间与挂面形状组织的紧密程度、缓苏仓温、相对湿度、通风条件有关，一般≥2h，遇阴雨天气，空气相对湿度过大，挂面缓苏应加强排潮。

一般以干燥温度的高低和干燥时间的长短来对挂面的干燥方式进行分类。

①低温慢速干燥：一般指主干燥区最高温度<40℃，干燥时间为5～8h，其中包括引进的和国产的索道式烘干室。

②中温中速干燥：一般指主干燥区最高温度<45℃，干燥时间3～5h。这是国产隧道式挂面烘干室改良型的技术参数。主要改良内容是在隧道式高温快速干燥的基础上适当延长烘道和干燥时间，适当降低干燥温度，使干燥温度与干燥时间介于高温干燥和低温干燥之间。

③高温快速干燥：一般指主干燥区45℃<最高温度≤50℃，干燥时间<3h。这是国产隧道式挂面烘房原型的技术参数，干燥时间约为2h左右，时间最短为40min。

隧道式挂面生产线工艺流程如图2-4-9所示。

（6）切断　为了便于挂面的计量、包装、运输、库存及食用，需对烘干的长面条进行切断。

挂面的切断长度大多数选取200mm和240mm，长度的允许误差为±10mm，切断断头

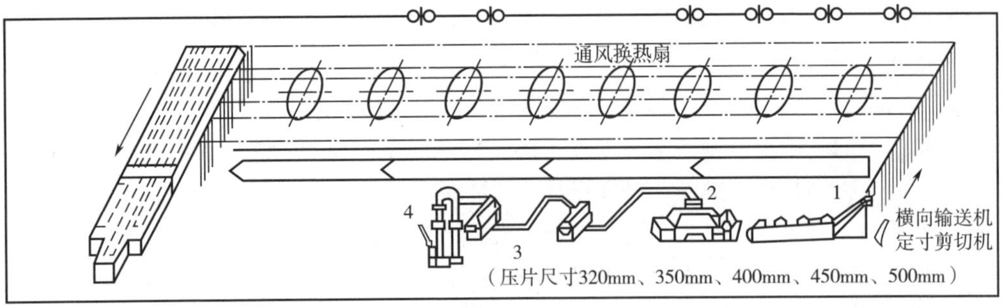

图 2-4-9 隧道式挂面生产线工艺流程

1—压延机 2—复合机 3—面粉提升机 4—面粉

率<7%。

目前常用的机械切断装置有圆盘式切面机和往复式切面机。

圆盘式切面机（图 2-4-10）是中国应用最广泛的切断设备。它由进料输送带、切断工作面板、圆盘式锯片、碎面输出绞龙等所组成。

往复式切面机主要由往复式切刀、压面架、立柱、输面带以及传动装置组成。立柱可用两根或四根，对切刀架起着导向和支撑作用。多把切刀架是用槽钢或角钢焊制成长方形框架，切刀分别固定在框架的底部，框架四个角通过弹簧连接一个压面框，框上绷紧若干根软橡胶带，工作时软橡胶带比切刀口先与挂面接触，将挂面压紧。切刀架的两端装有与立柱相配合的滑块筒，滑块筒受到偏心连杆机构的驱动而带动切刀架沿着立柱作往复运动。刀的长度比压片机轧辊长 100~150mm，刀与刀的间距等于成品挂面的长度。

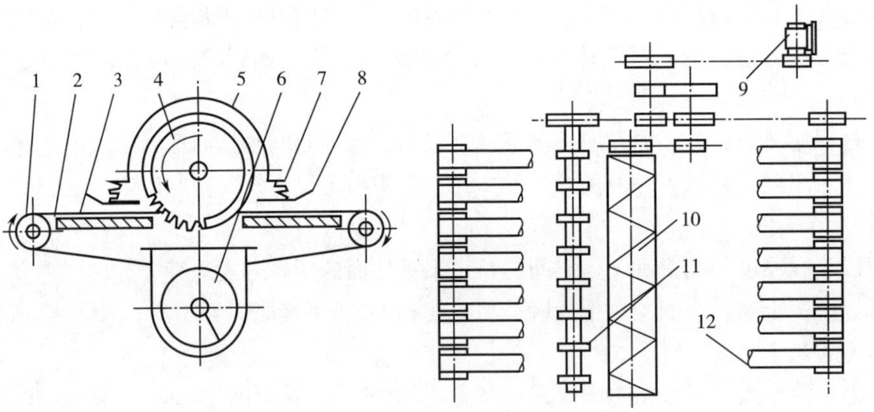

（1）圆盘式切面机示意图 （2）圆盘式切面机传动示意图

图 2-4-10 圆盘式切面机

1—带轮 2，12—帆布输送带 3—工作台面板 4—锯片 5—防护罩

6，10—绞龙 7—弹簧 8—压面板 9—电动机 11—圆盘刀

二、方便面

随着人类工业文明的不断进步，人们的生活节奏不断加快，方便食品应运而生，方便面就

是其中最受欢迎的品种之一。

（一）概述

1. 方便面的概念及特点

方便面是20世纪80年代引进中国的一种制面技术，它是在传统面条生产的基础上应用现代科学技术生产的一种主食方便食品。方便面是以面粉为主要原料，经和面、熟化、复合压延、切条折花得到波纹生面条，经过温度为90℃左右的隧道蒸面机，使其充分糊化，然后用油炸或热风干燥脱水，经冷却、包装得到的产品。食用时只需用开水冲泡3~5min，加入调味料即可成为各种不同风味的面食，是国内外颇受欢迎的一种主食方便食品。

2. 方便面生产基本原理

方便面的主要成分是淀粉，首先是控制好水分和温度，使淀粉充分糊化，从生的变成熟的，然后在不易"回生"的温度条件下，快速脱水，通过易"回生"的含水区域，再在水分含量较低的情况下，冷却降温，保证淀粉不易"回生"，复水性能好。概括来说方便面生产原理是"充分糊化，快速干燥"。

3. 方便面的分类及其特点

（1）按方便面干燥工艺分类　分为油炸方便面和热风干燥方便面。

①油炸方便面：干燥速度快（大约70s完成干燥），糊化度高（α化>85%），面条由于在短时间内快速蒸发脱水使其内部具有多孔性，因而复水性良好，沸水中浸泡3min即可食用，方便性较高，而且具有宜人的油炸香味。但由于产品含有20%~24%的油脂，成本较高。此外，尽管使用饱和脂肪酸含量较高的棕榈油，但经一段时期贮存，仍然会发生氧化酸败，产生油腻味，使产品口感和滋味明显下降，所以油炸方便面保质期较短。

②热风干燥方便面：是将蒸煮糊化的湿面条在70~90℃进行脱水干燥，由于不使用油脂，成本较低，不易氧化酸败，贮存时间长。由于干燥温度低，干燥时间长，糊化度低（α化>80%），面条内部多孔性差，食用时复水时间长，方便性较差。

（2）按包装方式分类　可分为袋装、杯装、碗装三种。

（3）按产品风味分类　可分若干种，如中国风味的酱油炒面、葱油虾味面，日本风味的酱味粗面、咖喱荞麦面等。

（二）基本配方

小麦粉100%，食盐1.4%，碱0.14%，增黏剂0.05%，水8.25%。

（三）生产工艺流程

1. 工艺流程

盐、碱加水溶解 → 小麦粉 → 和面 → 熟化 → 复合压延 → 切条成型 → 蒸面 → 着味 → 定量切断 → 油炸（热风）干燥 → 冷却 → 汤料 → 包装

2. 工艺要点

（1）切条与折花工序　经压片工序生产出符合要求的面带，通过切面装置切出厚0.8~1.5mm、宽1.2~1.5mm的面条，这道工序称为切条；切条的面条继而被折花成型装置折成一种独特的波浪形花纹状，即折花。

切条后的面条进入导箱后，与导箱的前后壁发生碰撞，所遇到的抵抗阻力，使面条卷曲起来，同时，由于变速网带的速度大大低于未折花面条的速度，限制了面条的伸展，于是在导箱这一区域，形成了一个阻碍面条质点作直线运动的阻力面，迫使面条不得不发生弯曲，折叠成为细小波浪形花纹状，连续移动变速网带，形成连续花纹。切条折花成型设备的结构如图2-4-11所示。

要求切条成型后的面条光滑、无并条，波纹整齐、密度适当、分行相等、行与行之间不粘连。

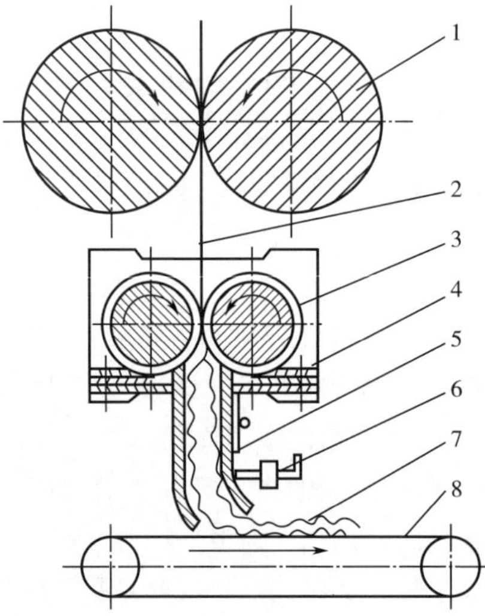

图2-4-11 切条折花成型设备的结构

1—末道轧辊 2—面带 3—面刀 4—铜梳 5—成型导箱 6—调整压力的重锤 7—已成波纹面块 8—可调速的不锈钢成型网带

（2）蒸面工序 蒸面是制造方便面的重要环节。制造方便面的基本原理是将成型的生面糊化，然后迅速脱水得到产品。糊化的程度对产品品质，尤其是复水性有明显影响。

蒸面机是方便面生产中的主要设备之一。蒸面机有高压和常压两种，高压蒸面机可以在较高温度下工作，蒸面效果好，但要求有密封装置，只能用于间歇式生产，不能应用于连续化的工业生产，目前已很少采用。现在常用的连续蒸面机也称为隧道式蒸面机，一般由2~3节组装而成。

蒸面机主要由网带、链条、蒸汽喷管、排汽管、底槽（加隔热层）、上罩（加隔热层）和机架几部分组成。连续输送带有两种形式。一种是过去使用的钢带，带上钻许多小孔以便透气，这种输送带制造方便，但由于小孔不可钻得太多，所以透气性不好，蒸面效果较差，这种钢带一般是用0.4~0.5mm厚的不锈钢制成，接头处不可能铆接十分准确，以致钢带运行时易走偏，使用寿命短；另一种是用不锈钢丝编织的网带，用不锈钢链条传动，透气性好，不跑偏，蒸面效果好，使用寿命长，但其造价较第一种高一些。目前连续蒸面机（图2-4-12）绝大多数都是采用网带式。

（3）定量切断与分排输出 定量切断工艺将从蒸面机出来的波纹面连续切断以便包装，并以面块长度定量，这样可将复杂的质量定量系统变成长度定量系统，有利于设备的简化。然

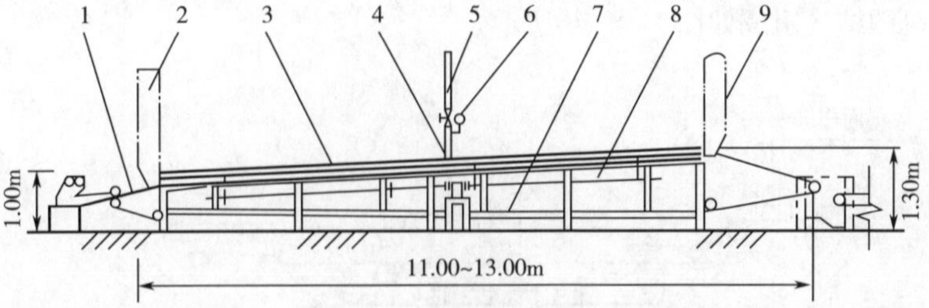

图 2-4-12　连续蒸面机

1—输送　2—排气筒　3—上盖　4—蒸汽流量计　5—阀门　6—压力表　7—底架　8—蒸汽管道　9—排气筒

后将面块折叠为两层，最后分排输出。

定量切断折叠设备由面条输送网带、切断刀、折叠板、托辊、调整电机及分排网链等部分组成（图 2-4-13）。

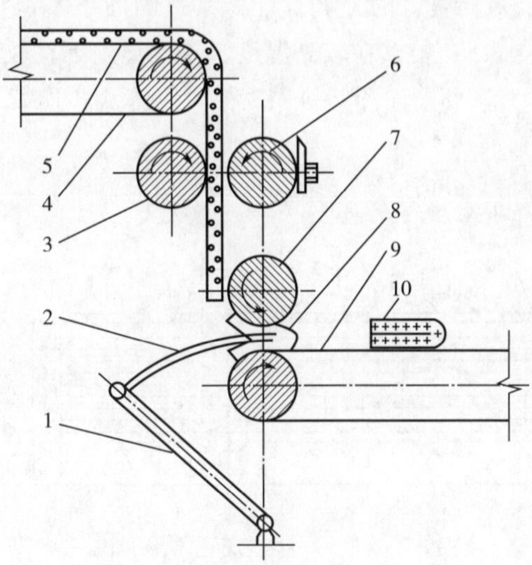

图 2-4-13　定量切断折叠设备

1—连杆　2—折叠板　3—切刀托辊　4—进给输送带　5—已蒸熟的面带　6—切刀
7—折叠导辊　8—正在折叠中的面块　9—分排输送网带　10—已折叠成型的面块

（4）干燥工序　干燥的目的是除去水分，固定组织和形状，便于保存。对于方便面来说，干燥的首要作用是通过快速脱水，固定 α 化淀粉结构，防止面条回生，有利于提高其复水性。蒸熟的面条如不迅速脱水干燥，让其逐渐冷却，它就会产生“回生”现象。面条“回生”后，食用时不易复水，失去了“方便”意义。

①油炸干燥：油炸工序是制作油炸方便面的关键工序。油炸干燥就是把定量切断的面块放入自动油炸机的链盒中，使之连续通过高温的油槽，面块被高温的油包围起来，本身温度迅速上升，其中所含水分迅速汽化，使面条中形成了多孔性结构，同时也进一步增加了面条中淀粉的糊化率。此外，由于快速干燥固定了蒸熟后淀粉的糊化状态，大大降低了方便面在储运期间的老化速度，在面块浸泡时，热水很容易进入这些微孔，所以油炸方便面的复水性能好。油炸

方便面的水分含量低，有利于储存。

连续油炸机的结构组成如图 2-4-14 所示。

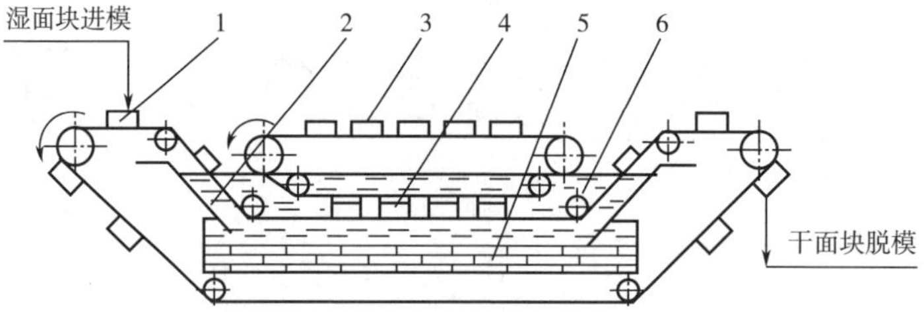

图 2-4-14 连续油炸机

1—模盒输送链 2—油槽 3—模盖输送链 4—模盖与模盒配合工作状态 5—加热装置 6—炸面食油

②热风干燥：热风干燥是生产非油炸方便面的干燥方法。由于方便面已经过 90℃以上的高温糊化，所含淀粉大部分已糊化，由蛋白质所组成的面筋已变性凝固，组织结构已基本固定，面条已是一种凝胶体，具有良好的烹调性能，蒸过的面条不像挂面那样产生“酥面”现象，因而不必采用“保湿干燥”，能够在较高温度、较低湿度下在较短时间内进行烘干。干燥后的方便面要求水分含量<12.0%。如图 2-4-15 所示的链盒式连续干燥机就是一种热风干燥设备。

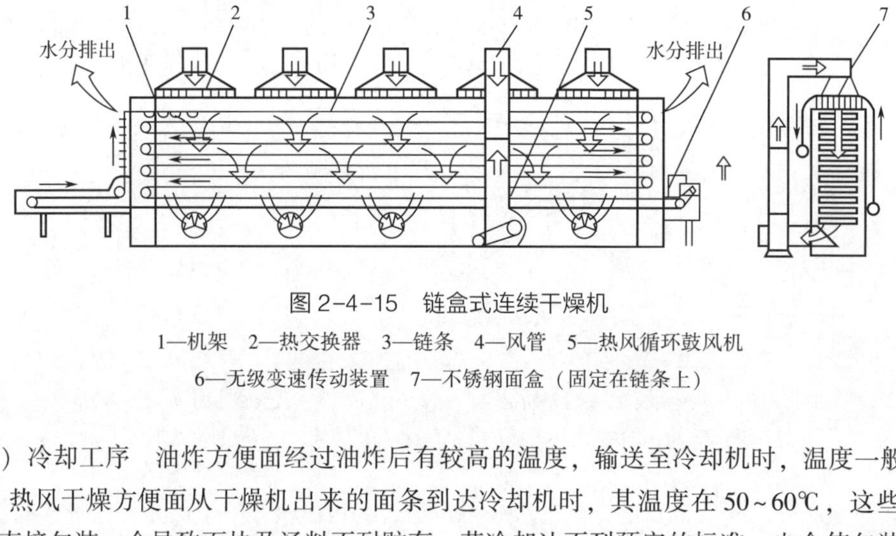

图 2-4-15 链盒式连续干燥机

1—机架 2—热交换器 3—链条 4—风管 5—热风循环鼓风机

6—无级变速传动装置 7—不锈钢面盒（固定在链条上）

(5) 冷却工序 油炸方便面经过油炸后有较高的温度，输送至冷却机时，温度一般在 80~100℃。热风干燥方便面从干燥机出来的面条到达冷却机时，其温度在 50~60℃，这些面块若不冷却直接包装，会导致面块及汤料不耐贮存，若冷却达不到预定的标准，也会使包装内产生水汽而造成吸湿发霉，因而对产品进行冷却是必要的。冷却方法有自然冷却和强制冷却。冷却工艺的要求是冷却后的面块温度接近室温或高于室温 5℃左右。

冷却机有两种类型。一种是机械风冷，就是采用若干直冷式风扇，通过电风扇吹到冷却室的冷风，起到面块被冷却的目的。另一种是强制风冷，就是采用两个大型冷风机，其中一个当吹风机，另一个当引风机，在冷却室内形成冷风对流。这两种冷却机均属机械强制冷却，后一种冷却机成本偏高。

(6) 包装 包装就是把冷却后的方便面块，通过面块供给输送装置送到包装薄膜之上，借助于薄膜传送装置和成型装置，把印有彩色商标的带状复合塑料薄膜从两侧折叠起来成为筒状，通过纵向密封装置把方便面块间隔地卷包在内，再通过上下两条装有条状海绵的输送带，将卷在薄膜内的面块夹住送往横向终端密封装置，在面块两端定长横向密封切断。

（7）方便面汤料的生产　汤料是方便面生产的重要组成部分，对方便面的风味起关键作用。一碗汤鲜、味美、可口的方便面，主要取决于汤料的质量，可见汤料在方便面生产中的重要地位。

为了使方便面食用方便，在包装时加入调味汤料包。方便面的调味种类很多，按其形态可分为粉末状、酱状、液体、颗粒状四种；按其风味特点可分为中式、日式、欧式三种。

①生产工艺流程：

原料 → 原料处理 → 粉碎 → 称量 → 混合 → 筛分 → 包装 → 成品

②液体汤料生产工艺：液体汤料（包括半固体汤料）种类不同，其加工过程也不同，但其大致工艺过程是相同的。一般液体汤料生产中首先对原料进行预处理，然后将各种调味料按一定比例分先后加入、拌和、加热浓缩及灭菌，待冷却后加入增味剂、防腐剂，拌匀后进行包装即可。

三、馒头

馒头是中国最典型的发酵面团蒸食，被誉为古代中华面食文化的象征，现代人常把它同西方的面包相媲美。

中国主食馒头（白馒头）基本上都是以面粉、酵母、水为原料制得，有时还加些盐（制成咸馒头）或糖（制成甜馒头），此外不再添加其他物料，如油脂、鸡蛋或牛乳等。

馒头的生产工艺有三种，这是根据所用的发酵材料是酒酿或甜酒、面种还是纯酵母（包括鲜酵母和干酵母）而区分的。以酒酿或甜酒为引子的产品称为“水酵馒头”，产品带有轻微的醇香，别有一番风味，但该工艺古老且产品质量不够稳定；以面种为引子的生产工艺，仍在广大城乡居民家中或小工厂广泛应用，这种酵面馒头带有碱味，很多中国人喜爱吃。大中型工厂一般都是以纯酵母发酵的，由于鲜酵母不耐贮存，所以经常使用活性干酵母。

（一）工艺流程

面粉 → 和面 → 发酵 → 成型与醒发 → 蒸熟 → 成品

（二）工艺要点

1. 和面

和面时，将面种或称“面头”“酵头”加以稀释搅匀后，与面粉、水混合成可塑性面团，要求带野生酵母的面种引子均匀地混合于面团中。显然，面种加水量的多少直接影响到面团的发酵时间，此外还随季节不同有所增减，天热时酵母繁殖快可少加，天冷时可多加，春秋季节面种的加入量掌握在面粉量的10%左右。一般来说，干酵母添加量增加，馒头体积也增加。通常湿酵母的添加量以占面粉量的10%为宜，干酵母以1.5%~2.0%为宜。

加水量的多少与面粉的性质有关，面筋含量高、面粉筋力高，宜多加些水，筋力低，则少加些水。面团水分含量高时，酵母的增殖就快，反之则慢。通常以46%~50%的加水量为宜。夏季用冷水和面，冬季用温水和面，以保持面团温度30℃左右。大中型工厂多采用单轴S型或双轴曲拐式和面机，和面时间为5~10min，和面的要求与面包生产一样。

2. 发酵

发酵方式有三种：应用面种的天然酵头发酵、甜酒或酒酿汁发酵、纯酵母发酵。

3. 成型与醒发

馒头成型由成型机完成，目前工厂应用较多是双辊螺旋揉搓成型机，其工作原理是电机启动后，将和好的面团投入进料斗内，在拨料器作用下将面团压入绞龙，并推出面嘴，被旋转的切刀切成大小均匀的圆形小面团，接着小面团依次进入双辊式成型槽内，在螺旋推动下迅速地揉搓成表面光滑的馒头坯。

醒发的目的是使面团继续膨胀，这是因为用碱中和时，经醒发阶段能继续产生CO_2气体，有助于面团起发。纯酵母发酵面团搓制成型后也需一定的醒发时间以使面团更加均匀，恢复弹性。根据中国传统的制作经验，温度40℃，相对湿度80%，醒发15min即可。在没有恒温条件时，冬季醒发30min，夏季20min。醒发时间短，则制品个小、开口、表面无光；时间过长，则表面开裂。

4. 蒸熟

蒸熟是馒头有别于面包的最重要方面，也是最能体现中国面食特色的关键所在。

传统的方法是开水上屉，置于笼屉中在沸水锅上受水蒸气的热传导、对流作用，温度上升，酵母活动剧烈并产生大量的CO_2气体。到60~65℃时，面团中的酶和酵母都已失活，终止了气体的产生，面团膨胀基本结束，这一阶段统称为"笼屉内生长"阶段。

四、早餐谷物食品

早餐谷物食品是一种脆性食品，其主要成分是谷类，早餐谷物加工是通过蒸煮和脱水等工艺操作使谷物转变成一种更易于食用和消化的形式。早餐谷物食品通常包括经过加工以改善其结构、香味和消化率的多种谷物产品。早餐谷物食品可简单分为两种主要类型：一类属于冲调食品，食用前需烧煮或加沸水冲调处理，如燕麦粥和各种麦片等；另一类属于加工完好、可随时食用的即食早餐谷物食品，如玉米片和各种挤压膨化食品等。

（一）早餐谷物食品的种类

1. 按加工原理和产品形状分类

分为薄片状产品、喷射爆熟状产品、直接挤压产品、整粒谷物产品、普通谷物产品和其他类型产品，市场占有率分别为35%、26%、15%、8%、7%和9%。早餐谷物中有1/2以上的产品都使用挤压蒸煮技术。

2. 按原料组合分类

分为普通谷物、预加糖谷物和混合型。高度糖化的食品是由普通谷物产品表面涂抹糖、调味料和防止产品黏结的脂类物质形成的，普通的或预加糖的谷物在加工演化中也可以混入其他一些非谷类食品，如水果或干果等。因此，所有的早餐谷物食品都是由简单的谷物发展而来的，通过适当添加糖和水果等原料甚至矿物质和维生素而形成了多种多样的产品，从营养和加工两方面来看，都说明谷类是所有这些早餐谷物食品的核心。

（二）早餐谷物食品的原辅料

对市场上48种早餐谷物食品的调查表明，26种谷类产品包含了123种不同的原辅配料，由于产品由多种食物原料混合而成，早餐谷物食品的营养和风味已足以和其他任何食品相媲美。

（三）早餐谷物食品的加工原理

所有产品都经历了蒸煮糊化、质构转化和特定工艺成型等基本单元操作步骤。蒸煮糊化可改善食物风味，提高其营养吸收性，并且产生香美可口的特色风味。为了使产品具有脆性，所有谷物都要经历某种形式的质构变化，使之变形成为一种孔状松脆的结构。谷物中大量的淀粉颗粒加水蒸煮后会破裂，淀粉糊化后形成一种胶黏性的淀粉基质，包围和维系谷物中的其他化学成分和加入的各种组分，这种半均相的物质在适当的温度和水分下，由特定工艺（如辊压）处理直接形成所需的形状，并且通过其他工艺（如焙烤）使产品中的水分汽化而形成多孔状。

（四）早餐谷物食品的加工技术

1. 片状早餐谷物食品的加工

片状早餐谷物食品生产的“心脏”是压片辊，它将蒸煮后的谷物颗粒压碎成薄片状，并通过烘烤获得质地松脆和风味良好的产品。

（1）原料筛选和混合　各种生产配料须经筛选除杂和正确计量后，混配均匀，筛选操作采用振动或螺旋机械，混合操作采用搅拌混合或翻腾装置。

（2）蒸煮操作　早期片状谷物制品采用传统的间歇式蒸汽蒸煮方法加工，随着挤压加工技术的广泛应用，挤压蒸煮工艺逐渐取代了传统的蒸汽蒸煮方式，挤压蒸煮的原料适用范围较广，挤压后的产品颗粒大小也比传统方式要均匀得多，不足之处是由于过分均匀，使产品在某种程度上失去了谷物固有的自然质构感。

（3）成型挤压　蒸煮之后紧接着进行成型挤压，物料从蒸煮挤压机内出料后在常压下完成“排气”与冷却作用，再在成型挤压机内成型，一般成型挤压机的套筒较短，螺杆的螺旋槽较深，以消除物料在套筒内的回流和过度升温，通常螺杆的螺距和螺槽深度由大到小，以产生轻微的压缩作用（压缩比3∶1），消除气泡并保证物料在充满的状态下流动，获得较好的成型效果。

成型挤压操作时，成型挤压机重新压缩已经蒸煮过的湿热物料，将其逐渐揉捏压缩成为密实的面团，最后通过模具挤出形成具有波纹珠泡的小球，实为连续挤压使物料形成连续的绳状，待物料冷却并干燥至一定程度后送往切割段切断，再经辊轧制成高质量的早餐谷物薄片，物料压片的最适水分含量是10%～24%。

2. 挤压膨化早餐谷物食品的加工

以谷类为主的物料经高温糊化从挤压机模孔中挤出，在常压下物料中的水分迅速汽化而产生膨化，形成泡沫状的酥脆质地，即为挤压膨化型早餐谷物产品。挤压膨化早餐谷物食品一般比休闲小吃食品密度大，并常含有盐和糖等其他成分，这些成分因降低水分活度而妨碍糊化，但挤压膨化早餐谷物产品的糊化程度通常比其他方法生产的食品要高。

3. 焙烤膨化早餐谷物食品的加工

膨化是由产品和大气之间一种突然的压力不平衡导致产品中的水分急剧汽化引起的。当糊化后的谷物以合适的水分暴露在非常高的焙烤温度下时，将导致膨化而形成一种多孔状结构。焙烤膨化是在瓦斯烤炉或用过热蒸汽加热的流化床中，在高达343℃温度下完成的，获得焙烤膨化的谷物最适宜水分含量为9%~10%。

4. 喷射膨化早餐谷物食品的加工

谷物原料在一个密闭的容器中加热，因水分的汽化和气体的膨胀而处于高压状态，当容器突然被打开，骤然的减压使物料从容器中喷射出来，物料中的水分急剧汽化使产品膨化，称为喷射膨化。与挤压膨化不同的是物料在喷射膨化操作中不受到剪切的作用，喷射膨化基本保留了谷物籽粒的固有结构，如膨化小麦虽由于膨化而变形，但看上去仍非常像小麦粒，仅仅是大一点而已。此外，由于喷射膨化加工过程不依赖于流体特性或物料大小，当原料水分和脂肪含量较高时仍可进行加工生产，故许多特殊的原料能使用喷射膨化法加工，包括蔬菜一类的原料。

膨化喷射器加热室中的温度一般控制在200℃左右，压力一般达0.5~0.8MPa。

（五）早餐谷物食品加工实例

1. 燕麦片

燕麦片是典型的片状早餐谷物食品。燕麦分为带壳燕麦（皮燕麦）和不带壳燕麦（莜麦），我国生产的燕麦属于不带壳的裸燕麦，以中国裸燕麦为原料生产燕麦片的加工工艺流程：

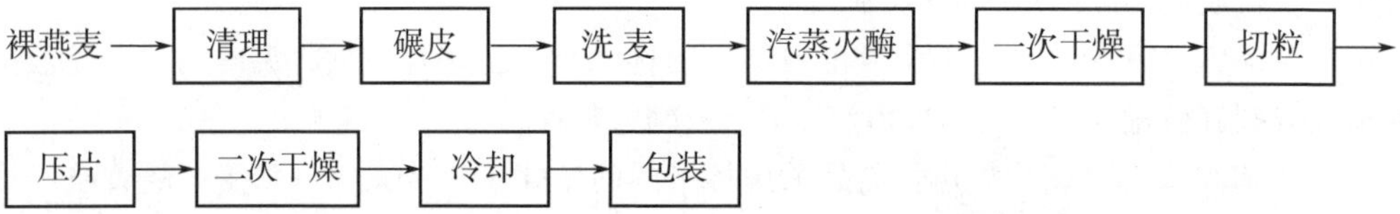

（1）清理　燕麦清理几乎包括了经过改造的小麦清理与稻谷清理中的所有有关设备，成为目前粮食加工中最复杂的清理系统。

（2）碾皮　燕麦去皮只需轻轻擦除其麦毛和表皮即可，不能像大米碾白一样除皮过多。

（3）洗麦　裸燕麦表皮较脏，即使去皮也必须清洗才能符合卫生要求。燕麦清洗时间较长，应使用洗麦与甩干相结合的特种洗麦机。

（4）汽蒸灭酶　燕麦中含有多种酶类，尤其是脂肪氧化酶，若不进行灭酶处理，燕麦中的脂肪会氧化变质，影响产品的品质和保质期。汽蒸既可灭酶，又使淀粉糊化蒸熟，以提高产品的速溶性，燕麦蒸煮后的水分含量在30%左右。

（5）一次干燥　燕麦蒸煮后须干燥至水分含量15%~16%，以保证轧片的顺利进行，使轧出的麦片薄而不碎。

（6）切粒　燕麦片有整粒压片和切粒压片两种产品。切粒是通过转筒切粒机将燕麦粒切成1/3~1/2大小的颗粒。切粒压片的燕麦片形状整齐一致，容易压成薄片而不成粉末。

（7）压片　切粒后的燕麦通过双辊压片机压成薄片，片厚控制在0.2~0.5mm。压片机的辊子直径一般>200mm。

（8）干燥和冷却　经压片后的燕麦片需二次干燥将水分含量降至7%~10%，以利于保存。燕麦片较薄，干燥时稍加热风，甚至只鼓冷风就可以达到干燥目的。干燥设备最好选用振动流化床干燥机，干燥之后要冷却至常温。

（9）包装　为提高燕麦片的保质期，包装应采用气密性能较好的包装材料，如镀铝薄膜、聚丙烯袋、聚酯袋和马口铁罐等。

目前燕麦片产品主要有以下几种：

（1）整粒燕麦片　燕麦粒不经切粒直接加工轧成麦片，麦片厚度为 0.5mm 左右。

（2）中粒燕麦片　燕麦粒经中粒切粒后，再轧成麦片，麦片厚度为 0.3mm。

（3）细粒燕麦片　燕麦粒经细粒切粒后，再轧成麦片，麦片厚度为 0.2mm。

（4）熟燕麦粉燕　麦片经粉碎筛理而成。

2. 三合一速溶麦片

以粉状谷物为原料，利用辊筒糊化干燥技术生产小块状速溶薄片，加入植脂末、乳粉、糖及各种风味添加剂混配制成三合一麦片，产品冲调时麦片呈分散悬浮状，具有浓郁的麦香味，口感清新，食后无饱胀感，是一种新型的早餐谷物食品，工艺流程：

配料 → 搅拌 → 胶磨 → 辊筒糊化干燥 → 破碎 → 产品调配、混合 → 包装

（1）配料　使用多种粉状谷物原料混合配料，如燕麦粉 55%、玉米粉 20%、大米粉 20% 和其他辅料 5%。各种粉状谷物原料要求细度达到 100 目。

（2）搅拌　加入 35℃左右的温水，充分搅拌 10~15min，粉浆含量为 40%~48%。

（3）胶磨　搅拌好的粉浆经胶体磨处理，以增加细度并达到近似乳化的均质效果。

（4）糊化　成型用单辊筒干燥器连续完成粉浆的布膜、糊化、干燥和刮下等一系列工艺操作。辊筒内部通有 0.2MPa 的间接蒸汽，辊筒表面温度为 140~150℃，蒸发强度可达 55~75kg/（m·h）；辊筒转动线速度为 48~50m/min 时，可以兼顾糊化干燥的效果和速率要求。具体操作过程：把调好的粉浆泵入辊筒干燥器上部的接料槽中，由布膜辊将浆料均匀地涂布在转动的辊筒表面上，热量由辊筒传给料膜，浆料中的水分汽化使料膜糊化成型，当产品厚度达到 0.3~0.5mm，干燥至水分含量为 30%~35%时，由刮刀将干燥成型后的薄片自动刮下，即为速溶谷物原片。

（5）破碎　干燥后的大片薄片经破碎分级成为 4~8 目的小块麦片。

（6）产品调配　干燥、破碎后的预糊化麦片，加入一定量的辅料，如乳粉、果仁、糖和植脂末等，经双锥混合机充分混合，成为麦片、果仁与风味增稠剂三合一的速溶麦片。

五、焙烤食品

焙烤食品是麦类食品加工的重要部分。因其产品种类多、携带便捷、不需要加热就可食用、营养丰富，因而深受消费者欢迎。焙烤食品中的中式糕点和西式糕点都有悠久的历史和丰富的饮食文化，在世界饮食文化中占有重要的地位。焙烤食品适合工业化和标准化生产，产品质量容易控制，食品安全卫生，因而在食品工业中占有重要的比重。随着我国改革开放的深入，西式糕点在我国的发展越来越迅速，中西糕点的融合创新也会更快。因此，学习好焙烤食品加工工艺，对食品工业的发展和提高人民生活水平都有重要的意义。

（一）概述

1. 焙烤食品概念

焙烤食品是以小麦谷物等为基本原料，通过高温烤制的一类食品。其共同特点：基础原料是谷类，主要是面粉；辅助原料是油、糖、乳、蛋、色素和香精等；基本工艺是焙烤，以辐射能为主；制品是固态，不需要加热可直接食用。

2. 焙烤食品分类

目前，焙烤食品种类繁多，分类各异。按其发展历史和加工特点分类可分为：

(1) 面包 面包是西方人的主食，也是西方国家销售量最大的食品之一，历史最为悠久。

(2) 蛋糕 蛋糕是最具代表性的西式糕点。

(3) 点心 品种最多的一种，花色各异。包括油酥类（清酥和混酥）、饼干类、蛋白点心、饭点心、气鼓（巧克斯、泡芙、哈力等）。

按产品加工工艺和原料不同可分为中式糕点和西式糕点。

(1) 中式糕点 即我国传统糕点。由于我国历史悠久，地域辽阔，千百年来，中式糕点形成了南北不同风格，各地都有名点。

(2) 西式糕点 是西方饮食文化中的一颗璀璨明珠，它同东方烹饪一样，在世界享有很高的声誉。欧洲是西式糕点的主要发祥地。西式糕点在英国、法国、德国、意大利、奥地利、俄罗斯等国家已有相当长的历史和成就。

3. 焙烤食品发展历史

古埃及在公元前1175年就出现有组织的焙烤作坊和模具，后来这一技术传到希腊，希腊人在面包中添加了鸡蛋、蜂蜜、乳酪等，蛋糕产品出现了。饼干是由面包发展而来，法国人将面包片烤干就变成了饼干。早期面包一直采用自然酸面团发酵法，16世纪酵母开始运用到面包生产中，18世纪磨面技术的改进为面包和其他糕点提供了质量更好、种类更多的面粉。19世纪，其生产由作坊式向现代化工业生产转变。

据史料记载，我们的祖先利用小麦粉掺入水调和成面糊，放入烧热的土窑内烤成烙饼、锅盔等，这是我国最早的焙烤食品。19世纪末，俄罗斯修建东清铁路期间，将西式糕点技术传入我国东北地区。改革开放后，沿海各地从西方引进先进焙烤设备、技术与管理，使我国西式糕点工业迅速发展。

4. 现代西式糕点发展趋势

(1) 工业化 工厂大规模生产西式糕点产品，实现生产的批量化和自动化，增加产品的稳定性和延长保质期。

(2) 原料生产专业化与中间产品商品化 原料生产专业化是指西式糕点原料，特别是面粉和油脂的分类更细、种类更多，以适应不同品种的需要。中间产品商品化是指中间产品（半成品）包括馅料、装饰料、面团和浆料，已成为商品在市场上出售，为西式糕点制作带来极大的方便。如吉士粉、果冻粉是馅料的速溶产品，使用时只需加水调匀即可。还有装在塑料瓶中的乳膏可直接用来挤注裱花。各种蛋糕浆料的粉状制品只要加水调成湿浆料，便可入炉烘烤。酥皮点心和甜点心面团制品可直接用来擀制成形，省去了调制面团和工序。

(3) 清淡化趋势 由于三高食品对健康带来的危害，追求健康食品的潮流正在西方国家兴起，低糖低脂及无添加剂天然食品风靡市场，如果冻蛋糕。

（二）饼干生产工艺

饼干（biscuit）一词来源于法国，法语的意思是再次烘烤的面包，最早的饼干就是由面包烘烤而来。饼干在西式糕点中是品种最多的一种，水分含量低，易于携带，食用方便，是深受欢迎的焙烤食品。

1. 饼干定义

根据GB 7100—2015《食品安全国家标准 饼干》，饼干是以谷类粉（和/或豆类、薯类粉）等为主要原料，添加或不添加糖、油脂及其他原料，经调粉（或调浆）、成型、烘烤（或煎烤）等工艺制成的食品，以及熟制前或熟制后在产品之间（或表面，或内部）添加奶油、蛋白、可可、巧克力等的食品。

2. 饼干的分类

根据 GB/T 20980—2021《饼干质量通则》，按原料的配比分类，分为酥性饼干、韧性饼干、发酵饼干、压缩饼干、曲奇饼干、夹心（或注心）饼干、威化饼干、蛋圆饼干、蛋卷、煎饼、装饰饼干、水泡饼干和其他饼干十三类。

3. 饼干面团的调制

面团的调制是将各种原材料按照要求混合好，然后在混合机中进行调制。这是最关键的一道工序。

（1）酥性面团的调制　酥性或甜酥性面团俗称冷粉。关键是控制面筋的吸水率。面粉的要求是使用低面筋含量的面粉；配料次序是在调制面团前，先将糖、油、水等辅料投入调面缸中，混合成乳状液，然后再投入面粉、淀粉等原料制成面团；酥性面团温度 26~30℃。

酥性面团工艺流程：

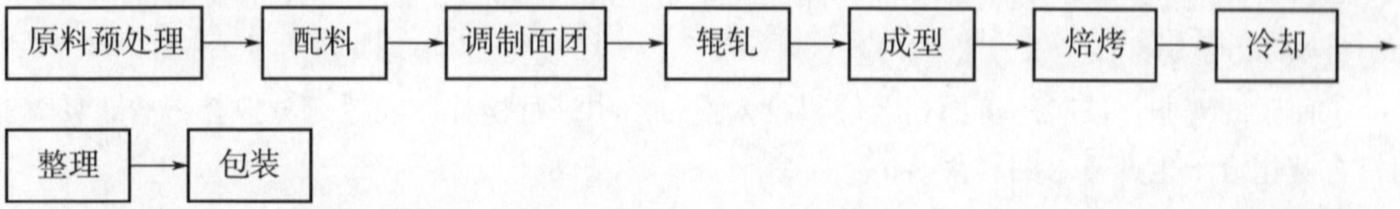

（2）韧性面团的调制　韧性面团俗称热粉。关键是使面粉在适宜的条件下充分胀润，将已经形成的面筋在搅拌桨不断搅拌下，逐渐超越其弹性限度而使弹性降低，面筋吸收的部分水分析出。面粉要求面筋含量<30%为宜。配料顺序是先将面粉、水、糖等辅料投到面中混合，到一定时候再投入油脂进行搅拌。控制面团温度 38~40℃。

（3）苏打饼干面团的调制和发酵

①一次发酵法：又称直接发酵法。将所有的原辅料，按一定投料次序一次调制成面团，在 25~31℃下，经过一次发酵即可完成。

优点是发酵时间短，操作简单。缺点是酵母未经充分培养，加入面团后不能充分发酵，饼干的口味较差。发酵时间和温度不易控制。

②二次发酵法：又称中种发酵法。

第一次发酵，使用总发酵用量 40%~50%的面粉，加入预先用温水溶化的鲜母液，酵母用量为全部面粉量的 0.5%~0.7%，再加入温水调节面团温度。加水量，标准粉为 40%~42%，精白粉为 42%~45%。在卧式调面机中调制 4min 左右。面团温度夏季 25~28℃，冬季 28~32℃。第一次发酵目的是通过较长时间静置，使酵母在面团中得到充分繁殖，以增加面团的发酵潜力。

第二次发酵，将第一次发酵的酵头，加入其余的面粉和油脂、含盐磷脂、糖、乳粉、鸡蛋等原料，在调面机中调制 5min 左右。冬季面团温度应保持在 30~33℃，夏季 28~30℃。

第二次发酵的面粉应尽量选择低筋粉，可使苏打饼干口味酥松，形态美观。这一点与第一次发酵时所应用的面粉有本质的区别。第一次调制面团的筋度以面包粉为宜。第二次以一般甜饼干用粉为宜。面团的加水量与第一次发酵程度有关。第一次发酵越老，第二次加水就越少。

发酵3~4h。尽管在第二次调粉时加入了油、含盐磷脂和碱性疏松剂等，不利于酵母发酵，但由于第一次发酵中有大量酵母繁殖，使面团有较强的发酵潜力。

③发酵有关的几种因素：

用油量：苏打饼干用油量与酥松度有关，过量油脂对酵母发酵不利。油脂会在酵母细胞膜周围形成一层不透性的薄膜，这种反水化作用会阻碍酵母的正常代谢作用，流散度较高的液体油阻碍更为强烈。因此，为解决酥松度和反水化作用之间的矛盾，采用油酥。油酥由面粉、油脂、盐、味精等在调面机搅拌下，混合均匀而成。一般搅拌6~8min即可，拌好的油酥保持松散，呈现细粉末状，在辊轧时加入。

用盐量：1.8%~2%。盐可增强面筋弹性和坚韧性，又是面粉中淀粉酶的活化剂，增加淀粉的转化率。盐最显著的特性是抑制杂菌繁殖，同样也会抑制酵母的发酵。所以，通常将30%的盐在第二次发酵时加入面团中，搅拌均匀，其余70%的盐拌制油酥。

（4）威化饼干面团的调制　威化饼干是一种饼片与饼片之间具有多孔性结构，夹有夹心馅料的多层夹心饼干。具有酥脆、入口易化的特点。

威化饼干由单片饼干与馅心组成。单片是由面粉、淀粉、油脂、水及化学疏松剂组成的浆料，经烘烤而成的疏松多孔薄片。面粉和淀粉用量总和为100%，油脂的用量为1.5%~2.0%，水用量为140%~160%。

①面浆的调制：按顺序将原料及辅料投入搅打器中进行搅拌，经过充分搅拌混合，使其达到符合威化饼干生产要求的料浆。

投料顺序：水⟶面粉、淀粉⟶苏打粉⟶碳酸氢铵⟶钾明矾⟶油⟶色素。

面粉要求：应选用湿面筋含量比较低的面粉，以减少调浆时起筋。添加淀粉，降低面筋含量，增加单片表面光泽，一般为面粉量的8%~15%。

加水量：加水量过多，浆料太稀，流动性大，易出现废品。加水量过少，浆料太浓，流动性差，易产生缺角的“秃片”。浆液浓度一般在16~18°Bé。

温度：调浆结束时浆料温度为19~20℃，最高不超过25℃。

调浆时间：7~9min，过长易起筋，不松脆。

②调制馅心：馅心是以油脂为基料，加上糖粉和香料等辅料搅拌而成的浆料。油脂以100%计，糖粉为100%~130%。

糖粉细度100~120目，油脂熔点34~40℃，油脂常温下为固态，目前除使用奶油外，一般使用低度氢化精炼油或精炼猪油。

油糖配比为1∶1，有时为了防止夹心料与片子黏结，糖的比重略大。目前，为了降低糖的用量，添加变性淀粉作为填充剂和黏结剂，还添加一些花生酱、芝麻酱、果酱或杏仁酱、辣味剂和风味剂等。

馅心投料顺序：硬化油⟶抗氧化剂⟶柠檬酸⟶香味料⟶糖粉。

调制时间：10~15min。

夹心馅料比重=馅心馅料质量（g）/馅心馅料体积（mL），一般为0.6~0.7g/mL。

馅料温度：22℃。

4. 饼干的成型

饼干的成型方法很多，有手工成型和机械成型。手工成型适合家庭制作饼干，机械成型适合工厂化生产。机械成型又分为冲印成型、辊印成型和辊切成型。

（1）冲印成型　冲印机（图 2-4-16）有间歇式冲印机和摆动式冲印机。目前冲印成型仍是我国各食品厂使用最为广泛的一种成型方法，能适应多种大众化产品的生产。

①面带的形成：酥性面团和不经辊轧的韧性面团，可将面团撕裂成小团状，在成型机的第一对辊筒前的帆布输送带上堆成 60~150mm 厚，经第一对辊筒轧成 30~40mm 的初轧面带。

第一对辊筒直径必须大于第二、三对辊筒，直径 300~350mm。使辊筒的剪压力增大，比较硬的面团轧成比较致密的面带。头子应均匀地平铺在底部，因为头子多次辊轧面团，水分蒸发，面带干硬，在底部不易黏帆布。黏布时可撒少许面粉或加些液体油。筒上有刮刀，自动刮清表面的粉层。面团通过第二层辊筒（直径 215~270mm）后，面带厚度 10~12mm，通过第三层辊筒后，面带厚度 2.5~3.0mm。各种辊筒的压延比<1∶4，过大容易黏辊筒。

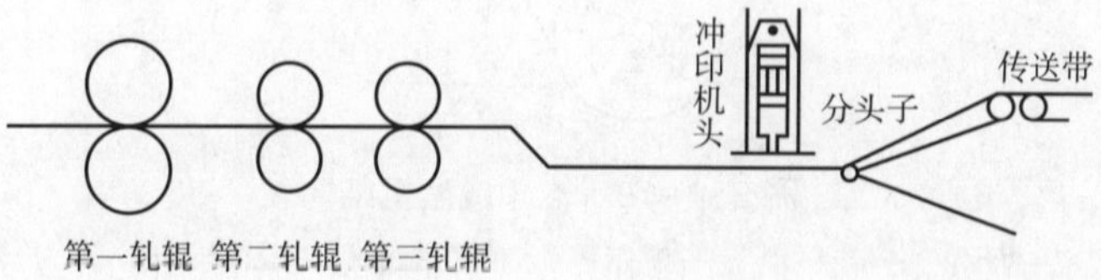

图 2-4-16　冲印机

② 冲印：有针孔凹花印模，面团弹性大，易起泡，适用于韧性饼干和苏打饼干。无针孔凸花印模，面团可塑性好，不需针孔，适用于酥性饼干。模的构造由刀口、芯子和压板三部分组成。压下后，刀口切断坯子，印模上升时，推板将头子推出，防止头子被刀口黏着带上来。冲印成型印模结构如图 2-4-17 所示。

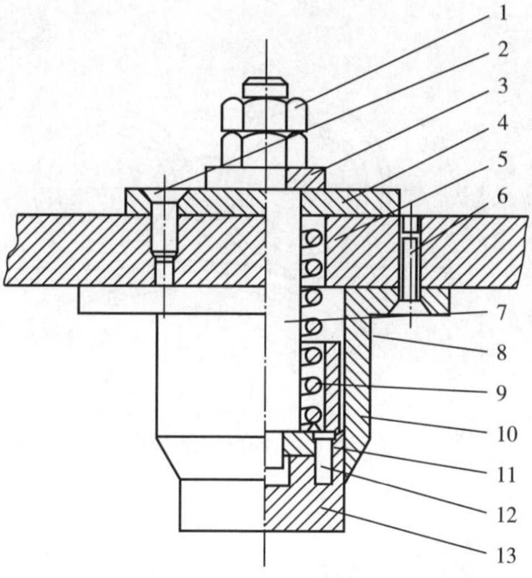

图 2-4-17　冲印成型印模结构

1—螺帽　2，6，12—螺钉　3—垫圈　4—垫板　5—底座　7—芯子脚　8—刀口　9—弹簧　10—套筒　11—芯子垫块　13—印模芯子

③头子分离：头子用另一角度约 20°的斜帆布向上输送，再回到第一对辊向前面的帆布上重复压延。

（2）辊印成型 生产高油脂品种的主要成型方法之一。优点是可以防止面带和头子分离等部分的断裂；花纹性能好；设备占地面积小，产量高（比冲印机高 30%~50%），噪声小。缺点是不能适应多品种的生产，只能生产高油脂饼干。还可生产面团中加入椰丝、果仁小颗粒及粗砂糖的品种，冲印机则不行。辊印成型机结构如图 2-4-18 所示。

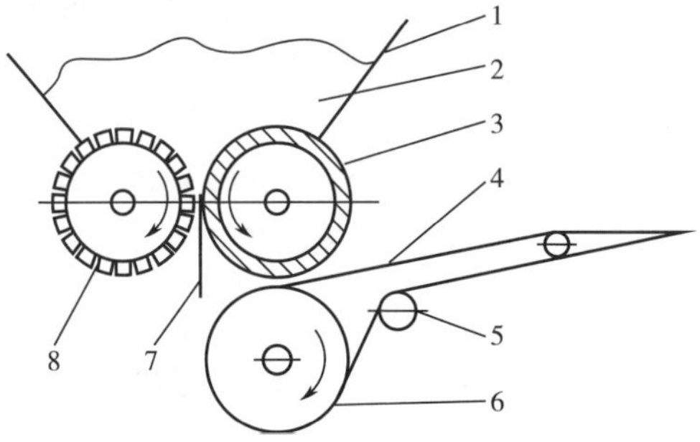

图 2-4-18 辊印成型机结构

1—料斗 2—面团 3—花纹辊 4—帆布带 5—张紧辊 6—脱模辊 7—刮刀 8—槽辊

（3）辊切成型 将冲印和辊印的优点结合起来的成型机，具有广泛的适用性。先经花纹芯子辊压出花纹（若是韧性苏打饼干同时扎上针孔），再在前进中经刀口辊切出饼坯，然后由斜帆布输送带分离头子。在芯子辊和刀口辊的下方有一个直径较大的与两辊对转的橡胶辊，它的作用是压花和作为切断时的垫模。这种设备不仅有占地小、效率高的特点，还有一个重要优点是对面团的适应性较强，不仅适宜于韧性苏打饼干，也适宜于酥性、甜酥性饼干。辊切成型机结构如图 2-4-19 所示。

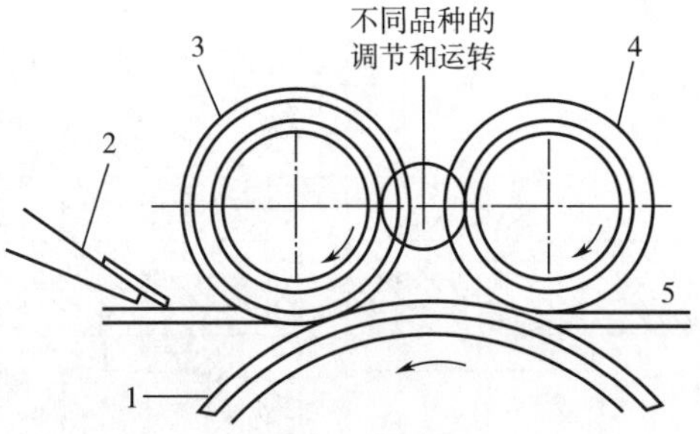

图 2-4-19 辊切成型机结构

1—橡胶辊 2—头子分离 3—切口切辊 4—花芯辊 5—帆布

5. 饼干的烘烤

（1）苏打饼干 采用低温长时烘烤工艺，180~200℃，8~14min。

（2）酥性及甜酥性饼干 采用高温短时烘烤工艺，300℃，4~5min。

（3）韧性饼干 采用低温长时烘烤工艺，160℃，8~12min。

（4）威化饼干 将料浆浇到威化烤模，加热烘制，温度<170℃，夏秋季预热 21min，春冬季预热 24min。

6. 饼干的冷却

饼干刚出炉时表面温度达 180℃，中心层温度约 110℃左右，必须冷却到 38～40℃才能包装。

饼干刚出炉时中心层水分含量为 8%～10%，成批产品的冷却相当于在低温烤炉中继续烘烤，水分逐步在冷却过程中挥发。出炉时饼干的温度及水分含量较高，除硬饼干和苏打饼干外，其他品种刚出炉时都比较软，糖油量较高的甜酥性饼干更软，需要在冷却过程中挥发水分及降温才能保持其正常的形态。刚出炉时，表面温度 180～200℃，如果立即暴露在室温为 20～30℃的低温空气中，热量和水分交换速度过快，水分急剧挥发，物体内部就会产生应力，应力超过一定限度，饼干即产生裂缝。

（三）面包制作工艺

根据 GB 7099—2015《食品安全国家标准　糕点、面包》，面包是以小麦粉、酵母、水等为主要原料，经搅拌、发酵、整形、醒发、熟制等工艺制成的食品，以及熟制前或熟制后在产品表面或内部添加奶油、蛋白、可可、果酱等的食品。面包是西方人的主食，面包也是起源最早的西式糕点。因此，面包是西方国家销售量最大的食品之一。面包营养丰富、组织膨松、易于消化吸收、食用方便，是深受欢迎的方便食品。

1. 面包的分类及特点

（1）根据 GB/T 20981—2021《面包质量通则》，将面包分为软式面包、硬式面包、起酥面包、调理面包和其他面包五类。

（2）按用途分类　主食面包（淡面包、咸面包）和点心面包（牛奶面包、鸡蛋面包、水果面包）。点心面包配料中添加较多的糖、油脂、蛋白、乳制品及其他特殊辅料。

（3）按造型分类　圆面包、方面包（枕式面包）和花色面包。

（4）按熟制方式分类　烘烤面包、油炸面包。

（5）按产地不同分类（主要流派）

①法式面包：质地柔软，著名品种法式脆皮面包，外脆内软，配方中糖油很少，成本低。

②丹麦面包：发酵面团包入起酥油后经压面、擀薄，再多次折叠后制成的一种多层次的面包，属高成分面包。其特点是品质松脆，油而不腻，香味浓郁，形状美观，口味独特，品种有丹麦吐司、丹麦羊角、丹麦风车等。

③菲律宾面包（硬质面包）：外形美观，内质较结实，吃在嘴里特别有韧劲，越吃越香。保质期较长。

④英国面包：三明治（sandwich）、汉堡包（hamburger）、夹牛肉饼的面包、热狗（hot dog）、夹小红肠的面包。

⑤台式面包：台湾及大陆地区流行的面包，台湾商人结合中国人特点研制出的工艺。以软式面包为主，更适合东方人的口味，也更注重成型技术和造型技术的结合。分甜面包、调理面包和油炸面包。

2. 面团的调制

（1）一次发酵法调制面团　先将全部面粉和水投入调粉机内，再将砂糖、食盐及其他辅料一同加入调粉机内，开始搅拌后加入已准备好的酵母溶液，待混合好后再加入油脂。

（2）二次发酵法调制面团　第一次将全部面粉的 30%～70%、全部酵母溶液和相应的水调制成面团，发酵成熟。第二次调制面团，将第一次发酵成熟的面团放到调粉机中，加入剩余的原辅材料和剩下面粉相应的水，搅拌到成熟。

3. 面团的发酵

（1）一次发酵法　按一定投料顺序投料，一次制成面团，一次发酵。优点是生产周期快。缺点是酵母用量大，工艺条件不好掌握，制品风味较差。

（2）二次发酵法　第一次面团发酵：第一次调粉的面团，在25~30℃下，面团发酵2~4h，待面团发酵成熟后，可进行第二次发酵。第一次发酵，目的是使酵母扩大培养，以利于面团进一步发酵。第二次发酵：将第一次发酵的面团，放在调粉机内加入剩余的原辅材料，调制成面团后，再进行第二次发酵，温度25~31℃，2~3h。发酵程度判断：发起的面团用手轻轻按能微微塌陷，表示发酵成熟。

4. 揿粉

第二次发酵成熟后的面团，应该立即进行揿粉。可以排出CO_2气体，补充新鲜空气，使发酵重新旺盛地进行，防止产酸，组织结构良好并产生特有风味，一般进行1~3次。

揿粉方法是把发酵槽的四周及上部的面团翻压下去，使原来发酵槽底部的面团翻到槽上面，排出面团内部的大部分CO_2气体。揿粉后的面团，再让其发酵一定的时间（20min），使其恢复原来的发酵状态，然后再进行第二次揿粉，也可用搅拌机揿粉。揿粉一定要等面团发酵成熟后再进行。

5. 整形

（1）切块与称量　一般经过焙烤，面包坯质量损耗7%~10%，所以在切块和称量时，应将烘烤损失计算在内。

（2）搓圆和静置　将不规则的小面块搓成圆球形，使其结实，表面光滑，结构均匀，经3~5min静置发酵，称为中间发酵。

（3）整形　根据模子的形状，整理成各种不同的形状，装入内壁涂有薄层油的烤模中。

6. 成型

把整形的面包坯，经过最后发酵，使面包坯发起到一定的程度，也就是形成面包的基本形状后，再进入烘烤阶段。①使面包体积大而丰满；②保证面包成品的形状美观；③使面包坯形成松软的海绵状的组织。温度为30~36℃；时间为45~90min；相对湿度为80%~90%；成型后的体积一定要小于成品的体积；表面涂层糖水蛋液。

7. 面包的烘烤

（1）烘烤的第一阶段（入炉的初期阶段）　炉温较低，面火<120℃，底火<260℃，防止表面很快固结造成面包体积不足。

（2）烘烤的第二阶段　面包瓤的温度达50~60℃时。面火270℃，底火<270℃，主要使面包定型。

（3）烘烤的第三阶段　面火180~200℃，底火140~160℃，使面包上色增加成品的香味。总时间5~10min。

8. 冷却与包装

刚出炉的面包温度很高，其中心温度约98℃。皮硬瓤软有弹性，经不起压力，立即包装易产生次品。因热蒸汽不易散发，遇冷产生冷凝水在表面或包装纸上，易霉变变质。冷却时间北方20~30min，南方1~2h，将面包成品冷却到室温，冷却过程中质量损耗1.0%~3.5%。

冷却好的面包长时间暴露在空气中，水分易挥发，使成品变硬，要及时包装。包装具有以下优点：避免水分损失，防止面包干硬；保持面包新鲜程度；清洁卫生，减少微生物对面包的败坏；携带方便。包装材料要用无毒的材质。

（四）蛋糕生产工艺

蛋糕是一种以面粉和淀粉为主体原料，配入一定比例油脂、鸡蛋、糖和疏松剂及香料精制而成的一种粮油小食品。蛋糕柔软有弹性，入口细腻芬芳，香甜且营养价值较高。

1. 普通蛋糕生产工艺流程

原料准备 → 调制面糊 → 拌粉 → 注模 → 烘烤 → 冷却 → 包装

2. 分类及搅拌方法

根据所使用的原料、搅拌方法及面糊性质不同，将蛋糕分为面糊类、乳沫类和戚风类。

（1）面糊类

①粉油拌和法：适用于油脂含量较高（>60%）的面糊类蛋糕，尤其适用于低熔点的油脂。工艺：乳化剂和乳化白油（中速）⟶油脂（中速）⟶面粉和发粉（低速 1~2mim，再高速 10min）⟶糖盐（中速）⟶蛋液分 3~4 次加入（中速）⟶奶水（中速）。

②糖油拌和法：又称传统乳化法，是搅拌面糊类蛋糕的常用方法，一些点心的制作，如凤梨酥、小西饼等都采用此法。工艺：奶油、油脂低速搅拌（21℃）呈柔软状态⟶加入糖、盐及调味料（中速）呈绒毛状⟶蛋液分次加入，面粉与液体材料交替加入。

（2）乳沫类　与面糊类蛋糕的差别在于，乳沫类蛋糕不含任何油脂。

①蛋白类工艺：蛋白（17~24℃）搅拌⟶加入糖、盐和塔塔粉搅拌至湿性发泡期⟶其余糖粉与面粉搅拌均匀。

②海绵类工艺：全蛋、蛋黄、糖和盐混合，用小火隔水加热保持 43℃，至糖完全溶解（边加热边搅拌）⟶装上钢丝打蛋器快速搅拌 10~15min，至蛋沫呈浓稠松发状，颜色呈乳白色，以手指勾起，大约 2min 滴一滴⟶面粉过筛后加入，用手轻轻搅拌均匀⟶依次加入沙拉油、奶水与香草香精拌匀。

（3）戚风类　蛋黄、糖、奶水及色拉油置于盆中搅拌至糖溶化，面粉与发粉过筛加入搅拌均匀，取 1/3 已打发的蛋白，轻轻搅拌均匀，再将剩余的蛋白加入继续搅拌均匀。

3. 装模

模洗净，用植物油刷模，装至纸杯高度 1/2~2/3。

4. 冷却、切割

5. 感官评定

外观：块形整齐，厚薄均匀，外形饱满，表面光滑，表面稍凸，无皱皮，无裂口，无毛边，无焦煳现象。内部：均匀蜂窝状，气孔细而无大洞，淡黄色，无杂质（无结块）。口感：有蛋香味，口感纯正，软韧，有弹性，不粗糙。

（五）中式糕点

中式糕点即我国传统糕点。由于我国历史悠久，地域辽阔，千百年来，中式糕点形成了南北不同风格，各地都有名点。知名的有广式月饼、苏式月饼、天津月饼、扬州薄饼、潮州朥饼、蒙古馅饼、山东金丝蒸饼、朝鲜族打糕、茯苓糕、北京京八件、成都凤尾酥、无锡惠山油酥、天津十八街麻花、上海春卷、河南炸馓子、高桥薄脆、徽州麻饼、寿县大救驾等，品种齐全，风味独特，成为世界糕点中的重要流派。中式糕点还根据不同传统节日有不同品种，如年糕是春节传统糕点，正月十五吃元宵、端午吃粽子、中秋吃月饼等，这已经与民族文化紧紧联系在一起。

1. 广式月饼

广式月饼是广州一带的传统糕点，轻油而偏重于糖，外皮与西式糕点类似，以内馅讲究著名。由于其皮薄馅多，美味可口，花色繁多，不易破碎，便于携带，易于贮藏，深受国内外市场的欢迎。它的命名，一般是以饼馅的主要成分而定，如五仁、金腿、莲蓉、豆沙、枣泥、椰蓉等。

2. 京式月饼

京式月饼形成于北京地区，是具有特别制作体系的月饼。历史上长期受宫廷糕点制作方法的影响而形成了自己的特点。其外形精细美观，表面有纹印，富有传统的民族色彩。代表品种有状元饼、自来红、自来白、提浆月饼等。

3. 苏式月饼—南味月饼

苏式月饼是苏州的传统糕点之一，它是苏式糕点中的精华，有甜咸、荤素之别。口味浓郁，油糖皆注重，且偏爱于松酥。以酥、皮、馅三部分组成。皮大馅小，不用印模。外皮吃起来层次多且薄，酥软白净、香甜可口。根据馅心可分为玫瑰、椒盐、百果、豆沙、枣泥、火腿和葱油月饼等。选料讲究、工艺精细、历史悠久、闻名全国。

第五节　大豆制品的加工

一、传统豆制品的生产

（一）传统豆制品生产的基本原理

大豆蛋白存在于大豆子叶的蛋白体中，大豆经过浸泡，蛋白体膜破坏，蛋白质即可分散于水中，形成蛋白质溶液即生豆浆。生豆浆即大豆蛋白溶胶，由于蛋白质胶粒的水化作用和蛋白质胶粒表面的双电层，使大豆蛋白溶胶保持相对稳定。但是一旦有外加因素作用，这种相对稳定就可能受到破坏。

生豆浆加热后，蛋白质分子热运动加剧，维持蛋白质分子的二、三、四级结构的次级键断裂，蛋白质的空间结构改变，多肽链舒展，分子内部的某些疏水基团（如—SH）疏水性氨基酸侧链趋向分子表面，使蛋白质的水化作用减弱，溶解度降低，分子之间容易接近而形成聚集体，形成新的相对稳定的体系——前凝胶体系，即熟豆浆。

在熟豆浆形成过程中蛋白质发生了一定的变性，在形成前凝胶的同时，还能与少量脂肪结合形成脂蛋白，脂蛋白的形成使豆浆产生香气。脂蛋白的形成随煮沸时间的延长而增加。同时借助煮浆，还能消除大豆中的胰蛋白酶抑制素、红细胞凝集素、皂苷等对人体有害的因素，减少生豆浆的豆腥味，散发豆浆特有的香气，达到消毒灭菌、提高风味和卫生质量的作用。

前凝胶形成后必须借助无机盐、电解质的作用使蛋白质进一步变性转变成凝胶。常见的电解质有石膏、卤水、δ-葡萄糖酸内酯及氯化钙等盐类。它们在豆浆中解离出 Ca^{2+}、Mg^{2+}，

Ca^{2+}、Mg^{2+}不但可以破坏蛋白质的水化膜和双电层，而且有“搭桥”作用，蛋白质分子间通过-Mg-或-Ca-桥相互连接起来，形成立体网状结构，并将水分子包容在网络中，形成豆腐脑。

豆腐脑形成较快，但是蛋白质主体网络形成需要一定时间，所以在一定温度下保温静置一段时间使蛋白质凝胶网络进一步形成，就是一个蹲脑的过程。将强化凝胶中水分加压排出，即可得到豆制品。

（二）传统豆制品生产的原辅料

1. 石膏

实际生产中通常采用熟石膏，控制豆浆温度85℃左右，添加量为大豆干重的0.04%（按硫酸钙计算）左右。合理使用可以生产出保水性好、光滑细嫩的豆腐。

2. 卤水

卤水的主要成分为氯化镁，用它作凝固剂，由于蛋白质凝固快，网状结构容易收缩，因而产品的保水性差。卤水适合于做豆腐干、干豆腐等低水分含量的产品，添加量一般为2~5kg/100kg干大豆。

3. δ-葡萄糖酸内酯

δ-葡萄糖酸内酯（GDL）是一种新型的酸类凝固剂，易溶于水，在水中分解为葡萄糖酸，温度升高分解速度加快，pH增大分解速度也加快。加入内酯的熟豆浆，当温度达到60℃时，大豆蛋白开始凝固，在80~90℃凝固成的蛋白质凝胶持水性最佳，制成的豆腐弹性大，质地滑润爽口。δ-葡萄糖酸内酯适合于做原浆豆腐。在凉豆浆中加入δ-葡萄糖酸内酯，加热后葡萄糖酸内酯分解转化，蛋白质凝固即成为豆腐。添加量一般为0.25%~0.35%（以豆浆计）。

用δ-葡萄糖酸内酯作凝固剂制得的豆腐，口味平淡且略带酸味。若添加一定量的保护剂，不但可以改善风味，还能改变凝固品质。常用的保护剂有磷酸氢二钠、磷酸二氢钠、酒石酸钠及复合磷酸盐（含焦磷酸钠41%，偏磷酸钠29%，碳酸钠1%，聚磷酸钠29%）等，用量为0.2%（以豆浆计）左右。

4. 复合凝固剂

所谓复合凝固剂是由2种或2种以上的成分加工成的凝固剂，它是伴随豆制品生产的工业化、机械化和自动化的发展而产生的。如一种带有涂覆膜的有机酸颗粒凝固剂，常温下它不溶于豆浆，但是一旦经过加热，涂覆膜就熔化，内部的有机酸就发挥凝固作用。常用的有机酸有柠檬酸、异柠檬酸、山梨酸、富马酸、乳酸、琥珀酸、葡萄糖酸及它们的内酯或酐。采用柠檬酸时，添加量为豆浆（固形物含量10%）的0.05%~0.50%。涂覆剂要满足常温下完全呈固态，稍经加热就完全熔化的条件，其熔点一般在40~70℃。符合这些条件的涂覆剂有动物脂肪、植物油、各种脂肪酸甘油酯、山梨糖醇脂肪酸酯、丙二醇脂肪酸酯、动物胶等。为使被涂覆的有机酸颗粒均匀地分散于豆浆中，可以添加可食性表面活性剂如卵磷脂、聚环氧乙烷、月桂基醚等。

5. 消泡剂

豆制品生产的制浆工序会产生大量的泡沫，泡沫的存在对后续操作极为不利，因此必须使用消泡剂消泡。目前国内外已开始使用的消泡剂有如下4种：

（1）油脚　油脚是油炸食品的废油，含杂质多，色泽暗，但是价格低廉，适合于作坊式生产使用。

（2）油脚膏　油脚膏是由酸败油脂与氢氧化钙混合制成的膏状物，配比为 10∶1，使用量为 1.0%。

（3）硅有机树脂　硅有机树脂是一种较新的消泡剂，它的热稳定性和化学稳定性高，表面张力低，消泡能力强。豆制品生产中使用水溶性的乳剂型，其使用量为食品的 0.05‰。

（4）脂肪酸甘油酯　脂肪酸甘油酯分为蒸馏品（纯度达 90%以上）和未蒸馏品（纯度为 40%~50%）。蒸馏品使用量为 1.0%。使用时均匀地添加在豆浆中一起加热即可。

6. 防腐剂

豆制品生产中采用的防腐剂主要有丙酸钠盐或钙盐、聚赖氨酸盐等。丙酸钠盐具有抗菌能力强、热稳定性高等特点，允许使用量为 5mg/kg 以内。丙酸钠盐防腐剂主要用于包装豆腐，对产品色泽稍有影响。

（三）传统豆制品生产工艺

1. 工艺流程

大豆 → 清理 → 浸泡 → 磨浆 → 过滤 → 煮浆 → 凝固 → 成型 → 成品

2. 工艺要点

（1）清理　选择品质优良的大豆，除去所含的杂质，得到纯净的大豆。

（2）浸泡　浸泡的目的是使豆粒吸水膨胀，有利于大豆粉碎后提取其中的蛋白质。生产时大豆的浸泡程度因季节而不同，夏季将大豆泡至 9 成开，冬季将大豆泡至 10 成开。浸泡好的大豆吸水量为 1∶（1.0~1.2），即大豆增重至原来的 2.0~2.2 倍。浸泡后大豆表面光滑，无皱皮，豆皮轻易不脱落，手感有劲。

（3）磨浆　一般控制磨碎细度为 100~120 目。

（4）煮浆　煮浆是通过加热使豆浆中的蛋白质发生热变性的过程。一方面为后序点浆创造必要条件，另一方面消除豆浆中的抗营养成分、杀菌、减轻异味、提高营养价值、延长产品的保质期。煮浆的方法根据生产条件不同，可以采用土灶铁锅煮浆法、敞口蒸汽煮浆法、封闭式溢流煮浆法等方法。

（5）凝固与成型　凝固就是大豆蛋白质在热变性的基础上，通过凝固剂的作用，由溶胶状态转变成凝胶状态的过程。生产中通过点脑和蹲脑两道工序完成。点脑是将凝固剂按一定的比例和方法加入熟豆浆中，使大豆蛋白质溶胶转变成凝胶，形成豆腐脑。经过点脑后，蛋白质网络结构还不牢固，只有经过一段时间静置凝固才能完成。根据豆腐品种的不同，蹲脑的时间一般控制在 10~30min。

成型即把凝固好的豆腐脑放入特定的模具内，施加一定的压力，压榨出多余的黄浆水，使豆腐脑密集地结合在一起，成为具有一定水分量、弹性和韧性的豆制品，不同产品施加的压力各不相同。

（四）主要豆制品生产

豆制品包括发酵豆制品和非发酵豆制品，日常主要产品是豆腐、腐竹等。

1. 内酯豆腐

内酯豆腐生产利用了蛋白质的凝胶性质和 δ-葡萄糖酸内酯的水解性质，其工艺流程：

原料大豆 → 清理 → 浸泡 → 磨浆 → 滤浆 → 煮浆 → 脱气 → 冷却 → 混合 → 灌装 → 凝固杀菌 → 冷却 → 成品

工艺要点：

（1）制浆　采用各种磨浆设备制浆，豆浆浓度控制在10%~11%。

（2）脱气　采用消泡剂消除一部分泡沫，采用脱气罐排出豆浆中多余的气体，避免出现气孔和砂眼，同时脱除一些挥发性的成分，使内酯豆腐质地细腻，风味优良。

（3）冷却混合与灌装　根据δ-葡萄糖酸内酯的水解特性，内酯与豆浆的混合温度必须<30℃，如果浆温过高，内酯的水解速度过快，造成混合不均匀，最终导致粗糙松散，甚至不成型。按照0.25%~0.30%的比例加入内酯，添加前用温水溶解，混合后的浆料15~20min灌装完毕，采用的包装盒或包装袋需要耐100℃的高温。

（4）凝固杀菌与冷却　凝固成型包装后进行装箱，连同箱体一起放入85~90℃恒温床，保温15~20min。热凝固后的内酯豆腐需要冷却，这样可以增强凝胶的强度，提高其保形性。冷却可以采用自然冷却，也可以采用强制冷却。通过热凝固和强制冷却的内酯豆腐，一般杀菌、抑菌效果好，保质期相对较长。

2. 腐竹

腐竹是由煮沸后的豆浆，经过一定时间的保温，豆浆表面蛋白质成膜形成软皮，揭出烘干而成的。煮熟的豆浆保持在较高温度下，一方面豆浆表面水分不断蒸发，表面蛋白质浓度相对提高；另一方面蛋白质胶粒热运动加剧，碰撞机会增加，聚合度加大，形成薄膜，随着时间的延长，薄膜厚度增加，当薄膜达到一定厚度时，揭起即为腐竹。

工艺流程：

大豆 → 清理 → 脱皮 → 浸泡 → 磨浆 → 滤浆 → 煮浆 → 揭竹 → 烘干 → 包装 → 成品

工艺要点：

（1）制浆　腐竹生产的制浆方法与豆腐生产制浆一样，这里要求豆浆浓度控制在6.5%~7.5%，豆浆浓度过低难以形成薄膜；豆浆浓度过高，虽然膜的形成速度快，但是形成的膜色泽深。

（2）揭竹　将制成的豆浆煮沸，使豆浆中的大豆蛋白发生充分的变性，然后将豆浆放入腐竹成型锅内成型揭竹。在揭竹工序中应该注意3个因素：①揭竹温度：一般控制在（82±2）℃。温度过高，产生微沸，会出现“鱼眼”现象，容易起锅巴，腐竹的产率低；温度过低，成膜速度慢，影响生产效率，甚至不能形成膜。②时间：揭竹时每支腐竹的成膜时间为10min左右。时间过短，形成的皮膜过薄，缺乏韧性，揭竹时容易破竹；时间过长，形成的皮膜过厚，色泽深。③通风：揭竹锅周围如果通风不良，成型锅上方水蒸气浓度过高，豆浆表面的水分蒸发速度慢，形成膜的时间长，影响生产效率和腐竹质量。

（3）烘干　湿腐竹揭起后，搭在竹竿上沥浆，沥尽豆浆后要及时烘干。烘干可以采用低温烘房或者机械化连续烘干法。控制烘干最高温度<60℃。烘干至水分含量<10%，即可得到成品腐竹。

二、大豆低聚糖的制取及应用

大豆低聚糖是大豆中所含的可溶性糖类，主要成分是水苏糖、棉子糖和蔗糖，它们在成熟大豆中占干基比例分别为3.7%、1.7%和5%。大豆低聚糖的制备工艺主要有浸提和纯化两大步骤。

1. 浸提

脱脂豆粕 → 水浸提 → 过滤 → 加酸沉淀蛋白 → 离心分离 → 抽提液

首先将脱脂豆粕粉碎通过40目筛，以固液比1∶15的比例用水浸提，过滤除去豆渣得滤液。将滤液用酸调节pH为4.3~4.55，使蛋白质沉淀，采用离心机分离去除大豆蛋白，对抽提液进行纯化。

2. 纯化

抽提液 → 超滤 → 活性炭脱色 → 过滤 → 离子交换脱色 → 真空浓缩 → 喷雾干燥 → 成品

抽提液在压力为0.18MPa、温度为45℃的条件下进行膜超滤，除去残存的少量蛋白质，得滤液。滤液用活性炭脱色。脱色条件为40℃，pH 3.0~4.0，活性炭用量为糖液干物质的1.0%，脱色时间为40min。然后过滤，再用离子交换树脂精制，真空浓缩成大豆低聚糖浆，或者真空浓缩后喷雾干燥得到粉状大豆低聚糖成品。

三、大豆中生物活性成分的提取及应用

研究发现，大豆中富含植物甾醇、肌醇六磷酸、大豆皂苷、胰蛋白酶抑制剂、大豆异黄酮和大豆多肽等多种营养活性成分。

（一）大豆异黄酮的提取

大豆异黄酮的提取可以采用甲醇、乙醇、乙酸乙酯等溶剂进行浸提，不同的溶剂其提取工艺不同，这里仅以乙醇为例介绍大豆异黄酮的提取工艺。

1. 原料制备

以脱脂豆粕为原料，首先将其进行粉碎。如果采用大豆为原料，需要先进行脱脂，使豆粕残油率< 1%，干燥后粉碎备用。

2. 提取

大豆异黄酮的提取采用乙醇为浸提液，在豆粕粉中加入含0.1~1.0mol/L盐酸的95%乙醇溶液进行回流提取，过滤收集滤液。

3. 回收提取溶剂

将滤液进行减压蒸发，回收乙醇，得到大豆异黄酮的粗水溶液。

4. 纯化

粗水溶液中加入 0.1mol/L 的氢氧化钠溶液调节 pH 至中性，这时溶液中将出现沉淀，进行过滤，得到的沉淀物即为含大豆异黄酮的产物。

5. 精制

将上述产物溶解于饱和正丁醇溶液中，加于氯化铝吸附柱进行吸附，然后用饱和正丁醇溶液淋洗，洗出大豆异黄酮的不同组分。

（二）大豆皂苷的提取

1. 原料处理

采用脱脂豆粕为原料，将豆粕粉碎，要求脱脂豆粕的残油率<1%。

2. 大豆皂苷的浸提

将上述粉碎后的脱脂豆粕采用甲醇或乙醇溶液进行浸提。如果采用甲醇作为浸提液，则浸提条件是在 60℃，采用 90%甲醇溶液，每次提取的固液比为 1∶16，提取时间为 3h，加热回流浸提 3 次，合并浸提液，将浸提液过滤，收集滤液；同时对残油进行回流浸提，对浸提液减压蒸干，回收浸提溶剂，得到粉末。

3. 粗分离

由于皂苷不溶于石油醚、苯或乙醚等亲脂性溶剂，而粉末中的油脂、色素能够溶解于上述溶剂，因此用上述溶剂分离皂苷，再用亲水性强的丁醇（丁醇∶水为 1∶1）作为溶剂提纯皂苷，收集丁醇溶液，减压蒸干，即得粗皂苷。

4. 精制

粗皂苷中含有糖类、鞣质、色素、异黄酮以及无机盐等杂质，采用层析柱氯化镁吸附法或大孔树脂吸附法进行精制，即可得到精制皂苷。

四、大豆加工副产品的综合利用

（一）大豆皮渣的利用

1. 大豆皮渣制取膳食纤维

工艺流程：

豆渣 → 漂白软化 → 蛋白酶水解 → 漂洗 → 脂肪酶水解 → 漂洗 → 过滤脱水 → 干燥 → 磨细 → 过筛 → 漂白 → 漂洗 → 过滤脱水 → 干燥 → 粉碎 → 成品

（1）软化　将豆渣用清水漂洗使之软化，在 50℃、pH 8.0、固液比 1∶10 的条件下，加入一定量的蛋白酶水解 8~10h，水解过程中用缓冲剂保持反应的 pH 不变。

（2）水解反应　在 40℃，pH 7.5，固液比 1∶10 的条件下，加入一定量的脂肪酶反应 6~8h，反应期间同样保持 pH 不变。

（3）过滤、烘干　水解完毕后用清水处理豆渣纤维至中性，然后用板框过滤机进行脱水。在干燥箱 110℃烘干 4~5h。

（4）过筛、脱色　将豆渣纤维粉碎通过 40 目筛，按照固液比 1∶8 加入 4%活性炭脱色。

（5）超微粉碎　将脱色后的豆渣纤维洗涤烘干，进行超微粉碎。

2. 利用豆渣发酵生产维生素 B_2

利用豆渣发酵生产维生素 B_2 是豆渣综合利用的有效途径。此外，豆渣可以用来制备霉豆渣或作为其他可口食品的原料，也可以用做饲料。

（二）浆水的利用

浆水可以发酵生产面包酵母和药用酵母，也可以生产维生素 B_{12}，白地霉粉等。

豆制品厂排出的废水，在微氧的条件下，通过丙酸菌（*Propionbacteria*）培养，可以生产维生素 B_{12}，以豆腐黄浆水为原料效果最好。在豆腐黄浆水中添加葡萄糖 10g/L、酵母浸膏 5~10g/L、维生素 B_2 5mg/L 和硫酸钴（$CoSO_4 \cdot 7H_2O$）12mg/L，可以进一步提高维生素 B_{12} 的产量。使用豆腐黄浆水培养丙酸菌，维生素 B_{12} 的含量可达 899μg/g（干细胞），比人工合成培养基生产的维生素 B_{12} 467μg/g（干细胞）产量更高。

第六节　其他杂粮食品的加工技术

玉米、甘薯等杂粮因生物价较低，被列为杂粮。随着人们生活水平的提高，营养过剩已经成为营养不良的主要问题。随着“杂食者美食也，广食者营养也”的健康理念深入人心，越来越多的人开始认识到杂粮的营养价值，杂粮的消费也随之增加。因此，杂粮食品的加工也是一个朝阳产业。

一、玉米食品

玉米是我国主要粮食作物之一，其产量仅次于稻谷和小麦而名列第三。在食品工业中，玉米主要作为淀粉及其深加工的原料，随着人们健康意识的增强和各种专用型玉米的推广使用，玉米的营养和食用价值逐渐为世人所重视。由于玉米含有特殊的抗癌因子——谷胱甘肽以及丰富的胡萝卜素和膳食纤维等，运用现代食品工程技术生产多种多样的玉米食品显得尤为重要，具有广阔的开发利用前景。

（一）玉米渣和玉米粉的加工

玉米干磨制粉有两种基本工艺，即去胚工艺和不去胚工艺。不去胚的干磨加工属于旧法，是将整个籽粒全部磨粉，胚留在粉中会影响其贮存时间。大多数商品玉米粉用新法加工，即用去皮玉米籽粒再去胚后加工，能同时生产玉米糁、玉米粉及玉米胚芽等干法分离产品。

1. 工艺流程

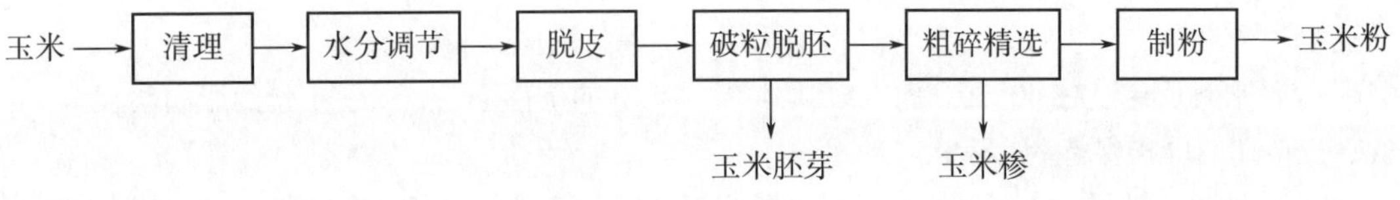

2. 工艺要点

（1）水分调节　玉米清理后，一般将其水分含量调节至 15%～17%，有些玉米品种则要求水分含量达到 21%左右。

（2）脱皮　可使用砂辊碾米机或砂臼碾米机，借砂辊的碾削和擦离作用去皮碾白。

（3）破粒脱胚　可采用粉碎机、横式砂铁辊碾米机、脱胚机或恩特莱特撞击机来完成。玉米脱胚机是一种特殊的磨粉机，它由 2 个锥形表面组成，一个在另一个里旋转以此摩擦玉米去除皮层和胚芽。恩特莱特撞击机带有一个高速旋转圆盘，圆盘上有撞击针，玉米进入后首先落到圆盘上，然后被迅速撞到机壁借冲击力使籽粒破碎脱胚。

（4）粗碎精选　粗碎的机械种类很多，常用的有齿辊式粉碎机、锤片式粉碎机、爪式粉碎机和砂盘粉碎机等。玉米粗碎后利用直径 2mm 或 1mm 的筛面筛选分离出不同粒度的玉米糁，玉米糁粒度视不同地区食用习惯而定。

（5）制粉　玉米磨粉一般采用四道磨粉，通过辊式磨粉机研磨和筛理系统进行制粉，得到脱脂玉米粉，全通过 90 目筛的为细玉米面，全通过 70 目筛的为粗玉米面。

3. 工艺指标

每 100kg 玉米可生产珍珠玉米糁 30～35kg，脱脂玉米粉 35～40kg 及玉米胚芽 8～10kg。

（二）玉米薄片方便粥的加工

利用挤压膨化技术使玉米产生一系列的质构变化，糊化之后的 α-淀粉不易恢复其淀粉的粗硬状态，并能赋予产品独特的焦香味道。在玉米挤压膨化的基础上，通过切割造粒与压片成型生产冲调复水性好的玉米薄片粥，产品质地柔和，口感爽滑，易于消化，并具有传统玉米粥的清香风味。

1. 工艺流程

玉米 → 粉碎 → 配料 → 挤压膨化 → 切割造粒 → 冷却 → 压片 → 烘干 → 包装

2. 工艺要点

（1）原料粉碎　选取去皮脱胚的新鲜玉米原料，将原料经磨粉机磨至 50～60 目。

（2）配料　选用转式拌粉机配料，转速 368r/min，加水量一般为 20%～24%，搅拌至水分分布均匀。

（3）挤压膨化　将配好的物料加入单螺杆或双螺杆挤压膨化机后，物料随螺杆旋转，沿轴向向前推进并逐渐压缩，经过强烈的搅拌、摩擦、剪切混合以及来自机筒外部的加热，物料迅速升温（140～160℃）升压（0.5～0.7MPa），成为带有流动性的凝胶状态，通过均布圆孔组成的模板连续、均匀、稳定地挤出条状物料，物料由高温高压骤然降为常温常压，瞬时完成膨化过程。

（4）切割造粒　物粒在挤出的同时，由模头前的旋转刀具切割成大小均匀的小颗粒，通过调整刀具转速可改变切割长度，切断后的小颗粒形成大小一致的球形膨化半成品，膨化成型的球形颗粒应该表面光滑，无相互粘连现象。

（5）冷却输送　在旋切机落料处，有 1.5m 长水平放置的输送机，输送机由有网孔的钢丝带传动，网带底部装有风机，向一半成品吹风冷却，冷却后的温度在40~60℃，水分含量可降到15%~18%，半成品表面冷却并失掉部分水分使半成品表面得到硬化，并避免半成品相互粘连结块。

（6）辊轧压片　压片机由一对钢辊组成，钢辊直径310mm，转速为60r/min，冷却后的半成品送到压片机内轧成薄片，通过调整钢辊的间隙调节轧片厚度，一般为0.2~0.5mm，压片后的半成品应表面平整、大小一致，内部组织均匀，辊压时水分继续挥发，压片后水分含量可降至10%~14%。

（7）烘烤　轧片后的半成品水分仍比较高，为延长保质期，需进一步干燥至水分含量3%~6%，烘烤后的成品还能产生玉米特有的香味。烘烤操作可采用远红外隧道式烤炉，网带长度14.5m，烘烤时间为5~15min。

（三）挤压自熟玉米方便面的加工

以玉米为原料，采用湿法磨粉与挤压自熟一步成型新工艺，生产碗装或袋装的非油炸玉米方便面，产品的复水性和口感好，面条韧滑又有玉米特有的香味，是极具市场潜力的新一代玉米方便食品。

1. 工艺流程

玉米 → 浸泡 → 沥干 → 磨浆 → 筛分 → 压滤 → 调配 →

挤压成型 → 风干 → 造型 → 烘干 → 包装

2. 工艺要点

（1）浸泡　将玉米置于水中浸泡，目的是使玉米粒变软，破坏其蛋白质的网状结构，浸泡时间春秋季为15~17h，夏季为12~14h，冬季为20h左右。

（2）磨浆与筛分　浸泡好的玉米经锤片式粉碎机磨浆，通过80目振动筛分离收集玉米细粉浆，筛上的粗渣经二次磨碎进一步回收细粉浆，经二次筛分后弃去筛上的粗渣。

（3）压滤及调配　用板框压滤机除去玉米粉浆中的水分，得到湿玉米粉，在玉米粉中加入15%小麦粉和1%食盐，调粉机中混匀。

（4）挤压成型　混配好的玉米粉在单机自熟式挤压机中一步挤压成丝，筛板孔径为0.5mm、1mm、1.5mm或2.0mm，扁粉为0.4mm×3mm，玉米方便面直径以1.0mm或0.4mm×3mm为佳，便于复水并能避免浸泡时发黄易断，如作为普通玉米面条煮后食用则可采用孔径大一些的筛板。挤压时温度应控制在105~120℃，挤出的玉米面条以颜色发黄且微透明为准，若面条发白，说明面条没有充分熟化，需二次回机重新挤条。

（5）风干切断　刚挤出的玉米面条黏度很大，需用风机吹凉定型，避免黏条，冷却定条后用旋转式切刀切断。

（6）装模造型与烘干　将切断后的玉米面条装入方形或圆形模具，经70~80℃热风干燥定型成为干燥的面块，面块重80g或100g，面块干燥时间为40~60min。

3. 产品特点

玉米方便面为均匀的圆条形或方条形，颜色为淡黄色，无异味并略带玉米清香，面块水分含量≤14%，产品保质期>3个月，置于80℃以上水中复水3~5min加调味料即可食用。

（四）甜玉米的加工

甜玉米的加工大致有两种途径：嫩穗加工和切粒加工。嫩穗加工分真空包装带芯玉米和速冻带芯玉米两大类型。切粒加工分甜玉米罐头、冷冻甜玉米和脱水甜玉米三大类型，甜玉米罐头又有整粒玉米型和奶油状玉米羹等类型。

1. 真空软包装整穗甜玉米加工

采用PA/CPP复合蒸煮袋生产真空软包装整穗甜玉米，要求甜玉米原料颗粒饱满，色泽由淡黄转金黄色的乳熟期玉米，一般采收期在授粉后16~20d较为理想。具体加工工艺流程：

原料验收 → 剥叶去须 → 预煮 → 漂洗 → 整理 → 装袋 → 封口 →

杀菌 → 冷却 → 干燥 → 成品

（1）剥叶去须　将玉米剥去苞叶，并除尽须丝。

（2）预煮漂洗　沸水下锅煮10~15min，煮透为准，预煮水中加0.1%柠檬酸和1%食盐。预煮后用流动水冷却漂洗10min。

（3）整理装袋　将玉米棒切除两端，每棒长度控制在16~18cm，长度、粗细基本一致的两棒装袋。切除的玉米棒两端削粒可加工成真空软包装玉米粒产品，制作技术同软包装玉米棒。

（4）封口杀菌　在0.08~0.09MPa抽真空密封，封口后在121℃高压杀菌20min。为防止袋内水分加热膨胀而破袋，要采用反压杀菌，压力0.2MPa。

（5）反压冷却　冷却时要保持压力稳定，直至冷却到40℃。

（6）干燥包装　杀菌冷却后袋外有水，手工擦干或热风烘干。为避免软包装成品在贮藏、运输及销售过程中损坏，软包装须进行外包装，外包装可采用聚乙烯塑料袋或纸袋，然后进行纸箱包装。

2. 速冻甜玉米加工

速冻甜玉米分整穗速冻甜玉米和粒状速冻甜玉米两种类型，粒状速冻甜玉米是用铲粒机脱粒后速冻加工而成，但将甜玉米整穗速冻后再行铲粒更加方便，去杂包装冷藏即可。本节以整穗速冻甜玉米加工为例简述，工艺流程如下：

甜玉米果穗 → 剥皮去须 → 预煮 → 冷却 → 冻结 → 分级包装 → 冷藏

（1）预煮　甜玉米剥皮去须洗净后，将果穗全部浸入沸水中煮12min，不宜采用蒸汽蒸煮，否则玉米籽粒表面易干缩变形，无光泽，影响产品品质。

（2）冷却　冷却的目的是防止果穗籽粒脱水，冷却水温要求4~8℃，以使果穗中心温度迅速下降至<25℃。然后沥干水分，用电风扇吹干表面，以防冻结时籽粒表面形成冰霜。

（3）冻结　用速冻机于-45℃下速冻30~45min，或在冷冻库于-30℃冻结8~10h。冻结速度越快，质量越好。

（4）分级包装　日本市场将整穗速冻甜玉米分成4个等级，分级包装，按级论价。同一等级必须同时具备下述质量与长度要求：一级重>310g，长>21cm；二级重270~309g，长19~

20.9cm；三级重230~269g，长17~18.9cm；四级重190~229g，长15~16.9cm。

（5）冷藏 于-20℃冷藏，随售随取。

二、甘薯食品

甘薯，旋花科（Convolvulaceae）植物，属一年生或多年生蔓生草本。又名山芋、红芋、番薯、红薯、白薯、地瓜、红苕等。甘薯因其具有产量高、抗旱、耐瘠薄、适应性强及营养丰富等特点而成为全球性种植的主要作物之一，广泛应用于食品工业、轻化工业和饲料工业。中医认为甘薯块根味甘、性平、微凉，入脾、胃、大肠；补脾益胃，生津止渴，通利大便，益气生津，润肺滑肠；叶味甘、淡、性微凉，入肺、大肠、膀胱经；具有润肺，和胃，利小便，排肠脓去腐等功效。

（一）传统甘薯加工产品

1. 甘薯饮品

甘薯酒是一种传统的民间饮品，具有悠久的历史。甘薯酿酒的工艺简单，投资少，收益大。既可以进行大规模生产，又适合家庭和小作坊酿制。近年已有人利用甘薯与其他原料结合开发新型食品，有人研究了以甘薯、大米、牛乳为原料制备饮料的工艺，该饮料不但具备大米与甘薯的特有风味，还具有多元的营养价值；有人研发出一种紫山药紫甘薯保健酸乳，该产品不但具有乳酸菌饮料特有的全价食品特性，还兼具紫山药和紫甘薯的营养与保健作用。

2. 其他传统甘薯加工食品

甘薯加工食品主要是以甘薯为原料，将其与多种食品原料相结合，制成风味与营养都符合现代人群需求的加工产品。如甘薯脱水制成甘薯干，或与糖、芝麻等混合采用风干、油炸、烘烤等方法加工的风味甘薯片；利用甘薯加工的甘薯粉丝早已是饭桌常客。利用甘薯制糖是一种传统的制糖工艺。

（1）甘薯粉丝制作工艺流程

打浆 → 调糊 → 压丝 → 漂晒 → 成品

（2）甘薯粉丝工艺要点

①打浆：先将甘薯淀粉用热水调成糊状，再用沸水猛冲，搅拌20min至糊状，称为芡粉。

②调糊：在芡粉内加入0.5%的明矾，再将湿淀粉和芡粉混合，搅拌成软粉团料坯。

③压丝：又叫漏粉。先在锅上安好漏瓢，当锅内水温为97~98℃时，将粉团置于瓢眼上，压成细长丝状，径直落入锅内沸水中，即凝成粉丝。

④漂晒：粉丝起锅后，放入冷水缸内降温清漂，增强弹性，并用小竹竿理顺，排在冷水内凉1h左右，等疏松不结块时，捞出晒干即成粉丝。

（二）现代甘薯加工食品

1. 甘薯全粉

甘薯 → 挑选清洗 → 去皮 → 切片 → 护色 → 热烫 → 冷却 → 烘干 → 粉碎 → 成品

2. 甘薯功能成分提取物

黄酮类物质、膳食纤维、甘薯蛋白、甘薯糖蛋白及甘薯多糖。

思考题

1. 淀粉生产的原料主要有哪些?
2. 为什么说玉米是淀粉工业的最主要原料?
3. 玉米淀粉生产过程中，浸泡的作用是什么?
4. 玉米浸泡的主要方法及特点有哪些?
5. 利用曲筛筛洗皮渣的优点有哪些?
6. 如何利用气流干燥法对淀粉进行脱水?
7. 如何对玉米淀粉生产中的副产品进行综合利用?
8. 薯类淀粉的提取工艺与玉米淀粉提取工艺的主要区别有哪些?
9. 什么是变性淀粉? 变性淀粉有哪些种类?
10. 变性淀粉生产有哪几种工艺方法?
11. 淀粉糖的种类有哪些?
12. 对比各种淀粉糖的性质和特点。
13. 酸糖化的机理? 影响酸糖化的因素有哪些?
14. 酶法生产淀粉糖为什么要经过液化? 液化的机理是什么? 液化控制在什么程度较好?
15. 糖化的机理? 糖化的程度用什么来表示?
16. 方便米饭产品的主要类型有哪些? 各有何特点?
17. α 化米饭生产的原理及主要流程是什么?
18. 冷冻干燥米饭、膨化米饭和软罐头米饭的生产中应注意哪些问题?
19. 常见的米粉产品有哪些? 各有何特点?
20. 试述流化床干燥机的工作原理。
21. 榨粉可分为哪两个阶段? 各有何特点?
22. 高档直条米粉和波纹方便米粉的生产工艺流程是什么?
23. 大米膨化食品生产的主要方法有哪些? 各有何特点?
24. 方便米粥有哪些产品? 试述其加工工艺。
25. 大豆的化学成分有哪些?
26. 大豆蛋白质的溶解度如何?
27. 大豆蛋白质有哪些功能?
28. 大豆中有哪些抗营养物质?
29. 大豆制品中不良气味的产生原因和防止措施有哪些?
30. 传统豆制品有哪些种类? 主要工艺特点是什么?
31. 大豆低聚糖的种类及功能?
32. 大豆异黄酮的提取方法及功能?
33. 大豆加工副产品的利用途径有哪些?

第五章 水产食品工艺学

CHAPTER 5

【学习目标】掌握鱼贝类低温保鲜的方法和技术；掌握冷冻鱼糜和常规鱼糜制品的生产工艺；掌握水产干制、腌熏制品和硬软罐头生产的方法及加工工艺；掌握海鲜调味料的生产技术；掌握常见海洋生物活性物质加工工艺，理解先进的水产品综合利用技术。

【课程思政目标】通过向学生传授水产食品领域的知识，强化学生对我国海洋资源的了解，加深学生对“蓝色粮仓”科学内涵的理解，激发学生对海洋食品研究的兴趣，为国家培养一批专业知识扎实，实践操作熟练的海洋食品从业人员奠定基础。

【重点难点】水产食品加工技术。

水产食品是以海洋和江河中的大量鱼、虾、蟹、贝类、海藻类和浮游生物等为原料，经过粗加工、精加工或再加工，生产成可被人类食用的食物。水产业是国民经济的重要组成部分，水产食品加工是水产业重要的支柱产业。水产食品加工工艺的优化和提升为快速发展水产业提供根本保障。水产食品具有高蛋白、低脂肪和调理机体免疫的功效，发展水产食品加工对改善国民膳食结构和提高人民生活水平具有重要的意义。

第一节 水产食品低温保鲜与加工

水产食品低温保鲜与加工是目前渔业生产上防止水产品腐败变质的主要方法。低温保鲜与加工能较好地保存水产品原有风味、营养价值和外观品质，适于处理和贮藏大批鲜活水产食品。

一、水产食品低温保鲜方法

我国是世界渔业大国，水产资源丰富，水产品种类繁多。下文以具有代表性的冷冻鱼片加工阐述冷冻水产品加工工艺。冷冻鱼片包括冷冻淡水鱼片和冷冻海产鱼片，二者的工艺流程基本相同。

（一）冷冻鱼片工艺流程

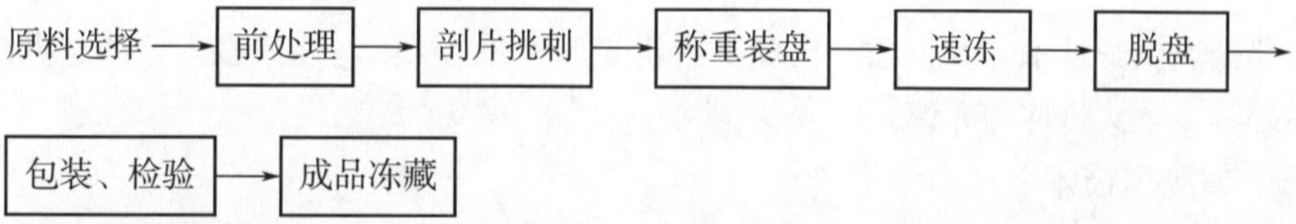

（二）冷冻鱼片工艺要点

1. 原料选择

收购的淡水或海水鱼应符合鲜度和质量的标准。原料鱼应鳃盖紧闭、鳃丝鲜红、具固有腥气、眼球饱满凸出、眼膜透明、体表有光泽、鳞片完整且不易脱落、无内脏突出及腹部膨胀现象；鱼体肌肉结实富有弹性，手指压陷处容易复原，最好处于僵硬期或僵硬期之前的状态。如果原料鱼在冻结前鲜度下降，则加工后的冷冻水产品品质差，而且冻藏中品质下降速度也快，贮藏期缩短。

2. 前处理

有些冷冻鱼片制品所采用的原料为冷冻鱼，在进行加工之前要进行解冻。解冻是使冻品融化恢复到冻前的新鲜状态，解冻的过程是冻品中的冰晶还原融化成水的过程，可看作是冻结的逆过程。在解冻过程中，热量不能充分地通过已解冻层传入冻品内部，为了避免表面解冻的水产品被微生物污染而导致变质，解冻所需的温度梯度应该远小于冻结所用的温度梯度。因此，解冻所用的时间远大于冻结所用的时间。

3. 剖片挑刺

剖片是冷冻鱼片加工的关键工序，它的好坏直接影响到鱼片的质量和出品率。剖片宜用剖片机或熟练工人手工剖片，要保证刀刃锋利，避免切豁、切碎而降低出品率。将切割后的鱼片装入带网格的塑料筐中，用水漂洗后整形，除去鱼片上残存的鱼鳍等影响产品美观的多余部分。挑刺修补要求对修整后的鱼片逐一检查，剔除鱼片中的骨刺、黑膜、鱼皮和血痕等杂物，在特制的灯光检测台上进行灯光检查，用小镊子挑出寄生虫（如线虫、绦虫和孢子等），并对整形工序进行检验和补漏。

4. 称重装盘

称重后的鱼片应尽快摆盘，不得积压，装盘有单冻和快冻两种形式。单冻是将鱼片横摆或竖摆到不锈钢盘上，尽量多摆一些，鱼片之间不能重叠。然后在鱼片上铺放一层塑料薄膜，从一端向另一端修形，用拇指和食指将鱼片持直，鱼尾部不要修得太尖，周边要光滑，修好形后将多余的塑料薄膜折叠规整靠在盘壁上。

5. 速冻

鱼盘要及时送进速冻库，保持库温<-25℃，应尽量采用快速冻结的方式，有利于提高产品质量和防止蛋白质冷冻变性。

6. 脱盘、包装、检验、冻藏

速冻完毕后，带水脱盘，镀冰衣，淋水脱盘时水温≤20℃，操作过程中应注意保持冰被完整。检查合格，装塑料袋，用封口机封口后装入纸箱，再用硬塑打包带打包。包装、检验后应及时送入冷库冻藏，库温应控制在-25～-18℃。

二、新技术在水产食品保鲜与加工中的应用

除上述低温保鲜技术外，目前还出现一些新型水产食品保鲜与加工技术，如超高压、辐照和超微粉碎等，下文将详细介绍。

（一）超高压技术

超高压技术是在密闭容器内，用水或其他液体作为介质对食品或其他物料施以 200～1000MPa 压力，达到灭菌、改性、加工和贮藏的目的。超高压处理具有压力均匀传递、瞬时、高效、耗能低、污染少，对维生素、色素和风味物质等低分子化合物无显著影响等优点。用常规的加热方法得不到的高凝胶强度鱼品，可通过超高压技术实现。但是还存在一些不足，如超高压装置成本比较高、一次处理产品量少和受到多种因素影响，因此对水产品加工方式的选择需要进行综合考虑。在水产品加工中，超高压技术可以改善水产品品质，提高对病毒、致病菌的灭活率和降低牡蛎的脱壳率。

（二）辐照技术

辐照技术是一种冷物理处理方法，对冷冻水产品杀菌作用尤为突出，可以解决水产品微生物超标的问题，延长保质期，减少食源性传染疾病的发生，提高产品品质。辐照技术具有操作安全、可控性强、操作简单方便等优点。辐照技术与化学试剂或添加剂处理相比，不会存留有害物，而且在 10kGy 剂量以下辐照处理的食品是安全的，无需限制每日摄入量，能够很好保持水产食品原有品质。但是，水产食品辐照的剂量不容忽视。合理的辐照剂量才能尽量避免辐照产物的产生，残留的辐照产物能使其产生毒性更大的产物如醛类等。

（三）超微粉碎技术

超微粉碎，是指利用机械或流体动力的方法克服固体内部凝聚力使之破碎，将>3mm 的物料颗粒粉碎至 10～25μm 的操作技术，是 20 世纪 70 年代兴起的一种物料加工技术。为了使水产食品生产中下脚料的生物利用率最大化，通过超微粉碎可制成营养物质或提高营养成分的吸收率。利用超微粉碎技术可将藻类粉碎或破壁后提取活性物质。由于不同的水产食品进行超微粉碎的温度不同，还需要进行大量实验来确定超微粉碎温度以优化生产加工工艺。

第二节　水产干制品和腌熏食品加工

干制是水产品加工中广泛采用的方法之一。干制品水分含量低，如干燥完全、包装贮藏得当，和冷冻品一样，可以保藏半年至一年以上。水产干制品一般仅为鲜品质量的 20%～40%，体积也小，可以节约贮藏运输中的仓库体积和车船运载量。水产品的腌制也是传统鱼类的加工保藏方法，在我国有着悠久的历史。由于其设备投资少，工艺简单，并赋予独特的风味，被各地渔区广泛使用。

一、水产干制品

水产干制品是指以鲜、冻动物性水产品或藻类为原料直接或经过腌渍、预煮、调味后在自

然或人工条件下干燥脱水制成的产品。干制水产品的优点是质量轻、体积小、便于携带，在室温条件下可长期贮藏；缺点是会导致蛋白质变性和脂肪氧化酸败。为了弥补这些缺点，现已采用轻干（轻度脱水）、生干、真空冷冻干燥以及调味干制等加工方法，以改进干制加工技术，提高产品品质。同时采用各种复合薄膜包装和个体小包装，大大改进了干制水产品的商品价值。

干制水产品种类较多，常见的干制水产品有干海参、干鲍鱼、干咸鱼、半干咸鱼、干银鱼、干鱿鱼、干虾皮、干海带、干紫菜等。下文以半干咸鱼为例介绍干制水产品的加工工艺。

随着人们安全意识的增强，高盐的传统咸鱼制品已经开始向半干咸鱼转化。半干咸鱼水分含量较传统咸鱼高，肌肉软硬度适中，含盐量较低，口感好。

（一）半干咸鱼的工艺流程

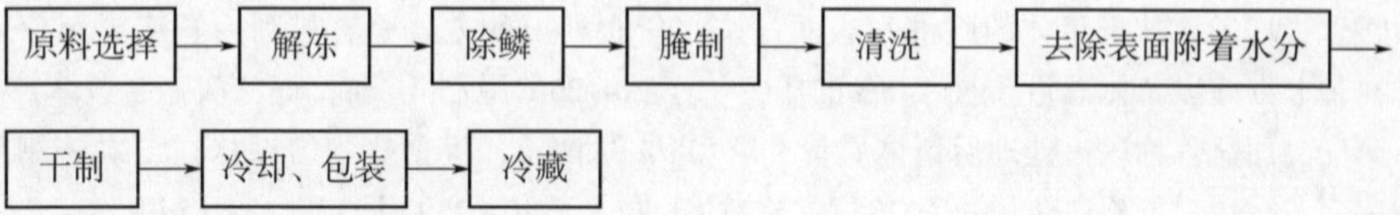

（二）半干咸鱼的工艺要点

1. 原料选择

选择的原料要求解冻后卫生、新鲜，无变质、变色现象，无异味。采用自然或流水进行解冻，清洗干净，宰杀除鳞、内脏及头部，并洗净血渍。

2. 腌制

一般采用混合腌制法，即将处理好的原料鱼摆放在洁净的腌制池内，一层鱼一层盐，加入适量的水，保证鱼浸在盐水中以确保腌制速度及品质。腌制用盐量视鱼体大小、季节及消费者需求而定。

3. 干制

经腌制处理的鱼单层平铺或悬挂在热风干燥机内，干燥机的干制温度设为28~38℃，干制过程仿自然晾晒工艺，生产不受自然条件限制。干制过程鱼体表面容易形成硬壳，在干制期间设定时间做回软处理，最终水分含量控制在60%左右。

4. 包装及冷藏

烘干冷却后，按不同规格装袋，抽真空封袋，入冷库冷藏贮存。

二、水产腌熏制品

水产品的腌熏制加工，是渔业生产上广泛采用的一种传统加工方法。这种方法是采用一定量的食盐来腌制鱼类等水产品，借助食盐的防腐作用，防止水产品腐败变质，在微生物和酶的作用下产生独特风味的加工方法。腌制水产品是我国一种具有独特风味的传统食品，不仅保留了丰富的营养物质，而且拥有独特的口感和风味。传统的加工工艺有盐渍、糟制、自然发酵等。腌制水产品有着广泛的民众基础，蕴藏着巨大的生命力。

（一）腌制水产品

咸鱼是以鲜鱼为原料经食盐腌制适当成熟加工而成的。以咸大黄鱼为例介绍咸鱼制品的加工过程。

1. 咸鱼工艺流程

原料前处理 → 冲洗 → 拌盐（三次） → 入池（桶）腌制 → 封盐、压石 → 出料 → 沥卤 → 成品

2. 咸鱼工艺要点

（1）原料前处理　新鲜大黄鱼去内脏，流水清洗后沥干水，得处理后鱼体。

（2）拌盐　第一次加盐：称取占处理后鱼体质量4.5%~5.5%的食盐，将食盐均匀涂抹于鱼体表面，然后用保鲜膜覆盖鱼体，于20~25℃下腌制22~26h，得初步腌制后鱼体。

第二次加盐：称取占处理后鱼体质量9%~11%的食盐，先将初步腌制后鱼体沥干血水，然后将食盐均匀涂抹于鱼体的腹部和表面；按照鱼腹朝上的方式竖直排列后置于无菌保鲜箱中，在鱼上方施以鱼体总重35%~45%的压力，于20~25℃腌制4~6d，得二次腌制鱼体。

第三次加盐：称取占处理后鱼体质量9%~11%的食盐，将食盐均匀涂抹在二次腌制后鱼体的表面，在鱼上方施以鱼体总重13%~18%的压力，于20~25℃下腌制13~15d。

（3）压石　腌渍1~2d后铺上一层硬竹片，上压石块至卤水淹没鱼体为宜。若有气泡上冒应加重压石。卤水混浊发黑或有臭气，鱼体肌肉松软，腹部充气时，应及时翻池换卤。当腌鱼感染有色的嗜盐菌后，嗜盐菌分解鱼肉蛋白质，使咸鱼鳞上出现红色斑点，并逐渐蔓延到鱼体内部，俗称“变红”。防止“变红”的方法是将鱼体放在4.5%的乙酸盐水中浸泡20~30min；对已感染的腌鱼可先用盐液洗涤后，再用上述方法进行处理。此外，严格执行清洁操作，保持盐渍环境和腌渍用具的清洁卫生，可以预防腌鱼变红。

（二）熏制水产品

熏制加工是上色与增味的过程。鱼经熏制加工后，不仅色泽发生明显变化，而且形成了独特的烟熏风味，保质期也得到一定程度的延长。

1. 熏制大黄鱼工艺流程

原料处理 → 腌制（调味） → 沥水 → 熏制 → 冷却 → 切块 → 包装 → 速冻 → 制品

2. 熏制大黄鱼工艺要点

（1）原料处理　取新鲜的人工养殖大黄鱼，去除鱼鳞，按椎骨方向将鱼体剖成两片或从鱼背向鱼腹方向剖杀，去除内脏，清洗。

（2）腌制（调味）　将剖杀后的鱼体用食盐腌制或在含有10%~15%食盐的调味料溶液中浸渍30~60min，溶液用量以浸没鱼体为度。

（3）熏制　将腌制好的鱼体捞起、沥水，用米糠、木屑等发烟熏材，在熏制设备上进行熏制处理，温度30~40℃，时间4~6h，然后切块，包装。

（4）速冻　包装已熏制过的鱼体，在−23℃下速冻处理，直到其中心温度<−18℃为止，于−18℃以下冻藏，制得熏制大黄鱼冻藏生制品。

第三节　水产罐头食品加工

水产罐头加工原理是将初加工的水产品装入罐头容器内，排气、密封，再经杀菌处理杀灭水产品中的大部分微生物和破坏酶的活性；同时，通过排气密封防止外界的再污染和空气氧化，从而使水产品得以长期贮藏。水产罐头主要采用鱼、虾、蟹、贝等海水产品为主要原料，经过加工制成。

水产罐头根据加工方法不同可分为清蒸和调味罐头等。清蒸罐头，一般又称原汁罐头，是处理后的水产原料不经烹调直接装入罐中，配以食盐水、味精或食盐和糖配成的溶液，再加入适量香料，经过排气、密封、杀菌等过程做成罐头。这类罐头的特点是成品保持原料固有的天然风味，或者天然风味损失极少。

以清蒸带鱼罐头为例，其工艺流程及工艺要点如下：

（一）工艺流程

原料验收 → 原料挑选 → 原料处理 → 洗净盐渍 → 装罐 → 加汤 → 排气 →

封口 → 杀菌、冷却 → 保温 → 包装 → 成品

（二）工艺要点

1. 原料验收、挑选和处理

新鲜的带鱼鱼鳞不脱落或少量脱落，呈银灰白色，略有光泽，无黄斑，无异味，肌肉有坚实感。

2. 盐渍

把鱼段放在 3~5℃的盐水中盐渍 15min，其间轻轻搅拌 2 次。鱼和盐水的比例约为 1∶2。

3. 装罐

将鱼段捞起，用清水冲洗一遍即可装罐。500mL 玻璃瓶装罐时，装入生鱼段为 400~450g。装罐时应沿玻璃瓶四周竖装，要求排列整齐。装罐后加入 50~100g 的汤汁。

4. 排气和封口

将罐头送入排气箱中，时间 20min，温度（98 ± 2）℃，中心温度>95℃。排气结束后立即封口。

5. 杀菌和冷却

清蒸带鱼罐头由于带汤汁，易传热。杀菌条件为：（10min-80min-10min）/115℃。杀菌后用水冷却至 40℃左右。

6. 保温和包装

将检查合格的罐头送入 37℃的保温库中保温 7 昼夜。保温期满时包装，应逐罐检查，剔除胖听罐、渗漏罐。用木棒敲打罐盖，去除真空度差的罐头。

第四节　冷冻鱼糜和鱼糜制品加工

冷冻鱼糜是将原料鱼经清洗、采肉、漂洗、精滤、脱水、混合和冷冻加工等工序制成的产品，它是进一步加工鱼糜制品的中间原料，将其解冻或直接由新鲜原料添加食盐制得的鱼糜，再经擂溃或斩拌、成型、加热和冷却等工序制得各种鱼糜制品。鱼糜制品营养丰富，蛋白质含量高，脂肪含量低，原料来源广泛，不受鱼种大小影响，可就地及时加工，产品具有食用方便、美味可口、风味独特等优点。目前已开发出一系列新型鱼糜制品和冷冻调理食品，以鱼丸、章鱼丸、鱼豆腐、鱼肉香肠、模拟制品、竹轮、鱼排和天妇罗等鱼糜制品以及冷冻调理食品为代表。

一、冷冻鱼糜的生产工艺

冷冻鱼糜是指经前处理、清洗、采肉、漂洗、精滤、脱水、混合、充填和冻结等加工生产的糜状制品。根据是否添加食盐又可分为无盐鱼糜和加盐鱼糜，无盐鱼糜一般添加 5.0%左右的食糖和 0.2%~0.3%的多聚磷酸盐（焦磷酸钠和三聚磷酸钠混合物）。目前国内生产的大多为无盐鱼糜。

（一）原料鱼种及鲜度

考虑到产品的弹性和色泽，一般选用白肉鱼类做鱼糜原料。红肉鱼类因肌肉组成成分的特点，所制成产品的白度和弹性均不及白肉鱼类。鱼类的鲜度也是需要考虑的重要因素之一，原料鱼以刚捕获的新鲜鱼或冰鲜鱼为佳。鲜原料鱼加工前，宜用碎冰覆盖或暂存于 0~4℃环境中，保持鱼体温度<10℃，保鲜时间≤3d。鱼糜的凝胶形成很容易随鲜度下降而下降。此外，鱼类在死亡之前挣扎少，加工后鱼糜的品质较好，经过剧烈挣扎的鱼体能量消耗过多，鲜度较差。

（二）原料鱼前处理

将原料鱼冲洗干净，去鳞、去头、去内脏、剖割、切块等，清洗、去除腹腔内残余内脏和黑膜。清洗一般要重复 2~3 次，控制水温<15℃。前处理工序必须将原料鱼清洗干净，否则内源性蛋白酶分解鱼肉蛋白质而影响鱼糜制品的弹性和品质。

（三）采肉

宜使用机械采肉，采肉机的网眼孔径一般为 3~5mm。采肉机大致可分为滚筒式、圆盘压碎式和履带式三种。比较理想的采肉机不仅要求采肉率高、无过多碎骨皮屑等杂物混入，而且在采肉时升温要小，以免蛋白质热变性。国内目前使用较多的是滚筒式采肉机。采肉时，靠滚筒转动和与橡胶皮带圈之间的挤压作用，鱼肉穿过滚筒的网状孔眼进入滚筒内部，而骨刺和鱼皮在滚筒表面，达到鱼肉与骨刺分离的目的。

（四）漂洗

漂洗是指用水溶液对鱼肉进行洗涤，除去鱼肉中的水溶性蛋白质、色素、气味和脂肪等。将分离出的碎鱼肉送到漂洗槽或自动漂洗机中漂洗，控制水温<10℃。根据原料鱼种类、鲜度和产品要求不同，漂洗次数宜为 2~3 次，鱼肉与漂洗水的比例宜为 1：（5~10）。最后一次漂

洗可加入食盐（浓度不宜超过0.3%）或其他脱水辅助剂。

（五）精滤、脱水

鱼肉经漂洗后水量较多，因此必须进行脱水。鱼糜在脱水后要求水分含量80%~82%。脱水的方法主要有三种：过滤式旋转筛脱水、螺旋压榨机压榨脱水和离心机离心脱水。精滤、脱水过程主要有两种工艺：一种采用“预脱水、精滤、再脱水”，此工艺宜先用回转筛进行预脱水，然后用精滤机精滤，最后用脱水设备再脱水；另一种采用“脱水、精滤”，此工艺应先用脱水设备脱水，然后用带冷却夹套的精滤机精滤。精滤机网孔直径宜为0.5~2.0mm，脱水机网孔直径宜为0.2~0.6mm。温度对脱水效果的影响表现为温度越高，越容易脱水，且脱水速度也越快，但蛋白质容易变性，从实际生产工艺考虑，精滤、脱水工序中控制鱼肉温度<10℃。

（六）混合

混合的目的主要是将精滤、脱水后的鱼糜与抗冻剂搅拌均匀，以防止或降低蛋白质冷冻变性的程度。常用的抗冻剂有白砂糖、山梨糖醇、磷酸盐等。混合过程中控制鱼糜温度<10℃。

（七）充填、称重

将混合均匀的鱼糜充填制成长方体等形状，每块切成10kg或15kg（产品外形、质量可根据需求而定）。内包装宜采用颜色明显区别于鱼糜色泽的塑料袋，并应符合相关标准规定。

（八）冻结、贮藏

充填后鱼糜尽可能在最短时间内冻结。通常使用平板冻结机，产品中心温度宜在3h内降至-18℃及以下。经金属探测后，每箱两块装入硬纸箱，在纸箱外标明原料鱼名称、鱼糜质量等级、生产日期、生产单位等应注明的事项，运入冷库冻藏。冻藏时间一般不超过6个月。

二、常见鱼糜制品的加工工艺

鱼糜制品是以冷冻鱼糜为原料制得的富有弹性的凝胶类食品，鱼糜制品加工过程实质上是鱼肉肌原纤维蛋白的热变性聚集和凝胶化过程。

（一）鱼糜制品加工的工艺流程

冷冻鱼糜 → 解冻 → 擂溃或斩拌 → 成型 → 凝胶化 → 加热 → 冷却 → 包装 → 贮藏

（二）鱼糜制品加工的工艺要点

1. 解冻

根据鱼糜制品加工工艺要求，为了防止冷冻鱼糜蛋白质热变性和微生物生长繁殖，一般采用3~5℃空气或流水解冻法，待鱼糜品温回升到-3℃易于切割即可。经解冻和切割处理后，鱼糜品温在0~1℃，此时即可进行擂溃或斩拌。加盐冷冻鱼糜因冻结点较低，解冻速度较慢。

2. 擂溃或斩拌

擂溃是鱼糜制品生产的重要工艺之一。影响擂溃效果的主要因素包括擂溃时间、温度、食盐浓度和各种辅料的添加方法等。为提高鱼糜制品品质，可使用真空擂溃机或真空斩拌机，以便把鱼糜在擂溃等加工中混入的气泡去除，使其对品质的影响减少到最低程度。擂溃操作过程可分为空擂、盐擂和调味擂三个阶段。

空擂是将鱼肉放入擂溃机内擂溃，通过搅拌和研磨，使鱼肉的肌纤维组织进一步被破坏，为盐溶性蛋白质的充分溶出创造良好条件。时间一般为5min左右，以冷冻鱼糜为原料时，时间可以稍长一些，因为鱼糜温度必须上升到0℃以上，否则加盐以后，温度下降会使鱼肉再冻结而影响擂溃的质量。

盐擂是在空擂后的鱼肉中加入鱼肉量1.0%~3.0%的食盐继续擂溃的过程。经擂溃使鱼肉中的盐溶性蛋白质充分溶出，鱼肉变成黏性很强的溶胶，时间一般控制在15~20min。

调味擂是在盐擂后，再加入食糖、淀粉、调味料和防腐剂等辅料并使之与鱼肉充分混合均匀，一般将上述辅料先溶于水再加入，其中淀粉的加入主要是为了提高制品的弹性。此外，还需加入蔗糖脂肪酸酯，使部分辅料能与鱼肉充分乳化，促进盐擂鱼糜凝胶化的氯化钾、蛋清等弹性增强剂最后添加。

3. 成型

经以上处理的鱼糜具有很强的黏性和一定的可塑性，可根据不同要求加工成各种各样的形状和品种，再经蒸、烘、煮、烤、炸或熏等多种不同热加工处理，成为鱼糜制品。成型操作要与擂溃操作连续进行，两者之间不能长时间间隔，否则，擂溃后的鱼糜在室温下放置会因凝胶化现象失去黏性和塑性而无法成型。

4. 凝胶化

鱼糜在成型后加热前，一般需在较低温度下放置一段时间，以增加鱼糜制品的弹性和保水性，这一过程叫做凝胶化。凝胶化的温度一般有四种：高温凝胶化，在35~40℃放置30~90min；中温凝胶化，在15~20℃放置18h左右；低温凝胶化，在5~10℃放置18~42h；二段凝胶化，先在30℃进行30min高温凝胶化，然后在7~10℃低温凝胶化18h。

5. 加热

加热是鱼糜制品生产中的重要工艺之一。加热方式主要包括蒸、烘、煮、烤、炸等或组合处理等操作。鱼糜制品加热的目的有两个：一是使蛋白质变性凝固，形成具有弹性的凝胶体；二是杀菌。一般来讲，盐擂鱼糜的加热过程对制品的弹性有很大影响，最终达到的温度对制品的保存性有影响。从弹性角度考虑一般采用使鱼糜慢慢地通过凝胶化温度带以促进网状结构的形成，再使其快速通过凝胶劣化温度带以避免构造劣化。二段加热法就是根据这一原理进行的，即将鱼糜选择在一个特定的凝胶化温度带中进行预备加热后，再放入85~95℃进行高温快速加热30~40min。这样不仅可快速通过凝胶劣化温度带，而且可使鱼糜制品的中心温度达到80~85℃，达到加热杀菌的目的，延长鱼糜制品的保质期。

6. 冷却

加热完后的鱼糜制品大部分都需要在冷水中急速冷却。迅速放入10~15℃的冷水中急冷，防止发生皱皮和褐变等现象，使制品表面柔软和光滑。急速冷却后通常还要放在冷却架上让其自然冷却。此外，也可通过通风冷却或自动控制冷却机进行冷却。

7. 包装与贮藏

一般的鱼糜制品均需要进行包装，鱼丸、鱼糕等一般采用自动包装机或真空包装机。包装后进行速冻处理，装箱，放入冷库贮藏待运。在-18℃保质期一般可以达到12个月。

第五节　水产调味料的加工

调味料是指在饮食、烹饪和食品加工中用来调和滋味和气味，具有去腥、除膻、解腻、增香、增鲜等作用的产品。水产调味料是以鱼、虾、蟹和贝类等为主要原料，经相应工艺加工制成的调味品，如鱼露、虾酱、虾油和蚝油等。按生产工艺可分为两大类：一类为分解型，包括利用原料本身的酶或自然界微生物作用以及外加酶作用的酶法水解型和酸法水解型；第二类为抽提型，利用鱼、贝类等加工产生的煮汁或直接提取的一类水产调味料。

一、水产调味料的营养和风味

水产调味料的呈味主体是由咸味和鲜味构成，其中咸味以氯化钠为主，鲜味主要是氨基酸和核苷酸类，琥珀酸和寡肽也是重要的鲜味物质。

（一）氨基酸类

水产调味料中游离氨基酸的含量和种类影响鲜味，是衡量其营养价值和感官的重要指标。早在1908年，日本化学家池田菊苗发现海带汤的鲜味来自谷氨酸钠。氨基酸的呈味与它侧链R基团的疏水性有密切关系，当氨基酸疏水性小时，主要呈甜味，如甘氨酸、丙氨酸、丝氨酸、脯氨酸、谷氨酰胺、苏氨酸等；当氨基酸疏水性大时，主要呈苦味，如亮氨酸、异亮氨酸、缬氨酸、苯丙氨酸、色氨酸、组氨酸、赖氨酸、精氨酸及甲硫氨酸。当其侧链R基团为酸性基团时，以酸味或鲜味为主，如天冬氨酸、谷氨酸呈酸味，其钠盐则是鲜味物质。

（二）核苷酸类

核苷酸是一类重要的鲜味物质，呈鲜味的核苷酸及其衍生物已发现30多种，水产品中鲜味核苷酸类物质主要以肌苷酸（IMP）二钠和鸟苷酸（GMP）二钠为代表，如鱼露中肌苷酸和鸟苷酸含量分别为471μg/g和874μg/g。核苷酸的呈味是与谷氨酸钠的协同作用效果，肌苷酸与谷氨酸钠按1∶1混合，鲜味强度是单独谷氨酸钠鲜味的15.6倍。鲜味相乘效果可能是鲜味的受体与核苷酸结合后构象发生变化，从而更容易与谷氨酸钠结合。

（三）有机酸类

发酵型水产调味料中含有乳酸、琥珀酸、甲酸、乙酸及焦谷氨酸等有机酸，其中，琥珀酸在贝类中含量较多，如蛤蜊为0.14%，牡蛎为0.05%。琥珀酸及其钠盐均有鲜味，琥珀酸、琥珀酸一钠和二钠的鲜味阈值分别为0.39mg/mL、0.15mg/mL和0.10mg/mL，可见，琥珀酸二钠鲜味最强，其在干贝丁中含量较高，被称为干贝素。

（四）呈味肽类

呈味肽对鲜度也有贡献，一般小于10个氨基酸的寡肽是主要呈味肽，已报道的鲜味肽以二肽和三肽为主。牛肉消化液中主要为鲜味八肽，它是类似谷氨酸钠的天然风味强化剂。但由于鲜味物质的复杂性，缺乏客观评价方法，对鲜味肽存在争议。

二、常见水产调味料的生产技术

（一）鱼露

鱼露是传统的水产调味料，又称鱼酱油，味道鲜美、营养丰富、风味独特，深受广大消费者喜爱。我国主要产地在广东、福建和江浙，当地居民以鱼露替代大豆酱油作为烹饪调味料。传统的鱼露是以鳀鱼、蓝圆鲹、三角鱼、七星鱼、青鳞鱼等食用价值较低的小杂鱼和水产品加工副产物为原料，通过鱼体自身酶或微生物的作用，将蛋白质水解成氨基酸。生产上为缩短时间，利用外加蛋白酶加速发酵。

鱼露生产是盐渍和发酵二者相结合的过程，即利用盐渍来抑制腐败微生物的作用，通过蛋白酶对鱼蛋白进行水解的过程（即发酵过程），达到生产鱼露的目的。

1. 工艺流程

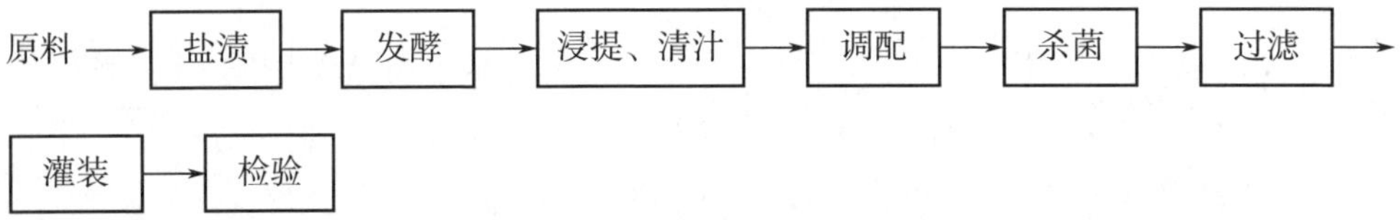

2. 工艺要点

（1）原料　原料要求新鲜、无污染，以鳀鱼为原料加工的鱼露质量较好。

（2）盐渍　新鲜原料采捕后立即拌入10%~20%的食盐来保持原料的品质。原料运回工厂后，和食盐按工艺比例进行混合，搅拌均匀。食盐的总用量根据鱼的种类、新鲜度、环境温度进行调整，一般用量25%~30%。

（3）发酵　拌盐后的原料入发酵缸、池或罐中发酵，采取自然或人工发酵方法。目前，国内以自然发酵为主，发酵过程中，鱼体上部可用盐封顶，使盐渍发酵后鱼体能浸没在液体中，根据工艺需要选择翻拌，一般每月翻拌1~2次，整个过程倒池1~2次。鱼体渗透完全后，可根据工艺选择日晒，时间一般为2个月，每天翻拌1~2次。

（4）浸提、清汁　鱼露第一次发酵完全后，提取鱼露原液，在提取原液后的头渣中放入低氨基酸态氮的鱼露或饱和盐水进行浸提，提取完一油后，对二渣再次进行浸提，得到二油和废弃鱼渣。每批原料一般进行三次发酵。一油、二油的浸提发酵时间为3~7个月，鱼露原液、一油、二油在不同的清汁池内进行清汁、过滤，去掉悬浮物和杂质。

（5）调配　按照不同的配方要求对鱼露原液、一油、二油及其他辅料进行调配，辅料和食品添加剂应符合相应标准的要求。

（6）杀菌　根据生产需要可选择杀菌或除菌，也可不采用此工艺。

（7）过滤　杀菌后会产生沉淀，可通过过滤或自然沉淀的方法，使产品澄清。

（8）灌装　灌装所用材料应洁净、无毒、无异味、坚固，符合国家食品包装材料相应的标准要求。产品包装应有合格证，包装过程中产品不能受到二次污染。

（9）检验　按产品执行的感官和理化标准进行检验，并作出合格判定。

（二）蚝油

蚝油又称牡蛎油，是利用牡蛎蒸、煮后的汁液进行浓缩或直接用牡蛎肉酶解，再加入食糖、食盐、淀粉等原料，辅以其他配料和食品添加剂制成的调味品。蚝油是我国的特产，最早产于广东，是广东、福建等地的传统调味料，因广东称牡蛎为蚝而得名。传统法加工蚝油的工艺流程及工艺要点如下：

1. 工艺流程

浓缩蚝汁 → 加辅料搅拌 → 加热 → 调色 → 增味增香 → 过滤 → 装瓶 → 巴氏杀菌 → 成品

2. 工艺要点

（1）原料处理　鲜蚝去壳，在水中煮熟，汁液随水分渗出，将煮熟蚝肉与汤汁分离后静置沉淀，取上清液过滤，过 120 目筛，再经减压浓缩至水分含量<65%、氨基酸含量>1.0%浓缩液，即可转入配制工序。此浓缩液常加盐和防腐剂储运。熟蚝肉可制成商品蚝干或经调味灭菌后制成蚝肉罐头。

（2）蚝油配制　以浓缩蚝汁为原料，先在夹层加热锅中加入所需的水，持续搅拌依次加入食糖、食盐、淀粉等，搅拌均匀后，加热至沸腾，并保持 20min。配料可根据产品要求和生产实际适当调整。配料完毕，120 目筛过滤，趁热灌入已洗净灭菌的加热瓶中，再经巴氏灭菌或在热水流水线上灭菌。

传统工艺存在生产效率低，工耗和能耗大，质量不稳定，原料利用率低的问题突出，因为只利用了可溶性煮汁，蚝肉中丰富的蛋白质未得到利用。

三、新型水产调味品

随着社会经济的不断发展和人们生活水平的提高，消费者对海鲜调味料的要求也越来越高，更加注重味道鲜美、有营养、不添加味精，天然海鲜调味料越来越受到中高收入人群的青睐。因为水产品含有丰富的氨基酸、多肽、糖、有机酸、核苷酸等呈味成分和牛磺酸、多糖等保健成分，天然海鲜调味料也成为企业转型升级和资本投资的首选产品。

（一）贝类海鲜调味料

贝类富含多种呈味成分，味道鲜美，是海鲜调味料主要的原料来源。蛤仔蒸煮汁固形物含量较低，通常采取加热或真空浓缩的工艺提高固形物的含量，再复配、干燥、造粒制成海鲜调味料。国内海鲜调味料鲜贝素，是以浓缩蛤汁为主原料，复配食盐、谷氨酸钠、淀粉、糖、呈味核苷酸二钠等，经造粒而成。

（二）海参肠海鲜调味料

海参肠是海参加工的副产物，含有大量的鲜味氨基酸，研究表明海参肠与海参体壁含有相同的活性成分，海参肠的多糖和钒等含量更高。海参肠调味料制备工艺是先酶解，再经美拉德反应，达到脱腥和增香效果。酶解条件为料水比 1∶8，pH 7，风味酶添加量 0.5%，温度 50℃，时间 4h。酶解液添加 8%葡萄糖和木糖，比例为 1∶1，添加 3%赖氨酸和精氨酸，比例为 2∶1，反应 pH 8.5，温度 120℃，时间 32min，得到有明显的焦香味的反应物，无异味。再经干燥制成海参肠海鲜调味料。

（三）海肠海鲜调味料

海肠学名单环刺螠，营养价值高，有裸体海参的美誉，味道鲜美，蛋白质含量高，鲜味氨基酸含量丰富，其水解液中含有 18 种氨基酸，谷氨酸含量最高为 2.18mg/mL，其次为甘氨酸、丙氨酸、天冬氨酸，具有浓郁的鲜味。海肠中还含有丰富的无机盐及微量元素，是良好的海鲜调味料基料。海肠调味料制备是酶解后喷雾干燥，得到海肠粉，味道鲜，而且具有较强的抗氧化性。

第六节　水产品综合利用

一、常见海洋生物活性物质加工

海洋是人类的宝库，孕育着丰富的生物资源。海洋食品不仅可为人类提供优质的蛋白质，还可提供功能各异的健康营养物质，满足人们对健康的需求。海洋功能食品科技创新发展与产品开发对引导我国居民合理膳食、满足特殊人群营养改善需求、推动营养相关慢性病的营养防治等方面具有重要意义。

常见海洋生物活性物质，如 Omega-3 系多不饱和脂肪酸、海藻多糖、贝类多肽和微藻蛋白等。经典的提取加工技术有沉淀、结晶、吸附、萃取、离子交换。新型分离纯化技术有液膜分离技术、流场分级技术、溶质点系统萃取、固体膜界面萃取和染料配基亲和色谱等。

二、水产品综合利用技术

（一）海洋油脂的提取工艺

鱼油是鱼体内全部油类物质的统称，包括体油、肝油和脑油。鱼油是鱼粉加工的副产品，是鱼及其废弃物经蒸、压榨和分离得到的。鱼油的主要成分是甘油三酯、磷脂、脂溶性维生素、固醇、色素、烃类等。与陆生动植物油相比，构成鱼油的脂肪酸，其不饱和程度较高，如四烯酸、五烯酸、六烯酸的含量较高。值得注意的是，鱼油与鱼肝油完全不同，鱼肝油的主要成分是维生素 A 和维生素 D。鱼油主要用来预防心脑血管疾病和健脑，而鱼肝油则是用来防治夜盲症和佝偻病。鱼油的提取工艺流程及工艺要点如下：

1. 鱼油的提取工艺流程

海产鱼 → 切碎 → 萃取 → 油层分离 → 脱胶 → 脱酸 → 脱色 → 脱臭 → 鱼油

2. 鱼油的提取工艺要点

（1）海产鱼　沙丁鱼、金枪鱼、黄金枪鱼和肥壮金枪鱼等海产鱼是提取富含不饱和脂肪酸鱼油的理想原料。海产鱼眼窝中脂肪含量最高，故一般从鱼的头部取出眼窝脂肪，以此为原料制备富含不饱和脂肪酸的鱼油。此外，鱼类加工的下脚料也是主要原料之一，但要求无腐烂、无杂质。

（2）切碎　用切碎机将原料切成 2~3cm 的小块，然后用绞肉机进行细化。

(3) 萃取、油层分离　细化后的鱼糜送入萃取罐，加入鱼糜质量3~4倍的有机溶剂，浸提1~2h，取出鱼糜并尽量沥干萃取液，被萃取的物料应通过分子蒸馏除尽残余的有机溶剂，收集萃取液，分离出粗鱼油。

(4) 脱胶　粗制鱼油中加入适量软化水（每100g鱼油加入5mL水），并充分搅拌，室温下静置1h，使鱼油中既带有亲水基团又带有亲油基团的磷脂吸水膨胀并相互聚合形成胶团，从油中沉降析出，经过滤除去水化油脚，即可达到鱼油脱胶的目的。

(5) 脱酸　脱胶后的鱼油升温至40~45℃，喷入50%氢氧化钠溶液并充分搅拌，加热至65℃，继续搅拌15min，静置分层使皂脚完全沉淀。吸取上清液，于105℃下脱酸，即为脱酸鱼油。

(6) 脱色　脱色分为常压脱色和减压脱色两种，常压操作易发生油脂的热氧化，减压操作（真空度为93.3~94.7kPa）可防止油脂氧化。将鱼油加热至75~80℃，加入适量干燥的酸性白土，并不断搅拌使吸附剂在油中均匀分布，利于色素与酸性白土充分接触并被吸附。脱色后用压滤机分离油脂，在没有过滤完之前，不能停止搅拌，以防吸附剂沉淀。

(7) 脱臭　鱼油中存在自然或加工过程中生成的醛类、酮类、过氧化物等臭味成分，需进行脱臭处理。将脱色后的鱼油泵入真空脱臭罐，在93kPa的真空度下进行脱臭，得到清亮、淡黄色的鱼油。

（二）海洋蛋白类功能食品

随着人们生活水平的提高，低值鱼类直接食用的价值越来越低，大量的副渔货和水产加工下脚料，例如鱼类的头、皮、内脏、尾、碎肉、鳞等，用于生产鱼粉、直接作饲料和肥料或丢弃，造成资源的巨大浪费。同时，世界蛋白质资源的缺乏又是人类面临的严峻问题，对低值鱼类和水产加工下脚料进行水解、提取等深加工，是获得优质蛋白质和开发功能食品的良好途径。

浓缩鱼蛋白，一般是低值鱼、小杂鱼或水产加工下脚料经过化学、生物及物理方法处理后提取的一种高蛋白质、低脂肪的鱼蛋白浓缩物。

1. 浓缩鱼蛋白的加工工艺

原料 → 蒸煮 → 压榨 → 干燥 → 脱脂脱臭 → 干燥 → 杀菌 → 成品

2. 浓缩鱼蛋白的工艺要点

原料在60℃进行蒸煮，经压榨脱水脱油后获得压榨饼，采用蒸汽干燥机在40℃下干燥约1h。将干燥后的压榨饼用乙醇或异丙醇脱脂、脱臭，每次萃取约20min，温度升至近有机溶剂的沸点，溶剂与原料比为2∶1。萃取后用热空气或真空干燥使鱼粉中溶剂挥发。经此法获得的食用鱼粉为褐色、中性、没有鱼腥味和其他杂味。

思考题

1. 简述水产品低温保鲜的原理和方法。
2. 简述冷冻鱼糜的生产技术和鱼糜制品加工的基本原理，影响鱼糜制品弹性因素。
3. 水产食品干制的方法有哪些？简述其干燥机理。

4. 简述水产品腌熏加工的防腐机理。
5. 简述水产罐头食品的生产工艺及工艺要点。
6. 水产调味品按照生产技术可分为几类？描述其生产工艺。

CHAPTER 6

第六章 畜禽产品食品工艺学

【学习目标】重点掌握肉的组成与特性、畜禽的屠宰及其宰后肉的变化；掌握肉的贮藏保鲜方法；熟练掌握常见中、西制品的加工原理和加工工艺；理解乳的化学组成与性质，重点掌握液态乳制品、发酵乳制品和干燥乳制品的加工原理和加工工艺；运用所学知识，分析和解决常见乳制品生产中出现的技术问题；蛋的结构、化学组成与特性；蛋的贮藏保鲜；蛋制品加工。

【课程思政目标】通过图片和视频展示食品安全事件对经济、社会和他人造成的危害，以此警醒学生作为一名食品人，必须高度重视食品品质，增强职业责任感和使命感。

【重点难点】中西式肉制品加工；全脂巴氏杀菌乳、全脂乳粉和酸乳的加工工艺；蛋制品加工。

我国畜禽品种资源对肉品、乳制品、蛋、毛皮等畜产资源的合理和科学利用具有重大的理论意义和商业价值。畜禽品种是在人类进行畜禽生产的过程中逐渐形成的，在此过程中，畜禽饲养的数量、种类和分布也随着科技的进步变得越发广泛。目前，我国用于生产的畜禽有猪、牛、羊、鸡、鸭、鹅、家兔、鸽、马、骆驼以及某些野生动物。

第一节 肉与肉制品

一、肉的形态结构

在肉品工业生产中，从商品学观点出发，研究其加工利用价值，把肉理解为胴体，即家畜屠宰后除去血液、头、蹄、尾、毛（或皮）、内脏后剩下的肉尸，俗称“白条肉”，它包括肌肉组织、脂肪组织、结缔组织、骨骼组织及神经、血管、腺体、淋巴结等（表 2-6-1）。其中肌肉组织是指骨骼肌，即俗称“瘦肉”或“精肉”，不包括平滑肌和心肌。根据骨骼肌颜色的深浅，肉又可分为红肉（如牛肉、猪肉、羊肉等）和白肉（如鸡肉、鸭肉、鹅肉等）两大类。

脂肪组织中的皮下脂肪称作肥肉，俗称“肥膘”。

通常我们所说的肉是指畜禽经放血屠宰后，除去皮、毛、头、蹄、骨及内脏后剩下的可食部分。由肉经过进一步的加工处理生产出来的产品称为肉制品。肉品科学主要研究屠宰后的肉转变为可食肉的质量变化规律。

表 2-6-1　　不同种类的肉中各组织占胴体总质量的百分比

组织名称	猪肉/%	牛肉/%	羊肉/%
肌肉组织	39~58	57~62	49~56
脂肪组织	15~45	3~6	4~18
结缔组织	6~8	9~12	20~35
骨骼组织	10~18	17~29	7~11

（一）肌肉组织

1. 骨骼肌

肌肉纤维在显微镜下观察有排列规则的明暗条纹，称横纹肌，又因它附着于骨骼上，并受躯体神经的控制，又称骨骼肌或随意肌。人们所说的肌肉及肌肉组织主要是指横纹肌。

（1）骨骼肌的宏观结构　构成肌肉组织结构的基本单位是肌纤维（muscle fiber），肌纤维与肌纤维之间被一层很薄的结缔组织膜围绕隔开，此膜叫肌内膜。每 50~150 根肌纤维聚集成肌束（muscle bundle），称为初级肌束。初级肌束被一层结缔组织膜所包裹，此膜叫肌束膜。数十条初级肌束集结在一起并由较厚的结缔组织膜包围就形成次级肌束（又叫二级肌束）。许多二级肌束集结在一起即形成肌肉块。肌肉块外包围着一层强韧很厚的结缔组织膜叫肌外膜。肌内膜、肌外膜和肌束膜在肌肉两端汇集成束，称为腱，牢固地附着在骨骼上。这些分布在肌肉中的结缔组织膜既起着支架的作用，又起着保护作用，血管、淋巴管及神经通过三层膜穿行其中，伸入到肌纤维表面，提供营养和传导神经冲动，如图 2-6-1 所示。此外，还有脂肪沉积其中，使肌肉断面呈现大理石样纹理。

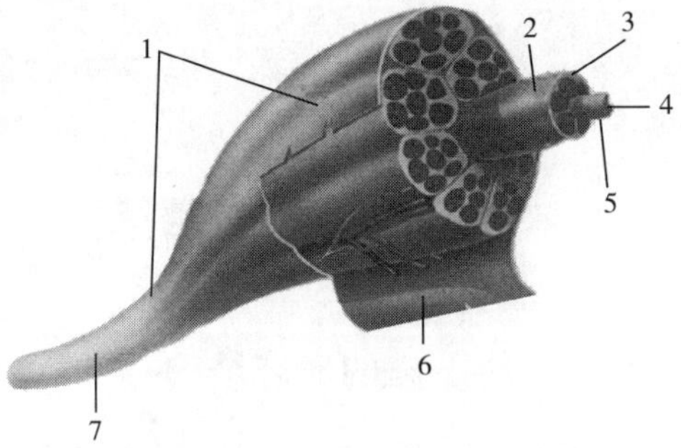

图 2-6-1　骨骼肌的宏观结构

1—肌腹　2—纤维束　3—肌周（束）膜　4—肌纤维　5—肌内膜　6—肌外膜　7—肌腱

（2）骨骼肌的微观结构　肌肉的基本构造单位是肌纤维，肌纤维也叫肌细胞，呈长线状。

长度一般为1~40mm，直径10~100μm。肌纤维内部主要是由大量平行排列成束的肌原纤维（myofibrils）组成，它在电镜下呈长的圆筒状结构，直径1~2μm。在肌原纤维之间，充满着胶体溶液，这种胶体溶液称为肉浆或肌浆，呈红色，含有肌红蛋白、肌糖原及其代谢产物、无机盐等，在肌浆中，还分布许多细胞核、线粒体（又称肌粒）、肌浆网（又称肌质网）。

肌纤维作为一种细胞，外面也有一层细胞膜（又称肌膜）包围，肌膜具有良好的弹韧性，能被拉伸为原长度的2.2倍，可承受肌纤维的伸长和收缩，并对酸、碱具有很强的稳定性。肌膜向内凹陷形成一网状的管，叫横小管，通常称为T系统或T小管，如图2-6-2所示。

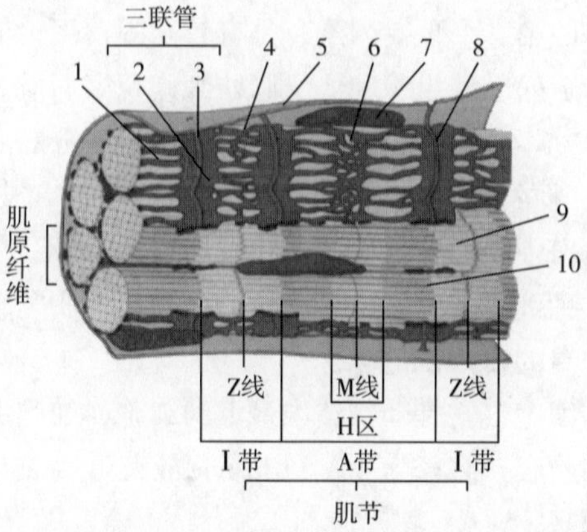

图2-6-2 骨骼肌的微观结构图

1—纵管 2—终池 3，8—T小管 4—肌浆网 5—肌膜 6—吻合网 7—线粒体 9—细丝 10—粗丝

肌原纤维是肌纤维的主要成分，占肌纤维固形成分的60%~70%，是肌肉的伸缩装置。在显微镜下观察呈现有规律的明暗相间的条纹，我们将光线较暗的区域（宽约1.5μm）称为A带或暗带（dark band），将光线较亮的区域（宽约0.8μm）称为I带或明带（light band）。A带中间有一宽约0.4μm的亮纹区（稍明区），称为H区，H区的中央有一发暗的深线，叫M线，I带中央有一细丝状暗线，叫Z线。

通常把两个相邻Z线间的肌原纤维单位称为肌节（sarcomere）。它包括一个完整的A带和两个位于A带两边的半I带。肌节是肌原纤维的重复构造单位，也是肌肉收缩、松弛交替发生的基本单位。肌节的长度是不恒定的，收缩时变短［图2-6-3（1）］，松弛时变长［图2-6-3（2）］，静止状态时肌节长度为2.3μm。在伸缩活动中，任何状态A带保持稳定的宽度，而I带伸张时变宽，收缩时变窄。

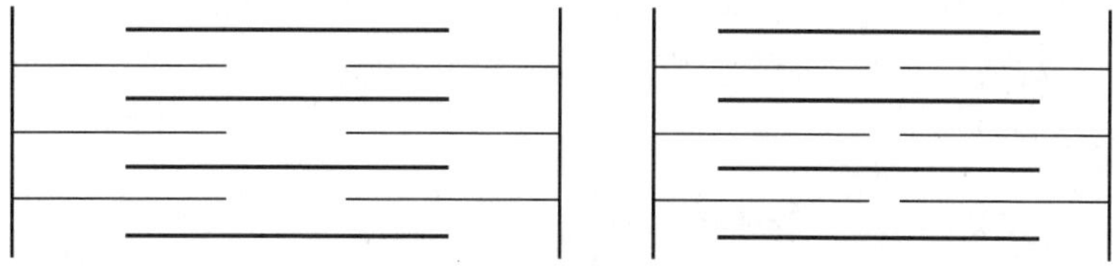

（1）收缩　　（2）松弛

图2-6-3 肌节的收缩示意图

2. 平滑肌

平滑肌又称内脏肌，主要构成血管壁、胃肠壁以及其他内脏器官的管壁，肌纤维呈梭形，细胞核呈长卵圆形，位于纤维最宽部的中央。

3. 心肌

心肌是构成心脏的肌肉组织，肌纤维为长柱形，平行排列，自由分枝，自由吻合呈合胞体细胞。心肌含有很高的血红蛋白和肌红蛋白，呈现鲜红色，除直接食用外，可用作肉制品天然色素添加剂。

（二）脂肪组织

脂肪组织是决定肉品质的第二个重要因素，具有较高的食用价值，对于改善肉质、提高风味均有影响。它是由退化的疏松结缔组织和大量脂肪细胞积聚而成。胴体中脂肪含量变化范围很大，一般占胴体质量的3%~40%。畜禽的品种不同，脂肪分布也不同，一般蓄积在皮下、肾脏周围和腹腔内，有些特殊的家畜如大尾绵羊其脂肪除多存在皮下、内脏外，还蓄积在尾内，骆驼蓄积在驼峰等，肌肉中间贮存很少。但猪等肉用型家畜，在肌肉中有较多脂肪，呈红白相间的大理石样外观，这种肉肥瘦适度，可防水分蒸发，肉质柔软细嫩而多汁，肉的营养成分丰富，风味也好，有着较高的食用价值。

脂肪的构造单位是脂肪细胞，它是动物体内最大的细胞，细胞中心充满脂肪滴，细胞核被挤到周边，外面也有一层细胞膜。直径为30~120μm，最大可达250μm，脂肪细胞越大，里面的脂肪滴越多，出油率也越高。

（三）结缔组织

结缔组织是构成肌腱、筋膜、韧带、肌肉的内外膜、血管、淋巴、神经、毛皮等组织的主要成分，在体内分布极广。结缔组织由细胞、纤维和无定形基质组成。细胞为成纤维细胞，存在于纤维中间；纤维由蛋白质分子聚合而成，可分胶原纤维、弹性纤维和网状纤维三种。结缔组织在体内起到支持和连接各器官组织的作用，并赋予肉以伸缩性和韧性。一般老龄、瘦弱动物内含量较多。

（四）骨组织

骨由骨膜、骨质和骨髓构成，骨膜是由结缔组织包围在骨骼表面的一层硬膜，里面分布着神经和血管。骨骼根据构造的致密度分为密质骨和松质骨；按形状可分为管状骨和扁平骨。骨髓可分为红骨髓和黄骨髓，红骨髓含血管和细胞较多，为造血器官，幼龄动物含量高；黄骨髓主要是脂类，成年动物含量高。骨组织是动物机体的支柱组织，食用价值较低。

二、肉的化学组成及性质

肉的化学成分主要有水分、蛋白质、脂肪、无机物、维生素及微量成分（含氮浸出物、糖原、乳酸）等。各种成分含量受动物种类、性别、年龄、肥度等因素影响。典型哺乳动物肌肉的化学成分见表2-6-2。

表2-6-2　　典型哺乳动物肌肉的化学成分

成分	含量/%	成分	含量/%
水分	75.0	脂类	2.5

续表

成分	含量/%	成分	含量/%
蛋白质	19.0	碳水化合物	1.2
(a) 肌纤维蛋白	11.5	非蛋白含氮物	1.65
(b) 肌浆蛋白	5.5	无机成分	0.65
(c) 基质蛋白	2.0	维生素	微量

(一)蛋白质

新鲜肌肉在压榨时，可挤出60%的汁液，这种汁液部分叫肉浆（又称肌浆），剩余固形物部分叫肉基质。新鲜肌肉中含有20%左右的蛋白质。肌肉中的蛋白质依其性质和结构不同存在于肌原纤维、肌浆和肉基质中。

1. 肌原纤维中的蛋白质

肌原纤维蛋白质占肌肉中蛋白质总量的40%~60%，主要包括肌球蛋白、肌动蛋白、肌动球蛋白三种，此外有少量原肌球蛋白、肌钙蛋白（又称肌原蛋白）等。该类蛋白质是肌肉的主要结构性蛋白质。

（1）肌球蛋白（myosin） 又称肌凝蛋白，是肉中最多的一种蛋白质，占肌原纤维中蛋白质的54%，是肌原纤维微观结构中粗丝的主要成分，构成肌节的A带。肌球蛋白受胰蛋白酶的作用时，分解生成两个部分，即重酶解肌球蛋白（HMM）和轻酶解肌球蛋白（LMM），在粗丝结构中，LMM为骨架，HMM为突起。其性质属球蛋白性质，有黏性，易形成凝胶，凝固温度为50~55℃，难溶或微溶于水，可溶于中性盐类溶液，等电点为5.4，相对分子质量为50万~60万。

肌球蛋白的特性之一是具有ATP酶的活性，其酶活性受Mg^{2+}抑制，可被Ca^{2+}激活分解ATP并放出能量，供给肌肉收缩时消耗。另一特性是能与肌动蛋白结合，生成肌动球蛋白。在肌球蛋白的活性中心，ATP和肌动蛋白相互竞争同肌球蛋白的活性中心相结合。当有大量ATP存在时，活性中心被ATP占有，破坏肌球蛋白与肌动蛋白的结合，肌肉呈松软状态。

（2）肌动蛋白（actin） 又称肌纤蛋白，约占肌原纤维蛋白的20%，是构成细丝的主要成分。肌动蛋白的作用是与原肌球蛋白结合形成细丝，在肌肉收缩过程中与肌球蛋白的横突形成交联，共同参与肌肉的收缩。它以球状G-肌动蛋白（G-Actin）和纤维状的F-肌动蛋白（F-Actin）两种形式存在，二者可以相互转化，如图2-6-4所示。肌动蛋白单独存在时，为G-Actin，G-Actin在有磷酸盐和少量ATP存在时，300~400个G-Actin相互连接形成一个纤维结构，两条纤维状结构的肌动蛋白相互扭合成F-Actin；F-Actin在有KI和ATP存在时又会解离成G-Actin。

细丝的结构是以F-Actin每13~14个G-Actin单位扭转一周的螺旋结构，在中间的沟槽里“躺着”原肌球蛋白，原肌球蛋白呈细长条形，其长度相当于7个G-Actin，在每条原肌球蛋白上还结合着一个肌钙蛋白，因此，细丝是由肌动蛋白与原肌球蛋白及肌钙蛋白结合而成的。

（3）肌动球蛋白（actomyosin） 又称肌纤凝蛋白，由肌动蛋白与肌球蛋白结合而成。其黏度非常高，由于其聚合程度不同，没有一定的相对分子质量，是4×10^6~6×10^6。肌动蛋白与肌球蛋白的结合比例为1：（2.5~4），肌动球蛋白具有ATP酶活性，但与肌球蛋白不同，Ca^{2+}

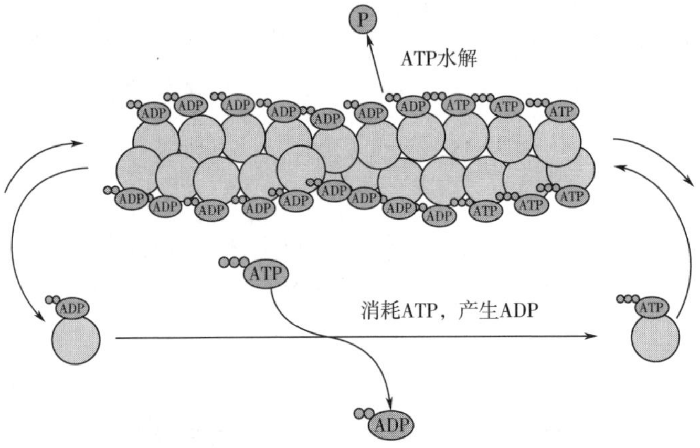

图 2-6-4 肌动蛋白的两种形式转化示意图

和 Mg^{2+}都能激活。

（4）原肌球蛋白（tropomyosin） 原肌球蛋白占肌原纤维蛋白的 4%～5%，形为长丝状，位于 F-Actin 双股螺旋结构的槽内，构成细丝（图 2-6-5）的支架。每 1 分子的原肌球蛋白结合 7 分子的肌动蛋白和 1 分子的肌钙蛋白。

（5）肌钙蛋白（troponin） 又称肌原蛋白，占肌原纤维蛋白的 5%～6%，肌钙蛋白对 Ca^{2+}有很高的敏感性，并能结合 Ca^{2+}。肌原蛋白有三个亚基：第一是钙结合亚基（TnC），它是 Ca^{2+}的结合部位；第二是抑制亚基（TnI），能高度抑制肌球蛋白中 ATP 酶的活性，阻止肌动蛋白与肌球蛋白结合；第三是原肌球蛋白结合亚基（TnT），能结合原肌球蛋白，起连接作用。

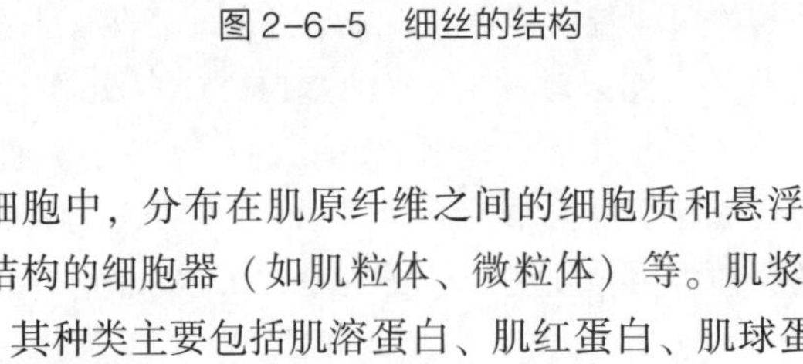

图 2-6-5 细丝的结构

2. 肌浆中的蛋白质

肌浆是指在肌纤维细胞中，分布在肌原纤维之间的细胞质和悬浮于细胞质中的各种有机物、无机物以及亚细胞结构的细胞器（如肌粒体、微粒体）等。肌浆中的蛋白质占肌肉中蛋白质总量的 20%～30%。其种类主要包括肌溶蛋白、肌红蛋白、肌球蛋白 X、肌粒蛋白和肌浆酶等。这些蛋白质都基本上溶于水或低离子强度的中性盐溶液，是肌肉中最容易提取的蛋白质，常称为肌肉中的可溶性蛋白质。

（1）肌溶蛋白（myogen） 又称肌浆蛋白，属清蛋白类的蛋白质，易溶于水，把肉用水浸透可以溶出。肌溶蛋白有 A 型和 B 型两种。

（2）肌红蛋白（myoglobin Mb） 肌红蛋白是一种复合性的色素蛋白，由一分子的珠蛋白和一分子亚铁血红素结合而成，是肌肉呈现红色的主要成分，等电点为 6.78。

(3) 肌球蛋白X(myosin X) 肌球蛋白X发现于提取肌球蛋白后的肉浆溶液中，是一种不溶于水而溶于中性盐溶液的球蛋白态蛋白质，等电点为5.2。

(4) 肌粒中的蛋白质 肌粒包括细胞核(肌核)、线粒体(肌粒体)及微粒体等，存在于肌浆中。肌粒中的蛋白质包括三羧基循环的酶系统、脂肪氧化酶体系及氧化磷酸化酶体系等，微粒体中还含有对肌肉收缩起抑制作用的松弛素。

此外，肌浆中还存在大量可溶性肌浆酶，其中解糖酶占三分之二以上。

3. 肉基质中的蛋白质

肉基质蛋白质为结缔组织蛋白质，是构成肌纤维膜、内外肌周膜、毛细血管壁的主要成分。包括有胶原蛋白、弹性蛋白、网状蛋白及黏蛋白等，必需氨基酸含量少或缺乏，属不完全蛋白质。

(1) 胶原蛋白(collagen) 胶原蛋白在结缔组织中含量特别多，约占胶原纤维组织中固形物的85%。胶原蛋白性质稳定，不溶于水和稀盐溶液，在酸碱溶液中吸水膨胀，在水中加热到70~100℃时形成明胶质。胶原蛋白中含有大量的甘氨酸、脯氨酸和羟脯氨酸。

(2) 弹性蛋白(elastin) 弹性蛋白在黄色结缔组织中含量多，约占弹性纤维固形物成分的25%。其化学性质稳定，不溶于水，对酸、碱都稳定，煮沸不能使其分解，只有加热到130℃以上时才能水解，它不被胃蛋白酶、胰蛋白酶水解，可被弹性蛋白酶(存在胰腺中)水解。凡含弹性蛋白多的肉，吃起来坚硬，不易嚼碎。

(3) 网状蛋白(reticulin) 网状蛋白氨基酸组成与胶原蛋白相似，它常与脂类和糖类相结合而存在，对酸、碱、蛋白酶等均较稳定。

(二)脂肪

随着动物种类的不同及胴体上部位的不同，肌肉中脂肪的含量不同。脂肪可分为两大类：一类是皮下、肾周围、肠网膜及肌肉块间的脂肪，称为蓄积脂肪；另一类是肌肉组织内及脏器组织内的脂肪，称为组织脂肪。蓄积脂肪的主要成分为中性脂肪(即甘油三酯)，它的含量和性质随动物种类、年龄、营养状况等变化。组织脂肪主要为磷脂，中性脂肪少。

(三)浸出物

浸出物指除蛋白质、盐类、维生素外能溶于水的浸出性物质，包括含氮浸出物和无氮浸出物。

1. 含氮浸出物

含氮浸出物为非蛋白态含氮物质，如游离氨基酸、磷酸肌酸、核苷酸类物质(三磷酸腺苷ATP、二磷酸腺苷ADP、一磷酸腺苷AMP、次黄嘌呤核苷酸IMP等)及肌苷、尿素、胆碱等。这些物质与肉的风味品质有很大关系。如ATP除供给肌肉收缩的能量外，逐级降解为肌苷酸，是肉香味的主要成分，磷酸肌酸分解成肌酸，肌酸在酸性条件下加热则为肌酐，可增强熟肉的风味。

2. 无氮浸出物

无氮浸出物为不含氮的可浸出的有机化合物，包括糖类化合物和有机酸。糖类又称碳水化合物，主要有糖原、葡萄糖和核糖。糖原又称动物淀粉，肌肉中含量一般不足1%，肝中含量2%~8%，糖原含量多少与动物种类、疲劳程度及宰前状态有关，对肉的pH、保水性、颜色等均有影响，并影响肉的贮藏性。有机酸主要有乳酸及少量甲酸、乙酸、丙酸、丁酸等。这些酸与增进肉的风味具有密切的关系。

（四）无机物

无机物即肉中的矿物质，主要有钾、钠、钙、镁、硫、磷、氯、铁等无机物。铜、锰、锌、钴也微量存在。钙、镁参与肌肉收缩，钾、钠与细胞膜通透性有关，可提高肉的保水性，钙、锌可降低肉的保水性，铁离子为肌红蛋白、血红蛋白的结合成分，参与氧化还原，影响肉色的变化。

（五）维生素

肉中的维生素主要有B族维生素（烟酸、叶酸）以及维生素A、维生素C、维生素D等。肉中水溶性维生素较多，脂溶性维生素较少。动物内脏中含有大量的脂溶性维生素，如肝脏中维生素A含量特别高。

三、肉的食用品质

（一）肉的颜色

肉的颜色是由肉中的肌红蛋白和血红蛋白的含量与变化状态决定的。肉中肌红蛋白含量相对稳定，而血红蛋白受宰前状态和宰后放血情况影响较大，因此肉的颜色主要取决于肌红蛋白。

1. 形成肉颜色的物质

肌红蛋白为复合蛋白质，它是由一条多肽链构成的珠蛋白和一个辅基血红素组成的一种含铁的结合蛋白质。血红素基是由一个铁原子和卟啉环所组成。肌红蛋白只结合一分子的血红素，而血红蛋白结合四分子血红素。肌红蛋白的相对分子质量为16000~17000，血红蛋白的相对分子质量为64000。

肌红蛋白中铁离子的价态（Fe^{2+}或Fe^{3+}）和与氧结合的位置是导致其颜色变化的根本所在。肌红蛋白有三种诱导体，分别为肌红蛋白（Mb）、氧合肌红蛋白（MbO_2）、高铁肌红蛋白（MMb）。三种诱导体的颜色不同，肌红蛋白呈暗红色，氧合肌红蛋白呈鲜红色，高铁肌红蛋白为褐色。肉中由于这三种成分的含量和比例不同而呈不同的颜色。在活体组织中，肌红蛋白依靠电子传递链使铁离子处于还原状态，屠宰后的鲜肉，肌肉中O_2缺乏，肌红蛋白与O_2结合的位置被H_2O所取代，使肌肉呈现暗红色或紫红色。当肉切开后在空气中暴露一段时间，O_2取代H_2O，肉又会变成鲜红色。当肉贮存较久或是在低氧分压的条件下，肌肉会变为褐色，这是因为形成了氧化态的高铁肌红蛋白。肉色变化机理如图2-6-6所示。

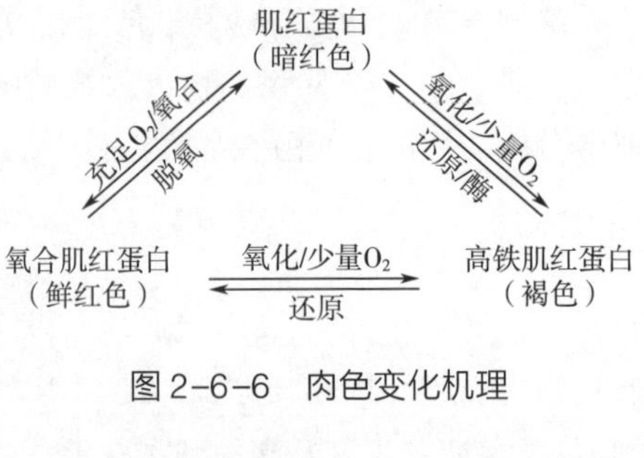

图2-6-6 肉色变化机理

2. 影响肉颜色变化的因素

（1）环境中的含氧量 O_2分压的高低决定了肌红蛋白是形成氧合肌红蛋白还是高铁肌红

蛋白，从而直接影响到肉的颜色。

（2）相对湿度 环境相对湿度大，在肉表面有水汽层，影响氧的扩散，则氧化慢；如相对湿度低且空气流速快，则加速高铁肌红蛋白的形成，使肉色变褐快。如牛肉在8℃冷藏时，相对湿度为70%，2d变褐；相对湿度为100%，4d变褐。

（3）温度 环境温度高促进氧化，温度低则氧化缓慢。如牛肉3~5℃贮藏9d变褐，0℃时贮藏18d变褐，故肉应尽可能在低温下贮存。

（4）pH 动物宰后pH匀速下降，终pH在5.6左右，肉色正常。若pH发生异常则容易产生PSE肉和DFD肉。猪在宰后肌肉苍白、质地松软没弹性、肌肉表面渗出肉汁，这种猪肉俗称白肌肉（pale soft exudative，PSE肉）。猪屠宰后24h，pH>6.0，同时伴有肉色暗褐及表面干燥现象，称为黑干肉（dry firm dark，DFD肉），这类猪肉失水率<5%。

（5）微生物 肉贮藏时污染微生物会发生肉表面颜色的改变。污染细菌，分解蛋白质使肉色污浊；污染霉菌则在表面形成绿色、黄色、黑色等色斑或发出荧光等现象。

（6）腌制 腌制过程中加入硝酸盐或亚硝酸盐，与肌肉中的肌红蛋白反应，生成稳定的亚硝基肌红蛋白，呈现稳定的粉红色。

（二）肉的嫩度

1. 肉嫩度的含义

肉的嫩度包括四方面的含义：

（1）舌或颊对肉柔软性的感觉 即当舌头与颊接触肉时产生的触觉反应。

（2）肉对牙齿压力的抵抗性 即牙齿咬入肉中所需的力。

（3）咬断肌纤维的难易程度 牙齿切断肌纤维的能力，首先要咬破肌外膜和肌束。

（4）嚼碎程度 用咀嚼后肉渣的剩余量以及咀嚼后到下咽时所需的时间来衡量。

2. 影响嫩度的因素

肌肉嫩度的变化主要与结缔组织含量和性质及肌原纤维蛋白质的化学结构状态有关，受一系列宰前因素和宰后因素的影响，其中宰前因素主要包括年龄、肌肉的解剖学位置、营养状况，宰后因素主要包括尸僵和成熟、加热条件、电刺激、酶及钙盐等。

（1）年龄 一般来说，幼龄家畜的肉比老龄家畜嫩。这主要是由于幼龄家畜肌肉中胶原蛋白的交联程度低，易受加热作用而裂解，而成年动物的胶原蛋白的交联程度高，不易受热和酸、碱等因素的影响。

（2）肌肉的解剖学位置 如牛的腰大肌最嫩，胸头肌最老。经常运动的肌肉比不经常使用的肌肉弹性蛋白含量多，嫩度差。

（3）营养状况 凡饲养状况良好的家畜，肌肉脂肪含量高，大理石纹丰富，肉的嫩度好。肌肉脂肪有冲淡结缔组织的作用，消瘦动物的肌肉脂肪含量低，肉质老。

（4）尸僵和成熟 宰后尸僵发生时，肉的硬度会大大增加，因此肉的硬度又有固有硬度和尸僵硬度之分。前者为刚宰后和成熟时的硬度，而后者为尸僵发生时的硬度。肌肉发生异常尸僵，如冷收缩和解冻僵直时，肌肉会发生强烈收缩，硬度达到最大。肌肉收缩时缩短度达40%时，硬度最大；超过40%反而变为柔软，这是Z线断裂所致。僵直解除后，随着成熟的进行，其硬度降低，嫩度随之提高，也是Z线断裂所致。

（5）加热处理 加热对肌肉嫩度有双重效应，它既可以使肉变嫩，又可使其变硬，具体取决于加热的温度和时间。热处理可使结缔组织中的胶原蛋白转变成明胶，随加热时间的延长，肌原纤维蛋白凝集失去硬化作用，所以长时间的低温度热加工，有利于提高肉的嫩度；又因结缔组织中的弹性蛋白对热不敏感，所以有些肉虽然经过很长时间的煮制但仍很老。

为了兼顾肉的嫩度和滋味，对各种肉的煮制中心温度建议：猪肉 77℃，鸡肉 77~82℃，牛肉按消费者的嗜好分为四级，半熟（rare）58~60℃，中等半熟（medium rare）66~68℃，中等熟（medium）73~75℃，全熟（well done）80~82℃。

（6）电刺激　近十几年来对宰后的胴体用电直接刺激，可以改善肉的嫩度。电刺激还可以避免羊胴体和牛胴体产生冷收缩。

（7）酶　利用蛋白酶类可以使肉达到嫩化的目的。常用的酶有植物蛋白酶（木瓜蛋白酶、无花果蛋白酶等）和动物蛋白酶（胃蛋白酶、胰蛋白酶等）。

（8）钙盐　在肉中添加外源 Ca^{2+} 可以激活钙激活酶，加速肉的成熟，使肉嫩化。通常以 $CaCl_2$ 为嫩化剂，使用时配制成 150~250mg/kg，用量为肉质量的 5%~10%，可以采取肌肉注射、浸渍腌制等方法进行处理取得良好的嫩化效果。但浓度过高或用量过大，对肉的风味和颜色会产生一些不良影响。

（三）肉的保水性

1. 保水性的概念

肉的保水性又称系水性或系水力，是指肌肉在一系列加工处理过程中（如压榨、加热、切碎、斩拌、腌制等），能保持自身或所加入水分的能力。它对肉的品质有很大影响，是肉质评定时的重要指标之一。肉的保水性直接影响到肉的色香味、营养成分、嫩度、组织状态、多汁性等品质。

保水性的三种表示方法：

（1）系水潜能（water-binding potential）　指肌肉蛋白系统在外力影响下超量保水的能力，用来表示在测定条件下蛋白系统存留水分的最大能力。

（2）可榨出水分（expressible moisture）　指在外力作用下，从蛋白系统榨出的液体量，即在测定条件下释放的松弛水量。

（3）自由滴水（free drip）　指不施加任何外力只受重力作用蛋白系统的液体损失量（即滴水损失，drip lose）。

2. 保水性的影响因素

（1）pH　pH 对肌肉保水性的影响实质上是蛋白质分子的静电荷效应。静电荷增加蛋白质分子间的静电排斥力，使其网格结构松弛，系水力提高。当静电荷数减少，蛋白质分子间发生凝聚紧缩，系水力降低。pH 对肉品氨基酸也具有同样的影响效果。

（2）食盐　食盐对肌肉系水力的影响与食盐的使用量和肉块大小有关。使用一定浓度的食盐可增加肌肉中肌球蛋白的溶解性，提高保水性；但当食盐用量过大或肉块过大，食盐只作用于肉块的表面，由于渗透压的作用导致肉脱水。

（3）磷酸盐　常使用焦磷酸盐和三聚磷酸盐作为保水剂，可将肌动球蛋白解离成肌球蛋白和肌动蛋白，提高肉的保水性。

（4）尸僵和成熟　刚宰后的肌肉，系水力很高，随尸僵的进行，开始迅速下降；僵直解除后，随着肉的成熟，系水力慢慢回升。

（5）加热　加热使保水性明显降低，加热程度越高保水力下降越明显。主要由于蛋白质的热变性使肌原纤维紧缩，内部空间变小，不易流动，水被挤出。

(6) 其他因素　畜禽种类、年龄、性别、饲养条件、肌肉解剖学部位及宰前宰后处理等对保水性都有影响；此外，加工过程也对保水性有较大的影响，如滚揉按摩、斩拌、反复冻融、搅碎等。

（四）肉的风味

肉的风味又称肉的味质，指的是生鲜肉的气味和加热后肉制品的气味和滋味。肉的风味是由肉的滋味和香味组合而成的。其特点是成分复杂多样，含量甚微，用一般方法很难测定，目前其含量用气相色谱和质谱仪来测定。除少数成分外，多数无营养价值，它是通过人高度灵敏的嗅觉和味觉而反映出来的。

1. 滋味物质

滋味的呈味物质是溶于水的非挥发性物质。肉的滋味来源于核苷酸、氨基酸、有机酸、肽、糖类等，其中的甜味来自葡萄糖、核糖和果糖等；咸味来自一系列无机盐和谷氨酸盐及天门冬氨酸盐；酸味来自乳酸和谷氨酸等；苦味来自一些游离氨基酸和肽类；鲜味来自谷氨酸钠和核苷酸等。

2. 芳香物质

芳香物质是肉中具有挥发性的物质，主要来自脂质反应，其次是美拉德反应及硫胺素降解产生的，其成分十分复杂，主要有醇、醛、酮、酸、酯、醚、呋喃、内酯及含氮化合物等。肉在不良环境和带有挥发性物质（如葱、蒜、药物等）混合贮藏，会吸收外来异味。

四、畜禽的宰前管理

肉用畜禽从刺杀放血到屠宰解体，最后加工成胴体的一系列处理过程，叫做屠宰加工。屠宰加工是各种肉类加工的基础。它是进一步深加工的前处理，又称初步加工。

（一）畜禽宰前检验

1. 检验步骤和程序

在未卸下车船之前，兽医检验人员向押运员索阅当地兽医部门签发的检疫证明书，核对牲畜的种类和头数，了解产地有无疫情和途中病死情况。经过初步视检和调查了解，认为基本合格时，允许卸下赶入预检圈休息。

2. 宰前临床检验的方法

生产实践中多采用群体检查和个体检查相结合的办法。其具体做法可归纳为：动、静、食的观察三大环节和看、听、摸、检四大要领。

（二）病畜禽处理

宰前病畜禽的处理：宰前检验发现病畜禽时，根据疾病的性质、病势的轻重以及有无隔离条件等作如下处理。

1. 禁宰

经检查确诊为炭疽、鼻疽、牛瘟、恶性水肿、气肿疽、狂犬病、羊快疫、羊肠毒血症、马流行性淋巴管炎、马传染性贫血等恶性传染病的牲畜，采取不放血法扑杀。肉尸不得食用，只能工业用或销毁。其同群全部牲畜，立即进行测温。体温正常者在指定地点急宰，并认真检验；不正常者予以隔离观察，确诊为非恶性传染病的方可屠宰。

2. 急宰

确认为无碍肉食卫生的一般病畜及患一般传染病而有死亡危险病畜，立即开急宰证明单，送往急宰。凡疑似或确诊为口蹄疫的牲畜立即急宰，其同群牲畜也应全部宰杀。患布鲁氏菌病、结核病、肠道传染病、乳房炎和其他传染病及普通病的病畜，均须在指定的地点或急宰间屠宰。

3. 缓宰

经检查确认为一般性传染病，且有治愈希望者，或患有疑似传染病而未确诊的牲畜应予以缓宰。但应考虑有无隔离条件和消毒设备，病畜短期内有无治愈的希望，经济费用是否有利成本核算等问题。否则，只能送去急宰。

此外，宰前检查发现牛瘟、口蹄疫、马传染性贫血及其他当地已基本扑灭或原来没有流行过的某些传染病，应立即报告当地和产地兽医防疫机构。

（三）宰前的管理

1. 宰前休息

消除应激反应，在驱赶时禁止鞭棍打、惊恐及冷热刺激。现在应用电动驱赶棒来赶牲畜。

2. 宰前禁食、供水

屠宰畜禽在宰前12~24h断食，断食时间必须适当。一般牛、羊宰前绝食24h，猪12h，家禽18~24h。断食的目的：①促进排便，减少胃肠内容物，便于屠宰操作，清理胃肠时避免粪便污染肉体和加工场地；②饲料在胃肠道内消化吸收需要一定时间，故不会因断食而减重，又可节省饲料；③暂时的饥饿可促进蛋白质、脂肪、糖原的分解代谢，有利于肉的成熟，改善风味；④大量供水，可冲淡血液，便于充分放血，增强肉的贮藏性。

3. 宰前的淋浴

屠畜在临宰前进行淋浴或水浴2~3min，以保证肉的清洁，避免污染，同时使屠宰有凉爽感及外围毛细血管收缩，促进放血良好。

五、畜禽的屠宰加工工艺

（一）家畜的屠宰加工工艺

1. 击晕

击晕是使家畜暂时失去知觉。因在屠宰时，家畜受到恐怖、恫吓和痛苦的刺激，容易引起内脏血管收缩，血液剧烈地流集于肌肉内，致使放血不完全，降低肉的品质。此外击晕还可以减轻劳力，保持环境的安静和人身安全。所以要采用先击晕后屠宰，击晕的方法一般有机械法、麻电法、CO_2窒息法、枪击法等。

（1）电击晕法　俗称“麻电法”，使电流通过家畜全身，麻痹中枢神经而晕倒，在3~5s内暂时失去知觉，有足够时间进行后续的吊挂和刺杀放血工序。此法既能便于放血，又能提高工作效率，优点比较多，现已被广泛采用。麻电所采用的电压一般为低电压，范围70~120V。

（2）CO_2窒息法　此法是使畜禽处于用干冰产生CO_2的密闭室内，CO_2浓度为65%~70%，经40~45s即达到晕倒的目的。其优点是处于安静状态下麻痹，放血充分，肌糖原损失少，避免了应激作用，肌肉松弛，减少充血，保证了肉的品质。

2. 刺杀放血

屠畜击晕后，迅速将后蹄挂在吊钩上，提升至悬空轨道，运行到放血池上方进行宰杀放血。刺杀放血方法按刺杀的部位分为血管刺杀放血法、心脏刺杀放血法和切断三管放血法。

3. 剥皮或烫退毛

放血后，牛、羊、兔一般都采取剥皮，猪多采取退毛，也有采取剥皮的。

（1）剥皮 可分手工剥皮和机械剥皮两种，剥皮的姿势通常有倒悬剥皮和横卧剥皮。方法是先沿腹部正中线切开皮肤，然后切开四肢内侧，逐渐将皮剥离。兔及其他毛皮兽则从后躯开始呈筒状将皮剥离。

（2）烫毛及退毛 放血后，经5~7min血液沥尽后，将屠体放入烫毛池内浸烫，水温为60~68℃，3~8min后，毛根松软，便于脱毛。然后用机械刮毛，没刮去的毛用松香拔去，体表的浮毛用酒精喷灯进行燎烧，称为燎毛。

4. 剖腹取内脏

剖腹取内脏主要包括编号，割肥腮，挑胸，剖腹，刁门圈，拉直肠割膀胱，取胃、肠、脾、胰腺、肝脏、心、肺，割肾脏，割尾巴，割头，劈半等内容。

5. 胴体的修整

首先拉去板油，然后修割颈部的血肉，修整伤斑、修刮残毛血污等，再用冷水冲洗、称重、盖合格产品印章，送入冷库进行冷藏。

（二）家禽的屠宰加工工艺

1. 电击晕

将家禽装笼运到屠宰加工间，头向下，双脚上套入脚夹内吊起上轨，鸡头下部放有固定电极，让其通过将鸡麻醉。电压35~50V，电流<0.5A，时间控制：鸡<8s，鸭10s左右。电晕时间要适当，以电晕后马上将禽只从挂钩上取下，在60s内能自动苏醒为宜。过大的电压、电流会引起锁骨断裂，心肝破坏，心脏停止跳动，放血不良，翅膀血管充血。

2. 宰杀放血

通常有三种方式：口腔放血、切颈放血（用刀切断气管、食管、血管）及动脉放血。

3. 烫毛

（1）高温烫毛 71~82℃，30~60s。其优点为高温热水处理便于拔毛，降低禽体表面微生物含量，屠体呈黄色，较诱人，便于零销；缺点为温度高易引起胸部肌肉纤维收缩，使肉质变老，而且易导致皮下脂肪与水分的流失，故尽可能不采用高温处理。

（2）中温烫毛 59~65℃，30~75s。其优点为中温处理羽毛较易去除，外表稍黏、潮湿，颜色均匀、光亮，适合冷冻处理，适合裹浆、裹面制作炸禽；缺点为由于角质脱落，失去保护层，在贮藏期间微生物易生长。

（3）低温烫毛 50~54℃，90~120s。其优点为禽体外表完整，适合各种包装，适合冷冻处理；缺点为羽毛不易去除，必须增加人工去毛，部分部位如脖子、翅膀需再用较高温的热水（62~65℃）处理。

4. 脱毛

机械脱毛主要利用橡胶束拍打与摩擦作用脱除羽毛。

5. 去绒毛

去除绒毛方法主要有三种：

（1）钳毛 将禽体浮在水面（20~25℃），用拔毛钳子从颈部开始逆毛倒钳，将绒毛钳净。

（2）松香拔毛。

（3）火焰喷射机烧毛 此法速度较快，不能将毛根去除。

6. 清洗、去头、切脚

（1）清洗　禽体脱毛后，在去内脏前须充分清洗，一般采用加压冷水冲洗。

（2）去头　倒吊的禽头经过凹槽内，自动从喉咙头部切割处被拉断与屠体分离。

（3）切脚　大型工厂均采用自动机械从胫部关节切下。

7. 取内脏

取内脏前须再挂钩。活禽从挂钩到切除爪为止称为屠宰去毛作业，必须与取内脏区完全隔开。此处原挂钩链转回活禽作业区，而将禽只重新悬挂在另一条清洁的挂钩系统上。

8. 检验、修整、包装

贮藏库温-24℃，经 12~24h 使肉温达到-12℃，即可贮藏。

六、畜禽的分割

肉的分割是按不同国家、不同地区的分割标准将胴体进行分割，以便进一步加工或供给消费者。

（一）猪胴体分割

我国猪胴体分割通常将半胴体分为肩、背、腹、臀、腿几大部分（图 2-6-7）。

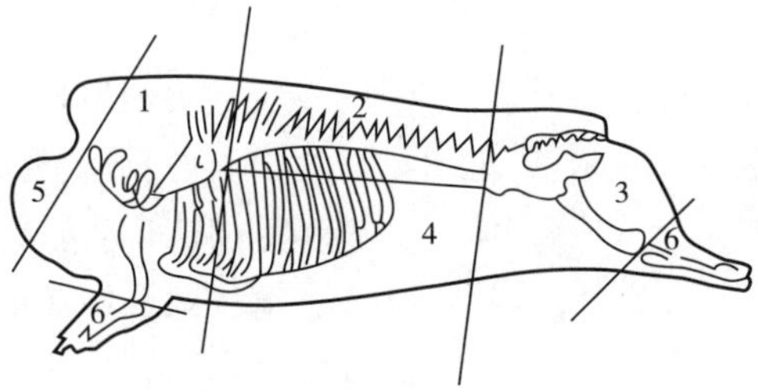

图 2-6-7　我国猪胴体部位分割图

1—肩颈肉　2—背腰肉　3—臀腿肉　4—肋腹肉　5—前颈肉　6—肘子肉

1. 肩颈肉

俗称前槽、夹心。前端从第 1 颈椎，后端从第 4~5 胸椎或第 5~6 根肋骨间，与背线呈直角切断。下端如做火腿则从腕关节截断，如做其他制品则从肘关节切断，并剔除椎骨、肩胛骨、臂骨、胸骨和肋骨。

2. 臀腿肉

俗称后腿、后丘。从最后腰椎与荐椎结合部和背线呈直线垂直切断，下端则根据不同用途进行分割：如作分割肉、鲜肉出售，从膝关节切断，剔除腰椎、荐椎骨、股骨、去尾；如做火腿则保留小腿后蹄。

3. 背腰肉

俗称外脊、大排、硬肋、横排。前面去掉肩颈部，后面去掉臀腿部，余下的中段肉体从脊椎骨下 4~6cm 处平行切开，上部即为背腰部。

4. 肋腹肉

俗称软肋、五花。与背腰部分离，切去奶脯即是。

5. 前臂和小腿肉

俗称肘子、蹄髈。前臂上从肘关节下从腕关节切断，小腿上从膝关节下从跗关节切断。

6. 前颈肉

从第 1~2 颈椎处，或 3~4 颈椎处切断。

（二）牛胴体分割

我国牛胴体的分割方法，将标准牛胴体二分体分为 13 块不同的肉块，具体如图 2-6-8 所示。

1. 牛柳

牛柳又称里脊，即腰大肌。分割时先剥去肾脂肪，沿趾骨前下方将里脊剔出，然后由里脊头向里脊尾逐个剥离腰椎横突，取下完整的里脊。

2. 西冷

西冷又称外肌，主要是背最长肌。分割时首先沿最后腰椎切下，然后沿眼肌腹侧壁（离眼肌 5~8cm）切下，再在第 12~13 胸肋处切断胸椎，逐个剥离胸、腰椎。

3. 眼肉

眼肉主要包括背阔肌、肋最长肌、肋间肌等。其一端与外脊相连，另一端在第 5~6 胸椎处，分割时先剥离胸椎，抽出筋腱，在眼肌腹侧距离 8~10cm 处切下。

4. 上脑

上脑主要包括背最长肌、斜方肌等。其一端与眼肉相连，另一端在最后颈脊处。分割时剥离胸椎，去除筋腱，在眼肌腹侧距离为 6~8cm 处切下。

5. 嫩肩肉

嫩肩肉主要是三角肌。分割时循眼肉横切面的前端继续向前分割，可得一圆锥形的肉块，便是嫩肩肉。

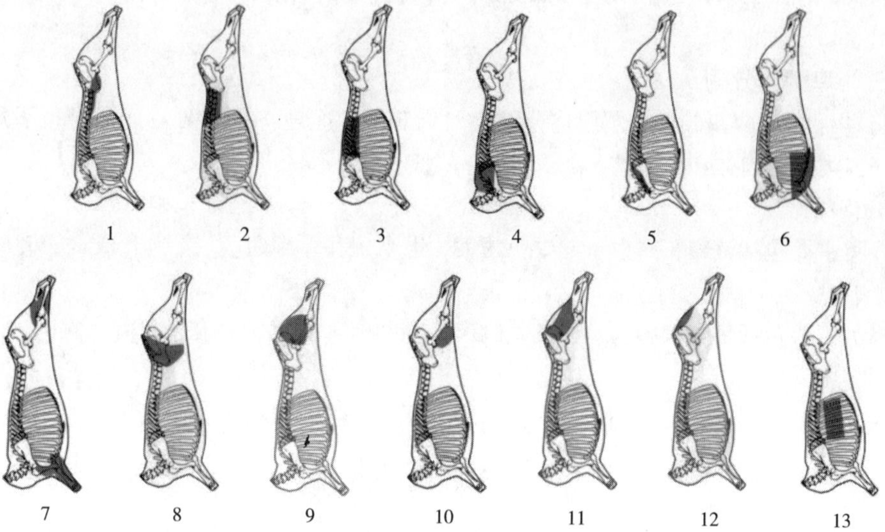

图 2-6-8　我国牛胴体分割图

1—牛柳　2—西冷　3—眼肉　4—上脑　5—嫩肩肉　6—胸肉
7—腱子肉　8—腰肉　9—臀肉　10—膝圆　11—大米龙　12—小米龙　13—腹肉

6. 胸肉

胸肉主要包括胸升肌和胸横肌。在剑状软骨处，随胸肉的自然走向剥离，修去部分脂肪即成一块完整的胸肉。

7. 腱子肉

腱子分为前后两部分，主要是前肢肉和后肢肉。前牛腱从尺骨端下刀，剥离骨头，后牛腱从胫骨上端下切，剥离骨头取下。

8. 腰肉

腰肉主要包括臀中肌、臀深肌、阔筋膜张肌。在臀肉、大米龙、小米龙、膝圆取出后，剩下的一块肉便是腰肉。

9. 臀肉

臀肉主要包括半膜肌、内收肌、股薄肌等。分割时把大米龙、小米龙剥离后便可见到一块肉，沿其边缘分割便可得到臀肉。也可沿着被切的骨盆外缘，再沿本肉块边缘分割。

10. 膝圆

膝圆主要是臀股四头肌。当大米龙、小米龙、臀肉取下后，能见到一块长圆形的肉块，沿此肉块周边分割，很容易得到一块完整的膝圆肉。

11. 大米龙

大米龙主要是臀股二头肌。与小米龙紧接相连，故剥离小米龙后大米龙就完全暴露，顺该肉块自然方向剥离，便可得到一块完整的四方形肉块即为大米龙。

12. 小米龙

小米龙主要是半腱肌，位于臀部。当牛后腱子取下后，小米龙肉块处于最明显的位置。分割时可按小米龙肉块的自然方向剥离。

13. 腹肉

腹肉主要包括肋间内肌、肋间外肌等，即肋排，分无骨肋排和带骨肋排。一般包括 4 ~ 7 根肋骨。

（三）鸡胴体分割

我国 GB/T 24864—2010《鸡胴体分割》对肉鸡加工企业鸡胴体分割产品进行了规定，将其分为翅肉类、胸肉类和腿肉类。

1. 翅肉类

翅肉类主要包括整翅、翅根、翅中、翅尖、上半翅和下半翅。

2. 胸肉类

胸肉类主要包括带皮大胸肉、去皮大胸肉、小胸肉（胸里脊）和带里脊大胸肉。

3. 腿肉类

腿肉类包括全腿、大腿、小腿、去骨带皮鸡腿和去骨去皮鸡腿。

七、宰后肉的变化

刚屠宰后处于热鲜状态的肉柔软具有伸缩性，经数小时后肉的伸缩性消失，肉体变为僵硬状态，这种现象称为死后僵直，又称尸僵。尸僵的肉进一步贮藏，发生一系列生物化学变化，肉又变得柔软起来，同时持水性增加，风味提高，此过程称作肉的成熟。成熟肉在不良贮藏条件下，经酶和微生物作用分解变质，称作肉的腐败。

（一）肉的僵直

1. 肉的僵直

屠宰后的肉尸（胴体）经过一定时间，肉的伸展性逐渐消失，由松弛变为紧张，无光泽，关节失去活动性，呈现僵硬状态，称为尸僵。尸僵的肉加工时，不易煮熟，坚硬粗糙，肉汁流失多，缺乏风味，不具备可食肉的特征。

2. 死后僵直的机理

动物死亡后，机体组织缺氧，体内有氧代谢停止，肌肉中 ATP 的合成下降至终止，而 ATP 的分解仍在继续，导致 ATP 含量不断减少。每个葡萄糖单位经有氧氧化可生成 39 个 ATP，而糖酵解只能生成 3 个 ATP，ATP 供应受阻。肌肉只有足量的 ATP 存在才能保持弹性柔软状态，ATP 的减少和 pH 的下降，导致收缩后的肌纤维由于没有足够的 ATP 结合而无法舒张，肌肉收缩并变得僵硬。

3. 僵直的过程

动物死后僵直的过程大致可分为三个阶段。

（1）迟滞期　屠宰后到开始出现僵直现象，即肉的弹性以非常缓慢的速度变化的阶段为迟滞期。此阶段 ATP 足够，肌肉有弹性。

（2）急速期　随弹性的迅速消失出现僵硬阶段。ATP 减少，肌节急速缩短。

（3）僵硬后期　形成延伸性非常小的一定状态到停止。ATP 耗尽，肌肉僵直。

4. 冷收缩和解冻僵直收缩

（1）冷收缩　当肉在 pH 下降到 5.9~6.2 之前，也就是僵直状态完成之前，温度降低到<10℃，肌肉收缩并在随后的烹调中变硬，这个现象称为冷收缩。

为了防止冷收缩带来的不良效果，采用电刺激的方法，使肌肉中 ATP 迅速消失，pH 迅速下降，可以改善肉的品质和外观色泽。一般去骨的肌肉易发生冷收缩，带骨的肉则可在一定程度上抑制冷收缩。对于猪胴体，一般不会发生冷收缩。

（2）解冻僵直收缩　肌肉在僵直未完成前进行冻结，仍含有较多的 ATP，在解冻时由于 ATP 发生强烈而迅速的分解产生的僵直现象，称为解冻僵直。在刚屠宰后立刻冷冻，然后解冻时，这种现象最明显。因此要在形成最大僵直之后再进行冷冻，以避免这种现象的发生。

（二）肉的成熟

1. 肉的成熟的定义

尸僵持续一定时间后，即开始缓解，肉的硬度降低，保水性有所恢复，变得柔嫩多汁，具有良好的风味，最适用于加工食用，这个变化过程称为肉的成熟。

2. 死后僵直的解除

肌肉僵直达到顶点之后，保持一定时间，肌肉又逐渐变软，解除僵直状态，这一过程称为解僵。关于解僵的机制目前尚未完全清楚，主要有以下论述：肌原纤维小片化；死后肌肉中肌动蛋白和肌球蛋白纤维之间结合变弱；肌肉中结构弹性网状蛋白的变化等。

3. 成熟肉的物理变化

（1）pH 的变化　刚宰后的肉 pH 在 6~7，经 1h 后开始下降，尸僵时达到 pH 5.4~5.6，而后随贮藏时间的延长开始慢慢上升。

（2）保水性的变化　肉在成熟时保水性又有回升。保水性的回升和 pH 变化有关，随着解僵，pH 逐渐升高，偏离了等电点，肉的持水性增高。但保水性不可能恢复到原来的状态，因肌纤维蛋白结构在成熟时发生了变化。

（3）嫩度的变化　随着肉的成熟，尸僵的缓解，肉的嫩度也逐渐恢复。

（4）风味的变化　成熟时期，肉中的蛋白质受组织蛋白酶的作用，分解产生许多浸出物，游离氨基酸、有机酸等的综合效应使肉的风味得到改善。其中谷氨酸、精氨酸、亮氨酸、甘氨酸等具有增强肉的滋味和香气的作用。此外，肉在成熟过程中，ATP 分解产生 IMP，呈味性较强。

4. 成熟肉的化学变化

成熟肉的化学变化主要包括：

（1）蛋白水解　水溶性非蛋白态含氮化合物增加；

（2）次黄嘌呤核苷酸（IMP）形成　ATP 降解成 IMP，进一步反应生成核苷和次黄嘌呤；

（3）肌浆蛋白溶解性的变化　宰后 24h，肌浆蛋白溶解度降至最低，随着成熟的进行，又逐渐升高；

（4）构成肌浆蛋白的 *N*-端基的数量增加；

（5）金属离子的增减　成熟过程中，肌肉中 Na^+ 和 Ca^{2+} 增加，K^+ 减少。

5. 促进肉成熟的因素

（1）物理因素

①温度：肉成熟的速度与温度高低呈正相关。温度越高，成熟得越快。

②电刺激：电刺激可加快尸僵的发展，改善肉的嫩度。主要用于牛、羊肉中，这种方法可以防止冷收缩。

③力学因素：尸僵时带骨肌肉收缩，以相反的方向牵引，可以得到较好的嫩度。

（2）化学因素　屠宰前注射肾上腺激素、胰岛素等，使动物在活体时加快糖的代谢过程，肌肉中糖原大部分被消耗或从血液中排出。宰后肌肉中糖原和乳酸含量极少，肉的 pH 较高，在 6.4~6.9 的水平，肉始终保持柔软状态。

在最大尸僵时，往肉中注射 Ca^{2+} 可以促进软化，刚屠宰后的肉注入各种化学物质如磷酸盐、氯化镁等可减少尸僵的形成量。此外，六偏磷酸钠（Ca^{2+} 螯合剂）、柠檬酸钠（糖酵解阻抑剂）、氯化镁（肌动球蛋白形成阻抑剂）等都能对尸僵硬度起抑制作用。

（3）生物学因素　基于肉内蛋白酶活性可以促进肉质软化，考虑可从外部添加蛋白酶强制其软化。用微生物和植物酶，可使固有硬度和尸僵硬度都减少，常用木瓜蛋白酶。

（三）肉的腐败变质

1. 肉的腐败产生的原因

肉的腐败变质是指肉在组织酶和微生物作用下发生的变化，最终失去食用价值。肉变质主要是肉中蛋白质和脂肪分解。肉在自溶酶作用下的蛋白质分解过程，称肉的自溶；肉由微生物作用引起的蛋白质分解过程称作肉的腐败；肉中脂肪的分解过程，称作肉的酸败。

2. 腐败变质肉的感官变化

（1）发黏　微生物在肉的表面大量繁殖后，使肉的表面有黏液状物质产生。这主要是革兰氏阴性细菌、乳酸菌和酵母菌所引起的。

（2）变色　肉类腐败时表面常出现各种颜色变化，最常见的是绿色。这是由于蛋白质分解产生的 H_2S 与肉中的血红蛋白（HB）结合后形成的硫化氢血红蛋白（H_2S-HB），它在肉的表面显示暗绿色。此外，黏质赛氏杆菌在肉的表面能产生红色斑点，深蓝色假单胞杆菌能产生蓝色，黄杆菌能产生黄色，有些酵母菌能产生白色、粉红色、灰色等斑点。

（3）霉斑　肉的表面有霉菌生长时，往往形成霉斑。

（4）变味　肉类腐烂时往往伴随一些不正常或难闻的气味，最明显的是肉类蛋白质被微生物分解产生的恶臭味。除此之外，还有酸味和霉味等。

八、肉的贮藏与加工工艺

（一）肉的贮藏与保鲜

1. 肉的冷藏

（1）肉品低温保藏的原理　低温可以抑制微生物的生命活动和酶的活性，达到贮藏保鲜的目的。由于低温能保持肉的颜色和状态，且方法易行、冷藏量大、安全卫生，因而此方法被广泛应用。

（2）肉冷藏期间的变化

①发黏和发霉：空气的相对湿度影响很大。相对湿度从100%降低到80%，温度保持在4℃，形成发黏的时间延长1.5倍。

②肉色的变化：在较低的温湿度条件下，能很好地保持肌肉的鲜红色，且持续时间也较长。相对湿度100%，16℃，鲜红色保持不到2d，0℃可延长>10d；相对湿度100%，4℃，鲜红色可保持5d以上，相对湿度70%则鲜红色保持时间缩短到3d。为了提高冷藏效果，气调冷藏在肉类冷藏领域已被应用。

③干耗：肉在冷藏中，初期干耗量较大，随时间延长，单位时间内的干耗量减少。冷藏期超过72h，每天的质量损失约0.02%。冷藏期的干耗与空气相对湿度有关。

2. 肉的冻藏

（1）肉的冻结过程　冻结是将肉的温度降低到-18℃以下，肉中的绝大部分水分（80%以上）形成冰结晶。该过程称为肉的冻结。

（2）冻结工艺　冻结工艺分为一次冻结和二次冻结。

①一次冻结：宰后鲜肉不经冷却，直接送进冻结间冻结。冻结间温度为-25℃，风速为1~2m/s，冻结时间16~18h，肉深层温度达到-15℃即完成冻结过程，出库送入冷藏间贮藏。

②二次冻结：宰后鲜肉先送入冷却间，在0~4℃冷却8~12h，然后转入冻结间，在-25℃进行冻结，一般12~16h完成冻结过程。

（3）冻结及冻藏对肉品质的影响

①组织结构的变化：组织结构变化的主要原因是冰结晶的机械破坏作用。由于冻藏的时间一般较长，冰晶有充裕的时间成长，这对肉品的品质带来很大的影响。此外肌肉组织内的水分冻结后，体积约增大9%左右，此过程是不可逆的。

②胶体性质的变化：冻结会使肌肉蛋白质胶体性质破坏，从而降低肉的品质。其原因是在冻结过程中蛋白质发生变性。蛋白质变性的原因，目前形成的学说有以下几个：盐析作用；氢离子浓度；结合水的冻结；蛋白质质点分散密度的变化。

③干耗：冻结肉与冷却肉在贮藏过程中的干耗不同，冻结过程没有内层水向表层移动的现象，仅限于冻结肉的表层水分蒸发，这种蒸发是极细小冰晶体的升华。因此，长时间的冻藏肉表面会形成一层脱水的海绵状层，该海绵状层还伴随着强烈的氧化作用。

④变色：脂肪的变色是由于油脂发生了自动氧化；肌肉的变色是血红素的氧化以及表面水分的蒸发所致。

⑤汁液流失：冻结冷藏肉解冻时，内部的冰结晶融化成水，此时的水不能完全被组织吸收，流出于组织之外，称为汁液流失。可作为确定冻结肉品质好坏的指标之一。

⑥脂肪的变化：在低温下，虽然氧分子的活化能力已大大削弱，但仍然存在。猪肥膘在-8℃贮藏6个月后，脂肪变黄而有油腻气味；贮藏12个月，这些变化扩散到深25~40mm处；但在-18℃贮藏12个月后，肥膘中未发现任何不良现象。

⑦微生物和酶：如果冻结肉在冷藏前已被细菌或霉菌污染，或者在冷藏条件不好的环境冷藏，冻结肉的表面会出现细菌和霉菌的菌落，特别是解冻的地方。

3. 肉的解冻

（1）肉解冻的过程　肉的解冻就是使冷冻肉中的冰结晶融化成水，并使已脱水的肌肉蛋白质重新吸收水分，恢复原来状态的过程。可视为冻结的逆过程。

冻结肉在解冻时，冻肉处在温度比它高的介质中，冻结表层的冰先解冻成水，随着解冻的进行，融化部分逐渐向内延伸。在-5~-1℃的冰结晶最大生成带，无论是冻结温度下降，还是解冻温度上升，都是非常缓慢的。由于在这一温度带，停留时间长，冰结晶都会长大。因而在解冻时也要快速通过此温度带。

（2）肉解冻的方法

①空气解冻法：又称自然解冻，解冻室空气温度为12~20℃，相对湿度为50%~60%，此法解冻速度较慢，需15~20h才能完成，肉品在之后的处理中将会损失较多的汁液。一般在0~5℃空气中解冻称为缓慢解冻；15~20℃空气中解冻称为快速解冻。

②液体解冻法：该方法是用长流水浸渍或喷淋。这种方法简单易行，费用少，时间短，干耗少，有洗涤效果。但水溶性蛋白质及其他水溶性营养物质流失过多，肉色减退，并影响肉制品的风味。常使用水温10℃，解冻20h；或水温20℃，解冻10~11h。

③蒸汽解冻法：肉汁损失比空气解冻大得多。由于水汽的冷凝，质量会增加0.5%~4.0%。

④微波解冻法：利用高频电流使肉内部分子进行运动，通过分子运动自身发热而从内部解冻的方法。这种方法需要一定的装置和设备，且对较厚的肉不适宜。

⑤真空解冻法：真空解冻法的主要优点是解冻过程均匀和没有干耗。厚度0.09m，质量31kg的牛肉，利用真空解冻装置解冻只需60min。

（二）肉制品加工辅料及特性

肉制品加工过程中，各种辅料的使用具有重要意义，肉制品加工中常用的辅料可分为三类，即调味料、香辛料和添加剂。

1. 调味料

调味料是指为了改善食品的风味，能赋予食品特殊味感（咸、甜、酸、苦、鲜、麻、辣等），使食品鲜美可口、引人食欲而添加入食品中的天然或人工合成的物质。

（1）咸味料

①食盐：在肉品加工中食盐具有调味、防腐保鲜、提高保水性和黏着性等重要作用。但食盐能加强脂肪酶的作用和脂肪的氧化，因此，腌肉的脂肪较易氧化变质。

②酱油：肉品加工中宜选用酿造酱油，浓度不应低于22°Bé。酱油具有增鲜增色、改良风味的作用，在腊香肠等制品中，还有促进其发酵成熟的作用。

（2）甜味料

①蔗糖：蔗糖是常用的天然甜味剂。一般添加量为0.7%~3.0%，根据产品特点和地区饮食习惯也可以适当提高。有改善产品的滋味，使肉质松软，助色成色等作用。

②葡萄糖：一般使用量为0.3%~0.5%。葡萄糖有助于胶原蛋白的膨胀和疏松，使制品柔软；葡萄糖的保色作用较好，而蔗糖的保色作用不太稳定。

（3）酸味料

①食醋：富有营养，酸、香、鲜兼具，具有去腥解腻、增进食欲、增加Ca、P吸收，保持维生素C不受破坏、抑菌和降血压的功能。乙酸还可与乙醇生成具有香味的乙酸乙酯，故在糖醋制品中添加适量的酒，可具有浓醇甜酸、香气扑鼻的特点。

②柠檬酸及其钠盐：用柠檬酸处理的腊肉、香肠和火腿，具有较强抗氧化能力；对香肠的呈色也有良好的辅助作用。

（4）鲜味剂

①谷氨酸钠：L-谷氨酸钠的阈值为0.03%，与砂糖和食盐是非常好的呈味物质。它能赋予食品鲜味。

②肌苷酸二钠：对热较稳定；有特殊强烈的鲜味，其鲜味比谷氨酸钠强10~20倍。肌苷酸与谷氨酸有协同作用，因此，一般不单独使用肌苷酸，而与谷氨酸共同使用。

③鸟苷酸二钠：与肌苷酸钠称为核酸系调味料，与谷氨酸钠有协同作用，一般与谷氨酸钠和肌苷酸钠混合使用。加热30~60min几乎无变化，250℃时分解。

（5）料酒　料酒在肉制品中的主要作用：除膻味、腥味和异味；具有一定的杀菌作用，因此具有防腐能力；赋予制品特有的醇香味。

2. 香辛料

香辛料能改善和增强食品香味和滋味，又称增香剂。

（1）根据气味分类　香辛料的辛味比较强，依其辛辣和芳香气味的程度，可分为辛辣性香辛料和芳香性香辛料。辛辣性香辛料有胡椒、花椒、辣椒、芥子、蒜、姜、洋葱、葱和桂皮等；芳香性香辛料有丁香、麝香草、肉豆蔻、小茴香、大茴香（八角茴香）、荷兰芹和月桂叶等。

（2）根据化学性质分类　香辛料根据其辛味成分的化学性质可分为以下三类：

①酰胺类（无气味香辛料）：辛味成分是酰胺不挥发性化合物，食用时感到的强烈辛味刺激的部位仅限于口腔内的黏膜，如胡椒、辣椒等。

②含硫类（刺激性香辛料）：辛味成分是硫氰酸酯或硫醇，是含硫的挥发性化合物。食用时不仅刺激口腔也刺激鼻腔，如葱、蒜等。

③无氮芳香族类（芳香性香辛料）：辛味成分是不含氮的芳香族化合物，具辛味兼芳香味。一般辛味较弱，香味成分主要来源于萜烯化合物或芳香族化合物，如丁香、麝香草等。

3. 添加剂

肉品加工中使用添加剂根据其目的不同大致可分以下几种：发色剂、着色剂、品质改良剂、防腐剂和抗氧化剂等。

（1）发色剂　硝酸盐和亚硝酸盐。亚硝酸盐在腌制品中的作用：①可以抑制肉毒梭状芽孢杆菌的生长，并且具有抑制其他类型腐败菌的作用；②具有优良的发色作用；③抗氧化作用，延缓腌肉腐败（还原性）；④增强腌肉风味的作用。

（2）着色剂　着色剂又称食用色素，指为使食品具有鲜艳而美丽的色泽，改善感官性状以增进食欲而加入的物质。按其来源和性质分为食用天然色素和食用合成色素两大类。GB 2760—2014《食品安全国家标准　食品添加剂使用标准》规定允许使用的食用色素主要有红曲米、紫胶、焦糖色、姜黄、辣椒红和甜菜红等。

（3）品质改良剂　GB 2760—2014《食品安全国家标准　食品添加剂使用标准》中规定可用于肉制品的磷酸盐有三种：焦磷酸钠、三聚磷酸钠和六偏磷酸钠。尽管其作用机理还不完全清楚，但一般认为是通过以下途径发挥其作用：

①提高肉的 pH：1%焦磷酸钠溶液 pH 为 10.0~10.2；1%三聚磷酸钠溶液 pH 为 9.5~9.8；1%六偏磷酸钠溶液 pH 为 6.4~6.6，可使原料肉 pH 偏离等电点。

②螯合肉中金属离子：聚磷酸盐有与金属离子（如 Ca^{2+}、Mg^{2+}）的螯合作用，加入聚磷酸盐后，原与肌肉结构蛋白质结合的钙镁离子，被聚磷酸盐螯合，肌肉蛋白中的羧基游离，由于羧基之间静电力的作用，使蛋白质结构松弛，吸收更多量的水分。

③增加肉的离子强度：聚磷酸盐是具有多价阴离子的化合物，因而在较低的浓度下可以具有较高的离子强度。肌球蛋白溶解于离子强度>0.2 的盐溶液中；肌动球蛋白在离子强度>0.4 的盐溶液中才能溶解。由于加入聚磷酸盐使肌肉的离子强度增加，有利于肌球蛋白从凝胶状态转变为溶胶状态，因而提高了持水性。在一定的离子强度范围内，蛋白溶解度和萃取量随离子强度增加而增加。

④解离肌动球蛋白：活体时机体能合成使肌动球蛋白解离的 ATP，但畜禽宰杀后由于 ATP 水平降低，使肉的持水性下降；焦磷酸盐和三聚磷酸盐有解离肌动球蛋白为肌动蛋白和肌球蛋白的特异作用。肌球蛋白的持水能力强，因而提高了肉的持水能力。

磷酸盐的加入量为肉量的 0.1%~0.4%，使用量过高则有损肉的风味，使呈色效果不好。在实际生产中，常将几种磷酸盐按一定比例混合使用。

（4）防腐剂

①苯甲酸及其钠盐：其防腐抑菌能力随 pH 降低而增加，最适 pH 2.5~4.0，一般以 pH 低于 5.0 为宜。pH>5 时对很多霉菌和酵母没有抑制作用。

②山梨酸及其钾盐：属酸性防腐剂，对霉菌、酵母和好气性细菌有较强的抑制作用，但对厌气菌与嗜酸乳杆菌几乎无效。其防腐效果随 pH 的升高而降低，适宜在 pH 5~6 以下的范围使用。

（5）抗氧化剂　抗氧化剂是指能阻止或延缓食品氧化，提高食品稳定性，延长食品贮存期的食品添加剂。肉制品中含有脂肪等成分，由于微生物、水分、热、光等的作用，往往受到氧化和加水分解，氧化能使肉制品中的油脂类酸败、褪色、褐变，维生素破坏，降低肉制品的品质和营养价值，使之变质，甚至产生有害物质，引起食物中毒。为了防止这种氧化现象，在肉制品中可添加抗氧化剂。

在肉制品中通常使用的抗氧化剂有：油溶性抗氧化剂（丁基羟基茴香醚、二丁基羟基甲苯、没食子酸丙酯、维生素 E）和水溶性抗氧化剂（L-抗坏血酸、异抗坏血酸、抗坏血酸钠、异抗坏血酸钠、茶多酚）。

（三）中式肉制品的加工

1. 中式火腿的加工

中式火腿是用猪的前、后腿肉经腌制、洗晒、整形、发酵等加工而成的腌腊制品。其生产历史悠久，产品品质上乘。中式火腿分为三种：南腿，以金华火腿为代表；北腿，以如皋火腿为代表；云腿，以云南宣威火腿为代表。三种火腿加工方法基本相同，金华火腿加工精细，产品品质最佳。金华火腿产于浙江省金华地区，皮薄、色黄亮、爪细，以色、香、味、形“四绝”为消费者所称誉。

（1）金华火腿的工艺流程

原料选择 → 修割腿坯 → 腌制（6次）→ 浸洗 → 洗涮（二次）→ 晒腿 →

整形（三次）→ 发酵 → 修整 → 成品

（2）金华火腿的工艺要点

①原料选择：选择金华“两头乌”猪的鲜后腿。以皮薄爪细，腿心饱满，瘦肉多肥膘少，腿坯重5.5~7.0kg为佳。

②修割腿坯：整理前刮净腿皮上的细毛、黑皮等，使皮面光滑清洁。然后用削骨刀削平耻骨（俗称分水骨或眉毛骨），修整坐骨，除去尾椎，斩去脊骨，使肌肉外露，再把过多的脂肪和附在肌肉上的浮油割去，将腿边修成弧形，腿面平整。再用手挤出大动脉内的瘀血，最后使猪腿成为整齐的柳叶形。

③腌制：修腿以后即可用食盐和硝石进行腌制，腌制时需上盐6次，其程序是：

第一次上盐，俗称上小盐。目的是使肉中的水分、瘀血排出。其方法是在肉面撒上一层薄薄的食盐，将腿整齐堆叠，堆叠方法有直腿和交叉两种。

第二次上盐，又称上大盐，加盐量最多，约占总加盐量的50%，一般在“三签头”上稍放些硝酸钾，用盐后仍将腿整齐堆叠。“三签头”是火腿上肌肉最厚的三个部位。腌制时常常因为没有腌透而发生腐败变质。

第三次上盐（又称复三盐），经二次上盐后，过6d左右第三次上盐。按腿的大小，检查“三签头”上的余盐多少和腿质的硬软程度，来决定盐量的增减。

第四次上盐（复四盐），第三次上盐后，再过7d左右，进行第四次上盐，目的是通过上下翻堆而调节腿温，检查“三签头”上盐的溶化程度，如大部分已溶化需再补盐，并抹去腿皮上的黏盐，以防止腿的皮色发白无光亮。

第五、六次上盐（复五盐，复六盐），这两次上盐的间隔时间也都是7d左右。五次六次复盐的目的，主要是将火腿上下翻堆，检查盐的溶解程度。大型腿（6kg以上）如“三签头”上无盐时，应适当补加，小型腿则不必再补。

经过六次上盐后，腌制时间已达30d左右，小腿可挂出洗晒，大腿进行第七次上盐。

④浸洗：将腌好后的火腿放入清水中浸泡，肉面向下皮面朝上全部浸没，不得露出水面。浸泡时间应根据腿的大小和咸淡来决定，一般需浸10h左右。

⑤ 洗晒和整形：洗晒是将腿挂在晒架上晾晒，待皮面已基本干燥，可在腿的皮面上加印厂名及商标。整形可分三步：大腿部（即腿身），从腿的两侧往腿心部用力挤压，使腿心饱满，成橄榄形；小腿部，用校骨凳轻轻攀折，使小腿正直；脚爪部，将脚爪加工成镰刀形。

⑥发酵：发酵过程中，霉菌分泌的酶使腿中蛋白质和脂肪发生发酵分解作用，使火腿逐渐产生香味和鲜味。

⑦落架、堆叠：根据干燥程度，分批落架。落架时先刷去砻糠灰，再按照腿的大小分别堆叠在腿床上，每堆高度不超过15只，腿肉向上，腿皮向下，每隔5~7d上下调换一次，检查有无虫害。用火腿滴下的原油涂抹腿面，使腿质滋润而光亮。

2. 广式腊肠的加工

广式腊肉具有香味浓郁，色泽美观，肉质细嫩等特点，是广东地方有名的肉制品，颇受消费者欢迎。

（1）广式腊肠的工艺流程

原料→剔骨、切坯→洗肉条→腌渍→烘烤或烟熏→包装→成品

（2）广式腊肠的工艺要点

①剔骨、切坯：采用皮薄肉嫩、肥膘>1.5cm 的新鲜猪腰部肉为原料，剔除全部肋条骨、椎骨和软骨，切成长 38~42cm、宽 2~5cm 的肉条坯，并在肉上端用尖刀穿一孔，系上麻绳以便吊挂。

②洗肉条：把肉条浸泡入 30℃的清洁水中，漂洗 1~2min，除去肉条表面的浮油，然后取出沥干水分。

③腌渍：按配料标准把白砂糖、硝酸钠、食盐倒入容器中，然后再加入大曲酒、酱油、麻油，固体腌料和液体调料充分混匀并完全溶解。把切好的肉条放进腌肉缸或盆中，随即翻动，使每根肉条都与腌液接触，腌渍约 8h，配料完全被肉条吸收，取出挂在竹竿上，等待烘烤。

④烘烤或熏烤：烘房温度在 50℃左右，经 72h，表皮干燥，有出油现象，即可出烘房（腊肉成品）。烘烤也可采用烟熏方式进行。烘烤时每隔数小时，需上下调换，以免烤坏。

⑤包装：腊肉成品用竹筐或纸板箱包装，由于腊肉极易吸潮，应尽量避免阴雨天包装，以保证产品的品质。

腊肉的最佳生产季节为农历十一月至第二年二月，气温<5℃最为适宜。

3. 道口烧鸡的加工

道口烧鸡是河南省有名的特产肉食制品，历史悠久，始创于清朝顺治十八年（1661 年），距今已有 300 多年历史。道口烧鸡采用多种中药，辅之陈年老汤，成品色泽鲜艳、酥香软烂、香味浓郁、咸淡适口，烧鸡形如元宝，食之余香满口。

（1）道口烧鸡的工艺流程

原料的选择与整理→撑鸡造型→上色油炸→煮制（加辅料）→出锅捞鸡→成品

（2）道口烧鸡的工艺要点

①原料的选择与整理：选用生长半年至一年、质量为 1.00~1.25kg 的鸡，宰杀前禁食 12~14h，采用颈部宰杀法宰杀、放血，60~70℃的热水中浸烫 5min，脱净全身羽毛及绒毛，腹下开膛掏出内脏，斩去鸡爪，用清水洗净余血及污物。

②撑鸡造型：造型是道口烧鸡的一大特点。清洗干净的鸡放在加工台上，腹部向上，左手稳住鸡身，右手用利刀将肋骨切开。根据鸡的大小，用一节竹竿撑开鸡腹，将两侧大腿插入腹下三角处，两翅交叉插入鸡口腔内，形成两头尖的半圆形造型，用清水浸泡 1~2h，待鸡体发白后沥干。

③上色油炸：此过程又称烧鸡，沥干的鸡体用饴糖水或蜂蜜水均匀地涂抹全身，饴糖（或蜂蜜）约占 40%，水占 60%，稍许沥干。将植物油加热至 150~180℃，翻炸约 1min，待鸡体

成橘黄色即可捞出。油炸时间和温度极为重要，温度低鸡体上色不好。油炸时严禁弄破鸡皮，否则会产生次品。

④配料：以 100 只鸡计，砂仁 15g，豆蔻 15g，丁香 3 g，肉桂 90g，良姜 90g，白芷 90g，陈皮 30g，草果 30g，食盐 2~3kg。根据煮鸡次数和季节不同可适当增减。

⑤煮制：将各种辅料用纱布包好平铺锅底，把油炸的鸡平摆在锅内，兑入老汤并加清水，水面高出鸡体，上面用竹篦压住，以防加热时鸡体浮出水面。先用旺火煮开，再用文火徐徐焖煮至熟。从沸汤时算起，母鸡一般煮 3~5h，公鸡一般煮 2~4h。但要根据季节、鸡龄及种类差异灵活掌握。整个焖煮过程，火候极为重要，与烧鸡的鲜味、香味、外形及保持独特风味有很大关系。

⑥出锅捞鸡：事先准备好工具，眼疾手快，稳而准地将鸡一只只从锅中捞出，要确保造型，不破不碎。否则不仅影响外形，也给包装携带造成一定困难。

⑦ 成品：加工好的道口烧鸡，鸡身色泽浅红，稍带黄底。鸡皮不破不碎、造型完整，咸甜适口，鸡肉不碎烂。

4. 烤乳猪的加工

烤乳猪是广东最著名的特色菜，是“满汉全席”的主打菜肴之一。早在西周时此菜已被列为“八珍”之一。南北朝时期，《齐民要术》对烤乳猪的记载：“色同琥珀，又类真金，入口则消，壮若凌雪，含浆膏润，特异凡常也”。

（1）烤乳猪的工艺流程

原料的选择 → 造型 → 腌制（加配料）→ 烫皮 → 刷糖 → 晾干 → 烘烤 → 成品

（2）烤乳猪的工艺要点

①原料的选择：烤乳猪选用的食材是香猪，质量 2. 0~5. 0kg，过大或过小都不适合制作。选好香猪后，按照正常程序宰杀，下水另做处理。

②造型：将乳猪从内腔劈开，使猪身呈平板状，猪体头朝上放，斩断第三、四条肋骨，取出这个部位的全部排骨和两边扇骨，用木条在内腔内撑起猪身，前后腿也各用一条木条撑开，扎好猪手，挖出猪脑，在两旁牙关各斩一刀。

③配料：一只乳猪的配料为食盐 200g，白砂糖 100g，八角粉 5g，五香粉 10g，南乳 25g，芝麻酱 25g，大蒜 5g，生粉 25g，白酒 7g，糖水适量（可采用麦芽糖水）。

④腌制：取配料匀涂猪内腔和猪外皮，腌制 30min 用铁钩挂起，滴干水分后取下，再腌制 2h 以上。

⑤烫皮：用专用工具横直穿好固定，开始烫皮，热水加热至 70℃，沸水遍淋猪身使皮绷紧、肉变硬。

⑥刷糖：趁热抹干表面水分，把糖水均匀刷在猪皮表面，注意一定要涂抹均匀，这样烤制后猪皮的颜色才能一致，不会影响外观。

⑦晾干：晾干 2~3h 后，表面看上去糖浆已经凝固，摸上去不太黏手，接下来进行烤制。

⑧烘烤：晾干的乳猪放入烤炉里烤制，时间约为 1h。烤制过程中要不停转动烤杆，使乳猪受热均匀，其间还要在猪皮上扎无数个小孔排气，复烤时爆成荔枝花，好看又好吃，形成消费者喜爱的酥脆猪皮。烤制完成后的乳猪皮色红润、酥脆可口。

⑨成品：烘烤完成后，刷上一层植物油即可。烤好的乳猪最好趁新鲜立即食用，时间长了，猪皮会回潮变韧，口感变差。由于岭南地区空气相对湿度大，烧烤炸制的美食都可能出现回潮现象，可以通过复烤来补救。烤乳猪具有色泽鲜艳、光滑如镜、皮脆肉嫩、香而不腻的特点。

（四）西式肉制品的加工

1. 香肠制品的加工

西式香肠制品是原料肉经绞切、斩拌或乳化成肉馅（肉丁、肉糜或其混合物）并添加调味料、香辛料或填充料，充入肠衣内，再经烘烤、蒸煮、烟熏、发酵、干燥等工艺制成的肉制品。

（1）香肠的工艺流程

原料肉的选择与初加工→腌制→绞碎→斩拌→灌制→烘烤→煮制→冷却

（2）香肠的工艺要点

①原料肉的选择与初加工：生产香肠所用的原料肉必须是健康的，并经兽医检验确认是新鲜卫生的肉。原料肉经修整，剔去碎骨、污物、筋、腱及结缔组织膜，使其成为纯精肉，然后按肌肉组织的自然块形分开，切成长条或肉块备用。

②腌制：腌制的目的是使原料肉呈现均匀的粉红色，使肉含有一定量的食盐以保证产品具有适宜的咸味，同时提高制品的保水性和风味。加入腌制剂后在（2 ± 2）℃的冷库内腌制24~72h。

③绞碎：将腌制的原料精肉和肥膘分别通过不同筛孔直径的绞肉机绞碎。绞肉时投料量不宜过大，否则会造成肉温上升，对肉的黏着性产生不良影响。

④斩拌：将瘦肉放入斩拌机内，均匀铺开，然后开动斩拌机，加入水（冰），以利于斩拌。加水（冰）后，最初肉会失去黏性，变成分散的细粒子状，但不久黏着性就会不断增强，最终形成一个整体，然后再添加调料和香辛料，最后添加脂肪。斩拌过程要注意温度控制。

⑤灌制：将斩好的肉馅用灌肠机充入肠衣内的操作。灌制时应做到肉馅紧密而无间隙，防止装得过紧或过松。过松会造成肠馅脱节或不饱满，在成品中有空隙或空洞。过紧则会在蒸煮时使肠衣胀破。

⑥烘烤：传统的方法是用未完全燃烧的木材的烟火来烤，目前用烟熏炉烘烤。烘烤的目的主要是使肠衣蛋白质变性凝固，增加肠衣的坚实性；烘烤时肠馅温度提高，促进发色反应。

⑦煮制：煮制要求温度在80~85℃，煮制结束时肠制品的中心温度>72℃。

⑧冷却：使肠坯温度快速降至室温，然后送入0~7℃的冷库内，冷却至库温，贴标签再进行包装即为成品。

2. 培根的加工

培根（bacon）其原意是烟熏肋条肉（即方肉）或烟熏咸背脊肉。其风味除带有适口的咸味外，还有浓郁的烟熏香味。培根外皮油润呈金黄色，皮质坚硬，瘦肉呈深棕色，切开后肉色鲜艳。

(1) 培根的工艺流程

选料 → 初步整形 → 腌制 → 浸泡 → 清洗 → 剔骨、修刮、再整形 → 烟熏 → 成品

(2) 培根的工艺要点

①选料：选择经兽医卫生部门检验合格的中等肥度猪，经屠宰后吊挂预冷。

②初步整形：修整坯料，使四边基本各成直线，整齐划一，并修去腰肌和横膈膜。

③腌制：腌制室温度保持 0~4℃。腌制主要有干腌法和湿腌法两种。

④浸泡、清洗：将腌制好的肉坯 25℃左右清水浸泡 30~60min，目的是使肉坯温度升高，肉质软化，表面油污溶解，便于清洗和修刮；提高产品的美观性；使肉质软化便于剔骨和整形。

⑤剔骨、修刮、再整形：培根的剔骨要求很高，只允许用刀尖滑破骨表面的骨膜，然后用手将骨轻轻扳出。刀尖不得刺破肌肉，否则生水侵入不耐贮藏。修刮是刮尽残毛和皮上油腻。因腌制、堆压使肉坯形状改变，故再次整形，使肉的四边成直线。

⑥烟熏：用硬质木先预热烟熏室，使室内平均温度升至所需烟熏温度，加入木屑，挂进肉坯。烟熏室温度一般保持在 60~70℃，烟熏时间 8~10h。烟熏结束后自然冷却即为成品。

培根是西式早餐的重要食品。一般切片蒸食或烤熟食用。培根切片托上蛋浆后油炸，即谓“培根蛋”，清香爽口，食之留芳。

第二节　乳与乳制品

乳是自然界赋予人类的一种完美天然食物，营养成分全面均衡。从世界范围来看，地处黄金奶源带的爱尔兰、荷兰、丹麦、加拿大、美国北部地区，乳牛业相当发达，乳产量占世界总产量的一半以上。历年来，主要乳产区都在欧洲，20 世纪 90 年代后开始向美洲、亚洲和大洋洲转移，增长最快的有阿根廷、新西兰和澳大利亚等国。乳与人类自身的历史一样悠久，乳的饮用历史无明确记载。我国可以追溯到《齐民要术》中对乳酪、马酪的记载。我国乳品工业在新中国成立后，经历了初创期（1949—1978 年）、快速增长期（1979—1992 年）、调整期（1993—1997 年）和产业整合期（1998—2005 年）。近年来，国家加大了对乳业的支持和关注，我国乳品工业发展进入一个新的阶段。但由于我国人口基数大，年人均消费乳量远不及亚洲平均水平，乳业的发展空间很大。

一、乳的化学组成和性质

（一）乳的概念

乳是乳畜在产犊（羔）后由乳腺分泌出的一种具有胶体特性的生物学液体。其色泽呈白色或略带黄色，不透明，味微甜并带有特殊的香味。乳含有幼畜生长发育所需要的各种营养物

质，成为当今世界人类最适宜食用的营养食品之一。

乳畜从干乳、受孕、产犊、泌乳到再产犊的全过程称为一个泌乳期，不同时期的产乳量不同。将一个泌乳期内乳牛每月的产乳量按日期和产乳量的对应关系，绘制成曲线图形，就是泌乳曲线（图2-6-9）。泌乳曲线反映乳牛产乳的均衡性，也可反映乳牛产乳遗传性的优劣、乳牛的营养满足程度、管理水平的高低、阶段性的健康程度等，可以为乳牛育种和饲养管理提供必要的依据。

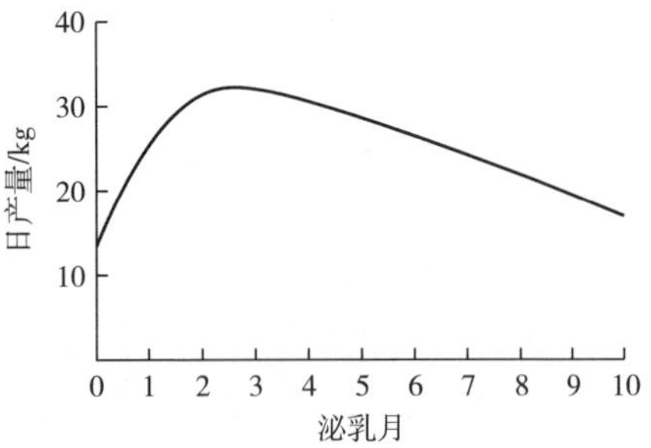

图 2-6-9 乳牛泌乳曲线

乳畜产犊后 7d 内的乳，称为初乳。7d 后开始正式挤乳，能维持挤乳约 10 个月，这个时期称为泌乳期，然后进入 60~65d 的干乳期，这个时间内要停止挤乳，等到下一胎产犊 7d 后再恢复挤乳。乳牛在干乳期前两周内产的乳称为末乳。常乳是指产犊 7d 后，在干乳期前两周内产的乳。常乳的成分及其性质基本趋于稳定，作为加工用的原料乳。

（二）异常乳的概念和种类

异常乳（abnormal milk）是一个相对概念，是指乳畜在泌乳期内，由于生理、病理或其他包含人为的原因，造成乳的成分和性质发生变化。这类在组成成分和理化性质上与常乳不同的乳，称为异常乳。异常乳按产生的原因，可分为生理异常乳、病理异常乳、化学异常乳、微生物污染乳以及异物混杂乳等。细分如下：

1. 生理异常乳

生理异常乳包括初乳、末乳等。

2. 病理异常乳

乳房炎乳是最常见的病理异常乳。乳房炎乳中钠、钙、镁等金属离子含量、酸度等理化指标和常乳都有所不同。用乳房炎乳做原料制造出的产品风味差、色泽不良，稳定性差，品种质量低下，还会引起食物中毒，故其不能作为生产乳制品的原料乳。

3. 化学异常乳

化学异常乳主要包括低成分乳、低酸度酒精阳性乳、冻结乳、风味异常乳等。

4. 微生物污染乳

微生物污染乳是原料乳被微生物严重污染而产生异常变化的乳，主要包括酸败乳、黏性乳和异常凝固酸解乳等。原料乳从挤出到运送到工厂，每个环节都容易受到微生物的污染。

5. 异物混杂乳

异物混杂乳包括饲料等杂质在有意或无意情况下混入到原料乳中形成的异常乳。

各种异常乳中，最主要的为低成分乳、细菌污染乳、酒精阳性乳和异物混杂乳。其余各种异常乳已有明文规定不得用于加工。

（三）乳中化学成分的种类及分散状态

1. 乳化学成分的种类

乳的成分十分复杂，至少含有上百种化学成分，主要包括水分、蛋白质、脂肪、乳糖、盐类、磷脂类、维生素、酶类、免疫体、色素和气体以及动物体所需要的各种微量成分。不同种类的乳畜分泌的乳，成分含量各不相同。以牛乳为例，牛乳中主要化学成分及质量分数见表 2-6-3。将牛乳干燥到恒重时得到的残余物，就是水分之外的所有成分统称为乳干物质，干物质中含有乳的全部营养成分。在乳干物质中，除去乳脂肪之外的所有成分之和统称为无脂干物质（solid nonfat，SNF）。

表 2-6-3　　牛乳主要化学成分及质量分数

成分	水分	总乳固体	脂肪	蛋白质	乳糖	无机盐
变化范围/%	85.5~89.5	10.5~14.5	2.5~6.0	2.9~5.0	3.6~5.5	0.6~0.9
平均值/%	87.5	13.0	4.0	3.4	4.8	0.8

2. 乳成分的分散特性

乳是多种物质的混合物，是一种复杂而具有胶体特性的生物化学液体，是一种复杂的分散系。其分散剂是水，分散质有乳糖、蛋白质、脂肪和盐类等。由于分散质种类繁多，分散度差异甚人，是包含着真溶液、高分子溶液、胶体悬浮液、乳浊液及其种种过渡状态的复杂的分散体系。乳中各种成分的分散特性见表 2-6-4。

表 2-6-4　　乳中各种成分的分散特性

<table>
<tr><th>分散相粒子的大小</th><th colspan="2">分散系</th><th>分散相粒子的组成</th><th>性质</th><th>乳中代表成分</th></tr>
<tr><td>< 1nm</td><td colspan="2">真溶液</td><td>小分子/粒子</td><td>均相，能透过半透膜，热力学稳定</td><td>乳糖、水溶性盐、水溶性维生素等</td></tr>
<tr><td rowspan="3">1~100nm</td><td rowspan="3">胶体分散系</td><td>溶胶</td><td>胶粒（分子、原子或粒子聚集体）</td><td>非均相，不能透过半透膜，热力学不稳定</td><td></td></tr>
<tr><td>高分子溶液</td><td>高分子</td><td>均相，不能透过半透膜，热力学稳定</td><td>乳白蛋白、乳球蛋白</td></tr>
<tr><td>缔和胶体</td><td>胶束</td><td>均相，不能透过半透膜，热力学稳定</td><td>乳酪蛋白（以酪蛋白酸钙-磷酸钙复合体胶粒存在）</td></tr>
<tr><td>>100nm</td><td colspan="2">粗分散系</td><td>粗粒子</td><td>非均相，不能透过半透膜，热力学不稳定</td><td>乳脂肪（以乳脂肪球存在）</td></tr>
</table>

（四）常乳化学成分的性质

1. 水分

乳中的水分以游离水、结合水和结晶水三种形态存在。乳中大部分水以游离状态存在；有 2%~3%的结合水以氢键与蛋白质及其他胶体的亲水基结合；结晶水以结晶性化合物形式存在。

2. 乳脂肪

乳脂肪（milk fat or butter fat）占乳脂质的 97%~98%，其中包括有 97%~99%的甘油三酯，近 1%的磷脂，还有少量游离脂肪酸及固醇等物质。以脂肪球的状态分散于乳浆中，形成乳浊液，对牛乳风味起着重要的作用。

(1) 脂肪球的性状及脂肪球膜　由于乳脂肪相对密度为0.93，牛乳静置后，脂肪球将上浮，形成稀奶油层。牛乳脂肪球的直径通常为0.1~10μm，平均3μm，乳中有乳脂肪球2×10^9~5×10^9个/mL。

(2) 乳脂肪的理化特性　乳脂肪的理化特性见表2-6-5。

表2-6-5　乳脂肪的理化特性

项目	指标	项目	指标
相对密度	0.935~0.943	赖克特迈斯尔值①	21~36
熔点/℃	28~38	波伦斯克值②	1.3~3.5
凝固点/℃	15~25	酸值/（mgKOH/g）	0.4~3.5
折射率（n_D^{25}）	1.4590~1.4620	丁酸值	16~24
皂化值	218~235	不皂化值	0.31~0.42
碘值/（g/100g）	26~36		

注：①水溶性挥发性脂肪酸值。
②非水溶性挥发性脂肪酸值。

乳脂肪理化指标的特征：赖克特迈斯尔值高，波伦斯克值较低，碘值低，低级脂肪酸较多，皂化值比较高。

(3) 乳脂肪的特点

①乳脂肪的脂肪酸种类多，约有20种。

②乳脂肪的脂肪酸组成中，含低级（14碳以下）挥发性脂肪酸高达14%，其中水溶性挥发性脂肪酸如丁酸、己酸、辛酸等高达8%左右，而其他油脂中含量约1%。

③由于低级脂肪酸呈液态，易挥发，故乳脂肪易于消化，并具有特殊的香味和柔软的质构。

④乳脂肪易氧化、易分解：受光照、热、氧、金属（尤其是铜）等作用脂肪易氧化而产生脂肪氧化味；又由于乳中的解脂酶的作用，使其中的脂肪酸分解，产生带有刺激性的味道，即脂肪分解味。

(4) 磷脂　乳中磷脂含量为0.072%~0.086%，乳中有三种磷脂，卵磷脂、脑磷脂和神经鞘磷脂。60%的磷脂存在于脂肪球膜中，牛乳分离稀奶油时，磷脂的70%转移到稀奶油里，稀奶油经搅拌制造奶油时，大部分磷脂转移到酪乳中。

3. 乳蛋白质

乳蛋白质是乳中主要的含氮物质，包括酪蛋白及乳清蛋白，还有少量脂肪球膜蛋白。乳清蛋白含有对热不稳定的各种乳白蛋白和乳球蛋白，还有对热稳定的成分。除了乳蛋白外，尚有少量非蛋白氮，如氨、游离氨基酸、尿素、尿酸、肌酸及嘌呤碱等。这些物质基本上是机体蛋白质的代谢产物，通过乳腺进入乳中。

(1) 乳蛋白质的分类　历史沿用酸处理及盐析的方法，把乳蛋白质简略地分为酪蛋白及乳清蛋白。把脱脂乳在20℃加酸调节pH 4.6时沉淀下来的一类蛋白质，称为酪蛋白；仍然分散或溶解于乳液中的蛋白质，统称为乳清蛋白。再用硫酸铵溶液盐析法从乳清蛋白中分离出乳白蛋白和乳球蛋白。

美国乳品科学协会于1956年提出了关于乳蛋白质的命名方案，至1970年作了三次修订，其内容包括乳蛋白质的现代命名及其有关性质。有关分类情况见表2-6-6。

表2-6-6　牛乳主要蛋白质的分类

传统分类法	现代分类法		脱脂乳中蛋白质的百分比/%	等电点
酪蛋白	酪蛋白	α_S-酪蛋白	45~55	4.1
		κ-酪蛋白	6~15	4.1
		β-酪蛋白	25~35	4.5
		γ-酪蛋白	3~7	5.8~6.0
乳清蛋白	乳白蛋白	α-乳白蛋白	2~5	5.1
		β-乳球蛋白	7~12	5.3
		血清白蛋白	0.7~1.3	4.7
	乳球蛋白（免疫球蛋白）	免疫球蛋白 G_1	1~2	—
		免疫球蛋白 G_2	0.2~0.5	—
		免疫球蛋白 M	0.1~0.2	—
		免疫球蛋白 A	0.05~0.1	—
	其他多肽	—	2~6	3.3~3.7

（2）酪蛋白　酪蛋白属于结合蛋白，是典型磷蛋白，相对密度为1.25~1.31，白色，无味，无嗅，不溶于水、醇及有机溶剂，溶于苛性碱、碱土金属及碳酸盐的溶液。酪蛋白虽然是一种两性电解质，但具有明显的酸性。常把酪蛋白看作一种酸性物质。

（3）乳清蛋白　乳清蛋白与酪蛋白不同，其粒子水合能力强，高度分散，在乳中呈典型的高分子溶液。主要有乳白蛋白、乳球蛋白和多肽等。乳白蛋白又可分为α-乳白蛋白、β-乳球蛋白及血清白蛋白。β-乳球蛋白的量接近乳清蛋白总量的一半，且β-乳球蛋白加热后容易发生变化，对乳与乳制品的风味和贮藏性有重大影响。同时，当原料乳加热至85℃时，β-乳球蛋白由于热变性，结构逐步展开，呈链状结构，其中一部分会附着在酪蛋白胶粒表面，对酪蛋白胶粒的稳定性起着保护作用。

乳球蛋白分为真球蛋白和假球蛋白两种，它们与乳的免疫性有关，具有抗原作用，又称免疫球蛋白，在初乳中含量较高。

4. 乳糖

乳中糖类>99.8%是乳糖，还有极少量的葡萄糖、果糖、半乳糖等。牛乳中约含4.7%的乳糖。其甜度约为蔗糖的六分之一。

乳糖是一种具有还原性的双糖。两种异构体α-乳糖和β-乳糖在原料乳中的比例随溶液的温度而变化。温度对乳糖异构体之间的转化和平衡有重要的影响。乳糖溶液<93.5℃时结晶，获得α-乳糖水合物晶体；>93.5℃结晶时，可获得β-乳糖；α-无水乳糖须在125℃或用无水乙醇处理而得。

乳糖的溶解度比蔗糖低，α-乳糖水合物溶解于水中时缓慢变成β-乳糖，因α-乳糖水合物的溶解度比β乳糖低，所以乳糖最初的溶解度并不稳定，而是逐渐增加，直至α型与β型平衡为止，故乳糖有最初溶解度和最终溶解度两种。例如，在15℃时最初溶解度为100份水中溶解7.5份乳糖，在同样温度下最终溶解度为100份水中溶解16.9份乳糖。利用乳糖溶解度的这一特性，可以生产炼乳。

乳中的乳糖呈双糖结构，食用后不能直接被吸收，必须将乳糖分解为两个单糖后，才能被吸收。消化道中的乳糖靠乳糖酶的作用而分解，一般动物出生后消化道内的乳糖酶最多，断乳后趋于减少，有一部分人随着年龄的增长，消化道内呈现缺乏乳糖酶的现象，不能分解和吸收乳糖，饮用牛乳时发生腹胀、呕吐和腹泻等症状，称之为“乳糖不耐症”。为了解决“乳糖不耐症”问题，可以利用乳糖酶，在加工中使乳糖分解，以提高乳糖的消化吸收率。

5. 乳中的酶类

乳中的酶类有三个来源，一是来源于乳腺，二是来源于微生物的代谢产物，三是来源于白细胞。乳中所含的主要的酶有脂酶、磷酸酶、蛋白酶、过氧化氢酶、过氧化物酶、还原酶等。

6. 乳中的维生素

牛乳中含有几乎所有已知的维生素，特别是维生素B_2的含量很丰富，但作为婴儿食品时维生素D的含量应进行强化。

在加工过程中维生素会遭受一定程度的损失，加热时维生素A、维生素D、维生素B_2及烟酸比较稳定，维生素B_1、维生素B_{12}、维生素C等损失较多。

7. 乳的无机物及其他成分

(1) 乳中的无机物　牛乳中约含有0.7%的无机物，主要有钾、钠、钙、镁、硫、磷、氯及微量元素等。乳中无机成分的含量虽然很少，但在乳品加工中，特别在牛乳的热凝固方面具有重要意义。牛乳中钙、镁与磷酸盐、柠檬酸盐之间保持适当的平衡，是保持牛乳对热稳定性的必要条件。

牛乳中铁比母乳中少，在考虑婴儿营养时有必要予以强化。铜、铁尤其是铜有促进脂肪氧化的作用，牛乳若被容器或管道中的铜污染后，容易产生氧化臭。

(2) 有机酸　主要的有机酸是柠檬酸，此外还有微量的乳酸、丙酮酸及马尿酸等，在酸败乳中乳酸的量由于乳酸菌的活动而增高。乳中柠檬酸的平均含量为0.18%，在乳中它以盐类状态存在，在乳的盐类平衡中有重要的作用。柠檬酸还是发酵乳制品的芳香成分丁二酮的前体。

(3) 气体　牛乳挤出时，100mL乳中大约有7mL的气体，主要是二氧化碳，其次是氮气和氧气。牛乳同空气接触一段时间后，融入空气中的氧气和氮气的量增加，二氧化碳的量相应减少。

（五）原料乳的质量标准及验收

1. 原料乳的质量标准

我国规定生鲜牛乳收购的质量标准GB 19301—2010《食品安全国家标准　生乳》，包括感官指标、理化指标及微生物指标。

(1) 感官指标　正常牛乳呈白色或微带黄色。不能有苦味、咸味、涩味和饲料味、青贮味、霉味等异常味。

(2) 理化指标　原料乳的理化指标见表2-6-7。

表 2-6-7 原料乳理化指标

项目	指标	项目	指标
冰点[①,②]/（℃）	-0.500～-0.560	非脂乳固体/（g/100g）	≥8.1
相对密度（20℃/4℃）	≥1.0270	酸度/°T	
脂肪/%	≥3.1	牛乳[②]	12～28
蛋白质/%	≥2.8	羊乳	6～13
杂质度/mg/kg	≤4.0		

注：①挤出 3h 后检测；②仅适用于荷斯坦奶牛。

（3）微生物指标　根据 GB 4789.2—2016《食品安全国家标准　食品微生物学检验　菌落总数测定》的检验方法，菌落总数上限为 2×10^6 CFU/mL。

（4）污染物限量　应符合 GB 2762—2017《食品安全国家标准　食品中污染物限量》的规定，汇总见表 2-6-8。

表 2-6-8 原料乳污染物限量

项目	限量	项目	限量
铅/（mg/kg）	≤0.05	铬/（mg/kg）	≤0.3
总汞/（mg/kg）	≤0.01	亚硝酸盐/（mg/kg）	≤0.4
总砷/（mg/kg）	≤0.1		

（5）真菌毒素限量　应符合 GB 2761—2017《食品安全国家标准　食品中真菌毒素限量》的规定。

（6）农药残留量　应符合 GB 2763—2021《食品安全国家标准　食品中农药最大残留限量》及国家有关规定和公告。

（7）兽药残留量　应符合国家有关规定和公告。

此外，许多乳品收购单位还规定下述情况之一不得收购：①产犊前 15d 内的末乳和产犊后 7d 内的初乳；②牛乳中有凝块或絮状沉淀；③牛乳中有畜舍味、苦味、霉味、臭味、涩味、煮沸味及其他异味；④用抗生素或其他对牛乳有影响的药物治疗期间，母牛所产的乳和停药后 3d 内的乳；⑤ 添加防腐剂、抗生素和其他任何有碍食品卫生的乳；⑥ 酸度超过 20°T。

2. 原料乳的验收

我国原料乳验收分为现场验收和入厂验收。现场验收主要进行感官检验、测温度、相对密度，做酒精试验（判断酸度）；运输到加工厂的生鲜牛乳，须立即逐车或逐桶进行入厂验收，以便按质论价和分别加工。入场验收主要检测脂肪率、滴定酸度、乳干物质、杂质度等理化指标和菌落总数等。严格检验后应进行分级。

（1）感官检验　鲜乳的感官检验主要是进行嗅觉、味觉、外观、尘埃等的鉴定。首先打开冷却贮乳器或罐式运乳车容器的盖，立即嗅容器内鲜乳的气味。开盖时间过长，外界空气会将容器内气味冲淡，对气味的检验不利。其次将试样含入口中，并使之遍及整个口腔的各个部位，因为舌面各种味觉分布不均，以此鉴定是否存在异味。在对风味检验的同时，对鲜乳的色泽，混入的异物，是否出现乳脂分离现象进行观察。

（2）酒精检验和酸度测定　酒精检验是为观察鲜乳的抗热性而广泛使用的一种方法。滴定酸度和乳酸度的测定是为了鉴别原料乳的新鲜度，了解乳中微生物污染状况。为合理利用原料乳和保证乳制品的质量，用于加工淡炼乳和加糖炼乳的原料乳，用72%酒精试验；用于加工乳粉的原料乳，用68%酒精试验，酸度≤20°T；酸度≤22°T的原料乳尚可用于加工奶油，但风味较差；酸度>22°T的原料乳只能用于加工工业的干酪素、乳糖等。

（3）相对密度　相对密度常作为评定鲜乳成分是否正常的一个指标，但不能只凭这一项来判断，必须再通过脂肪、风味的检验，判断鲜乳是否经过脱脂或是加水。

相对密度测定时要注意正确操作，读数是以乳稠计在鲜乳液面的最上端所示刻度为准，在读取数值时应迅速，在相对密度计放入后静止即刻进行读数。如果放置时间过长，由于脂肪球上浮，使鲜乳上层中脂肪增多，而下层脂肪减少，所测数值也偏高。测定最好在10~20℃进行，倒入鲜乳时不要泡沫过多，否则相对密度变小。

（4）牛乳脂肪、蛋白质、非脂乳固体等成分含量的测定　现在许多企业采用乳成分快速测定仪，一次性快速测定原料乳的脂肪、蛋白质、乳糖、非脂乳固体等乳成分的含量。

（5）菌落总数、抗生素残留检验　一般现场收购鲜乳不做细菌检验，但在加工以前，必须检查菌落总数，以确定原料乳的质量和等级。如果是加工发酵制品的原料乳，必须做抗生素残留检验。

二、液态乳产品

液态乳是指以合格的新鲜牛乳、乳粉为原料，经离心净乳、标准化、均质、巴氏杀菌、冷却和灌装等适当加工处理后可直接供给消费者饮用的商品乳。根据脂肪含量不同，可分为稀奶油、全脂乳、高脂乳、低脂乳、脱脂乳；根据热处理方法不同，分为巴氏杀菌乳和灭菌乳。根据营养成分或特性可分为纯牛乳、再制乳、调味乳、营养强化乳和含乳饮料。

（一）巴氏杀菌乳

1. 巴氏杀菌乳的概念和分类

巴氏杀菌乳又称消毒牛乳或保鲜乳，是指用优质的原料牛乳，经净化、均质、杀菌、冷却、装瓶或其他形式的小包装后，直接供应消费者饮用的商品乳。目前，消毒牛乳除瓶装外，有夹层纸袋、纸盒、压膜塑料等多种形式的包装。

消毒牛乳的种类很多，按组成可以分为普通消毒牛乳（不加任何添加剂加工而成）、强化消毒牛乳（添加各种维生素或钙、磷、铁等矿物质）、花色消毒牛乳（添加咖啡或果料等）和再制消毒牛乳（也称复原乳，以乳粉为主要原料）。

2. 巴氏杀菌乳加工的主要工序

（1）乳的热处理　所有液体乳和乳制品的生产都需要热处理。这种处理主要目的在于杀死微生物和使酶失活，或获得一些变化，主要为化学变化。这些变化依赖于热处理的强度，即加热温度和受热时间。但热处理也会带来不良的变化，如褐变、风味变化、营养物质损失、菌抑制剂失活和对凝乳力的损害，因此必须慎重选择热处理条件。

按加热的持续时间和温度分为以下四类。

①预热杀菌：这种低温处理目的在于杀死细菌，尤其是嗜冷菌。因为它们中的一些产生耐热的脂肪酶和蛋白酶，这些酶可以使乳变质。加热处理除了能杀死许多活菌外，几乎不会引起不可逆变化。

②低温长时杀菌：采用60～65℃加热30min或70～72℃加热15～20min完成，可钝化乳中的碱性磷酸酶，杀死乳中所有的病原微生物、酵母和霉菌以及大部分的细菌，而在乳中生长缓慢的某些微生物不被杀死。此外，一些酶被钝化，乳的风味改变很大，几乎没有乳清蛋白变性，冷凝聚和抑菌特性不受损害。

③高温短时杀菌：采用85～87℃加热5～20s或94℃加热24s，可以破坏乳过氧化物酶的活性。生产中有时采用更高温度，如加热至100℃，除芽孢外所有细菌生长体都被杀死；大部分的酶都被钝化，但乳蛋白酶（胞质素）和某些细菌蛋白酶与脂酶不被钝化或不完全被钝化；大部分抑菌特性被破坏；部分乳清蛋白发生变性，产生明显的蒸煮味，奶油产生瓦斯味。除了损失维生素C之外，营养价值没有太大变化。产品脂肪自动氧化的稳定性增加；发生很少的不可逆化学反应。

④灭菌：这种热处理能杀死包括芽孢在内的所有微生物，通常采用110℃加热30min（在瓶中灭菌），130℃加热2～4s或145℃加热1s，后两种热处理条件被称为超高温瞬时灭菌（ultra-high temperature instantaneous sterilization，UHT）。不同热处理条件产生的效果是不一样的，110℃加热30min可钝化所有乳固有酶，但是不能钝化所有细菌脂酶和蛋白酶；产生严重的美拉德反应，导致棕色化；形成灭菌乳气味；损失一些赖氨酸；维生素含量降低；引起包括酪蛋白在内的蛋白质相当大的变化；使乳pH降低约0.2；而超高温瞬时灭菌处理则对乳没有破坏。

乳常用的热处理方法见表2-6-9。巴氏杀菌乳的杀菌方法采用低温长时巴氏杀菌和高温短时巴氏杀菌。

表2-6-9　乳常见的热处理方法

杀菌方法	杀菌温度/时间	杀菌效果	所用设备
低温长时杀菌	60～65℃/30min 70～72℃/15～20min	可杀死全部病原菌， 杀菌效果一般	容器式杀菌缸
高温短时灭菌	85～87℃/5～20s 94℃/24s	杀菌效果好	板式、列管式杀菌器
超高温瞬时灭菌	120～140℃/2～4s	杀菌效果最好	板式、列管式蒸气 直接喷射式杀菌器

（2）乳的均质　均质的目的是防止脂肪上浮分层、减少酪蛋白微粒沉淀、改善原料或产品的流变学特性和使添加成分均匀分布。

目前生产中采用二段均质机，其中第一段均质压力大，目的是使脂肪球破碎；第二段的压力小，目的是使第一段均质形成的小均质团更加均匀分布在物料中。

（3）乳的标准化　为了使产品符合标准要求，乳制品中成分含量需要调整（一般是指调整原料乳中脂肪和无脂干物质之间以及其他成分间的比例关系），这个过程称为乳的标准化。经过标准化的乳，通过抽检或用连续测定方法确定要标准化的成分的含量。必要时通过添加稀奶油、脱脂乳、水等来进行调整。

3. 巴氏杀菌乳的加工工艺

无论是低温杀菌乳、高温杀菌乳或超高温杀菌乳的生产工艺都是相似的，只是采用的杀菌设备及杀菌条件不同。

（1）工艺流程

原料乳的验收 → 过滤、净化 → 标准化 → 均质 → 杀菌 → 冷却 → 灌装 → 检验 → 冷藏

（2）工艺要点

①原料乳的验收和分级：杀菌乳的质量决定于原料乳。因此，对原料乳的质量必须严格管理，认真检验。只有符合标准的原料乳才能生产杀菌乳。

②过滤或净化：目的是除去乳中的尘埃和杂质。

③标准化：标准化的目的是保证牛乳中含有规定的最低限度的脂肪。我国规定杀菌乳的含脂率≥3.0%，凡不符合标准的乳都必须进行标准化。

④均质：可以部分或全部均质。在部分均质时稀奶油的含脂率应≤12%。通常进行均质的温度为65℃，均质压力为10~20MPa。

⑤巴氏杀菌：巴氏杀菌的温度和持续时间关系到牛乳的品质和保质期等，必须准确。加热杀菌形式很多，一般采用高温短时巴氏杀菌，通常为75℃，15~20s，或80~85℃，10~15s。如果巴氏杀菌太强烈，会导致牛乳出现蒸煮味和焦煳味，稀奶油也会产生结块或聚合。

⑥冷却：乳经杀菌后，需及时进行冷却，通常将乳冷却至4℃左右。超高温灭菌乳、高温灭菌乳则冷却至<20℃即可。

⑦灌装：采用自动灌装。

（二）灭菌乳

超高温灭菌乳是指物料在连续流动的状态下通过热交换器加热至135~150℃，并保持一定的时间以达到商业无菌水平，然后在无菌状态下灌装于无菌的容器中的产品。商业无菌的含义是在一般贮存条件下，产品中不存在能够生长的微生物。

欧洲共同体（European Communities）关于超高温灭菌产品的定义：物料在连续流动的状态下，经135℃以上不少于1 s的超高温瞬时灭菌（以完全破坏其中可以生长的微生物和芽孢），然后在无菌状态下包装于容器中，最大限度地减小产品在物理、化学及感官上的变化，这样生产出来的产品称为超高温灭菌产品。

超高温灭菌方法主要有两种：直接加热法和间接加热法。在直接加热法中，牛乳通过直接与蒸汽接触被加热；或者是将蒸汽喷进牛乳中，或者是将牛乳喷入充满蒸汽的容器中。间接加热是在一热交换器中进行，加热介质的热能通过间隔物传递给牛乳。

牛乳温度动态变化如下：原料乳（5℃）⟶预热至66℃⟶加热至137℃⟶保温（4s）⟶水冷却至76℃⟶进乳冷却至20℃。

三、发酵乳制品

（一）酸乳概念与分类

1. 酸乳的概念

发酵乳（fermented milk）：以生牛（羊）乳或乳粉为原料，经杀菌、发酵制成的 pH 低的产品。

酸乳（yoghurt）：以生牛（羊）乳或乳粉为原料，经杀菌、接种嗜热链球菌和保加利亚乳杆菌（德氏乳杆菌保加利亚亚种）发酵制成的成品中必须含有大量相应的活菌的凝乳状产品。

风味发酵乳（flavored fermented milk）：以 80%以上生牛（羊）乳或乳粉为原料，添加其他原料，经杀菌、发酵后 pH 降低，发酵前或后添加或不添加食品添加剂、营养强化剂、果蔬、谷物等制成的产品。

风味酸乳（flavored yoghurt）：以 80%以上生牛（羊）乳或乳粉为原料，添加其他原料，经杀菌、接种嗜热链球菌和保加利亚乳杆菌（德氏乳杆菌保加利亚亚种）发酵前或后添加或不添加食品添加剂、营养强化剂、果蔬、谷物等制成的产品。

2. 酸乳的分类

通常根据成品的组织状态、原料中乳脂肪含量、生产工艺、菌种的组成和口味可以将酸乳分成不同类别。

（1）按成品的组织状态可分为凝固型酸乳和搅拌型酸乳。

（2）按原料中脂肪含量

①全脂酸乳：生产原料乳中脂肪含量≥3.0%。

②部分脱脂酸乳：经脱脂生产原料乳中脂肪含量为 0.5%~3.0%。

③脱脂酸乳：经脱脂生产原料乳中脂肪含量<0.5%。

（3）按发酵的加工工艺

①浓缩酸乳：将正常酸乳中的部分乳清除去而得到的浓缩产品。因其除去乳清的方式与加工干酪类似，又称酸乳干酪。

②冷冻酸乳：在酸乳中加入果料、增稠剂或乳化剂，然后将其进行冷冻处理而得到的产品。

③充气酸乳：发酵后在酸乳中加入稳定剂和起泡剂（通常是碳酸盐），经过均质处理即得这类产品。这类产品通常是以充 CO_2 的酸乳饮料形式存在。

④酸乳粉：通常使用冷冻干燥法或喷雾干燥法将酸乳中约 95%的水分除去制成酸乳粉。制造酸乳粉时，在酸乳中加入淀粉或其他水解胶体后再进行干燥处理。

（4）按成品的口味　可分为天然纯酸乳、加糖酸乳、调味酸乳、果料酸乳、复合型或营养健康型酸乳、疗效酸乳等。

酸乳营养全面，风味独特，比牛乳更容易被人体吸收利用，功效如下：抑制肠道内腐败菌的生长繁殖，对便秘和细菌性腹泻具有预防治疗作用；乳酸中产生的有机酸可促进胃肠蠕动和胃液的分泌；饮用酸乳可克服乳糖不耐症；乳酸可降低胆固醇，预防心血管疾病；发酵过程中乳酸菌产生抗诱变化合物活性物质，具有抑制肿瘤发生的可能，提高人体的免疫力；对预防和治疗糖尿病、肝病也有一定效果。

（二）酸乳发酵剂

1. 酸乳发酵剂的概念

酸乳发酵剂是指生产酸乳制品及乳酸菌制剂时使用的特定微生物培养物。

2. 酸乳发酵剂的分类

（1）按制备过程分类　按发酵剂制备过程可分以下几类。

①商品发酵剂：指从微生物研究单位购入的纯菌种或纯培养物。

②母发酵剂：指生产厂用纯菌种制备的发酵剂。它是乳品厂各种发酵剂的起源。

③中间发酵剂：指母发酵剂不断扩大培养产生的大量发酵剂。

④生产发酵剂：指直接用于实际生产的发酵剂。

（2）按使用发酵剂的目的分类

①混合发酵剂：这一类型的发酵剂含有两种或两种以上的菌，如保加利亚乳杆菌和嗜热链球菌按 1∶1 或 1∶2 混合的酸乳发酵剂。

②单一发酵剂：这一类型发酵剂是将每一种菌株单独活化，生产时再将各菌株混合在一起。

③补充发酵剂：这一类型发酵剂是为了增加酸乳的黏稠度、风味和提高产品的功能效果。

④直投式发酵剂：指高度浓缩和标准化的冷冻或冷冻干燥发酵剂，可供生产企业直接加入到处理好的原料乳中进行发酵，无须进行活化、扩培等其他预处理工作的发酵剂。

3. 酸乳发酵剂的主要作用及菌种的选择

（1）酸乳发酵剂的主要作用　分解乳糖产生乳酸；产生挥发性的物质，如丁二酮、乙醛等，使酸乳具有典型的风味；产生胞外多糖类黏性物质，改善酸乳的组织状态和黏稠度；具有一定的降解脂肪、蛋白质的作用，从而使酸乳利于消化吸收；产生抗生素及酸化过程抑制了致病菌的生长。

（2）菌种的选择　选择发酵剂应从以下几方面考虑：产酸能力和后酸化作用；滋气味和芳香味的产生；黏性物质的产生；蛋白质的水解性。

菌种的选择对发酵剂的质量起着重要作用，应根据生产目的不同选择适当的菌种。选择时以产品的主要技术特性，如产香性、产酸力、产黏性及蛋白水解力作为发酵剂菌种的选择依据（表 2-6-10）。

表 2-6-10　　常用乳酸菌的形态、特性及培养条件

细菌名称	细菌形状	菌落形状	发育最适温度/℃	在最适温度中乳凝固时间/h	极限酸度/°T	凝块性质	滋味	组织形态	适用的乳制品
乳酸链球菌	双球菌	光滑微白菌落，有光泽	30~35	12	120	均匀稠密	微酸	针刺状	酸乳、酸稀奶油、牛乳酒、酸性奶油、干酪
乳油链球菌	链状	光滑微白菌落，有光泽	30	12~24	110~115	均匀稠密	微酸	酸稀奶油状	酸乳、酸稀奶油、牛乳酒、酸性奶油、干酪

续表

细菌名称		细菌形状	菌落形状	发育最适温度/℃	在最适温度中乳凝固时间/h	极限酸度/°T	凝块性质	滋味	组织形态	适用的乳制品
产生芳香物质的乳酸菌	柠檬明串珠菌	单球单状	光滑微白菌落，有光泽	30	不凝结					酸乳、酸稀奶油、牛乳酒、酸性奶油、干酪
	戊糖明串珠菌	双球状			24~36	70~80 100~105				
	丁二酮乳酸链球菌	长短不同的细长链状			18~48					
嗜热链球菌		链状	光滑微白菌落，有光泽	37~42	12~24	110~115	均匀	微酸	酸稀奶油状	酸乳、干酪
嗜热性乳酸杆菌	保加利亚乳杆菌 干酪乳杆菌 嗜酸乳杆菌	长杆状，有时呈颗粒状	无色的小菌落，如絮状	42~45	12	300~400	均匀稠密	酸	针刺状	酸牛乳、马乳酒、干酪、乳酸菌制剂

4. 酸乳发酵剂的制备

（1）菌种的复活及保存　菌种通常保存在试管或安瓿瓶中，需恢复其活力，即在无菌操作条件下接种到灭菌的脱脂乳试管中多次传代、培养。保存在0~4℃冰箱，每隔1~2周活化一次。但在长期活化过程中，可能会有杂菌污染，造成菌种退化或菌种老化、裂解。因此，菌种需不定期的纯化、复壮。

（2）母发酵剂的调制　母发酵剂、中间发酵剂的培养基一般用高质量无抗生素残留的脱脂乳粉（最好不用全脂乳粉，因存在游离脂肪酸抑制发酵剂菌种的增殖）。培养基干物质含量为10%~12%。推荐杀菌温度和时间为90℃保持30min或高压蒸汽灭菌（110~115℃，7min）。

取脱脂乳量1%~2%的充分活化的菌种，在无菌条件下接种于盛有100~300mL灭菌脱脂乳的三角瓶中，混匀，放入恒温箱中进行培养。凝固后再移入灭菌脱脂乳中，如此反复2~3次，使乳酸菌保持一定活力，再制备生产发酵剂。

在实际生产中，由于需要发酵的乳量较大，母发酵剂的量也要逐步扩大，即形成中间发酵剂。

（3）生产发酵剂的制备　将脱脂乳、新鲜全脂乳或复原脱脂乳（总固形物含量10%~12%）加热到90℃，保持30~60min，冷却到42℃（或菌种要求的温度，见表2-6-10）接种母发酵剂，发酵到酸度>0.8%冷却到4℃。此时生产发酵剂的活菌数应达到1×10^8~1×10^9CFU/mL。

制取生产发酵剂的培养基最好与成品的原料相同，以使菌种的生活环境不致急剧改变而影响菌种的活力。生产发酵剂的添加量为发酵乳的1%~2%，最高不超过5%。

5. 酸乳发酵剂的质量要求

酸乳发酵剂的质量，应符合下列各项指标要求。

（1）凝块应有适当的硬度，均匀而细滑，富有弹性，组织状态均匀一致，表面光滑，无龟裂，无皱纹，未产生气泡及乳清分离等现象。

（2）具有优良的风味，不得有腐败味、苦味、饲料味和酵母味等异味。

（3）若将凝块完全粉碎，质地均匀，细腻滑润，略带黏性，不含块状物。

（4）按规定方法接种后，在规定时间内产生凝固，无延长凝固的现象。测定活力（酸度）时符合规定指标要求。

为了不影响生产，发酵剂要提前制备，可在低温条件下短时间贮藏。

6. 酸乳发酵剂的活力测定

（1）酸度检查法　在灭菌冷却后的脱脂乳中加入3%的发酵剂，并在37.8℃的恒温箱培养3.5h，然后测定其酸度，若滴定乳酸度达0.7%以上，活力良好。

（2）刃天青还原试验法　在9mL脱脂乳中加入1mL发酵剂和0.005%刃天青溶液1mL，在36.7℃的恒温箱中培养35min以上，如完全褪色则表示活力良好。

（三）酸乳的加工

1. 酸乳生产工艺流程

凝固型酸乳和搅拌型酸乳的生产工艺流程如图2-6-10所示。

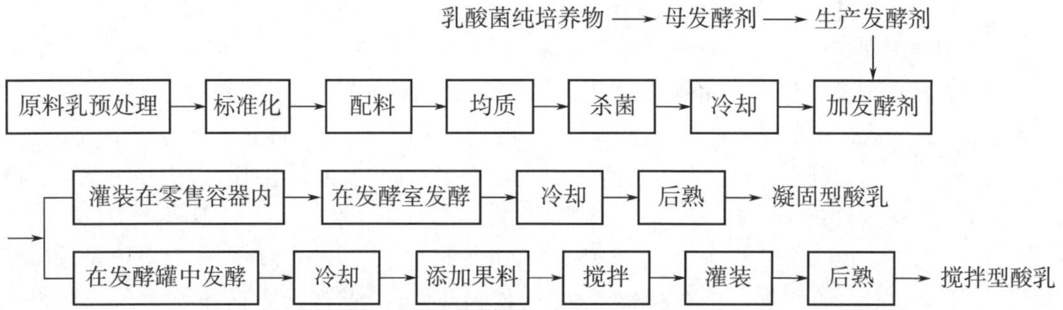

图2-6-10　凝固型酸乳和搅拌型酸乳的生产工艺流程

2. 酸乳的加工及质量控制

（1）原料乳的质量要求　健康的乳，即没有病原菌，不得使用病畜乳如乳房炎乳；没有异味的乳，即不存在嗜冷微生物生长产生的不良风味；具有高含量蛋白质的乳；不得使用残留抗生素、杀菌剂、防腐剂的牛乳。

生产酸乳的原料乳必须是高品质的，要求酸度<18°T，杂菌数≤50万CFU/mL，总干物质含量≥11.5%。

（2）辅料　脱脂乳粉（全脂乳粉），用作发酵乳的脱脂乳粉质量必须高，无抗生素、防腐剂。脱脂乳粉可提高干物质含量，改善产品组织状态，促进乳酸菌产酸，一般添加量为1.0%~1.5%。稳定剂，在搅拌型酸乳生产中，通常添加稳定剂，稳定剂一般有明胶、果胶、琼脂、变性淀粉、羧甲基纤维素及复合型稳定剂，其添加量在0.1%~0.5%，凝固型也有添加稳定剂的。糖及果料，一般用蔗糖或葡萄糖作为甜味剂，其添加量根据各地口味不同有所差异，一般以6.5%~8%为宜。果料及调香物质在搅拌型酸乳中使用较多，果料的种类很多，如果酱，其含糖量一般在50%左右。果肉主要是粒度（2~8mm）的选择上要注意。在凝固型酸乳中使用较少。

（3）配合料的预处理

①标准化：脂肪含量、总固形物含量标准化。

②脱气：改善稳定性和黏度；改善均质机运行的条件；降低板式热交换器结垢淤塞概率；脱除异味。

③均质：原料调配后进行均质处理。均质处理可使原料充分混匀，有利于提高酸乳的稳定性和稠度，使酸乳质地细腻，口感良好。均质采用的压力以20~25MPa为宜，且在65~70℃可获得具有最佳物理特性的产品。

④杀菌：目的是杀灭原料乳中的杂菌，确保乳酸菌的正常生长和繁殖；钝化原料乳中对发酵菌有抑制作用的天然抑制物；热处理使牛乳中的乳清蛋白变性，以达到改善组织状态，提高黏稠度和防止成品乳清析出的目的。原料乳90~95℃（可杀死噬菌体）保持5min的热处理效果最好。

3. 凝固型酸乳的加工及质量控制

（1）工艺要求

①灌装：可根据市场需要选择玻璃瓶或瓷杯。在装瓶前需对玻璃瓶进行蒸汽灭菌。一般用自动灌装机进行灌装。

②发酵：用保加利亚乳杆菌与嗜热链球菌的混合发酵剂时，最佳温度43℃，最佳菌种比1∶1，接种量2.5%~3%，发酵时间2.5~4.0h，达到凝固状态时即可终止发酵。获得酸乳最佳芳香和最佳风味的pH范围是4.0~4.4。

③冷却：发酵好的凝固酸乳，应立即移入0~4℃的冷库中，抑制乳酸菌的生长，防止继续发酵而造成酸度升高。在冷藏期间，酸度仍会有所上升，同时风味成分会增加。试验表明冷却24h，风味成分含量达到最高，超过24h又会减少。因此，发酵凝固后须在0~4℃贮藏24h再出售，通常把该贮藏过程称为后成熟，一般最大冷藏期为7~14d。

（2）质量控制

①凝固性差：酸乳有时会出现凝固性差或不凝固现象，黏性很差，出现乳清分离。

原料乳质量：当乳中含有抗生素、防腐剂时，会抑制乳酸菌的生长，导致发酵不力、凝固性差。试验证明，原料乳中含微量青霉素时，对乳酸菌有明显抑制作用。使用乳房炎乳时由于其白细胞含量较高，对乳酸菌也有不同的噬菌作用。此外，原料乳掺假，特别是掺碱，使发酵所产的酸消耗中和而不能积累达到凝乳要求的pH，使乳不凝或凝固不好。牛乳中掺水，会使乳的总干物质降低，也会影响酸乳的凝固性。因此，必须把好原料验收关，杜绝使用含有抗生素、农药以及防腐剂、掺碱或掺水的牛乳生产酸乳。

发酵温度和时间：发酵温度依所采用乳酸菌种类的不同而异。若发酵温度低于最适温度，则乳酸菌活力下降，凝乳能力降低，使酸乳凝固性降低。发酵时间短，也会造成酸乳凝固性能降低。此外，发酵室温度不均匀也是造成酸乳凝固性降低的原因之一。因此，在实际生产中，应尽可能保持发酵室的温度恒定，并控制发酵温度和时间。

噬菌体污染：噬菌体污染是造成发酵缓慢、凝固不完全的原因之一。由于噬菌体对菌的选择作用，可采用经常更换发酵剂的方法加以控制，此外，两种以上菌种混合使用也可减少噬菌体危害。

发酵剂活力：发酵剂活力弱或接种量太少会造成酸乳的凝固性下降。对一些灌装容器上残留的洗涤剂（如氢氧化钠）和消毒剂（如氯化物）须清洗干净，以免影响菌种活力，确保酸乳的正常发酵和凝固。

加糖量：若添加量过大，会产生高渗透压，抑制乳酸菌的生长繁殖，造成乳酸菌脱水死亡，相应活力下降，使牛乳不能很好凝固。所以，生产酸乳时，加入适量的蔗糖可使产品产生良好的风味，凝块细腻光滑，提高黏度，有利于乳酸菌产酸量的提高。

②乳清析出：乳清析出是生产酸乳时常见的质量问题，其主要原因有以下几种。

原料乳热处理不当：热处理温度偏低或时间不够，不能使大量乳清蛋白变性。变性乳清蛋白可与酪蛋白形成复合物，能容纳更多的水分，且具有最小的脱水收缩作用。据研究，要保证酸乳吸收大量水分和不发生脱水收缩作用，至少要使75%的乳清蛋白变性，要求85℃、20~30min或90℃、5~10min的热处理；超高温瞬时加热（135~150℃，2~4s）处理虽能达到灭菌效果，但不能达到75%的乳清蛋白变性，所以酸乳生产不宜用超高温瞬时加热处理。

发酵时间：若发酵时间过长，发酵完成后乳酸菌继续生长繁殖，产酸量不断增加。酸性的过度增强破坏已形成的胶体结构，使其容纳的水分游离出来形成乳清上浮。发酵时间过短，乳蛋白质的胶体结构还未充分形成，不能包裹乳中原有的水分，也会形成乳清析出。因此，应在发酵时抽样检查，发现牛乳已完全凝固，就应立即停止发酵。

其他因素：原料乳中总干物质含量低、酸乳凝胶机械振动、乳中钙盐不足、发酵剂添加量过大等也会造成乳清析出，在生产时应加以注意。乳中添加适量的 $CaCl_2$，既可减少乳清析出，又可赋予酸乳一定的硬度。

③风味不良：正常酸乳应有发酵乳纯正的风味，但在生产过程中常出现以下不良风味。

无芳香味：主要由于菌种选择及操作工艺不当引起。正常的酸乳生产应保证两种以上的菌混合使用并选择适宜的比例。任何一方占优势均会导致产香不足，风味变劣。高温短时发酵和固体含量不足也是造成芳香味不足的因素。芳香味主要来自发酵剂分解柠檬酸产生的丁二酮等物质，所以原料乳中应保证足够的柠檬酸含量。

酸乳的不洁味：主要由发酵剂或发酵过程中污染杂菌引起。被丁酸菌污染可使产品带刺鼻怪味，被酵母菌污染不仅产生不良风味．还会影响酸乳的组织状态，使酸乳产生气泡。因此，要严格保证卫生条件。

酸乳的酸甜度：酸乳过酸、过甜均会影响风味。发酵过度、冷藏时温度偏高和加糖量较少等会使酸乳偏酸。而发酵不足或加糖过多又会导致酸乳偏甜。因此，应尽量避免过度发酵，并应在0~4℃冷藏，严格控制加糖量。

原料乳的异味：牛体臭味、氧化臭味及过度热处理或添加风味不良的炼乳或乳粉等原料也是造成风味不良的原因之一。

④表面霉菌生长：酸乳贮藏时间过长或温度过高，常在表面出现霉斑。黑斑点易被察觉，而白色霉斑不易被发现。这种酸乳被人误食后，轻者有腹胀感觉，重者引起腹痛下泻。因此要严格保证卫生条件，并根据市场情况控制好贮藏时间和贮藏温度。

⑤口感差：优质酸乳柔嫩、细滑，清香可口。采用高酸度的乳或劣质的乳粉生产的酸乳口感粗糙，有沙状感。因此，生产酸乳时，应采用新鲜牛乳或优质乳粉，并采取均质处理，使乳中蛋白质颗粒细微化，达到改善口感的目的。

4. 搅拌型酸乳的加工及质量控制

（1）工艺要求　搅拌型酸乳的加工工艺及技术要求基本与凝固型酸乳相同，其不同点是搅拌型酸乳多一道搅拌混合工艺，这也是搅拌型酸乳的特点，根据加工过程中是否添加果蔬料或果酱，搅拌型酸乳可分为天然搅拌型酸乳和加料搅拌型酸乳。本书仅对与凝固型酸乳的不同点加以说明。

①发酵：搅拌型酸乳的发酵在发酵罐中进行，应控制好发酵罐的温度，避免忽高忽低。发酵罐上部和下部温度差≤1.5℃。

②冷却：搅拌型酸乳冷却的目的是快速抑制细菌的生长和酶的活性，防止发酵过程产酸过度及搅拌时脱水。冷却在酸乳完全凝固（pH 4.6~4.7）后开始，冷却过程应稳定进行，冷却过快将造成凝块收缩迅速，导致乳清分离；冷却过慢则会造成产品过酸和添加果料的脱色。搅拌型酸乳的冷却可采用片式冷却器、管式冷却器、表面刮板式热交换器、冷却罐等。

③搅拌：通过机械力破碎凝胶体，使凝胶体的粒子直径达到0.01~0.4mm，并使酸乳的硬度和黏度及组织状态发生变化。搅拌使用宽叶片搅拌器，搅拌过程中应注意既不可过于激烈，又不可过长时间，通常搅拌开始用低速，以后用较快的速度。搅拌时的质量控制应注意以下几个方面：

a. 温度，搅拌的最适温度0~7℃，但在实际生产中将40℃的发酵乳降到0~7℃不太容易，所以搅拌时的温度以20~25℃为宜。

b. pH，酸乳的搅拌应在凝胶体的pH<4.7时进行，若pH>4.7时搅拌，则因酸乳凝固不完全、黏性不足而影响其质量。

c. 干物质，较高的乳干物质含量对防止搅拌型酸乳乳清分离能起到较好的作用。

d. 管道流速和直径，凝胶体在通过泵和管道移送，流经片式冷却板片和灌装过程中，会受到不同程度的破坏，最终影响到产品的黏度。凝胶体经管道输送过程中应以<0.5m/s的层流形式移送，管道直径不应随着包装线的延长而改变，尤其应避免管道直径突然变小。

④混合、灌装：果蔬、果酱和各种类型的调香物质可在酸乳自缓冲罐到包装机的输送过程中加入，这种方法可通过一台变速的计量泵连续加入酸乳中。在果料处理中，杀菌是十分重要的，对带固体颗粒的水果或浆果进行巴氏杀菌，其杀菌温度应控制在能抑制一切有生长能力的细菌，而又不影响果料的风味和质地的范围内。

⑤冷却、后熟：将灌装好的酸乳于0~7℃冷库中冷藏24h进行后熟，进一步促使芳香物质的产生和黏稠度的改善。

（2）质量控制

①砂状组织：酸乳在组织外观上有许多砂状颗粒存在，不细腻。砂状结构的产生有多种原因，在制作搅拌型酸乳时，应选择适宜的发酵温度，避免原料乳受热过度，减少乳粉用量，避免干物质过多和较高温度下的搅拌。

②乳清分离：酸乳搅拌速度过快，过度搅拌或泵送造成空气混入产品，将造成乳清分离。此外，酸乳发酵过度、冷却温度不适及干物质含量不足也可造成乳清分离现象。因此，应选择合适的搅拌器搅拌并注意降低搅拌温度。同时可选用适当的稳定剂，以提高酸乳的黏度，防止乳清分离，其用量为0.1%~0.5%。

③风味不正：除了与凝固型酸乳风味不正的相同因素外，在搅拌过程中因操作不当而混入大量空气，造成酵母和霉菌的污染也是风味不正的产生原因。酸乳较低的pH虽然抑制几乎所

有细菌生长，但却适于酵母和霉菌的生长，造成酸乳的变质，并产生不良风味。

④色泽异常：在生产中因加入的果蔬处理不当而引起变色、褪色等现象时有发生。应根据果蔬的性质及加工特性与酸乳进行合理的搭配和制作，必要时还可添加抗氧化剂。

四、乳粉

（一）乳粉的概念及分类

1. 乳粉的概念

乳粉是以生牛（羊）乳为原料，经加工制成的粉状产品。乳粉中水分含量很低，质量减轻，为贮藏和运输带来方便。

2. 乳粉的分类

根据乳粉加工所用原料和加工工艺可以将乳粉分为全脂乳粉、脱脂乳粉、速溶乳粉、配制乳粉、加糖乳粉、冰淇淋粉、奶油粉、麦精乳粉、乳清粉、酪乳粉。

乳粉生产已进入新的时代，特殊乳粉已成为新的主流。目前已有益生菌乳粉、低钠乳粉、乳糖分解乳粉、高蛋白低脂肪乳粉和蛋白分解乳粉等。尤其是特殊调制的婴儿乳粉在某些国家已成为主要乳制品种。乳粉的化学组成依原料乳的种类和添加物不同而有所差别，表 2-6-11 所示为几种主要乳粉的化学组成。

表 2-6-11 主要种类乳粉的化学组成

种类	化学组成/%					
	水分	脂肪	蛋白质	乳糖	灰分	乳酸
全脂乳粉	2.00	27.00	26.50	38.00	6.05	0.16
脱脂乳粉	3.23	0.88	36.89	47.84	7.80	1.55
麦精乳粉	3.29	7.55	13.19	72.40	3.66	—
婴儿乳粉	2.60	20.00	19.00	54.00	4.40	0.17
母乳化乳粉	2.50	26.00	13.00	56.00	3.20	0.17
乳油粉	0.66	65.15	13.42	17.86	2.91	—
甜性酪乳粉	3.90	4.68	35.88	47.84	7.80	1.55

（二）全脂乳粉的生产

乳粉的生产分为冷冻干燥法和加热干燥法两大类。目前国内乳粉的生产普遍采用加热干燥法，其中被广泛使用的是喷雾干燥法，这是公认的最佳乳粉干燥方法。

1. 工艺流程

原料验收→乳的预处理与标准化→真空浓缩→喷雾干燥→冷却筛粉→包装→成品

2. 工艺要点

（1）原料验收　只有优质的原料乳才能生产出优质的乳粉，原料乳必须符合国家标准规定的各项要求，严格地进行感官检验、理化检验和微生物检验。

（2）乳的预处理与标准化　包括乳的杀菌、均质、标准化等操作。生产全脂乳粉、全脂甜乳粉以及脱脂乳粉一般不必经过均质操作，但若乳粉的配料中加入了植物油或其他不易混匀的物料时，就需要进行均质操作。均质压力一般控制在14~21MPa，温度控制在60℃为宜。均质后脂肪球变小，可以有效地防止脂肪上浮，并易于消化吸收。不同的产品可根据本身的特性，选择合适的杀菌方法。生产全脂乳粉时，杀菌温度和保持时间对乳粉的品质，特别是溶解度和贮藏性有很大影响。目前最常见的是采用超高温短时灭菌法，因为该方法可使牛乳的营养成分损失较小，乳粉的理化特性较好。

（3）真空浓缩　牛乳经杀菌后立即泵入真空蒸发器进行8~21kPa减压浓缩，除去乳中大部分水分（65%），然后进入干燥塔中进行喷雾干燥，以利于产品质量和降低成本。真空浓缩牛乳在真空浓缩设备中，减压条件下，采用蒸汽直接或间接法对牛乳进行加热，使其在低温条件下沸腾，乳中一部分水分经过汽化不断地排出。真空蒸发除水要比干燥除水节约能源和节省冷却用水，且不破坏乳成分。

真空浓缩的设备按加热部分的结构分为盘管式、直管式和板式；按其二次蒸汽利用与否，可分为单效和多效浓缩设备。

（4）干燥　干燥设备主要是喷雾干燥塔，浓缩乳中仍然含有较多的水分，必须经喷雾干燥才能得到乳粉。

（5）冷却筛粉　在传统干燥中，乳粉从塔底出来温度>65℃，需要冷却以防脂肪分离。冷却是在粉箱中室温下过夜，然后过筛（20~30目）后即可包装。如设有二次干燥设备，乳粉经二次干燥后进入冷却床冷却到<40℃，再经过粉筛送入乳粉仓，待包装。

（6）计量包装　工业用粉采用25kg的大袋包装，家庭采用<1kg小包装。小包装一般为马口铁罐或塑料袋包装，保质期为3~18个月，若充氮可延长保质期。

（三）婴儿配方调制乳粉的生产

调制乳粉（modified milk powder）又称为配方乳粉，是在牛乳中添加某些必要的营养物质后再经杀菌、浓缩、干燥而制成。配方乳粉最初主要是针对婴儿营养需要而研制的，供给母乳不足的婴儿食用。目前，配方乳粉已呈现出系列化的发展势头，如中小学生乳粉、中老年乳粉、孕妇乳粉、降糖乳粉、营养强化乳粉等特殊配制乳粉的生产，对不同的人群具有一定的生理调节功能。以婴儿配方乳粉为例加以说明。

1. 婴儿配方乳粉的调制

牛乳被认为是人乳最好的替代品，但人乳和牛乳在营养品质上有一定差别。故需要将牛乳中的各种成分进行调整，使之近似于人乳，并加工成方便食用的粉状乳产品，称之为婴儿乳粉。婴儿乳粉的调制基于婴儿生长期对各种营养素的需要量，因此必须在了解牛乳和人乳的区别（表2-6-12）的基础上，合理的调制各种营养物质，使婴儿乳粉适合婴儿的营养需要。

表2-6-12　人乳与牛乳中营养物质含量

乳的成分	蛋白质/（g/100mL）		脂肪/（g/100mL）	乳糖/（g/100mL）	灰分/（g/100mL）	水/（g/100mL）
	乳清蛋白	酪蛋白				
人乳	0.68	0.42	3.5	7.2	0.2	88.0
牛乳	0.69	2.21	3.3	4.5	0.7	88.6

（1）蛋白质　牛乳中酪蛋白的含量大大超过人乳。所以，必须调低并使酪蛋白比例与人乳基本一致。一般用脱盐乳清粉、大豆分离蛋白调整。

（2）脂肪　牛乳与人乳的脂肪含量较接近，但构成不同。牛乳不饱和脂肪酸的含量低而饱和脂肪酸高，且缺乏亚油酸。调整时可采用植物油脂（橄榄油、玉米油、大豆油、红花油等）替换牛乳脂肪的方法，以增加亚油酸的含量。亚油酸的量不宜过多，规定的上限用量为：n-6 亚油酸不应超过总脂肪量的 2%，n-3 长链脂肪酸不得超过总脂肪的 1%。

（3）碳水化合物　牛乳中乳糖含量比人乳少得多，牛乳中主要是 α-乳糖，人乳中主要是 β-乳糖。通过添加可溶性多糖类（如麦芽糖、糊精或平衡乳糖等），来调整乳糖和蛋白质之间的比例，平衡 α 型和 β 型的比例，使其接近于人乳（$\alpha:\beta=4:6$）。乳糖能促进钙、锌和其他营养物质的吸收；麦芽糊精可用于保持有利的渗透压，并可改善配方食品的性能。一般婴儿乳粉含有 7%碳水化合物，其中 6%是乳糖，1%是麦芽糊精。

（4）无机盐　牛乳中的无机盐量比人乳高 3 倍多。摄入过多的无机盐会加重婴儿肾脏的负担。调制乳粉中采用脱盐方式除掉一部分无机盐。人乳中含铁量比牛乳高，所以要根据婴儿需要补充一部分铁。

添加微量元素时应慎重，因为微量元素之间的相互作用，微量元素与牛乳中的酪蛋白、豆类中植酸之间的相互作用对食品的营养影响很大。

（5）维生素　婴儿用调制乳粉应充分强化维生素，特别是维生素 A、维生素 C、维生素 D、维生素 K、烟酸、维生素 B_1、维生素 B_2、叶酸等。其中，水溶性维生素没有规定其上限，而脂溶性维生素 A、维生素 D 长时间过量摄入时会引起中毒，因此须按规定加入。

2. 婴儿配方乳粉的生产工艺

（1）配方及营养成分　我国的婴儿乳粉品种很多，但经过国家鉴定并在全国推广的婴儿乳粉主要是配方Ⅰ、配方Ⅱ和配方Ⅲ。

①婴儿配方乳粉Ⅰ：初级的婴儿配方乳粉，产品以乳为基础，添加了大豆蛋白，强化部分维生素和微量元素，营养成分的调整存在着不完善之处。但该产品价格低廉，易于加工。配方Ⅰ的配方组成见表 2-6-13。

表 2-6-13　婴儿配方乳粉Ⅰ配方组成

原料	牛乳固形物/(g/100g)	大豆固形物/(g/100g)	蔗糖/(g/100g)	麦芽糖或饴糖/(g/100g)	维生素 D_2/(IU/100g)	铁/(mg/100g)
用量	60	10	20	10	1000~1500	6~8

②婴儿配方乳粉Ⅱ：过去称“母乳化乳粉”，是 1982 年由黑龙江省乳品工业研究所和内蒙古轻工业科学研究所共同研制的。产品用脱盐乳清粉调整酪蛋白与乳清蛋白的比例（酪蛋白：乳清蛋白为 40：60），同时增加乳糖的含量（乳糖占总糖量的 90%以上，其复原乳中乳糖含量与母乳接近），添加植物油以增加不饱和脂肪酸的含量，再加入维生素和微量元素，使产品中各种成分与人乳相近。配方Ⅱ的配方组成见表 2-6-14。

表 2-6-14　　婴儿配方乳粉Ⅱ配方组成

物料名称	投料量	物料名称	投料量	物料名称	投料量	物料名称	投料量
牛乳/kg	2500	乳清粉/kg	475	棕榈油/kg	63	三脱油/kg	63
乳油/kg	67	蔗糖/kg	65	维生素 A/g	6	维生素 D/g	0.12
维生素 C/g	60	维生素 E/g	0.25	维生素 B_1/g	3.5	维生素 B_6/g	35
亚硫酸铁/g	350	叶酸/g	0.25	维生素 B_2/g	4.5	烟酸/g	40

注：牛乳中干物质 11.1%，脂肪 3.0%；乳清粉中水分 2.5%，脂肪 1.2%；乳油中脂肪 82%；维生素 A 6g 相当于 240000IU；维生素 D 0.12g 相当于 48000IU；亚硫酸铁：$FeSO_4 \cdot 7H_2O$。

③婴儿配方乳粉Ⅲ：由于婴儿配方乳粉Ⅱ近一半原料来自乳清粉，依赖于进口，耗费了大量的外汇，因而研制了不使用脱盐乳清粉的婴儿配方乳粉Ⅲ。婴儿配方乳粉Ⅲ是以精制饴糖为主要配料的婴儿配方乳粉。

（2）生产工艺流程　婴儿配方乳粉生产工艺流程如图 2-6-11 所示。

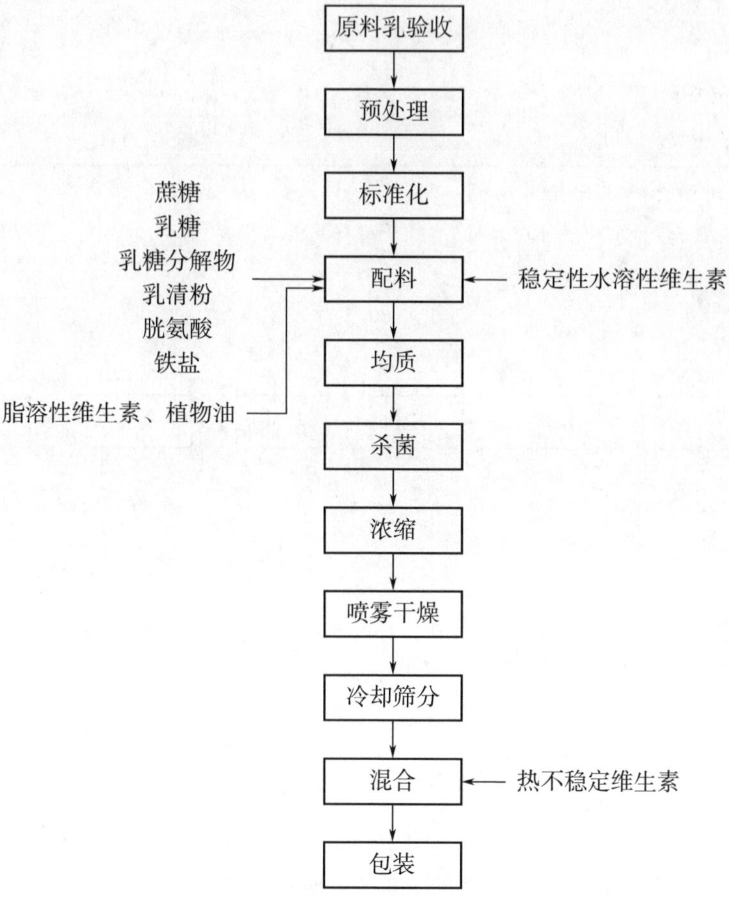

图 2-6-11　婴儿配方乳粉生产工艺流程

婴儿配方乳粉生产工艺要点与全脂乳粉的生产相似，不再赘述。

五、炼乳

炼乳是一种传统的浓缩乳制品。我国主要生产淡炼乳和甜炼乳两种产品。淡炼乳是将牛乳浓缩到1/2.5~1/2后装罐密封，然后进行灭菌的一种乳制品。淡炼乳大量用作制造冰淇淋和糕点的原料，也可在喝咖啡或红茶时添加。甜炼乳是在牛乳中加入约16%的蔗糖，并浓缩到原来体积40%左右的一种乳制品。成品中蔗糖含量为40%~45%。甜炼乳主要用作饮料及食品加工的原料。

淡炼乳和甜炼乳的主要理化指标见表2-6-15。

表2-6-15　淡炼乳和甜炼乳的理化指标

项目	指标	
	淡炼乳	甜炼乳
蛋白质/（g/100g）	≥非脂乳固体①的34%	
脂肪含量X/（g/100g）	7.5≤X<15.0	
乳固体②/（g/100g）	≥25.0	≥28.0
蔗糖/%	—	≤45.0
水分/%	—	≤27.0
酸度/°T	≤48.0	

注：①非脂乳固体（%）=100%-脂肪（%）-水分（%）-蔗糖（%）。
②乳固体（%）=100%-水分（%）-蔗糖（%）。

（一）淡炼乳

1. 工艺流程

牛乳→标准化→预热→浓缩→均质→再标准化→装罐→灭菌→贮存

2. 工艺要点

（1）原料乳　除用75%的酒精检验外，还需进行磷酸酶试验测定蛋白质的热稳定状态。

（2）标准化　使原料乳中的脂肪与非脂乳固体的比例与淡炼乳成品中的比例一致（8∶18）。

（3）预热　主要是使酪蛋白的稳定性增强。

（4）浓缩　常采用多效降膜蒸发器。

（5）再标准化　指浓度标准化，一般淡炼乳生产中浓度难以准确掌握，往往都是浓缩到比标准略高的浓度，然后加蒸馏水进行调整。又称加水工序。

（6）小样试验　灭菌前先按不同剂量添加稳定剂，试封几罐进行灭菌，然后开罐检查以决定添加稳定剂（柠檬酸钠或磷酸氢二钠）的数量、灭菌的温度和时间。

（二）甜炼乳

1. 工艺流程

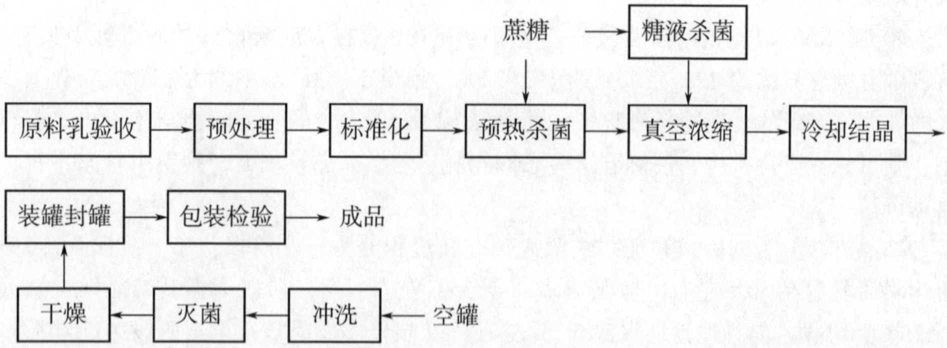

2. 工艺要点

甜炼乳的生产从原料乳的预处理至预热杀菌与淡炼乳类似，不再赘述。下面就与淡炼乳生产不同部分（加糖和冷却结晶）进行简要介绍。

（1）加糖　主要目的是抑制细菌的繁殖，增强制品的保存性。

加糖量的计算是以蔗糖比为依据的。蔗糖比又称蔗糖浓缩度，是甜炼乳中蔗糖含量与其水溶液的比，通常规定蔗糖比为 62.5%~64.5%。

$$R_S = \frac{W_{SU}}{W_{SU}+W} \times 100\% \qquad (2-6-1)$$

$$R_S = \frac{W_{SU}}{100-W_{ST}} \times 100\% \qquad (2-6-2)$$

式中　R_S——蔗糖比，%；

W_{SU}——炼乳中蔗糖含量，%；

W——炼乳中水分含量，%；

W_{ST}——炼乳中总乳固体含量，%。

蔗糖比高于 64.5%会有蔗糖析出，致使产品组织状态变差；低于 62.5%抑菌效果差。

例 1　炼乳中总乳固体的含量为 28%，蔗糖含量为 45%，其蔗糖比为多少？

解：根据式（2-6-2）

$$Rs = \frac{45\%}{100\%-28\%} \times 100\% = 62.5\%$$

根据所要求的蔗糖比，也可以计算出炼乳中的蔗糖含量。

例 2　炼乳中总乳固体含量为 28%，脂肪为 8%，标准化后原料乳的脂肪含量为 3.16%，非脂乳固体含量为 7.88%。欲制得蔗糖含量 45%的炼乳，试求 100kg 原料乳中应添加蔗糖多少？

解：浓缩比：

$$Rc = \frac{28-8}{7.88} = 2.53$$

应添加蔗糖量：

$$100 \times \frac{W_{SU}}{Rc} = 100 \times \frac{45}{2.53} = 17.78\ (\mathrm{kg})$$

加糖方法：第一种，将糖直接加于原料乳中，然后预热；第二种，将浓度为65%～75%的浓糖浆经95℃杀菌5min，冷却至57℃与杀菌后的乳混合浓缩；第三种，在浓缩将近结束时，将杀菌并冷却的浓糖浆吸入浓缩罐内。生产以第三种为最好。

（2）冷却结晶　乳糖的溶解度较低，室温约为18%，在含蔗糖62%的甜炼乳中只有15%。而甜炼乳中乳糖含量约为12%，水分约为26.5%，相当于100g水中约含有45.3g乳糖，其中有2/3的乳糖是多余的。在冷却过程中，随着温度降低，多余的乳糖就会结晶析出。若结晶晶粒微细，则可悬浮于炼乳中，使炼乳组织柔润细腻。若结晶晶粒较大，则组织状态不良，甚至形成乳糖沉淀。

冷却结晶方法分为间歇式和连续式两大类。其过程分为三个阶段：第一阶段为冷却初期，即浓乳出料后乳温在50℃左右，应迅速冷却至35℃左右；第二阶段为强制结晶期，继续冷却至接近26℃，可投入晶种搅拌。保温0.5h左右，以充分形成晶核；第三阶段为冷却后期，把炼乳冷却至15℃搅拌1h，即完成冷却结晶操作。

连续式冷却结晶采用连续瞬间冷却结晶机。炼乳在内层套筒中搅拌，转速为300～700r/min，炼乳在强烈的搅拌作用下，在几十秒到几分钟内，即被冷却至<20℃。不添加晶种即可获得细微的结晶。

六、奶油

（一）奶油的概念及种类

乳经分离所得的稀奶油，经杀菌、成熟、搅拌、压炼制成的乳制品称为奶油。根据制造方法、所用原料、生产地区的不同，而分成不同种类。根据加盐与否又可分为无盐、加盐和特殊加盐的奶油；根据脂肪含量分为一般奶油和脱水奶油。按原料一般分为两类：新鲜奶油（用新鲜稀奶油制成）和发酵奶油（用发酵稀奶油制成）。我国生产的奶油种类见表2-6-16。

表2-6-16　奶油的主要种类

种类	特征
甜性奶油	以杀菌的甜性稀奶油制成，分为加盐和不加盐两种，具有特有的乳香味，含乳脂肪80%～85%
酸性奶油	以杀菌的稀奶油，用纯乳酸菌发酵剂发酵后加工制成，分为加盐和不加盐两种，具有微酸和较浓的乳香味，含乳脂肪80%～85%
重型奶油	以稀奶油可甜性、酸性奶油，经过熔融，除去蛋白质和水分而制成，具有特殊的乳香味，含乳脂肪98%以上
脱水奶油	杀菌的稀奶油制成奶油粒后经熔化，用分离机脱水和脱除蛋白，再经过真空浓缩而制成，含乳脂肪高达99%
连续式机制奶油	杀菌的甜性或酸性稀奶油，在连续式操作制造机内加工制成，其水分及蛋白质含量有的比甜性奶油高，乳香味较好

奶油的组成见表 2-6-17。

表 2-6-17　　　　　　　　奶油的组成

成　分		无盐奶油	加盐奶油	重制奶油
水分/%	≤	16	16	1
脂肪/%	≥	82. 5	80	98
盐/%		2. 5	—	—
酸度/°T	<	20	20	—

（二）工艺流程

原料乳验收 → 预处理 → 分离 → 稀奶油标准化 → 发酵 → 成熟 → 加色素 → 搅拌 → 排酪乳 → 奶油粒 → 洗涤 → 加盐 → 压炼 → 包装

（三）工艺要点

1. 原料乳的验收及质量要求

制造奶油所用原料乳必须源自健康牛，而且在滋味气味、组织状态、脂肪含量及密度等各方面都正常。含抗生素或消毒剂的稀奶油不能用于生产酸性奶油。

2. 稀奶油的分离及标准化

利用牛乳分离机将原料乳离心分离成稀奶油和脱脂乳。分离时乳温过低，乳的密度和黏度增加，使乳脂肪的上浮受到一定的阻力而分离不完全。随着乳温的上升，乳的黏度和密度减小，受热后乳脂肪的密度较脱脂乳降低更多，使乳脂肪更易分离。在实际生产中，分离温度为 50~60℃，温度>60℃会导致脂肪球破裂，严重影响乳脂的分离率，也会导致蛋白质变性沉淀在分离机的碟片上，降低分离效率。

为了在加工时减少乳脂的损失和保证产品的质量，在加工前必须将稀奶油进行标准化。用间歇方法生产新鲜奶油及酸性奶油时，稀奶油的含脂率以 30%~35%为宜；以连续法生产时，规定稀奶油的含脂率为 40%~45%。夏季由于容易酸败，所以用比较浓的稀奶油进行加工。

例 3　今有 120kg 含脂率为 38%的稀奶油用以制造奶油。根据上面标准，需将稀奶油的含脂率调整为 34%，如用含脂率 0. 05%的脱脂乳来调整，则应添加多少脱脂乳？

解：按皮尔逊法

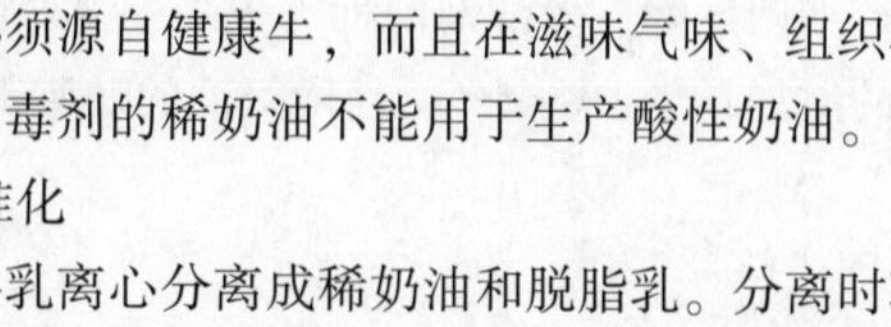

从上可以看出，33. 95kg 稀奶油需加脱脂乳（含脂 0. 05%）4kg，则 120kg 稀奶油需加的脱脂乳为：

$$\frac{120\times4}{33.95}=14.14\text{kg}$$

3. 稀奶油的中和

酸度高的稀奶油在杀菌时，其中的酪蛋白会凝固而结成凝块，使一些脂肪被包在凝块内，搅拌时流失在酪乳里，造成脂肪损失；中和后可防止脂肪贮藏时的水解和氧化；同时改善奶油的香味。酸度<0.5%的稀奶油可中和至0.15%；酸度>0.5%的稀奶油可中和至0.15%~0.25%，以防止产生特殊气味和稀奶油变稠。

中和一般使用石灰或碳酸钠。石灰价格低廉，并可提高奶油营养价值。但石灰难溶于水，必须调成20%的乳剂徐徐加入，均匀搅拌，不然很难达到中和目的。碳酸钠易溶于水，中和速度快，不易使酪蛋白凝固，可直接加入，但中和时很快产生二氧化碳，如果容器过小，稀奶油易溢出。

4. 真空脱气

首先将稀奶油加热到78℃，然后输送至真空机，真空室内稀奶油的沸腾温度为62℃左右。通过真空处理可将挥发性异味物质除掉，也会使其他挥发性成分逸出。

5. 稀奶油的杀菌

通过杀菌可以消灭使奶油变质及危害人体健康的微生物；破坏各种酶以增加奶油保存性；可以除去稀奶油中特异的挥发性物质，改善奶油的香味。杀菌一般采用85~90℃的高温巴氏杀菌，但热处理不应过分强烈，以免产生蒸煮味。杀菌后冷却至发酵温度或成熟温度。

6. 细菌发酵

在生产酸性奶油时要进行细菌发酵。发酵剂菌种为丁二酮链球菌、乳脂链球菌、乳酸链球菌和柠檬明串珠菌。发酵剂的添加量为1%~5%，当稀奶油的非脂部分的酸度达到90°T时发酵结束。

7. 稀奶油的热处理及物理成熟

（1）稀奶油的物理成熟　稀奶油经加热杀菌熔化后，要冷却至奶油脂肪的凝固点，使部分脂肪变为固体结晶状态，这一过程称之为稀奶油物理成熟。成熟通常需要12~15h。

脂肪变硬的程度取决于物理成熟的温度和时间，随着成熟温度的降低和保持时间的延长，大量脂肪变成结晶状态（固化）。成熟温度应与脂肪最大可能变成固体状态的程度相适应。3℃时脂肪最大可能的硬化程度为60%~70%；而6℃时为45%~55%。在某种温度下脂肪组织的硬化程度达到最大可能时的状态称为平衡状态。在低温下成熟时发生的平衡状态要早于高温下。例如，在3℃时经过3~4h即可达到平衡状态；6℃时要经过6~8h；而在8℃时要经过8~12h。在13~16℃时，即使保持很长时间，也不会使脂肪发生明显变硬现象，这个温度称为临界温度。

（2）稀奶油物理成熟的热处理程序　乳脂中不同熔点脂肪酸的相对含量决定奶油硬度。软脂肪（碘值高）将生产出软而滑腻的奶油，而用硬乳脂（碘值低）生产的奶油，则硬而浓稠。但是如果采用适当热处理程序，使之与脂肪的碘值相适应，那么奶油的硬度可达到理想状态。这是因为热处理调整了脂肪结晶的大小、固体和连续相脂肪的相对数量。

①乳脂结晶化：巴氏杀菌引起脂肪球中的脂肪液化，但当稀奶油在随后被冷却时，该脂肪的一部分将产生结晶。冷却迅速则形成的晶体多而小；缓慢冷却则晶体数量少，颗粒大。冷却过程越剧烈，结晶成固体相的脂肪就越多，在搅拌和压炼过程中，能从脂肪球中挤出的液体脂肪就越少。

脂肪结晶体通过吸附作用，将液体脂肪结合在它们的表面。如果结晶体多而小，总表面积就大，吸附的液体脂肪就多。这样从脂肪球中压出的液体脂肪量少，奶油就结实。如果结晶大而少，情况则正好相反，大量的液体脂肪将被压出，奶油就软。所以，通过调整该稀奶油的冷却程序，使脂肪球中晶体的大小规格化，以生产硬度适宜的奶油。

②热处理程序：要使奶油硬度均匀一致，必须调整物理成熟的条件，使之与乳脂的碘值相适应，见表 2-6-18。

对于硬脂肪多的稀奶油，为得到理想的硬度采用的热处理程序：迅速冷却到约 8℃，并在此温度保持约 2h；用 27～29℃的水徐徐加热到 20～21℃，并在此温度至少保持 2h；冷却到约 16℃。

表 2-6-18　不同碘值的稀奶油物理成熟程序

碘值/（g/100g）	温度程序①/℃	发酵剂添加量/%
< 28	8-21-20	1
28～29	8-21-16	2～3
30～31	8-20-13	5
32～34	6-19-12	5
35～37	6-17-11	6
38～39	6-15-10	7
>40	20-8-11	5

注：①三个数字依次表示稀奶油的冷却温度、加热酸化温度和成熟温度。

对于中等硬度脂肪的稀奶油，随着碘值的增加，热处理温度相应地降低。碘值达 39g/100g 的稀奶油，加热温度可降至 15℃。在较低的温度下，酸化时间延长。

对于软脂肪含量高的稀奶油，当碘值>39～40g/100g 时，巴氏杀菌后稀奶油冷却到 20℃，并在此温度下酸化约 5h。当酸度约为 33°T 时冷却到约 8℃；如果碘值为 41g/100g 或者更高，则冷却到 6℃。一般认为，酸化温度<20℃，就形成软奶油。

8. 添加色素

为了使奶油颜色全年一致，当颜色太淡时，需添加色素。常用的一种色素叫胭脂树橙（annatto），它是天然的植物色素。3%的胭脂树橙溶液（溶于食用植物油中）叫做奶油黄。通常用量为稀奶油的 0.01%～0.05%。可以对照“标准奶油色”的标本，调整色素的加入量，添加色素通常在搅拌前直接加到搅拌器中的稀奶油中。

9. 稀奶油的搅拌

将成熟后的稀奶油置于搅拌器中，利用机械的冲击力，使脂肪球膜破坏而形成奶油颗粒，这一过程称为搅拌。搅拌时分离出的液体称为酪乳。稀奶油在送入搅拌器之前，将温度调整到适宜的搅拌温度。稀奶油装入量一般为搅拌容器的 40%～50%，留出起泡空间。

（1）奶油粒的形成　稀奶油经过剧烈搅拌，形成了蛋白质泡沫层。在表面张力的作用和脂肪球与气泡的相互作用下，脂肪球膜不断破裂，液体脂肪不断从脂肪球内压出。随着泡沫的不断破裂，脂肪逐渐凝结成奶油晶粒。随着搅拌的继续进行，奶油晶粒变得越来越大，并聚合成奶油粒。影响奶油的质量和搅拌时长的因素包括搅拌机转速、稀奶油的温度、稀奶油的酸度、稀奶油的含脂率、脂肪球的大小以及物理成熟的程度等。

（2）搅拌回收率　搅拌回收率是测定稀奶油中有多少脂肪已转化成奶油的标志，以酪乳中的脂肪占稀奶油中总脂肪的百分数来表示，该值应<0.7%。例如，0.5%的搅拌回收率表示稀奶油脂肪的0.5%留在酪乳中，99.5%已变成了奶油。

10. 稀奶油的洗涤

稀奶油经搅拌形成奶油粒，排出酪乳，经过杀菌冷却的水注入搅拌器中进行洗涤。通过洗涤可以除去残留的酪乳，提高奶油的贮藏性，同时调整奶油的酸度。洗涤的加水量通常为稀奶油量的50%左右，水温一般随稀奶油的软硬程度而定。

11. 奶油的压炼

由稀奶油搅拌产生的奶油粒，通过压制而凝结成特定结构的团块，该过程称为奶油的压炼。压炼的目的是使奶油粒变为组织致密的奶油层，使水滴分布均匀，食盐完全溶解，并均匀分布于奶油中，同时调节奶油中的水分含量。奶油压炼有批量奶油压炼机和连续压炼机两种设备。现代较大型工厂都采用连续压炼机压炼的方法。

压炼结束后，奶油水分含量要在16%以下，水滴呈极微小的分散状态，奶油切面不允许有水滴。普通压炼会使奶油中有大量空气，使奶油质量变差。通常奶油中含有5%～7%的空气。最近，采用真空压炼使空气含量下降到1%，显著改善了奶油的组织状态。

12. 奶油的包装

压炼后的奶油，送入包装设备进行包装。奶油通常有5kg以上大包装和从10g至5kg重的小包装。根据包装的类型，使用不同种类的包装机器。外包装材料最好选用防油、不透光、不透气、不透水的包装材料，如复合铝箔、马口铁罐等。

13. 奶油的贮藏

奶油包装后，应送入冷库中贮藏。4～6℃的冷库中贮藏期一般≤7d；0℃冷库中，贮藏期2～3周；当贮藏期>6个月，应放入-15℃的冷库中；当贮藏期>1年，应放入-25～-20℃的冷库中。奶油在贮藏期间，由于氧化作用，脂肪酸分解为低分子的醛、酸、酮及酮酸等成分，形成各种特殊的臭味。当这些化合物积累到的一定程度时，奶油则失去了食用价值。为了提高奶油的抗氧化和防霉能力，可以在奶油压炼时，添加或在包装材料上喷涂抗氧化剂或防霉剂。

七、干酪

（一）概述

干酪（cheese）是以牛乳、稀奶油、部分脱脂乳、酪乳或这些产品的混合物为原料，经过凝乳并分离出乳清而制得的新鲜或发酵成熟的乳制品。制成后未经成熟发酵的产品称为新鲜干酪，经长时间成熟发酵而制成的产品称为成熟干酪。国际上常将这两种干酪统称为天然干酪。国际乳品联合会曾提出以水分含量为标准，将天然干酪分为特硬、硬质、半硬质（半软质）、软质干酪。在各类乳制品中，干酪的种类最多，主要品种近1000种，使得干酪的分类也异常复杂。国际上通常把干酪分为天然干酪、再制干酪和干酪食品3大类。这3类干酪品种的主要规格要求见表2-6-19。

表 2-6-19　　天然干酪、再制干酪和干酪食品的规格要求

名称	规格
天然干酪	以乳、稀奶油、部分脱脂乳、酪乳或混合乳为原料，经凝乳后，排出乳清而获得的新鲜或经微生物作用而成熟的产品，允许添加天然香辛料以增加香味和滋味
再制干酪	用一种或一种以上的天然干酪，添加食品卫生标准所允许的添加剂（或不加添加剂），经粉碎、混合、加热熔化、乳化后而制成的产品，含乳固体 40%以上。此外，还有下列两条规定：允许添加稀奶油、奶油或乳脂以调整脂肪含量；添加的香料、调味料及其他食品，必须控制在乳固体的 1/6 以内。不得添加脱脂乳粉、全脂乳粉、乳糖、干酪素以及不是来自乳中的脂肪、蛋白质及碳水化合物
干酪食品	用一种或一种以上的天然干酪或再制干酪，添加食品卫生标准所规定的添加剂（或不加添加剂），经粉碎、混合、加热熔化而制成的产品。产品中干酪数量须占 50%以上。此外，还规定：添加香料、调味料或其他食品时，须控制在产品干物质的 1/6 以内；添加不是来自乳中的脂肪、蛋白质、碳水化合物时，不得超过产品的 10%

现在习惯上以干酪的软硬度及与成熟有关的微生物来进行分类和区别。主要干酪的分类见表 2-6-20。

表 2-6-20　　干酪的品种分类

种类		与成熟有关的微生物	水分含量	主要产品
软质干酪	新鲜	不成熟	40%~60%	农家干酪（cottage cheese） 稀奶油干酪（cream cheese） 里科塔干酪（ricotta cheese）
	成熟	细菌		比利时干酪（limburg cheese） 手工干酪（hand cheese）
		霉菌		法国浓味干酪（camembert cheese） 布里干酪（brie cheese）
半硬质干酪		细菌	36%~40%	砖状干酪（brick cheese） 修道院干酪（trappist cheese）
		霉菌		法国羊奶干酪（roquefort cheese） 青纹干酪（blue cheese）
硬质干酪	实心	细菌	25%~36%	荷兰干酪（goude cheese） 荷兰圆形干酪（edam cheese）
	有气孔	细菌（丙酸菌）		埃门塔尔干酪（emmentaler cheese） 瑞士干酪（swiss cheese）

续表

种类	与成熟有关的微生物	水分含量	主要产品
特硬干酪	细菌	< 25%	帕尔尔逊干酪（parmesan cheese） 罗马诺干酪（romano cheese）
再制干酪		<40%	再制干酪（processed cheese）

干酪中含有丰富的蛋白质和脂肪，糖类，有机酸，常量矿物元素钙、磷、钠、钾、镁，微量矿物元素铁、锌，以及脂溶性维生素A、胡萝卜素和水溶性维生素 B_1、维生素 B_2、维生素 B_6、维生素 B_{12}、烟酸、泛酸、叶酸、生物素等多种营养成分。

（二）加工工艺

各种天然干酪的加工工艺基本相同，只是在个别工艺环节上有所差异。下面介绍半硬质或硬质干酪加工的基本工艺。

1. 工艺流程

原料乳 → 标准化 → 杀菌 → 冷却 → 添加发酵剂 → 调整酸度 → 加氯化钙 → 加色素 → 加凝乳酶 → 凝块切割 → 搅拌 → 加温 → 乳清排出 → 成型压榨 → 盐渍 → 成熟 → 上色挂蜡 → 成品

2. 工艺要点

（1）原料乳的预处理　生产干酪的原料乳，必须经过严格的检验，要求抗生素检验阴性等。除牛乳外也可使用羊乳。检查合格后，进行原料乳的预处理。

①净乳：采用离心除菌机进行净乳处理，不仅可以除去乳中大量杂质，而且可以除去乳中90%的细菌，尤其对密度较大的菌体芽孢特别有效。

②标准化：为了保证每批干酪的成分均一，在加工之前要对原料乳进行标准化处理，包括对脂肪标准化和对酪蛋白以及酪蛋白与脂肪的比例（C/F）的标准化，一般要求 $C/F=0.7$。

例4　原料乳1000kg，含脂率为4%，用含酪蛋白2.6%、脂肪0.01%的脱脂乳进行标准化，使 $C/F=0.7$，试计算所需脱脂乳量。

解：全乳中的脂肪量 $1000\times0.04=40$（kg）

酪蛋白% $=0.4F+0.9=(0.4\times4)+0.9=2.5\%$

全乳中酪蛋白量 $1000\times0.025=25$（kg）

原料乳中 $C/F=25/40=0.625$

因为希望标准化后 $C/F=0.7$

标准化后乳中的酪蛋白应该为 $40\times0.7=28$（kg）

应补充的酪蛋白量 $28-25=3$（kg）

所需脱脂乳量为 $3/0.026=115.4$（kg）

③杀菌：在实际生产中多采用63~65℃，30min 的保持式杀菌（LTLT）或75℃，15s 的高

温短时杀菌（HTST）。常采用的杀菌设备为保温杀菌缸或片式热交换杀菌机。为了确保杀菌效果，防止或抑制丁酸菌等产气芽孢菌，在生产中常添加适量的硝酸盐（硝酸钠或硝酸钾）或过氧化氢。硝酸盐的添加量一般为0.02~0.05g/kg牛乳，过多的硝酸盐能抑制发酵剂的正常发酵，影响干酪的成熟和成品风味及其安全性。

（2）添加发酵剂和预酸化　原料乳经杀菌后，直接打入干酪槽中，待牛乳冷却到30~32℃加入发酵剂。

①干酪发酵剂的种类：在制造干酪的过程中，用来使干酪发酵与成熟的特定微生物培养物称为干酪发酵剂。干酪发酵剂可分为细菌发酵剂和霉菌发酵剂，见表2-6-21。

表2-6-21　干酪发酵剂种类及使用范围、作用

发酵剂种类	菌种名	使用范围、作用
乳酸球菌	嗜热链球菌（*Str. therpomhilus*）	各种干酪，产酸及风味
	乳酸链球菌（*Str. lactis*）	各种干酪，产酸
	乳脂链球菌（*Str. cremoris*）	各种干酪，产酸
	粪链球菌（*Str. faecalis*）	契达干酪
乳酸杆菌	乳酸杆菌（*L. lactis*）	瑞士干酪
	干酪乳杆菌（*L. casei*）	各种干酪，产酸、风味
	嗜热乳杆菌（*L. thremophilus*）	干酪，产酸、风味
	胚芽乳杆菌（*L. plantarum*）	契达干酪
丙酸菌	薛氏丙酸菌（*Prop. shermanii*）	瑞士干酪
短密青霉菌	短密青霉菌（*Brevi. lines*）	砖状干酪 林堡干酪
酵母菌	解脂假丝酵母（*Cand. lypolytica*）	青纹干酪
	克柔氏假丝酵母（*Cand. krusei*）	瑞士干酪
曲霉菌	米曲霉（*Asp. oryzae*）	
	娄地青霉（*Pen. roqueforti*）	法国绵羊乳干酪
	卡门培尔干酪青霉（*Pen. camenberti*）	法国卡门塔尔干酪

② 干酪发酵剂的作用：通过添加发酵剂，使乳糖发酵产生乳酸；在酸性条件下凝乳酶的活性提高，促进凝乳酶的凝乳作用，缩短凝乳时间，有利于乳清排出；发酵剂在成熟过程中，利用本身的各种酶类促进干酪的成熟；改进产品组织状态；防止杂菌的繁殖。

③发酵剂的加入方法：首先应根据制品的质量和特征，选择合适的发酵剂种类和组成。取原料乳量1%~2%干酪发酵剂，边搅拌边加入，在30~32℃充分搅拌3~5min。然后在此条件下

发酵 1h，以保证充足的乳酸菌数量和达到一定的酸度，此过程称为预酸化。

（3）酸度调整与添加剂的加入

①酸度调整：预酸化后取样测定酸度，按要求用 1 mol/L 的盐酸调整酸度至 0.20%~0.22%。

②添加剂的加入：为了改善凝乳性能，提高干酪质量，可添加氯化钙来调节盐类平衡，促进凝块形成。氯化钙先预配成 10%溶液，100kg 原料乳中添加 5~20g 氯化钙量。黄色色素可以改善和调和颜色，常用胭脂树橙（annatto），通常每 1000kg 原料乳中加 30~60g，以水稀释约 6 倍，充分混匀后加入。

（4）添加凝乳酶和凝乳的形成

①凝乳酶的添加：通常按凝乳酶效价和原料乳的量计算凝乳酶的用量。用 1%的食盐水将酶配成 2%溶液，加入乳中后充分搅拌均匀。

②凝乳的形成：添加凝乳酶后，在 32℃下静置 40min 左右，即可使乳凝固。

（5）凝块切割　当乳凝块达到适当硬度时，要进行切割以有利于乳清析出。正确判断恰当的时机非常重要，如果在尚未充分凝固时进行切割，酪蛋白或脂肪损失大，且生成柔软的干酪；反之，切割时间迟，凝乳变硬不易脱水。切割时机由下列方法判定：用消毒过的温度计以 45°角插入凝块中，挑开凝块，如裂口恰如锐刀切痕，并呈现透明乳清，即可开始切割。

（6）凝块的搅拌及加温　凝块切割后若乳清酸度达到 0.17%~0.18%，开始用干酪耙或干酪搅拌器轻轻搅拌，搅拌速度先慢后快。与此同时，在干酪槽的夹层中通入热水，使温度逐渐升高。升温的速度应严格控制，初始时每 3~5min 升高 1℃，当温度升至 35℃时，每隔 3min 升高 1℃。当温度达到 38~42℃（应根据干酪的品种具体确定终止温度）时，停止加热并维持此时的温度。在整个升温过程中应不停地搅拌，以促进凝块的收缩和乳清的渗出，防止凝块沉淀和相互粘连。在升温过程中应不断地测定乳清的酸度以便控制升温和搅拌的速度。总之，升温和搅拌是干酪制作工艺中的重要过程，它关系到生产的成败和成品质量的好坏，因此，必须按工艺要求严格控制和操作。

（7）乳清排除　乳清排除时期对制品品质有很大影响，而排除乳清时的适当酸度依干酪种类而异。乳清由干酪槽底部通过金属网排出。排除的乳清脂肪含量一般约为 0.3%，蛋白质 0.9%。若脂肪含量>0.4%，证明操作不理想，应将乳清回收，作为副产物进行综合加工利用。

（8）堆积　乳清排除后，将干酪粒堆积在干酪槽的一端或专用的堆积槽中，上面用带孔木板或不锈钢板压 5~10min，压出乳清使其成块，这一过程即为堆积。

（9）成型压榨　将堆积后的干酪块切成方砖形或小立方体，装入成型器中。在内衬网成型器内装满干酪块后，放入压榨机上进行压榨定型。压榨的压力与时间依干酪的品种各异。先进行预压榨，一般压力为 0.2~0.3MPa，时间为 20~30min；或直接正式压榨，压力为 0.4~0.5MPa，时间为 12~24h，压榨结束后，从成型器中取出的干酪称为生干酪（green cheese 或 unripened cheese）。如果制作软质干酪，则凝乳不须压榨。

（10）加盐　加盐的目的在于改进干酪的风味、组织和外观，排出内部乳清或水分，增加干酪硬度，限制乳酸菌的活力，调节乳酸生成和干酪的成熟，防止和抑制杂菌的繁殖。加盐的量应按成品的含盐量确定，一般在 1.5%~2.5%。加盐的方法有三种：干腌法，在定型压榨前，将所需的食盐撒布在干酪粒中或者将食盐涂布于生干酪表面（如法国浓味干酪）；湿腌法，将压榨后的生干酪浸于盐水池中腌制，盐水浓度第 1~2 天为 17%~18%，之后保持在 20%~23%

的浓度。为了防止干酪内部产生气体，盐水温度应控制在8℃左右，浸盐时间4~6d（如荷兰圆形干酪，荷兰干酪）；混合法，是指在定型压榨后先涂布食盐，过一段时间后再浸入食盐水中的方法（如瑞士干酪，砖状干酪），因干酪品种不同，加盐方法也不同。

（11）干酪的成熟　将生鲜干酪置于一定温度（10~12℃）和相对湿度（85%~90%）条件下，在乳酸菌等有益微生物和凝乳酶的作用下，经一定时期（3~6个月），使干酪发生一系列物理和生物化学变化的过程，称为干酪的成熟。成熟的主要目的是改善干酪的组织状态和营养价值，增加干酪的特有风味。

①成熟的条件：干酪的成熟通常在成熟库（室）内进行。成熟时低温比高温效果好，一般为5~15℃。相对湿度一般为85%~95%，因干酪品种而异。当相对湿度一定时，硬质干酪在7℃下需8个月以上的成熟，在10℃时需6个月以上，而在15℃时则需4个月左右。软质干酪或霉菌成熟干酪需20~30d。

②成熟过程的管理

前期成熟：将待成熟的新鲜干酪放入温度、相对湿度适宜的成熟库中，每天用洁净的棉布擦拭其表面，防止霉菌的繁殖。为了使表面的水分蒸发均匀，擦拭后要反转放置。此过程一般要持续15~20d。

上色挂蜡：为了防止霉菌生长和增加美观，将前期成熟后的干酪清洗干净后，用食用色素染成红色（也有不染色的）。待色素完全干燥后，在160℃的石蜡中进行挂蜡。所选石蜡的熔点以54~56℃为宜。

后期成熟和贮藏：为了使干酪完全成熟，以形成良好的口感、风味，还要将挂蜡后的干酪放在成熟库中继续成熟2~6个月。成品干酪应放在5℃及相对湿度80%~90%下贮藏。

③加速干酪成熟的方法：加速干酪成熟的传统方法是加入蛋白酶、肽酶和脂肪酶；现在的方法是加入脂质体包裹的酶类、基因工程修饰的乳酸菌等，以加速干酪的成熟；提高成熟温度，加速干酪成熟。

（三）干酪的质量控制

1. 物理性缺陷及其防止方法

（1）质地干燥　凝乳块在较高温度下“热烫”引起干酪中水分排出过多导致制品干燥，凝乳切割过小、加温搅拌时温度过高、酸度过高、处理时间较长及原料含脂率低等都能引起制品干燥。对此，除改进加工工艺外，也可利用表面挂石蜡、塑料袋真空包装及在高温条件下进行成熟来防止。

（2）组织疏松　即凝乳中存在裂隙。酸度不足，乳清残留于凝乳块中，压榨时间短或成熟前期温度过高等均能引起此种缺陷。防止方法：进行充分压榨并在低温下成熟。

（3）多脂性　指脂肪过量存在于凝乳块表面或其中。其原因大多是由于操作温度过高，凝块处理不当（如堆积过高）而使脂肪压出。可通过调整生产工艺来防止。

（4）斑纹　操作不当引起。特别在切割和热烫工艺中由于操作过于剧烈或过于缓慢引起。

（5）发汗　指成熟过程中干酪渗出液体。其可能的原因是干酪内部的游离液体多及内部压力过大所致，多见于酸度过高的干酪。因此，除改进工艺外，控制酸度也十分必要。

2. 化学性缺陷及其防止方法

（1）金属性黑变　由铁、铅等金属与干酪成分生成黑色硫化物引起，根据干酪质地的状态不同而呈绿、灰和褐色等色调。操作时除考虑设备、模具本身外，还要注意外部污染。

（2）桃红或赤变　当使用色素（如胭脂树橙）时，色素与干酪中的硝酸盐结合而成更浓的有色化合物。对此，应认真选用色素及控制其添加量。

3. 微生物性缺陷及其防止方法

（1）酸度过高　主要原因是微生物发育速度过快。防止方法：降低预发酵温度，并加食盐抑制乳酸菌繁殖；加大凝乳酶添加量；切割时切成微细凝乳粒；高温处理；迅速排除乳清以缩短制造时间。

（2）干酪液化　由于干酪中存在有液化酪蛋白的微生物而使干酪液化。此种现象多发生于干酪表面。引起液化的微生物一般在中性或微酸性条件下繁殖。

（3）发酵产气　通常在干酪成熟过程中会缓缓生成微量气体，但能自行在干酪中扩散，故不形成大量的气孔，而由微生物引起干酪产生大量气体则是干酪的缺陷之一。在成熟前期产气是由于大肠杆菌污染，后期产气则是由梭状芽孢杆菌、丙酸菌及酵母菌繁殖产生的。防止方法：可将原料乳离心除菌或使用产生乳酸链球菌肽的乳酸菌作为发酵剂，也可添加硝酸盐，调整干酪水分和盐分。

（4）苦味生成　干酪的苦味是极为常见的质量缺陷。酵母或非发酵剂菌都可引起干酪苦味。极微弱的苦味可构成契达干酪的风味成分之一，这是特定的蛋白胨、肽所引起。此外，乳高温杀菌、原料乳的酸度高、凝乳酶添加量大以及成熟温度高均可能产生苦味。食盐添加量多时，可降低苦味的强度。

（5）恶臭　干酪中如存在厌气性芽孢杆菌，会分解蛋白质生成硫化氢、硫醇、亚胺等。此类物质产生恶臭味，生产过程中要防止这类菌的污染。

（6）酸败　由污染微生物分解乳糖或脂肪等生成丁酸及其衍生物引起。污染菌主要来自原料乳、牛粪及土壤等。

第三节　蛋品加工

一、蛋的构造与化学组成

（一）蛋的构造

1. 蛋的外形

禽蛋具有一定的形状，一般来说多为椭球形，其形状可用蛋形指数来反映，蛋形指数是指蛋的纵径与横径之比，正常的蛋形指数应为 1.30~1.35，其值>1.35 者为细长形蛋，<1.30 者其形状近似球形。通常小型蛋多呈球形（鹌鹑蛋），大型蛋多呈椭球形，双黄蛋多呈纺锤形或圆筒形（鹅蛋）。蛋形指数也可用百分率表示：

$$\text{蛋形指数}=\frac{\text{横径（mm）}}{\text{纵径（mm）}}\times 100\% \qquad (2-6-3)$$

蛋形指数正常值为 72%~78%。

2. 蛋的结构

禽蛋由蛋壳、蛋白、蛋黄三个部分组成。各个组成部分在蛋中所占的比重与家禽的种类、品种、年龄、产蛋季节、蛋的大小及饲养有关。蛋的结构如图 2-6-12 所示，各个组成部分的质量比例见表 2-6-22。

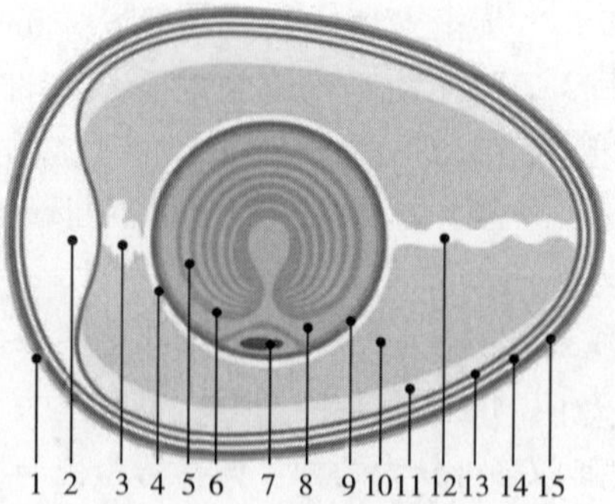

图 2-6-12　蛋的结构示意图

1—蛋壳缘　2—气室　3—下系带　4—内稀蛋白　5—浅色蛋黄
6—深色蛋黄　7—胎盘（胚珠）　8—核筋膜　9—卵黄膜　10—中浓蛋白
11—外稀蛋白　12—上系带　13—内壳膜　14—外壳膜　15—蛋壳

表 2-6-22　禽蛋各部分的质量比例

种类	蛋重/g	蛋壳/%	蛋白/%	蛋黄/%
鸡蛋	40~60	10~12	45~60	26~33
鸭蛋	60~90	11~13	45~58	28~35
鹅蛋	160~180	11~13	45~58	32~35

3. 蛋壳部的结构

蛋壳部由蛋壳外膜、硬蛋壳、蛋壳内膜及气室构成。

（1）蛋壳外膜　又称壳外膜、壳上膜，这是一层覆盖在蛋壳表面的一种无定形结构、透明、可溶性的胶质黏液干燥而成的薄膜。其作用是保护蛋的内容物免遭微生物的侵入感染，减少蛋内水分的蒸发，它易受潮、受热而被破坏，因此，鲜蛋不能水洗、雨淋。

（2）硬蛋壳　又称石灰质硬蛋壳，是包裹在鲜蛋内容物外面的一层硬壳。硬蛋壳可使蛋具有固定形状并起保护蛋白、蛋黄的作用。蛋壳脆易破损，其厚度一般为 270~370μm，蛋小头的壳较大头的厚，其表面有色素沉积，色素越多壳越厚。蛋壳表面常带有深浅不同的色泽，从白色、深褐色至蓝绿色都有，蛋壳的色泽与禽的种类、品种、饲料等有关。

蛋壳是由层状和锥状两层钙质组成的网眼状的多孔性结构，有许多大小不一的气孔，小者 4μm，大者 40μm，据测算，整个蛋壳气孔有 9000~12000 个，气孔的分布并不均匀，蛋的大头最多，300~370 个/cm^2，小头最少，150~180 个/cm^2。气孔是适应蛋本身新陈代谢需要的内外通道，也是微生物侵入蛋内和水分向外蒸发的通道，对蛋品保鲜有一定的作用。

（3）蛋壳内膜　又称壳内膜、壳下膜，蛋壳膜在硬蛋壳的内面，蛋白的外围，它分内、外两层，外层（靠蛋壳的）叫内壳膜，内层（靠蛋白的）叫蛋白膜，两层膜在结构上大致相同，都是由角质蛋白纤维交织成的网状结构，不同是内壳膜厚 41.6~60.0μm，其纤维较粗，网状结构粗糙，空隙较大，细菌可直接通过；蛋白膜厚 12.9~17.3μm，其纤维纹理较紧密细致，有些细菌不能直接通过进入蛋内，只有其所分泌的蛋白酶将蛋白膜破坏之后，微生物才能进入蛋内，所有霉菌的孢子均不能透过这两层膜而进入蛋内，但其菌丝体可以自由通过，并能引起蛋内发霉。总之，这两层膜的通透性比蛋壳小，具有保护蛋内容物的作用。

（4）气室　位于蛋的钝端，当蛋排出禽体外，一般 6～10min 便形成气室。因蛋从体内排出接触冷空气时，蛋内容物冷却收缩使蛋内部暂时形成一部分真空，此时蛋外的空气由蛋壳和内壳膜上的气孔进入蛋内，在蛋的大头部分，蛋白膜与内壳膜之间形成一个空囊，即气室。随着蛋内水分的蒸发、内容物的消耗，气室也不断增大，故气室的大小，可鉴别蛋的新鲜度。

4. 蛋白部的结构

蛋白又称蛋清，是一种半透明的胶体黏稠液状物。其结构是由外稀蛋白层、浓厚蛋白层、内稀蛋白层和系带所构成，按其形态可分为两种：即稀薄蛋白与浓厚蛋白。

浓厚蛋白主要是由黏蛋白和类黏蛋白组成，并含有特有的溶菌酶，它能溶解细菌，具有杀菌作用，此酶的含量、活性与浓厚蛋白的含量成正比。随着蛋的陈旧，浓厚蛋白逐渐变稀，溶菌酶也逐渐消失。

在蛋白中，位于蛋黄两端各有一条白色带状物，叫系带，又称卵带，其作用是固定蛋黄位于蛋的中心。新鲜蛋系带上附着溶菌酶，其含量是蛋白中溶菌酶含量的 2~3 倍，甚至高达 4~5 倍。同浓厚蛋白一样，随着放置时间过长，蛋的陈旧，系带会变细或断裂，随后出现散黄现象。

5. 蛋黄的结构

蛋黄是由蛋黄膜、蛋黄液和胚胎组成。

（1）蛋黄膜　包在蛋黄外面一层很薄而有韧性的透明膜，其厚度为 16μm，其结构与蛋壳内膜极为类似，只是结构更为微细紧密，可分为三层，内外两层为黏蛋白，中间为角蛋白。其功能是保护蛋黄液不与蛋白相混。随着鲜蛋保存时间延长，它的韧性减弱，蛋黄逐渐渗水胀大，最后完全丧失张力而破裂散黄。

（2）蛋黄液　一种浓稠不透明半流动状的黄色乳状液，是蛋中最富有营养物质的部分。由深、浅两种不同黄色的蛋黄组成，其中央为白色蛋黄层。

（3）胚胎　蛋黄中心有一个白色蛋黄体延伸到蛋黄表面的白色小圆点，未受精蛋的胚胎称为胚珠，直径约 2. 5mm，受精蛋的胚胎称为胎盘，直径 3～5mm ，它在适宜的外界温度下，便会很快发育，这样就降低了蛋的耐贮性和质量。

（二）蛋的化学组成与特性

1. 蛋壳部的化学成分

蛋壳主要由无机物所构成，占整个蛋壳的 94%~97%。有机物占蛋壳的 3%~6%。无机物主要是碳酸钙（约占 93%），其次有少量的碳酸镁（约占 1.0%）及磷酸钙、磷酸镁。有机物主要为蛋白质，大部分属于胶原蛋白。禽蛋的种类不同，蛋壳的化学组成也有差异，见表 2-6-23。

表 2-6-23　蛋壳的化学组成

种类	有机成分/%	碳酸钙/%	碳酸镁/%	磷酸钙及磷酸镁/%
鸡蛋	3. 2	93. 0	1. 0	2. 8
鸭蛋	4. 3	94. 4	0. 5	0. 8
鹅蛋	3. 5	95. 3	0. 7	0. 5

2. 蛋白的化学成分

蛋白中的水分含量为85%~89%，蛋白质含量为10%~13%，脂肪、碳水化合物和矿物质的含量很少。此外，蛋白中还含有适量的维生素及酶类如溶菌酶等。禽蛋蛋白的化学组成见表2-6-24。

表2-6-24　　禽蛋蛋白的化学组成

种类	水分/%	蛋白质/%	脂肪/%	葡萄糖/%	矿物质/%
鸡蛋	87.3~88.6	10.8~11.6	极少	0.1~0.5	0.6~0.8
鸭蛋	87.0	11.5	0.03	—	0.8

蛋白中的蛋白质主要有卵白蛋白、卵伴白蛋白（卵铁传递蛋白）、卵类黏蛋白、卵黏蛋白、溶菌酶和卵球蛋白等。其中以卵白蛋白的含量最多，占蛋白总量的69%~75%。

蛋白中的碳水化合物分两种状态存在。一种是与蛋白质呈结合状态存在，在蛋白中含0.5%；另一种是呈游离状态存在的，蛋白中含0.4%。游离的糖中98%是葡萄糖，其余是微量的果糖、甘露糖、木糖、阿拉伯糖等。蛋白中的糖类含量虽然很少，但与蛋白片、蛋白粉等蛋制品的色泽有密切关系。

蛋白中的酶除主要有溶菌酶外，还发现有三丁酸甘油酯酶、肽酶、磷酸酶、过氧化氢酶等。蛋白中的无机物含量较少，种类却很多，主要有K、Na、Ca、Mg等。

3. 蛋黄的化学成分

蛋黄中约含有50%的干物质，其主要成分是蛋白质和脂肪，二者比例为1∶2，此外，还含有糖类、矿物质、维生素、酶类、色素等。蛋黄的化学成分组成见表2-6-25。

表2-6-25　　蛋黄的化学组成

种类	水分/%	蛋白质/%	脂肪/%	碳水化合物/%	灰分/%
鸡蛋黄	51.5	15.2	28.2	3.4	1.7
鸭蛋黄	44.9	14.5	33.8	4.0	2.8
鹅蛋黄	50.1	15.5	26.4	6.2	1.8

蛋黄有白色蛋黄与黄色蛋黄之分，白色蛋黄约占整个蛋黄的5%，其余为黄色蛋黄。白色蛋黄与黄色蛋黄的组成见表2-6-26。

表2-6-26　　白色蛋黄与黄色蛋黄的组成

类别	水分/%	蛋白质/%	脂肪/%	磷脂/%	浸出物/%	灰分/%
白色蛋黄	89.70	4.60	2.39	1.13	0.40	0.62
黄色蛋黄	45.50	15.04	25.20	11.15	0.36	0.44

蛋黄中的蛋白质大部分是脂蛋白，其中包括低密度脂蛋白、卵黄球蛋白、卵黄高磷蛋白和高密度脂蛋白。

蛋黄中的脂质含量最多，占30%~33%，其中约有20%的真脂（甘油三酯）和10%的磷脂类（包括卵磷脂、脑磷脂和神经鞘磷脂），以及少量的固醇（包括固醇、胆固醇和胆脂醇）和脑苷脂等。蛋黄中的磷脂具有很强的乳化作用，在食品工业中是一种很好的乳化剂。

蛋黄中的糖类与蛋白相似，以葡萄糖为主。矿物质的含量为1.0%~1.55%，其中以P最为丰富（可占无机成分总量的60%以上），Ca次之（占13%左右），此外还有Fe、S、K、Na、Mg等。蛋黄中的Fe易被吸收。

蛋黄的维生素不仅种类多，而且含量丰富。尤以维生素A、维生素B_2、维生素B_6和泛酸最多，此外，尚有维生素D、维生素B_1、维生素B_{12}、叶酸和烟酸等。蛋黄中也还含有许多酶，已知存在于蛋黄中的酶有淀粉酶、解脂酶、蛋白酶、肽酶、磷酸酶和过氧化氢酶等。

二、蛋的贮藏保鲜

（一）禽蛋贮藏保鲜的原则

保持蛋壳和壳外膜的完整，保证禽蛋具有高度的清洁状态，防止微生物污染。存放低温环境以抑制微生物繁殖和抑制胚胎发育。减缓蛋发生理化和生物学变化，以保持蛋的新鲜度。

（二）鲜蛋在贮藏过程中的变化

1. 质量变化

蛋内的水分会通过气孔蒸发导致质量变化，与温度、相对湿度、气孔的数量和大小、蛋壳的致密程度，以及壳内膜通气性等有密切的关系。

2. 气室高度变化

刚生下来的蛋气室很小（高度3mm左右），蛋在开始贮存的5d中，气室增大快，6d以后气室的增大变慢，气室的大小可作为检验蛋新陈的重要标志之一。

3. 蛋内水分的变化

随着存放时间延长，由于渗透压的作用，蛋黄的水分会逐渐增加，蛋白的水分则减少。

4. CO_2的逸散和蛋中pH的变化

新鲜鸡蛋pH可高达9~10，而蛋黄由于蛋黄膜对离子的透过有选择性，其pH（6.0~6.4）变化不大。若变质，蛋白pH下降，蛋黄的pH上升。当蛋液pH低于中性则不能食用。

5. 系带的变化

蛋在贮存过程中，系带会逐渐变细，甚至消失，系带中的溶菌酶也会逐渐减少。

6. 蛋黄膜的变化

鲜蛋在贮存中蛋黄的变化最明显的是蛋黄指数的减少，温度越高下降速度越快。

7. 蛋内容物成分的变化

蛋白中的卵类黏蛋白和卵球蛋白的含量比例增加，而卵伴白蛋白和溶菌酶的含量比例减少，导致蛋的黏性降低。卵黄球蛋白和磷脂蛋白的含量减少，而低磷磷脂蛋白的含量增加。

（三）鲜蛋的贮藏方法

鲜蛋的贮藏方法很多，有冷藏法、浸泡法、涂膜法、气体贮藏法及民间简易贮蛋法等。

1. 冷藏法

由于冷藏工业的迅速发展，鲜蛋及其他食品的贮藏大多采用冷藏法。其原理是利用低温（最低温≥-3.5℃）抑制微生物的生长繁殖和蛋内酶的活性，延缓蛋内容物的变化，以保持鲜蛋的营养价值和鲜度。

2. 石灰水贮藏法

该法是将生石灰溶于水内，用冷却后澄清的饱和石灰水溶液贮存鲜蛋。生石灰加水后变为熟石灰（氢氧化钙），呈碱性，能抑制细菌繁殖。此外蛋内呼出的 CO_2 同石灰水中的氢氧化钙作用生成不溶性的碳酸钙微粒，沉积在蛋壳表面堵塞气孔。使蛋的呼吸作用减弱，既阻止蛋内 CO_2 继续向外蒸发，又可防止微生物的侵入，故蛋在石灰水中可贮存较长时间。石灰水表面吸收空气中的 CO_2，在水面上形成一层类似冰状的薄膜，这层薄膜阻止了外界微生物侵入蛋内和防止石灰水的污染，也保护了蛋的质量。但石灰水贮藏鲜蛋壳色泽差，有时会有较强的碱味。

3. 水玻璃贮藏法

水玻璃又名泡花碱，即 Na_2SiO_3 与 K_2SiO_3 的混合溶液。通常为白色、黏稠、透明、易溶于水，呈碱性反应。此黏稠透明似玻璃般的物质，附于蛋壳表面，封闭气孔，从而减弱蛋内的呼吸作用，减缓蛋内理化性质变化，又可防止微生物侵入蛋内，达到保鲜目的。溶液呈碱性，又有杀菌作用。

4. 涂膜贮藏方法

所谓涂膜贮蛋法，就是利用无毒害作用的物质涂布于蛋壳上使气孔处于密封的状态，既可阻止微生物的侵入，又可以减少蛋内水分蒸发。目前所采用的涂膜剂是具有半渗透性的物质，细菌、霉菌等不能通过，但是对水分和气体仍可以有少量的渗透性。一般选择液体石蜡、聚乙烯水玻璃溶液、动植物油脂作为涂膜剂。涂膜法工艺流程：

选蛋 → 清洗 → 涂膜 → 晾干 → 装盘 → 贮藏

5. 气调保鲜方法

采用氮气、二氧化碳、臭氧等气体来改善蛋存在空间的部分气体，或完全取代空气贮藏鸡蛋的方法，达到抑制微生物活动、减缓蛋中内容物的变化的目的。

6. 化学药品贮藏法

过氧乙酸、萘酚盐、苯甲酸合剂等都可以用来蛋品保鲜。其中过氧乙酸易于分解挥发，相对安全。一般将过氧乙酸含量为 1~2g/L 的水溶液，将检验合格的鲜蛋浸泡 3~5min 灭菌后晾干保存。

三、蛋制品加工

（一）腌制蛋

所谓腌制蛋又称再制蛋，是加工后的成品仍然保持或基本保持原有形状的蛋制品，如松花蛋、咸蛋、糟蛋及其他多味蛋等。再制蛋是我国的民族特产，产品加工成本较低，风味独特，吃法方便，富有营养，深受群众欢迎。

1. 松花蛋的加工

（1）松花蛋加工的基本原理　因鲜蛋经加工后，蛋白凝固具有弹性，呈半透明的琥珀色或皮胨状，故称“皮蛋”；又因蛋的性状和颜色的改变，又称“变蛋”；品质优良的皮蛋蛋白中有美丽松枝形状花纹，又称“松花蛋”；当纵剖松花蛋时，蛋白至蛋黄的色彩变化多端，故又称“彩蛋”；还有“泥蛋、碱蛋”之称。由于加工方法不同，成品蛋黄的组织状态不同，又可将皮蛋分为溏心皮蛋和硬心皮蛋两大类。溏心皮蛋，蛋黄中心呈浆糊状的软心，如“北京松花蛋”，简称“京彩蛋”；硬心皮蛋，其蛋黄凝固较好呈硬心，如“湖南松花蛋”，简称“湖彩蛋”。

皮蛋加工所使用的主要配料为生石灰和纯碱，生石灰与水作用生成熟石灰 Ca（OH）$_2$，熟石灰和纯碱反应生成氢氧化钠，其反应式如下：

$$CaO+H_2O \longrightarrow Ca(OH)_2$$

$$Ca(OH)_2+Na_2CO_3 \longrightarrow 2NaOH+CaCO_3\downarrow$$

NaOH 是使蛋发生变化的主要因子，NaOH 为强碱，它可通过蛋壳浸入蛋内，使蛋内蛋白质变性、凝固。也可直接用 NaOH 代替生石灰和纯碱来加工皮蛋。泡制溏心皮蛋时，NaOH 溶液的浓度与蛋白质的凝固关系颇大，料液中 NaOH 最适宜的浓度为 4.5%~5.5%。若浓度>6%，则蛋白凝固后会因碱液浓度过高而水解液化，蛋黄变硬不能形成溏心；如浓度<4.0%，则蛋白较软，弹性不够，蛋黄尚呈液体流质状态。加工硬心皮蛋所用料泥的 NaOH 含量在 5.5%~6.5%为宜［泥与蛋的质量比例平均为 1：（0.65~0.70）］。

鲜鸭蛋是具有高蛋白质的营养物质，在制作过程中，在强碱的作用下，蛋内容物中一部分蛋白质发生水解，水解的最终产物是氨基酸，一部分含硫氨基酸继续发生变化，生成 NH_3 和硫离子，成品中由于含有这两种少量成分，使松花蛋别具风味。

在松花蛋制作过程中，由于蛋白质所产生的硫离子与蛋内的铁反应，产生黑色的硫化亚铁，如生产的是传统的含铅皮蛋，则还会生成黑色的硫化铅，若用铜或锌来代替铅，会生成黑色硫化铜或硫化锌，这些都是促使松花蛋内容物变色的因素。至于蛋白形成棕褐色，部分原因是蛋白质中氨基酸的氨基与蛋白中的糖类在碱性环境下发生美拉德反应产生褐变。食盐有助于减弱松花蛋的辛辣味并具有一定的防腐作用。茶叶含有鞣质（单宁）和芳香油，鞣质能使蛋白凝固和促进松花蛋蛋清色泽的形成，芳香油可增加松花蛋的风味。蛋黄中溏心的形成，与 NaOH 的渗入有关，由于 NaOH 渗入，蛋黄中的蛋白质逐渐凝固，而脂肪及脂溶性色素集聚在中部形成溏心，呈橙黄色。成品的蛋白中有松针状的白色结晶或“松花”，主要是由于蛋中固有的镁离子与料液中渗入的镁离子在碱性条件下形成氢氧化镁结晶的缘故。

（2）松花蛋的加工方法

①原料蛋的选择：原料蛋的好坏是决定皮蛋品质的一个重要因素，故松花蛋加工用原料蛋必须是经感官检查、灯光透照选出的新鲜的、蛋壳完整的、大小均匀、壳色一致的鸭蛋或鸡蛋。凡是裂纹蛋、沙壳蛋、钢壳蛋、陈次蛋、劣质蛋等都不能作为加工松花蛋的原料蛋。灯光透视时，气室高度应<9mm。

②辅料的选择

水：无污染的可直接饮用的水。

生石灰：即氧化钙，三日以内烧透的灰块，要求体轻、块大、无杂质，加水后能产生强烈气泡热量，并迅速由大块变小块，最后呈白色粉末。受潮或长期露天放置的生石灰不宜用于加工松花蛋，因为这种生石灰与空气中的 CO_2 作用会生成不溶性的 $CaCO_3$，而 $CaCO_3$ 和 Na_2CO_3 不能生成 NaOH。其中氧化钙的含量≥75%，具有清洁蛋壳的作用。

纯碱：即无水碳酸钠（Na_2CO_3），俗称大苏打、食碱、面碱。要求色白、粉细，含 Na_2CO_3 量>96%，应放在密封容器中保存，因纯碱易于吸湿与空气中的 CO_2 结合，变成 $NaHCO_3$（小苏打）而降低了加工松花蛋的效力。选用时可固定来源，掌握其中有效成分的含量，便于配料。对市售的散装纯碱，应采用烘炒法去除 H_2O 和 CO_2，使 $NaHCO_3$ 重新变成 Na_2CO_3 后再用，更为妥当。一般在使用前，应测定 Na_2CO_3 的含量。

烧碱：即氢氧化钠（NaOH），又称苛性钠、火碱。在加工松花蛋时可代替生石灰和纯碱。烧碱易吸潮，在使用时要用包装完好的正品。由于它具有强烈的腐蚀性，故在配料操作时，要防止烧灼皮肤和衣物。

食盐：即氯化钠（NaCl），它可使蛋黄心收缩，有离壳、增味、防腐的作用。加工松花蛋一般用比较干燥、洁净的粗制盐较好。

茶叶：应选用没有吸潮、发霉、变质的红茶叶或红茶末。因红茶为发酵茶，其鲜叶的茶多酚发生氧化，氧化的产物与蛋白质分子结合，遇含铁物质时形成墨绿色。红茶中含单宁酸芳香油比绿茶多，具有凝固蛋白质的作用，还能改善松花蛋的滋味，缓和松花蛋的辛辣味。一般认为红茶是加工松花蛋的上等辅料。

铅：即氧化铅（PbO），又称密陀僧、黄丹粉、金生粉、金罗底等。PbO 是一种淡黄色的细粉，品质较好，可用于加工松花蛋。还有一种是红黄色粉末，含杂质较多，品质较差，不宜使用。

铜、锌：即硫酸铜（$CuSO_4$）或硫酸锌（$ZnSO_4$），一般采用工业原料或化学试剂都可以。

石蜡：无铅无泥松花蛋包涂用的石蜡必须选用食品包装白蜡，其标号和熔点分别是：52 号（52~54℃）；54 号（54~56℃）；56 号（56~58℃）；58 号（58~60℃）；60 号（60~62℃）。

其他辅料：草木灰应选用纯净、干燥的新灰；黄土应是地深层无污染，不含腐殖质的干黄土；稻壳要求金黄色，清洁、干燥、无霉烂。

③无铅无泥松花蛋的配方：传统的溏心松花蛋加工，其配料中都要加入 0.2%~0.4%的氧化铅，使成品松花蛋内含有 2~6mg/kg 的铅。铅的毒性已经引起国内外食品行业的广泛重视，人们对松花蛋中的含铅量十分敏感。通过大量的试验，用铜或锌代替氧化铅可以生产出同样质量的松花蛋，且效果较好（表 2-6-27）。

表 2-6-27　加工无铅松花蛋用料配比（每 800~1000 枚）

原料名称	用量	原料名称	用量	原料名称	用量
熟水	50kg	红茶末	1.5~2.0kg	硫酸锌①	0.125~0.2kg
生石灰	11~14kg	粗盐	2.0~3.0kg		
纯碱	3.5~3.75kg	硫酸铜①	0.25~0.35kg		

注：①表示硫酸铜和硫酸锌只用其中之一即可。也可两者同时用，但硫酸铜的量要减半。

④无铅无泥松花蛋生产工艺流程如图 2-6-13 所示。

⑤工艺要点

a. 料液的配制。料液的配制可分熬料和冲料两种。熬料时，先将水、纯碱、茶叶放入锅中煮开，另将食盐、生石灰放入瓷缸中。称取硫酸铜或硫酸锌用三倍的开水溶解。取一半煮开的碱液，慢慢倒入生石灰缸中，待反应变慢后再倒入另一半，翻底搅匀。待石灰全部消化并冷却到 55~70℃时，将硫酸铜或硫酸锌溶液慢慢加入，边加边搅拌。放置一夜后，用漏勺将灰渣捞出，静置。采用冲料时，先把茶叶、纯碱放在缸底，将水烧开后倒入缸中，经搅拌溶解后，再分批把石灰投入缸内（注意石灰一次不能投入太多，否则会造成沸水溅出伤人），然后加入食盐，搅拌均匀，使之充分作用，待冷却到 55~70℃时将硫酸铜或硫酸锌溶液慢慢加入，边加

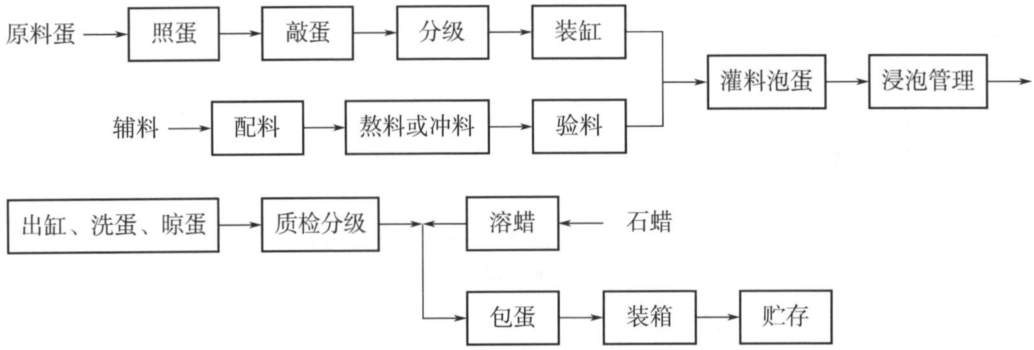

图 2-6-13 无铅无泥松花蛋生产工艺流程

边搅拌。放置一夜后，用漏勺将灰渣捞出，静置。无论熬料或冲料均须注意，各种材料要按配料标准预先准确称重，配制好的料液必须保持清洁，并且不准再掺生水。

b. 料液的检验。经去渣的料液静置 24~48h，取上清液测定 NaOH 含量。一般采用酸碱滴定法，取 1mL 上层料液于 250mL 三角瓶中，加约 30mL 蒸馏水，加 2~3 滴 1%酚酞指示剂，用 0.1000mol/L 标准 HCl 滴到粉红色褪去，再加 4~5 滴 0.1%甲基橙指示剂继续用盐酸滴定到料液由橙黄色变为橙红色为止。

NaOH 含量的计算：

$$\text{NaOH}(\%) = [V_1 - (V_2 - V_1)] \times 4 \times N \qquad (2-6-4)$$

式中 V_1——第一次滴定时消耗 HCl 的体积，mL；

V_2——第二次滴定时消耗 HCl 的体积，mL。

N——HCl 的浓度，mol/L。

一般 NaOH 的含量以（4.0 ± 0.5)%为宜。若 NaOH 浓度过大，称作为“伤碱”，NaOH 浓度过低，称作为“冒冷”。

c. 装缸与灌料。装缸是将经过感官鉴别、照蛋、敲蛋、分级等工序挑选出来的鲜蛋，放入清洁缸内。下缸前，在缸底要铺一层洁净的麦秸，以免最下面一层的蛋直接与硬缸底相碰，受到上面许多层蛋的压力而压破。放蛋时要轻拿轻放，一层一层地平放，切忌直立，不要搭空，以防震碎蛋壳。最上层的蛋应离缸口半尺左右，以便封缸。蛋下缸后，加上花眼竹篦盖，并用木棍压住，以免灌料汤后，鸭蛋飘浮起来。

鲜蛋装缸后，将经检验合格料液加以搅拌，使其浓度均匀，按需要量缓慢由缸的一边灌入缸内，直至蛋全部被料汤淹没为止。料液温度≤25℃。

d. 浸泡管理。灌料后，浸泡期间技术管理工作同成品的质量关系颇为密切。首先是严格掌握室内（缸房）的温度。一般要求控制在 20~24℃较为适宜。其次是勤观察、勤检查。

一般鲜蛋下缸后，在浸泡期间要经过三次检查。第一次检查：在鲜蛋下缸后，夏季（25~30℃）经 5~6d，春秋季（15~20℃）经 7~10d 即可进行，这时蛋白已初步凝固。取 3~5 枚，用灯光透视，可见类似鲜蛋的红贴壳或轻微的黑贴壳，说明料液碱度适宜。如还像鲜蛋一样，说明料液碱度太低，必须及时补料；如蛋全部变成类似黑贴壳，说明料液碱度较浓，应提早出缸。第二次检查：夏季经 10~13d，春秋季经 18~20d，取 2~3 枚蛋样剥壳检查，此时蛋白凝固、表面光洁，变成淡棕色，蛋黄已变成褐绿色，说明正常。第三次检查：夏季经 18~20d，春秋季经25~30d，取蛋样用灯光透视，大部分蓝黑色，小头呈黄色或微红色。剥壳检查，蛋白凝固光洁、不黏壳，呈棕黑色，蛋黄呈墨绿色，蛋黄中心呈淡黄色溏心，表示可以出缸。如此时用灯光透视发现蛋小头呈深红色，剥壳检查，蛋白有烂头和黏壳现象，必须及时出缸；如透视时，蛋小头呈淡黄色，剥壳检查发现蛋白软化不坚实，蛋黄溏心较大，可稍推迟出缸时间。

e. 出缸、洗蛋、晾蛋。在出缸前对各缸进行抽样检查，灯光透视呈茶红色，尖端红色，剥开检查，蛋白呈墨绿色、不黏壳，凝固良好，蛋黄中心的溏心较小，即是完全成熟的标志。视全部成熟后，便可出缸。出缸时，先拿出缸上面的木棍和竹篦盖，后将成熟的松花蛋捞出，置于另一缸内，用冷开水冲洗，洗去附在松花蛋外面的碱液和其他污物，装入竹篓内晾干。

f. 质检分级。出缸后的松花蛋，必须及时进行质量检验，其方法以感官鉴别和灯光透视为主，即采取“一观、二掂、三摇晃、四照”的方法进行质检。把破、次、劣质蛋剔除。一观：观看蛋壳是否完整，壳色是否正常。通过肉眼可将破损蛋、裂纹蛋、黑壳蛋及比较严重的黑色斑块蛋（在蛋壳表面上）等蛋剔出。二掂：拿一枚松花蛋放在手上，向上轻轻抛起3、4次（抛高13~17cm），鉴定其内容物有无弹性。若掂到手里有震颤感并有沉甸甸的感觉者为优质蛋，若无弹性感觉时，则需要进一步用手摇法鉴别其蛋的质量如何。三摇晃：此法是前法的补充。即用手捏住蛋的两端，在耳边上下左右摇动3、4次，听其有无水响声或撞击声，若用手摇时有水响声，破壳后蛋白、蛋黄呈液体状态的蛋，则为水响蛋，即劣蛋。四照：用上述鉴定方法还难以判明成品质量的优劣时，则可用照蛋法进行鉴定。灯光透视时，若蛋内大部分呈黑色或深褐色，小部分呈黄色或浅红色者为优质蛋。若大部分或全部呈黄褐色透明体，则为未成熟的松花蛋。若一端呈深红色，且蛋白有部分粘贴在蛋壳上，则为黏壳蛋。若呈深红色部分有云状黑色溶液晃动着，则为糟头蛋。

不同级别的松花蛋，应分别放在篓子中，并放上标签，以示区别。

g. 包蜡。先将选好的白蜡放入加热的容器内熔化，当温度达到95℃左右，可将洗净晾干的光身皮蛋浸入熔化的蜡中约2s，立即捞出冷却，即包涂完成。包蜡前，松花蛋务必要洗净晾干，使成品光滑美观。若松花蛋上有水，影响包涂效果，蜡层易起泡脱落。

h. 装箱、贮存。包好蜡的松花蛋，可用透明塑料盒每六个进行小包装，然后装入较大的塑料网箱内，也可将包蜡的松花蛋直接装入洁净的缸内，即可入库贮存。

松花蛋的贮存期可达四五个月，一般春秋季贮存期较长，而夏季贮存期较短。贮存时应将盛有松花蛋的箱（缸）置于凉爽通风处，切勿受日晒，也要防止雨淋或受潮，造成松花蛋发霉变质。

2. 咸蛋的加工

咸蛋又称腌蛋、盐蛋。其加工方法简单易行，而且风味独特，食用方便，因此很受人们欢迎，具有“细、嫩、鲜、松、沙、油”6大特点，全国各地生产极为普遍。咸蛋主要由食盐腌制而成，食盐具有一定的防腐能力，可以抑制微生物的繁殖，使蛋内容物的分解和变化速度迟缓，所以咸蛋的保质期较长。

（1）配料标准　鸭蛋（或鸡蛋）1000个，食盐6~7.5kg，干黄土6.5~8.5kg，冷开水4~4.5kg。

（2）加工过程　咸蛋的加工工艺最常见的有盐泥涂布法和盐水浸泡法两种。

①盐泥涂布法

盐泥配制：将食盐放入水桶中，加水使其溶解后，加入黄土用木棍搅拌，使其呈浆糊状。

泥浆的浓厚程度可用原料蛋试验，把蛋放入泥浆中，如一半浮在泥浆上，另一半浸入泥浆中，则表示泥浆浓厚程度合适。

滚泥入缸：新鲜蛋经过照验、敲验、整理，严格剔除各种破壳蛋、陈次蛋后，放入泥浆中（每次3~5个），使蛋壳上全部粘满盐泥，再将粘好盐泥的蛋放入缸中。基本装满后，把剩余的泥料倒在咸蛋的上面，盖上缸盖即可。加工咸鸭蛋时，涂泥以后还可进行滚灰，使包有盐泥的蛋面附上一层薄薄的干草灰，使蛋与蛋之间相互粘连，然后点数入缸。

成熟：咸蛋的成熟快慢主要由食盐的渗透速度决定，而食盐的渗透速度又受温度影响，所以在腌制期间室内的温度、相对湿度必须给予适当的控制，一般情况下，春秋季节需30~40d，夏季20~30d即可腌好咸蛋。

②盐水浸泡法：此法操作简单，成熟快，适用于少量零星加工。

腌制方法：把食盐放入容器中，倒入开水使食盐溶解，待盐水冷至20℃左右时，即可将蛋放入浸泡，盐水的浓度以20%为宜（即20kg食盐加80kg水）。夏季盐水浓度可略微提高。

盐水浸泡的咸蛋，成熟的时间比盐泥涂布法要短一些，为15~20d，这是因为盐水对鲜蛋的渗透作用比盐泥快，但盐水腌蛋一个月后，往往蛋壳上出现黑斑，而盐泥法无此缺点。

（3）咸蛋品质评定　主要从蛋壳、蛋白、蛋黄和滋味等几方面评定。

蛋壳：要求蛋壳表面无裂纹，蛋壳清洁。

蛋白：煮熟后的咸蛋气室小，蛋白味道纯正，没有任何斑点，有软而嫩的组织状态。

滋味：咸淡适中，无异味。

3. 糟蛋的加工

糟蛋是用优质鲜蛋在糯米酒糟中糟渍而成的一类再制蛋，品质柔软细嫩、气味芳香、醇香浓郁、滋味鲜美、回味悠长，是我国著名的传统特产。糟蛋主要采用鸭蛋加工，我国最著名的产品有浙江平湖糟蛋和四川叙府糟蛋。

（1）糟蛋加工的基本原理　糯米在酿制过程中，由于糖化菌的作用，将糯米中的淀粉分解成糖类，糖再经酒精发酵而产生醇类（主要是乙醇），优质糯米含淀粉多，产生醇的量大，一部分醇氧化成乙酸。酸、醇能使蛋白和蛋黄变性、凝固，使蛋白变为乳白色的胶冻状，蛋黄呈半凝固的橘红色，糟中的醇与酸作用产生酯，产品有芳香味。

糟中醇和糖由壳下膜渗入蛋内，故成品有酒香味及微甜味。蛋在糟制过程中受乙酸作用，使蛋壳中的碳酸钙溶解，蛋壳变软，故成品糟蛋似软壳蛋。鲜蛋由于长时间的糟渍，糟中有机物渗入蛋内，因而成品变得膨大而饱满，质量增加。食盐渗入蛋内，可使蛋内容物脱水和促使蛋白质凝固，也有调味作用。糟中乙醇含量虽然不多，仅15%，但蛋在糟中糟制时间长，所以蛋中微生物，特别是致病菌均被杀死。因此，糟蛋可生食。

（2）平湖糟蛋加工方法　平湖糟蛋原产于浙江省平湖市，其生产至今已有200多年的历史。该产品蛋白呈乳白色胶冻状，蛋黄为橘红色半凝固体；其蛋质柔软，食之沙甜可口，滋味醇和鲜美，香味浓郁。

①酿酒制糟

a. 糯米浸泡。将符合要求的糯米洗净，用清洁食用水浸泡，使米中淀粉吸水膨胀，便于蒸制成饭。浸泡时间可因米质和气温不同而有异，一般温度可浸泡20~24h。

b. 蒸米成饭。将米蒸成熟饭，其目的是使米中淀粉糊化，有利于发酵。要求饭应是熟透而不烂、无白心、熟而不黏的粒状饭，这样既利于糖化，发酵好，又不烂糟。蒸饭时，将泡好的米洗净，放入装好假底和蒸饭垫的木桶内，米面铺平，开始加热蒸煮。当蒸汽透过糯米面时，盖上木盖继续蒸 10min。然后打开木盖，向米饭表面均匀地洒上热水，使上层米水分均匀，米粒充分膨胀，再盖上盖蒸 10min 左右。然后打开盖，用木棒搅拌米饭，再蒸 5min 左右，直到均匀地熟透为止。

c. 加酒药。为了使饭温迅速降至菌种需要的发酵温度，蒸好的饭用凉开水冲数分钟，冲淋次数和时间取决于气温，气温高可多淋凉开水，至米饭温度达 30℃ 左右，即可拌酒药。有绍药和甜药之分。绍药和甜药按需要量称好（每 50kg 糯米蒸成的糯米饭，加绍药 0.3kg 和甜药 0.16kg），研成粉状，将米饭倒入缸内，均匀地拌入混合酒药粉。然后铺平拍紧，并使中心部形成一圆窝，再于饭表面撒上一薄层酒药粉即可。

d. 发酵成糟。将装有拌药饭的缸盖上盖（清洁、干燥的草盖），缸外有 6cm 厚的保温层，促使淀粉糖化和酒精发酵。随着糖化和发酵的进行，饭温逐渐升高，经 22~30h，可达 35℃。此时便有酒露出现，并流集于缸中央的凹形圆窝内。当酒露达到 3~4cm 时，为了防止饭温过高成糟发红而有苦味，必须将盖稍打开使酒糟降温。为了防止醋酸菌浸入影响糟的质量，可定时用凹窝内的酒露泼洒糟面及四周缸内壁，使酒糟充分酿制成熟，以供糟蛋使用。

通常情况下，酿制酒糟约需一周。优质酒糟色白、味略甜、香气浓、有酒香味，酒精含量 15%左右。如果糟呈红色，有酸味、辣味或苦味，均为坏糟，不能使用。

②选蛋、击壳

a. 选蛋。经感官鉴定和照蛋，除去陈、次、小及畸形蛋，然后按质量分等级。其规格见表 2-6-28。

表 2-6-28 按质量分等级规格表

级别	特级	一级	二级
每千枚重/kg	75	67.5~75	63~67.5

b. 洗蛋。糟制前的蛋逐个清洗，除去污物，通风处阴干或擦干。

c. 击蛋破壳。击蛋破壳是平湖糟蛋的特殊工艺。目的在于使蛋在糟制过程中，糟中醇、酸、糖等物质迅速渗入蛋内，缩短成熟时间，便于蛋壳软化和脱壳。击蛋方法是左手心内放一枚蛋，右手拿竹片，对准蛋的长轴（纵侧），轻轻一击，使蛋壳产生一条纵向裂纹。然后将蛋转半周，并以同样方法击一下，使两条纵向裂纹延伸相连成一线。击蛋用力要适当，要求破壳不破壳下膜，否则不能作原料蛋。

③装坛糟制

a. 蒸坛消毒。坛子用清水洗净，然后进行蒸汽消毒。消毒时，如果发现坛底漏气，不能使用。

b. 装坛糟制。消毒后的坛内，铺上一层约 4kg 的糟。将蛋大头向上，一一插入糟内，其密度以蛋间有糟，蛋在糟中能旋转自如为宜。当第一层蛋放妥后，再铺 4kg 糟，如上法再放一层蛋。这样层糟，层蛋，直至满坛为止。最上一层铺上 9kg 糟，并在糟上洒一层盐，但要防止盐下沉直接与蛋接触。平湖糟蛋每坛装 120 个，用糟 14.5~17kg，用盐 1.7~1.85kg。

c. 封坛、成熟。坛口用 2 张牛皮纸刷上猪血，将坛口密封，扎紧，即可入仓进行成熟。成熟过程中严禁任意搬动而使食盐下沉。

糟蛋成熟时间为 4.5~5 个月。每月定期抽样检查成熟过程中的变化：第一个月，基本与鲜蛋相同，仅击破裂纹较为明显。第二个月，蛋壳裂缝加大，蛋壳与壳下膜逐渐分离，蛋白仍为液体状态，蛋黄开始凝结。第三个月，蛋壳和壳下膜全部分离，蛋白开始凝结，蛋黄全部凝结。第四个月，蛋壳与壳下膜脱开 1/3，蛋白呈乳白状，蛋黄带微红色。第五个月，蛋已糟制成熟，蛋壳大部分脱落，蛋白已凝成乳白色胶冻状，蛋黄柔软带橘红色。

（3）品质鉴定

①优质糟蛋：蛋壳与壳下膜完全分离，蛋壳全部或大部分脱落。个大而丰满，色泽乳白光亮，洁净。蛋白似乳白胶冻状，蛋黄呈半凝固状的橘红色，蛋黄与蛋白界限分明。具有浓郁的酒香和酯香味，略带甜味及咸味，无异味，不带酸辣味。

②废品蛋：常见的废品蛋有矾蛋、水浸蛋、嫩蛋。

矾蛋：矾蛋即蛋壳变厚似燃烧后的矾一样。这类蛋的产生是由于蛋壳变质，坛内同一层蛋膨胀挤成一团，蛋不成形，糟成糊状，形成“凝坛”，不能取出蛋。矾蛋的产生，一般是自上而下。所以，及早发现，下层还有好糟蛋，可取出另换坛换糟，减少损失。矾蛋产生的原因是上层糟面过薄，盐粒未溶而落，使蛋壳变质；坛有漏裂处，使糟液减少，蛋与蛋相互接触，挤压，这时乙酸与蛋壳发生作用，而使蛋与糟黏结成块，形成凝坛。此外，坛消毒不彻底或糟质不良以及原料蛋不新鲜也是矾蛋产生的原因。

水浸蛋：主要是糟质量差，含醇量过少，使蛋白凝固不良或仍呈液体状，色砖红，蛋黄硬实而有异味，不能食用。

嫩蛋：嫩蛋即蛋黄已凝固，蛋白仍为液体。这种蛋产生的原因是加工时间过晚，蛋还未糟制成熟，气温已下降。补救方法：可用沸水泡蛋或煮一会，使蛋白凝固。补救后的嫩蛋可食用，但失去了糟蛋固有的香味。

（二）湿蛋制品

湿蛋制品是指将检验合格的鲜蛋去壳后，经特定加工工艺生产出的一类水分含量较高的蛋制品，它是食品工业及其他工业上广泛使用的原料。湿蛋制品分为蛋液、冰蛋品和湿蛋品三大类别，一般以鸡蛋为原料。

1. 蛋液

蛋液是严格筛选的质量合格的新鲜鸡蛋，在灭菌工艺下去壳后混合的蛋液体。其中抑菌消毒是关键。其加工工艺流程包括：

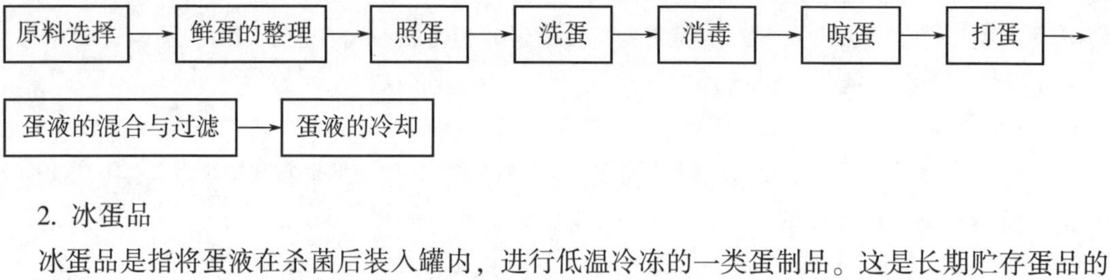

2. 冰蛋品

冰蛋品是指将蛋液在杀菌后装入罐内，进行低温冷冻的一类蛋制品。这是长期贮存蛋品的一种有效方法。冰蛋品分冰全蛋、冰蛋黄和冰蛋白三种，其加工方法基本相同。加工过程中巴氏杀菌较为典型，蛋液的巴氏杀菌即对蛋液进行低温杀菌，是在尽量保持蛋液营养价值的条件下，杀灭其中的致病菌，最大限度减少蛋液中细菌数目的处理方法。

3. 湿蛋品

湿蛋品是以蛋液为原料，加入不同的防腐剂而制成的一类水分含量较高的蛋制品。湿蛋品既是食品工业的原料，又是其他工业的辅助材料。我国主要以蛋黄液为原料生产少量湿蛋黄。湿蛋黄分为无盐湿蛋黄（在蛋黄液中加入1.5%的硼酸或0.75%的苯甲酸钠）、有盐湿蛋黄（在蛋黄液中加入1.5%~2.0%的硼酸及10%~12%的食盐，或者加入0.75%的苯甲酸钠及10%~12%的食盐）和蜜蛋黄（在蛋黄液中加入10%的优质甘油并烘去其中1/3的水分，使之呈鲜橘红色）三种。由于湿蛋黄中加入了防腐剂，其使用越来越受到了限制，目前这类产品在国内只有少量生产。

（三）干燥蛋制品

干燥蛋制品简称干蛋品，它是将鲜蛋液经过干燥脱水处理的一类蛋制品，具有体积小、质量稳定、便于贮存和运输等优点。干蛋品是食品、纺织、制革、医药等工业上的原料。根据加工方法不同，干蛋品分为干蛋片和干蛋粉两种。干蛋片主要是蛋白片；干蛋粉包括全蛋粉、蛋白粉和蛋黄粉。我国主要生产干蛋白片、全蛋粉及蛋黄粉。

1. 蛋白片

蛋白片又称干蛋白或鸡蛋白片，是指将鸡蛋的蛋白经过搅拌过滤、发酵、干燥制成的蛋制品。蛋白片的加工工艺流程：

搅拌过滤 → 发酵 → 过滤与中和 → 烘干 → 晾白 → 拣选及焐藏 → 包装与贮藏

其中，发酵是干蛋白加工过程中的关键工艺。我国生产干蛋白一般采用自然发酵，即通过细菌、酵母菌及酶的作用使蛋白液中的糖分解转化，同时使蛋白质分解变成水样状态。发酵蛋白液呈酸性，在烘干中易产生气泡，不耐贮藏，容易破碎，常用氨水进行中和。烘干步骤是在不使蛋白液凝固的原则下，利用适宜的温度使蛋白液中的水分逐渐蒸发，将蛋白液烘干成透明的薄晶片。我国多采用热水浅盘烘干法。

干蛋白可用于食品工业制造多种食品（如糖果、糕点、巧克力粉、冰淇淋等），可广泛用作纺织印染工业的固着剂，皮革工业的光泽剂，造纸工业的施胶剂，印刷制板用的感光剂及胶着剂，制印画纸用的涂料液，此外，它还可用于医药工业制造药品（如蛋白银、鞣酸蛋白、蛋白铁液、细菌培养基等），用于制造人造象牙、发光漆、化妆品等。因此，干蛋白具有非常广泛的用途，是工业上使用的重要原料。

2. 干蛋粉

干蛋粉是指用喷雾干燥法除去蛋液中绝大多数的水分而加工出的粉末状产品，我国主要生产全蛋粉和蛋黄粉，这类产品的贮藏性良好。干蛋粉的加工方法与乳粉的加工方法类似，加工工艺流程包括：

搅拌过滤 → 巴氏杀菌 → 喷雾干燥 → 过筛 → 包装

其中，喷雾干燥是核心步骤，通常采用压力喷雾干燥法或离心喷雾干燥法，以离心喷雾干燥法为佳。喷雾干燥的优点是干燥速度快，对产品的色、香、味、营养成分影响小，成品的冲调性好。但喷雾干燥室体积较大，设备热利用率较低，粉尘回收装置比较复杂。

干蛋粉主要供食用和食品工业用。如在食品工业上生产糖果、饼干、面包、冰淇淋和蛋黄酱等。此外，蛋黄粉还可提炼出卵磷脂用于医药工业，提炼出的蛋黄油可用于油画及化妆品等。

（四）新型休闲蛋制品及加工技术

1. 烤蛋

烤蛋大约从2011年开始以一种产品出现，烤蛋香气浓郁，蛋体内无沙门氏菌，是一种安全绿色食品。主要品牌有誉福园洪湖红泥烤鸭蛋、广西北部湾烤海鸭蛋等。常见的有带壳烤蛋、去壳烤蛋和保健烤蛋。

烤蛋的传统工艺流程：

选蛋 → 采泥 → 听蛋 → 和泥 → 腌制 → 清洗 → 烤制 → 包装

现代加工工艺也有将蛋煮热后腌制，以及直接将卤料和蛋一起煮入味来替代腌制的过程，缩短了制作时间。在带壳烤蛋烤制过程中，也有在蛋上打针孔进行烤制，或同时通过针孔注射调味料来增味的工艺改良。去壳烤蛋的制作大都是蛋煮熟去壳，再和调味料混合煮制入味后烤制。而保健类烤蛋则是添加了中药粉末来腌制鸡蛋。

2. 臭蛋

臭蛋是发酵蛋制品，指有臭味但营养价值高、风味独特的风味蛋类产品。现在市面上的臭蛋主要是江苏骆马湖臭鸭蛋和山东微山湖臭鸭蛋。其中，骆马湖臭鸭蛋在腌制时采用了红泥包裹腌制，加工工艺流程为：

清水冲洗 → 高温杀菌 → 恒温腌制 → 真空包装

传统的臭蛋是自然发酵的蛋制品，但为了节约时间，也有通过直接添加发酵物（如臭豆腐）获得臭风味，还可以通过添加粪肠球菌菌种到臭蛋发酵液中，提高发酵效率。

思考题

1. 试述肌肉组织的宏观结构和微观结构。
2. 说明构成肌原纤维蛋白质的结构及特性。
3. 试述肉颜色变化的机理以及影响肉色变化的因素有哪些。
4. 试述肉嫩度的含义，并说明影响肉嫩度的因素有哪些。
5. 什么是肉的保水性？肉的保水性有哪些表示方法？影响肉的保水性的因素有哪些？
6. 宰前检验发现病畜禽时，如何进行处理？
7. 什么是肉的僵直？僵直过程中肉质发生了哪些变化？
8. 什么是肉的成熟？肉的成熟过程发生了哪些物理变化和化学变化？
9. 说明硝酸盐和亚硝酸盐的发色机理以及其在腌制肉制品中作用。
10. 牛乳的主要化学成分包括哪些？影响牛乳成分的因素有哪些？
11. 试述牛乳的分散体系。
12. 简述乳脂肪在乳中的存在状态。乳脂肪球膜的构造如何影响乳脂肪的稳定性？
13. 试述酪蛋白在乳中的存在状态。影响酪蛋白胶粒稳定性的因素有哪些？

14. 乳中酶类的来源有哪些？乳中的酶类主要包括哪些？对乳制品的加工有何影响？

15. 试述异常乳的种类及特性。

16. 比较说明各类巴氏杀菌的条件、设备及效果。

17. 酸乳有哪些生理保健功能？

18. 试述酸乳发酵剂的种类及选择酸乳发酵剂应考虑的因素。

19. 凝固型酸乳后熟的作用有哪些？

20. 凝固型酸乳和搅拌型酸乳的加工工艺的区别有哪些？

21. 试述凝固型酸乳和搅拌型酸乳加工和贮藏过程中常出现的质量问题和解决方法。

22. 试述喷雾干燥法生产乳粉的原理及喷雾过程中的变化。

23. 禽蛋由哪些部分构成？各部分的构成有哪些特点？

24. 蛋壳、蛋白、蛋黄化学组成各有哪些特点？蛋白与蛋黄的蛋白质组成有何差异？

25. 禽蛋的贮藏保鲜有哪些方法？我国目前采用最多的是哪几种方法？

26. 试述松花蛋形成的机理。

27. 试述无铅无泥松花蛋的加工方法。出缸后的松花蛋怎样进行品质检验？

28. 试述腌制咸蛋的机理及常用的加工方法。

29. 在加工蛋液时，为什么要对原料蛋进行清洗、消毒？加工蛋液时，如何提高产品的卫生质量？

30. 如何进行蛋液的巴氏消毒？冷冻对蛋黄液有什么不利影响？

第三篇

食品工艺学实验

第一章

CHAPTER 1

果蔬加工工艺学实验

实验一　糖水菠萝罐头的制作及罐头中心温度、F 值和中心压力的测定

一、实验目的

1. 了解糖水菠萝罐头的制作工艺流程，掌握罐藏工艺的操作要点。
2. 了解罐头中心温度、杀菌 F 值和罐内压力测定的基本原理，掌握其测定方法。

糖水菠萝罐头制作

二、实验原理

罐藏是把食品原料经过前处理，装入能密封的容器内，添加糖液、盐液或水等，通过排气、密封和杀菌，杀灭罐内有害微生物并防止二次污染，使产品得以长期贮藏的一种加工技术。

罐头传热状况对罐头的加热杀菌效果有明显影响。加热杀菌时，热量从罐头外侧表面向罐内传递，遵循热的传导和对流规律。对罐头传热状态的测定是制定合理的杀菌规程的重要依据，制定合理的杀菌规程对保证罐头产品的品质，提高工效，降低生产成本均有积极的作用。实际生产中一般通过测定罐头中心温度和杀菌 F 值来反映。在加热杀菌时由于罐内食品的热膨胀、组织内空气的逸出、水蒸气的形成，会造成罐内压力的增加，了解和测定加热杀菌时罐内压力的变化，对于确定杀菌冷却时杀菌锅内反压力有着重要意义，同时对于罐底盖膨胀圈的设计也有一定指导意义。

（一）罐头中心温度测定原理

由两种不同金属丝（如铜丝和镍铜丝）组成的热电偶，将其两个金属接头分别放入高温和低温介质中，组成封闭电路，便产生电动势。该电动势的大小取决于两熔接点的温度差，仪表上的表面刻度读数即为已经校对并换算成温度刻度的中心温度。

（二）F 值测定原理

杀菌 F 值表示在一定温度下杀死一定量微生物需要的时间，每一个温度点有一个相应的 F

值，整个杀菌过程中的各个温度点的 F 值总和即为总杀菌 F 值。

（三）罐头中心压力的测定原理

罐头在加热杀菌过程中往往会因为罐内压力过大而破坏罐头密封性，使罐内压力过大的主要原因有：

1. 加热杀菌使罐内温度升高，造成内容物膨胀，产生蒸汽；
2. 内容物组织中的空气受热逸出并膨胀；
3. 顶隙中的空气受热膨胀。

压力测定原理：当罐头加热使罐内产生压力时，通过压力传感装置传至转换器，将压力转换为电流再传至测定仪，仪器自动记录压力变化曲线，从曲线便可查得整个杀菌过程中每个阶段的罐内压力值。

三、实验材料及设备

1. 材料

新鲜菠萝、白砂糖、柠檬酸、pH 试纸。

2. 用具及设备

天平、温度计、不锈钢锅、不锈钢刀、手持折光仪、马口铁空罐及罐盖、罐头中心温度测定仪（或万用表）、热电偶及导线、Z9CD-F 型自动测温仪、压力测定仪、高压杀菌锅。

四、实验步骤

（一）糖水菠萝罐头制作工艺流程及操作要点

1. 工艺流程

原料选择 → 清洗 → 去皮去眼（原料称重） → 切块 → 漂洗 → 装罐 →

灌汤汁 → 排气 → 封罐 → 杀菌 → 冷却 → 擦罐、入库、贴标

2. 操作要点

（1）原料选择　选择新鲜、无霉烂和病虫害、成熟度九成以上的果实。要求大小、色泽、成熟度一致。

（2）切端去皮　用片刀将果实两端垂直于轴线切下，削去外皮，削皮时应将青皮削干净。

（3）去眼　用三角刀沿果目螺旋方向挖除果目，要求沟纹呈螺旋状，切口深浅以正好能挖净果目为宜。

（4）切块　经雕目后的果实用小刀削除残留表皮及雕目残芽，清洗一遍后置于砧板上，用刀将果六等份纵向切开，去除果芯，果肉切成厚度约为 1.2cm 的扇形块。

（5）漂洗　切块后的菠萝肉扇块用清水进行漂洗，去除碎屑杂质，然后用筛网滤去水分。

（6）糖液配制　根据果肉的固形物含量，按开罐后糖液浓度 14%，每罐净重 350g（果肉装入量 250g，糖水加入量 100g），根据以下公式计算所需要配制的糖液浓度：

$$Y = \frac{W_3 Z - W_1 X}{W_2} \qquad (3-1-1)$$

式中 Y——需配制的糖液浓度,%;

W_1——每罐装入果肉重，g;

W_2——每罐加入糖液重，g;

W_3——每罐净重，g;

X——装罐时果肉可溶性固形物含量,%;

Z——要求开罐时的糖液浓度,%。

称取白砂糖加入水中，加热溶解，加入0.1%的柠檬酸，使糖液pH为4.0左右，过滤，煮沸备用。

(7) 装罐 选择片形完整、色泽一致、无伤疤、斑点等缺陷的扇形片分别装罐，果肉排列整齐。每罐果肉装入量约250g，然后将热糖液（每罐100g）注入罐内，注意留8~10mm的顶隙。

(8) 排气、封罐 将已经装好的罐头放入沸水中，加热至罐中心温度80~85℃，取出后立即手动封罐。

(9) 杀菌 将密封好的罐头在沸水中水浴杀菌10min。

(10) 冷却 杀菌结束后取出罐头用流动水冷却至40℃。

（二）罐头中心温度、*F*值和中心压力的测定

1. 感温部件安装

将感温部件及导线接入到杀菌锅内。先用开孔器在密封好的罐盖中心打一合适孔洞，将感温部件的插座螺母拧入孔洞内，拧紧并使密封衬垫压紧以防漏气。然后将感温部件的热电偶插到罐头中心处（冷点）。不同传热方式的食品，其冷点位置有所差别，具体如图3-1-1所示。

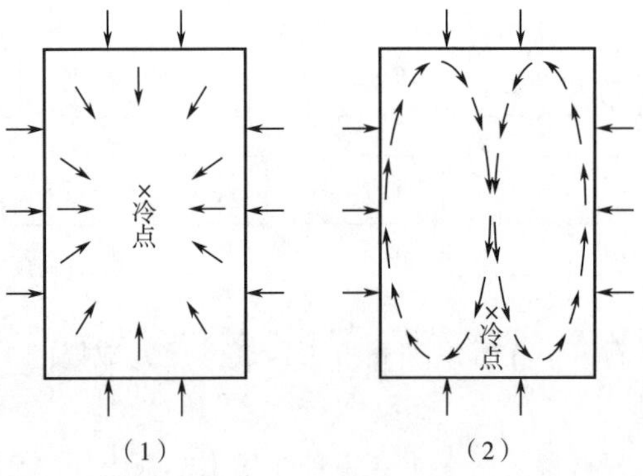

图3-1-1 罐头食品冷点

(1) 传导加热 (2) 对流加热

2. 中心温度测定

将装上热电偶的几个实罐，分别放在杀菌锅内不同位置上的几个测定点，测定各个罐头在杀菌过程中的罐头中心温度的变化情况，同时将各个罐头每隔一定时间测量一次中心温度并记录列表（采用自动测温仪测量时应设定好打印间隔时间）。

3. 罐内压力测定

(1) 罐头样品的准备 ①在马口铁空罐的罐底中心开一个孔洞，去除切断的铁皮。②从

孔口的内边剪2mm缺口并稍向上翘起，作为插座螺母的螺纹。③将插座螺母旋于孔中，螺母与罐底用密封衬垫垫实，以保证罐头的密封；然后插入温度探针，旋紧压住。④将装有插座螺母的空罐，按产品要求装填好内容物，加好罐盖，采用真空封罐。

（2）压力传感部件的安装 ①先将毛细导管和密封螺母接入杀菌锅内。②将温度探针插入罐内的过滤网装置，然后根据测定需要将罐头样品放置在杀菌笼格的适当位置。③将毛细导管另一头与连接至测定仪的测压孔上的转换器接通。

（3）压力的测定 ①将装好测定样品的杀菌笼格放入杀菌锅内，关闭杀菌锅盖。②按回收式杀菌方式进行操作，同时接通测定仪的电源，开始自动记录罐内压力和温度的变化曲线。测温部件的安装及测温方法见罐头中心温度测定实验。

五、实验结果与记录

1. 糖水菠萝罐头的感官评价。

2. 罐头中心温度和对应的压力值、*F*值计算。

根据记录所得的罐头中心温度和对应的压力值、*F*值曲线，计算出*F*值，将测定数据分别填入表3-1-1和表3-1-2。

表3-1-1 杀菌温度与*F*值记录

罐头品种	罐型	加热时间/min	各感温件温度/℃					Σ*F*值
			0	1	2	3	4	

注：感温件编号0为杀菌锅，1~4为罐头编号。

*F*值计算公式：

$$F_{实} = t_{p}\sum_{n=1}^{n} LT \tag{3-1-2}$$

式中 $F_{实}$——罐头实际杀菌*F*值，min；

t_{p}——某一假定相等的时间间隔。以表示罐头中温度在某一温度下的延续时间，或对罐头中心温度测量时，各测点的时间间隔；

n——测量点数；

LT——致死率值，可以查表，也可以用公式 $LT=\lg^{-1}(T-121)/Z$ 求出。

表3-1-2 罐内压力测定结果

记录参数	测定数值
杀菌时间/min	
罐头中心温度/℃	
罐内压力/MPa	

注：测定点的时间间隔由实验者设定。

六、思考题

1. 影响糖水菠萝罐头质量的因素有哪些？
2. 罐头杀菌温度和时间的选择依据是什么（巴氏杀菌与高压杀菌）？
3. 测定罐头中心温度、F 值和罐内压力时要分别注意哪些问题？

实验二　橙汁的澄清实验

一、实验目的

掌握橙汁澄清的方法和工艺要点。

二、实验原理

在果蔬汁的生产和制作过程中，澄清是一个十分重要的环节。果蔬汁是一个复杂的多分散相体系，它含有细小的果肉粒子、胶态或分子状态及离子状态的溶解物质，这些物质是果蔬汁混浊的主要原因，在澄清果汁的生产中，由于它们影响到产品的稳定性，所以必须将它们去除。静置过程中蛋白质和单宁也可形成大分子聚合物沉淀下来，所以经过长时间静置可以得到澄清透明的果汁。明胶和单宁等大分子物质可以吸附果蔬汁中的果胶和蛋白，产生沉淀。利用低温对果蔬汁进行冷冻，也可达到澄清的目的。利用加热的方法可以加速大分子之间的碰撞，从而有利于沉淀。利用果胶酶制剂来水解果汁中的果胶物质，使果汁中的其他胶体失去果胶的保护而共同沉淀，达到澄清的目的。加入表面积大的物质如皂土、壳聚糖或蜂蜜等澄清剂的原理：加皂土是利用皂土在酸性果汁中带负电荷，可以通过吸附作用和离子交换作用去除果汁中多余的蛋白质等物质。壳聚糖对果汁的澄清不影响果汁的营养价值。蜂蜜中的某些蛋白质与果汁中的酚类物质结合形成沉淀后过滤，可获得纯净而不褐变的果汁。

果汁澄清方法主要有：自然沉降、加澄清剂、加酶、加热和冷冻澄清。本实验要求学生自己设计一种橙汁的澄清方法，了解果汁澄清效果的测定方法。

三、实验材料及设备

1. 材料

冰糖橙、白砂糖、柠檬酸、明胶、单宁、皂土、液体浓缩酶、干型酶制剂等。

2. 用具及设备

碎浆机、筛网、压滤机、过滤器、手持量计、温度计、不锈钢锅、电磁炉、马口铁空罐及罐盖、天平、分光光度计等。

四、实验步骤

（一）工艺流程

原料选择 → 清洗和去皮 → 榨汁 → 粗滤 → 澄清 → 精滤 → 糖酸调整 → 脱气 → 杀菌 → 包装

（二）操作要点

1. 原料选择

选择成熟适中、新鲜完好的甜橙，如冰糖橙。

2. 榨汁

将洗净的甜橙去皮后用碎浆机进行榨汁。

3. 粗滤

用孔径 0.5mm 的筛网进行粗滤，使不溶性固形物含量下降到<20%。

4. 澄清和精滤

自然澄清是将榨取的橙汁加热至 82~85℃，再迅速冷却，促使胶体凝聚，达到果汁澄清的目的。也可以用明胶、单宁、皂土、液体浓缩酶、干型酶制剂等进行处理。果汁经以上方法澄清后，再经压滤或其他类型的精滤与过滤，也可用由石棉、木浆、脱脂棉等作过滤层而制成的过滤器，或用硅藻土过滤，即可得到清澈透明的果汁。

5. 糖酸调整

加糖、加酸使果汁的糖酸比维持在（18∶1）~（20∶1），成品的糖度为12%，酸度为0.4 %。

6. 杀菌

将果汁迅速加热到>90℃，维持数秒，以达到高温瞬时杀菌目的。

7. 包装

将经过杀菌的果汁迅速装入消毒过的玻璃瓶或马口铁罐内，趁热密封。密封后迅速冷却至38℃，以免破坏果汁的营养成分。

五、澄清效果测定

通过对果汁透光率的测定来反映果汁的澄清效果。

取少量澄清果汁加入 1cm 比色杯中，以蒸馏水为参比，可见分光光度计于 640nm 下测定透光率。果汁透光率以 *T%* 表示。要求制得的清汁透光率达到 95%以上，低温贮藏有利于清汁的贮藏稳定，常温下整个实验贮藏期间果汁透光率都必须>90%。

六、实验结果与讨论

每组设计一种果汁澄清实验，写出实验报告。设计要求：每 3~5 人一组，在查阅相关资料的基础上，完成设计方案说明书，经老师审批后，进行实验并写出综合实验报告。综合性实验的成绩由四部分组成：设计方案说明书 20%，综合实验报告 40%，产品 30%，课堂表现 10%。

七、思考题

1. 对所选择的果汁澄清的方法进行优缺点比较。
2. 试分析果汁澄清方法与果汁原料之间的关系。

实验三　香蕉热风干燥及平衡水分测定

一、实验目的

1. 掌握果蔬热风干燥的原理和方法。
2. 掌握平衡水分的概念及测定方法。

二、实验原理

当湿物料与一定温度和相对湿度的干燥介质接触时，若湿物料表面水蒸气分压大于干燥介质中水蒸气分压，则其表面的水分向周围的外部环境中扩散，而内部的水分则向表面转移，直至物料表面的水蒸气分压与周围空气中的水蒸气分压相等，达到传质过程的动态平衡，物料中的水分含量保持不变。此时，物料中的水分含量，即为该干燥介质条件下的平衡水分。

对于一定的干燥条件，物料的平衡水分是该物料可以被干燥的极限。

三、实验材料及设备

1. 材料

香蕉、柠檬酸钠、亚硫酸钠、氯化钠。

2. 用具及设备

分析天平、不锈钢锅、不锈钢刀、电热鼓风干燥箱、干燥器、真空干燥箱。

四、实验步骤

（一）工艺流程

原料选料 → 去皮 → 切片 → 护色 → 烘干 → 平衡水分 → 包装 → 成品

（二）操作要点

1. 原料选择

选择新鲜、无病虫害和机械损伤的香蕉。

2. 切片

香蕉去皮后切成2~3mm厚的薄片。

3. 护色

将香蕉片按照液固比3∶1放入复合护色剂（柠檬酸2.0g/L+亚硫酸钠0.5g/L+氯化钠

1.0g/L）冷浸 10min（留一组不进行护色作为对照）。

4. 烘干

将护色后的香蕉片摊在有盖称量皿内，置于 75℃ 电热鼓风干燥箱中，开盖烘 3~4h 取出，加盖置于干燥器内冷却 0.5h 称重。再烘 1h 左右，取出，干燥器内冷却 0.5h 称重。重复此操作，直至前后两次质量差≤2mg，即为恒重。烘干恒重的香蕉片的水分含量即为上述干燥条件下香蕉片的平衡水分。对照组按同样方法操作。

5. 平衡水分的测定

取适量干制好的香蕉片，粉碎，过 20~40 目网筛，混匀。精确称取 2~5g 于烘干至恒重的有盖称量皿中，放入真空干燥箱内进行干燥。箱内压力 40~53.3kPa，温度 50~60℃。经干燥恒重后，所测得的水分含量即为香蕉片的平衡水分。对照组按同样方法操作。

（三）产品的质量标准

1. 感官品质

淡黄色，无褐变，风味纯正。

2. 理化指标

水分含量≤6%。

五、实验结果与记录

1. 香蕉片的感官评价。
2. 香蕉片的平衡水分。

六、思考题

1. 香蕉片护色的原理？
2. 干燥温度及时间对香蕉片干制品的品质有何影响？
3. 干制过程中，若香蕉片水分含量达不到规定的要求，应采取何种措施？

实验四 苹果果脯的制作

一、实验目的

1. 理解果脯制作的基本原理。
2. 熟悉果脯制作的工艺流程，掌握果脯加工技术。

二、实验原理

果脯是以食糖的贮藏作用为基础的加工贮藏法。利用高糖溶液的高渗透压作用、降低水分活度作用、抗氧化作用来抑制微生物生长繁殖，提高维生素的保存率，改善制品色泽和风味。一次煮成法是将已处理好的果蔬原料置于糖液中一次性煮制而成，由于与糖液一起加热，可使果蔬组织因加热而疏松软化，原果胶分解成果胶，纤维素与半纤维素之间松散，同时糖液因加热而黏度降低，分子活动增强，易于渗入组织。

三、实验材料及设备

1. 材料

苹果、柠檬酸、白砂糖、异抗坏血酸钠、$CaCl_2$、$NaHSO_3$ 等。

2. 用具及设备

手持折光仪、电热鼓风干燥箱、不锈钢锅、电磁炉、挖核器、不锈钢刀、台秤、天平等。

四、实验步骤

（一）工艺流程

原料选择 → 清洗 → 去皮 → 切分 → 去心 → 预煮或烫漂 → 硫处理 →

糖制 → 烘干 → 包装 → 成品

（二）操作要点

1. 原料选择

选用果形圆整，果心小，成熟度适宜的苹果。

2. 去皮、切分、去心

手工去皮后，挖去损伤部分，将苹果对半纵切，再用挖核器挖掉果心。其间用 0.5%异抗坏血酸钠溶液做护色处理 10min。

3. 预煮

采用沸腾的纯净水煮制 2~5min。预煮后必须用冷水浸泡，以防止余热继续作用。

4. 硫处理和硬化

将果块放入 0.1%的 $CaCl_2$ 和 0.2%~0.3%的 $NaHSO_3$ 混合液中浸泡 4~8h，进行硬化和硫处理。若肉质较硬则只需进行硫处理。浸泡液以能淹没原料为准。浸泡时上压重物，防止上浮。浸后捞出，用清水漂洗 2~3 次备用。

5. 糖煮（一次煮成法）

在锅内配成与果块等重的 20%糖液，同时加入一定量柠檬酸，浓度为 0.3%，加热煮糖至沸腾，倒入果块，以旺火煮制达到终点。其间可分次加糖，最后使制品糖含量达到 60%~65%，果实呈肥厚发亮透明时即可停火。趁热起锅，将果块连同糖液倒入容器中浸渍 24~48h。

6. 烘干

将果块捞出，沥干糖液，摆放在烘盘上，送入干燥箱，在 60~66℃ 干燥至不黏手为度，大约需要烘烤 24h。

7. 整形和包装

烘干后用手捏成扁圆形，剔除黑点、斑疤等，装入食品袋、纸盒，最后装箱。

（三）产品的质量标准

1. 感官品质

色泽：浅黄色至金黄色，具有透明感；组织与形态：呈碗状或块状，组织饱满，有弹性，不返砂，不流糖；风味：甜酸适度，具有原果风味，无异味。

2. 理化指标

总糖含量：60%~65%，水分含量：16%~20%。

3. 评价方法

按照 GB/T 10782—2021《蜜饯质量通则》进行评价。

五、实验结果与记录

1. 苹果预煮过程中的现象。
2. 苹果糖制过程中的现象。
3. 苹果果脯的感官评价。

六、思考题

1. 产品若发生返砂和流糖是何原因？如何防止？
2. 护色的方法有哪些？原理是什么？
3. 如何防止糖制过程果块煮烂问题？

实验五 泡菜的制作

一、实验目的

1. 熟悉泡菜加工的工艺流程，掌握泡菜加工技术。
2. 在实践中验证理论上泡菜加工中发生的一系列变化。

泡菜的制作

二、实验原理

利用泡菜坛造成的坛内缺氧状态，配制适宜乳酸菌发酵的低浓度盐水（4%~6%），对新鲜蔬菜进行腌制。

乳酸的大量生成，降低了制品及盐水的 pH，抑制了有害微生物的生长，提高了制品的贮藏性。同时由于发酵过程中大量乳酸、少量乙醇及微量乙酸的生成，给制品带来爽口的酸味和乙醇的香气，同时各种有机酸又可与乙醇生成具有芳香气味的酯，加之添加配料的味道，都给泡菜增添了特有的香气和滋味。

三、实验材料及设备

1. 材料

新鲜蔬菜：甘蓝、胡萝卜等组织紧密，质地脆嫩，肉质肥厚而不易软化的蔬菜种类均可。食盐、白酒、黄酒、白砂糖、红辣椒、八角茴香、花椒、胡椒、陈皮等。

2. 用具及设备

台秤、天平、泡菜坛子、不锈钢刀、案板等。

四、实验步骤

（一）工艺流程

原料选择 → 清洗 → 切分 → 装坛 → 加卤水 → 发酵 → 管理 → 成品

（二）操作要点

1. 原料的处理

剔除带有腐烂及病虫的蔬菜，充分洗涤，剔除不宜食用的部分，切分成适当大小。

2. 盐水配制

为保证泡菜成品的脆性，应选择硬度较大的自来水，若水质较软，可酌情添加少量钙盐（如0.05%的 $CaCl_2$）。将浓度为4%的盐水煮沸冷却，按照配方加入其他调味料。按照大泡菜坛子盐水容量为3000mL，计算所需要配料量如下：食盐120g、白酒75mL、黄酒75mL、白砂糖90g、红辣椒90g、八角3g、花椒15g、胡椒2.4g、陈皮3g。

3. 入坛泡制

泡菜坛子用前洗涤干净，沥干后即可将准备就绪的蔬菜原料装入坛内，装至半坛时放入香料包，再装原料至距坛口6~7cm为止，并用竹片将原料卡压住，以免原料浮于盐水之上。随即注入配制的盐水，至盐水能将蔬菜淹没。将坛口小碟盖上后即坛盖钵覆盖，并在水槽中加注盐水。将坛置于阴凉处任其自然发酵。

4. 泡菜的管理

（1）入坛泡制1~2d后，由于食盐的渗透作用，原料体积缩小，盐水下落，此时应再适当添加原料和盐水，保持其装满至坛口下3~4cm为止。

（2）注意水槽　经常检查，水少时必须及时添加，保持水满状态，为安全起见，可在水槽内加盐，含盐量达15%~20%。

（3）泡菜的成熟期限　泡菜的成熟期随所泡蔬菜的种类及当时的气温而异，一般新配的盐水在夏季需5~7d即可成熟，冬季需12~16d才可成熟。叶菜类如甘蓝需时较短，根菜类及茎菜类则需时较长一些。

（三）产品的质量标准

1. 感官品质

色泽：依原料种类呈现相应颜色，无霉斑；香气滋味：酸咸适口，味鲜，无异味；质地：脆，嫩。

2. 理化指标

水分≤85g/100g；总酸（乳酸计）0.3~1.8g/100g；食盐≤10g/100g。

3. 卫生指标

亚硝酸盐≤20mg/kg；大肠菌群，散装≤90MPN/100g，瓶装≤30MPN/100g；致病菌不得检出。

五、实验结果与记录

1. 泡菜腌制过程中的变化。
2. 泡菜的感官评价。

六、思考题

1. 泡菜制作时，常出现的问题是什么？如何进行预防？
2. 试述泡菜发酵机理，腌制时是如何抑制杂菌的？
3. 如何提高泡菜的脆性？

实验六 速冻蔬菜的制作及冻结速度对食品质量的影响

一、实验目的

1. 通过本实验掌握速冻食品加工原理与工艺。
2. 了解冻结速度对食品品质的影响。
3. 了解和掌握冻结食品品质评价及测定的常用方法及指标。
4. 熟悉冻结曲线的测定方法及其影响因素。

二、实验原理

速冻保藏是利用快速冷冻工艺对果蔬进行加工的一种方法，速冻能最大限度抑制微生物和酶的活动，较大程度地保持新鲜果蔬原有的色泽、风味、香气和营养，食用方便，可长期保存。因为低温对酶并不起完全的抑制作用，酶仍能保持部分活性，因此果蔬速冻前要进行热烫处理，主要目的是灭酶。大部分果蔬均适合速冻加工。

实际生产中，冻结食品常会发生食品组织瓦解、质地改变、蛋白质变性等不良变化，合理控制冻结速度对食品品质的影响是保证冻结食品品质的重要条件。

三、实验材料及设备

1. 材料

菠菜。

2. 用具及设备

不锈钢刀、不锈钢锅、漏勺、普通冰箱、低温冰箱、速冻试验装置、温度计、万用电表、色差计、手持折光仪。

四、实验步骤

（一）速冻菠菜制作工艺流程及操作要点

1. 工艺流程

原料选择 → 修整 → 清洗 → 烫漂、冷却 → 沥水 → 冻结 → 包冰衣 → 包装 → 冻藏

2. 操作要点

（1）原料选择　原料要求鲜嫩，呈深绿色，无黄叶，无病虫害，长度150~300mm，株形完整，收获时不散株，不浸水，不得重力捆扎以及叠高重压，无机械伤，无病虫害。收获与冻结加工的间隔越短越好。

（2）修整、清洗　逐株挑选，摘去黄叶、枯叶、残叶，切除根须，清洗菠菜时要逐株洗净。

（3）烫漂、冷却　菠菜的根部和叶子的老嫩程度、水分含量不同，因此烫漂时对根部烫漂时间应长些，叶子要短些。具体操作方法：将洗净的根部向下竖放在筐内，烫漂时，先把根部浸入热水中烫漂30s，然后再全部浸入热水中烫漂1min，为了保持菠菜的深绿色，漂烫后应快速冷却至10℃以下。

（4）沥水、装盒　用漏勺去水分，置于（18~20）cm×（13~15）cm×（5~8）cm长方盒内，摊整齐，每盒装500g左右。将菜根理齐后朝盒一头装好，然后再将盒外的叶向根部折回，成长方形的块。

（5）冻结　将长方形的菠菜块送入不同冻结温度进行冻结，至中心温度-18℃。

3. 产品的质量标准

产品呈青绿色；具有本品种应有滋味和气味，无异味；组织鲜嫩，茎叶肥厚，株型完整，食之无粗纤维感。

（二）冻结温度测定及冻结速度计算

1. 原料中心冻结温度测定

将万用电表的温度探头插入样品中心，记录样品的初始温度，再将样品置于不同温度条件（普通冰箱、低温冰箱、速冻试验装置）下冻结，每隔一定时间（如5min）记录一次温度，直至温度下降至-18℃左右为止。画出曲线，计算冻结速度并判断是速冻还是缓冻。

2. 冻结速度的计算

食品的冻结速度，是指食品表面与中心温度点间的最短距离，与食品表面达到0℃以后食品中心温度降到比食品冻结点低10℃所需的时间之比。计算公式如下：

$$V = \frac{\delta_0}{\tau_0} \qquad (3-1-3)$$

式中　δ_0——食品表面与热中心的最短距离，cm；

τ_0——食品表面达到0℃至热中心温度达初始冻结点以下10℃所需的时间，h。

不同冻结速度的划分标准见表3-1-3：

表3-1-3　不同冻结速度的划分标准

冻结方式	速度/（cm/h）	冻结方式	速度/（cm/h）
慢速冻结	0.1~1	快速冻结	5~20
中速冻结	1~5	超速冻结	20

3. 样品冷冻前后的外观品质评价和化学成分变化的测定

（1）色差的变化　色差计测定样品的颜色变化（以L、a、b值表示），以此作为评价外观品质的指标之一；

（2）可溶性固形物含量的变化　采用手持折光仪测定；

（3）酸含量的变化　采用酸碱滴定法测定；
（4）维生素 C 含量的变化　采用 2,6-二氯靛酚滴定法测定；
（5）果蔬中酶（过氧化物酶和多酚氧化酶）活性的测定；
（6）汁液流失率。

五、实验结果与记录

将观察到的现象及结果分别记录于表 3-1-4 和表 3-1-5。

表 3-1-4　原料中心温度与时间关系

原料名称：　　；尺寸：　　；冻结温度：　　；装载量：　　g

冻结温度 1/℃		冻结温度 2/℃		冻结温度 3/℃	
冻结时间/min	食品中心温度/℃	冻结时间/min	食品中心温度/℃	冻结时间/min	食品中心温度/℃
0		0		0	
5		5		5	
10		10		10	
15		15		15	
20		20		20	
…		…		…	

表 3-1-5　冻结速度对原料品质的影响

参数	对照	缓冻	速冻	超速冻
色差 *L* 值				
可溶性固形物含量				
酸含量				
维生素 C 含量				
酶（PPO 和 POD）活性				
汁液流失率				

六、思考题

1. 热烫处理对速冻菠菜产品品质有什么影响？
2. 不同冻结温度的冻结曲线差异如何？
3. 冻结速度对原料的品质影响如何？
4. 什么叫速冻和缓冻？两者的本质区别是什么？
5. 影响食品冻结速度的因素有哪些？

拓展实验一　果蔬混合罐头工艺设计

一、实验目的

1. 加深对罐藏原理的理解，进一步掌握罐藏工艺的操作要点。

2. 认识果蔬前处理对果蔬罐头制品品质的影响。

二、实验原理

果蔬什锦罐头可以综合几种果蔬的营养特点，达到色香味和营养成分的互补。但是，当有多种原材料共同装罐时，必须根据原料的不同特点，进行相应的前处理，才能保证罐头制品的品质。

三、实验材料及设备

1. 材料

樱桃番茄、胡萝卜、菠萝、梨、白砂糖、柠檬酸、氯化钙。

2. 用具及设备

天平、不锈钢锅、不锈钢刀、马口铁空罐及罐盖等。

四、实验步骤

（一）工艺流程

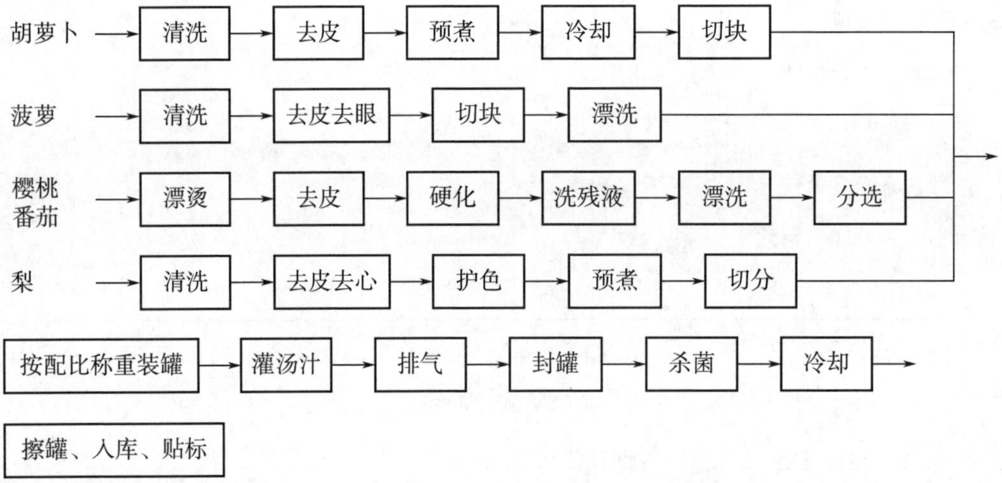

（二）操作要点

1. 原料选择

樱桃番茄：选择新鲜、果面光滑无陷痕、颜色鲜艳、果肉厚而紧密、子腔小、风味良好、充分成熟但不过熟的果实；胡萝卜：选择肉质鲜嫩，肉质和心柱呈橙红色，含粗纤维少，色彩艳丽，中心无粗筋，无病虫害及霉烂现象的果实；菠萝：选择新鲜、无霉烂和病虫害、成熟度九成以上，大小、色泽、成熟度一致的果实；梨：选择新鲜饱满、肉质厚、果心小、成熟度七八成、肉质细、石细胞少、无霉烂、冻伤、病虫害和机械伤的果实。

2. 胡萝卜处理

将胡萝卜洗净、去皮后在沸水中热烫 10min，冷水冷却后，切成 3~4cm 的块状。

3. 菠萝处理

菠萝切端、去皮、去眼后，切成 3~4cm 的块状。

4. 樱桃番茄处理

樱桃番茄倒入微沸的热水中漂烫 1min，迅速放入冷水中冷却、剥皮，随后放入浓度为 0.5%的氯化钙溶液中，浸渍硬化 10min。取出后用清水洗净残液，挑选果实横径<5cm 的樱桃番茄待用。

5. 梨处理

梨去皮后，对半纵切，挖核器挖掉果心后，立即浸没在护色液（0.03%无水亚硫酸钠+2%食盐，柠檬酸调节 pH 至 5.5）中进行护色处理 10min，接着采用沸腾的预煮液（0.01%无水亚硫酸钠+2%食盐，柠檬酸调节 pH 至 3.5）煮制 3min，冷水冷却后，切成 3~4cm 的块状。

6. 糖液配制

根据果肉的固形物含量，按开罐后糖液浓度 14%，每罐净重 350g（果肉装入量 250g，糖水加入量 100g），根据式（3-1-1）计算所需要配制的糖液浓度。

称取白砂糖加入水中，加热溶解，加入 0.1%的柠檬酸，调节糖液 pH 为 4.0 左右，过滤，煮沸备用。

7. 装罐

将菠萝、胡萝卜、樱桃番茄和梨按照质量比 4∶3∶3∶2 装罐，然后将热糖液注入罐内，注意留 8~10mm 的顶隙。

8. 排气、封罐

将已经装好的罐头，放入沸水中，加热至罐中心温度至 80~85℃，取出后立即手动封罐。

9. 杀菌

将密封好的罐头在沸水中水浴杀菌 15min。

10. 冷却

杀菌结束后取出罐头，用流动水冷却至 40℃。

五、实验结果与记录

果蔬混合罐头的感官评价。

六、思考题

1. 影响果蔬混合罐头质量的因素有哪些？
2. 不同果蔬采用的处理方式有哪些差异？为什么？

拓展实验二　低糖果脯、蜜饯的设计

一、实验目的

1. 加深对果脯制作工艺的理解。
2. 进一步掌握果脯制作的操作要点。

二、实验原理

传统果脯由于加工处理时间长、糖渍温度高，果实中营养物质损失严重，且含糖量高，对人体健康不利，低糖果脯产品的研究及开发正在成为果脯蜜饯发展的主流方向。低糖果脯是在传统果脯生产工艺的基础上，用较低的糖液浓度进行糖渍来降低果脯含糖量，同时严格管控生产车间环境，将“重糖”改作“低糖”。低糖果脯通常添加高度甜味剂代替蔗糖降低果脯含糖量。

三、实验材料及设备

1. 材料

白肉火龙果、白砂糖、葡萄糖、柠檬酸、氯化钙、明胶。

2. 用具及设备

天平、微波炉、电热鼓风干燥箱、不锈钢刀、不锈钢锅等。

四、实验步骤

（一）工艺流程

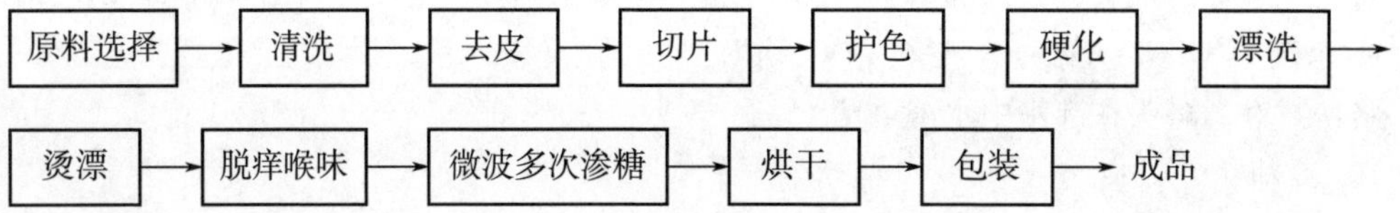

（二）操作要点

1. 原料选择

选择新鲜、无霉烂和病虫害、成熟度为七八成熟的桃红色外皮白肉火龙果。要求果实饱满、大小一致。

2. 去皮、切片

火龙果切头去尾、手工去皮后，横切成厚度为 0.8~1cm 的薄片。

3. 护色

火龙果片迅速浸入 0.3%柠檬酸溶液中护色 2h。

4. 硬化

火龙果片放入0.3%氯化钙溶液中浸泡6h。

5. 漂洗、烫漂

将硬化好的火龙果片用蒸馏水洗净，沸水中热烫3~5min，立即冷水浸泡至常温。

6. 脱痒喉味

火龙果片放入0.5%柠檬酸溶液和0.5%食盐溶液的混合液中，在50℃恒温水浴浸泡20min。

7. 微波多次渗糖

按蔗糖与葡萄糖质量比为7∶3，加入0.3%的明胶配成浓度为50%的糖液，在微波功率210W进行微波渗糖45min（每10min暂停1min）。

8. 烘干

将火龙果片沥干糖液，摆放在烘盘上，送入干燥箱，65~70℃干燥至不黏手为度，大约需要16h。

五、实验结果与记录

1. 火龙果低糖果脯烘干过程中的变化。
2. 火龙果低糖果脯感官评价。

六、思考题

1. 影响火龙果低糖果脯品质的因素有哪些？
2. 微波渗糖与糖煮相比有哪些优势？

第二章 CHAPTER 2

饮料工艺学实验

实验一 碳酸饮料的制作

一、实验目的

1. 掌握制作碳酸饮料的基本工艺流程。
2. 了解各种食品添加剂如色素、香精、防腐剂等的添加限量及顺序。
3. 学会处理碳酸饮料加工过程中出现的常见问题。

二、实验原理

碳酸饮料的制作工艺包括糖浆的制备和调配、饮料的碳酸化及灌装等，其中饮料的碳酸化是生产中最关键的一个过程。碳酸化在碳酸化器（汽水混合机）中进行，实质就是在一定压力和温度下，CO_2 在水中溶解的过程。影响 CO_2 溶解度的因素：CO_2 气体的分压力、水的温度、气体和液体接触面积和时间、气液体系中空气的含量、液体的种类及存在于液体中的溶质。碳酸饮料中 CO_2 的量对饮料的味道影响很大，一般说来，果汁型汽水和果味型汽水含 2~3 倍体积的 CO_2，可乐型汽水和勾兑苏打水含 3~4 倍体积的 CO_2。

三、实验材料及设备

1. 材料

白砂糖、浓缩苹果汁、橘子汁、柠檬酸、苹果酸、糖精钠、甜蜜素、山梨酸钾、苯甲酸钠、橘子香精、苹果香精、柠檬黄、胭脂红、碳酸水等。

2. 用具及设备

电子天平、量筒、烧杯、玻璃棒、移液管、容量瓶、滤纸、汽水混合机、250mL 汽水瓶、等压灌装机、手动压盖机。

四、实验步骤

（一）参考配方

本实验制作橘子味汽水和苹果汁汽水，配方见表3-2-1、表3-2-2。

表3-2-1　橘子汽水配方（每1L）（果味型碳酸饮料）

原料名称	用量/g	原料名称	用量/g	原料名称	用量/g
白砂糖	65	橘子香精	0.8	CO_2	6
柠檬酸	1	柠檬黄	0.01	胭脂红	0.003
糖精钠	0.1	橘子汁	10	山梨酸钾	0.1

表3-2-2　苹果汁汽水配方（每1L）（果汁型碳酸饮料）

原料名称	用量/g	原料名称	用量/g
浓缩苹果汁	45	白砂糖	85
苹果酸	0.3	苹果香精	0.5
柠檬酸	0.4	苯甲酸钠	0.12
甜蜜素	0.2	CO_2	6

（二）工艺流程

水处理 → 糖浆的制备 → 洗瓶 → 灌浆 → 冷却、碳酸化 → 压盖、封口 → 温罐

（三）操作要点

1. 水处理

水是碳酸饮料的重要原料，饮料用水一般要经过澄清、过滤、软化、除盐、杀菌等处理，使其达到饮料用水的水质要求。

2. 糖浆的制备

（1）按照配方要求，称取白砂糖，加适量水加热溶解，加热过程中为避免糖液发生褐变，应控制温度≤105℃，溶解后进行过滤即为原糖浆，并用糖度计测定原糖浆的糖度（°Bé）。

（2）分别将防腐剂用温水溶解成25%的溶液，将各种酸味剂用温水调成50%的溶液，将甜味剂用温水调成25%的溶液，将色素用温水调成5%的溶液，过滤备用。

（3）量取原糖浆200mL，按照配方要求，依次往原糖浆中加入一定量的防腐剂溶液，混匀后再加入一定量的酸溶液，混匀。

（4）按照配方用量加入适量的果汁。

（5）按照配方用量加入一定量的香精。

（6）按照配方用量加入一定量的色素。

3. 洗瓶

将250mL汽水瓶浸泡在温水中，然后加入2%~3.5%的氢氧化钠溶液，在50~60℃保持

10~20min 浸泡处理，再放入清水内进行刷瓶、冲瓶、控水处理。

4. 灌浆

量取 50mL 调和糖浆加入干净的 250mL 的汽水瓶中备用。

5. 冷却、碳酸化

将调和糖浆冷却到≤4℃，然后送入汽水混合机进行碳酸化，糖浆与碳酸水 1∶4，加入 200mL 的碳酸水。

6. 压盖、封口

用手工压盖机压盖、密封，保证封口良好。

7. 温罐（洗瓶）

将灌装好的饮料瓶放入 70℃左右的热水槽中洗去罐壁附着的糖浆，时间控制在 5~10min，同时可起到巴氏杀菌的作用。

五、实验结果与记录

1. 关键数据记录

操作过程中按照表 3-2-3 和表 3-2-4 记录关键性的数据。

表 3-2-3 橘子汽水的制作

项目	数据	项目	数据
白砂糖用量/g		香精种类及用量	
原糖浆浓度/°Bé		色素种类及用量	
防腐剂种类及用量		每瓶调和糖浆用量	
酸味剂种类及用量		每瓶碳酸水用量	
果汁种类及用量		温罐水温和时间	

表 3-2-4 苹果汁汽水的制作

项目	数据	项目	数据
白砂糖用量/g		香精种类及用量	
原糖浆浓度/°Bé		色素种类及用量	
防腐剂种类及用量		每瓶调和糖浆用量	
酸味剂种类及用量		每瓶碳酸水用量	
果汁种类及用量		温罐水温和时间	

2. 感官评定

利用定量描述法对产品进行感官评定。

（1）讨论建立描述性词汇；

（2）采用七分标度对产品进行感官评定；

（3）绘制蜘蛛网图，并对产品进行描述性评价。

六、思考题

1. CO_2 在碳酸饮料中起什么作用？

2. 制备调和糖浆时配料应按什么顺序加入？为什么要遵循该顺序？

实验二　豆奶饮料的制作

一、实验目的

1. 理解豆奶饮料制作的基本原理。

2. 掌握豆奶饮料制作的基本工艺流程及关键点的控制。

二、实验原理

豆奶类饮料是以大豆为主要原料，经磨碎、提浆、脱腥等工艺制成的无豆腥味制品，可分为纯豆奶、调制豆奶、豆奶饮料。

大豆含有30%~40%蛋白质，其中有80%~88%可溶于水。大豆中蛋白质和固形物的回收率高低直接影响产品的成本，是豆奶生产中一个关键问题。水溶性蛋白质的溶解度随 pH 而变化，到蛋白质等电点（p*I* 4.3）时蛋白质最不稳定，易沉淀析出，为了提高豆奶的稳定性，豆奶的 pH 应远离蛋白质的等电点。

豆奶的风味和口感是影响其质量的最主要因素。传统的豆奶具有豆腥味，直接影响了豆奶产品的质量，豆腥味是大豆中脂肪氧化酶催化不饱和脂肪酸氧化的结果。为了清除豆腥味，可以通过钝化酶的活性、除氧气、除去反应底物、分解豆腥味物质及香料掩盖的方法减轻豆腥味。

豆奶中存在胰蛋白酶抑制因子、凝血素、大豆皂苷及棉子糖、水苏糖等抗营养因子，这些抗营养因子在豆奶加工的去皮、浸泡、去渣工序中可去除一部分，热处理也可以使之失活。豆奶产品中往往会有苦涩味的产生，造成苦涩味的主要物质是大豆异黄酮，为有效减轻苦涩味，可通过调整泡豆的水温和 pH，同时钝化酶的活性、避免长时间高温、防止蛋白质的水解、添加香味物质等措施来实现。此外，为改善口感和稳定性，均质是生产优质豆奶中不可缺少的工序。

三、实验材料及设备

1. 材料

大豆、碳酸氢钠、多聚磷酸盐、蔗糖、氯化钠、柠檬酸钠、柠檬酸、果胶、乳酸钙、乙酸钙或葡萄糖酸钙等。

2. 用具及设备

多功能磨浆机、蒸煮锅、不锈钢配料锅、水处理设备、均质机、煤气灶、大电炉、浸泡容器、不锈钢勺、烘箱、天平、台秤、大小烧杯、温度计、玻璃棒等。

四、实验步骤

（一）豆奶基的制备

1. 工艺流程

大豆 → 清洗除杂 → 浸泡 → 去皮 → 预煮灭酶 → 磨浆 → 过滤 → 脱臭 → 均质 → 灌装 → 杀菌 → 冷却

2. 操作要点

（1）选豆　选用无杂、无霉变的优质大豆为原料。

（2）清洗、浸泡　大豆表面有很多细微的皱纹，灰尘和微生物附着其中，浸泡前应进行充分的清洗，至少需清洗3次。

大豆浸泡的目的是软化组织，降低磨浆时的能耗与磨损，提高胶体分散程度和悬浮性，增加蛋白质和固形物的回收率。用0.5%的碳酸氢钠溶液浸泡，15~20℃浸泡约12h；一般温度越高，浸泡时间越短；以子叶（豆瓣）表面平滑，中心与边缘色泽一致，横向剖面易于断开为度。浸泡水量约为豆量的3倍。

（3）去皮　人工搓去豆皮，清水冲洗除去豆皮。有人认为豆皮是产生豆腥味的主要原因，但豆皮约占全粒大豆的8%左右，而且豆皮中的脂肪含量极少，大豆脱皮除去豆腥味的去除效果并不理想，投资较大，故可采用大豆除杂不脱皮。

（4）预煮灭酶　将脱皮后的大豆入沸水煮2~10min，可在水中加入一定量的多聚磷酸盐和碳酸氢钠以增强灭酶效果。

（5）磨浆　用10倍左右80~100℃的含0.1%~0.2%的氯化钠或柠檬酸钠（盐溶作用）的热水磨浆，先经80目粗磨，再经120目细磨。

（6）过滤　浆液用150~200目细网筛过滤。

（7）脱臭　在蒸煮锅中以100℃蒸煮14~20min，有条件可采用真空脱气机脱气处理。

（8）均质　采用16~18MPa，70~80℃进行二次均质。

（9）冷却　分段冷却至<10℃。

（二）花色豆奶产品的制作

1. 甜豆奶

（1）配方　豆奶基：80%~82%；蔗糖：8%~10%；水：9.7%；食盐：0.1%；添加剂：0.2%。

（2）操作方法　将上述辅料溶化混合过滤后加入豆奶基中混匀，装瓶密封，121℃杀菌5~10min，冷却后即为成品。

2. 果汁豆奶

（1）配方　豆奶基：28%；砂糖：9%~13%；果胶：0.3%；柠檬酸钠：0.2%；果汁（固形物：10%~12%，pH 3.8~3.9）10%；柠檬酸：0.2%~0.5%；水：52%；香精适量。

（2）操作方法　先将果胶、砂糖、柠檬酸钠混合均匀，再加入60℃温水，边加边搅拌，使其充分溶解，将混合液倒入预先计量好的豆奶中，继续搅拌5~7min，用柠檬酸调整果汁的

pH 到 3.8~3.9，最后将果汁加入果胶豆奶中（采用滴加或喷洒法加入），添加适量果味香精，将调配液加热至 70℃，采用 15~20MPa 均质处理。再经超高温灭菌或 100℃ 10~15min 杀菌，冷却至 80~85℃灌装，分段冷却后即为成品。

3. 钙强化豆奶

在纯豆奶基中加入 0.4%~1.2%的乳酸钙、乙酸钙或葡萄糖酸钙等作钙强化剂，加入豆奶中充分搅拌，将调配液加热至 70℃，采用 15~20MPa 均质处理。再经超高温灭菌或 100℃、10~15min 杀菌，冷却至 80~85℃灌装，分段冷却后即为成品。

五、实验结果与记录

1. 关键数据记录

操作过程中按照表 3-2-5 记录关键性数据。

表 3-2-5 关键数据记录表

项目	数据	项目	数据
大豆用量/g		浸泡条件	
预煮时间/min		磨浆条件	
过滤条件		脱臭条件	
均质条件		杀菌条件	

2. 按照质量比计算出豆奶的出品率。

3. 感官评定

采用加权平均分法进行感官评定，其中色泽、滋味、气味、组织状态、口感的权重分别为 20%。

六、思考题

1. 豆奶中有哪些酶类和抗营养因子？它们对豆奶的质量有什么影响？
2. 为什么对大豆进行灭酶处理？灭酶的方法有哪些？
3. 豆奶的腥味是如何产生的？如何去除？

实验三 固体饮料的制作

一、实验目的

1. 了解果汁固体饮料的主要原料及特性。
2. 掌握果汁固体饮料的加工制作方法。

二、实验原理

果汁固体饮料是把调味剂、酸味剂、香精、果汁、食用色素、麦芽糊精等按照配方投料混合后，制成干湿适度的坯料，放进造粒机中进行造粒，然后再进行干燥脱水而制成。干燥脱水是其加工中的重要环节，去除水分的目的：一是防止被干燥饮料由于其本身的酶或微生物引起的变质或腐败，以利贮藏；二是便于储存和运输。与液体饮料相比，其质量显著减轻、体积显著变小、携带方便，风味好、速溶性好、应用范围广、饮用方便。

三、实验材料及设备

1. 材料

猕猴桃、乙烯、异抗坏血酸、白砂糖、麦芽糖浆、柠檬酸、苹果酸、柠檬酸钠、食盐、环烷酸钠、甜蜜素、香精等。

2. 用具及设备

烧杯、玻璃棒、温度计、电子天平、纱布、真空浓缩机、打浆机、造粒机、托盘、真空干燥箱（或普通烘箱）、真空封口机等。

四、实验步骤

（一）工艺流程

猕猴桃原果 → 挑选 → 乙烯催熟 → 洗果 → 打浆（去籽、去渣） → 过滤 → 配料（加辅料） → 造粒 → 包装 → 成品

（二）操作要点

1. 原料选择、乙烯催熟

选择八九成熟、无霉变的新鲜猕猴桃果，在密闭容器内进行乙烯催熟，每天喷洒少量乙烯，经3~5d催熟处理，使果实柔软即可使用。

2. 洗果

经过乙烯催熟的果实再用流水洗净，再经无菌水冲洗备用。

3. 打浆

调节打浆机的筛网直径在0.6mm左右，将催熟洗净的果实放入打浆机内，再加适量的异抗坏血酸进行护色，然后进行打浆。

4. 过滤

用四层纱布进行过滤，去掉果渣等杂质，得到果汁备用。

5. 真空浓缩

将猕猴桃果汁转入真空浓缩锅，控制真空度在80~90kPa进行真空浓缩，使果汁浓度提高3~4倍后停止浓缩，得到猕猴桃原浆。控制原浆出锅温度为50℃左右，浓缩时间≤40min为宜。

6. 配料

按照猕猴桃原浆1kg、白砂糖4.25kg、麦芽糖浆250g、柠檬酸65g、苹果酸30g、柠檬酸钠

15g、食盐100g、环烷酸钠100g、甜蜜素10g、香精适量的配方进行配料。然后将物料放入搅拌机中搅拌至松软状混合物。

7. 造粒

将上述调好的物料移入造粒机中造粒，造粒机筛网直径为10~12目。

8. 干燥

将完成造粒的物料装入托盘中，放到70~80℃的烘箱中进行干燥，干燥时间为2~3h，密切观察避免烘焦，并注意搅动。有条件的可用真空干燥箱进行干燥，干燥时真空度为87~91kPa，温度为55℃，时间为30~40min。

9. 包装

干燥完毕后，开箱取出托盘，冷却后进行密封包装。

五、实验结果与记录

1. 关键数据记录

操作过程中按照表3-2-6记录关键性数据。

表3-2-6　　关键数据记录表

项目	数据	项目	数据
猕猴桃用量/g		取汁条件	
浓缩条件		造粒条件	
干燥条件		包装条件	

2. 感官评定

利用定量描述法对产品进行感官评定。

（1）讨论建立描述性词汇。

（2）采用七分标度对产品进行感官评定。

（3）绘制蜘蛛网图，并对产品进行描述性评价。

六、思考题

1. 固体饮料常用的干燥方法有哪些？干燥机理各是怎样的？
2. 分析固体饮料生产中常见的问题及相关的解决方法。

实验四　茶饮料的制作

茶饮料的制作

一、实验目的

1. 熟悉茶饮料的一般生产工艺与常规技术要求。
2. 掌握灌装茶饮料的一般工艺及产品特点。

3. 了解引起茶饮料浑浊沉淀的原因，掌握解决浑浊沉淀的基本方法和原理。

二、实验原理

茶饮料是指以茶叶的萃取液、茶粉、浓缩液为主要原料加工而成的饮料，具有茶叶的独特风味，含有天然茶多酚、咖啡碱等茶叶有效成分，兼有营养、保健功效，是清凉解渴的多功能饮料。控制茶饮料加工过程中的色泽变化、沉淀等问题是茶饮料生产的关键。首先，茶饮料对水质的要求较为严格，建议使用纯净水作为茶饮料用水。其次，茶饮料中的茶多酚等成分在加工和贮存过程中极度易氧化，而造成最终茶饮料成品色泽加深并产生絮状沉淀，加工中可添加抗氧化剂抗坏血酸防止氧化。此外，茶汤一般偏酸性，茶饮料中的茶红素及其他多酚类极易和咖啡碱络合形成不溶性絮凝，造成茶饮料出现沉淀，调配时应避开茶汤体系的等电点，可添加碳酸氢钠调节茶汤的 pH。

三、实验材料及设备

1. 材料

乌龙茶茶叶、饮用纯净水、碳酸氢钠、抗坏血酸钠。

2. 设备

电磁炉、饮料瓶、不锈钢锅、天平、离心机、高压灭菌锅等。

四、实验步骤

（一）工艺流程

茶叶 → 纯水浸泡 → 过滤 → 原液调制 → 装罐 → 灭菌 → 冷却 → 成品

（二）操作要点

1. 茶叶选择

采用当年加工的新茶，品质未劣变，主要成分保存完好。

2. 水的要求及处理

茶水对用水要求十分严格，水质的优劣直接影响茶水的质量，应选用达到饮用纯净水要求的水进行茶叶冲泡，否则将造成茶叶浑浊。

3. 茶汤的制备

茶叶按照 1：（5~10）的比例，用 85~90℃的纯水浸泡 5~10min，浸泡过程中进行适当搅拌，以便茶叶中有效物质的浸出。

4. 过滤

浸泡茶叶必须进行有效的过滤，去除茶渣和有关物质。先用不锈钢滤器，将茶渣全部去掉，再用滤布过滤，最后采用离心机（3500r/min）进行离心，得到原液。

5. 原液调制

将萃取得到的原茶液，用纯水按照 1：2 稀释到一般饮用纯度，然后添加极微量的碳酸氢钠，调整茶汁的 pH 为 6~6.5，为保持茶汁色泽，防止褐变，最后添加极微量的抗坏血酸钠。

6. 装罐

茶汁调制后，加热到90~95℃，趁热装瓶，封口。

7. 灭菌、冷却

在115℃高压灭菌20min，分段冷却至40℃左右即得成品。

五、实验结果与记录

1. 操作过程数据记录

操作过程中按照表3-2-7记录关键性数据。

表3-2-7 关键数据记录表

项目	数据	项目	数据
乌龙茶叶用量/g		茶汤制备条件	
茶汤过滤条件		茶汤的pH	
抗坏血酸钠的用量		茶汤灌装条件	
罐装茶水灭菌条件		罐装茶水冷却条件	

2. 感官评定

采用加权平均分法进行感官评定，其中色泽、香气、滋味、口感、透明度的权重分别为20%。

六、思考题

1. 乌龙茶茶汤中主要成分及功能是什么？
2. 茶饮料浑浊沉淀的原因是什么？

CHAPTER 3

第三章 发酵食品工艺学实验

实验一　干红葡萄酒的酿造

一、实验目的

1. 理解葡萄酒发酵的基本原理。
2. 掌握酿造干红葡萄酒的工艺流程。
3. 掌握干红葡萄酒的加工技术。

二、实验原理

葡萄酒是以葡萄为原料，经过发酵制成的低度酒精性饮料。在发酵中，葡萄糖转化为酒精的发酵过程和固体物质的浸提过程同时进行。通过葡萄酒的发酵过程，葡萄果浆变为红葡萄酒，并将葡萄果粒中的有机酸、维生素、微量元素以及单宁、色素等多酚类化合物，转移到葡萄原酒中，红葡萄原酒经过贮藏、澄清处理和稳定性处理，成为可饮用的葡萄酒。干葡萄酒含糖量≤4g/L。

三、实验材料及设备

1. 材料

赤霞珠葡萄、偏重亚硫酸钾、果胶酶、白砂糖、酒石酸、葡萄酒酵母、橡木片、明胶等。

2. 用具及设备

破碎机、榨汁机、手持糖量计、不锈钢发酵罐、过滤筛、台秤、橡木桶等。

四、实验步骤

（一）工艺流程

原料选择与分选 → 清洗 → 去梗破碎 → 硫处理 → 调整糖酸度 → 前发酵 →

压榨 → 后发酵 → 贮藏 → 澄清 → 过滤 → 调配 → 装瓶 → 杀菌

（二）操作要点

1. 器具准备

破碎葡萄之前，先将用具洗刷干净，发酵及贮酒容器用6%的亚硫酸溶液冲洗，或用硫黄烟熏进行消毒。所用器具应选择水缸、上釉陶缸、玻璃瓶、橡木桶、瓷盆等，不得用铁、铜制作的工具，因葡萄汁（酒）与铁、铜接触，会使铁、铜离子溶进葡萄汁，而使酒变质败坏。

2. 原料选择与分选

酿酒用的葡萄要成熟。成熟的葡萄种子为褐色或深褐色，绿色的葡萄果皮由绿色变为黄色或浅黄色，果实透明发亮。红色葡萄呈紫色或紫黑色，味酸甜。将采收的葡萄剔除霉烂的果子和青果以及其他杂质，取样化验酸度、糖度。

3. 破碎、去梗

可用滚筒式或离心式破碎机将果实压破，再经除梗机去掉果梗，使酿成的酒口味柔和，否则会产生单宁等青梗味。

4. 硫处理和添加果胶酶

为了保证酵母菌发酵纯正，防止或者抑制其他杂菌活动，必须进行二氧化硫处理，生产上常用偏重亚硫酸钾，理论上含有 SO_2 57%，一般按照50%计算，添加量为25g/100kg 葡萄。果胶酶添加量为18g/300kg 葡萄，果胶酶用凉开水搅拌溶解加入。

5. 调整糖酸度

经破碎除去果梗的葡萄浆，因含有果汁、果皮、子实及细小果梗，应立即送入发酵罐内，发酵罐上面应留出1/4的空隙，不可加满，并盖上木制篦子，以防浮在发酵罐表面的皮渣因发酵产生二氧化碳而溢出。

糖度调整：实际生产上，每生成1%酒精含量（体积分数）需要1.7g 糖（1.7%）。按照成品酒精含量（体积分数）为13%，则需要总糖含量为221g/L。加糖量一般以葡萄原来的平均含糖量为标准，加糖不可过多以免影响成品质量。补糖公式如下：

$$m = \frac{(1.7a - b) \times V}{100 - 1.7a \times 0.625} \tag{3-3-1}$$

式中　m——加糖量，g；

V——葡萄汁体积，L；

a——需要达到的酒精含量，%；

b——葡萄汁的含糖量，%。

酸度调整：红葡萄酒以果汁含酸量在6~8g/L为宜，果汁的酸度如果<5g/L，可补加酒石酸使其酸度达到要求。酒石酸应该在发酵前添加，理论上每升加1.53 g 酒石酸能增加1g/L 硫酸度，实际100kg 葡萄醪中添加180g 酒石酸才能增加1g/L 硫酸度。

6. 前发酵

调整糖酸度后，加入酵母，300kg 葡萄加入60g 酵母，加入后充分搅拌，使酵母均匀分布。同时按照每一百斤（50kg）葡萄添加150g 的橡木片添加到发酵液中，以提高葡萄酒的品质和口感。发酵时每日必须检查酵母繁殖情况及有无菌害。如酵母生长不良或过少时，应重新补加酒母。发现有杂菌危害，应在室内燃薰硫黄，利用二氧化硫杀菌。发酵温度必须控制在20~25℃。前发酵的时间根据葡萄含糖量、发酵温度和酵母接种数量而异，一般在相对密度下降到1.020左右时即可转入后发酵，时间一般为7~10d。

7. 分离压榨

前发酵结束后，应立即将酒液与皮渣分离，避免过多单宁进入酒中，使酒的味道过分苦涩。

8. 后发酵

充分利用分离时带入少量空气，来促使酒中的酵母将剩余糖分继续分解，转化为酒精，此时，沉淀物逐渐下沉在容器底部，酒慢慢澄清。后发酵就是促使葡萄酒进行酯化作用，使酒逐渐成熟，色、香、味逐渐趋向完整。后发酵桶上面要留出5~15cm空间，因后发酵也会产生泡沫。后发酵期的温度控制在18~20℃，最高不能超过25℃。当相对密度下降到0.993左右时，发酵即告结束。一般需15~30d，才能完成后发酵。

9. 澄清

下胶澄清引起蛋白质、单宁和多糖之间的絮凝，同时吸附一些非稳定因素，提前一天用温水浸泡需要的明胶量，充分搅拌均匀，添加量为20~100mg/L。

10. 陈酿

陈酿时要求温度低，通风良好。适宜的陈酿温度为15~20℃，相对湿度为80%~85%。陈酿期除应保持适宜的温度、相对湿度外，还应注意换桶，添桶。第一次换桶应在后发酵完毕8~10d进行，除去渣滓，同时补加二氧化硫到150~200mg/L。第二次换桶在前次换桶后50~60d进行。第二次换桶后约3个月进行第三次换桶，经过3个月以后再进行第四次换桶。为了防止有害菌侵入与繁殖，必须随时添满贮酒容器的空隙，不让它表面与空气接触。在新酒入桶后，第一个月应3~4d添桶一次，第二个月7~8d添桶一次，以后每月一次，一年以上的陈酒，可隔半年添一次。添桶用的酒，必须清洁，最好使用品种和质量相同的原酒。

11. 调配

经过2~3年贮存的原酒，已成熟老化，具有陈酒香味。可根据品种，风味及成分进行调和，葡萄原酒添加量>50%。调配好的酒，在装瓶以前，还须检测并过滤一次，才能装瓶，然后压盖。经过75℃的灭菌后，即可贴商标，包装出售。

（三）产品质量标准

1. 感官指标

颜色：紫红色，澄清透明，无杂质；滋味：清香醇厚，酸甜适口；香气：具有醇正、和谐的果香味和酒香味。

2. 理化指标

相对密度：1.035~1.055（15℃），酒精含量：11.5%~12.5%（15℃），总酸：0.45~0.6g/100mL，总糖：14.5~15.5g/100mL，挥发酸：<0.05g/100mL，单宁：0.45~0.06g/100mL。

五、实验结果与记录

1. 葡萄破碎后的现象。
2. 葡萄前、后发酵过程中的现象。
3. 葡萄酒成品的感官评价。

六、思考题

1. 葡萄酿造过程中，硫处理的作用有哪些？

2. 葡萄酒酿造过程中澄清的方法有哪些？

3. 影响葡萄酒质量的因素有哪些？如何影响？

实验二　黄酒的酿造

一、实验目的

1. 理解黄酒酿造的原理及酿造工艺条件。
2. 掌握黄酒的生产工艺。
3. 熟悉黄酒成分及质量标准。

二、实验原理

黄酒是我国历史上最古老的酒种，与啤酒、葡萄酒并称为世界三大古酒。黄酒是以稻米、黍米、玉米、小米或小麦等为主要原料，经蒸煮、加曲、糖化、发酵、压榨、澄清、过滤、煎酒、贮存和勾兑而成的酿造酒。我国各地黄酒品种很多，一般按酒的糖分分类，大体可分为干型、半干型、半甜型和甜型四种，绍兴黄酒是中国黄酒的典型代表。

三、实验材料及设备

1. 材料

糯米、小麦、酵母、米曲霉（沪酿 3.042）、市售酒药、硅藻土等。

2. 用具及设备

酸度计、酒精计、滤布、温度计、粉碎机、发酵罐、贮酒罐、板框压滤机等。

四、实验步骤

（一）纯种麦曲的制备

1. 工艺流程

原菌 → 试管培养 → 三角瓶扩大培养 → 种曲扩大培养 → 麦曲通风培养

2. 操作要点

（1）试管菌种的培养　一般采用米曲汁—琼脂培养基，30℃培养 4~5d，要求菌丝健壮、整齐，孢子丛生丰满，菌丛呈深绿色或黄绿色，无杂菌污染。

（2）三角瓶种曲培养　以麸皮为培养基，加水量为 80%~90%，拌匀，装入三角瓶，料层厚度<1.5cm，灭菌后冷却至 35℃左右接种，28~30℃保温培养，20~24h 后，长出菌丝，摇瓶一次，调节空气，促进繁殖。再培养 1~2d，出现孢子，菌丝满布培养基表面并结成饼状，进行扣瓶，增加培养基与空气的接触面，促进菌进一步生长直至成熟。取出后装入灭菌过的牛皮纸袋里，置于 37~40℃干燥至水分含量<10%，备用。

（3）种曲扩大培养　麸皮加水 80%~90%，拌匀堆积半小时，灭菌后摊冷至 34℃，接入 0.3%~0.5%的三角瓶种曲，拌匀堆积保温、保湿。品温开始上升，进行装帘，控制料层厚度 1.5~2.0cm。控制室温 28~30℃，相对湿度 95%~100%，经 10~16h 培养，菌丝把麸皮连接成块状，最高品温应控制 35℃，相对湿度 85%~90%。再经 24~28h 培养，麸皮表面布满大量菌丝，可出曲干燥。

（4）麦曲通风培养　工艺流程：

配料 → 蒸料 → 冷却接种 → 装箱、静止培养 → 间断通风培养 → 连续通风培养 → 出曲

熟麦曲是先将原料小麦破碎，然后加水配料，在常压下蒸熟，冷却后，接入种曲，装箱通风培养。前期为间断通风阶段，是霉菌孢子萌发，生长幼嫩菌丝的阶段。品温宜控制在 30~33℃，相对湿度为 90%~95%。中期为连续通风阶段，此时霉菌菌丝进入旺盛生长时期，品温升高很快，此时必须全风量连续通风，品温控制在 38℃左右。后期为产酶排湿阶段。菌丝生长旺盛期过后，菌丝体开始出现分生孢子。降低相对湿度，提高温度至 37~39℃，进行排潮。成品曲菌丝稠密粗壮，不能有明显的黄绿色孢子，有曲香，无霉酸味，曲的糖化力>1000 单位、曲的水分含量在 25%左右。

（二）酒母的制备

1. 工艺流程

在传统的摊饭酒生产以前，要先制作淋饭酒母，以便酿制摊饭酒时使用。淋饭酒母采用酒药通过淋饭酒醅工艺，通过自然繁殖培养酵母菌。

原料 → 浸米 → 蒸饭 → 淋水 → 落缸搭窝 → 糖化 → 加曲冲缸 → 发酵开耙 → 后发酵 → 酒母

2. 操作要点

（1）配料　以每缸投料米量为基准，麦曲用量为原料米的 15%~18%，酒药用量为原料米的 0.15%~0.2%，控制饭水总质量为原料米量的 300%。

（2）浸米、蒸饭、淋水　浸米水量超过米面 5~6cm 为好，浸渍时间控制在 42~48h。捞出洗净装水，常压蒸煮。蒸好后用冷水淋冷至 31℃左右，达到落缸要求。

（3）落缸搭窝　将淋冷后的米饭沥去水分，投入洁净并灭过菌的大缸，拌入酒药粉，捏碎成块饭团，拌匀，在米饭中央搭成凹形窝，窝要搭得疏松，以不塌陷为界。搭好窝后品温控制在 27~29℃。

（4）糖化、加曲冲缸　搭窝后应及时做好保温工作。一般经过 36~48h 糖化，饭粒软化，甜液满至酿窝的 4/5 高度，甜液浓度约 35°Bé，还原糖为 15%~25%，酒精含量>3%，酿窝已成熟。加入一定比例的麦曲和水，进行冲缸，充分搅拌。此时醪液 pH 仍能维持在 4.0 以下。

（5）发酵开耙　冲缸后，酵母逐步进入酒精发酵旺盛期，当泡盖形成时，用木耙进行开耙，在第一次开耙以后，每隔 3~5h 就进行第二、第三和第四次开耙，使醪液品温保持在 26~30℃。

（6）灌坛养醅（后发酵） 在落缸后第7天左右，将发酵醪灌入酒坛，进行灌坛养醅。坛装八成满，经过20～30d的后发酵，酒精含量>15%，即可作酒母使用。成熟的酒母醪应发酵正常，酒精含量在16%左右，酸度<0.4%，品味爽口，无酸涩等异杂气味。

（三）摊饭黄酒的酿制

1. 工艺流程

原料 → 预处理 → 糖化 → 发酵 → 压榨 → 煎酒 → 包装

2. 操作要点

（1）原料预处理 糯米洗净后，水温20℃左右浸米1～2d，用清水洗净，常压下蒸煮15～20min，可采用摊饭冷却法，将蒸熟后的米饭迅速冷却至适合微生物繁殖的温度。

（2）糖化发酵 米饭冷却至30℃左右时，均匀拌入麦曲、水和酒母，酒母用量为米量的4%～5%，麦曲用量8%～10%，拌和后进入前发酵罐。混合后的温度为25℃左右。大约经过12h，进入主发酵，温度上升，要注意冷却，控制品温≤32℃。正常情况下，会自动开耙，超过14h还不能自动开耙，必须人工在罐中心打一个洞，促进自动翻动，耙后温度控制在28～30℃。经过32h后，品温控制在26～27℃。之后品温缓慢下降。约经3d，主发酵结束，送入后发酵罐。后发酵室温控制在15～18℃，经16～18d的密闭发酵，酒精含量>16%，发酵结束。

（3）压榨 用板框过滤机压榨，缓慢加压。

（4）澄清 将酒放入澄清池中，静置2～3d，取出上清液去杀菌，沉渣重新压榨回收酒。

（5）煎酒杀菌 煎酒杀菌温度一般85～90℃，时间2～3min。

（6）成品包装 为了便于贮存、保管和运输，以及有助于新酒的老熟，采用传统的坛包装。

3. 产品质量标准

理化指标分析与感官评价，参照GB/T 13662—2018《黄酒》进行。

五、实验结果与记录

1. 黄酒糖化发酵过程中的现象。
2. 黄酒的感官评价。

六、思考题

1. 简述黄酒发酵工艺，对比其他发酵酒其有什么特点？
2. 麦曲中含有哪些微生物？主要有什么作用？
3. 如何判别黄酒酒醅成熟？
4. 黄酒的褐变原因有哪些？如何防止？

实验三　啤酒的酿造

一、实验目的

1. 理解啤酒酿造过程的原理。
2. 掌握啤酒的生产工艺。

二、实验原理

啤酒酿造的基本原料是发芽的大麦、水、酒花和啤酒酵母。其生产过程主要包括麦芽汁制备和啤酒发酵两个过程。麦芽汁的制备包括麦芽的制备、糖化、过滤、煮沸、澄清、冷却。啤酒发酵过程包括前发酵、主发酵、后发酵、贮酒等阶段。露天大罐发酵工艺基本上分为主发酵和后酵贮酒两个阶段。发酵结束后再进行发酵后期的澄清、过滤、除菌、包装，得到啤酒的成品。

三、实验材料及设备

1. 材料

啤酒麦芽、大米、颗粒酒花、高温 α-淀粉酶、啤酒活性干酵母等。

2. 设备

粉碎机、发酵罐、贮酒罐、酸度计、糖度计、过滤机、无菌工作台、恒温培养箱等。

四、实验步骤

（一）麦芽汁的制备

1. 工艺流程

原料粉碎 → 蒸煮（糊化）→ 糖化 → 过滤 → 煮沸 → 回旋沉淀 → 冷却 → 冷麦芽汁

2. 操作要点

（1）原料粉碎　麦芽增湿粉碎：向麦芽喷淋 60℃的水雾，使麦芽整粒水分增加 1.5%，喷洒的水雾与麦芽充分混合增湿 2min，保持麦皮完整。大米干粉碎：水分越低，粉碎越细，效果越好，粉碎度控制在 40 目筛，通过率>70%。

（2）大米糊化　将粉碎好的大米 45℃加水调浆，料液比为 1∶5，70℃添加耐高温 α-淀粉酶液，直至碘液反应检查水解完全，煮沸 10min，上清液即为大米醪液。

（3）糖化　麦芽粉 35℃加水调浆，料液比为 1∶4，50℃恒温 60min，充分分解蛋白质，升温至 65℃，以 1∶2 添加冷却至 65℃的大米醪液，恒温至碘液反应完全，80℃时终止。

（4）麦芽汁过滤　收集麦芽汁上清液和沉淀洗涤液，过滤两次。

（5）麦芽汁煮沸　酒花添加量为麦芽汁的 0.2%，分四批添加，煮沸时添加 10%，防止麦芽汁起沫，第二、三批于煮沸 30min、60min 时各添加 20%，第四批于煮沸 90min 时添加 50%，10min 后终止煮沸。麦芽汁煮沸结束后立即冷却，静置 20~30min。尽量避免热麦芽汁与空气接触，防止高温下麦芽汁氧化和香味成分的损失。

（二）啤酒发酵

1. 工艺流程

麦芽汁 → 主发酵 → 后发酵 → 过滤 → 装瓶 → 杀菌 → 包装

2. 操作要点

（1）主发酵　麦芽汁中添加 2~3 代酵母，满罐酵母细胞数为（1.0×10^7~1.5×10^7）个/mL。满罐必须在 24h 内完成。满罐 24h 排放一次底部沉积物。最高发酵温度 10℃，降糖 1.5~2.0°P，维持 2~3d。

（2）后发酵　降温至 6~7℃进入贮酒阶段，进行双乙酰还原。当外观糖度降至 3.5~3.8°P 时封罐，升压至 0.10~0.12MPa。双乙酰还原至 0.07mg/L 以下时，降温至 5℃，保温 24h，排放酵母。再降温至 0~1℃，保温 7~10d，过滤前 24h 排净罐部沉淀物，待过滤。

（3）过滤与灌装　将啤酒降温至 0.1℃，经硅藻土过滤，过滤后的啤酒应清亮透明。如需灌装，必须采取隔氧及排氧措施。

3. 产品的质量标准

（1）感官品质　色泽：金黄色，清亮透明，无明显悬浮物、沉淀物；香气：有纯正酒花或麦芽香气，无其他异香；泡沫：泡沫丰富，洁白细腻，持久挂杯；口味：口味纯正，无邪杂味，醇厚，杀口力强，酒体协调。

（2）理化指标分析　参考 GB/T 4927—2008《啤酒》进行分析测定。

五、实验结果与记录

1. 麦芽汁煮沸过程中的现象。
2. 啤酒的感官评价。

六、思考题

1. 酒花在啤酒酿造中起什么作用？有哪些主要成分？
2. 影响糖化的因素有哪些？
3. 如何过滤麦芽汁？
4. 影响啤酒泡沫的因素有哪些？如何改进啤酒泡沫质量？
5. 简述双乙酰的产生和消除方法。

实验四 甜酒酿的制作

一、实验目的

1. 了解甜酒酿制作的基本原理。
2. 掌握甜酒酿的生产工艺。

二、实验原理

甜酒酿是糯米经蒸煮使淀粉糊化，然后加甜酒药经发酵而成的。甜酒药是糖化菌及酵母制剂，其所含的微生物主要有根霉、毛霉及少量酵母。在发酵过程中糖化菌先将糯米的淀粉分解成葡萄糖，蛋白质分解成氨基酸，接着少量的酵母又将部分葡萄糖经酵解途径转化成酒精，这样就赋予了甜酒酿甜味、酒香气和丰富的营养。但随着发酵时间的延长，酵母数目增多，发酵力增强会使甜酒酿糖度下降，酒精含量提高，故适时结束发酵是保持甜酒酿口味的关键。

三、实验材料及设备

1. 材料

糯米、甜酒药。

2. 用具及设备

保温箱、电磁炉、蒸笼、瓦罐、纱布等。

四、实验步骤

（一）工艺流程

糯米 → 浸米 → 洗米 → 蒸饭 → 淋饭 → 降温 → 拌药 → 落缸搭窝 → 发酵 → 后熟

（二）操作要点

1. 浸米

将糯米置于盆中用自来水浸泡 12~24h。

2. 洗米

将浸泡好的米用水冲洗几次，漂洗干净。

3. 蒸饭

将浸渍洗过的米沥干后，倒入铺有两层湿纱布的蒸笼里，摊开，加盖，旺火沸腾下蒸煮约 1h，要求饭粒“熟而不糊”。

4. 淋饭

将蒸熟的米饭从蒸锅中取出，立即用清水冷水冲淋，使饭分散降温至28~30℃。

5. 落缸搭窝

将淋冷却后糯米饭沥去余水，置于瓦罐中（容器使用前需沸水灭菌清洗），将酒药药末用量2/3拌入饭中，然后将其搭成“U”字，将剩余的酒药均匀撒在饭的表面。

6. 发酵

将罐置于28℃左右发酵2d左右，可见米饭表面大量菌丝体在延伸，米饭的黏度逐渐下降，糖化液慢慢溢出。当窝内甜液达饭堆2/3高度时，可适当进行搅拌，再发酵1d左右即可。

7. 后熟

发酵后糯米酒已初步成熟，但口味不佳，须在5~10℃放置2~4d，进行后发酵，以减少酸味，使口感柔和，提高糖度和酒香味。

五、实验结果与记录

甜酒酿的感官评价。

六、思考题

1. 分析一下酒酿制作过程的微生物发酵过程。
2. 酒药拌好后为什么要在饭的表面再撒一层酒药？

实验五 蚕豆酱的制作

一、实验目的

1. 了解蚕豆酱制作的基本原理。
2. 掌握蚕豆酱的制作方法。

二、实验原理

蚕豆酱是以蚕豆为主要原料，去皮后经制曲、发酵而成的半流动状态的调味品。豆酱是利用微生物所分泌的各种酶类的催化作用，使原料中的蛋白质和淀粉类物质进行一系列复杂的生物化学变化，从而形成豆酱特有的色、香、味、体。大部分酱料的分解，要依靠曲霉所产生的酶，所以选择优良菌株是提高酿造酱类质量的有效措施之一。最常用的曲霉是米曲霉，其具有生长快、产孢量大、酶系丰富、不产毒素等特点。

三、实验材料及设备

1. 材料

去皮蚕豆、米曲霉（沪酿3.042）、麸皮、面粉、马铃薯、葡萄糖、琼脂、食盐等。

2. 设备

高压灭菌锅、无菌操作台、恒温磁力搅拌器、电热恒温培养箱、电热恒温干燥箱等。

四、实验步骤

（一）培养基和发酵剂制备

1. 培养基制备

（1）菌种斜面活化培养基　采用马铃薯葡萄糖琼脂（PDA）培养基：马铃薯200g，葡萄糖20g，琼脂15g，蒸馏水1000mL。

（2）菌种扩大培养基　在300mL三角瓶加入干麸皮10g，按麸皮：水（g/mL）=1：（1~1.2）加水调配均匀，在121℃灭菌30min，冷却备用。

2. 发酵剂制备

（1）菌种活化　无菌条件下，将米曲霉接种于PDA斜面培养基，30℃下培养48h，备用。

（2）麸曲制备　从试管斜面取2~3环米曲霉孢子接种到灭菌麸皮中，置于30℃培养48h，其间扣瓶一次，待其长满孢子后，用牛皮纸包好整块麸皮，置于45~50℃干燥箱中干燥24h，即可制得麸曲发酵剂。

（二）蚕豆酱制作

1. 工艺流程

去皮蚕豆 → 清洗 → 浸泡 → 蒸煮 → 冷却 → 加入面粉 → 接种麸曲 → 前发酵 → 加入食盐水 → 后发酵 → 成品

2. 操作要点

（1）蚕豆预处理　去皮蚕豆要求无霉烂和病虫害，淘洗干净后，置于清水中室温浸泡6h左右，待其体积增加约一半后捞出。

（2）蒸煮　在121℃蒸料5min至蚕豆熟而不烂。

（3）加入面粉　将面粉置于105℃干燥箱内烘烤1.5h，按蚕豆质量的20%拌入面粉，搅拌均匀，得到曲料。

（4）接种麸曲及前发酵　按照曲料质量的0.3%接入麸曲，于30℃培养48h，制备曲坯。

（5）加入食盐及后发酵　将曲坯按照坯：盐水=1：1添加质量分数为10%的盐水，入坛后于40℃保温发酵三周。

五、实验结果与记录

1. 蚕豆酱后发酵过程中的现象。
2. 蚕豆酱的感官评价。

六、思考题

1. 分析一下蚕豆酱制作过程的微生物发酵过程。
2. 采用米曲霉发酵剂制作蚕豆酱有哪些优缺点？还可以采用哪些菌种作为纯种发酵剂？

实验六　深层发酵法酿造食醋

一、实验目的

1. 理解食醋酿制过程的原理。

2. 掌握食醋深层液体发酵法的生产工艺。

二、实验原理

食醋的酿造一般是以淀粉质原料，经过淀粉糖化、酒精发酵、乙酸发酵，或者以糖质原料经过酒精发酵和乙酸发酵，或者以酒精质原料经过乙酸发酵，再经后熟陈酿而成的一种酸、甜、咸、鲜协调的调味品。食醋酿造工艺分为固态发酵法和液态发酵法两大类。固态法制醋工艺在酒精发酵阶段采用大曲酒工艺、小曲酒工艺、麸曲白酒工艺、液体酒精发酵工艺等，转入乙酸发酵阶段则采用固态法发酵。液态发酵酿醋工艺主要是以纯种微生物进行发酵，产品具有澄清透明、酸味清爽、沉淀少、产品质量稳定、原料利用率高、生产周期短等特点。本实验采用液体深层发酵工艺酿制食醋。

三、实验材料及设备

1. 材料

大米、酿酒酵母、醋酸菌、α-淀粉酶、麸曲、食盐、碳酸钠、氯化钙等。

2. 设备

酸度计、酒精计、恒温培养箱、机械通风发酵罐、过滤机等。

四、实验步骤

（一）工艺流程

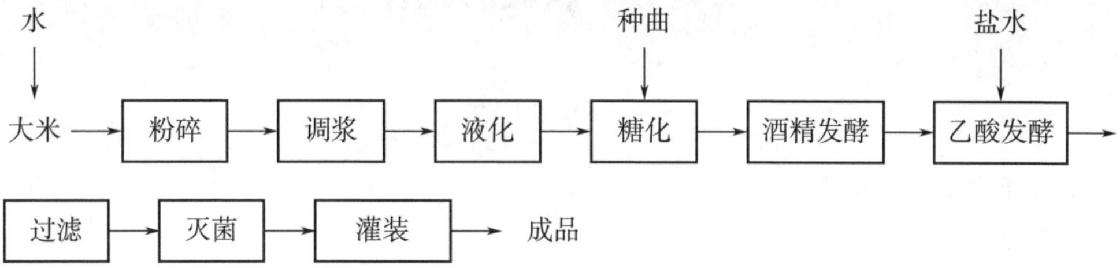

（二）操作要点

1. 制作糖化醪

将粉碎的大米原料置于糖化罐中，加水同时添加α-淀粉酶，再用碳酸钠调醪液 pH 6.2~6.3。加入氯化钙并充分搅拌。将米醪缓慢加热升温至 85~90℃，维持 10~15min 进行液化，以碘液检查无蓝色反应，液化结束。再将米醪升温至 100℃，煮沸 20~30min，达到灭菌目的。将醪液冷却至63~65℃，加麸曲糖化3~4h。

2. 酒精发酵

醪液冷却至28~30℃，转入发酵罐按10%接种量加酵母菌，控制品温在30℃左右，发酵3~5d，酒精含量达7%~8%，残糖在0.5%左右，可转乙酸发酵。

3. 乙酸发酵

发酵罐装液量70%，按10%的接种量接入醋酸菌种子，维持品温32~35℃，进行乙酸发酵，乙酸菌种子的酸度>20g/L。一般前通气量为1：（0.1~0.13）（体积比，发酵液与每分钟通气量之比），中期为1：（0.15~0.17），后期为1：（0.1~0.13），通风与搅拌相结合，使氧气均匀地溶解于发酵液中。每隔2h取样测定酸度及酒精含量，后期可1h测定一次，直到酸度不再上升即可终止发酵，此时乙醇残留量很少。

4. 加热灭菌

乙酸终止发酵后，将醋液加热至80℃保持15min进行巴氏杀菌，进入存储后熟。

5. 过滤

加入硅藻土过滤后得到澄清的醋液。

6. 灭菌装罐

将醋液加热至80℃保持15min进行巴氏杀菌，密闭冷却后罐装。

五、实验结果与记录

1. 食醋发酵过程中的现象。
2. 食醋的感官评价。

六、思考题

1. 阐述食醋酿造过程中的微生物发酵过程。
2. 阐述深层发酵技术对比传统固态发酵技术酿造食醋的优缺点。

实验七　腐乳的制作

一、实验目的

1. 理解腐乳的制作原理。
2. 掌握腐乳的制作工艺。

二、实验原理

腐乳的主要生产原料为大豆及其制品，经过大豆磨浆、制豆腐坯，再经前期培菌、腌制及后期发酵等工序制成。豆腐乳坯的水分含量大致控制在70%左右，腌坯含盐量一般掌握在12%左右，前期发酵应用的菌种大都是毛霉或根霉，后期发酵时间多数在3~6个月。各个品种由于配料的不同，产品各具特色，别有风味。

三、实验材料及设备

1. 材料

黑豆或黄豆、盐卤（或石膏）、腐乳毛霉菌种、食盐、味精、白酒、调味料等。

2. 用具及设备

磨浆机、过滤机、蒸锅、压榨成型箱、小刀、木盘、手持喷雾器、恒温培养箱、发酵坛（缸）、罐头瓶等。

四、实验步骤

（一）豆腐坯的制作

1. 工艺流程

2. 操作要点

（1）大豆浸泡　大豆加 3 倍水浸泡。冬季在 5℃浸泡 24h；春秋季节在 10~20℃浸泡 12~18h；夏季在 30℃浸泡 6h 即可。

（2）磨浆　浸泡好的大豆采用磨浆机磨浆，在磨浆过程中，需均匀地向磨内加水，要求磨的细度比较均匀。

（3）滤浆　利用离心机或滤浆机将豆浆与豆渣分离，分离后豆渣加水洗两次再分离，合并前次滤液，加入煮浆罐煮沸 5~10min。

（4）点浆　加入盐卤或石膏使蛋白质凝固，温度控制在 85~90℃，pH 6.8 左右。先搅动豆浆，再将盐卤以细流缓缓滴入热浆中，下卤流量要均匀一致，并注意观察豆花凝聚状态。在即将成脑时搅动适度减慢，至全部形成凝胶状态。从点卤至全部凝固成型，一般应掌握在 2min 左右。点卤后，保温 20~30min，促进蛋白质凝固完全。

（5）压榨　成型箱内预先铺好包布，避免豆脑成型时外流，同时使豆腐坯表面形成密纹，防止水分流失。将豆脑均匀地泼在成型箱内，豆脑厚度高于成型箱。泼脑后加盖板，盖板小于成型箱，然后在盖板上加压力。压制成型时，豆脑温度应>65℃，温度低不易出水，豆腐难以成型。加压要均匀，时间 15min 左右。成型后豆腐坯水分含量 70%。

（6）划块　将压榨好的豆腐坯迅速取下，划切成小块。

（二）腐乳制作

1. 工艺流程

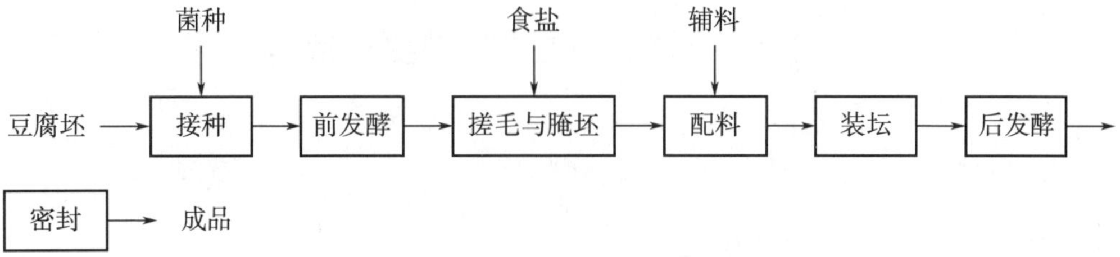

2. 操作要点

（1）毛霉孢子悬液的制备　取保藏菌种接种于 PDA 斜面培养基上，20~22℃培养 4d，待料面上菌丝充分生长，孢子丰富，于试管中加入无菌水，用接种环充分刮洗料面菌苔即得浓菌液，无菌吸管吸出后，加无菌水稀释至 100mL，备用。

（2）接种　冷却至 20℃左右的豆腐坯，分层均匀排布放入竹底盘中，坯块侧立间隔开以便通风散热，将毛霉的孢子悬浮液装入喷雾器中，均匀喷雾接种，坯的五面均需喷到菌液，菌丝长势才能一致，繁殖速度一致。

（3）前发酵　接种后豆腐坯置于 25~28℃培养 5d。培菌期间，要随时检查菌丝生长情况，如发现起黏现象，应及时采取通风降温措施。当菌丝生长成熟，略带黄褐色，即为毛坯。

（4）搓毛与腌坯　腌坯前，先把毛坯相互连接的菌丝轻轻地分开，使坯块之间不粘连。然后，用手指将毛坯表面轻轻整理。毛坯搓毛以后，加适量食盐进行腌制。在缸底铺放中心有孔的圆形木板一块，将豆腐毛坯放在木板上，沿缸壁外周逐渐排至中心，每圈相互排紧。先在底部木板上撒上薄层食盐，再按分层加盐的办法将盐撒到坯上，并逐层增加，最后在缸面铺上较厚的盐层。腌坯 3~4d 要压坯，即加入食盐水（或腌坯后的盐水），超过腌坯面，使上层增加咸度。腌坯时间一般冬季为 13d，春秋季节为 11d，夏季为 8d。腌坯结束，抽出盐水。放置过夜，使豆腐乳坯干燥收缩。

（5）装坛（瓶）与配料　配料前先把缸内腌坯取出分开，装入洗净的干燥坛内，并根据不同口味配料，加入配料液超过坯面约 1cm，严封坛（瓶）口，置常温下经 3~6 个月成熟，即完成后发酵。参考配料：白酒（酒精含量 43%左右）500g，辣椒粉 125g，花椒粉 100g，红曲米 150g，白砂糖 200g，味精 15g，食盐 150g。

五、实验结果与记录

1. 腐乳前发酵和后发酵过程中的现象。
2. 腐乳的感官评价。

六、思考题

1. 腐乳生产发酵原理是什么？腐乳生产主要采用何种微生物？
2. 腐乳酿制的前发酵包括哪些重要环节？培养管理中应注意什么问题？
3. 腐乳毛坯的后发酵有哪些环节？如何才能促进后熟完成达标？

实验八　霉菌型豆豉及纳豆的制作

一、实验目的

1. 理解豆豉和纳豆的制作原理。
2. 掌握豆豉和纳豆的制作工艺。

二、实验原理

豆豉的原料为黄豆或黑豆，原料经浸泡、蒸煮、制曲、发酵而成。豆豉酿造工艺因产品品种和主要微生物不同而有区别：按发酵时是否加食盐，分为咸豉、淡豉；按成品水分含量多少，分为干豉、湿豉和水豉；按主要微生物不同，分为米曲霉豆豉、毛霉豆豉和细菌豆豉。本实验采用纯种米曲霉制作干豆豉。纳豆是以大豆为原料，在适宜的条件下，经纳豆芽孢杆菌（*Bacillus natto*）发酵制成的一种具有特殊口味的佐餐食品。豆豉和纳豆的制作工序基本相同，但两者在菌种的使用和发酵参数方面有一定区别，且纳豆为无盐发酵，而豆豉为有盐厌氧发酵。

三、实验材料及设备

1. 材料

黑豆或黄豆、米曲霉（沪酿 3.042）、纳豆芽孢杆菌、食盐、白酒、白砂糖、牛肉膏蛋白胨、酱油、辣油、罐头瓶等。

2. 用具及设备

蒸锅、瓷盘、制曲箱、电热鼓风干燥箱、恒温培养箱、高压蒸汽灭菌锅、摇床、温度计等。

四、实验步骤

（一）霉菌型豆豉的制作

1. 工艺流程

大豆 → 选料浸泡 → 蒸料 → 冷却 → 制曲 → 洗曲 → 发酵 → 成熟包装 → 成品

2. 操作要点

（1）选料浸泡　选择颗粒饱满均匀、无虫蛀、无霉变的新鲜黄豆或黑豆，先洗净表面的灰尘，然后进行浸泡。原料浸泡时间因季节不同而异。一般要使豆表面以上无皱纹，豆粒水分含量达到45%左右。

（2）蒸料　将浸泡好的大豆上甑常压蒸料，蒸料时间3~4h，蒸好的大豆散发豆香，豆粒软化，表皮无皱纹，此时熟豆的水分含量可达50%。常压蒸煮好的豆摊晾在消毒的竹盘中，厚度2cm左右。

（3）制曲　传统豆豉生产使用自然制曲，本实验中采用纯培养米曲霉菌株接种制曲。蒸好的熟豆温度降至30~35℃，接入菌种活化后制成的米曲霉孢子悬液，接种量0.3%，拌匀后，装入竹簸箕中，厚2cm左右。保持室温25℃左右，品温25~35℃，24h后可见白色菌丝布满，曲粒结块，品温上升至35℃左右，进行第一次翻曲，搓散豆粒使之松散，有利于分生孢子形成，48~72h后遍布黄绿色孢子即可出曲。

（4）洗曲　用洁净的温开水将曲表面的曲霉菌孢子、菌丝及黏附物洗净。洗后将曲豆堆放，采取洒水的措施，使曲料经1~2h后水分含量达到45%，同时应适当加入1%~2%食盐。

（5）发酵　堆积时品温可达到50~55℃，一般将曲豆装入缸（坛）中，进行厌氧发酵，表面可再加入适量的食盐和白酒，盖塑料布进行密封，发酵时间为1~3个月，温度为25~35℃。

（6）成熟包装　发酵成熟后从坛中取出，在日光下暴晒，使水分蒸发，要求豆豉水分含量20%。晒干后即可包装。

（二）纳豆的制作

1. 工艺流程

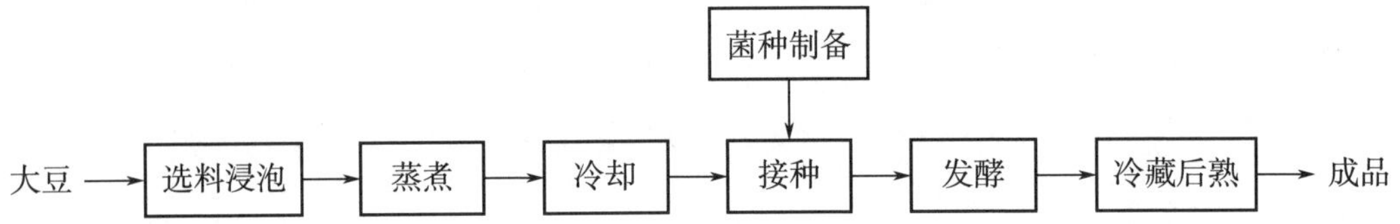

2. 操作要点

（1）选料浸泡　选取小粒（直径6mm）、颗粒饱满的新大豆。将大豆彻底清洗后用3倍量的水进行浸泡。浸泡时间是夏季8~12h，冬季20h。

（2）蒸煮　将浸泡好的大豆放进蒸锅内蒸2~3h，实验室也可用高压灭菌锅在121℃处理20~30min，以豆子易被手捏碎为宜。

（3）纳豆菌种子制备　菌种活化：取保藏纳豆菌种，接入灭菌后的牛肉膏蛋白胨斜面培养基上，37℃培养48h。菌种扩大培养：取活化的纳豆菌接种在150mL液体牛肉膏蛋白胨培养基中，37℃摇床培养48h。种子制备：将上述扩大培养物以5%的接种量接入液体牛肉膏蛋白胨培养基中，37℃、150r/min摇床培养48h，备用。

（4）接种　蒸煮好的大豆冷却至60℃，按1mL/kg大豆接入菌种，搅拌均匀，可适量添加水，但不宜过多，水的多少会影响纳豆的黏滞性和咀嚼感。接种后将大豆均匀摊开在容器中，厚度约2cm，容器上面铺上干净白纱布，以维持相对湿度。

（5）发酵　转入37~42℃恒温培养箱发酵20~24h，箱内相对湿度应控制在85%~90%。也可以在>30℃的自然环境中发酵，时间适当延长。发酵好的纳豆豆香浓郁，稍有氨味属正常现象，但氨味过于强烈，则可能已受杂菌污染。

（6）冷藏后熟　发酵好的纳豆放入4℃冰箱中保存24~48h后熟，后熟后呈现纳豆特有的黏滞感、拉丝性、香气和口味。纳豆食用时可根据个人口味，添加食盐、酱油、辣油等调味料。纳豆在食用前贮存在10℃以下，以免孢子二次萌发。

五、实验结果与记录

1. 豆豉和纳豆发酵过程中的现象。
2. 豆豉和纳豆的感官评价。

六、思考题

1. 霉菌型豆豉与细菌型豆豉的生产工艺有何不同？
2. 纳豆发酵后为何会形成拉丝现象？
3. 如何才能保证食用豆豉的安全和卫生？

拓展实验一　低盐酱油的酿制

一、实验目的

1. 理解低盐酱油的制作原理。
2. 掌握低盐酱油的制作工艺。

二、实验原理

酱油是一种将大豆或大豆制品蒸熟及炒（蒸）熟小麦，经过蛋白酶制曲培养、长期发酵而制成的液体调味品。酱油发酵工艺主要可以分为低盐固态发酵及高盐稀态发酵两类。低盐固态是将成曲拌入少量的盐水，使其呈不流动状态的混合物，称为酱醅，而高盐稀态是将成曲中拌入大量的盐水，使其呈浓稠的半流动状态的混合物，称为酱醪。酱油在发酵过程中易感染杂菌而导致腐败变质，所以酱油的食盐含量一般在16%~20%。随着低盐膳食成为全球的一个饮食习惯趋势，低盐酱油受到越来越多消费者的青睐。目前，市场上的低盐酱油都是经过高温低盐发酵得到低盐酱油或使用电渗析后脱盐而成，虽然达到了消费者对减盐的要求，但是也改变了酱油的风味，降低了酱油品质。本实验从酱油的发酵源头控盐，同时低温发酵，生产制备能够较好保持酱油品质的低盐酱油。

三、实验材料及设备

1. 材料

脱脂大豆、小麦、米曲霉（沪酿3.042）、黑曲霉（AS3.324）、酒用干酵母、食盐等。

2. 设备

高压蒸汽灭菌锅、粉碎机、压片机、制曲箱、恒温培养箱、发酵罐、压榨成型箱、过滤机、温度计等。

四、实验步骤

（一）酱油和制酒小麦片成曲制作

1. 工艺流程

原料 → 润水 → 蒸煮 → 冷却 → 制曲 → 成曲

2. 操作要点

（1）小麦处理　将小麦在200~300℃下炒制2~3min，冷却至35~40℃，然后磨粉，得到小麦粉，待用。

（2）原料润水和蒸煮　将脱脂大豆在75℃浸水并预热10min，然后在0.18MPa、130℃下蒸煮5min，冷却至35℃，得到处理后脱脂大豆。将小麦通过压片机制成小麦片，在小麦片中加入其质量 0.8 倍的水进行浸润，然后在 0.15MPa、120℃下蒸煮 4min，冷却至 35℃，得到制酒小麦片。

（3）酱油制曲　将处理后脱脂大豆与小麦粉按照质量比 55∶45 混合，按混合料质量 0.3%的比例接入米曲霉，送入制曲箱中，控制温度 25~35℃，制曲时间 40h，得到酱油成曲。

（4）制酒小麦片制曲　将制酒小麦片全曲培养，按制酒小麦片质量 0.3%的比例接入黑曲霉，送入制曲箱中，控制温度 26~36℃，制曲时间 25h，得到小麦片成曲。

（二）酱油制作

1. 工艺流程

酱油成曲 → 发酵 → 取油 → 过滤 → 灭菌 → 灌装 → 成品

2. 操作要点

（1）制酒发酵　在小麦片成曲中加入其质量 2.6 倍的饮用水和酒用干酵母（添加量为小麦成曲质量的 0.1%）进行发酵，发酵温度 24~34℃，发酵时间 7d，发酵结束后过滤，在滤液酒液中加入食盐制成酒精含量 9%、食盐含量 13%的拌曲盐水，待用。

（2）酱油发酵　在酱油成曲中加入其质量 1.8 倍的拌曲盐水，共同进入发酵罐中，搅拌均匀，前期发酵温度 12~18℃、发酵时间 20d；中期发酵温度 28~32℃、发酵时间 90d；后期发酵温度 23~26℃、发酵时间 40d，总发酵期在 150d，发酵过程中食盐含量 9%。

（3）压榨　将成熟酱醪通过压榨设备进行压榨，得到原油。

（4）过滤、灭菌　将原油进行过滤，92℃灭菌 20min，然后无菌灌装，得到成品。

五、实验结果与记录

1. 酱油不同发酵阶段结束时的形态和色泽。
2. 低盐酱油的感官评价。

六、思考题

1. 简述低盐固态工艺酿制酱油的过程。
2. 影响酱油风味的因素有哪些？
3. 酱油的质量标准包括哪些指标？

拓展实验二　果醋酿制

一、实验目的

1. 了解果醋酿制的基本原理。
2. 掌握果醋酿制中酒精发酵及乙酸发酵（液体深层发酵）的发酵技术。
3. 对果醋酿制过程中出现的问题能够及时发现并解决。

二、实验原理

果醋是利用水果为原料酿制而成的食醋产品。果醋的酿制原理是首先利用酵母菌，通过酒精发酵，将水果原料中可发酵的糖转化为酒精，本阶段为厌氧发酵。然后利用醋酸菌，通过乙酸发酵将酒精转化为乙酸，此阶段为好氧发酵。通过酒精发酵、乙酸发酵得到的水果原醋口感较差，且醋体较为混浊，需进行陈酿，以改善果醋风味及外观。陈酿后的果醋需经杀菌、密封后进行贮藏。

三、实验材料及设备

1. 材料

苹果、果胶酶、偏重亚硫酸钾、蔗糖、壳聚糖、葡萄酒酵母、醋酸菌菌种。

2. 设备

折光仪、发酵罐、台秤、温度计、酒精计、榨汁机、离心机等。

四、实验步骤

（一）工艺流程

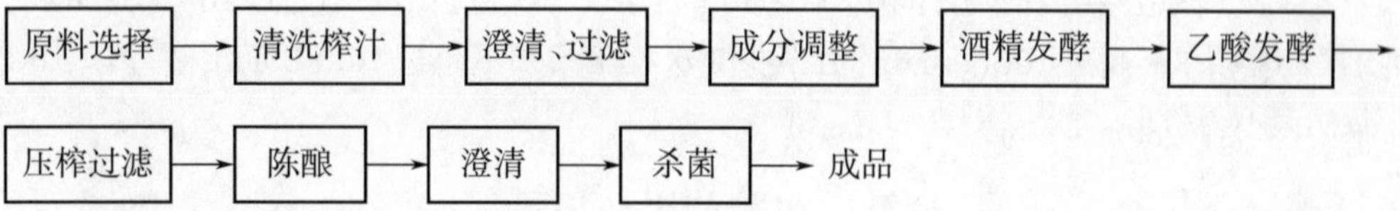

（二）操作要点

1. 原料选择

选择新鲜成熟苹果作为原料，要求糖分含量高、香气浓、汁液丰富、无发霉腐烂情况。

2. 清洗榨汁

将分选洗涤的苹果榨汁、过滤，使皮渣与汁液分离。

3. 澄清、过滤

澄清可选择明胶-单宁法或果胶酶法，一般不用加热法。明胶、单宁或果胶酶用量通过澄清试验确定。

4. 成分调整

澄清后的果汁根据成品所要求达到的乙酸含量调整糖度。一般 17g（17g/L）糖转化为 1% 酒精，1%酒精转化为 1%乙酸。考虑到醋酸菌耐酒精含量极限一般在 8%左右，因此，将糖度调整至 14%左右。糖度调整后的果汁需加入适量偏重亚硫酸钾进行杀菌，使果汁中游离二氧化硫含量达到 100mg/L。（注：偏重亚硫酸钾可用于生产 50%二氧化硫）。

5. 酒精发酵

加入二氧化硫杀菌的果汁需放置 0.5h 后再进行酒精发酵接种。用木桶或不锈钢罐进行，装入果汁量为容器体积的 2/3，将经过三级扩大培养的酵母培养液接种发酵（干酵母用量约为 150mg/kg），一般发酵 2 周左右，使酒精含量达到 6%～7%。发酵结束后，将酒压榨过滤，放置 1 个月左右，以使其充分澄清和改善质量。

6. 乙酸发酵

将苹果酒转入木桶或不锈钢罐中，装入量约为2/3，接入扩大培养后的醋种5%~10%，不断通入氧气，保持室温30℃，当酒精含量<0.1%时，说明乙酸发酵结束。将菌膜下的液体放出，尽量不使菌膜受到破坏，再将新酒放到菌膜下面，乙酸发酵可继续进行。

7. 陈酿

常温陈酿1~2个月。

8. 澄清及杀菌

将果醋进一步澄清，澄清后用蒸汽间接加热到80℃，趁热装瓶。

（三）质量标准

1. 感官指标

苹果醋成品呈琥珀色，色浅，清澈；酸味柔和，气味醇正，有水果香味。

2. 理化指标

总酸含量（以乙酸计）≥4.0g/100mL，酒精含量（体积分数）≤0.5%，Cu^{2+}≤5.0mg/L，Fe^{3+}≤10.0mg/L，总砷（以As计）≤0.5mg/L，铅（Pb）≤1.0mg/L，黄曲霉毒素B_1≤5.0μg/L。

3. 微生物指标

菌落总数5次检验结果不超过10^4CFU/mL，且至少3次检验结果不超过10^2CFU/mL，大肠菌群5次检验结果不超过10CFU/mL，且至少3次检验结果不超过10CFU/mL；霉菌≤20CFU/mL，致病菌不得检出。

五、实验结果与记录

1. 苹果醋酒精发酵和乙酸发酵过程中的现象。
2. 苹果醋的感官评价。

六、思考题

1. 为什么经二氧化硫杀菌的果汁需放置0.5h后再进行酒精发酵接种？
2. 如何调控果醋成品合适的糖酸比？一般通过哪些方法进行控制？
3. 如何开发果醋饮料产品？

第四章

CHAPTER 4

粮油食品工艺学实验

实验一　面条制作

一、实验目的

深入理解面条制作的原理和工艺过程。

二、实验原理

面条制作的原理是面粉中的面筋蛋白（麦胶蛋白和麦谷蛋白）吸水膨胀，形成具有韧性、弹性、黏合性、延伸性和可塑性的湿面筋。与此同时，面粉中的淀粉吸水浸润，并与湿面筋紧密粘连在一起，从而使面粉变成具有可塑性和延伸性的面团，然后经过机械辊压、切条和烘干，形成干面。

三、材料及设备

1. 材料

面粉、食盐、食碱、食用油、羧甲基纤维素（CMC）等。

2. 用具及设备

和面机、面条挤出机、切面机、锅、勺、量筒、托盘等。

四、机制挂面生产的工艺流程

（一）工艺流程

原辅料 → 计量 → 和面 → 熟化 → 轧片 → 切条 → 干燥 →

切断 → 计量包装 → 成品

（二）原辅料的选择

1. 小麦粉

机制挂面所用的小麦粉可选用中等筋力面粉，面筋含量28%~32%，新小麦粉或软麦粉必须经大仓处理后才能使用。

2. 水

水的添加量应根据面粉中面筋含量确定。

3. 食盐

机制面最高加盐≤3%，春秋两季为小麦粉质量的2.4%，夏季为3%，冬季为2%，梅雨季节暂不加或少加。

4. 食碱（纯碱或无水碳酸钠）

加碱量是面粉质量的0.1%~0.2%。

5. 其他辅料

CMC用量为面粉量的0.2%~0.4%，还有鸡蛋、味精、牛乳、肉松、蔬菜、番茄酱等。

（三）机制挂面加工技术

1. 和面

用和面机将面粉与适量水和其他辅料搅拌混合。和面要求：最终和成像豆腐渣状的松散颗粒，以干湿适度，大小均匀，不含生粉，色泽均一，手握成团，轻搓便又松散的小颗粒状为宜。加水量一般为面粉质量的25%~30%，水温25~30℃，和面10~15min，和面机转速70~130r/min。

2. 熟化

面团经一段时间自然成熟的过程，目的是让湿粉在放一段时间后，水分分布均匀，使面筋充分形成。熟化时间一般为10~15min，熟化温度25℃，熟化机转速5~10r/min。

3. 轧片与切条

（1）轧片　把熟化后的面团压轧成一定厚度的薄片的工艺过程。轧片使面筋网络组织细密化和相互粘连，并在面片中均匀排列，使面片具有一定的韧性和强度。

（2）切条　将经过若干道压轧成型的面片切成一定宽度和长度的湿面条。要求表面光滑，厚薄均匀，长度宽度一致，并无毛边、并条、落条、断条。

4. 烘干

湿面条经过预备干燥阶段、保潮发汗阶段、升温降潮阶段和降温散热阶段。湿挂面水分含量29%~34%，烘干后为12.5%~14.5%，总干燥时间2~7h。烘干过程四个阶段主要技术参数见表3-4-1。

表3-4-1　烘干过程四个阶段主要技术参数

干燥阶段	温度/℃	相对湿度/%	运行时间占总干燥时间的百分率/%
预备干燥	室温或略高于室温	85~95	25
保潮发汗	30~35	80~90	10~15
升温降潮	35~45	50~65	30~35
降温散热	高于室温3~5	60~70	25

5. 切断、计量、包装。

五、思考题

1. 面条中各种原辅料的作用是什么？各有什么要求？
2. 面条烘干原理和烘干技术是什么？

实验二 内酯豆腐制作

一、实验目的

掌握新型豆腐制作的工艺及原理。

二、实验原理

大豆是一种含蛋白质很高的作物（40%左右），磨浆后蛋白质溶解出来，由于蛋白质分子是一种两性电解质，在水溶液中蛋白质分子表面形成一个水膜和双电层，使蛋白质在水中有很高的溶解度。要使蛋白质在水溶液中聚合凝固出来，可以采用盐析或等电点等法。

内酯豆腐是利用δ-葡萄酸内酯分解产生的葡萄糖酸使豆浆中的蛋白质凝固，形成具有一定弹性和形状的凝胶体，即内酯豆腐。该豆腐保水性好，弹性好，细嫩，微酸。

三、实验材料及设备

1. 材料

大豆、内酯。

2. 用具及设备

磨浆机、自动分离磨浆机、封口机、缸、锅、勺、聚丙烯塑料袋等。

四、工艺及实验步骤

（一）新型豆腐制作工艺

黄豆清洗 → 浸泡 → 磨浆 → 煮浆 → 浸泡 → 冷却 → 加内酯 → 凝固 → 成品

（二）操作要点

1. 浸泡

豆水比 1∶3，春秋季浸泡 8~12h，夏季 6h，冬季 16~20h，50kg 大豆泡后得 110kg 为好。

2. 磨浆

黄豆与水的比例为 1∶5 磨浆，过滤去渣。

3. 煮浆

用敞口锅煮浆，当豆浆升温至 60~70℃时投入 0.3%（以干豆汁）的消泡剂，混合至完全溶解，煮沸后冷却到室温。

4. 加内酯

以每千克豆浆加内酯 1.25~1.30g 的比例，将内酯溶解于少量水中加入豆浆中搅拌均匀。

5. 装袋（盒）凝固

将加好内酯的豆浆装入塑料袋内或盒中，用蒸汽加热（或隔水加热）80℃左右即呈固态，冷却成型。

五、思考题

1. 豆腐凝固的机理是什么？本实验所用凝固剂应用什么机理使豆腐凝固的？
2. 豆腐的凝固与豆腐的浓度及温度有什么关系？
3. 如何检验豆腐成品的软硬及其弹性？

实验三 苏式月饼的制作

一、实验目的

1. 掌握苏式月饼制作的原理与方法。
2. 学习热水面团的特点，掌握热水面团的调制方法。
3. 掌握大小包酥的手法。
4. 学会对苏式月饼质量进行分析与鉴别。

苏式月饼的制作

二、实验原理

苏式月饼是江苏苏南地区的传统食品之一，它是苏式糕点中的精华，有甜咸、荤素之别。苏式月饼由酥、皮、馅三部分组成，皮大馅小，不用印模，口味浓郁，油糖皆注重，且偏爱于松酥。外皮吃起来层多且薄，酥软白净、香甜可口。根据馅心可分为：玫瑰月饼、椒盐月饼、百果月饼、豆沙月饼、枣泥月饼、火腿月饼、葱油月饼等。

三、实验材料及设备

1. 材料

面粉、大油、饴糖、绵白糖、青红丝、白芝麻仁、碎花生米、冬瓜条、白瓜仁、核桃仁、植物油、枣泥、莲蓉、金橘饼、青梅、冰糖等。

2. 用具及设备

烤箱、面板、印模、刮板、台称、天平。

四、参考配方（百果月饼）及操作要点

（一）参考配方（百果月饼）

皮：富强粉 200g，猪油 70g，饴糖 15g，绵白糖 5g，热水 100g（冬季用开水）。

酥：富强粉 200g，猪油 120g。

馅：熟面粉 116g，绵白糖 100g，青丝 1.6g，红丝 1.6g，白芝麻仁 4g，碎花生米 24g，冬瓜条 8g，白瓜仁 4g，核桃仁 12g，葡萄干 12g，红玫瑰 20g，牛乳 8g，饴糖 12g，花生油 32g。

（二）操作要点

1. 制水油面团

小麦粉置于案板上围成圈，将猪油、饴糖和绵白糖置于圈中。用锅盛水加热至 80℃，用量杯量出 100g 热水倒入圈中，与猪油、饴糖和绵白糖混拌均匀，然后将小麦粉拨入圈中拌和面团，反复揉搓，将其揉拌成光洁柔软的面团，用无毒塑料袋盖住，静置 5~6h，备用。

2. 制油酥

将小麦粉摊在案板上，加入猪油（猪油冻过呈固态最好）拌和，滚成团，用手反复搓揉，直至擦匀擦透为止。

3. 制馅

将核桃仁摊放在烤盘上，进入 200℃的烤炉中略烤一下，取出切碎；瓜子仁放入锅中用中火炒香，冷却后摊在案板上。冬瓜条切碎成小粒，与绵白糖、青丝、红丝、白芝麻仁、碎花生米、白瓜仁、核桃仁、葡萄干、红玫瑰、牛乳、饴糖、花生油一起也堆上案板和均匀，倒上熟小麦粉，用力推擦，使其混拌均匀且具有一定黏性，用手抓可成坨。

4. 分馅

将和好的馅料按成品质量规格用手抓成一份份的圆形馅心。按成品每千克 8 只，皮馅比为 5∶5 计，分出馅心的大小约为 63g。分馅时用两手掌心用力紧抓，将馅料抓成一坨坨的圆球形馅心，摆放在馅盘里备用。

5. 包酥

用大包酥或小包酥的方法做成皮剂。

（1）大包酥工艺　皮料擀成长方形片状，酥放在上面压平，皮四周向中间包，翻转，用走棰将其擀成 20cm×60cm 的薄片，纵切成两片，分别卷成两长卷，每卷弯曲，从中间切断，切成 5 等份，每份 63g。

（2）小包酥工艺　将水油面团搓成细长条，用手将其分摘成约 35g 的坯子，按秩序五个一行整齐排放在案板上，用湿布盖好备用；油酥面团分成 28g 的坯子，按面坯分摘出来的先后顺序分别一个个取出包入油酥面团；将包好的圆球收口向上、光面向下置于案板上按扁，用小擀面杖将其擀成长形薄片；用食指、中指、无名指三指指尖擦着长薄片的顶端边缘，由外向里将长薄片卷成圆筒形。

6. 制皮

将卷好的圆筒两端向上合拢，光面向下置于案板上，用掌跟将其按成中间稍厚、四周稍薄的圆形暗酥皮。也可光面向下置于案板上之后，用两手按擀面杖，前后左右推拉擀压，将其擀成中厚边薄的圆形酥皮。

7. 包馅

左手托皮，皮的光面向下，这样包好后酥皮的光滑一面就成为饼坯的表面。右手将馅心放在酥皮中心，包馅的手法如前所述包酥心的手法。但要注意，收口时不能一下子收紧，否则酥皮必破。收口的方法是左手拇指稍稍往下按，食指、中指、无名指三指轻托皮底，配合右手“虎口”边转边把口收紧。收口处一定不能粘上油或粘有馅心、糖液等，否则收口捏不紧，烘烤时容易破口、漏馅。包馅还要求皮与馅之间不能有空隙，以免烘烤后造成制品破口、中空。

苏式月饼包好馅之后，一般还要取一小块方形毛边纸贴在封口上，用以防止烘烤时油、糖外溢。

8. 成型、装饰

将包好馅、封好口的饼坯封口向下置于案板上，用半个手掌贴住饼坯轻轻往下按压，将饼坯按压成约 1cm 厚的扁圆形生饼坯。在饼坯上面正中心盖上有“百果月饼”字样的红印章（红色宜用食用红色素调成）。

9. 摆盘、烘烤

将成型装饰好的饼坯拿到烤盘上，封口向下摆放整齐，各饼坯间的间距要相等且不能小于饼坯的直径。拿饼入烤盘时要注意，手不要捏住饼边，这样会碰坏饼坯。正确的方法是拇指贴住饼面中心，食指、中指、无名指轻托住底部拿起，放入烤盘。

摆好盘后，就可入炉烘烤。炉温可事先调好，一般面火可调至 230℃，底火可调至 200℃，不可过高，也不可太低，过高容易烤焦，太低则容易跑糖漏馅。一般烘烤 6~10min 后观察饼坯的形态，当饼面松酥起鼓状外凸，呈金黄或橙黄色，饼边壁松发呈乳黄色即可确定其已成熟。装箱时有纸的一面为底。

10. 质量规格

大小均匀，8 只/kg，不跑糖，不露馅，香甜，锦软果料玫瑰香味。

五、思考题

1. 为什么皮料和制时必须用热水？和好的皮料必须放置 5~6h？
2. 试分析苏式月饼炸馅、变形、焦黑和走油现象的原因及防止措施。

实验四　西点装饰料制作

一、实验目的

掌握糖皮、果冻类馅料的制作工艺。

二、实验材料及设备

1. 材料

琼脂、柠檬酸、明胶片、糖浆、鸡蛋、色素、香精。

2. 用具及设备

大理石板、液化气、盆等。

三、糖皮制作工艺

（一）配方

糖粉 225g，明胶片 2.25g，冷水 14.5g，柠檬汁 5mL，玉米糖浆 27g，甘油 4g，起酥油 2.5g。

（二）工艺流程

1. 溶化明胶片

将明胶片放入碗中，放入 14.5g 凉水，泡 30min，泡软，泡透，将碗放入盛有热水的盆内，使明胶片受热溶化。

2. 和制成型

糖粉过筛放入石板内圈成圈，把溶化的明胶片趁热倒入圈内，加入玉米糖浆和甘油用手揉搓均匀，呈面团状，然后装入塑料袋内保存使用。

3. 玫瑰花的制作

2/3 的糖皮加红色粉，1/3 的糖皮加绿色粉，红色糖皮做成花瓣，绿色糖皮做成花叶。

四、果冻制作工艺

（一）配方

水 250g，冻粉 5g，糖粉 250g，柠檬酸 0.5g，香精适量，色素适量。

（二）工艺要点

1. 将冻粉洗净、泡软，去除多余的水分。

2. 加水煮沸，全部溶化后放入糖粉和柠檬酸，煮沸后离火加入色素、香精，搅拌降温晾凉。

3. 包装

用玻璃纸包装待用。

五、思考题

1. 用糖皮制作一种实物（小动物、卡通、花等）。
2. 糖皮为什么要用塑料袋密封保存？
3. 果冻冷晾时为什么要不停搅拌？
4. 为什么在熬果冻时要加入柠檬酸？
5. 为什么果冻可以反复加热来调整稀稠？

蛋白膏的制作

实验五　蛋白膏的制作

一、实验目的

1. 掌握蛋白膏的制作原理和工艺。
2. 用蛋白膏练习西式糕点的装饰技术。

二、实验材料及设备

1. 材料

鸡蛋、白砂糖、香兰素、鲜乳香精、冻粉。

2. 用具及设备

打蛋机、烤箱、烤盘、转盘、抹刀、裱花嘴、裱花袋等。

三、蛋糕油法制作蛋白膏工艺

（一）配方

鸡蛋清 1 个，白砂糖 200g，蛋糕油 50g，塔塔粉 3g，双重泡打粉 3g，开水 200mL。

（二）工艺流程

鸡蛋清打入锅内，中速搅拌 3min，加入糖粉搅拌 3min，加入蛋糕油，塔塔粉，双重泡打粉搅拌 3min，逐步加入开水，打至立住花为止。

四、用蛋白膏练习涂、抹、挤、调等技术

（一）涂、抹练习

蛋糕抹面，要求涂抹平展、光滑、线条自然流畅，厚薄均匀，速度快。

（二）挤

美化装饰的重要手段（法），要把挤的技术掌握到熟练程度，达到运用自如，挤什么像什么，挤的形象逼真，挤的规格均匀。先练习挤花边、挤花等基本功，再练习挤动物、花草、卡通、人物等。

（三）调

调节色泽、调节稀稠等。要求掌握三原色和色彩调配技术，熟练准确。

五、思考题

1. 采取哪些措施提高蛋白膏的稳定性？
2. 涂、抹、挤、调等技术要领的关键是什么？

饼干的制作

实验六　饼干的制作

一、实验目的

1. 深入理解酥性和曲奇饼干生产的基本原理及工艺过程。

2. 了解和掌握酥性和曲奇饼干生产机械的工作原理。

二、实验材料及设备

1. 材料

面粉、奶油、鸡蛋、糖粉、小苏打。

2. 用具及设备

饼干成型机、烤盘、烤箱、刮刀、石棉手套等。

三、制作工艺

（一）酥性饼干的制作

1. 配方

普通面粉 250g，糖粉 90g，食用油 62.5g，淀粉 7.5g，奶油 5g，小苏打 0.75g，食用碳酸氢铵 0.5g，鸡蛋 3g，食盐 1.5g，水 25mL。

2. 工艺流程

原辅料准备 → 调理面团 → 静置 → 成型 → 烘烤 → 冷却 → 包装 → 成品

3. 操作要点

（1）原辅料准备　面粉和淀粉混合均匀，放入案板上开窝。

（2）调理面团　将糖粉、水、小苏打、碳酸氢铵、色拉油、奶油、鸡蛋、食盐等混匀。加入面粉，混合成面团。

（3）静置和成型　将搅拌好的面团放置 3~5min，放入饼干成型机喂料斗，用辊印成型机印成一定形状的饼坯。

（4）烘烤　温度 220℃，烘烤 3~5min，至饼干表面呈微红色为止。

（5）出炉，冷却，包装。

4. 感官检验

（1）色泽　金黄色，无阴影，无焦边。

（2）形状　块形整齐，厚薄一致，花纹清晰，不缺角，不变形，不起泡。

（3）组织结构　组织细腻，有细密均匀的小孔，无杂质，饼干酥脆。

（4）气味和滋味　酥松香脆，无异味。

（二）曲奇饼干的制作

1. 曲奇饼干配方

奶油曲奇：低筋小麦粉 225g，淀粉（澄面）75g，糖粉 130g，牛油 210g，鸡蛋 50g。

2. 操作要点

糖粉和牛油放入打蛋机中搅拌 2min，加鸡蛋搅拌均匀，再加面粉和淀粉慢速打 2min，取出用木挡板搅拌均匀，装袋挤在烤盘中，200℃烘烤 20~30min。

四、思考题

1. 简述饼干面团制作的基本原理及几种主要面团的区别。
2. 比较饼干三种成型方法的特点，各适合哪些饼干品种。
3. 为什么酥性饼干烘烤时采用高温短时烘烤，而韧性饼干采用低温长时烘烤？
4. 为什么奶油曲奇饼干面团必须保持温度在 30~36℃？

实验七　气鼓、排类和饭点心制作

气鼓制作

气鼓、排类和饭点心是西式糕点中的一大类，作为饭前或饭后点心或茶点，具有口味清淡，花色品种多样的特点，深受西方人欢迎。

一、实验目的

熟练掌握气鼓、排类和饭点心制作原理和技术。

二、实验材料及设备

1. 材料

面粉、奶油、鸡蛋、植物油等。

2. 用具及设备

圆模、烤箱、烤盘、刮板等。

三、制作原理与技术

（一）气鼓点心（哈斗、泡芙）

气鼓由外壳和馅心两部分组成，松软可口，营养丰富，是西式糕点中很受欢迎的品种之一。利用鸡蛋的起泡性包裹气体从而使制品膨胀，形成内空的制品。

1. 配方

水 187.5g，黄油 125g，面粉 250g，鸡蛋 312.5g。

2. 操作要点

（1）烫面　水和黄油放入锅内，上火烧沸，加入面粉急速搅拌，待面粉完全烫热，撤离火源。

（2）搅糊　将鸡蛋去皮，每次放入 2~3 个鸡蛋液，用木搅板搅拌一会儿，把糊搅到合拢细腻以后，再放一次蛋液，至稠度合适为宜。

(3) 奶油气鼓

①制气鼓坯：制好的气鼓糊装入带圆嘴的布口袋里（14mm）挤在烤盘上，挤成4cm的圆锥形状，放入200℃烤箱烘烤30min左右，膨胀起来为止。

②灌馅：用刀从侧面切一道口，将制好的膨松体奶油装入圆嘴子的纸圈里，将奶油挤入气鼓里，用筛筛一层糖粉在上面即为成品。

（二）排类点心

排是一种有底有馅的饼状点心，以馅心命名。排底多数采用混酥面团，少数用发酵面团、清酥面团和其他面团，多数是圆形的。

1. 混酥面团的制作见本章实验十一。

2. 制排底

从冰箱取出混酥面团1154g，放在有薄面的案板上，把面团分成三块，每一块都留出1/4（做围边用），把3/4的面团用擀面棍擀成直径20cm的圆片（排底），用刀把周围的圆边切齐，围着周边刷上一层鸡蛋液，再把留出的1/4面团用手搓成圆棍，围在排底周边，用鸡蛋液黏住，用手在上边捏花纹，再在花边上刷上一层蛋液，送入200℃烤炉里，10min烤成黄色，熟透出炉。

3. 制作馅

克司得馅的制作：面粉50g过筛，放入锅内，加100g白砂糖，3个蛋黄，0.5g香兰素，50g牛乳，用甩子搅拌均匀成面糊状，把450g牛乳放入另一个锅里，上火烧沸，冲入面糊中，边冲边搅拌，全部冲完后上火搅拌微沸，离火即可。

柠檬洗净，用擦床把柠檬最外的黄色薄皮擦成碎末，再将柠檬从中间切成两半，把柠檬汁挤出来，然后将柠檬汁和擦出的碎末放入做好的克司得里，将其拌和均匀。

4. 制排盖

把鸡蛋清（300g）放入一锅里，用甩子抽打膨松，边打蛋清边放白砂糖，将蛋清打成白雪状，糖（100g）全部放入后，从中取出一半分别抹在三个排上，将排馅盖上，抹平。再将另一半装入带花嘴子的布边袋里，在三个排的上面，挤上花纹图案，送入200℃的烤炉内，上边烤成黄色，即可出炉。

（三）饭点心

饭点心是现吃现做。制作方法有烤、蒸、煎和炸。品种有冷和热两种，包括各种布丁（大米布丁、苹果布丁、黄油布丁、克司得布丁）、冻子（菠萝冻、草莓冻）、木司（奶油木司、红果木司）、炸苹果、炸香蕉、炸饼卷、酒汁煎饼等。

1. 烤克司得布丁

(1) 配方　布丁糊：鸡蛋液150g，白砂糖150g，香兰素0.5g，牛乳500g；糊糖汁：糖50g，水2500g，淀粉10g。

(2) 操作要点

①制作布丁糊：鸡蛋液、白砂糖、香兰素、牛乳用甩子搅匀，待糖溶化后，过罗筛成布丁糊。

②制糊糖汁：糖在锅中上火加温，炒成深褐色，放入水，烧沸，然后用适量的水把淀粉化开，倒入沸水锅内，再烧沸后，撤离火即可。

③烘烤成型：布丁糊入布丁模，放入高边烤盘内，在烤盘里放入1/2的水，200℃烤，待布丁糊上边烤出黄色，用手按挺得住即熟，凉后扣在点心盘里，浇上一勺制好的糊糖汁。

2. 奶油草莓冻子制作

草莓冻是夏季吃的一种有果味的、清凉饭点心，甜酸味美，爽口解腻，有鲜美的草莓香味。

（1）配方　制冻汁：明胶片40g，水1000g，白砂糖250g，柠檬酸适量，食用红色适量，草莓香精适量（有鲜草莓的时候，可以适量的加入鲜草莓）；制膨松体奶油：鲜奶油100g，白砂糖20g，香兰素0.5g。

（2）操作要点

①制冻汁：将明胶片用凉水浸泡软，从水里捞出放入另一个锅里，加入水和白砂糖上火烧沸，撤离火过筛成汁，把汁晾到40℃左右，再把适量的柠檬酸、香精、食用色素都兑入汁内（兑的量以口味合适为准），然后把盛冻的小模子刷洗干净。将兑好的汁灌入小模子内，送入冰箱冷却成冻。

②制膨松体奶油：把鲜奶油、白砂糖、香兰素都放入一个小锅里，冷却后使甩子抽打成膨松体。

③装饰、成型：先将在冰箱里凝固好的草莓冻取出来，将模子的外皮用水冲一下，把模子内的冻扣在点心盘里。再把制好的膨松体奶油装入带有花嘴子的纸卷里，把奶油挤在草莓冻的周围，即为成品。

实验八　蛋糕及艺术蛋糕的制作

一、实验目的

掌握各种蛋糕和鲜乳艺术蛋糕的制作技术。

蛋糕及艺术蛋糕的制作

二、实验材料及设备

1. 材料

鸡蛋、白砂糖、面粉、色拉油、泡打粉、蛋糕油、蜂蜜、牛油等。

2. 用具及设备

打蛋机、烤箱、烤盘等。

三、蛋糕的制作

1. 戚风蛋糕制作

（1）配方　鸡蛋5个，低筋面粉91g，白砂糖100g，水36g，色拉油36g，泡打粉2g，牛乳香精1g，塔塔粉2g，食盐1g。

（2）操作要点

①打蛋白膏：鸡蛋白、白砂糖77g、塔塔粉2g、食盐1g高速搅拌至蛋液呈乳白色，打至湿性发泡期时停止。

②调蛋黄糊：将白砂糖 23g、水 36g、色拉油 36g、低筋面粉 91g、泡打粉 2g 加蛋黄调成面糊。

③混合：1/3 蛋白糊倒入蛋黄糊中搅均匀，再倒入蛋白糊中搅均匀。

④注模：将调好的蛋糊注入 8 寸圆形模具内，注入量为模高的 2/3。

⑤烘烤：将注入蛋糊的烤盘放入已预热到 150℃的烤箱中烘烤，烤 40min，烤至金黄色。

⑥冷却：烘烤出炉后，倒至在不锈钢网上冷却，脱模。

2. 蛋卷制作

（1）普通蛋卷的制作

①配方：鸡蛋 10 个，低筋粉 250g，糖粉 250g，水 50g，色拉油 100g，食盐 3g，泡打粉 5g。

②工艺：鸡蛋蛋白和蛋黄分开，蛋白放入打蛋机中，加入配方中 1/2 的糖粉，搅拌至立住花，体积增至三倍即可。蛋黄放入不锈钢盆中，加入余下糖粉、水、色拉油和食盐，用甩子打化糖后，加入低筋粉和泡打粉，搅拌均匀光滑为止。将 1/3 的蛋白加入蛋黄糊中搅拌均匀，再将其倒入蛋白糊中，上下拌匀入模，烤盘内垫好油纸，上火 150℃，下火 160℃，烤 20min。

出炉冷却后，取出翻转，下面垫上干净的白纸，在蛋糕的底部涂上一层人造黄油，从短边一端开始将蛋糕卷起，固定片刻后，用锯刀切成厚 2cm 的圆饼即可。

（2）虎皮蛋卷的制作

虎皮蛋卷制作需先制作普通蛋卷，工艺同上。

①虎皮面配方：蛋黄 18 个，低筋粉 100g，糖粉 100g，色拉油 20g。

②工艺：将蛋黄和糖粉倒入打蛋机中，搅拌 1min，加面粉慢速打 1min，加油打均匀即可。倒入垫有白纸的烤盘中，涂抹均匀，送入上火为 270℃，下火为 200℃的烤箱中烤 4~5min。

烤好冷却后从中间切断，翻过来，下面垫上白纸，在虎皮蛋糕的底部涂上一层人造黄油，把普通蛋糕卷放在虎皮蛋糕一边，拉动下面的白纸将普通蛋糕卷卷入虎皮蛋糕中，定型后即可切断成 2cm 的圆饼。

四、艺术蛋糕制作技术

（一）鲜奶膏的制作

1. 贮存

未开封的鲜乳，于-18℃贮存一年之久，已打发的奶油，可于 2~7℃贮存 3d。

2. 打发

（1）将未打发的奶油放于 2~7℃冷藏柜内 24~48h，待完全解冻后取出。

（2）轻轻摇匀奶油后，倒入搅拌缸内，温度 7~10℃，装量为搅拌缸的 20%~25%。

（3）用中速打发一直至光泽消失、软峰出现即可。

（二）图案设计与制作

1. 图案定义

图案是关于形式、色彩、结构的预先设计，即在工艺、材料、用途、经济等条件的制约下创作的图样。

2. 图案分类

平面图是在同一个水平线面上勾画出来的图案，是由纹样、组织、色彩三种因素组成。立体图是在同一平面上，刻画出有明显层次区别的图案，是由形态、装饰纹样和色彩等图案组成。

3. 图案的构想

（1）立意 确立主题。生日（大人、小孩、男性、女性）、祝寿、喜庆、节日等。

（2）构图、布图

①省略法：把与表现主题无关及不协调的事物加以省略或缩小，使主题思想更突出。如松鹤图省去远山。

②添加法：为了更好地表达主题的意境，把在客观上并不存在的东西，附加到所需装饰的物体中去。如双龙戏珠中的龙。

③夸张法：为了营造一个烘托主题的氛围，把客观的事物以一种特殊的表现方式进行夸大的装裱。如新婚蛋糕，主体全部使用白色（淡色）以表达爱情的洁白无瑕。

④拟人法：把客体的动物和植物，通过拟人的模式表现出来的手法，如寿糕中的松、鹤是植物、动物中最长寿的生物，用来表达人健康长寿的主题。用凤来形容女孩的美丽，用龙来表达父母望子成龙的愿望。

⑤组合法：把现实生活中不同空间的事物，通过我们的思维想象，把它们有机地组合在一起。如婚礼蛋糕中，新娘、新郎、和平鸽、玫瑰花、丘比特神箭等组合在一起，表达美好的祝福。

⑥象征法：用特定的图案来传递要表达的信息。

（三）综合性方案的设计

要求每 3~4 人一组，在查阅相关资料的基础上，完成设计方案说明书，经老师审批后，进行综合实验报告的撰写和产品的制作，由指导教师现场打分。综合性实验的成绩由四部分组成：设计方案说明书 20%，综合实验报告 30%，产品 40%，课堂表现 10%。

五、思考题

1. 蛋糕打蛋时为什么不能接触油、盐和洗涤剂？
2. 蛋糕打蛋时间不能太长，为什么？
3. 为什么拌好的浆料应尽快装模，尽快烘烤？
4. 每组设计出有特色的艺术蛋糕式样。

实验九 广式月饼制作

一、实验目的

1. 掌握广式月饼辅料的制作方法。
2. 掌握浆皮糕点制作的原理、工艺流程和操作方法。

二、实验原理

广式月饼制作的关键是皮料，皮料制作的关键是糖浆和皮料和制工艺。糖浆熬制技术是月饼及其他中西式糕点制作过程中的关键性技术，其质量好坏直接影响产品的质量。糖浆熬制的关键是温度、加酸量和熬制时间。蔗糖转化成葡萄糖和果糖越多越好，这样做出的月饼就不会返砂发硬。皮料和制工艺的关键是糖浆与油把水包裹好，控制面粉中面筋的形成程度，使月饼面团形成酥性面团。

三、实验材料及设备

1. 材料

面粉、糖浆、白砂糖、植物油、枣泥、莲蓉、瓜条、桃红、金橘饼、青梅、冰糖、芝麻。

2. 用具及设备

烤箱、面板、印模、刮板、台秤、天平。

四、实验步骤

（一）工艺流程

原料称重 → 和皮面 → 包制 → 印制 → 刷蛋液 → 烘烤 → 冷却 → 包装

（二）配料制作

1. 枧水

枧水是广式月饼的传统辅料，它是祖先们用草木灰加水煮沸浸泡 1d，取上层清液而得到的碱性溶液。pH12.6，其离子组成为：Na^{+} 2.8%，K^{+} 4.2%，Ca^{2+} 2.0%，$Mg^{2+} < 0.05\%$，$Fe^{3+} < 0.2\%$，主要成分为碳酸钾和碳酸钠。

现代使用的枧水是用碳酸钾和碳酸钠为主要成分，再辅以磷酸盐或聚合磷酸盐配制而成的碱性混合物，在功能上与草木灰枧水相同，故仍称为“枧水”。该枧水性质很不稳定，长期贮存时易变质。一般都加入 10%的磷酸盐或聚磷酸盐，以改良保水性、黏弹性、酸碱缓冲性和金属封闭性。

（1）枧水的配方　碳酸钾 0.95kg，碳酸钠 25kg，10%磷酸盐，用 100kg 沸水溶解，冷却后使用。

（2）碱水　碱水的作用与枧水相同，可以替代枧水用。

①配方：水 100kg，碱粉 25kg，小苏打 0.17~0.95kg。

②操作要点：碱粉和小苏打用开水溶解冷却后使用。

2. 糖浆的熬制

转化糖浆是制作广式月饼最重要的液体原料，是保证月饼及时回油、快速回软、久放不硬、长期柔软的关键。

（1）普通糖浆

①配方：白砂糖 100kg，清水 45kg，酸沙（柠檬酸）25g 或加入洗净的柠檬 4kg（切成四半）。

②操作要点：将水烧开，将柠檬洗净切成四等分，放入开水中，再放入白砂糖，搅拌溶化，大火烧开，去浮沫（如是加柠檬酸，后加；将柠檬酸用少量水化开倒入锅中），停止搅动，迅速将糖浆烧到 107℃即可，大约 1h。过滤即成糖浆。

(2) 营养糖浆

①配方：白砂糖100kg，水60kg，枸杞子2kg，红枣5kg，乌梅2kg，柠檬酸25g或柠檬4kg。

②操作要点：将清水放入锅内加入枸杞子、红枣、乌梅，用旺火烧开，然后用微火，熬大约1h，除去渣料，然后放入白砂糖，用旺水烧开，除去浮沫，将酸沙用少量水化开，倒入锅中，再用小火熬20~30min，取出放入缸中凉后盖好，放置2~3周。

3. 制馅

(1) 豆沙馅

①配方：赤豆10kg，白砂糖15kg，油6~7kg。

②操作要点：1kg赤豆加2~2.5kg水煮熟，打浆去砂2.5~2.7kg，下锅用木铲炒稍干后加白砂糖再炒，最后加油炒制。

(2) 豆蓉馅

①配方：绿豆粉10kg，白砂糖15kg，生油3kg，猪油1kg，麻油2.5kg，五香粉0.25kg，食盐0.1kg，生葱1kg。

②操作要点：将油入油锅内加热，加入生葱，炸黄去渣，再加适量水烧开，放入白砂糖、食盐、五香粉等溶化后，倒入绿豆粉，不停搅拌，熬制成泥即可。

(3) 枣泥馅

①配方：红枣或黑枣100kg，白砂糖50~80kg，油50~80kg，糕粉5kg。

②操作要点：枣蒸烂，去枣核放入筛中擦除枣皮，滤出枣浆。将糖油同时入锅溶化，浓缩成厚泥，最后加入糕粉拌匀即可。

(4) 莲蓉馅

①配方：干莲籽100kg，白砂糖150~200kg，油100kg。

②操作要点：干莲籽去皮去心，放入铜锅内煮烂，绞成泥，控干水，将白砂糖加水溶化，熬制，待水分基本蒸发后，加入油等，搅拌炒干即可。

4. 冰肉

猪肥膘肉1kg，白砂糖0.5kg，白酒0.1kg，将肉切条拌入白砂糖、白酒放入冰箱一星期，用时切下。

5. 糕粉制作

糕粉即熟粉，可以用面粉或米粉，是做馅料的原料。制作方法有两种，一种是蒸熟，一种是烤熟。

普通面粉3kg/盘，盘内垫上白纸，放入200℃的烤箱烤黄熟为止，出炉冷却至室温后粉碎过筛，装袋备用。蒸粉的方法是将面粉放入盆中，表面压紧，放入开水中蒸熟，表面开裂即可。出锅冷却、粉碎、过筛、装袋备用。

(三) 参考配方和工艺

1. 配方

(1) 皮料　面粉150kg，植物油40kg，饴糖2kg，枧水1.8kg，糖浆105kg，防腐剂60g。

(2) 馅料

①百果月饼：糕粉12kg，绵白糖10kg，植物油6kg，饴糖1kg，金橘饼2kg，青梅5kg，瓜条6kg，山楂条5kg，杏脯2kg，什锦果脯8kg，苹果脯2kg，梨脯5kg，白酒2.5g，白开水2kg左右。

②蛋黄月饼：咸鸭蛋黄 600 个，豆沙馅 30kg，白莲蓉馅 30kg。

2. 操作要点

（1）和皮　面粉开窝，糖浆、油和碱水搅拌，再拌面。机械化操作的方法是糖浆倒入和面机中，再倒入枧水，加入防腐剂，搅拌一会后加入植物油，搅拌均匀后加面粉，和成面团后倒入食品箱中，表面盖上无毒塑料袋，放置 5~6h。

（2）馅料　面粉开窝，加糖，少许水润糖，再加入果仁等拌匀，再加板油。

（3）分皮分馅包制　皮料和馅料分别分块，皮、馅比为 2∶8。将皮面放于左手心，馅料团放在右手指抓住，两手协调向前转动，一边转动一边挤，到快包住时，左手握住面皮，两手向后转动，用右手虎口封口。

（4）印制　印制前将坯面粘上生粉，以防粘连，左手拿印模，右手大拇指下的大肌用力按下，再按平，换右手拿模，在木板上将印模左右各敲一下，再翻转印模，使月饼向下，再敲一下月饼模前部，月饼就落在左手心，放入烘盘中。

（5）烤制　涂蛋液（一个蛋黄，三个全蛋，再加 5~10g 盐/500g 蛋液），在 200℃ 烤至金黄色，出炉冷却。

五、思考题

1. 广式月饼制作的技术关键是什么？为什么？
2. 皮料的制作时加碱水（或枧水）的作用是什么？
3. 月饼糖浆熬制时，为什么必须放入柠檬酸？
4. 简述糖浆熬制的基本原理。

实验十　面包的制作

面包的制作

一、实验目的

1. 加深理解面包发酵的基本原理及工艺过程。
2. 掌握一次发酵和二次发酵方法。
3. 熟悉各种原料的性质及其在面包加工中作用。
4. 学会鉴别面包常见的质量问题，并学会分析原因。

二、实验原理

面包是以小麦粉为主要原料，加以酵母、水、蔗糖、食盐、鸡蛋、食品添加剂等辅料，经过面团的调制、发酵、醒发、整形、烘烤等工序加工而成。面团在一定的温度下经发酵，面团中的酵母利用糖和含氮化合物迅速繁殖，同时产生大量二氧化碳，使面团体积增大，结构酥松，多孔且质地柔软。

三、实验材料及设备

1. 材料

高筋粉、白砂糖、黄油、活性干酵母、食盐、鸡蛋、面包改良剂、乳粉等。

2. 用具及设备

和面机、发酵柜、压面机、烤模、切片刀、天平、台秤、温度计、刮刀、毛刷、石棉手套等。

四、实验步骤

（一）面包配方

高筋粉 3000g，干酵母 24g，白砂糖 600g，鸡蛋 6 个，乳粉 90g，水 1200g，起酥油 300g，面粉改良剂 15g，食盐 30g。

（二）工艺流程

原辅料 → 面团搅拌 → 静置 → 整形 → 醒发 → 烘烤 → 冷却

（三）操作要点

1. 面团搅拌

又称调粉或和面，先将水、白砂糖、鸡蛋放入搅拌缸中，开动机器慢速搅拌至糖溶解；然后加入面粉、改良剂、乳粉和酵母慢速搅拌约 5min 后改为高速搅拌，直到面团光滑时加入黄油和食盐，再慢速搅拌均匀，改为高速搅拌，等待面团面筋扩展，形成薄膜状，面团表面干燥且有光泽，细腻柔软，不黏缸。切记不要搅拌过度。

2. 静置

将调好的面团从搅拌缸中拿出放到不锈钢操作台上，静置 15min 左右。

3. 整形

将发酵面团做成一定形状面包坯的过程。整形包括分块、称重、搓圆、中间醒发、成型、装盘等工序。分块和称重是将发酵好的大面团分割成小面团并称重；搓圆是采用手工方法，将手心向下，五指稍微弯曲，用掌心夹住面团，向下轻压并在面板上顺着一个方向迅速旋转将面块搓成圆球状；中间醒发又称静置或松弛，将搓圆的面团码放在托盘中，在室温条件下，放置 25~30min，进行中间醒发；成型是将完成中间醒发的面团采用揉、捏、包、擀卷、切等手法制成各式花样面包坯。

4. 醒发

又称最后醒发，是把成型后的面包坯放在一定的温度、相对湿度条件下再一次经过一定时间发酵，使其达到应有的体积和形状。经过醒发的面包坯体积膨胀 2~3 倍为适度。醒发条件为时间 55~65min，温度 38~42℃，相对湿度 80%~90%。

5. 烘烤

将醒发好的面团表面涂刷一层蛋液或其他装饰，然后放入烤箱中进行烘烤。烘烤面火温度 180℃，底火 180℃，时间约 15min。

6. 冷却

将烤熟的面包从烤箱中取出，自然冷却后包装。

（四）产品的质量标准

1. 形态

完整，无缺损、龟裂、凹坑，表面光洁，无白粉和斑点。

2. 色泽

表面呈金黄色和淡棕色，均匀一致，无烤焦、发白现象。

3. 气味

具有烘烤和发酵的面包香味，并有经调配的芳香风味，无异味。

4. 口感

松软适口，不黏，不牙碜，无异味，无未溶化的糖和盐粗粒。

5. 组织

细腻，有弹性；切面气孔大小均匀，纹理均匀清晰，呈海绵状，无明显大孔洞和局部过硬；切片后不断裂，并无明显掉渣。

五、实验结果与记录

1. 面包醒发过程中的变化。
2. 面包的感官评价。

六、思考题

1. 面包中间醒发的目的是什么？
2. 面包坯在烘烤中色、香、味、形是如何形成的？
3. 影响面团持气能力的因素有哪些？如何影响的？

实验十一　油酥类西点制作

油酥类西点制作

一、实验目的

掌握油酥类西点制作的原理和技术。

二、实验材料及设备

1. 材料

面粉、白砂糖、鸡蛋、猪油、奶油、莲蓉等。

2. 用具及设备

台秤、天平、面板、刮刀、走锤、切刀、甩子。

三、制作原理与技术

（一）清酥类点心

清酥面团又称起酥面、凉面，由于油的加入量大，适合于在温度低的条件下操作，必要时还需送入冰箱冷却。分为水皮与油心两部分。

配方：水皮：面粉500g，白砂糖50g，猪油37.5g，鸡蛋50g，水175g；油心：面粉250g，猪油250g，黄油250g。

1. 水皮和制

面粉开窝，将糖、猪油、鸡蛋、水调匀，再和成面团。

2. 油心和制

面粉、猪油、奶油和成面团放入冰箱。

3. 包油心

水皮面团擀成长方形，放入盘中，将油心均匀抹在上面，放入冰箱冻30min，取出，两端对折，再叠成四层，再重复以上操作2次，成四、四、四折叠法，放入冰箱待用。

（1）千层酥　将面块擀成0.6cm厚度，切成方块，包入莲蓉（对折包），表面抹面蛋黄，180℃上炉烤黄为止。

（2）蝴蝶酥　将清酥面团擀薄（0.5cm厚），均匀洒上白砂糖，轻轻压实，两边向中对折，再重叠成蝴蝶形，放入冰箱冻硬后切片，放入烤盘，200℃烤黄，当下面烤黄时翻面再烤黄即可。

（3）清酥风车　将清酥面团擀薄（0.5cm厚），切成5cm见方，在四个角到中点部分切下1/2，在中心放入一定的豆沙或莲蓉，四角依次折成风车状，表面抹面蛋黄，用180℃上炉烤黄为止。

（4）清酥领结　将清酥面团擀薄（0.5cm厚），切成2cm×5cm长条，表面洒上白砂糖，中间转折一下，180℃上炉烤黄为止。

（5）清酥螺丝卷　将清酥面团擀薄（0.5cm厚），用滚刀切成2cm×20cm长条，在羊角铁筒表面涂上油，将长条从尖端开始卷在羊角铁筒表面，180℃温度上炉烤黄为止。冷却后将羊角铁筒取出，中间灌入人造黄油即可食用。

（二）混酥类点心

混酥面团是西式糕点中用处最多、用途最广的一种面团，有点心的基础面之称。与清酥面团的区别：清酥面团面油分开、不加疏松剂、层次分明；而混酥面团面油混合、加疏松剂、不分层次。

1. 产品配方和工艺

（1）配方　面粉100g，白砂糖400g，黄油500g，碳酸氢铵2g，泡打粉1g，鸡蛋黄200g，鸡蛋200g，香兰素0.5g。

（2）外用料　芝麻适量。

将除面粉外的其他原料混合均匀，加入面粉拌匀即可。要点是面粉外的其他原料一定要混合均匀，这样可以防止面粉与水接触产生面筋。

2. 杏仁（花生、核桃仁、椰茸）混酥饼制法

冷却的混酥面团放在薄面的板上，擀成3mm厚的大片，用直径6cm花边图截成小饼，剩

下边料擀成面片，截成圆形小饼，将花边小饼放入烤盘，在 200℃烘烤，冷却。圆形小饼涂蛋液，上粘杏仁（花生、核桃仁、椰蓉）片，放入 200℃烤箱烤熟。再将花边小饼和圆边小饼用果酱或奶油黏合。

3. 桃酥的制作

（1）配方　面粉 30kg，白砂糖 12kg，花生油 12kg，碳酸氢铵 0.6kg，泡打粉 0.6kg，鸡蛋 4kg，水 4kg。

（2）外用料　芝麻 1.5kg。

（3）工艺流程

称料→调粉→成型→烘烤→冷却→包装

（4）操作要点

①调制面团：首先将糖、鸡蛋、油、碳酸氢铵、泡打粉置于和面机内搅拌均匀，再放入水搅拌均匀，最后加入面粉调制成软硬适度的面团。但调制时间不宜过长，防止面团上劲。

②成型：把调制好的面团分成小剂，用手拍成高状圆形，按入模内，按模时应按实按平，按平后削平再磕出，成型要规格。将磕出的生坯按行适当的间距码入烤盘内，最后在生坯中间按一个凹眼，撒上芝麻。

③烘烤：入炉，上下火力要稳，不宜高。一般在 160℃左右，上下火力一致，熟透后出炉，冷却包装。

四、思考题

1. 简述清酥面团与混酥面团的区别。

2. 请设计出清酥和混酥点心各一种。

实验十二　蛋挞制作

蛋挞制作

一、实验目的

掌握蛋挞类西式糕点制作的原理和技术。

二、实验材料及设备

1. 材料

面粉、白砂糖、鸡蛋、奶油等。

2. 用具及设备

台秤、天平、面板、刮刀、走锤、切刀、甩子。

三、制作原理与技术

（一）皮料

蛋挞类西式糕点皮料的制作见本章实验十一。

（二）馅料

1. 配方

开水 200g，白砂糖 100g，鸡蛋 3 个，奶水 48g，蛋奶香精适量，黄色水适量，白醋 4 滴。

2. 操作要点

开水、糖搅拌至溶解，冷却加入鸡蛋搅拌均匀，加入奶水、蛋奶香精、黄色水搅拌均匀，过滤除去泡沫，蛋挞皮擀至 5mm 厚，用圆形切模切出比蛋挞模稍大的圆形皮，用双手大拇指从底部开始按紧，到边上不用按，倒入蛋水，8 分满，上烤炉 210℃/250℃ 烤至蛋水凝固。

实验十三　比萨制作

比萨制作

一、实验目的

掌握比萨类西式糕点制作的原理和技术。

二、实验材料及设备

1. 材料

面粉、白砂糖、鸡蛋、奶油、蔬菜、水果等。

2. 用具及设备

台秤、天平、面板、刮刀、走锤、切刀、甩子。

三、制作原理与技术

（一）皮材料

比萨专用粉（或高筋面粉）150g，清水 80g，白砂糖 10g，食盐 1.5g，酵母粉 2g，黄油 20g（其中 10g 用于涂盘）。

（二）馅料材料

火腿肠 2 根，洋葱 30g，红、黄、绿彩椒各 20g，西蓝花 30g，马苏里拉芝士碎 150g，肉酱 100g。

（三）操作要点

比萨粉加入面盆，加入清水、白砂糖、食盐、酵母粉混合成面团，放在案板上充分揉均匀，加入黄油，揉成拉成一张纸为止，放入发酵箱，发酵温度 28~32℃，相对湿度 80%，发酵至体积达到原来的 2 倍，时间 1h。取出面团，在案板上用擀面棍擀成 4mm 厚的圆饼，在烤盘涂上黄油，将面饼放入烤盘，将饼边缘撒一圈芝士碎，用手将饼边提起包住芝士碎，形成一个圆圈，用手捏紧收口。用餐叉在饼皮上扎很多小孔以帮助排气，在表面上铺上比萨肉酱，肉酱表面撒一层芝士碎，盖上保鲜膜再静置 15mim。铺上洋葱、彩椒、切碎的火腿等，表面再撒一些芝士碎，上 200℃烤箱烤 15min。

第五章

CHAPTER 5

水产食品工艺学实验

实验一　鱼类鲜度的感官评定

一、实验目的

掌握鱼类鲜度等级的划分和感官鉴定鱼类鲜度的方法，使学生获得评价鱼类鲜度的感性知识。

二、实验原理

鱼类死后，随着放置时间的延长，鲜度会逐渐下降。鱼体鲜度下降是由于鱼体内生化变化及外界生物和理化因子综合的结果，这些结果往往表现在眼球塌陷、肌肉弹性下降、鳞片暗淡无光泽、肛门突出等感官指标上，通过这些感官指标进行综合判断，可以定性评定出鱼体的鲜度。

三、实验材料

各种不同鲜度的鱼类。

四、实验方法

1. 通过人们的视觉、味觉、嗅觉、触觉判定不同鱼体的鲜度。
2. 鲜度评定的要点（表3-5-1）。

表3-5-1　　感官评定新鲜度的要点

项目	部位	评定	
		新鲜	不新鲜
外观	体表	鳞片有光泽，紧贴鱼体，有透明黏液	无光泽，鳞片脱落较多，有腐败味
	眼球	眼球饱满，角膜透明，有弹性	眼球塌陷，角膜白色混浊

续表

项目	部位	评定	
		新鲜	不新鲜
外观	鳃部	鳃色鲜红，粘黏透明，无异味	鳃色呈褐色，灰白色，有混浊黏液，有腥臭味或腐败味
	肌肉	坚实弹性，手压后凹陷立即消失，无异味	松软，手压后凹陷不易消失，有酸臭味，肌肉易与骨骼脱离
	腹部	内脏坚实有弹性，肛门紧缩	开始软化或破裂，表面发暗色，肛门突出

3. 鱼类感官鉴定分级标准

鱼类鲜度感官鉴定的评价标准，一般采用 0~10 分的分级标准对样品进行质量估价。一级：7~10 分；二级：4~6 分；三级：1~3 分；变质、腐败为 0 分。

五、实验结果与记录

写出各种不同鲜度鱼类的感官评定结果。

六、思考题

1. 鲜活鱼类具有哪些特征？
2. 鱼贝类鲜度评定的方法有哪些？

实验二　冷冻鱼糜的制作

一、实验目的

掌握冷冻鱼糜的工艺技术。

二、实验原理

冷冻鱼糜生产技术，实质是使鱼类蛋白质在冷藏过程中不致产生冷冻变性而影响鱼糜制品特性的生产技术，冷冻鱼糜的生产理论尚未确定，鱼糜的耐冻性主要有三个重要影响因素，即漂洗、糖类和蛋白质变性防止剂以及盐类的加入。

三、实验材料及设备

1. 材料

罗非鱼、白砂糖、三聚磷酸钠、焦磷酸钠等。

2. 用具及设备

刀、冰箱等。

四、实验步骤

（一）工艺流程

原料验收 → 原料处理 → 采肉 → 漂洗 → 脱水 → 精滤 → 搅拌 → 包装 → 冻结

（二）操作要点

1. 原料验收

采用新鲜罗非鱼 6kg，鱼体完整，眼球平净，角膜明亮，鳃呈红色，鱼鳞坚实附于鱼体上，肌肉富有弹性，骨肉紧密连接，鲜度符合一级鲜度。原料鱼条重 150g 以上。

2. 原料处理

原料鱼用清水洗净鱼体，除去鱼头、尾、鳍和内脏，刮净鱼鳞。用流水洗净鱼体表面黏液和杂质，洗净腹腔内血污、内脏和黑膜，水温≤15℃。

3. 采肉

采用采肉机采肉，将鱼肉和皮、骨分离。应根据生产的实际情况，调节压力大小，尽量使鱼肉中少混入骨和皮。同时，要防止操作中肉温上升，影响产品质量。采肉得率应控制在 60%左右。

4. 漂洗

采肉后的碎鱼肉，放于漂洗塑料盆中，加入 5 倍量的冰水，慢速搅拌漂洗。反复漂洗 3 次。根据原料鱼鲜度，确定漂洗次数，一般来说，鲜度高的鱼可少洗，鲜度差的鱼应多洗。漂洗 15~20min。漂洗水的温度应控制在 10℃。漂洗水的 pH 6.8~7.3。最后一次漂洗时，可加入 0.2 %食盐，以利脱水。

5. 脱水

漂洗以后的鱼肉，装进尼龙布袋挤压脱水。脱水后的鱼肉水分含量应控制在 80%~82%，用手挤压指缝没水渗出。

6. 精滤

脱水后的鱼肉，进入精滤机，除去骨刺、皮、腹膜等，精滤机的孔径为 1.5~2mm。在精滤过程中，鱼肉的温度会上升 2~3℃。在该操作过程中，鱼肉温度应控制<10℃，最高不得>15℃。必要时先降温。

7. 搅拌

为防止鱼肉蛋白质冷冻变性，在搅拌过程中加入鱼肉质量的 5.5%白砂糖、0.15%三聚磷酸钠、0.15%焦磷酸钠等添加物，搅拌 3~5min。在搅拌过程中，鱼肉的温度应控制>10℃，最高不得>15℃。取 250g 鱼肉不加防蛋白质冷冻变性的物质，不需搅拌，直接包装冻结，用作鱼肉蛋白质冷冻变性特征变化的试验材料，采用不同颜色塑料包装，并做好包装记号。

8. 包装

包装袋采用有色聚乙烯塑料袋。搅拌后的鱼糜，定量装入聚乙烯袋中，每袋 250g，厚度 1cm。

9. 冻结

装袋封口，立即送入速冻柜冻结，贮藏于速冻柜用作鱼糜制品实验和了解蛋白质冷冻变性特征实验用。

五、实验结果与记录

撰写冷冻鱼糜加工工艺及展示成果图片。

六、思考题

1. 生产冷冻生鱼糜有何意义？其加工原理和工艺是怎样的？
2. 什么是蛋白质的冷冻变性？如何防止蛋白质的冷冻变性？

实验三　鱼糜制品的制作——鱼丸加工工艺

一、实验目的

掌握鱼糜制品的制作工艺。

二、实验原理

鱼肉蛋白质由水溶性肌浆蛋白、不溶于水而溶于稀盐的肌原纤维蛋白以及不溶性的胶原蛋白等肌基质蛋白构成。肌原纤维蛋白具有纤维状的细长形状，是同弹性形成直接相关的蛋白质。鱼肉中加入约 3 %食盐研磨时，肌原纤维溶出，形成黏稠状肉糊。纤维状蛋白相互缠绕，因加热变性，蛋白质分子间相互作用增大，架桥构成网状结构，水被封于网状结构中不能流出，形成保水力强、有弹性的鱼糜制品。

三、实验材料及设备

1. 材料

冷冻鱼糜、三聚磷酸钠、焦磷酸钠等。

2. 用具及设备

饭匙、不锈钢盆、小型斩拌机。

四、实验步骤

（一）工艺流程

冷冻鱼糜切碎，放在不锈钢盆里，加 25~50g 碎冰（用铝盆加冰水作为冷却套，冷却全擂溃过程的鱼糜温度并控制<12℃），先加盐用饭匙擂溃 15~20min（盐分 2 次加入，间隔 3min），再加植物油调味料擂溃 3min 后加淀粉擂溃均匀（用小型斩拌机斩拌，时间控制在 5~7min，由各实验组自行设计斩拌时间），用饭匙手工成型，进入常温水中，之后进入 100℃水中加热煮熟。如使用冷冻鱼糜，各组都采用本工艺技术。

（二）操作要点

1. 每实验组使用冷冻鱼糜250g计，按照自己设计的配方称好配料。

2. 按鱼丸制造原理技术、配方制作，成型后的鱼丸放在40~45℃温水中15min后再进入100℃水中加热煮熟。与直接加热煮熟的鱼丸比较弹性。

3. 按鱼丸制造原理技术、配方制作，成型后的鱼丸放在60℃温水中10min后再进入100℃水中加热煮熟。与直接加热煮熟的鱼丸比较弹性。

4. 按配方，全部材料一起加入擂溃5min，用饭匙手工成型先进入常温水中再进入100℃水中加热煮熟。与直接加热煮熟的鱼丸比较弹性。

5. 冷冻鱼糜不加盐擂溃，其他工艺配方操作规程一样，加热煮熟后和采用鱼丸制造原理技术制造的鱼丸对比弹性。

6. 没有加抗冻剂的冷冻鱼糜，按鱼丸制造原理技术、配方另加冷冻鱼糜质量5.5%白砂糖、0.15%三聚磷酸钠、0.15%焦磷酸钠等添加物，制作鱼丸。加热煮熟后与添加抗冻剂的冷冻鱼糜和采用鱼丸制造原理技术制造的鱼丸对比弹性。

五、思考题

1. 以冷冻生鱼糜为原料加工鱼糜制品应注意些什么问题？

2. 详细叙述以新鲜鱼为原料生产鱼糜制品的加工工艺及关键控制工序。

实验四　水产罐头的制作——波纹巴非蛤软罐头加工工艺

一、实验目的

1. 掌握波纹巴非蛤软罐头加工及保藏的原理。

2. 掌握波纹巴非蛤软罐头加工方法。

3. 掌握波纹巴非蛤软罐头加工技术。

二、实验原理

将食品原料充填于复合薄膜袋内，经脱气、密封、加热杀菌等过程而得以长期保存的产品，称为软罐头食品。

软罐头是一种新兴的罐头食品，它是用复合薄膜袋（聚酯、铝箔、聚烯烃三层复合或聚酯、聚烯烃及尼龙、聚烯烃四层复合而成）代替金属和玻璃包装。又称蒸煮袋食品，经抽真空封口，高温115~130℃、10~60min杀菌，可常温保藏一定时间的食品。

三、实验材料及设备

1. 材料

波纹巴非蛤、复合薄膜包装袋、各种调味品。

2. 用具及设备

真空包装袋封口机、杀菌锅、液化气炉、不锈钢盘、天平、不锈钢锅等。

四、实验工艺流程及操作要点

（一）工艺流程

波纹巴非蛤原料 → 清洗 → 蒸煮 → 去足丝、壳肉分离 → 清洗波纹巴非蛤肉 → 控水 → 浸渍 → 捞出烘干 → 冷却 → 半成品 → 真空包装 → 杀菌 → 冷却 → 保温检验 → 成品

（二）操作要点

1. 原料

以当天或头一天从海上采收的鲜波纹巴非蛤作为原料。洗涤，去掉泥沙等杂质。

2. 蒸煮

在锅中加少量水煮，其程度达到两壳张开即可。要求急火，切忌用慢火。

3. 摘肉

逐个将贝肉摘下，尽量把闭壳股全部取下，以保证贝肉的完整，如果贝肉上有足丝，要先将足丝去掉，再将肉摘下。

4. 配方

（1）白砂糖 5%，味精 1%，食盐 1.8%~2.0%，辣椒粉 1%混合均匀。

（2）控水后的波纹巴非蛤肉按调味料的比例腌渍 1h。

（3）入烘箱 60~70℃烘至水分含量 50%左右，冷却后即为半成品。

5. 真空包装

采用三层复合袋（PET/AL/CPP），规格 130mm×170mm，计量 140g 装袋。装袋时同时注意封口处不要被汁液污染。装袋后立即进行真空密封热合，真空度控制在 0.093MPa。

6. 杀菌与冷却

将包装好的袋迅速放入高压灭菌锅中，杀菌条件为（15min−40min−15min）/121℃，负压 0.088MPa，冷却至室温。

7. 保温检验

出锅后，立即擦净袋表面水分入库，(37±2)℃保温 7 昼夜进行检查，剔除胀袋，质检合格，套上外包装袋热合封口、贴上标签即为成品。

五、实验结果与记录

观察并记录波纹巴非蛤在腌渍和烘烤过程中的变化。

第六章　畜禽产品食品工艺学实验

CHAPTER 6

实验一　牛肉干的制作

牛肉干的制作

一、实验目的

1. 掌握食品的干制原理。
2. 掌握干制食品的贮藏原理。

二、实验原理

肉干是用猪、牛等瘦肉煮熟后，加入配料复煮、烘烤而成的一种肉制品，因其形状多为 $1cm^3$ 大小的块状，故称肉干。肉干具有高蛋白、低脂肪的优点，其风味独特、营养丰富、贮存期较长，便于携带运输，深受各类人群的喜爱。通过本实验学习肉品干制的方法，并了解肉品在干制过程中发生的变化。

三、实验材料及设备

1. 材料

猪肉、牛肉、食盐、酱油、五香粉、白砂糖、黄酒、生姜、葱。

2. 用具及设备

电磁炉、烘烤箱、台秤、砧板、刀具、蒸煮锅、不锈钢盆等。

四、实验步骤

（一）工艺流程

原料肉的选择和处理 → 修整 → 水煮 → 切片 → 复煮 → 烘烤 →

冷却包装 → 成品

（二）操作要点

1. 原料肉的选择和处理

多采用新鲜的猪肉或牛肉，以前后腿的瘦肉为宜，先将原料肉的脂肪和筋腱剔去，然后洗净沥干，切成 0.5kg 左右的肉块。

2. 修整

除去脂肪以及筋腱等结缔组织。

3. 水煮

将肉块放入锅中，用清水煮开后撇去肉汤上的浮沫，浸烫 20~30min，使肉发硬，然后捞出切成 1.5cm^3 的肉丁或切成 0.5cm×2.0cm×4.0cm 的肉片（按需要而定）。

4. 配料

以 100kg 猪肉计算，其他配料用量：食盐 1.5kg，酱油 6.0kg，五香粉 0.25kg，白砂糖 8.0kg，黄酒 1.0kg，生姜 0.25kg，葱 0.25kg，辣椒适量（依口味而定）。

5. 复煮

又称红烧，取原汤一部分，加入配料，用大火煮开，当汤有香味时，改用小火，并将肉丁或肉片放入锅中，用锅铲不断轻轻翻动，直到汤汁将干时，将肉取出。

6. 烘烤

将肉丁或肉片铺在铁丝网上 50~55℃进行烘烤，经常翻动防止烤焦，需 8~10h，烤到肉发硬变干，具有芳香味即成肉干，牛肉干的成品率为 50%左右，猪肉干的成品率约为 45%。

7. 包装和贮藏

肉干先用纸袋包装，再烘烤 1h，可以防止发霉变质，能延长保质期，如果存入玻璃瓶或马口铁罐中，约可贮藏 3~5 月。肉干受潮发软，可再次烘烤，但滋味较差。

五、实验结果与记录

1. 对产品进行感官评定，可参考表 3-6-1。
2. 评价肉品干制发生的变化。
3. 分析工艺。

表 3-6-1　　肉干感官评价指标表

项目	评价内容
色泽	呈褐色
形状	大小形状均一，软硬适度
风味	具有浓郁的香气

六、注意事项

1. 注意复煮时，为了避免焦煳，应不停地翻动。
2. 注意烘烤时需翻动，以利于烘干均匀。

七、思考题

1. 试述肉在干制过程中发生了哪些变化？
2. 说明干制过程对肉中的脂肪有什么影响？

实验二　肉松的制作

肉松的制作

一、实验目的

掌握肉类干制加工及贮藏的原理。

二、实验原理

肉松是将瘦肉煮烂，再经过炒制、揉搓而成的一种营养丰富、易消化、使用方便、易于贮藏的脱水制品，炒制而成的肌肉纤维蓬松成絮状或团粒状的干熟肉制品。除猪肉外还可用牛肉、兔肉、鱼肉生产各种肉松。我国著名的传统产品是太仓肉松和福建肉松。

三、实验材料及设备

1. 材料

猪后腿瘦肉、酱油（辅料中酱油要上等）、食盐、白砂糖、味精、白酒、五香粉等。

2. 用具及设备

煮锅、炒松机、包装机等。

四、实验步骤

（一）工艺流程

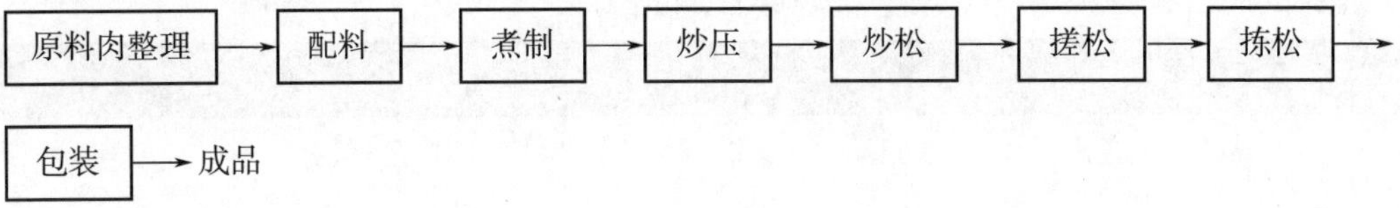

（二）操作要点

1. 原料肉整理

选用肉质细嫩、煮之易酥的猪后腿瘦肉为原料，剔去皮、骨、肥肉及结缔组织，切成1.0~1.5kg的肉块。切块时尽可能避免切断肌纤维，以免成品中短绒过多。

2. 配料

瘦肉10kg、酱油1L，白砂糖1kg，食盐100g，味精20g，黄酒400mL，五香粉70g，八角茴香12g，生姜100g。

3. 煮制

将肉与香辛料（用纱布包裹）下锅煮烧 2.5h 左右至熟烂，撇去油筋及浮油，加入酱油，煮至汤清油尽，加入蔗糖、味精，调节蒸汽收汁，煮烧共计 3h 左右。肉不能煮制过烂，否则成品丝绒短碎。以筷子稍用力夹肉时，肌肉纤维能分散为宜。

4. 炒压

肉块煮烂后，改用中火，加入酱油、酒，一边炒一边压碎肉块。然后加入白砂糖、味精，减小火力收干肉汤，用小火炒压肉丝至肌肉纤维松散时即可进行炒松。

5. 炒松

炒松有人工炒松和炒松机炒松两种方法。收干汤汁后移入炒松机炒松至肌纤维松散，色泽金黄，水分含量<20%即可结束，再经搓松即可包装。

6. 拣松

搓松后送入包装车间的木架上凉松，肉松凉透后便可拣松，将肉松中焦块、肉块、粉粒等拣出，提高成品质量。

7. 包装

凉松过程中水分提高 3%左右。肉松吸水性很强，不宜散装。肉松的包装塑料袋有 20g、50g 和 100g 等，马口铁听装有 250g、500g 和 1000g 等。

8. 成品

猪肉松纤维蓬松，色黄质干，特别是油分较低，蛋白质含量高，适于老年人、忌油腻的高血压者及冠心病人食用。

五、产品质量标准

1. 感官指标

呈金黄色或淡黄色，带有光泽，絮状，纤维疏松，无异味、臭味。

2. 理化指标

水分含量≤20%，脂肪≤10%，蛋白质≥32%，总糖≤35%。

3. 微生物指标

菌落总数≤3000CFU/g，大肠菌群≤40CFU/100g，致病菌（指肠道致病菌及致病性球菌）不得检出。

六、思考题

肉松色泽和风味形成的机理是什么？

实验三　酱牛肉的制作

一、实验目的

通过本实验掌握酱牛肉的生产工艺及操作要点。

二、实验原理

酱牛肉是一种味道鲜美、营养丰富的酱肉制品，种类很多，深受消费者欢迎。

三、实验材料及设备

1. 材料及配方

以精牛肉 100kg 计算：食盐 6kg，面酱 8kg，白酒 800g，葱 1kg，姜末 1kg，大蒜 1kg，小茴香末 300g，五香粉 400g。

2. 用具及设备

蒸煮锅、电磁炉、台秤、刀具、砧板、不锈钢盆、不锈钢托盘等。

四、实验步骤

（一）工艺流程

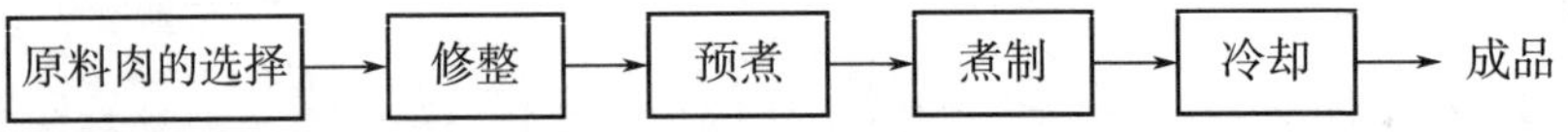

（二）操作要点

1. 原料肉的选择

选用经兽医检验合格的鲜牛肉为原料，并通过感官检验合格。

2. 修整

将牛肉放入 15℃左右的水中浸泡，洗去肉表面的血液和杂物，把精牛肉切成 0.5~1.0kg 的方块。

3. 预煮

把肉块放入 100℃的沸水中煮制 1h，可在水里加胡萝卜除去腥味，结束后把肉块捞出，撇去浮沫，放入清水中浸漂，使之澄清。

4. 煮制

按配方加入各种配料，同漂洗过的牛肉块一起放入煮制锅，水温保持 95℃左右（勿使沸腾），煮制 2h，将火力减弱，水温降至 85℃，继续煮制 2h 即可出锅。

5. 冷却

小心捞出煮制好的酱牛肉，尽可能保持肉块的完整，放入洁净的不锈钢托盘中，在冷却间冷却 4~6h 使其彻底冷却。

6. 成品

冷却后的酱牛肉即为成品，酱牛肉的出品率约为 60%。

五、感官评定

酱牛肉按表 3-6-2 所示的感官评价表进行感官评定。

表 3-6-2 酱牛肉的感官评价表

项目	评价内容
色泽	呈现红色

续表

项目	评价内容
形状	肉块大小均匀整齐，无异物附着
风味	味道鲜美

实验四　清蒸猪肉罐头的制作

清蒸猪肉罐头的制作

一、实验目的

1. 了解肉品加工的基本原理。
2. 了解清蒸类肉罐头的加工工艺。
3. 学会原料处理、装罐、排汽、杀菌等罐头加工的基本工艺。

二、实验材料及设备

1. 材料及要求

鲜肉或冻猪肉，宰前经兽医检验合格无伤病及寄生虫。宰后需经冷却排酸，胴体要求肥膘控制在1~3cm，不得使用两次冷藏或冷藏超过6个月的冻肉，同时还不得使用不适用罐藏的配种猪、哺乳猪、产仔猪等作为加工原料。材料还有食盐，洋葱末，胡椒，月桂叶等。

2. 用具及设备

夹层锅、高压杀菌器、台秤、刀具、砧板、六棱瓶、不锈钢盆等。

三、实验步骤

（一）工艺流程

原料肉预处理 → 剔骨去皮 → 整理切块 → 称量装罐（空罐的清洗和检查） → 加辅料 →

预封 → 排气密封 → 杀菌、冷却 → 保温检查 → 成品

（二）操作要点

1. 原料肉预处理

新鲜肉或冻肉解冻后冲洗。人工检查修割去除毛、血污垢，切除猪头肉、杂油以及血管、淋巴结、瘀血肉、变色肉等不可食用部分。处理好的肉片浸入清水中漂洗一次去除血液。

2. 剔除去皮

整理肉片切成前腿、后腿、筋条三部分，分别进行剔骨，用专用的剔骨刀去骨，要求剔下的肉块形态完整，肉骨互不相连。随后用刀去皮，皮肉互不相带，肉上无毛根。肥肉厚的应去一层肥肉以保膘层在1~1.5cm。完成剔除的去皮肉应再复检一次，小心除去皮、毛、血、碎

骨、淋巴及变色等一切非肌肉部分，特别是猪毛严禁带入罐中。

3. 整理切块

将整理好的瘦肉、肥肉切成长宽为5cm×5cm，重110~180g的肉块，腿肉中的腱子肉切成4cm左右肉块。分别放置，最后一次复检后装罐。

4. 称量装罐

检验合格的空罐，用沸水或0.1%的碱溶液充分洗涤，再用清水冲洗，然后烘干待用。玻璃罐按罐的型号大小参照装罐，注意顶隙的预留（顶隙一般8~10mm）。拌料配方为：猪肉100g，食盐1.3~1.6g，胡椒1.2%~1.5%，洋葱1.5%（鲜洋葱事先洗净用冷用绞肉机绞碎），猪皮粒（3mm×3mm）2g，月桂叶1~2片（月桂叶应夹在肉中）。按上述配方将料拌匀，肥瘦肉搭配装罐（筋条肉，带肥膘的瘦肉作肥肉）。

5. 预封

预封指某些产品在进入加热排气之前，或进入某种类型的真空封罐机前，进行的一道卷封工序。预封的松紧程度以能使罐盖沿罐身自由旋转而不脱落为度。

6. 排气密封

罐头进行预封后须迅速排气，才能保证一定的真空度。真空排气在真空度0.053MPa封口；热力排气要求中心温度85℃封口。

7. 杀菌冷却

杀菌条件按杀菌公式（15min-60min-15min）/121℃执行，之后冷却到40℃。

肉类罐头属低酸性食品，细菌芽孢有很强的耐热性。因此，必须采用121℃的温度进行高压灭菌。罐头杀菌后，罐内仍保持很高的温度，应及时冷却。一般冷却至38~40℃为宜。

8. 保温检查

罐头在杀菌冷却后必须进行检查，衡量是否符合标准和卫生要求。成品检查合格的罐头，为防止生锈，应擦干水，然后装箱贮藏。罐头贮藏的最适温度为0~10℃。

9. 成品

杀菌后的清蒸猪肉罐头可在室温下贮藏较长时间（理论上可贮藏6个月左右）。

四、实验结果与记录

对成品罐头进行感官评定并记录评定结果。

五、思考题

试述肉类罐头加工工艺及质量控制。

实验五　牛乳新鲜度检验

一、实验目的

1. 掌握牛乳新鲜度检验的方法、技术。

2. 掌握乳中掺假、掺杂的检验方法。

二、实验原理

牛乳挤出后在存放过程中，由于微生物的活动，分解乳糖产生乳酸，而使乳的酸度升高。测定乳的酸度，可判定乳是否新鲜。乳的滴定酸度常用吉尔涅尔度（°T）和乳酸度（乳酸%）表示。吉尔涅尔度（°T）是以中和100mL乳中的酸所消耗的0.1mol/L氢氧化钠的毫升数来表示。消耗0.1mol/L氢氧化钠1mL为1°T。乳酸度（乳酸%）是指乳中酸的百分含量。

酒精试验法判断牛乳新鲜度的原理是一定浓度的酒精能使高于一定酸度的牛乳产生沉淀。乳中蛋白质遇到同一浓度的酒精，其凝固与乳的酸度成正比，即凝固现象越明显，酸度越大。乳中蛋白质遇到浓度高的酒精，易于凝固。乳中酪蛋白胶粒带有负电荷。酪蛋白胶粒因具有亲水性，在胶粒周围形成了结合水层。酪蛋白在乳中以稳定的胶体状态存在。当乳的酸度增高时，酪蛋白胶粒带有的负电荷被中和。酒精具有脱水作用，浓度越大，脱水作用越强。酪蛋白胶粒周围的结合水层易被酒精脱去而发生凝固。

煮沸试验判断牛乳的新鲜度的原理是乳的酸度越高，乳中蛋白质对热的稳定性越低，越易凝固。根据乳中蛋白质在不同温度时凝固的特征，可判断乳的新鲜度。

一切人为改变乳的成分和性质的行为均称为掺假。掺假既有碍乳的卫生，降低乳的营养价值，有时还会影响乳的加工及乳制品的质量。所以，生产单位和卫生检验部门对原料乳的质量应严格把关。在收乳时或进行乳品加工前，对乳应酌情进行掺假与作伪的检验。掺水的牛乳，乳汁变得稀薄，相对密度降低。向乳中掺淀粉可使乳变稠，相对密度接近正常。对有沉渣物的乳，应进行掺淀粉检验。向乳中掺盐，可以提高乳的相对密度，口尝有咸味的乳有掺盐的可能，须进行掺盐检验。

三、实验材料与设备

1. 材料

牛乳0.5L、草酸溶液、0.1mol/L（近似值）氢氧化钠溶液、0.5%酚酞酒精溶液、硫酸、异戊醇、碘溶液、乙醇与乙醚等量混合液、检样牛乳。

2. 用具及设备

白瓷器皿、烧杯、乳密度计、玻璃量筒、温度计、乳脂瓶、0.5mL吸管、25mL碱式滴定管、10mL吸管、150mL三角瓶、25mL酸式滴定管、11mL牛乳吸管、离心机，乳脂瓶架、恒温水浴锅、滴定架等。

四、实验步骤

（一）感官鉴定方法

1. 色泽鉴定

将少量乳倒入白瓷皿中观察其颜色。

2. 气味鉴定

将少量乳加热后，闻其气味。

3. 滋味鉴定

取少量乳用口尝之。

4. 组织状态鉴定

将少量乳倒入小烧杯内静置 1h 左右，再缓慢将其倒入另一小烧杯内，仔细观察第一个小烧杯底部有无沉淀和絮状物。再取 1 滴乳于大拇指上，检查是否黏滑。

（二）酸度的滴定

1. 标定氢氧化钠溶液，求出氢氧化钠的校正系数（*F*）

取 0.1mol/L 草酸（$H_2C_2O_4 \cdot 2H_2O$）溶液 20mL 于 150mL 三角瓶中，加 2 滴酚酞酒精溶液，以 0.1mol/L（近似值）氢氧化钠溶液滴定至红色（1min 不褪色），并记录其用量。

$$F = \frac{V}{V_0} \qquad (3-6-1)$$

式中 V——0.1mol/L 草酸的体积，mL；

V_0——0.1mol/L（近似值）氢氧化钠的体积，mL。

2. 滴定乳的酸度

取乳样 10mL 于 150mL 三角瓶中，再加入 20mL 蒸馏水和 0.5mL 0.5%酚酞溶液，摇匀，用 1mol/L（近似值）氢氧化钠溶液滴定至微红色，并在 1min 内不消失为止，记录 0.1mol/L（近似值）氢氧化钠所消耗的毫升数。

3. 计算滴定酸度

$$\text{吉尔涅尔度}(°T) = A \times F \times 10 \qquad (3-6-2)$$

式中 A——滴定时消耗的 0.1mol/L（近似值）氢氧化钠的体积，mL；

F——0.1mol/L（近似值）氢氧化钠的校正系数；

10——乳样的倍数。

$$\text{乳酸}(\%) = \frac{B \times F \times 0.009}{V_{\text{乳}} \times \rho} \qquad (3-6-3)$$

式中 B——中和乳样的酸所消耗的 0.1mol/L（近似值）氢氧化钠的体积，mL；

F——0.1mol/L（近似值）氢氧化钠的校正系数；

0.009——0.1mol/L 的 1mL 氢氧化钠能结合 0.009g 乳酸；

$V_{\text{乳}}$——乳样的体积，mL；

ρ——乳的相对密度。

4. 根据测定的结果判定乳的品质，见表 3-6-3。

表 3-6-3 滴定酸度与牛乳品质关系表

滴定酸度/°T	牛乳品质	滴定酸度/°T	牛乳品质
<16	加碱或加水等异常的乳	>25	酸性乳
16~20	正常新鲜乳	>27	加热凝固
>21	微酸的乳	>60	酸化乳，能自身凝固

（三）酒精试验法

1. 操作方法

取试管 3 支，编号（1、2、3 号），分别加入同一乳样 1~2mL，1 号管加入等量的 68%酒精，2 号管加入等量的 70%酒精，3 号管加入等量的 72%酒精。摇匀，然后观察有无出现絮片，确定乳的酸度。

2. 判定标准（表 3-6-4）。

表 3-6-4　酒精浓度与酸度关系判定标准表

酒精含量	不出现絮片酸度/°T
68%	<20
70%	<19
72%	<18

注：试验温度以 20℃为标准。

（四）煮沸试验

1. 操作方法

取 10mL 乳，放入试管中，用酒精灯加热至沸腾，观察管壁有无絮片出现或发生凝固现象。

2. 判定标准

如果产生絮片或发生凝固，表示不新鲜，酸度>26°T（表 3-6-5）。

表 3-6-5　煮沸试验判定标准表

乳的酸度/°T	凝固条件	乳的酸度/°T	凝固条件
18	煮沸时不凝固	40	加热 63℃以上凝固
20	煮沸时不凝固	50	加热 40℃以上凝固
26	煮沸时不凝固	60	加热 22℃时自行凝固
28	煮沸时不凝固	65	加热 16℃时自行凝固
30	加热 77℃以上凝固		

（五）掺淀粉的检验

取乳样 5mL 注入试管中，稍稍煮沸，待冷却后加入碘溶液 2~3 滴。乳中有淀粉时，即出现蓝色、蓝紫色或暗红色及其沉淀物。

（六）掺盐的检验

取乳样 10mL 于试管中，滴入 10%铬酸钾 2~3 滴，再加入 0.1mol/L 硝酸银 5mL（羊乳需 7mL）摇匀，观察溶液颜色。如出现黄色，则表明掺有食盐，且说明乳中氯化物已超过了 0.14%（因全部银已被沉淀成氯化银）。若呈橙色，则表明未掺食盐。一般氯化物正常含量为 0.09%~0.14%。

五、产品评价

感官评价：正常牛乳应为乳白色或略带黄色；具有特殊的乳香味；稍有甜味；组织状态均匀一致，无凝块和沉淀，不黏滑。

六、思考题

牛乳新鲜度、掺假、掺杂的检验方法的原理分别是什么？

实验六　凝固型酸乳的制作

一、实验目的

1. 初步了解酸乳的制作程序，认识发酵酸乳用乳酸菌的形态特征。
2. 掌握凝固型酸乳加工的基本工艺流程及方法。

二、实验原理

以鲜乳为原料，经预处理接入培养的保加利亚乳杆菌和嗜热链球菌作为发酵剂，保温一定时间，因产生乳酸而使酪蛋白凝结的成品称为酸乳。按生产方法分为凝固型酸乳和搅拌型酸乳两类。凝固型酸乳的制作主要是利用细菌中的保加利亚乳杆菌和嗜热链球菌，在牛乳中生长，分解乳糖形成乳酸，使乳的 pH 下降，使酪蛋白在等电点附近形成沉淀凝聚物，在灌装的容器中成为凝胶状态，并通过乳酸菌的代谢产生大量的风味物质，制得凝固型酸乳。

三、实验材料与设备

1. 材料

鲜乳、白砂糖、香精、淀粉、乳粉、菌种。

2. 用具及设备

发酵罐、电炉、酸乳瓶及瓶盖、恒温箱、手提式高压灭菌锅、灭菌带棉塞试管、吸管（灭菌）、灭菌量筒、酒精灯、三角烧杯、脱脂棉（共用）、试管架。

四、实验步骤

（一）工艺流程

原料乳→净乳→标准化→预热（60 ℃）→均质→杀菌→冷却→添加发酵剂→分装→发酵→冷藏(0～5 ℃)→检验→成品

（二）操作要点

1. 鲜乳过滤

用 4 层纱布，加热至 60℃，乳粉先用水冲洗成复原乳（1∶7），再与 60℃鲜乳混合，同时加入 6%～9%的白砂糖，溶解后过滤，再加热至 85℃，杀菌 30min。

对原料乳的要求：酸度≤18°T；乳固体≥11.5%；菌落总数<5×10^5CFU/mL；原料乳不应含有抗生素等阻碍因子。

加糖的目的是提高酸乳的甜味，同时也可提高黏度，有利于酸乳的凝固性。加糖量一般为6%~9%。加糖的方法是用原料乳溶糖。

2. 预热、均质、杀菌和冷却

（1）预热　物料通过泵进入杀菌设备，预热至55~65℃，再送入均质机。

（2）均质　物料在15.0~20.0MPa均质，均质后回到杀菌器中。

（3）杀菌　目的是杀灭物料中的致病菌和有害微生物，以保证食品安全，并为乳酸菌菌种创造一个杂菌少、有利于生长繁殖的基质条件。

（4）冷却　杀菌后的物料，进入杀菌器预热段进行热交换，再在冷却段冷却至45℃左右。

3. 接种

在物料基液进入乳罐（发酵罐）的过程中，将发酵菌种直接添加到物料中，搅拌混合均匀。

（1）接种量　制作酸乳所采用的接种量有最低、最高和最适三种。

①最低接种量：最低接种量0.5%~1.0%。其缺点是产物易受到抑制；易形成对菌种不良的生长环境；产酸不稳定。

②最高接种量：最高接种量>5%。其缺点是会给最终成品的组织状态带来缺陷；产酸过快，酸度上升的过高，给酸乳的香味带来缺陷。

③最适接种量：最适接种量2%~3%。

（2）接种方法

①接种前的搅拌：接种之前，将菌种进行充分搅拌，目的是使菌体从凝乳块中分散出来，所以要搅拌到使凝乳完全破坏的程度。

②菌种的添加：多使用特殊装置在密闭系统中以机械式自动添加菌种，当没有这类装置时，可将充分搅拌好的菌种用手工方式倾入乳罐中。

4. 灌装

接种后经过充分搅拌的牛乳要立即连续的灌装到零售用的小容器中。

（1）酸乳容器　装酸乳的容器有瓷罐、玻璃罐、塑料杯、复合纸盒等。

（2）灌装方式　灌装方式包括手工灌装、半自动灌装、全自动无菌灌装。

（3）灌装时间　包括将乳罐中接种后搅拌均匀的乳灌装到零售用的小容器、加盖、封口、装箱、送入保温室这几个环节。灌装充填时间应该做到快、短。

5. 发酵

在控制发酵条件的情况下使原料乳发酵，制成质量良好一致的酸乳成品。

（1）培养温度　一定温度培养指41~42℃或40~43℃进行培养，绝大部分酸乳加工厂都采用这个温度，这是因为对于嗜热链球菌与保加利亚乳杆菌的混合菌种，培养最适温度是40~43℃。实际上培养温度大都控制在40~45℃。

（2）培养时间　制作酸乳一般的时间是41~42℃培养3h（短时间培养）。在特殊情况下，在30~37℃培养8~12h（长时间培养）。影响培养时间的因素：接种量、培养温度、零售容器类型、发酵季节和气候条件、每批进入发酵室的数量多少和堆叠高度、酸乳堆积密度、距地面高度等。

(3) 球菌和杆菌的比例　在终止培养的酸乳培养物中，球菌与杆菌的比例应是 1∶1 或 2∶1。

(4) 判定发酵终点　发酵时间全长一般是在 3h 左右，长的可达 5~6h，而发酵终点的时间范围比较小。如果发酵终点确定的过早，则酸乳组织较软、风味差，过晚则酸度高、乳清析出过多、风味差。因此，如何判定发酵过程的终点，是制作凝固型酸乳的关键性技术之一。判定发酵终点的方法有：

①抽样测定酸乳的酸度：一般酸度达 65~70°T，即可终止培养；

②抽样及时观察：打开瓶盖，缓慢倾斜瓶身，观察酸乳的流动性和组织状态，如流动性变差且有微小颗粒出现即可终止发酵，如尚不够可延长培养时间；

③详细记录每批发酵时间、发酵温度等，供下批发酵判定终点时参考。

6. 冷却

目的是迅速而有效地抑制酸乳中乳酸菌的生长，终止发酵过程，防止产酸过度；稳定酸乳的组织状态，降低乳清析出的速度。

7. 冷藏和后熟

为了把酸乳中酶的变化和其他生物化学变化抑制到最小限度，最好在-1.2~-0.8℃进行冷藏。冷藏后熟还有促进香味物质的产生、改善酸乳硬度的作用。一般需 12~24h，这段时间也称作后熟期（后发酵）。

五、产品评价

（一）感官指标

凝固型酸乳成品的质量从色、香、味、形四个方面进行评定。

1. 色泽

酸乳的色泽与制造时选用牛乳的含脂量高低有关，正常酸乳的色泽呈乳白色。

2. 香气

好的酸乳打开瓶盖后，一股天然乳脂香气扑鼻而来，引发人食欲，这种香味与发酵剂中保加利亚乳杆菌和嗜热链球菌发酵产生的芳香物质有关，这种香味的浓淡与酸乳的含脂量高低密切相关，全脂乳制作酸乳，香味较浓。

3. 滋味和味道

酸乳的味道和产品品种有关，不加糖酸乳有一种天然纯净爽口的酸味，而加糖酸乳食用时则有一种酸中带甜，甜中带酸，酸甜含香的复合滋味。

4. 形态

好的酸乳凝固如玉，状态随容器不同而异。用勺取出一部分来观察，切断面呈瓷状，表面光滑，无粗颗粒或杂质出现，放到手上，不是一触就散，而是凝立而不塌。取出后，杯内出现的凹坑深而不变形，约 20min 后，坑底有少量乳清析出，但坑形不变。

（二）理化指标

脂肪≥3.00%，全乳固体≥11.5%，酸度 70~110°T。

（三）微生物指标

大肠菌群≤90MPN/mL，致病菌不得检出。

六、注意事项

1. 实验中的先灌装后发酵的方法，要注意加发酵剂后应尽快分装完毕。
2. 无论哪种发酵法，都切勿在发酵过程中搅拌或摇晃。
3. 实验过程中做到无菌操作，防止二次污染。

七、思考题

简述酸乳生产的工艺流程及操作要点。

实验七　松花蛋的制作

一、实验目的

通过本实验掌握松花蛋加工的原理与工艺。

二、实验原理

禽蛋的蛋白质遇料液中的 NaOH 发生变性反应而凝固，同时蛋白质中的氨基与糖中的羰基在碱性环境中产生美拉德反应，使蛋白质形成棕褐色，蛋白质分解产生的硫化氢和蛋黄中的金属离子结合，使蛋黄产生各种颜色。此外，茶叶也对颜色的变化起一定作用。

三、实验材料与设备

1. 材料

鸡蛋、生石灰、纯碱、茶叶、硫酸铜或硫酸锌、黄土等。

2. 用具及设备

刻度吸管、缸、三角瓶、刮泥刀等。

四、实验步骤

（一）原料蛋的选择

加工松花蛋的原料蛋须经照蛋和敲蛋逐个严格挑选。

1. 照蛋

加工松花蛋的原料蛋用灯光透视，气室高度≤9mm，整个蛋内容物呈均匀一致的微红色，蛋黄不见或略见暗影，胚珠无发育现象。转动蛋时，可略见蛋黄也随之转动。次蛋，如破损黄、热伤蛋等均不宜加工皮蛋。

2. 敲蛋

经过照蛋挑选出来的合格鲜蛋，还需检查蛋壳完整与否，厚薄程度以及结构有无异常。裂纹蛋、沙壳蛋、油壳蛋都不能作松花蛋加工的原料。此外，敲蛋时，应根据蛋的大小进行分级。

（二）辅料的选择

1. 生石灰

要求色白、质量轻、块大、质纯，有效氧化钙含量≥75%。

2. 纯碱（Na_2CO_3）

纯碱要求色白、粉细，含碳酸钠>96%，不宜用普通黄色的“老碱”，若用存放过久的“老碱”，应先在锅中灼热处理，以除去水分和二氧化碳。

3. 茶叶

选用新鲜红茶或茶末为佳。

4. 硫酸铜或硫酸锌

选用食品级或纯的硫酸铜或硫酸锌。

5. 其他

黄土取深层、无异味的。取后晒干、敲碎过筛备用。稻壳要求金黄干净，无霉变。

（三）配方

鸡蛋 10kg，碱面 0.8kg，生石灰 3kg，食盐 0.6kg，茶叶 0.4kg，硫酸铜（锌）20g，水 11kg。

先将碱、盐放入缸中，将熬好的茶汁倒入缸内，搅拌均匀，再分批投入生石灰，及时搅拌，使其反应完全，待料液温度降至 50℃左右将硫酸铜（锌）化水倒入缸内，捞出不溶石灰块并补加等量石灰，冷却后备用。

（四）料液碱度的检验

用刻度吸管吸取澄清料液 4mL，注入 300mL 的三角瓶中，加入 100mL 氯化钡溶液到粉红色恰好消退为止，消耗 1mol/L 盐酸标准溶液的毫升数即相当于氢氧化钠含量的百分数。料液中的氢氧化钠含量要求达到 4%左右。若浓度过高应加水稀释，若浓度过低应加烧碱提高料液的 NaOH 浓度。

（五）装缸、灌料泡制

将检验合格的蛋装入缸内，用竹篦盖撑封，将检验合格冷却的料液在不停地搅拌下慢慢倒入缸内，使蛋全部浸泡在料液中。

（六）成熟

灌料后要保持室温在 16~28℃，最适温度为 20~25℃，浸泡 25~40d。在此期间要进行 3~4 次检查。出缸前取数枚松花蛋，用手颠抛，松花蛋回到手心时有震动感。用灯光透视蛋内呈灰黑色。剥壳检查蛋白凝固光滑，不黏壳，呈黑绿色，蛋黄中央呈溏心即可出缸。

（七）包装

松花蛋的包装有传统的涂泥糠法和现在的涂膜包装法。

1. 涂泥糠法

用残料液加黄土调成浆糊状，包泥时用刮泥刀取 40~50g 的黄泥及稻壳，使松花蛋全部被泥糠包埋，放在缸里或塑料袋内密封贮存。

2. 涂膜包装法

用液体石蜡或固体石蜡等作涂膜剂，喷涂在松花蛋上（固体石蜡需先加热熔化后喷涂或涂刷），待晾干后，再封装在塑料袋内贮存。

五、思考题

1. 影响松花蛋质量的因素有哪些？
2. 无铅松花蛋与传统松花蛋原理与工艺上有何区别？

实验八 咸蛋的制作

一、实验目的

通过本实验掌握咸蛋的加工原理和技术。

二、实验原理

咸蛋主要利用食盐腌制而成，食盐渗入蛋中，由于食盐溶液产生的高渗透压把微生物细胞内水分渗出，抑制微生物的生长繁殖，延缓蛋的腐败变质，同时食盐可以降低蛋内蛋白酶的活性，延缓蛋内容物的分解变化速度，从而延长蛋的保质期。

三、实验操作

（一）草灰咸蛋

1. 配方

鸭蛋 1000 枚，草木灰 20kg，食盐 6kg，干黄土 1.5kg，水 18kg。

2. 操作要点

先将食盐和水放入拌料缸内，经搅拌使食盐溶化，再分批加入筛过的草木灰和黄土，搅拌均匀至灰浆发黏为止。将检验合格的蛋放在灰浆内翻滚一周，使蛋壳表面均匀粘上灰浆后，取出放入灰盘内滚上一层干灰，用手将灰料捏紧后放入缸或塑料袋中，封口，置阴凉通风室内 30~40d 即为成品。

（二）黄泥咸蛋

1. 配方

鸭蛋 1000 枚，食盐 7.5kg，干黄土 8.5kg，水 4kg。

2. 工艺

将黄土捣碎过筛，与食盐和水放入拌料缸内，用木棒充分搅拌成稀薄的泥浆状，其标准以一个鸭蛋放进泥浆，一半浮在泥浆上面，一半浸在泥浆内为合适。将检验合格的蛋放于泥浆中，使蛋壳全部粘满泥浆后，取出放入缸或塑料袋中，最后将剩余的泥浆倒在蛋上，盖好盖子封口，存放 30~40d 即为成品。

（三）质量鉴定

1. 透视检验

抽取腌制到期的咸蛋，洗净后放到照蛋器上，用灯光透视检验。腌制好的咸蛋透视时，蛋内澄清透光，蛋白清澈如水，蛋黄鲜红并靠近蛋壳。将蛋转动时，蛋黄随之转动。

2. 摇震检验

将咸蛋握在手中，放在耳边轻轻摇动，感到蛋白流动，并有拍水的声响是成熟的咸蛋。

3. 除壳检验

取咸蛋样品，洗净后打开蛋壳，倒入盘内，观察其组织状态，成熟良好的咸蛋，蛋白与蛋黄分明，蛋白呈水样，无色透明，蛋黄坚实，呈朱红色。

4. 煮制剖视

品质好的咸蛋，煮熟后蛋壳完整，煮蛋的水洁净透明，煮熟的咸蛋，用刀沿纵面切开观察，成熟的咸蛋蛋白鲜嫩洁白，蛋黄坚实，呈朱红色，周围有露水状的油珠，品尝时咸淡适中，鲜美可口，蛋黄发沙。

四、思考题

哪些措施可以延长咸蛋的保质期？

参考文献

[1] 夏文水．食品工艺学［M］．北京：中国轻工业出版社，2007.

[2] 赵晋府．食品工艺学［M］．2版．北京：中国轻工业出版社，2019.

[3] 谢明勇．食品化学［M］．北京：化学工业出版社，2011.

[4] 李春海．食品化学［M］．北京：中国石化出版社，2019.

[5] 谢笔钧．食品化学［M］．3版．北京：科学出版社，2021.

[6] 许学勤．食品工程机械与设备［M］．2版．北京：中国轻工业出版社，2018.

[7] 卫晓怡．食品感官评价［M］．北京：中国轻工业出版社，2018.

[8] 曾庆孝．食品加工与保藏原理［M］．3版．北京：化学工业出版社，2015.

[9] 李秀娟．食品加工技术［M］．2版．北京：化学工业出版社，2018.

[10] 汪秋宽．食品罐藏工艺学［M］．北京：科学出版社，2016.

[11] 桑亚新，李秀婷．食品微生物学［M］．北京：中国轻工业出版社，2018.

[12] 孙平．食品添加剂［M］．2版．北京：中国轻工业出版社，2020.

[13] 孔保华，陈倩．肉品科学与技术［M］．3版．北京：中国轻工业出版社，2018.

[14] 孔保华．畜产品加工贮藏新技术［M］．北京：科学出版社，2008.

[15] 孔保华．西式低温肉制品加工技术［M］．北京：中国农业出版社，2013.

[16] 夏文水．肉制品加工原理与技术［M］．北京：化学工业出版社，2003.

[17] 周光宏．畜产品加工学［M］．2版．北京：中国农业出版社，2011.

[18] 曾洁，刘骞．酱卤食品生产工艺和配方［M］．北京：化学工业出版社，2014.

[19] 罗欣．冷却牛肉加工技术［M］．北京：中国农业出版社，2014.

[20] 马长伟，曾明勇．食品工艺学导论［M］．北京：中国农业出版社，2002.

[21] 徐诠亮．食品加工学［M］．台湾：华格那企业有限公司，2020.

[22] 李先保，王岩，王茂增，等．食品工艺学［M］．北京：中国纺织出版社，2015.

[23] 张海生．果品蔬菜加工学［M］．北京：科学出版社，2018.

[24] 孟宪军，乔旭光．果蔬加工工艺学［M］．北京：中国轻工业出版社，2012.

[25] 李青．浅谈我国果蔬加工的现状及前景［J］．农业与技术，2017，37（6）：185.

[26] 张运运，李雪霏，刘一鸣．果蔬加工产业现状及发展思考［J］．食品界，2016（6）：90.

[27] 彭海容．我国果蔬深加工的发展趋势［J］．中国食品，2015（7）：76-80.

[28] 张学杰，方智远，王金玉．我国蔬菜加工产业的发展分析［J］．农产品加工，2007（11）：21-23.

[29] 刘燕．中国果蔬汁饮料的发展现状和未来展望综述［J］．现代食品，2018（6）：25-27.

[30] 陈枫，杨燕，陈丹，等．果蔬汁饮料的研究现状［J］．农产品加工，2017（11）：65-67.

[31] 谢婕，齐洪鑫，韩梅梅，等．果蔬加工副产物的活性成分及其在食品工业中的应用

[J]. 安徽农业科学，2020，48（11）：21-25.

[32] 杨文晶，许泰百，冯叙桥，等. 果蔬加工副产物的利用现状及发展趋势研究进展[J]. 食品工业科技，2015，36（14）：379-383.

[33] 黄林华，吴厚玖. 我国水果副产物综合利用的研究及应用[J]. 食品安全质量检测学报，2015，（11）：4446-4452.

[34] 孟然. 浅析果蔬材料综合利用[J]. 中外食品工业，2014（7）：88-89，92.

[35] 单杨. 我国柑橘工业现状及发展趋势[J]. 农业工程技术（农产品加工业），2014（4）：13-17.

[36] 李辉，熊丽娇，刘苑琳，等. 苹果的深加工技术与综合利用研究[J]. 酿酒科技，2019（9）：84-88.

[37] 东莎莎. 苹果渣的营养价值及综合利用[J]. 中国果菜，2017，37（2）：15-18.

[38] 刘馨芬. 广东省甜玉米产业发展现状与对策研究[D]. 广州：仲恺农业工程学院，2016.

[39] 陈晓军. 鲜食玉米综合利用技术及效益初探[J]. 农业科技通讯，2013（1）：90-94.

[40] 袁驰，赵婧，周春丽，等. 胡萝卜加工副产物综合利用研究进展[J]. 食品工业，2014（4）：161-164.

[41] 陈瑞娟，毕金峰，陈芹芹，等. 胡萝卜的营养功能、加工及其综合利用研究现状[J]. 食品与发酵工业，2013，39（10）：201-206.

[42] 蒲彪，胡小松. 饮料工艺学[M]. 北京：中国农业大学出版社，2016.

[43] 张钟，李先保，杨胜远. 食品工艺学实验[M]. 郑州：郑州大学出版社，2012.

[44] 阮美娟，徐怀德. 饮料工艺学[M]. 北京：中国轻工业出版社，2013.

[45] 蒋和体. 软饮料工艺学[M]. 重庆：西南师范大学出版社，2008.

[46] 崔波. 饮料工艺学[M]. 北京：科学出版社，2014.

[47] 李勇. 现代软饮料生产技术[M]. 北京：化学工业出版社，2006.

[48] 邵长高，赵晋府. 软饮料工艺学[M]. 北京：中国轻工业出版社，2002.

[49] 刘素纯，刘书亮，秦礼康，等. 发酵食品工艺学[M]. 北京：化学工业出版社，2019.

[50] 樊明涛，张文学，葛武鹏，等. 发酵食品工艺学[M]. 北京：科学出版社，2014.

[51] 张兰威. 发酵食品工艺学[M]. 北京：中国轻工业出版社，2012.

[52] 何国庆. 食品发酵与酿造工艺学[M]. 北京：中国农业出版社，2001.

[53] 刘二伟，朱文学，曹力，等. 我国发酵工业存在的主要问题及解决措施[J]. 生物技术通讯，2015，26（3）：446-448.

[54] 游玲玉，邹少丰. 我国发酵工业的发展现状和趋势[J]. 科技风，2012（19）：50-51.

[55] 姜加良. 我国食品发酵工业的研究现状[J]. 现代食品，2016（1）：7-8.

[56] 卢涛，石维忱. 我国生物发酵产业现状分析与发展策略[J]. 生物产业技术，2019，70（2）：6-9.

[57] 徐清萍. 调味品生产工艺与配方[M]. 北京：中国纺织出版社，2019.

[58] 冯德一. 酱油食醋生产技术 [M]. 哈尔滨: 黑龙江科学技术出版社, 1983.

[59] 许正宏, 陆震鸣, 史劲松. 食醋酿造原理与技术 [M]. 北京: 科学出版社, 2019.

[60] 无锡轻工学院. 食品工艺学 (上册) [M]. 北京: 中国轻工业出版社, 1993.

[61] 李新华, 杜连起, 李代发, 等. 粮油加工工艺学 [M]. 成都: 成都科技大学出版社, 1996.

[62] 刘书成, 郑惠娜, 张宇昊, 等. 水产食品加工学 [M]. 郑州: 郑州大学出版社, 2011.

[63] 朱蓓薇, 曾名湧. 水产品加工工艺学 [M]. 北京: 中国农业出版社, 2010.

[64] 朱蓓薇, 董秀萍. 水产品加工学 [M]. 北京: 化学工业出版社, 2019.

[65] 戴晋, 张运栋, 秦素研. 冷链物流与冷链食品 [J]. 农村经济与科技, 2018, 1: 158-159.

[66] 韩洋. 冻藏过程中阿拉斯加鳕鱼品质变化研究 [D]. 大连工业大学, 2016.

[67] 陈小雷, 胡王, 鲍俊杰, 等. 不同干燥方式对封鳊鱼品质的影响 [J]. 水产科学, 2019, 1: 98-103.

[68] 崔宏博, 宿玮, 薛长湖, 等. 冷冻干燥南美白对虾贮藏过程中各种变化之间的相关性研究 [J]. 中国食品学报, 2012, 1: 141-147.

[69] 张凡伟, 张小燕, 李少萍, 等. 干燥方式对刺参品质的影响 [J]. 食品与机械, 2018, 1: 209-212.

[70] 史思, 伊雄海, 赵善贞, 等. 亚临界水萃取及气相色谱-质谱法测定烟熏鱼中苯并[a] 芘残留 [J]. 上海海洋大学学报, 2014, 23 (06): 948-953.

[71] 桂萌, 林佳, 马长伟, 等. 液熏鲟鱼片生产工艺优化与品质影响分析 [J]. 农业机械学报, 2016, 47 (06): 235-241.

[72] 李学鹏, 刘慈坤, 王金厢, 等. 水产品贮藏加工中的蛋白质氧化对其结构性质及水产品品质的影响研究进展 [J]. 食品工业科技, 2019, 40 (18): 319-325, 333.

[73] 刘芳芳, 林婉玲, 李来好, 等. 鱼糜凝胶形成方法及其凝胶特性影响因素的研究进展 [J]. 食品工业科技, 2019, 40 (08): 292-296, 03.

[74] 杜鑫, 邓思杨, 畅鹏, 等. 冷冻鱼糜品质劣化的机制及其控制技术的研究进展 [J]. 食品工业科技, 2018, 39 (16): 306-312.

[75] 汪秋宽. 食品罐藏工艺学 [M]. 北京: 科学出版社, 2016.

[76] 李学鹏, 励建荣, 李婷婷, 等. 冷杀菌技术在水产品贮藏与加工中的应用 [J]. 食品研究与开发, 2011, 32 (6): 173-179.

[77] 张大为, 张洁. 海洋食品加工应用技术 [M]. 青岛: 中国海洋大学出版社, 2018.

[78] 吴靖娜, 靳艳芬, 陈晓婷. 鲍鱼蒸煮液美拉德反应制备海鲜调味基料工艺优化 [J]. 食品科学, 2016, 37 (22): 69-76.

[79] 申铉日, 李川, 夏光华. 水产品加工副产物的综合利用 [M]. 北京: 科学出版社, 2018.

[80] 顾瑞霞. 乳与乳制品工艺学 [M]. 北京: 中国计量出版社, 2010.

[81] 周永昌. 蛋与蛋制品工艺学 [M]. 北京: 中国农业出版社, 1995.

[82] 马美湖. 动物性食品加工学 [M]. 北京: 中国轻工业出版社, 2003.

[83] 马美湖．现代畜产品加工学 [M]. 长沙：湖南科学技术出版社，2001.
[84] 蒋爱民．畜产食品工艺学 [M]. 北京：中国农业出版社，2000.
[85] 骆承庠．畜产品加工学 [M] .2 版．北京：中国农业出版社，1992.
[86] 陈锦屏，田呈瑞．果品蔬菜加工学 [M]. 西安：陕西科学技术出版社，1994.
[87] 蔺毅峰．食品工艺实验与检验技术 [M]. 北京：中国轻工业出版社，2005.
[88] 刘敏，王怀栋，葛茂悦，等．果蔬什锦罐头的研制 [J]. 食品研究与开发，2011，32 (4)：87-89.
[89] 陈学红，秦卫东，马利华，等．不同制汁工艺对绿芦笋汁理化成分和抗氧化活性的影响 [J]. 食品工业科技，2012 (13)：224-227.
[90] 王蕊，高翔．火龙果低糖果脯的加工工艺 [J]. 食品与机械，2004，20 (4)：48-49，63.
[91] 赵征．食品工艺学实验技术 [M]. 北京：化学工业出版社，2009.
[92] 刘莹，胡茂丰，刘素纯，等．不同菌种发酵制备蚕豆酱的研究 [J]. 中国酿造，2014，33 (10)：58-62.
[93] 张彦民，王俊花蕾，韩红卫．低盐酱油的制作方法 [P]. 中国专利：2019. 07. 02.
[94] 许丹妮，许良玲，陆翠，等．枸杞面酱发酵工艺的研究 [J]. 食品研究与开发，2020，41 (16)：101-106，132.
[95] 彭增起，蒋爱民. 畜产品加工学实验指导 [M]. 北京：中国农业出版社，2005.
[96] 锁冠文，周春丽，苏伟，等．超高压在果蔬、肉类、乳制品保鲜中的应用 [J]. 食品工业，2021，42 (6)：338-342.
[97] 陈复生．食品超高压加工技术 [M]. 北京：化学工业出版社，2005.
[98] 顾瑞霞．乳与乳制品工艺学 [M]. 北京：中国计量出版社，2010.
[99] 关志强．食品冷冻冷藏原理与技术 [M]. 北京：化学工业出版社，2010.
[100] 何强，吕远平．食品保藏技术原理 [M]. 北京：中国轻工业出版社，2020.